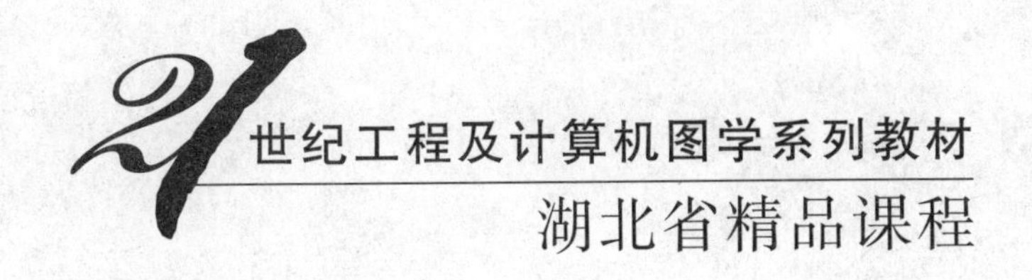

第二版

机械工程图学

■ 主　编　胡建国　汪鸣琦　李亚萍
■ 副主编　彭正洪　邓东芳　刘丽萍
■ 主　审　丁宇明

WUHAN UNIVERSITY PRESS
武汉大学出版社

图书在版编目(CIP)数据

机械工程图学/胡建国,汪鸣琦,李亚萍主编;彭正洪,邓东芳,刘丽萍副主编;丁宇明主审.—2版.—武汉:武汉大学出版社,2008.10(2018.8重印)
湖北省精品课程
21世纪工程及计算机图学系列教材
ISBN 978-7-307-06583-3

Ⅰ.机… Ⅱ.①胡… ②汪… ③李… ④彭… ⑤邓… ⑥刘… ⑦丁…
Ⅲ.机械制图—高等学校—教材 Ⅳ.TH126

中国版本图书馆CIP数据核字(2008)第158023号

责任编辑:谢文涛　　责任校对:刘　欣　　版式设计:支　笛

出版发行:**武汉大学出版社**　(430072　武昌　珞珈山)
(电子邮件:wdp4@whu.edu.cn 网址:www.wdp.com.cn)
印刷:崇阳县天人印刷有限责任公司
开本:880×1230　1/16　印张:19　字数:608千字　插表:2
版次:2004年8月第1版　　2008年10月第2版
2018年8月第2版第10次印刷
ISBN 978-7-307-06583-3/TH·10　　定价:29.00元

21世纪工程及计算机图学系列教材编委会

目 录

总　序

工程图学是研究工程技术领域中有关图的理论及其应用的学科。在表达、交流信息和形象思维的过程中,图的形象性、直观性和简洁性,是人们认识规律、探索未知的重要工具。在工程设计、制造、施工中工程图样有着广泛的应用,它是工程技术部门的一项必不可少的重要技术文件。工程图样可以用二维图形表达,也可以用三维图形表达;可以手工绘制,也可以由计算机生成。

由于计算机科学的发展,计算机图形学(CG)和计算机辅助设计(CAD)技术大量引入,工程图学发展至今已成为一门集现代几何理论、计算机技术和工程设计制图于一体的新兴交叉学科。它着重研究如何用数字化描述形体和图形,如何按国家标准来绘制工程图样;研究如何用计算机输出和管理图形、图样,以及如何通过网络加以有效传输。

当前,我国高等教育正经历着从精英教育向大众化教育的重大转型过程,社会对高校人才培养提出各种要求。为了顺应工程图学学科发展和高等教育向大众化转型的迫切需要,我们组织武汉大学、武汉科技大学、三峡大学等部分高校中有丰富教学经验的资深教师编写工程及计算机图学系列教材,并由武汉大学出版社出版、发行。

工程及计算机图学系列教材主要包括制图和计算机绘图两类。制图类教材中有机械工程图学(含配套习题集)、土木工程图学(含配套习题集)、建筑图学(含配套习题集)、工程图学(中英双语教材,含配套习题集)。计算机绘图类教材中有计算机绘图(以介绍 AutoCAD 二维绘图为主)、计算机三维造型及绘图、效果图计算机生成技术(以介绍 3Dmax、Photoshop 软件为主)、AutoCAD 二次开发指南等。

本套系列教材适用面较广,适用于机械动力类(如机械设计制造及其自动化、热能与动力、材料科学与工程、工业设计等)专业,电气信息类专业,土木工程类(如工民建、给排水、路桥、水利水电等)专业,建筑类(如建筑学、城市规划、园林等)专业,管理类(如工程管理、经济管理、物业管理、环境工程、工业工程等)专业。读者可根据需要来选用。希望本套系列教材能满足各有关专业、各类型、各层次读者的要求,并能为工程图学课程的教学质量提高,教材现代化作出贡献。

丁宇明

2004 年 7 月于武汉珞珈山

前　言（第二版）

《机械工程图学》是根据1995年高等学校工科本科画法几何及工程制图课程教学指导委员会审订通过，经原国家教委批准印发，适用于机械类、动力类专业的《画法几何及机械制图课程教学基本要求》，并结合课程教学改革实践编写的。本书与武汉大学出版社出版的《机械工程图学习题集》（第二版）配套使用。

本书中画法几何部分是研究空间形体的图示法和空间几何问题的图解法的科学，着重讲授基本理论和基本作图方法，培养和发展学生对三维形体与相关位置的空间逻辑思维能力和形象思维能力。工程制图部分主要讲授绘图和读图方法，培养空间想象能力；并使学生能按一定的标准规格，通过一系列的作业获得有关的绘图知识和技能。书中加强了有关计算机绘图的内容，系统介绍绘图软件的基本操作与应用，对计算机三维绘图也作了一定介绍；计算机绘图内容可集中讲授，也可分散讲授；在专业图部分每章的最后一节还有计算机绘图应用举例，以提高学生应用计算机绘图的水平。内容按由浅入深、由简及繁，循序渐进的原则编写。为便于自学，文字力求简洁通顺，说理力求明白，图表力求清晰。对重要的基本作图，采用分步作图的形式。对基本概念、基本原理的阐述配有直观图，帮助学生培养形象思维能力。书中采用的大量插图，特别是专业图，大多来自生产实际，其结构和复杂程度以满足教学要求为主，力求把基本内容与生产实践和教学实践结合起来。本书第二、三、四、五章为画法几何部分；第一、六、七章为制图基础部分；第八章为计算机绘图基础；第九、十、十一章为专业图部分；第十二章为焊接图部分，主要供材料成型与控制工程、金属材料工程等专业选用；第十三章为几何造型与工业设计简介，属选学内容。

本书第一版由武汉大学丁宇明教授主审，主审对书稿提出了许多修改意见，对提高本书质量起着非常重要的作用，对此表示衷心感谢！

本书由武汉大学与武汉科技大学两校教师共同编写，参加编写的教师有：胡建国（前言、绪论、第二章、第六章、第九章（部分）、第十二章），刘永（第一章、第九章（部分）），李亚萍（第三章、第四章），彭正洪（第五章、第十三章），邓东芳、姜繁智（第七章），刘传胜、姜繁智（第八章），刘丽萍（第十章），汪鸣琦（第十一章）。研究生王丹等完成了部分章节绘图工作。全书由武汉大学胡建国教授统稿，胡建国、汪鸣琦、李亚萍任主编，彭正洪、邓东芳、刘丽萍任副主编。书中不妥之处，热忱欢迎读者批评指正。

该教材第一版为武汉大学"十五"规划教材，是《工程制图》课程被评为2006年湖北省精品课程的重要成果之一。

编　者

2008年9月

绪 论

1.本课程的性质、任务和内容

在工程和科学技术中,经常要在平面(图纸或屏幕)上画出空间形体。空间形体是三维的,而平面是二维的。为了能在二维的平面上正确表达三维形体,就必须规定和采用一些方法。这些方法就是画法几何学所要研究的内容。

机械工程图样是表达机电产品、化工设备等的重要技术文件,是表达和交流设计思想的重要工具。图样是按照国家有关职能部门批准的制图标准统一规定绘制的,用以表达机器或零、部件的形状、大小、材料、技术要求等,各种机械、电机、电器、仪表、冶金、化工设备的设计、制造都离不开机械工程图样;在使用这些产品或设备时,也常常需要通过阅读这些机械图样,了解它们的结构和性能等。因此,工程图样称为"工程界的技术语言"。

本课程就是研究绘制和阅读机械工程图样的原理和方法,培养学生的空间想象、分析、构思能力,是一门既有理论基础,又有较强实践性的技术基础课。本课程包括有:画法几何、制图基础、机械工程制图、计算机绘图等内容。

本课程的主要任务是:

(1)学习投影法(主要是正投影法)的基本原理,研究在二维平面上表达三维空间形体图示法和空间几何问题图解法。

(2)培养绘制和阅读机械工程图样的基本能力。

(3)培养空间想象、分析、构思能力。

(4)培养计算机绘图的初步能力。

此外,在教学过程中还必须有意识地培养学生的自学能力、分析问题和解决问题的能力、创新能力,以及认真负责的工作态度和严谨细致的工作作风等。

2.本课程的学习方法

(1)要循序渐进、由浅入深地熟练掌握点、线、面、体等基本几何元素的基本概念、投影规律及基本作图方法。只有真正理解基本内容、基本作图方法,才能往下作进一步的学习。

(2)必须经常注意空间几何关系的分析和空间几何元素与投影图形的联系,掌握其投影的作图原理、方法,并真正弄清它们的空间意义和空间关系,善于运用它们。

(3)通过尺规作图、边思考边作图的实践活动,不断巩固、加深所学基本理论、基本作图方法,经过由物到图、由图想物的反复想象、分析、构思,达到提高对三维形体与相关位置的空间想象、分析、构思能力,并熟练掌握绘图和读图方法。

(4)在画图过程中,要养成正确使用绘图工具、仪器的习惯,要严格遵守国家标准和规定,遵循正确的作图方法和步骤,不断提高绘图效率。

(5)图样是重要的技术文件,不能有丝毫的差错。因此,在学习过程中,必须具备高度的责任心,养成实事求是的科学态度和严肃认真、耐心细致、一丝不苟的工作作风。

3.工程图学发展概述

图与文字、数字一样,是人类用来表达、交流思想和分析事物的基本工具之一,是一种信息载体。在信息交流中,人们对于图像的接受能力和效果要比扫视一串文字或数字快得多,更直观。

图样的发展渊源于图画,它是人类在社会生产实践及科学探索中不断发展和完善起来的。我国是世界文明古国之一,在工程图学方面积累了不少经验,也取得了很大的成就,留下了丰富的历史遗产。历代封建王朝,无不大兴土木,修建宫殿、陵寝,唐代杜牧《阿房宫赋》中有所谓:"覆压三百余里,隔离天日"的描述。这样巨大的土木建筑工程,没有图样是不可能建成的。1997 年冬,在河北平山县发掘的战国时期中山王墓中,出土的一件铜制建筑规划平面图是现存世界上最早的完整的工程图样之一。经过修整后,可以看出,该图是用正投影法制作的建筑规划平面图,距今已有 2 200 多年了。宋代李诫对中国古代建筑作了总结,所著《营造法式》一书是世界上刊印最早的建筑工程巨著。全书共 36 卷,书中有图样 6 卷,计图一千余幅。该书总结了中国历史上建筑技术和艺术成就,详细地阐述了营造技术、建筑标准、材料规格、制图规范等,其中的图形使用了相当于现今各种投影法绘成的宫殿房屋的平面图、立面图、剖视图、大样图、构件图、斗拱的斜轴测图、门的中心透视图等,这说明远在约 1 000 年前,我国营造技术和工程制图已发展到相当高的水平。此外,各种器械图样的著作也相当多,如宋代苏颂的《新仪象法要》、元代王桢的《农书》、明代宋应星的《天工开物》和徐光启的《农政全书》、清代程大位的《算法统筹》等,其中有的既有表明作用状况的组合图,同时还有拆开后分别画出的部件图、零件图。

法国科学家加斯帕·蒙日(Gaspard Monge)于 1795 年以多面正投影法著作的《画法几何》发表以后,制图理论和方法逐渐成为统一的科学法则。随着科学技术的发展,工程技术的不断革新与进步,生产规模的逐渐扩大,许多学者和工程技术专家对工程制图的理论和方法做了大量的研究与推广工作,使之不断发展并日趋完善。

虽然我国历代在工程制图技术领域里曾有过许多成就,但长期的封建专制制约了我国工农业生产的发展,制图技术的发展也受到阻碍。中华人民共和国成立以后,随着科学技术与工农业生产的发展,使制图技术得到了相应的发展。随着国家标准《机械制图》、国家标准《建筑制图》、国家标准《技术制图》先后颁布,使我国制图技术及图样向共同适用的统一国家标准方向迈进。

随着电子技术、计算机应用技术、计算机图形图像学、计算数学等学科的飞速发展,工程制图已成为集计算机应用技术、计算机图形图像学、计算数学、微分几何等于一身的新兴学科——工程图学,它已成为教学、科研、生产和管理方面的重要工具。

第1章　工程制图基本知识

1.1　工程制图基本规定

机械图样是设计和机器制造过程中的重要资料，是组织和管理生产的重要技术文件，是机械工程技术交流的语言。为了适应生产的需要和国际间的技术交流，国家标准《技术制图》与《机械制图》对图样画法、尺寸标注法等都作了统一的技术规定，是机械生产和设计部门应共同遵守的制图规则。

国家标准简称“国标”，代号是“GB”。在GB/T 14689～14691—1993和GB/T 17450—1998中，分别对图纸幅面及格式、比例、字体和图线作了规定。

1.1.1　图纸幅面及格式(GB/T 14689—1993)

1.图纸幅面尺寸

图纸幅面是指绘制图样所采用的纸张的大小规格。为了便于图样管理和合理使用图纸，国家标准规定，绘制图样时，应优先采用国标规定的基本幅面尺寸，如表1-1所示。

表1-1　　**图纸幅面尺寸**　　单位：mm

幅面代号	A0	A1	A2	A3	A4
$B \times L$	841×1 189	594×841	420×594	297×420	210×297
e	20		10		
c	10			5	
a	25				

当基本幅面不能满足视图的布置时，允许使用加长幅面。加长幅面是使基本幅面的短边成整数倍增加。

2.图框格式

图纸幅面可横放或竖放。无论图样是否装订，均应在图幅内画出图框，留出周边，图框线用粗实线绘制，其格式如图1-1(a)、(b)所示，周边尺寸a、c、e如表1-1所示。需要装订的图样，一般采用A4幅面竖装或A3幅面横装。

3.标题栏

每张图纸都需要标题栏，标题栏的格式由国家标准(GB/T 10609.1—1989)统一规定，标题栏内要填写名称、材料、数量、图样编号、图样比例以及设计者、审核者的姓名、日期等内容。标题栏的位置一般配置在图框的右下角，如图1-1(a)、(b)所示，并使标题栏的底边与下图框线重合，使其右边与右图框线重合，标题栏中的文字方向通常为看图方向。对于预先印制了图框、标题栏和对中符号的图纸，若图纸竖放，且标题栏均位于图纸右上角时，应按方向符号指示的方向看图，如图1-1(c)所示，即令画在对中符号上的等边三角形(即方向符号)位于图纸下边来看图。制图作业的标题栏建议采用简化的格式，如图1-2所示。

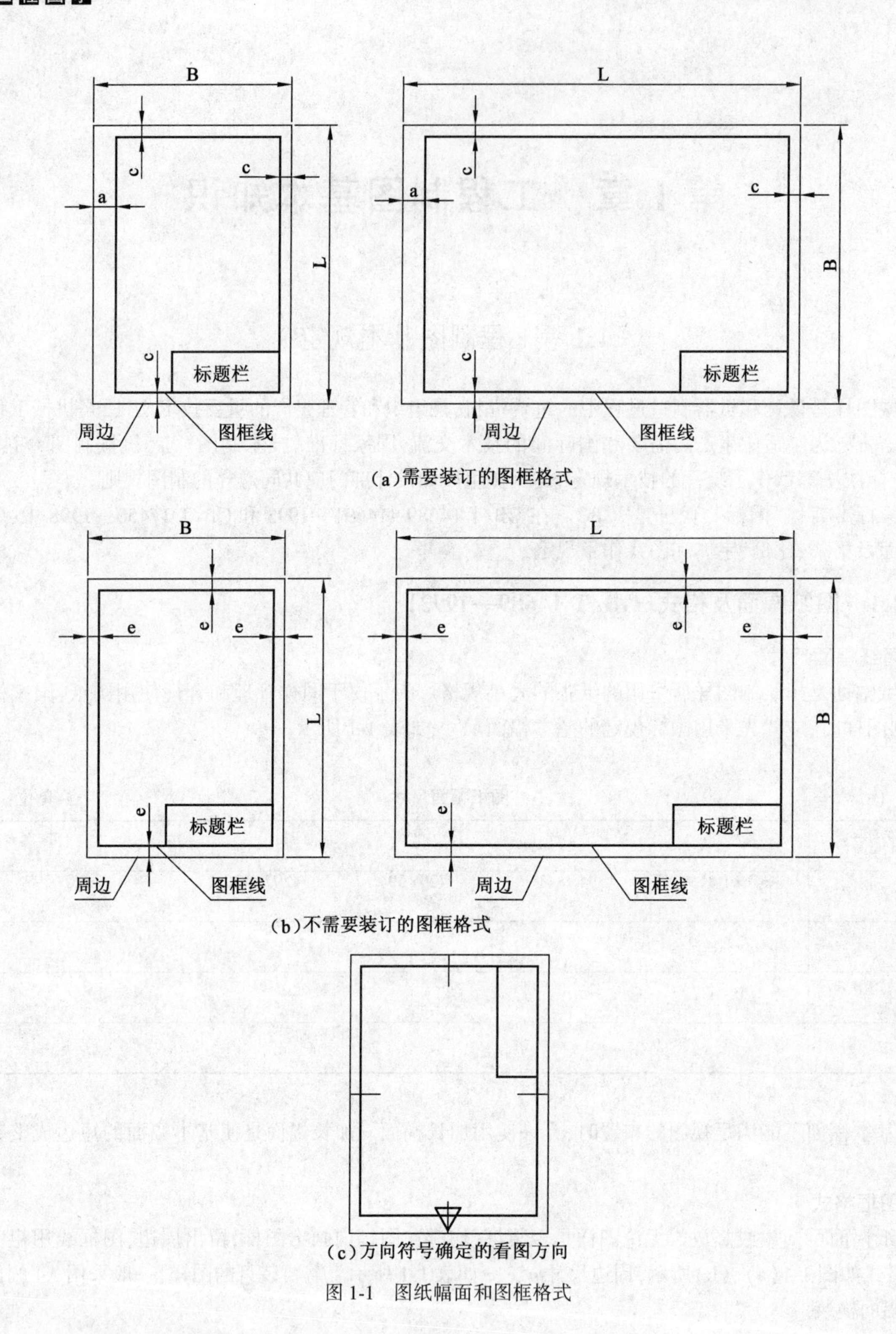

(a)需要装订的图框格式

(b)不需要装订的图框格式

(c)方向符号确定的看图方向

图 1-1　图纸幅面和图框格式

1.1.2　比例(GB/T 14690—1993)

图样的比例是指图中图形与其实物相应要素的线性尺寸之比。

绘制图样时,应尽可能按机件的实际大小(1∶1)画出,以便直接从图样上看出机件的真实大小。当机件不宜用1∶1画图时,应根据图样的用途和复杂程度从表1-2中选用合适的绘图比例(优先选用不带括号的比例)。

绘制同一机件的各个视图应采用同一比例,图样所采用的比例应填写在标题栏的“比例”栏内。当某一视图需采用不同比例时,必须在视图名称的下方或右侧另行标注。

15
35
20
15
设 计
校 核
审 核
班 级
(日 期)
学号
(材　料)
比 例
共　张 第　张
(校　名)
(图样名称)
(图样代号)
4X7.5(=30)
9
9
12
60
180

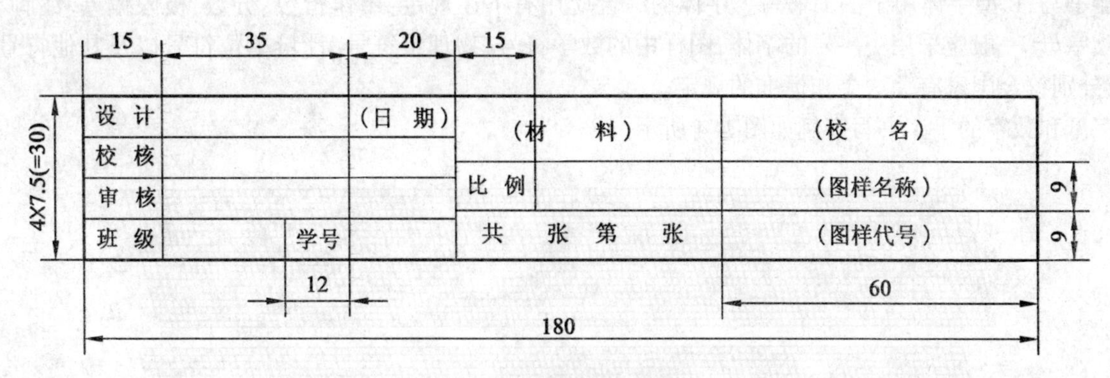

图 1-2　制图作业用标题栏

表 1-2　绘图用比例(n 为正整数)

原值比例	1∶1
放大比例	2∶1　(2.5∶1)　(4∶1)　5∶1　10^n∶1　2×10^n∶1　(2.5×10^n∶1)　(4×10^n∶1)　5×10^n∶1
缩小比例	(1∶1.5)　1∶2　(1∶2.5)　(1∶3)　(1∶4)　1∶5　(1∶6)　1∶10^n　(1∶1.5×10^n)
	1∶2×10^n　(1∶2.5×10^n)　(1∶3×10^n)　(1∶4×10^n)　1∶5×10^n　(1∶6×10^n)

1.1.3　字体

1.汉字

在机械图样中,除了表示机件形状的图形外,还要根据需要书写尺寸数字、技术要求、填写标题栏等。在书写汉字、数字和字母时,必须做到:字体端正、笔画清楚、排列整齐、间隔均匀。

字体的号数,即字体的高度(用 h 表示),单位为 mm,其公称尺寸系列为:1.8,2.5,3.5,5,7,10,14,20。字体的宽度约为其高度的三分之二。

汉字应写成长仿宋体,并采用国家正式公布的简化字。汉字的高度 h 不应小于 3.5mm,其字宽一般为 $h/\sqrt{2}$。长仿宋体的特点是:笔画坚挺、粗细均匀、起落带锋、整齐秀丽。汉字示例如图 1-3 所示。

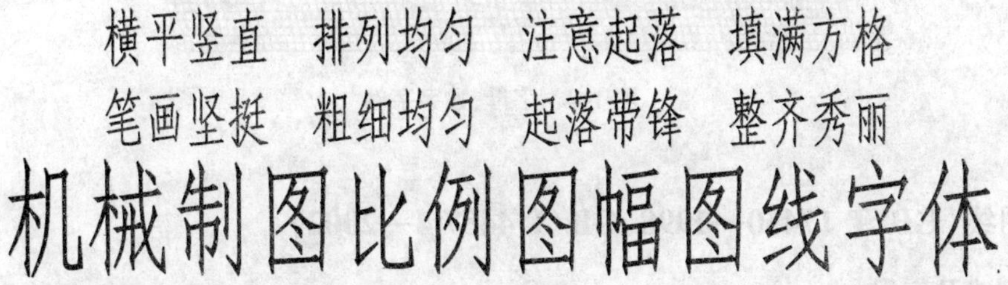

横平竖直　排列均匀　注意起落　填满方格
笔画坚挺　粗细均匀　起落带锋　整齐秀丽
机械制图比例图幅图线字体
尺寸标注螺纹轴承齿轮销孔
键联结退刀槽倒角圆弧设计
审核材料重量制造零件装配

图 1-3　长仿宋体字字例

2.字母、数字

字母和数字可写成直体或斜体,常用斜体,斜体字字头向右倾斜,与水平基准线成 75°。A 型字体用于机器书写,B 型字体用于手工书写。字体的综合应用有下述规定:用作指数、分数、极限偏差、注脚等的数字及字母,一般应采用小一号的字体;图样中的数学符号、物理量符号、计量单位符号以及其他符号、代号,应分别符合国家有关法令和标准的规定。

字母和数字的手工书写字例如图 1-4 所示。

图 1-4　字母、数字字例

1.1.4　图线(GB/T 17450—1998、GB/T 4457.4—2002)

1.图线的型式及应用

国标对图线的线宽和线型都做出了规定,常用图线的名称、型式、宽度及主要用途见表 1-3。

图线的线宽分为粗、细两种。粗线的宽度 d 按图样的大小和复杂程度确定,在 0.5~2mm 之间选取,推荐系列为:0.13、0.18、0.25、0.35、0.5、0.7、1.0、1.4、2.0。细线宽度是粗线的 1/2。图线的应用举例如图 1-5 所示。

2.图线的画法

(1)同一图样中,同类图线的宽度应一致。虚线、点画线及双点画线线段长度和间隔应各自大致相等。

(2)点画线、双点画线的首尾应是长画,而不是点,且"点"应画成长约 1mm 的短画。

(3)绘制轴线、对称中心线、双折线和作为中断线的双点画线时,应超出轮廓线 2~5mm。

(4)在较小的图形上绘制点画线或双点画线有困难时,可用细实线代替。

(5)两条线相交应是线段相交,而不应该交在点或间隔处;当虚线位于粗实线的延长线上时,粗实线应画到分界点,虚线应留有空隙。

(6)当各种线型重合时,应按粗实线、虚线、点画线的优先顺序画出。

(7)两条平行线(包括剖面线)之间的距离应不小于粗实线线宽的两倍,且最小距离不得小于0.7mm。图线画法图例如图1-6所示。

表1-3　　常用图线型式及主要用途

图线名称	图线型式	图线宽度	一般用途
粗实线	————————	d	可见轮廓线
细实线	————————	$d/2$	尺寸线、尺寸界线、剖面线、引出线
波浪线	～～～～	$d/2$	断裂处的边界线,视图和剖视的分界线
虚线	— — — — — —	$d/2$	不可见轮廓线
细点画线	— · — · —	$d/2$	轴线,对称中心线
细双点画线	— · · — · · —	$d/2$	假想投影轮廓线,中断线
双折线	—∧∨—∧∨—	$d/2$	断裂处边界线

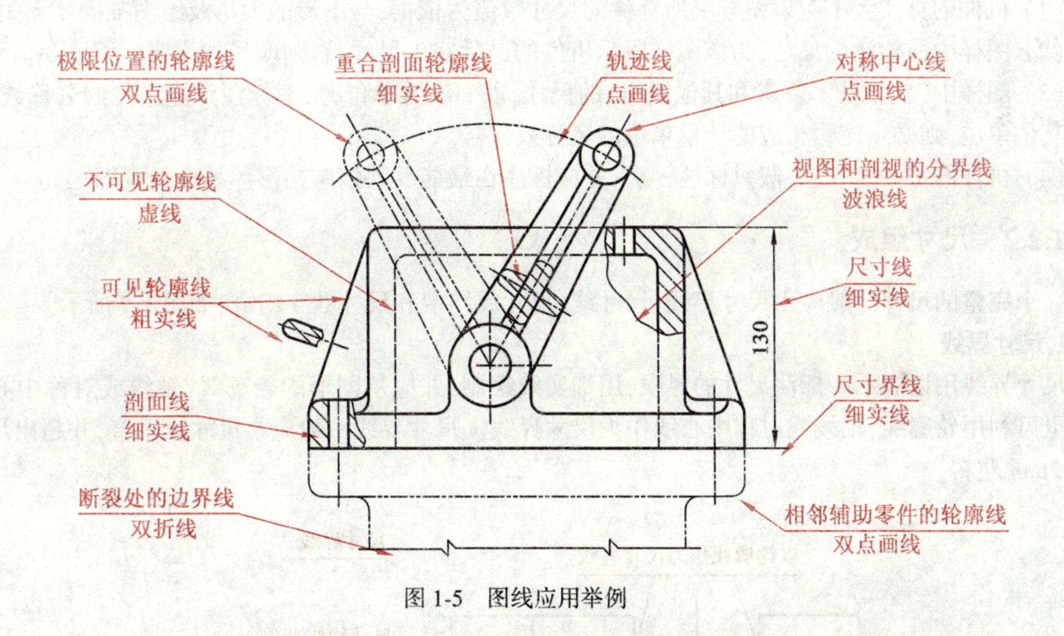

图1-5　图线应用举例

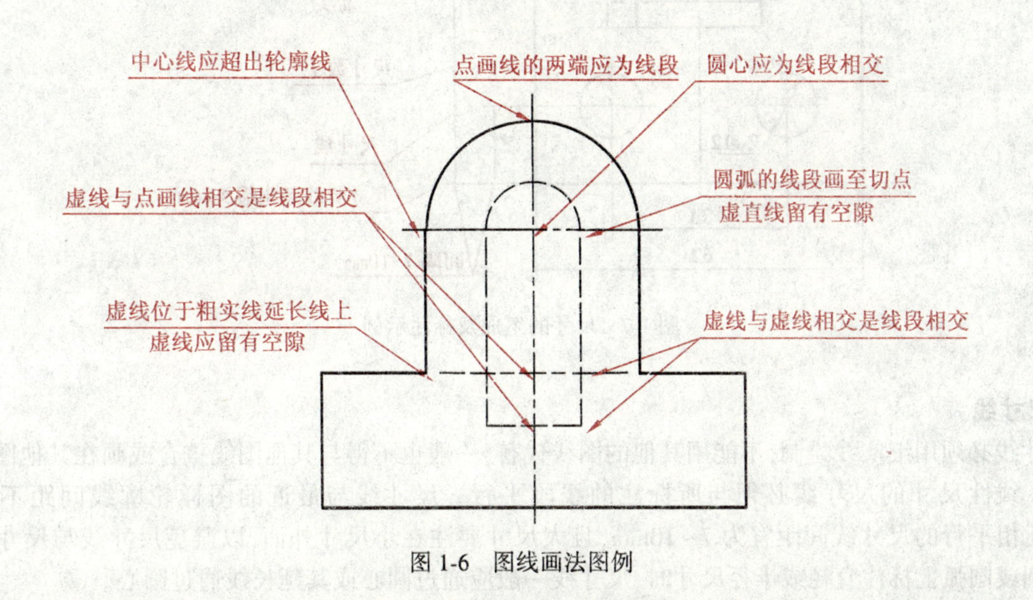

图1-6　图线画法图例

1.2 图样中尺寸标注基本方法

图样中的图形只能表达机件的结构和形状，而机件的大小则由图样上标注的尺寸来确定。零件的制造、装配、检验等都要根据尺寸来进行，因此尺寸标注是一项极为重要、细致的工作，必须认真细致、一丝不苟。如果尺寸有遗漏或错误，都会给生产带来困难和损失。

尺寸标注的基本要求是：正确、完整、清晰、合理。

正确——尺寸标注要符合国家标准的有关规定。

完整——要标注制造零件所需要的全部尺寸，不遗漏，不重复。

清晰——标注在图形最明显处，布局整齐，便于看图。

合理——符合设计要求和加工、测量、装配等生产工艺要求。

下面介绍尺寸标注的一些基本方法，有些内容将在后面的有关章节中讲述，其他相关内容可查阅国标(GB/T 4458.4—1984)。

1.2.1 基本规则

(1) 机件的真实大小应以图样上所标注的尺寸数值为依据，与图形的大小及绘图准确度无关。

(2) 图样中所标注的尺寸，为该图样所示机件的最后完工尺寸，否则应另加说明。

(3) 图样中(包括技术要求和其他说明)的尺寸，以 mm 为单位时，不标注计量单位的名称或代号，如采用其他单位，则必须注明相应的计量单位的名称或代号。

(4) 机件的每一尺寸，一般只标注一次，并应标注在最能反映该结构形体特征的视图上。

1.2.2 尺寸组成

一个完整的尺寸一般应由尺寸界线、尺寸线、尺寸线终端和尺寸数字组成，如图 1-7 所示。

1.尺寸界线

尺寸界线用以表示所标注尺寸的界限，用细实线绘制，并应从图形的轮廓线、轴线或对称中心线处引出。也可利用轮廓线、轴线或对称中心线作为尺寸界线。尺寸界线一般应与尺寸线垂直，并超出尺寸线的终端 2mm 左右。

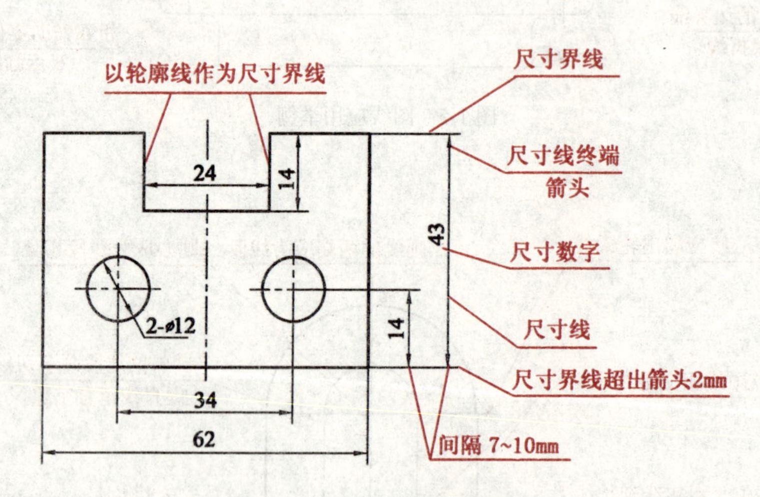

图 1-7 尺寸的组成及标注示例

2.尺寸线

尺寸线必须用细实线绘制，不能用其他的图线代替，一般也不得与其他图线重合或画在其他图线的延长线上。线性尺寸的尺寸线必须与所标注的线段平行。尺寸线与最近的图样轮廓线间距不宜小于10mm，互相平行的尺寸线间距宜为 7~10mm，且大尺寸要注在小尺寸外面，以避免尺寸线与尺寸界线相交。在圆或圆弧上标注直径或半径尺寸时，尺寸线一般应通过圆心或其延长线通过圆心。

3.尺寸线终端

尺寸线的终端有两种形式:箭头或斜线,如图 1-8 所示。

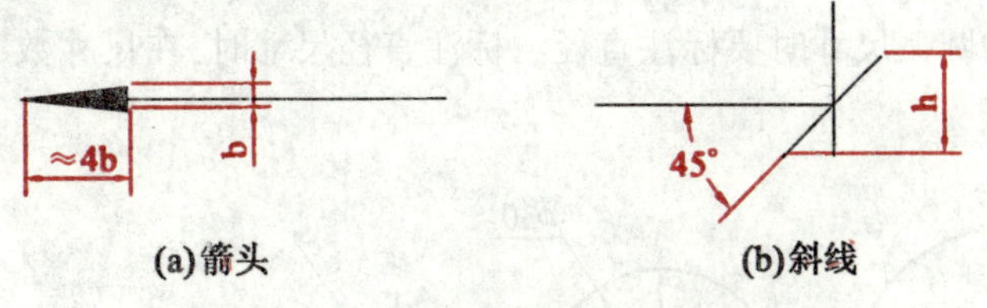

图 1-8　尺寸线终端的两种形式

箭头适用于各种类型的图样。箭头的宽度 b 是图样中粗实线的线宽,箭头的长约为宽度的 4 倍。箭头的尖端应指到尺寸界线,同一张图中所有尺寸箭头大小应基本相同。

斜线用细实线绘制,图中的 h 为字体高度。当尺寸终端采用斜线形式时,尺寸线与尺寸界线必须互相垂直。

4.尺寸数字

尺寸数字一律用阿拉伯数字书写。线性尺寸的数字一般写在尺寸线的中部。水平方向的尺寸,尺寸数字写在尺寸线的上方,字头朝上;竖直方向的尺寸,尺寸数字写在尺寸线的左侧,字头朝左,从下往上书写,如图 1-9(a)所示;倾斜方向的尺寸,尺寸数字的书写形式如图 1-10(a)所示,并尽可能避免在图示 30°范围内标注尺寸,当无法避免时应按图 1-10(b)所示的形式进行标注。

尺寸数字也允许注写在尺寸线的中断处。当尺寸线断开时,尺寸数字一律沿水平方向进行书写。如图 1-9(b)所示。在同一图样中,应尽可能采用同一种方法,一般应采用图 1-9(a)所示的方法注写。

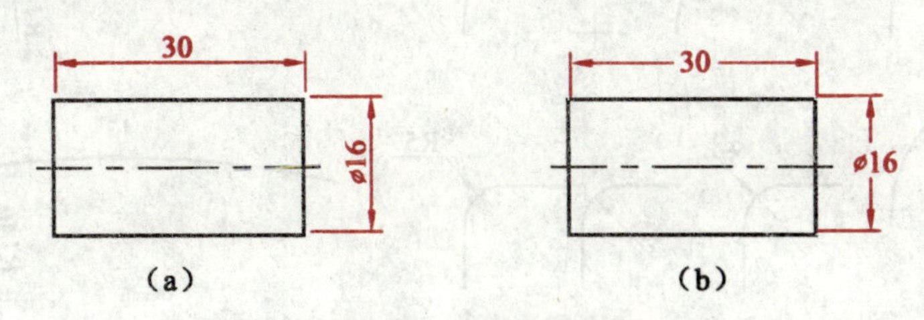

图 1-9　线性尺寸的尺寸数字书写方法

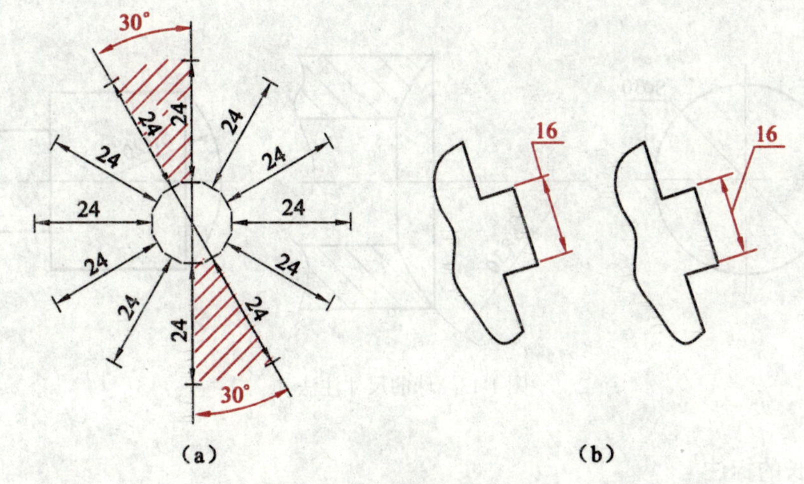

图 1-10　尺寸数字书写方向

1.2.3 常用尺寸注法示例

1.直径、半径尺寸标注

标注圆和大于半圆的圆弧尺寸时要标注直径。标注直径尺寸时,在尺寸数字前加注直径符号“ϕ”,直径注法如图 1-11 所示。

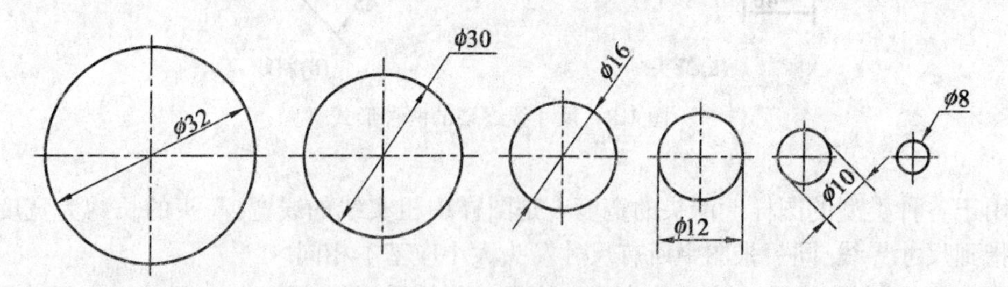

图 1-11 直径尺寸注法

标注半圆和小于半圆的圆弧尺寸时要标注半径。标注半径尺寸时,在尺寸数字前加注半径符号“R”。半径尺寸线一段位于圆心处,另一端画成箭头,指至圆弧,半径注法如图 1-12 所示。

2.球的尺寸标注

标注球面的尺寸时,需在球的半径或直径尺寸数字前加注“SR”、“$S\phi$”,如图 1-13 所示。

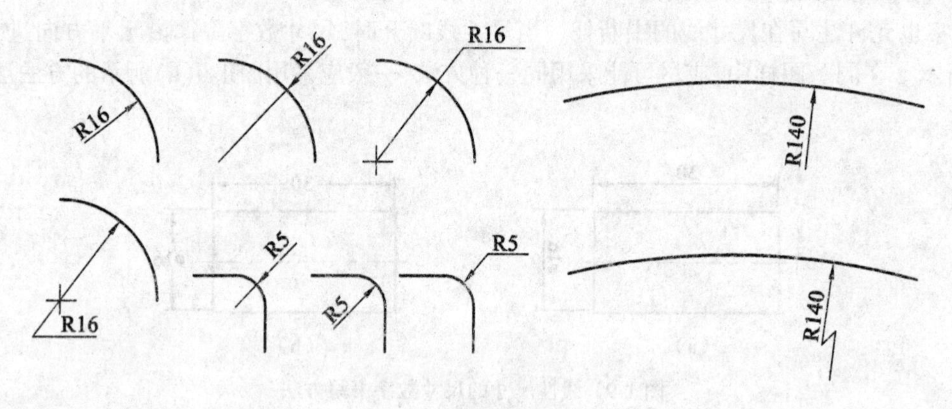

图 1-12 半径尺寸注法

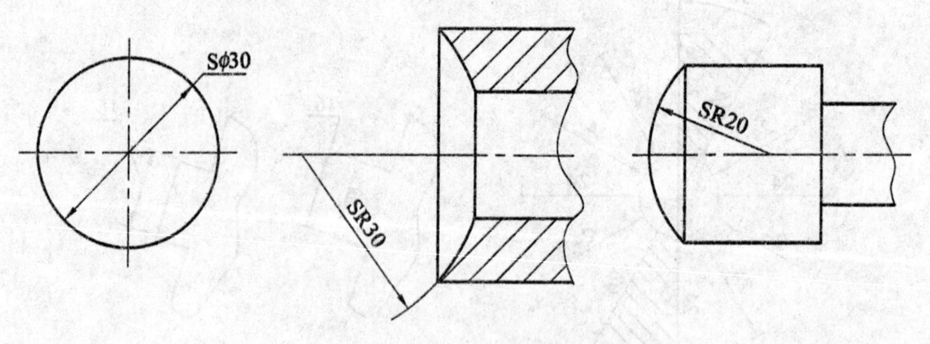

图 1-13 球的尺寸注法

3.角度、弦、弧长的标注

角度尺寸的尺寸界线应沿径向指出,尺寸线是以角的顶点为圆心的圆弧线,起止符号采用箭头,尺寸数字一律水平书写,如图 1-14(a)、(b)所示。标注弦的长度或圆弧的长度时,尺寸界线应平行于弦或弧的垂直平分线;标注圆弧时,在尺寸数字上方应加注符号“⌒”,如图 1-14(c)、(d)所示。

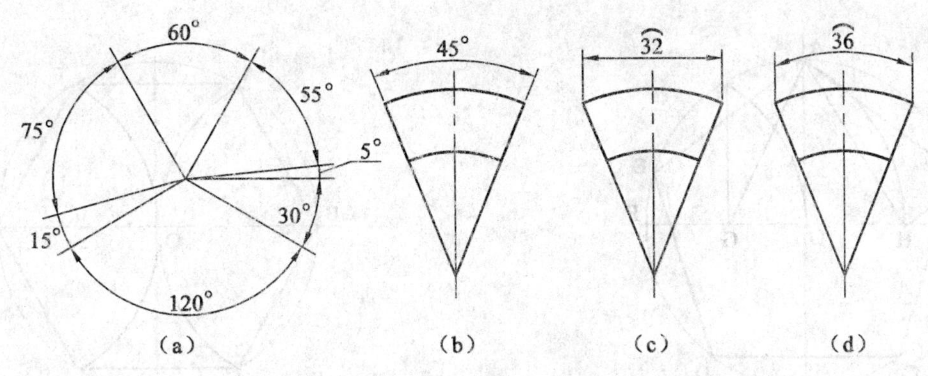

图1-14　角度的尺寸标注

4.小尺寸的注法

当尺寸界线间隔较小，没有足够位置画箭头或注写尺寸数字时，数字可写在外面或引出标注；几个小尺寸连续标注时，中间的箭头可用圆点或斜线代替，如图1-15所示。

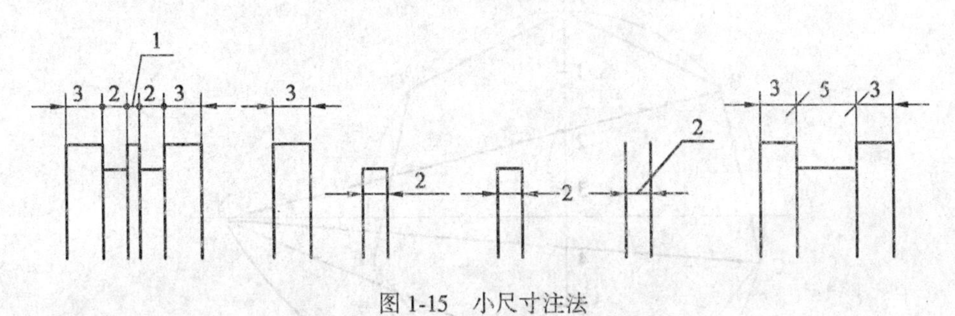

图1-15　小尺寸注法

1.3　几何作图与平面图形构型设计

机械图样中的图形虽然各有不同，但它们基本上是由直线、圆弧和其他一些曲线段所组成的几何图形。因此，我们应当掌握一些常用几何图形的作图方法。几何作图是绘制各种平面图形的基础，也是绘制工程图样的基础。

1.3.1　正多边形

1.正五边形

图1-16为正五边形作法的示意图。确定水平半径 OF 的中点 G，以 G 为圆心、AG 为半径作弧，交水平中心线于 H，以 AH 为边长，即可作出圆的内接正五边形。

2.正六边形

图1-17为正六边形作法的示意图。根据正六边形的边长与外接圆半径相等的特点，用外接圆半径等分圆周得六个等分点，连接各等分点即得正六边形。

3.正 *n* 边形

这里以 $n=7$ 为例，介绍正七边形的作法，如图1-18所示。将铅垂直径 AM 七等分；以点 A 圆心、AM 为半径作弧，交 AM 的水平中垂线于点 N；延长连线 $N2$、$N4$、$N6$，与圆周相交得点 B、C、D；作出 B、C、D 的对称点 G、F、E，七边形 $ABCDEFG$ 即为所求。

1.3.2　斜度与锥度

1.斜度

斜度是指一直线（或平面）对另一直线（或平面）的倾斜程度。如图1-19(a)所示，Rt$\triangle ABC$ 中，$\angle\alpha$ 的正切值称为 AC 对 AB 的斜度，并把比值化为 $1:n$ 的形式，即

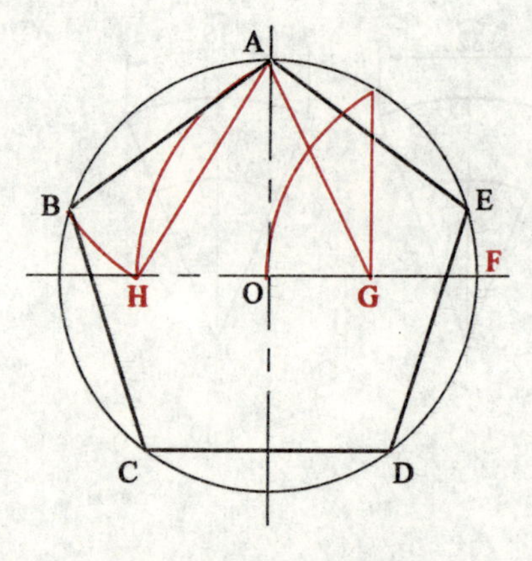

图 1-16　正五边形的作法

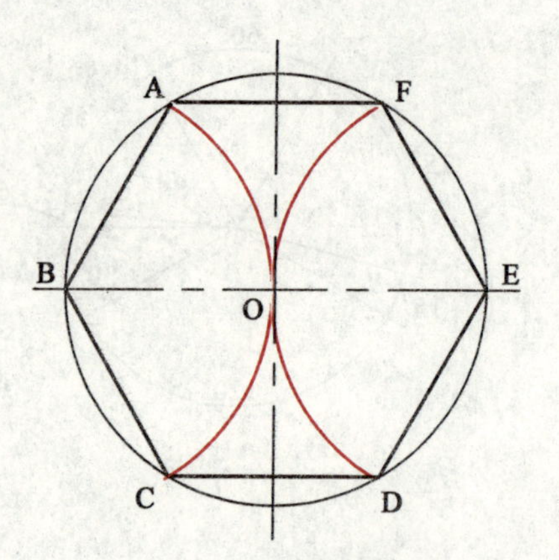

图 1-17　正六边形的作法

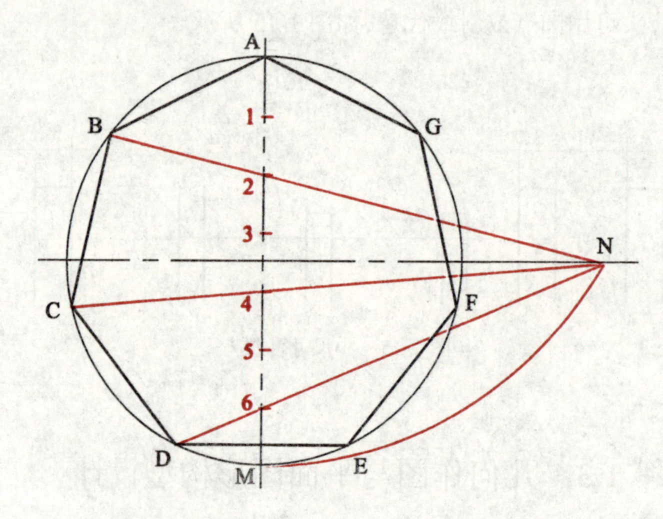

图 1-18　正多边形的作法

$$斜度=\tan\alpha=BC:AB=1:n$$

标注时，斜度符号的斜线方向应与图形中的斜线方向一致。

对直线 AB 作一条 1∶6 斜度的倾斜线，其作图方法为（见图 1-19(b)）：作一直线 AB，取 AB 为 6 个单位

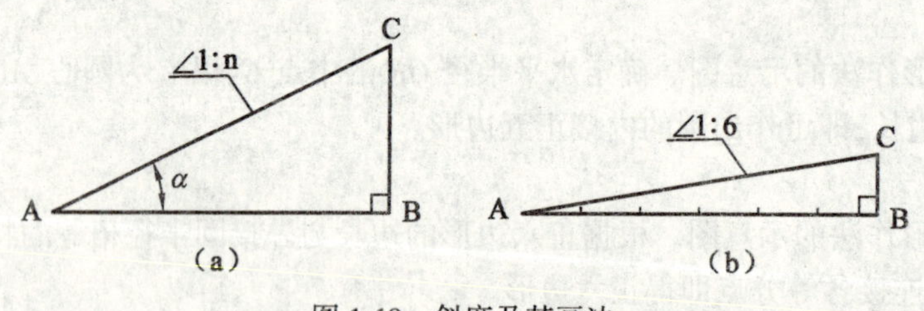

图 1-19　斜度及其画法

长度；过点 B 作直线 BC 垂直于 AB，使 BC 等于一个单位长度；连接 AC，即得斜度为 1∶6 的直线。

2.锥度

锥度是指正圆锥体的底圆直径 D 与圆锥高度 H 之比，即锥度 $=D:H$（见图 1-20(a)），在图 1-20 中常以 $1:n$的形式标注。标注时，锥度符号的尖顶方向应与圆锥锥顶方向一致。

已知圆锥体的锥度为 1∶4，其作图方法为（见图 1-20(b)）：作一直线 AB，取 AB 为 4 个单位长度；过点 B 作直线 MN 垂直于 AB，使 $BM=BN$ 等于 1/2 个单位长度；连接 AM、AN，即得斜度为 1∶4 的正圆锥。

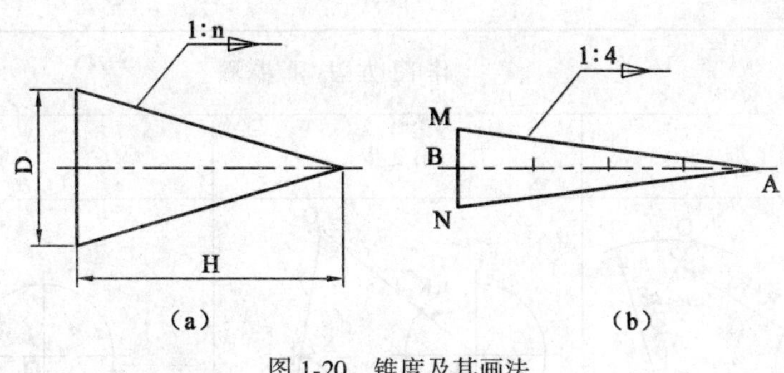

图 1-20　锥度及其画法

1.3.3　圆弧连接

绘图时,经常需要用圆弧来光滑连接已知直线或圆弧,这种作图称为圆弧连接。光滑连接也就是相切连接,为了保证相切,必须准确地作出连接圆弧的圆心和切点。常见的圆弧连接作图见表 1-4,其中连接圆弧的半径为 R。

表 1-4　　常见的圆弧连接作图

连接要求	作图方法和步骤		
	第 1 步	第 2 步	第 3 步
连接垂直相交的两直线	求切点 K_1、K_2	求圆心 O	画连接圆弧
连接相交的两直线	求圆心 O	求切点 K_1、K_2	画连接圆弧
连接直线和圆弧	求圆心 O	求切点 K_1、K_2	画连接圆弧

续表

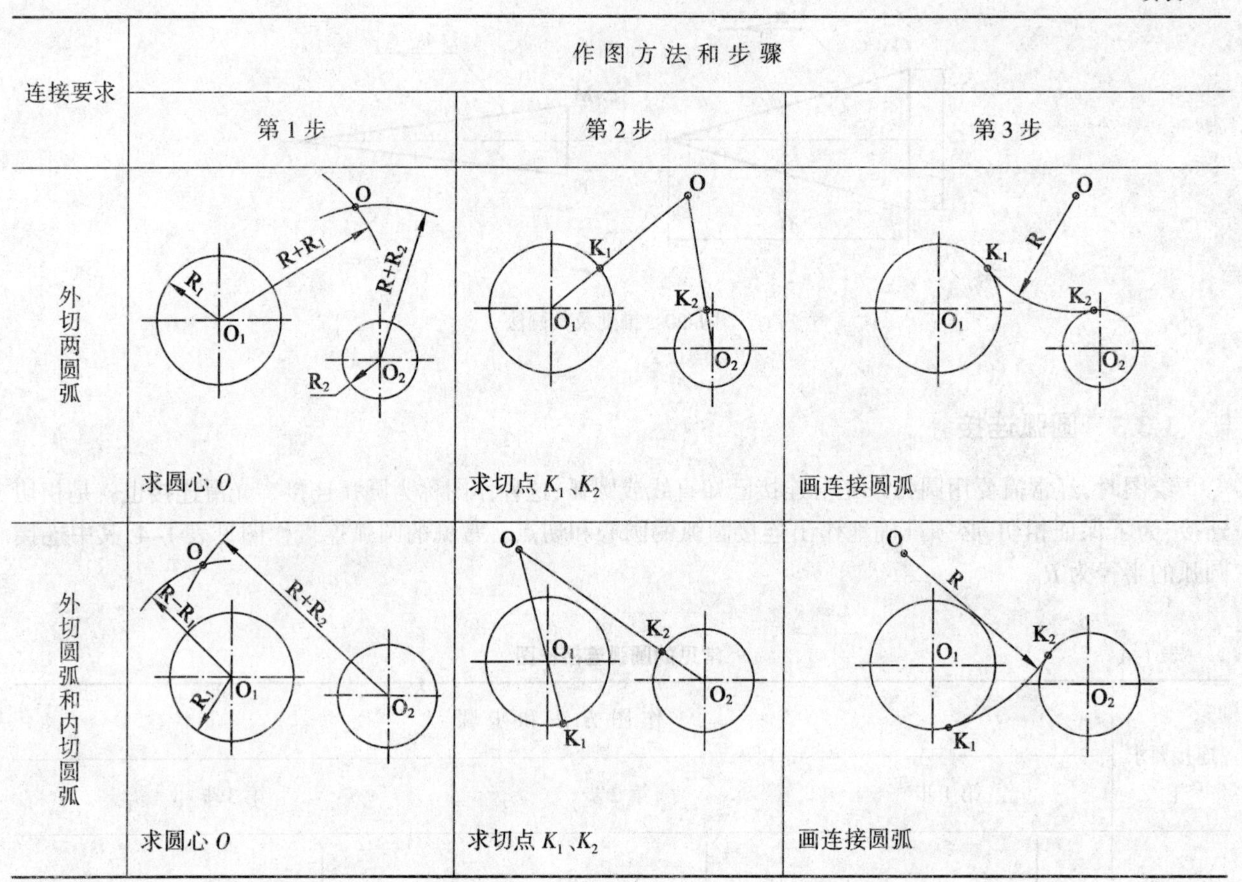

连接要求	作图方法和步骤		
	第1步	第2步	第3步
外切两圆弧	求圆心 O	求切点 K_1、K_2	画连接圆弧
外切圆弧和内切圆弧	求圆心 O	求切点 K_1、K_2	画连接圆弧

【例】 拨钩的构型设计(见图1-21)。

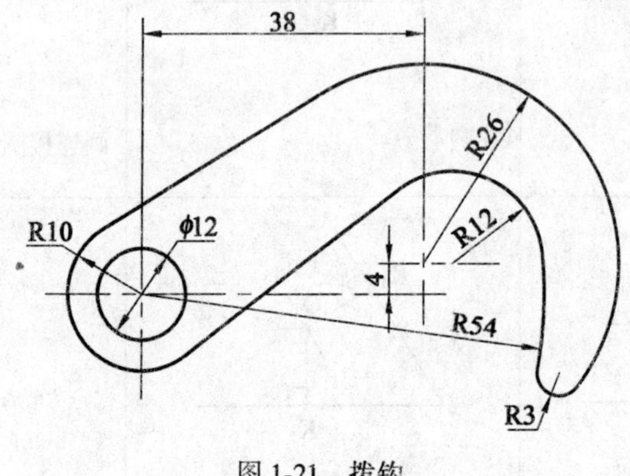

图1-21 拨钩

分析:

(1)直径为 $\phi12$ 的圆为已知圆(圆心位置已知),半径为 $R10$,$R54$,$R26$ 的圆弧为已知圆弧;

(2)半径为 $R12$ 的圆弧为中间圆弧,半径为 $R3$ 的圆弧为连接圆弧;

(3)半径为 $R10$ 的圆弧与半径为 $R12$ 和 $R26$ 的圆弧之间是通过两条公切线连接的。

作图步骤:(见图1-22)

(1)画已知圆和圆弧,如图1-22(a)所示;

(2)画半径为 $R12$ 的中间圆弧(与半径为 $R54$ 的已知圆弧内切):以 O 为圆心,以40为半径作弧,与过 O_1 的水平线相交于 O_2,O_2 即为半径为 $R12$ 的圆弧的圆心;连接 OO_2 延长与半径为 $R54$ 的圆弧交于一点 A,即为切点;作半径为 $R12$ 的圆弧,如图1-22(b)所示;

(3)画半径为 $R3$ 的连接圆弧,它与半径为 $R54$ 的圆弧外切,与半径为 $R26$ 的圆弧内切,切点分别为

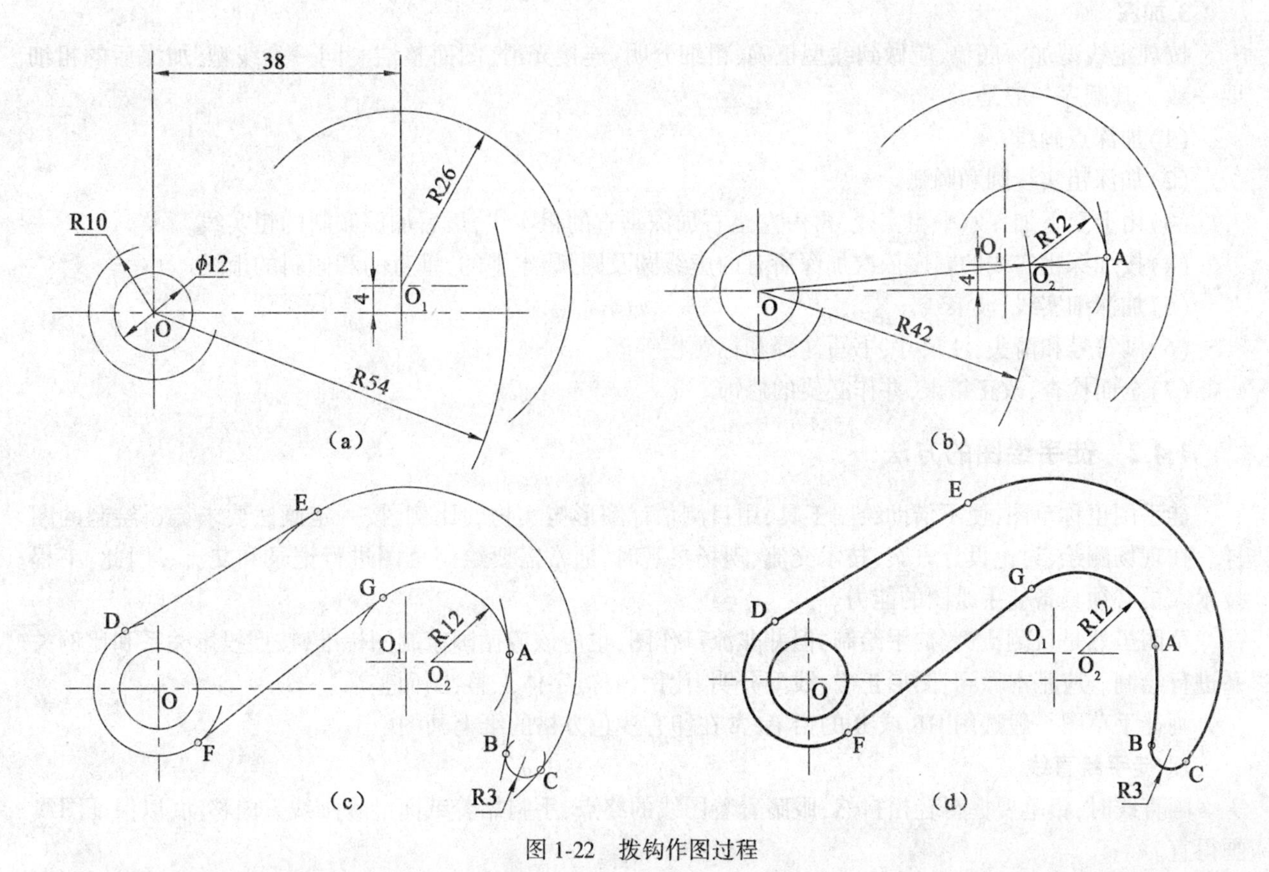

图 1-22　拨钩作图过程

B,*C*,如图 1-22(c)所示;

(4)画两条公切的直线段,半径为 *R*12 和 *R*26 的两圆弧的公切线为 *DE*,半径为 *R*10 和 *R*12 的两圆弧的公切线为 *DE*,如图 1-22(c)所示;

(5)擦去多余的线条,加深全图,如图 1-22(d)所示。

1.4　手工绘图的方法和步骤

1.4.1　绘图的一般方法和步骤

为了提高图样质量和绘图速度,除了必须熟悉国家制图标准,掌握几何作图的方法和正确使用绘图工具外,还必须掌握正确的绘图程序和方法。

1. 绘图前的准备工作

(1)阅读有关文件、资料,了解所画图样的内容和要求。

(2)准备好绘图用的图板、丁字尺、三角板、圆规及其他工具、用品,将铅笔按线型要求削好。

(3)根据所绘图形或物体的大小和复杂程度选定比例,确定图纸幅面,将图纸用透明胶带固定在图板上。在固定图纸时,应使图纸的上下边与丁字尺的尺身平行。当图纸较小时,应将图纸布置在图板的左下方,且使图板的下边缘至少留有一个尺深的宽度,以便放置丁字尺。

2.画底稿

(1)按国家标准规定画图框和标题栏。

(2)布置图形的位置。根据每个图形的长、宽尺寸确定位置,同时要考虑标注尺寸或说明等其他内容所占的位置,使每一图形周围要留有适当空余,各图形间要布置得均匀整齐。

(3)先画图形的轴线或对称中心线,再画主要轮廓线,然后由主到次、由整体到局部,画出其他所有图线。

(4)画其他符号、尺寸线、尺寸界线、尺寸数字横线和仿宋字的格子。

(5)仔细检查校对,擦去多余线条和污垢。

3.加深

按规定线型加深底稿,应做到线型正确、粗细分明、连接光滑、图面整洁。同一类线型,加深后的粗细要一致。其顺序一般是:

(1)加深点画线。

(2)加深粗实线圆和圆弧。

(3)由上至下加深水平粗实线,再由左至右加深垂直的粗实线,最后加深倾斜的粗实线。

(4)按加深粗实线的顺序依次加深所有的虚线圆及圆弧,水平的、垂直的和倾斜的虚线。

(5)加深细实线、波浪线。

(6)画符号和箭头,注尺寸,书写注释和标题栏等。

(7)全面检查,改正错误,并作必要的修饰。

1.4.2 徒手绘图的方法

徒手图也称草图,使不借助绘图工具,用目测估计图形与实物的比例,按一定画法要求徒手绘制的图样。在现场测绘、讨论设计方案、技术交流、现场参观时,通常需要绘制草图进行记录和交流。因此,工程技术人员必须具备徒手绘图的能力。

草图虽然是目测比例、徒手绘制,但并非潦草作图,也应该遵循国家制图标准,按照投影关系和比例关系进行绘制。应基本做到:图形正确、线型分明、比例匀称、字体工整、图面整洁。

画徒手草图一般选用 HB 或 B 的铅笔,常在印有浅色方格的纸上画图。

1. 徒手绘直线

画直线时,铅笔要握得轻松自然,眼睛看着图线的终点,手腕靠着纸面沿着画线方向移动,以保证图线画得直。

画水平线时,图纸应斜放,以图 1-23(a)中所示的画线方向最为顺手;画垂直线时自上而下运笔,如图 1-23(b)所示;画斜线时可以转动图纸,使欲画的斜线正好处于顺手方向,如图 1-23(c)所示。画短线,常以手腕运笔;画长线则以手臂运笔。当直线较长时,可以分段画。

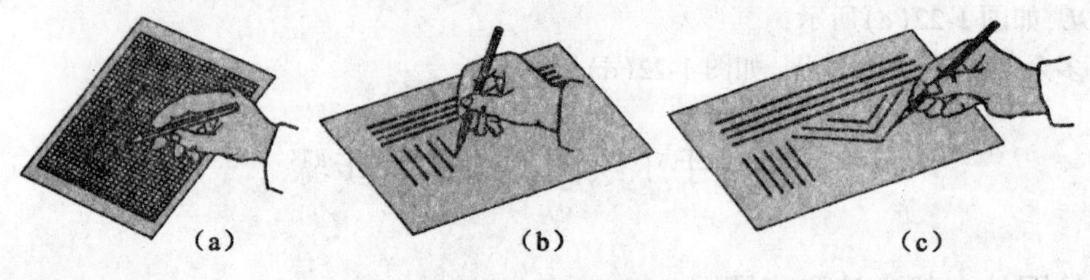

图 1-23 直线的画法

2.徒手绘圆和圆弧

画圆时,应先定圆心的位置,再通过圆心画对称中心线,在对称中心线上距圆心等于半径处截取四点,过四点画圆即可,如图 1-24(a)所示。画直径较大的圆时,除对称中心线以外,可再过圆心画两条不同方向的直线,同样截取四点,过八点画圆,如图 1-24(b)所示。

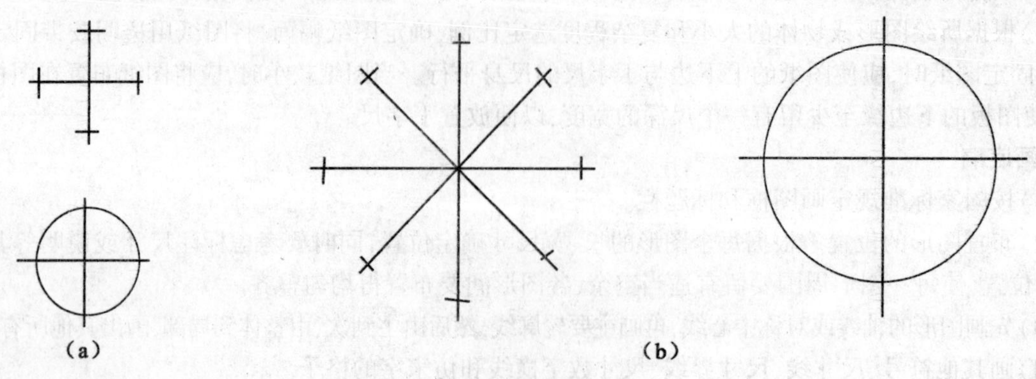

图 1-24 圆的画法

3.徒手绘椭圆

已知长短轴画椭圆,如图1-25(a)所示。先根据椭圆的长短轴,目测定出端点的位置,然后过四个端点画一矩形,再连接长短轴端点与矩形相切画椭圆。也可利用外切菱形画四段圆弧构成椭圆,如图1-25(b)所示。

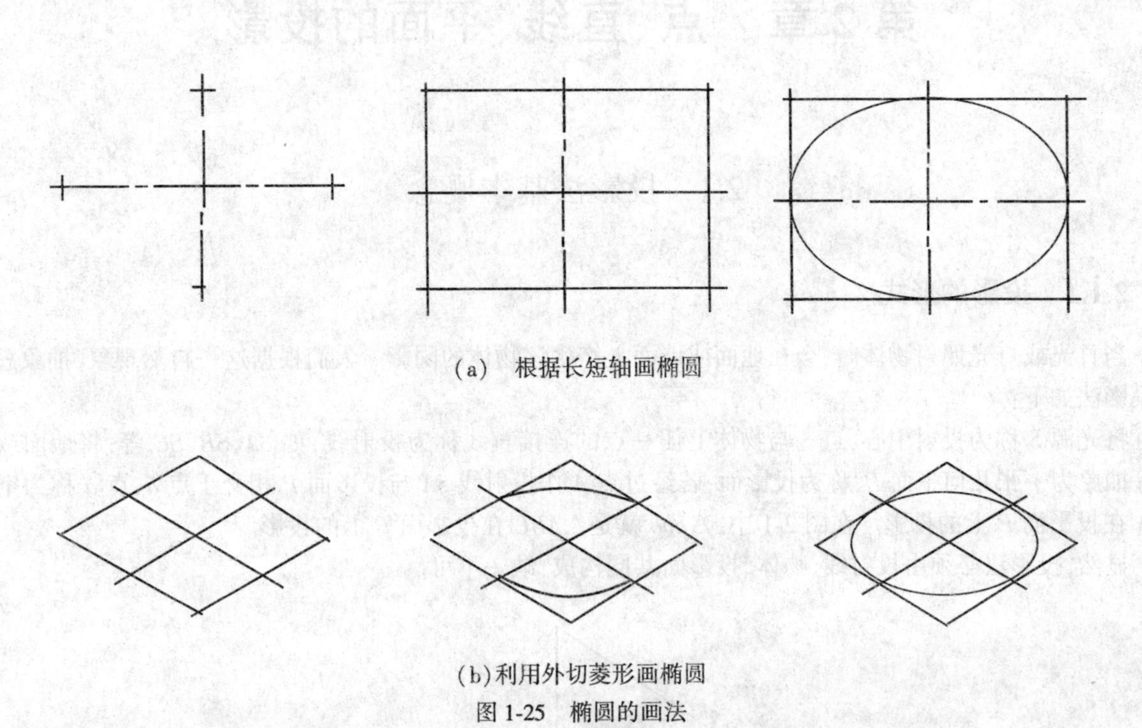

(a)　根据长短轴画椭圆

(b)利用外切菱形画椭圆

图1-25　椭圆的画法

第2章　点、直线、平面的投影

2.1　投影法基本概念

2.1.1　投影的形式

当日光或灯光照射物体时，会在地面或墙面上产生该物体的阴影。人们根据这一自然现象，抽象总结出投影法如下：

将光源 S 称为投射中心，点 S 与物体上任一点的连接直线称为投射线，如 SA、SB、SC 等；将地面或墙面等抽象为一张几何平面 P，称为投影面；若经过点 A 作投射线 SA 与投影面 P 相交于点 a，点 a 称为空间点 A 在投影面 P 上的投影。在图 2-1 中，$\triangle abc$ 就是 $\triangle ABC$ 在投影面 P 上的投影。

显然，投影法必须由投射线、物体、投影面共同构成，缺一不可。

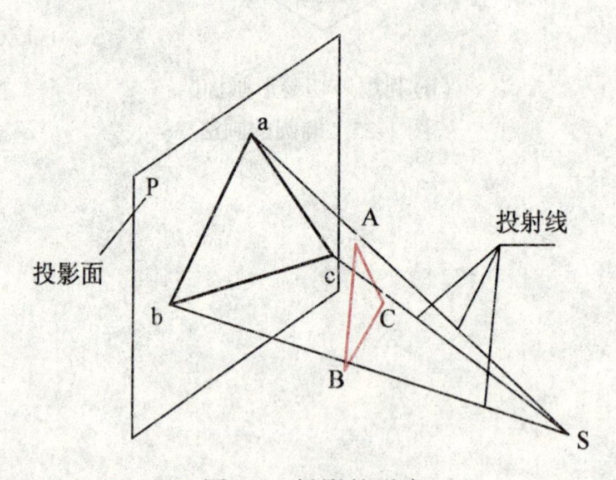

图 2-1　投影的形成

2.1.2　投影法分类

1.中心投影法

若所有投射线如 SA、SB、SC 都汇交于投射中心 S，这样得到的投影称为中心投影，这种投影方法称为中心投影法，如图 2-1 所示。用这种方法绘制的投影图又称为透视图，如图 2-2 所示。

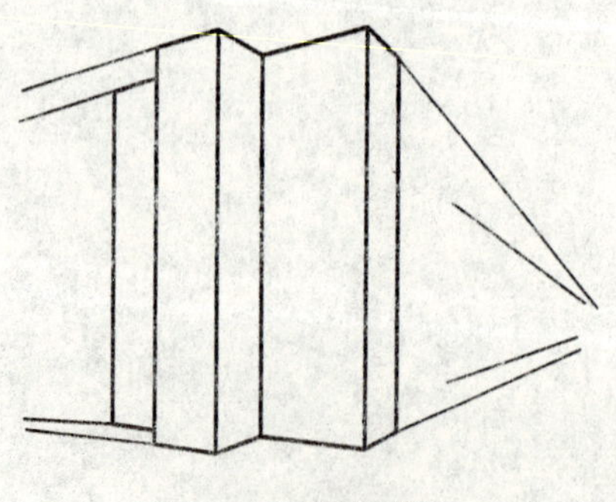

图 2-2　透视投影图

2.平行投影法

若将投射中心移至距投影面 P 无穷远处,这时所有的投射线都相互平行,这样得到的投影称为平行投影,这种投影方法称为平行投影法,如图 2-3 所示。平行投影法又分为斜投影法和正投影法。

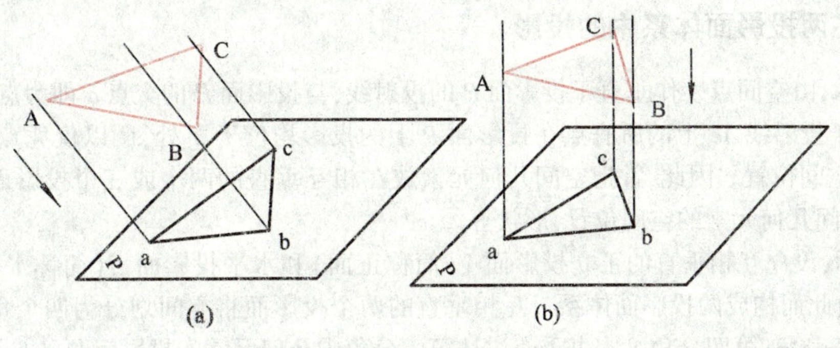

图 2-3　平行投影法

投射线倾斜于投影面 P,称为斜投影,如图 2-3(a)所示;投射线垂直于投影面 P,称为正投影,如图 2-3(b)所示。自空间某点 A 向投影面 P 作垂线,垂足 a 即为空间点 A 在投影面 P 上的正投影。工程图样主要用正投影,在本书后续章节中,将“正投影”简称为“投影”。图 2-4 为利用正投影法向几个相互垂直的投影面分别进行投影而得到的多面正投影图;图 2-5 为轴测投影图。

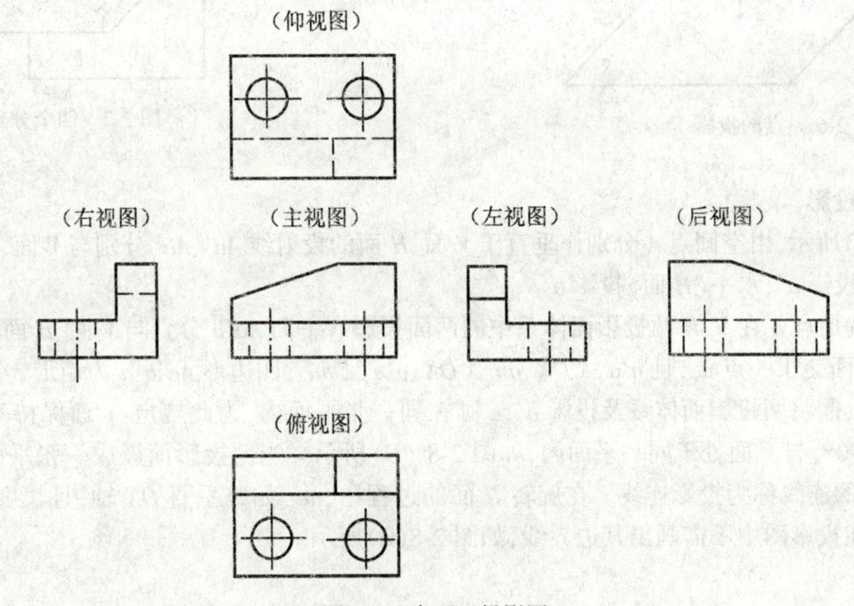

图 2-4　多面正投影图

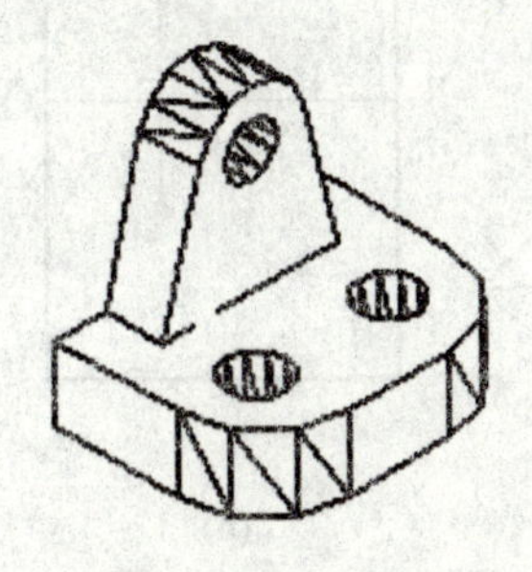

图 2-5　轴测投影图

2.2 点的投影

2.2.1 点在两投影面体系中的投影

如图 2-6 所示，由空间点 A 作垂直于投影面 P 的投射线，与投影面 P 的交点 a 即为点 A 在投影面 P 上的投影。由于位于投射线 Aa 上的所有点在投影面 P 上的投影均位于 a 处，所以仅凭点 A 的一个投影 a 不能确定点 A 的空间位置。因此，常把空间几何元素放在相互垂直的两个或三个投影面之间，形成多面正投影，以确定空间几何元素的空间位置、形状等。

如图 2-7 所示，设立互相垂直的正立投影面 V(简称正面)和水平投影面 H(简称水平面)，其交线为 OX——投影轴，由此而构成两投影面体系。互相垂直的两个投影面将空间划分为四个角，分别为第一分角、第二分角、第三分角、第四分角。本书重点讲述第一分角中几何元素的投影问题。

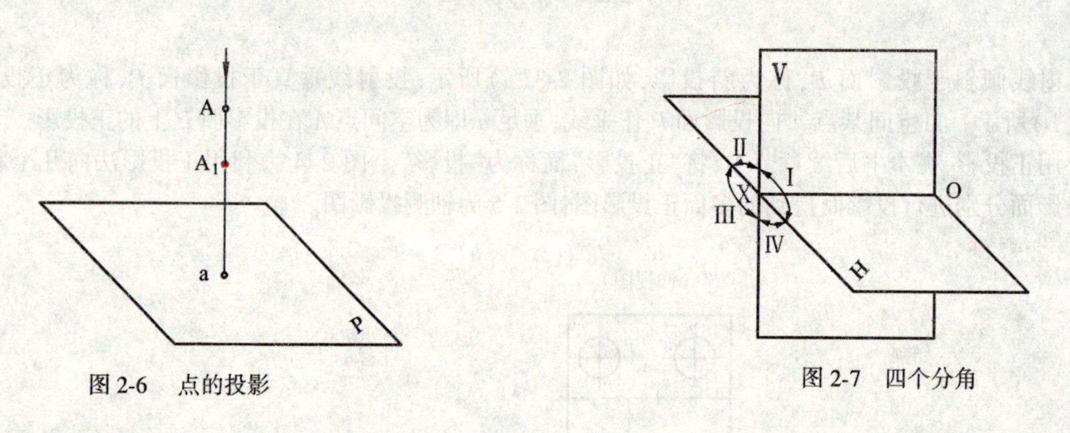

图 2-6　点的投影　　图 2-7　四个分角

1.点的两面投影

如图 2-8 (a) 所示，由空间点 A 分别作垂直于 V 面、H 面的投射线 Aa'、Aa，分别与 V 面、H 面相交，得点 A 的正面(V 面)投影 a'、水平(H 面)投影 a。

投影 a'、a 就是点 A 在 V、H 两投影面体系中的两面投影。平面 $Aa'a$ 分别与 V 面、H 面垂直相交，这三个相互垂直的平面交于一点 a_x，且 $a'a_x \perp OX$、$aa_x \perp OX$、$a'a_x \perp aa_x$，四边形 $Aa'a_xa$ 为矩形。

画投影图时，需将两投影面体系及投影 a'、a 画在同一张平面内，为此规定：V 面保持不动，将 H 面绕 OX 轴向下旋转 90°，与 V 面处于同一平面内，如图 2-8 (b) 所示。当两投影面展成一张平面后，正面投影 a'与水平投影 a 的连线称为投影连线。在旋转 H 面的过程中，aa_x 始终垂直 OX 轴，且长度不变。因投影面是无限大的，在投影图中不需画出其边界线，如图 2-8(c) 所示。

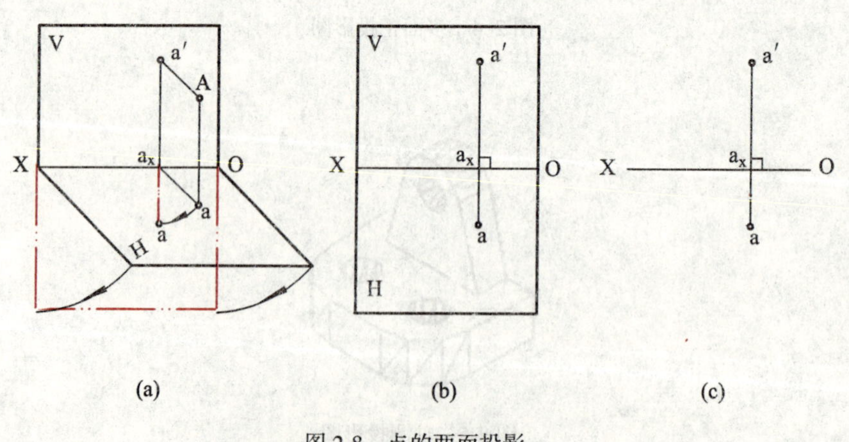

图 2-8　点的两面投影

2.点的两面投影规律

(1)两投影的连线垂直投影轴,如图2-8(c)中,$a'a \perp OX$。

(2)点的某投影到投影轴的距离,等于该空间点到另一投影面的距离,即:$a'a_x = Aa$、$aa_x = Aa'$。

由上作图可知:已知点的两面投影,就可以唯一确定该点的空间位置。若将H面绕OX轴向前旋转90°,恢复到原来的水平位置,再分别由a'、a作垂直于V面、H面的投射线,就能唯一交出点A的空间位置。

3.投影面及投影轴上的点

如图2-9(a)所示,点B、点C分别位于H面、V面上,点D位于OX轴上。点B的水平投影b与自身重合,正面投影b'位于OX轴上;点C的正面投影c'与自身重合,水平投影c位于OX轴上;点D的两个投影d'、d均与自身重合。其投影图如图2-9(b)所示。

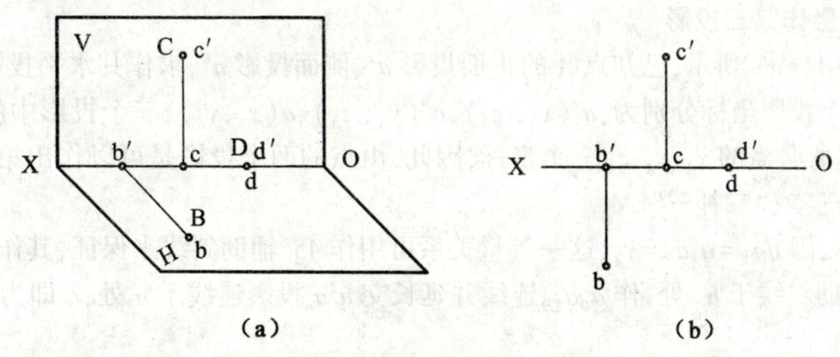

图2-9　投影面及投影轴上的点

2.2.2　点在三投影面体系中的投影

如前所述两投影面体系,能确定点在空间的位置,但对于一些较复杂的形体,只有两个投影往往不能确定其形状,常需设置第三个投影面,作出第三个投影。

如图2-10所示,在两投影面体系的基础上,再设置一个与H面、V面都垂直的侧立投影面(W面),构成三投影面体系。W面与V面的交线为投影轴OZ,W面与H面的交线为投影轴OY。W面简称侧面。三轴交于一点O,称为原点。

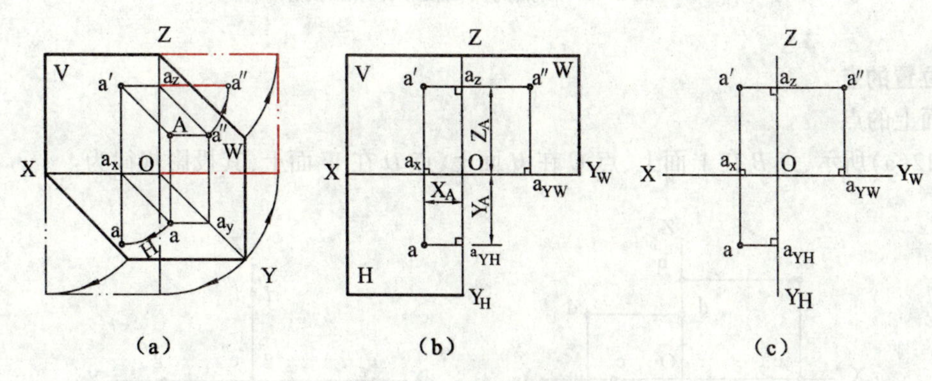

图2-10　点的三面投影

1.点的三面投影

在图2-10中,由空间点A分别作垂直于V面、H面、W面的投射线Aa'、Aa、Aa'',得到的三个垂足a'、a、a'',就是点A在V、H、W三投影面体系中的三面投影,其中a''为点A的侧面投影。平面$Aa'a''$分别与V面、W面垂直相交,该三平面交于一点a_z;平面Aaa''分别与H面、W面垂直相交,该三平面交于一点a_y。$a'a_z \perp OZ$、$a''a_z \perp OZ$,$a'a_z \perp a''a_z$,四边形$Aa'a_za''$为矩形;$aa_y \perp OY$、$a''a_y \perp OY$,$aa_y \perp a''a_y$,四边形Aaa_ya''为矩形。

画投影图时,需将三投影面体系及投影a'、a、a''画在同一张平面内,为此规定:V面保持不动,H面绕OX轴向下旋转90°,W面绕OZ轴向右旋转90°,使三个投影面展开后与V面处于同一平面内,在旋转W

面的过程中，$a''a_z$ 始终垂直 OZ 轴，且长度不变。如图 2-10（b）所示。因投影面是无限大的，在投影图中不画出其边界线，如图 2-10（c）所示。旋转后的 OY 轴被"一分为二"，随 H 面的轴记为 OY_H、随 W 面的轴记为 OY_W，$OY_H=OY_W$，即有 $Oa_{YH}=Oa_{YW}$。

2.点的三面投影规律

(1)点的投影连线垂直相应的投影轴，即：$a'a\perp OX$、$a'a''\perp OZ$。

(2)空间点到某一投影面的距离等于该点在另外两投影面上的投影到相应投影轴的距离，即：$Aa'=aa_X=a''a_Z$，$Aa=a'a_X=a''a_{YW}$，$Aa''=a'a_Z=aa_{YH}$。

3.点的坐标

三个投影面即为三个坐标面，投影轴 OX、OY、OZ 为坐标轴，O 为坐标原点，由此而构成空间直角坐标系。空间点到三个投影面的距离等于点的三个坐标，即

$X_A=a'a_Z=aa_Y=Aa''$，$Y_A=aa_Z=a''a_Z=Aa'$，$Z_A=a'a_X=a''a_Y=Aa$

4.由点的两个投影作第三投影

【例 2-1】如图 2-11(a) 所示，已知点 A 的正面投影 a'、侧面投影 a''，求作其水平投影 a。

【解】点 A 的三个投影坐标分别为：$a'(x_A, z_A)$，$a''(y_A, z_A)$、$a(x_A, y_A)$，三个投影中的任意两个都包含有确定该点空间位置所必需的 x_A、y_A、z_A 三个坐标，因此，由点的两个投影是可以作出第三投影的，这一作图过程常称为"二求三"或"二补三"。

图 2-11（b）所示，因 $aa_X=a''a_Z=y_A$，这一等量关系可用作 45°辅助斜线来保证，其作图过程为：作 $a''a_{YW}$ 连线并延长交 45°辅助斜线于 a_0 处，作 a_0a_{YH} 连线并延长交 $a'a$ 投影连线于 a 处，a 即为所求。

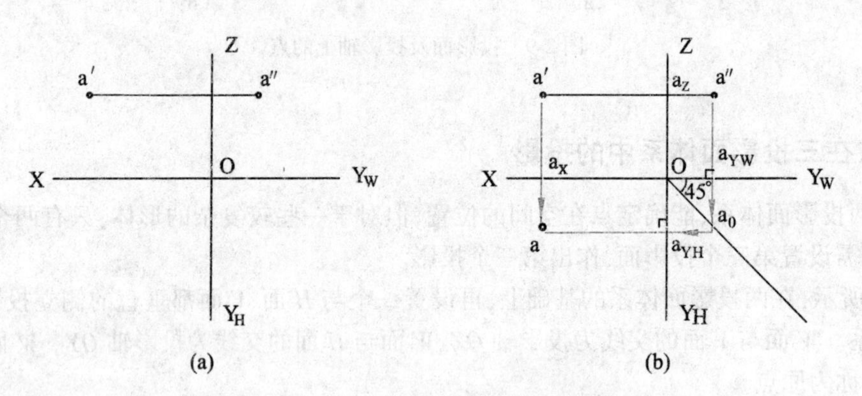

图 2-11　由点的两面投影作第三投影

5.特殊位置的点

a.投影面上的点

如图 2-12(a)所示，点 B 在 V 面上、点 C 在 H 面上、点 D 在 W 面上，其投影规律为：

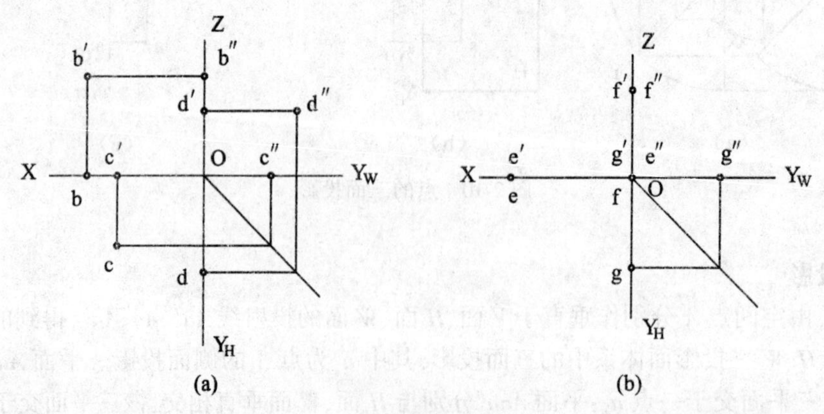

图 2-12　特殊位置的点

(1)点的一个投影与空间点本身重合；

(2)点的另外两个投影在相应的投影轴上。

b.投影轴上的点

如图 2-12 (b)所示,点 E 在 OX 轴上、点 F 在 OZ 轴上、点 G 在 OY 轴上,其投影规律为:

(1)点的两个投影与空间点本身重合;

(2)点的另一个投影在原点处。

6.两点的相对位置

a.两点的相对位置

以某一点作为基准点,判断另一点在基准之左(或右)、之前(或后)、之上(或下)多少距离,此距离可由两点间的坐标差来确定,从而确定两点间的相对位置。

如图 2-13 所示,选定 $B(X_B,Y_B,Z_B)$ 为基准点,则有:

$\Delta X=X_A-X_B>0$,点 A 在点 B 之左;$\Delta Y=Y_A-Y_B<0$,点 A 在点 B 之后;$\Delta Z=Z_A-Z_B>0$,点 A 在点 B 之上,即点 A 位于点 B 的左、后、上方。

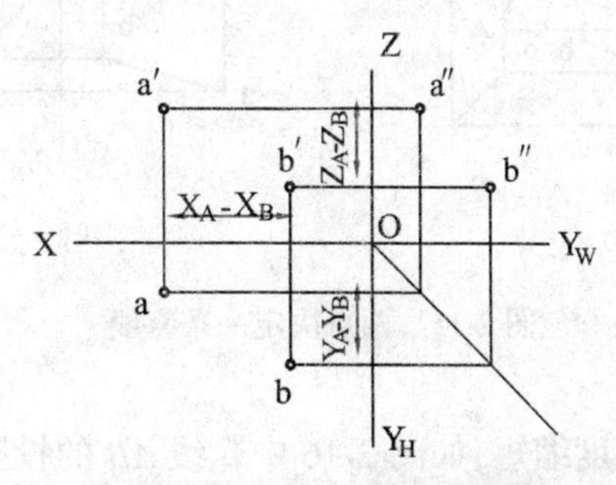

图 2-13 两点的相对位置

b.重影点及其可见性

当空间两点处于对某投影面的同一条投射线上时,则在该投影面上的投影重合于一点,这种具有重影性质的点称为对该投影面的重影点。如图 2-14(a)中,点 A、B 处于对 V 面的同一条投射线上,为对 V 面的重影点。

当两点重影时,往往需在该投影面上判断哪一点可见、哪一点被遮挡而不可见,并标明其可见性。图 2-14 中点 A 在前,点 B 在后,$Y_A>Y_B$,由前向后投影时,点 A 可见、点 B 被遮挡而不可见,通常在不可见的投影上加括号,如图中点 b'。

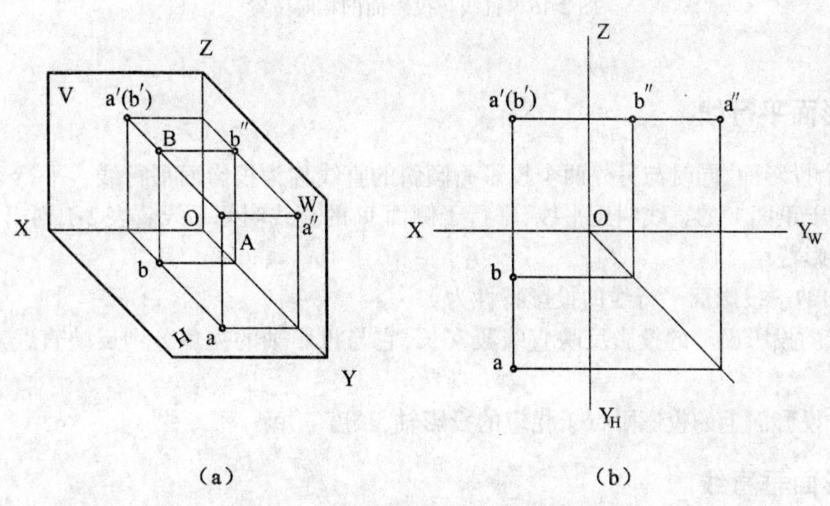

图 2-14 重影点及可见性判别

判别两个重影点可见性的方法是以坐标大小来判别:坐标大者可见,坐标小者不可见。

2.3 直线的投影

确定一条直线需要知道该线上的两个点,画一条直线的投影,可先画两个点的投影,然后连接该线段的同面投影即可,如图 2-15 所示。也可由线上一点及直线的方向来确定。直线可沿两端无限延伸,两点之间的部分称为线段,在本章及后续章节中,所讲的"线段"简称直线。直线 AB 对 H 面、V 面、W 面的倾角,分别计为 α、β、γ,如图 2-15(a)所示。

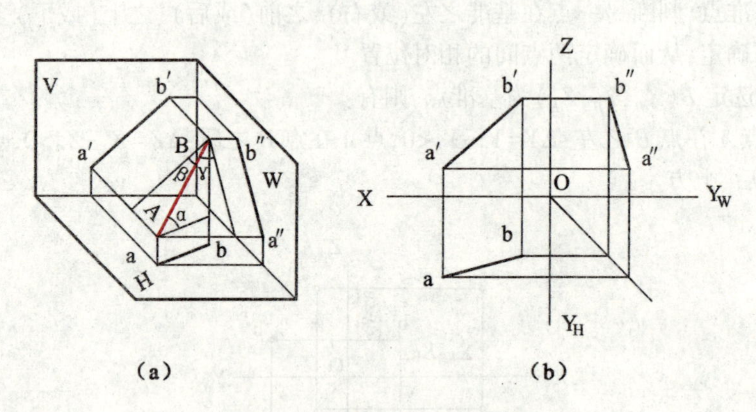

图 2-15 两点决定一条直线

直线的投影一般还是直线,且长度缩短,如图 2-16 中直线 AB 的投影 ab;当直线 CD 平行投射方向时,其投影 cd 积聚为一点;直线 EF 平行某投影面时,在该面上的投影 ef 反映该线段的实长;当直线与投影面倾斜时,直线与投影面有夹角,称之为倾角。线段投影长度取决于该倾角的大小,例如 $ab = AB \cdot \cos\theta$。

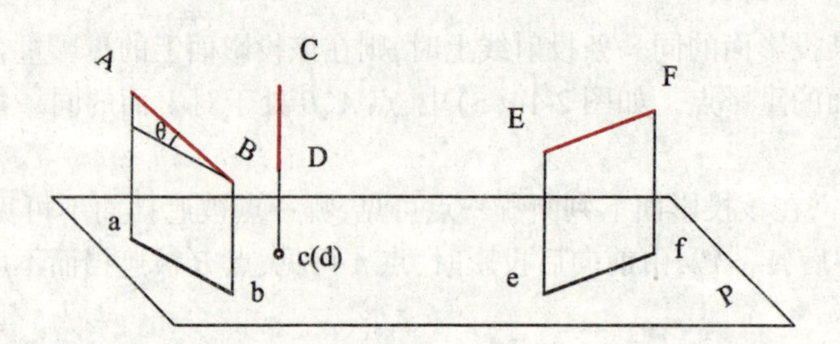

图 2-16 直线与投影面的相对位置

2.3.1 投影面平行线

只平行于一个投影面,同时与另外两个投影面倾斜的直线称为投影面平行线。平行于水平面 H 的直线叫水平线,平行于正面 V 的直线叫正平线,平行于侧面 W 的直线叫侧平线。表 2-1 列出了三种直线的立体图、投影图和投影特性。

由表 2-1 可归纳出投影面平行线的投影特性为:

(1)在所平行的投影面上的投影反映直线段实长,它与投影轴的夹角分别反映直线对另外两个投影面的真实倾角。

(2)另外两个投影面上的投影平行于相应的投影轴,长度缩短。

2.3.2 投影面垂直线

垂直于一个投影面,同时与另外两个面投影平行的直线称为投影面垂直线。垂直于水平面 H 的直线叫铅垂线,垂直于正面 V 的直线叫正垂线,垂直于侧面 W 的直线叫侧垂线。表 2-2 列出了三种直线的立体图、投影图和投影特性。

表 2-1　　　投影面平行线

直线	直观图	投影图	投影特性
水平线	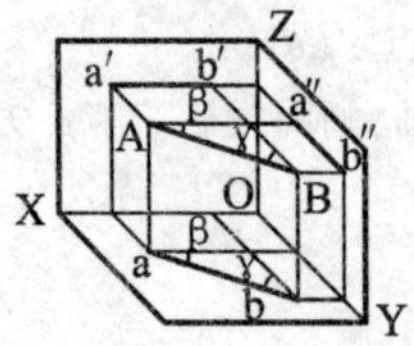	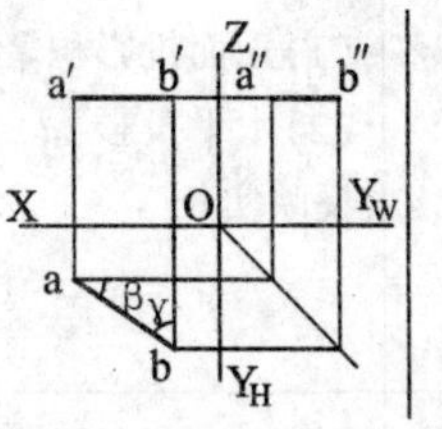	(1)水平投影 ab 反映实长和倾角 β、γ; (2)正面投影 $a'b' \parallel OX$ 轴,侧面投影 $a''b'' \parallel OY$ 轴
正平线	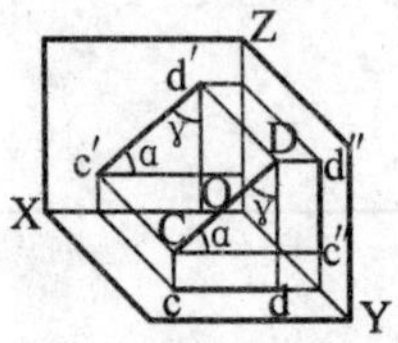	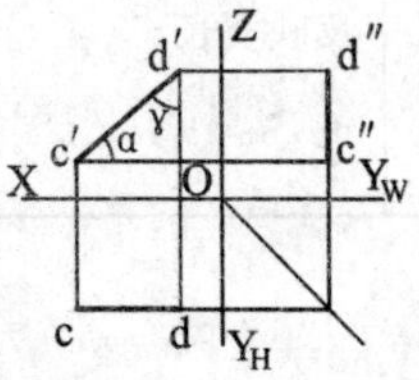	(1)正面投影 $c'd'$ 反映实长和倾角 α、γ; (2)水平投影 $cd \parallel OX$ 轴,侧面投影 $c''d'' \parallel OZ$ 轴
侧平线	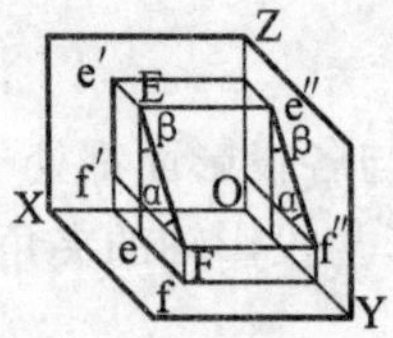	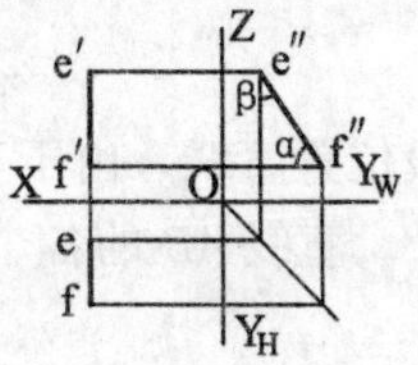	(1)侧面投影 $e''f''$ 反映实长和倾角 α、β; (2)正面投影 $e'f' \parallel OZ$,水平投影 $ef \parallel OY_H$ 轴

表 2-2　　　投影面垂直线

直线	直观图	投影图	投影特性
铅垂线	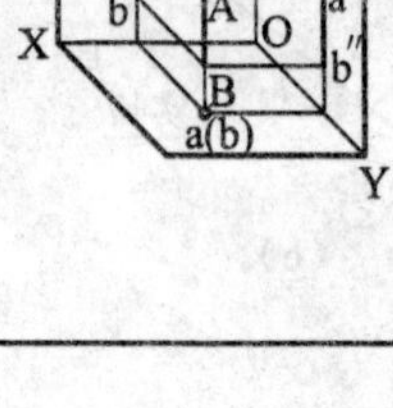	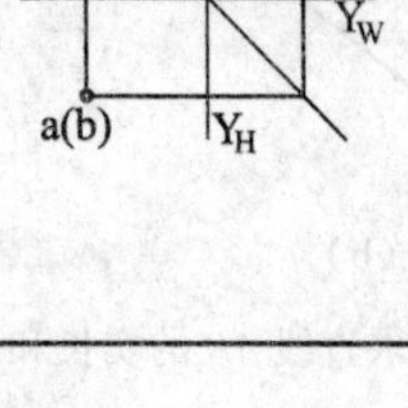	(1)水平投影积聚成一点 a(b); (2)正面投影 $a'b' \perp OX$ 轴,侧面投影 $a''b'' \perp OY_W$ 轴,并且都反映实长

续表

直线	直观图	投影图	投影特性
正垂线	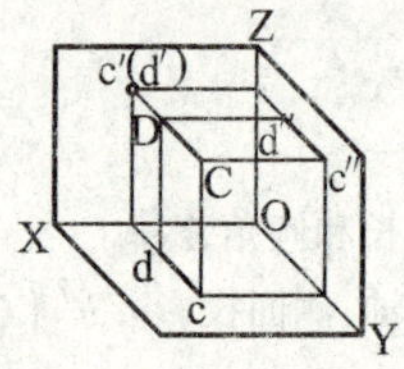	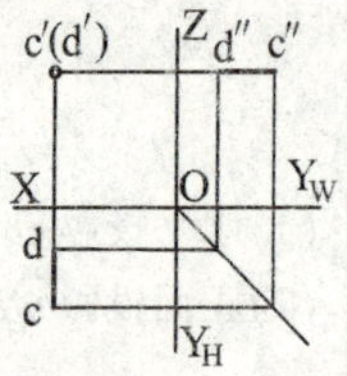	(1)正面投影积聚成一点 $c'(d')$； (2)水平投影 $cd \perp OX$ 轴，侧面投影 $c''d'' \perp OZ$ 轴，并且都反映实长
侧垂线	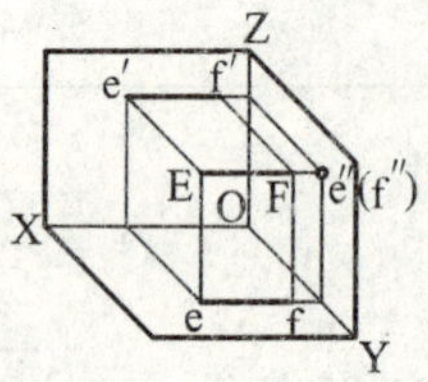	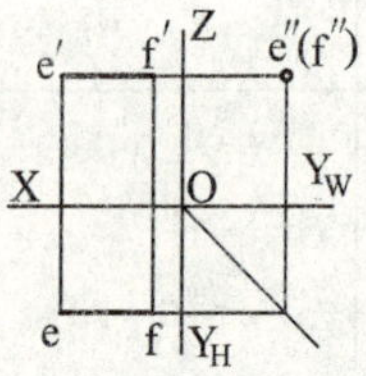	(1)侧面投影积聚成一点 $e''(f'')$； (2)正面投影 $e'f' \perp OZ$ 轴，水平投影 $ef \perp OY_H$ 轴，并且都反映实长

由表 2-2 可归纳出投影面垂直线的投影特性为：

(1)在所垂直的投影面上的投影积聚为一点。

(2)另外两个投影面上的投影均反映直线段实长，且垂直于相应的投影轴。

2.3.3 一般位置直线

1.倾角与实长

既不平行又不垂直各个投影面的直线称之为一般位置直线。由于直线与各投影面都处于倾斜位置，与各投影面都有倾角，因此，线段投影长度均短于实长。直线 AB 的各个投影与投影轴的夹角不反映直线对各投影面的倾角，如图 2-17 所示。

一般位置直线的各投影既不反映线段的实长，又不反映直线对各投影面的倾角，而实际应用中，常需求解其实长或倾角，下面讲述其图解方法。

2.直角三角形法

如图 2-17 (a)所示，已知一般位置直线 AB 的正面投影 $a'b'$、水平投影 ab。求直线 AB 对水平面 H 的倾角 α 和实长。

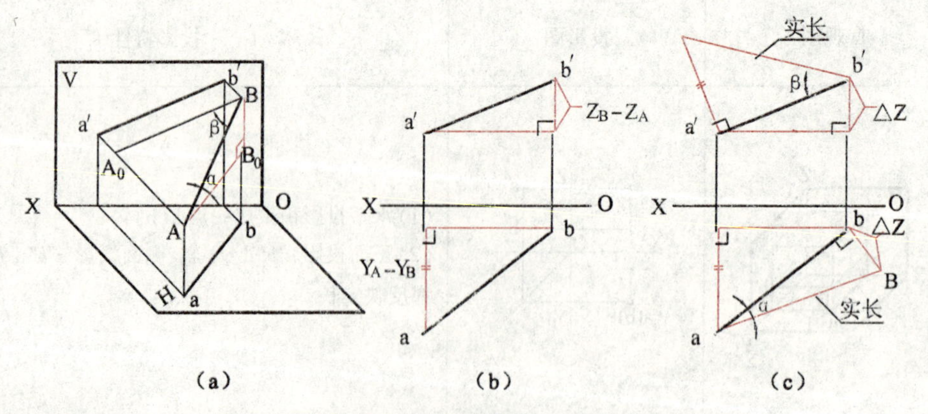

图 2-17 用直角三角形法求直线 AB 的实长和倾角

在垂直于 H 面的投射平面 $ABba$ 内作 AB_0 直线，$AB_0 \parallel ab$，得直角三角形 AB_0B，$\angle AB_0B=90°$。其直角边 $AB_0=ab$，为直线 AB 的水平投影长度；另一直角边 $BB_0=Z_B-Z_A$，为线段 AB 两端点 B 和 A 的 Z 坐标差，

该 Z 坐标差等于直线两端点 B 和 A 正面投影 b' 和 a' 的 Z 坐标差 Z_B-Z_A，如图 2-17（b）所示；斜边 AB 为实长边，该实长边与 AB_0（长度等于 ab）的夹角为直线 AB 对水平投影面 H 的倾角 α。以上分析表明，若能作出直角三角形 AB_0B，则线段的实长和倾角 α 便可求得。在图 2-17（c）中，以 ab 为一直角边，作 $bB\perp ab$，并使 bB 等于 B、A 两点的 Z 坐标差 $Z_B-Z_A=\Delta Z$，得另一直角边 Bb，斜边 aB 即为线段 AB 的实长，$\angle baB$ 为直线 AB 的水平倾角 α。

图中还用同样方法作出了直线 AB 的正面倾角 β。

【例 2-2】 已知直线 CD 的正面投影 $c'd'$ 和点 C 的水平投影 c（见图 2-18（a）），直线 CD 对水平面 H 的倾角 $\alpha=30°$，试求作线段 CD 的水平投影 cd。

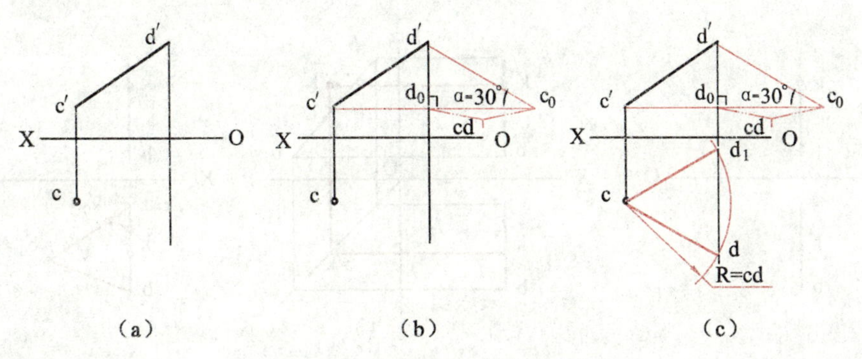

图 2-18　作直线 CD 的水平投影

【解】 由图可知，直角边之一为 $d'd_0=Z_D-Z_C$，又已知水平倾角 $\alpha=30°$，已构成实长、倾角的直角三角形的必要条件，直角三角形可以作出。

在图 2-18(b)中，过 c' 作直线平行 OX 轴，交过 d' 的投影连线于点 d_0，则 $d'd_0=Z_D-Z_C$，为直角边之一。过 d' 作直线 $d'c_0$，使 $d'c_0$ 与 $d'd_0$ 边成 $90°-\alpha=90°-30°=60°$ 角的斜线，交 $c'd_0$ 的延长线于点 c_0，这时 c_0d_0 与 c_0d' 的倾角 $\alpha=30°$，则 c_0d_0 为水平投影 cd 的投影长度。在图 2-18(c)中，以点 c 为圆心，c_0d_0 为半径作弧，与 $d'd_0$ 的延长线（$d'd$ 的投影连线）交于 d 和 d_1 点，连接 cd 或 cd_1 即为所求直线 CD 的水平投影的两个解。

2.3.4　直线上的点及定比定律

1.直线上的点

点在直线上，此点的各个投影在该直线的同面投影上。如图 2-19 所示，直线 AB 上有点 C，则点 C 的水平投影 c 在直线 AB 的水平投影 ab 上，点 C 的正面投影 c' 在直线 AB 的正面投影 $a'b'$ 上，同理点 C 的侧面投影 c'' 应在直线 AB 的侧面投影 $a''b''$ 上。

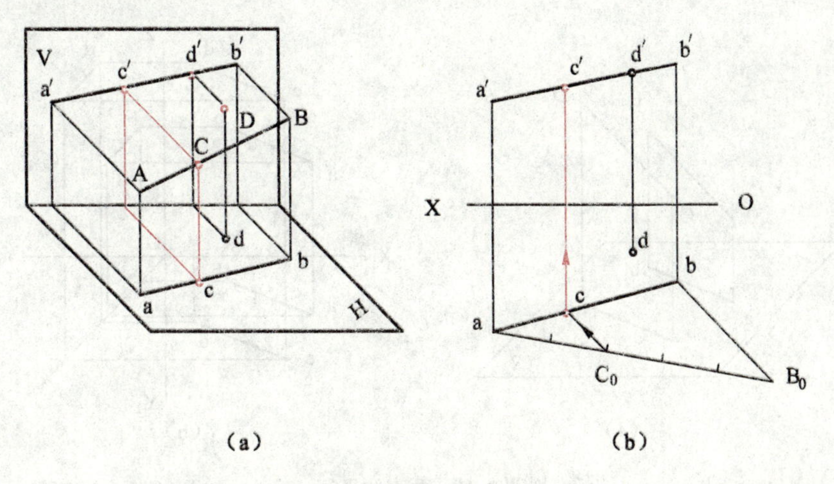

图 2-19　直线上的点及定比

在图 2-19 中,虽然点 D 的正面投影 d' 在 $a'b'$ 上,但水平投影 d 不在 ab 上,它不是直线 AB 上的点。

2.定比定律

直线上的一点把线段分成两段,其长度之比等于这两段在同一投影面上的投影长度之比——线段的定比定律。

如图 2-19 所示,点 C 将直线 AB 分成 2∶3,可在其某个投影图(如水平投影)中,过直线的端点 a 任作一直线 aB_0,在 aB_0 上取 5 个相等长度,连 B_0b 直线,并过第 2 个分点 C_0 作 B_0b 的平行线,与 ab 交于点 c。过 c 作投影连线,在 $a'b'$上得 c',c 和 c'为点 C 的两个投影。

【例 2-3】已知直线 AB 及点 K 的投影,试判断点 K 是否在直线 AB 上(见图 2-20(a))。

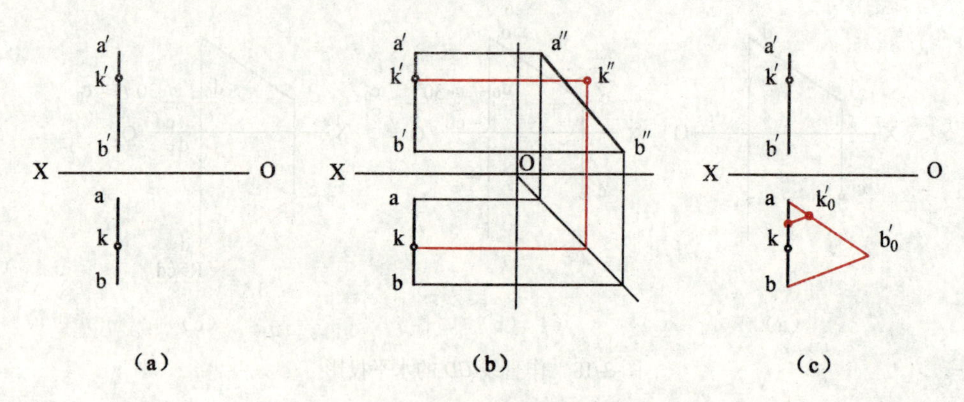

图 2-20　判断点是否在直线上

【解】判断方法一:

因点 K 的侧面投影 k''不在直线 AB 的侧面投影 $a''b''$上,则点 K 不在直线 AB 上,如图 2-20(b)所示。

判断方法二:

因$\frac{a'k'}{k'b'} \neq \frac{ak}{kb}$,不满足定比定律,故点 K 不在直线 AB 上,作图方法如图 2-20(c)所示。

2.3.5　两直线的相对位置

空间两直线有平行、相交、交叉(异面)三种相对位置。

1.两直线平行

空间两直线相互平行,其同面投影相互平行。

如图 2-21(a)所示,直线 AB 平行于直线 CD。分别包含 AB、CD 作投射平面 $ABba$、$CDdc$,此时,两投射平面互相平行,与 P 面的交线 ab、cd 也相互平行。同理 $a'b' \parallel c'd'$、$a''b'' \parallel c''d''$,如图 2-21(b)所示。

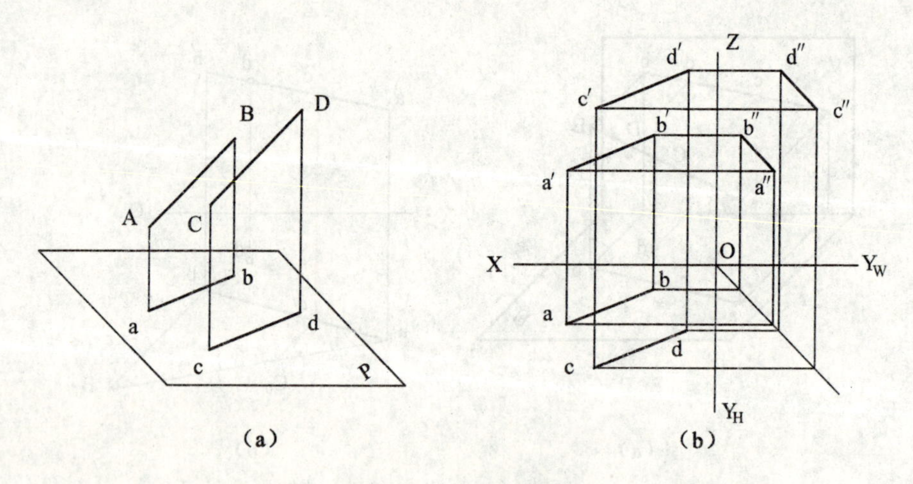

图 2-21　两直线平行

反之,若已知三投影面体系中两直线的所有同面投影相互平行,则空间两直线必定相互平行。

【例2-4】试判断水平线 AB、CD 是否相互平行(见图2-22(a)所示)。

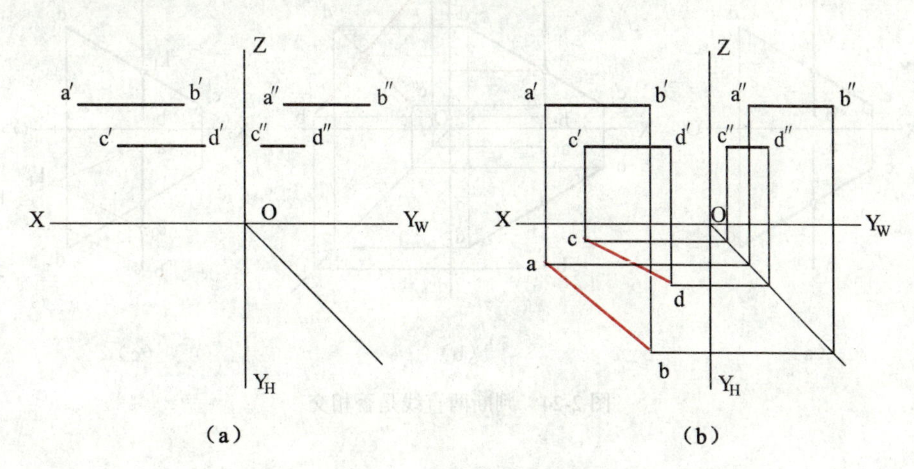

图2-22　两直线是否平行

【解】要判断两直线是否平行,只要看所有两直线的同面投影是否相互平行。

根据两面投影图,作出第三面投影图。因 ab 不平行 cd,所以 AB 不平行于 CD。

从以上两例作图可以看出:当两直线为一般位置直线时,只要检查两组同面投影是否平行,如图2-21(b)所示。但若两直线都是同一投影面的平行线时,则要看其所平行的投影面上的投影是否平行而定,如图2-22(b)所示。若平行,就是平行两直线;若不平行,就是交叉两直线。

2.两直线相交

两直线相交,有交点,交点是两直线的共有点,在投影图上,它们的所有同面投影都相交,且交点符合点的投影规律。如图2-23所示,ab、cd 交于 k,$a'b'$、$c'd'$交于 k',$k'k \perp OX$;根据两面投影图作出第三面投影图,$a''b''$、$c''d''$交于 k'',且 $k'k'' \perp OZ$。k、k'、k''符合点的投影规律,是同一点 K 的三个投影。由此可见,AB、CD 是相交两直线,交点为 K。

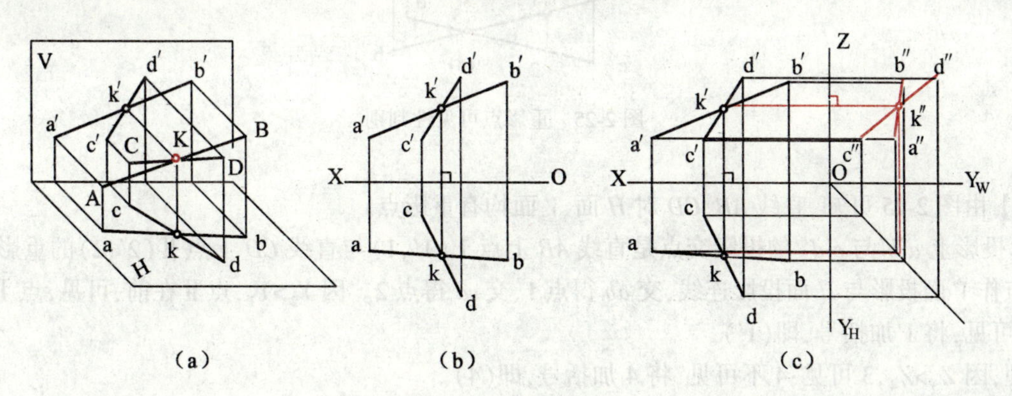

图2-23　两直线相交

【例2-5】试判断图2-24(a)所示的两直线是否相交。

【解】虽两直线的两组投影相交,但由于直线 AB 为侧平线,使其在 V 面和 H 面的投影交点很难看出是否为两直线的交点的投影。

判断方法一:

如图2-24(b)所示,分别作出第三面投影 $a''b''$和 $c''d''$。因正面投影上两直线的投影交点与侧面投影上两直线的投影交点连线不垂直 OZ 轴,故空间两直线不相交。

判断方法二:

如图2-24(c)所示,因$\frac{a'k'_1}{k'_1b'} \neq \frac{ak}{kb}$,则两直线不相交。

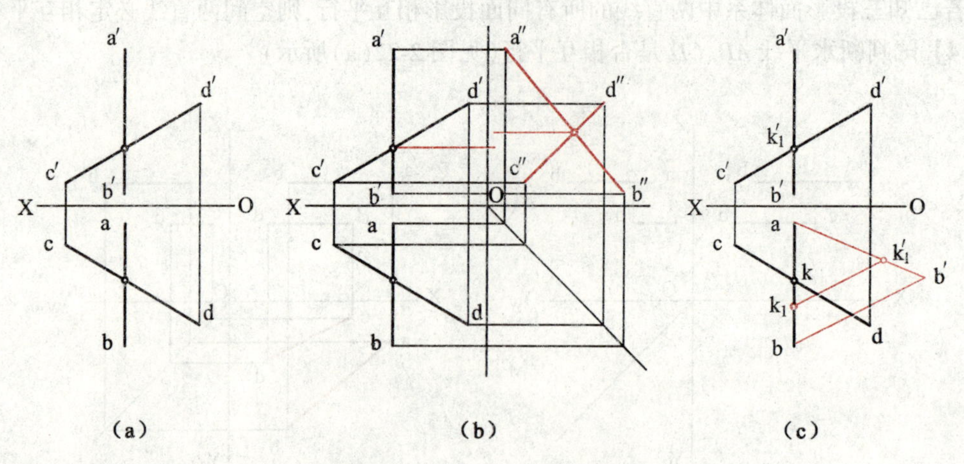

图 2-24　判断两直线是否相交

3.两直线交叉(异面)

在空间既不平行,又不相交的两直线称为交叉两直线,即两直线异面。

两直线交叉时,可能三面投影都相交,但投影交点连线不垂直相应轴,如图 2-24(b)所示;也可能两面投影相互平行,但第三面投影的投影不平行,如图 2-22(b)所示;两直线交叉的其他投影情况请同学们自己想象。

凡是交叉两直线出现的投影交点不是真正的交点,而是重影点,通常需判断重影点的可见性。

【**例 2-6**】试判断图 2-25 所示的交叉两直线,其两面投影中重影点的可见性。

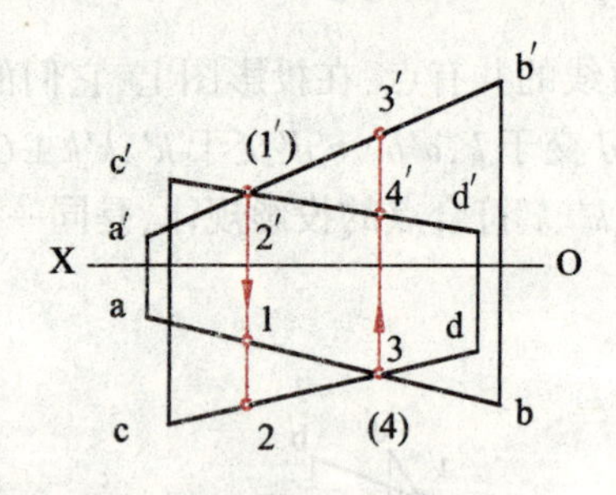

图 2-25　重影点可见性判别

【**解**】由图 2-25 可知,直线 AB、CD 对 H 面、V 面均有重影点。

V 面投影上 $a'b'$ 与 $c'd'$ 的投影交点是直线 AB 上点Ⅰ(1′,1)与直线 CD 上点Ⅱ(2′,2)的重影 1′与 2′,通过此点作 V 面投影与 H 面投影连线,交 ab 得点 1、交 cd 得点 2。因 $Y_2>Y_1$,点Ⅱ在前,可见,点Ⅰ在后,被遮挡,不可见,将 1′加括号,即(1′)。

同理,因 $Z_3>Z_4$,3 可见;4 不可见,将 4 加括号,即(4)。

2.3.6　一边平行于投影面的直角的投影

当构成直角的两直线(两直线垂直)都是一般位置直线时,其投影角与空间两直线所构成的直角是不相等的。当构成直角的两直线同时平行于某投影面时,在该面上的投影为直角。

当构成直角的两直线中,有一条直线平行于某投影面时,则两直线在该投影面上的投影仍为直角——直角投影定理。

如图 2-26(a)所示,因为 $AB\perp BC$,$AB\perp Bb$,所以 $AB\perp BbcC$ 平面。

又因 $ab\parallel AB$,所以 $ab\perp BbcC$ 平面,由此,ab 垂直 $BbcC$ 平面内的所有直线,得 $ab\perp bc$。

在投影图 2-26 (b)中,AB 为水平线,$a'b'\parallel OX$,ab 反映实长,故在水平面上 $ab\perp bc$,即为直角。

显然,上述定理的逆定理也是成立的:如果两直线的同面投影成直角,且两直线之一为该投影面的平行线时,则该两直线在空间相互垂直(证明从略)。

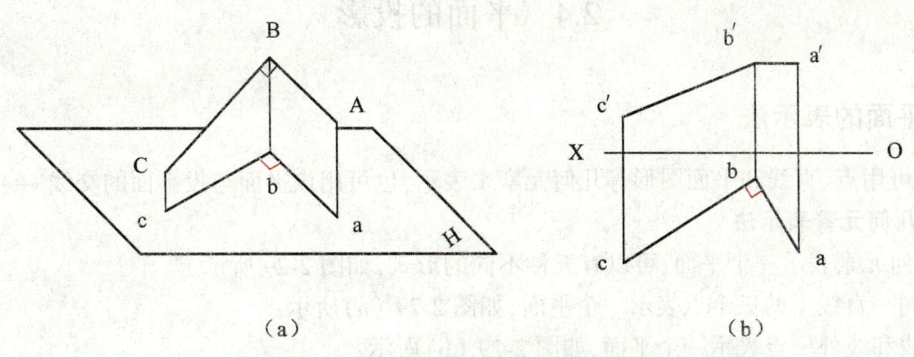

图 2-26　一边平行于投影面的直角的投影

上述直角投影定理，不仅适用于垂直相交的两条直线，也适用于交叉垂直的两条直线。图 2-27 所示的为几种两直线垂直的投影图示例。

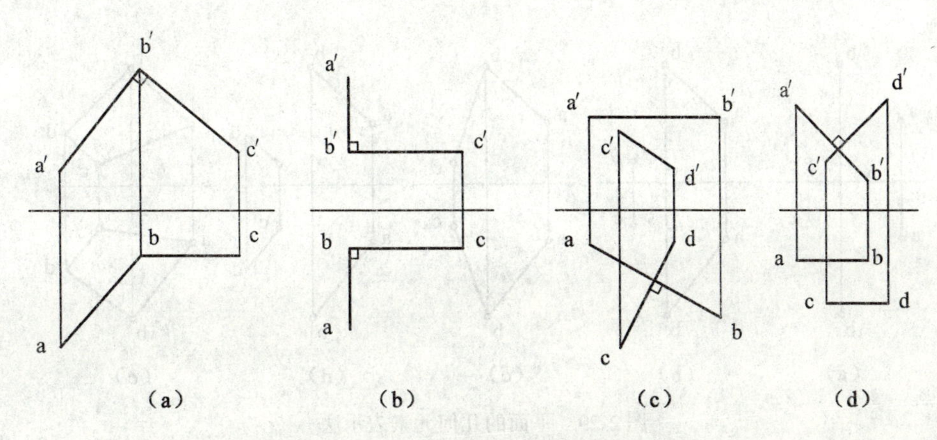

图 2-27　几种两直线垂直的投影图示例

【例 2-7】已知三角形 ABC 的高 BD 的正面投影 $b'd'$，BD 垂直 AC，试完成其投影(见图 2-28 (a))。

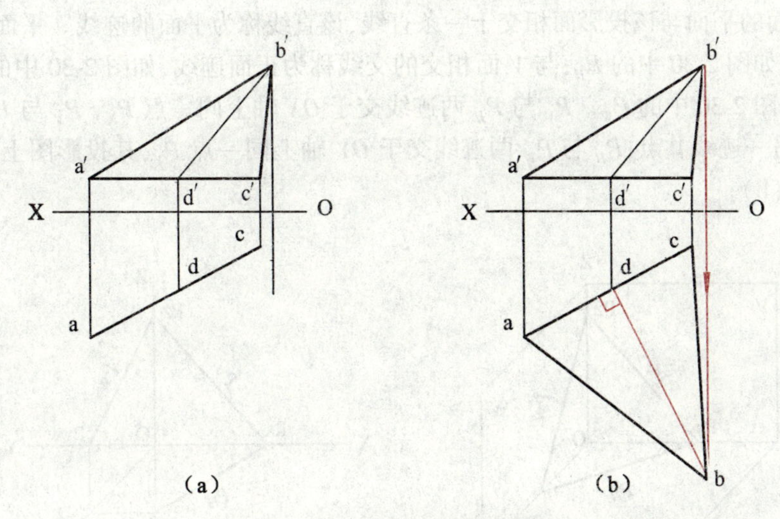

图 2-28　补全三角形的两面投影

【解】高 BD 与底边 AC 垂直，$a'c' \parallel OX$ 轴，AC 为水平线，根据直角投影定理，有：$bd \perp ac$。在图 2-28 (b)中，作 $bd \perp ac$，作点 B 的投影连线 $b'b$，此两条线交于 b。作斜边 ba、bc，完成作图。

2.4 平面的投影

2.4.1 平面的表示法

平面通常可用点、直线和平面图形等几何元素来表示,也可用该平面与投影面的交线——迹线表示。

1.平面的几何元素表示法

用一组几何元素表示一个平面,可以有五种不同的形式,如图 2-29 所示。

(1)不在同一直线上的三个点表示一个平面,如图 2-29 (a)所示;

(2)一直线和线外一点表示一个平面,如图 2-29 (b)所示;

(3)相交两直线表示一个平面,如图 2-29 (c)所示;

(4)平行两直线表示一个平面,如图 2-29 (d)所示;

(5)任意平面图形表示一个平面,如图 2-29 (e)所示,任意平面图形可以是三角形、平面四边形、圆、椭圆等。

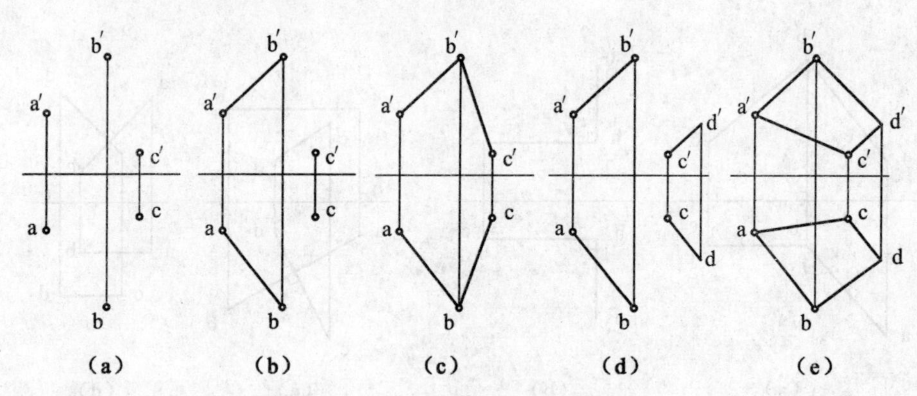

图 2-29 平面的几何元素表示法

由图可知,这五种几何元素表示形式可以互相转化、相互联系,表示的是同一个平面。

2.平面的迹线表示法

不平行于投影面的平面与该投影面相交于一条直线,该直线称为平面的迹线。平面 P 与 H 面相交的交线称为水平迹线,如图 2-30 中的 P_H;与 V 面相交的交线称为正面迹线,如图 2-30 中的 P_V;与 W 面的交线称为侧面迹线,如图 2-30 中的 P_W。P_V 与 P_H 两迹线交于 OX 轴上同一点 P_X, P_V 与 P_W 两迹线交于 OZ 轴上同一点 P_Z,为另一迹线共点;P_H 与 P_W 两迹线交于 OY 轴上同一点 P_Y,其投影图上分为两处,分别为 P_{YH}、P_{YW},见图 2-30 (b)。

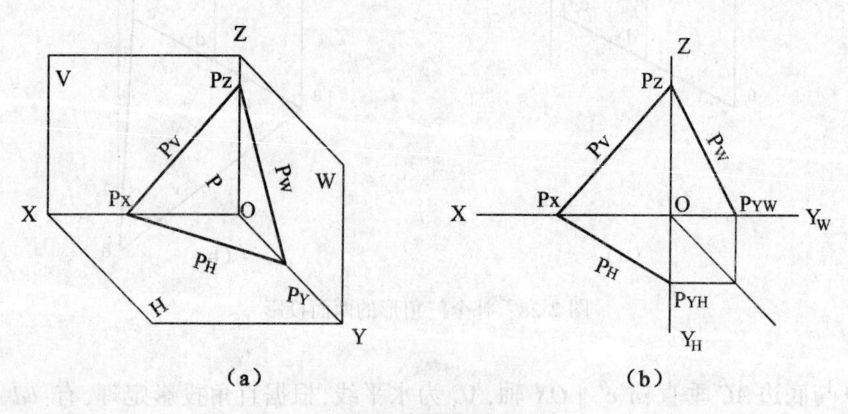

图 2-30 迹线表示法

3.平面对投影面的相对位置

投影面平行面、投影面垂直面又统称为特殊位置平面。与三个投影面都倾斜的平面称为一般位置平面。

2.4.2　投影面垂直面

只垂直于一个投影面而与另外两个投影面倾斜的平面称为投影面垂直面。垂直于正面 V 的平面为正垂面,垂直于水平面 H 的平面为铅垂面,垂直于侧面 W 的平面为侧垂面。表 2-3 列出了三种平面的立体图,投影图和投影特性。

1.投影面垂直面的投影特性

(1)在所垂直的投影面上的投影积聚为直线;该积聚投影与投影轴的夹角,分别反映该平面对另外两个投影面的倾角。

(2)在另外两个与之倾斜的投影面上的投影为不反映平面图形实形,但平面图形边数相同、面积缩小的类似形。

2.迹线

(1)在所垂直的投影面上,迹线与积聚为直线的投影重合。

(2)另外两个投影面上的迹线投影垂直迹线共点处的投影轴。实际作图时,通常不需画出该迹线的投影,只画与积聚为直线的投影重合的那条迹线。

表 2-3　　**投影面垂直面**

	铅垂面(⊥H)	正垂面(⊥V)	侧垂面(⊥W)
立体图	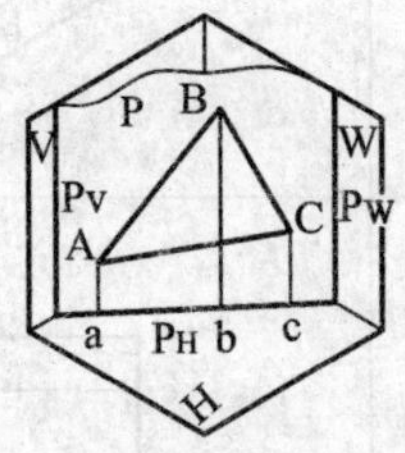	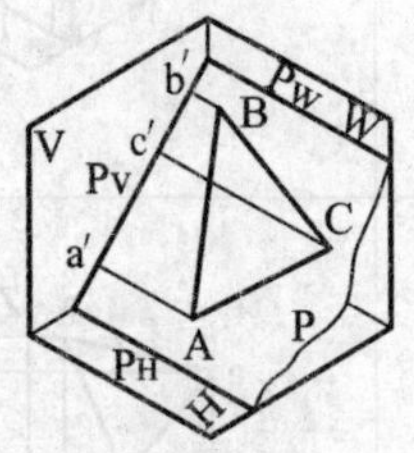	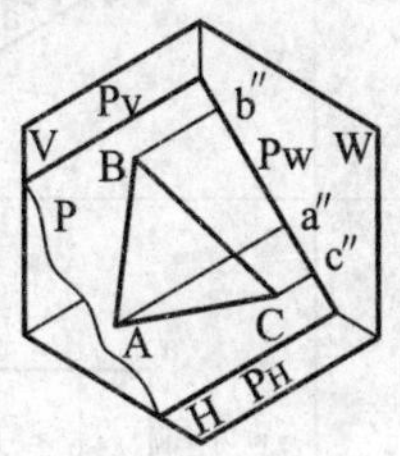
投影图	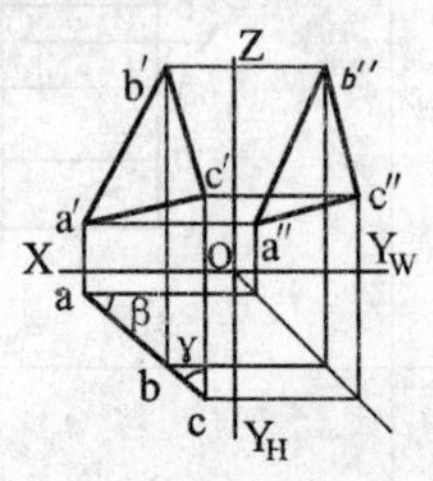	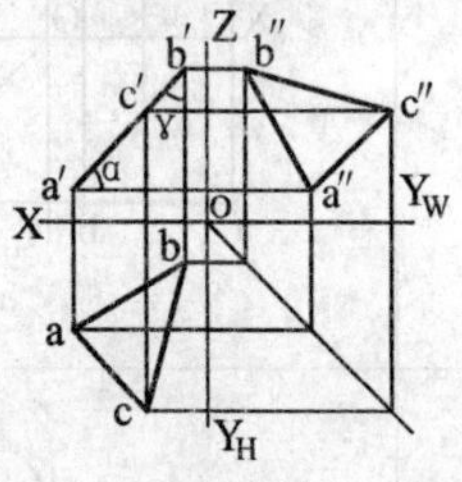	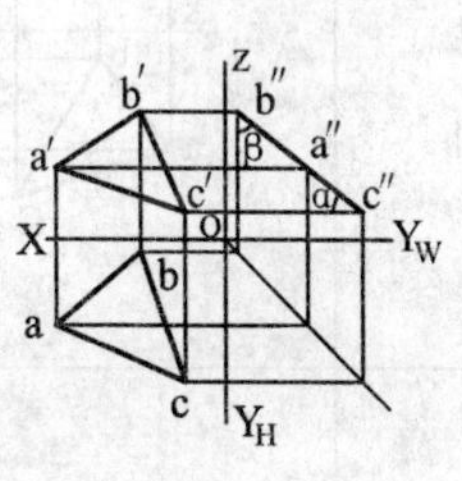
迹线投影图	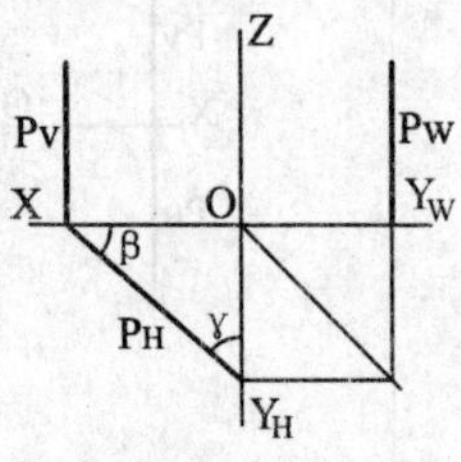	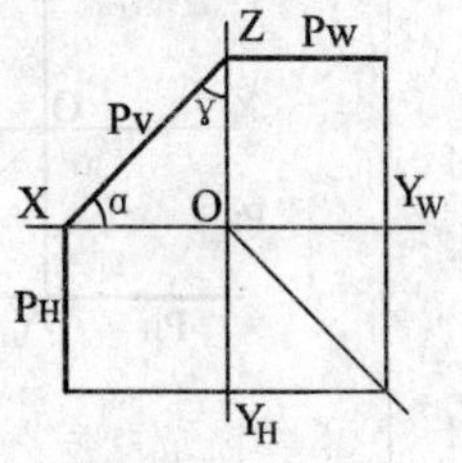	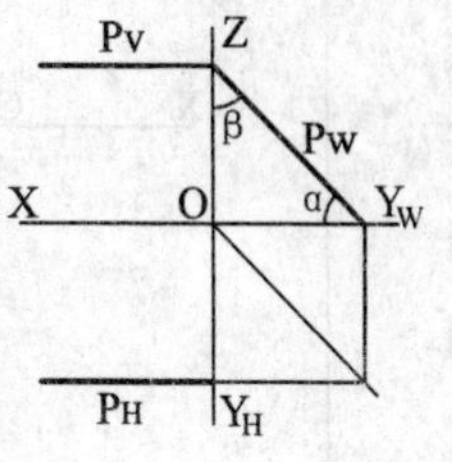
投影特性	(1)水平投影积聚成直线,并反映平面的倾角 β 和 γ; (2)正面投影和侧面投影均为小于实形的类似形	(1)正面投影积聚成直线,并反映平面的倾角 α 和 γ; (2)水平投影和侧面投影均为小于实形的类似形	(1)侧面投影积聚成直线,并反映平面的倾角 α 和 β; (2)水平投影和正面投影均为小于实形的类似形

2.4.3 投影面平行面

平行于某个投影面的平面称为投影面平行面，平行于一个投影面，必垂直于另外两投影面。平行于水平面 H 的平面为水平面，平行于正面 V 的平面为正平面，平行于侧面 W 的平面为侧平面。表 2-4 列出了三种平面的立体图、投影图和投影特性等。

1.投影面平行面的投影特性

(1)在所平行的投影面上的投影为平面图形实形；

(2)在另外两个投影面上的投影积聚为与相应投影轴平行的直线。

2.迹线

(1)在与所平行的投影面上无迹线；

(2)另外两投影面上，迹线与积聚为直线的投影重合，分别平行相应的投影轴。

表 2-4　**投影面平行面**

	水平面(‖H)	正平面(‖V)	侧平面(‖W)
立体图			
投影图			
迹线投影图			
投影特性	(1)水平投影反映实形； (2)正面投影积聚成直线，且‖OX轴，侧面投影积聚成直线，且‖OY_H轴	(1)正面投影反映实形； (2)水平投影积聚成直线，且‖OX轴，侧面投影积聚成直线，且‖OZ轴	(1)侧面投影反映实形； (2)水平投影积聚成直线，且‖OY_H轴，正面投影积聚成直线，且‖OZ轴

2.4.4　一般位置平面

斜倾于三个投影面的平面称为一般位置平面。由于平面与投影面产生夹角，将该夹角称为平面对投影面的倾角，分别为水平倾角 α、正面倾角 β、侧面倾角 γ。如图 2-31 所示，其三面投影均为平面图形的类似形，面积缩小；也不反映平面对投影面的倾角 α、β、γ 的大小等。

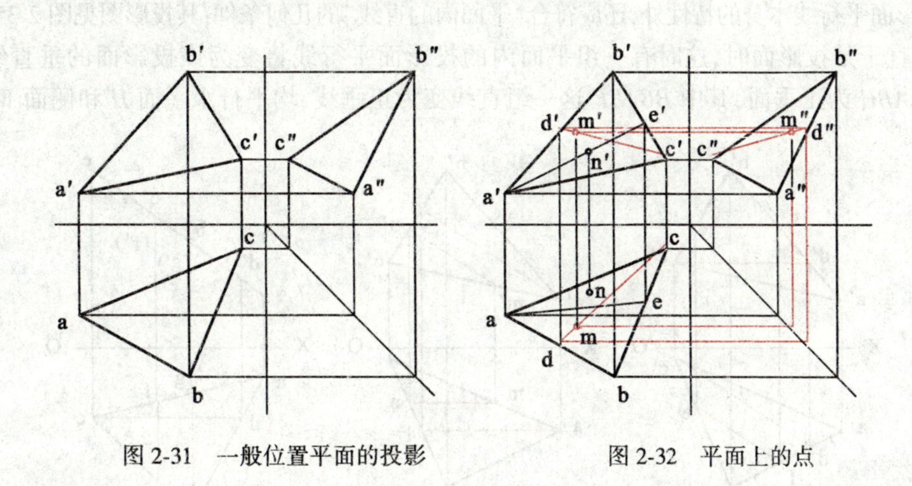

图 2-31　一般位置平面的投影　　　　图 2-32　平面上的点

2.4.5　平面内的点和直线

1.平面内的点

若点在平面内：点必须在该平面的一条直线上。

如图 2-32 所示，点 *M* 在平面 *ABC* 的直线 *CD* 上，则点 *M* 在平面 *ABC* 内。点 *N* 不在平面 *ABC* 的直线 *AE* 上，故点 *N* 不在平面 *ABC* 内。

2.平面上的直线

一直线在平面内：直线通过平面内的两个点；或直线通过该平面内的一个点，且平行于该平面内的一条直线。

如图 2-33 所示，直线 *KL* 通过平面 *ABC* 内直线 *AB* 上的点 *K*、直线 *BC* 上的点 *L*，则 *KL* 为平面 *ABC* 上的直线；直线 *KM* 通过平面 *ABC* 内直线 *AB* 上的点 *K*，且平行平面 *ABC* 内的一条边 *AC*，则 *KM* 为平面 *ABC* 内的直线。

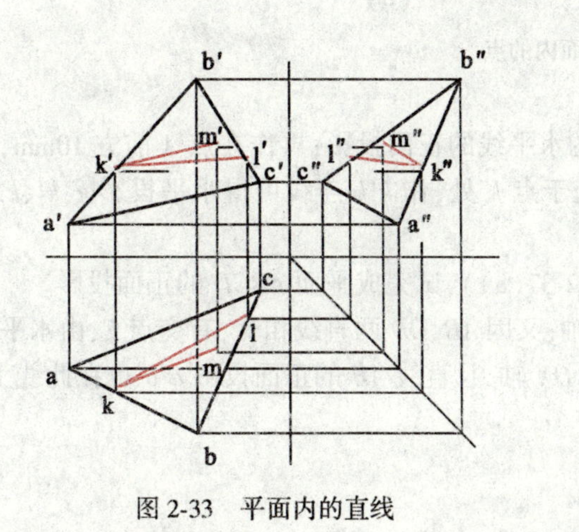

图 2-33　平面内的直线

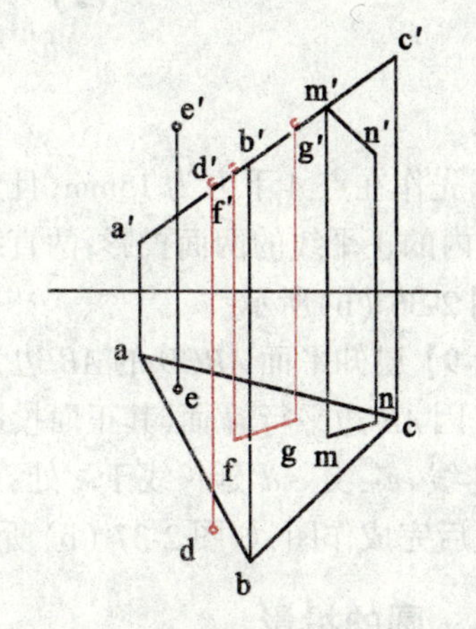

图 2-34　特殊位置平面内的点、直线

当平面为特殊位置时，只要点或直线的投影与平面的积聚投影对应相重合，不管其他投影如何，点或直线一定在该平面内，如图 2-34 中点 *D* 和直线 *FG*；否则点或直线不在平面内，如图 2-34 中点 *E* 和直线 *MN*。

3.平面内的投影面平行线

平面内可以作若干直线，其中必有平行于正面、水平面、侧面的直线，这种直线既是平面内的直线，又是投影面的平行线，故称为平面内的投影面平行线。平行正面 V 的称为平面内的正平线，对于一般位置，平面内所有的正平线相互平行；平行水平面 H 的称为平面内的水平线，对于一般位置，平面上所有的水平线相互平行；平行侧面 W 的称为侧平线，对于一般位置，平面内所有的侧平线相互平行；平面内投影面平行线除满足投影面平行线本身的特性外，还应符合“平面内的直线”的几何条件；其投影图见图 2-35(a)、(b)。

当平面垂直于某投影面时，这时有一组平面内的投影面平行线将变为该投影面的垂直线，如图 2-35(c)中，平面△ABC 为正垂面，其中 BG、EF 这一组直线变为正垂线，均平行水平面 H 和侧面 W。

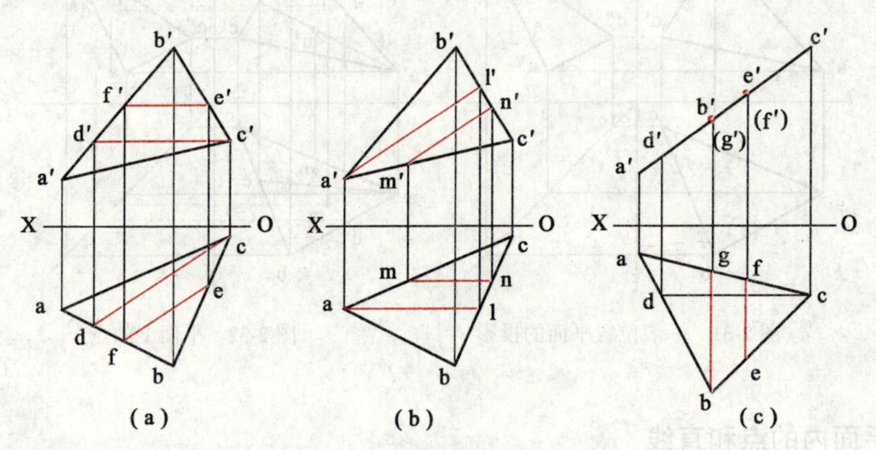

图 2-35 平面内的投影面平行线

【例 2-8】在平面△ABC 内找一点 K，点 K 在点 A 下方 15mm、在点 A 前方 10mm(见图 2-36 (a))。

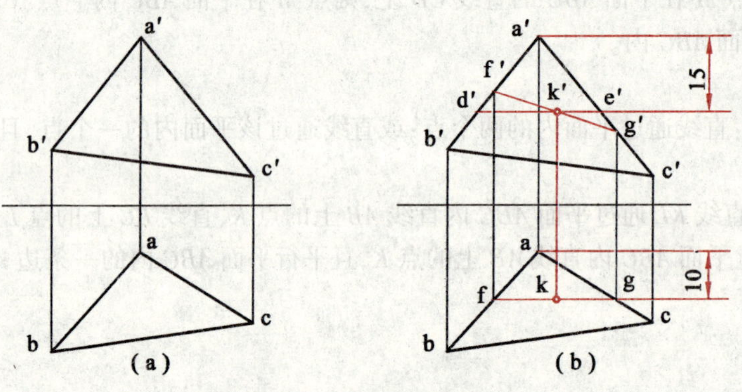

图 2-36 求平面内的点

【解】先作在点 A 下方为 15mm，且为平面 ABC 内的水平线的正面投影；再作在点 A 前方 10mm，且为平面 ABC 内的正平线的两面投影；两直线的正面投影交于点 k'处，作 $k'k$ 连线可得水平投影 k，k'、k 即为所求，如图 2-36 (b)所示。

【例 2-9】已知平面 $ABCD$ 的 AB 边为水平线(见图 2-37(a))，试完成平面 $ABCD$ 的正面投影。

【解】因 AB 边平行 H 面，其正面投影 $a'b'$平行 OX 轴；又因 AB、CD 两直线相交，有交点 E，由水平投影 e 作投影连线 ee'，交 $c'd'$延长线于 e'处；过 e'作 $e'b'$平行 OX 轴，且直线 AB 的正面投影 $a'b'$也在此线上，即得 $a'b'$；最后完成作图，如图 2-37 (b)所示。

2.4.6 圆的投影

1.平行于投影面的圆

当圆所在平面平行某投影面时，由投影面平行面的投影特性可知：在所平行的投影面上的投影反映圆的实形；另外两个投影面上的投影分别积聚为直线段，其长度均等于圆的直径，且平行相应的轴。

如图 2-38 所示的水平圆，其水平投影反映该圆的实形；正面投影积聚为直线段，长度为直径 AB 的长

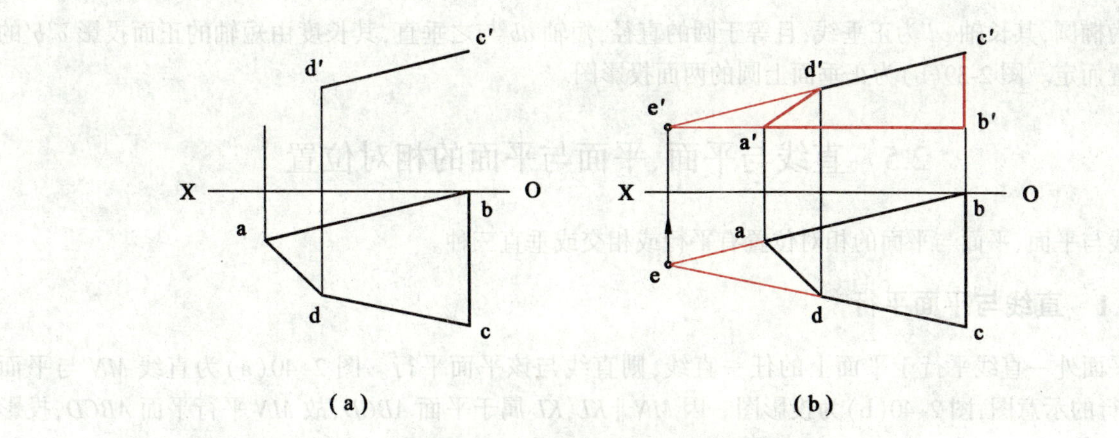

图 2-37　补全平面 *ABCD* 的正面投影

度，且平行 *OX* 轴；侧面投影积聚为直线段，长度为直径 *CD* 的长度，且平行 *OY* 轴。

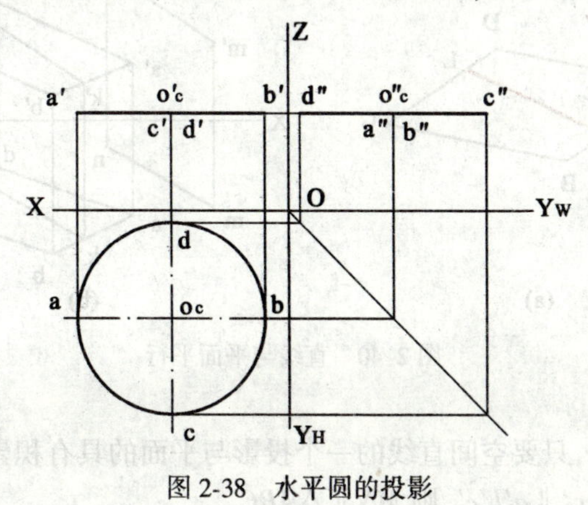

图 2-38　水平圆的投影

2. 垂直于某投影面的圆

圆在与它倾斜的投影面上的投影为椭圆。当圆上一对相互垂直的直径之一平行某投影面时，此相互垂直的直径在该投影面上的投影也垂直，且成为椭圆的对称轴，即椭圆的长轴和短轴。因此，投影为椭圆时的长轴是平行于投影面的直径的投影，短轴是与上述直径垂直的直径的投影。

当圆平面垂直于某投影面时，在该投影面上的投影积聚为直线段，长度等于直径；在另外两个投影面上的投影为椭圆，其长轴为同时平行于该两个投影面的平行线，即为圆平面所垂直的那个投影面的垂直线，长度为直径。短轴与之垂直。

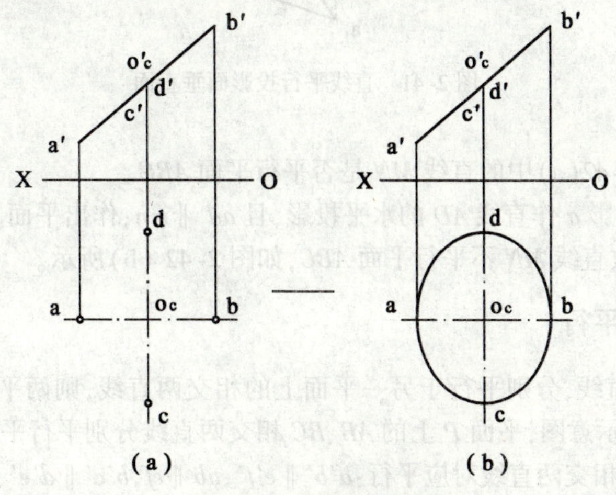

图 2-39　正垂圆的投影

如图 2-39(a)所示，圆平面垂直于正面 *V*，其正面投影积聚为直线段 *a′b′*，*a′b′*长度等于直径 *AB*；水平投影应为椭圆，其长轴 cd 为正垂线，且等于圆的直径，短轴 ab 与之垂直，其长度由短轴的正面投影 $a'b'$ 的相应位置而定。图 2-39(b)为正垂面上圆的两面投影图。

2.5　直线与平面、平面与平面的相对位置

直线与平面、平面与平面的相对位置有平行或相交或垂直三种。

2.5.1　直线与平面平行

若平面外一直线平行于平面上的任一直线，则直线与该平面平行。图 2-40(a)为直线 MN 与平面 $ABCD$ 平行的示意图，图 2-40(b)为投影图。因 $MN \parallel KL$，KL 属于平面 $ABCD$，故 MN 平行平面 $ABCD$，投影图中 $k'l' \parallel m'n'$、$kl \parallel mn$。

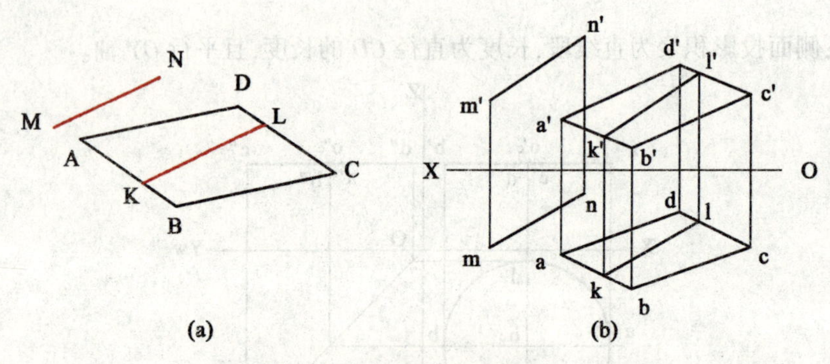

图 2-40　直线与平面平行

当平面为投影面垂直面时，只要空间直线的一个投影与平面的具有积聚性的同面投影平行，则直线与平面平行。如图 2-41 所示：$m'n' \parallel a'b'c'$，则 $MN \parallel \triangle ABC$。

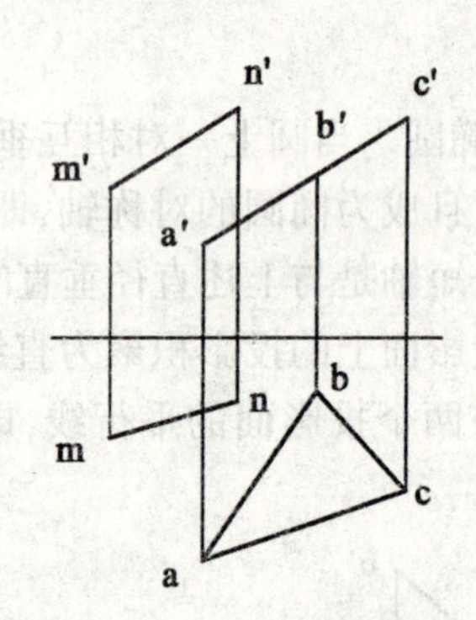

图 2-41　直线平行投影面垂直面

【例 2-10】试判断图 2-42(a)中的直线 MN 是否平行平面 ABC。

【解】过点 A 的水平投影 a 作直线 AD 的水平投影，且 $ad \parallel mn$；作出平面 ABC 上直线 AD 的正面投影 $a'd'$；因 $a'd'$ 不平行 $m'n'$，故直线 MN 不平行平面 ABC，如图 2-42 (b)所示。

2.5.2　平面与平面平行

若一平面上的相交两直线，分别平行于另一平面上的相交两直线，则两平面平行。图 2-43 (a)为平面 P 与平面 Q 互相平行的示意图，平面 P 上的 AB、BC 相交两直线分别平行平面 Q 上的 DE、EF 相交两直线。图 2-43(b)为投影图，相交两直线对应平行：$a'b' \parallel e'f'$、$ab \parallel ef$，$b'c' \parallel d'e'$、$bc \parallel de$，故由相交两直线决定的平面相互平行。

当两平面为同一投影面垂直面时，只要具有积聚性的投影相互平行，则两平面相互平行，如图 2-44 中，两个正垂平面具有积聚性的投影平行：$k'(m')l'(n') \parallel a'b'c'$，故两平面平行。

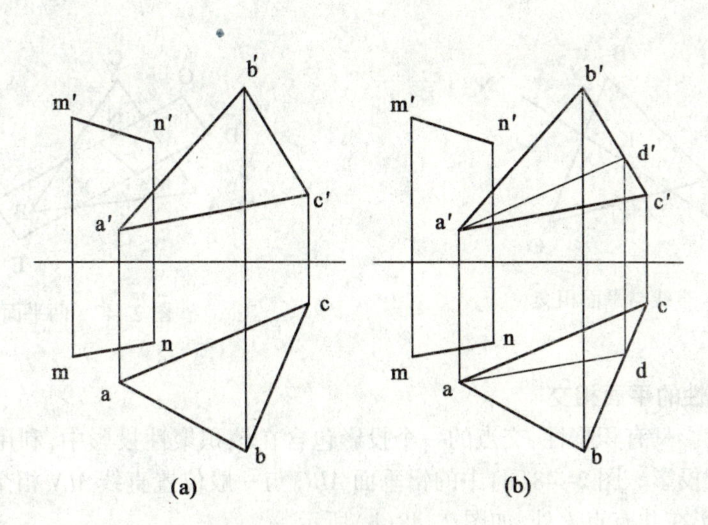

图 2-42　直线与平面不平行

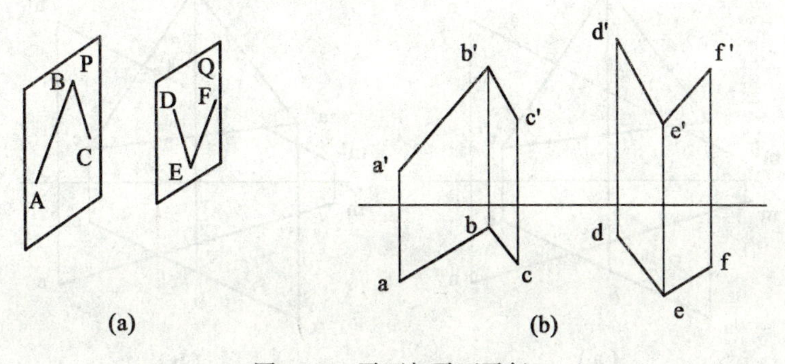

图 2-43　平面与平面平行

【例 2-11】试判断图 2-45(a)所示的平面 *ABCD* 与平面 *EFGH* 是否平行。

【解】在平面 *EFGH* 中作对角线 *EG* 的两面投影 eg、$e'g'$，在平面 *ABCD* 中作直线 *AK*，且使 *AK* 的水平投影 $ak \parallel eg$，并作出正面投影 $a'k'$，因 $a'k'$ 不平行 $e'g'$，故两平面不平行。

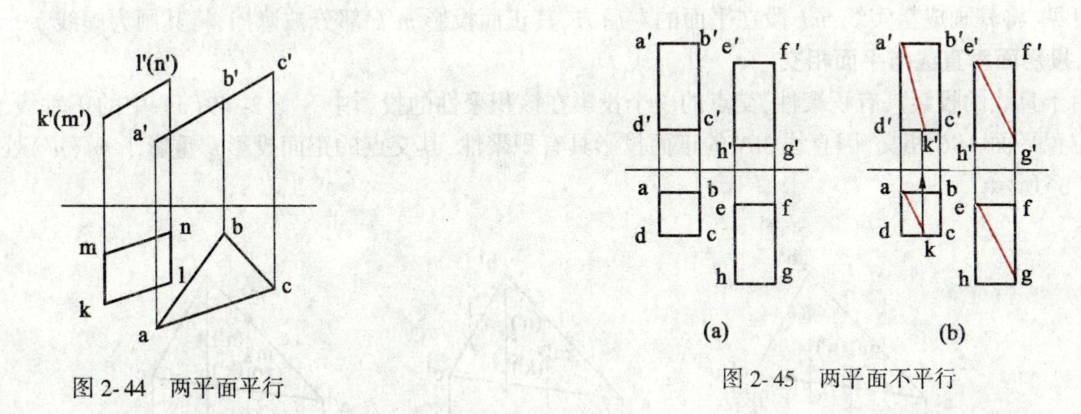

图 2-44　两平面平行

图 2-45　两平面不平行

2.5.3　具有积聚性的几何元素相交问题

直线与平面相交，交于一点 *K*，如图 2-46 所示，它是直线和平面的共有点；在画法几何学中常把平面视为不透明，所以投影图中还需表明直线被平面遮挡的情况，即判别直线某段可见或不可见，而交点为线段可见与不可见的分界点。

平面与平面相交，交于一条直线 *MN*，如图 2-47 所示，它是两平面的共有线；在投影图中，还需表明平面之间相互遮挡的情况，即判别平面某一部分可见或不可见，而交线为平面某部分可见与不可见的分界线。

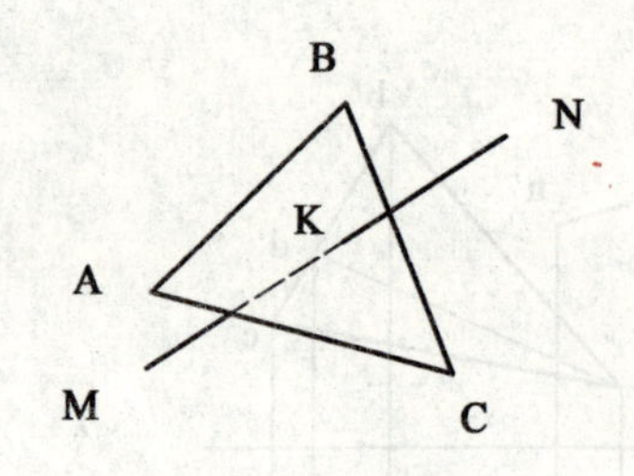

图 2-46　直线与平面相交

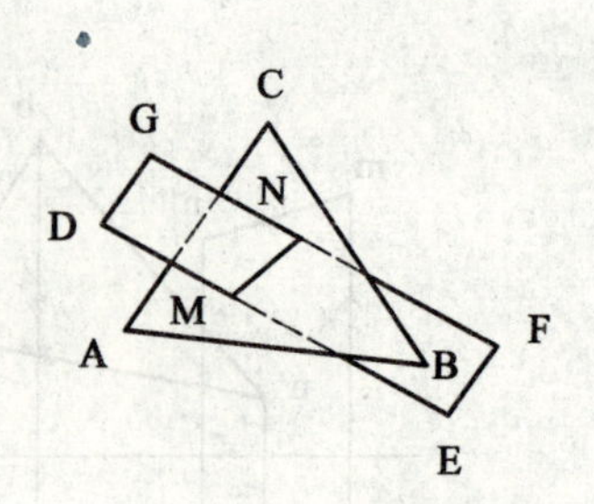

图 2-47　两平面相交

1.直线与具有积聚性的平面相交

由于平面的一个投影具有积聚性,交点的一个投影包含在该积聚性投影中,利用共有点这一条件,可直接得出交点的另一个投影。图 2-48(a)中的铅垂面 *ABC* 与一般位置直线 *MN* 相交,因水平投影具有积聚性,其交点的水平投影在共有点 *k* 处,如图 2-48(b)所示。

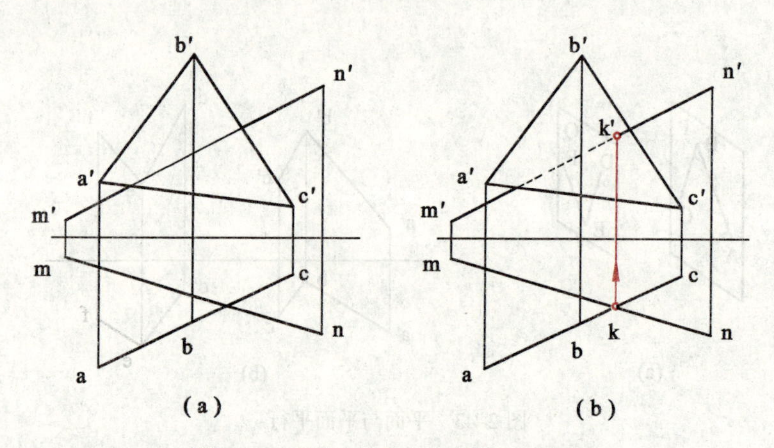

图 2-48　直线与具有积聚性的平面相交

因点 *K* 在直线 *MN* 上,故利用直线上取点的方法,可得其正面投影 *k′*。

在水平投影中,点 *k* 将 *mn* 分成两段,当向正面进行投影时,*kn* 段在平面 *ABC* 的右前方,其正面投影 *n′k′* 可见,将其画成粗实线;*mk* 段在平面的左后方,其正面投影 *m′k′*部分被遮挡,将其画为虚线。

2.投影面垂直线与平面相交

由于直线的投影具有积聚性,交点的一个投影在该积聚性的投影中。图 2-49(a) 中的正垂线 *MN* 与一般位置平面 *ABC* 相交,因直线 *MN* 的正面投影具有积聚性,其交点的正面投影 *k′*重影于 *m′*(*n′*)处,如图 2-49 (b)所示。

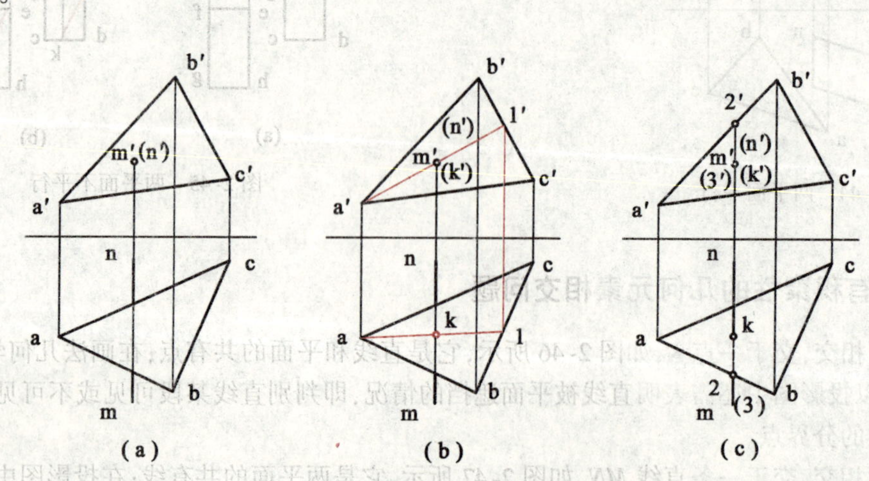

图 2-49　投影面垂直线与平面相交

因点 K 在平面 ABC 上，故可利用平面上取点的方法，求得其水平投影 k。

在水平投影中，点 k 将 mn 分为两段，哪一段被平面 ABC 遮挡呢？可利用交叉两直线对水平投影面 H 的重影点来判断：取交叉直线 AB、MN 对水平投影面 H 的重影点Ⅱ、Ⅲ的水平投影 2、3；设点Ⅱ位于直线 AB、点Ⅲ位于直线 MN 上，得其正面投影 $2'$、$3'$，因 $2'$ 比 $3'$ 高，则直线 AB 上的点Ⅱ的水平投影 2 可见，直线 MN 上的点Ⅲ的水平投影(3)不可见，于是(3)k 段不可见，画虚线，而过分界点 k 后的 nk 段就可见，画粗实线。

3.投影面垂直面与平面相交

由于投影面垂直面的投影具有积聚性，交线的一个投影在该积聚性的投影上。图 2-50(a)中的铅垂面 $EFGH$ 与平面 ABC 相交，因水平投影具有积聚性，其交线的水平投影为两平面的水平投影公共重合处 kl，因此，只要将交线上 KL 两个交点的正面投影求出，即可得两平面的交线。

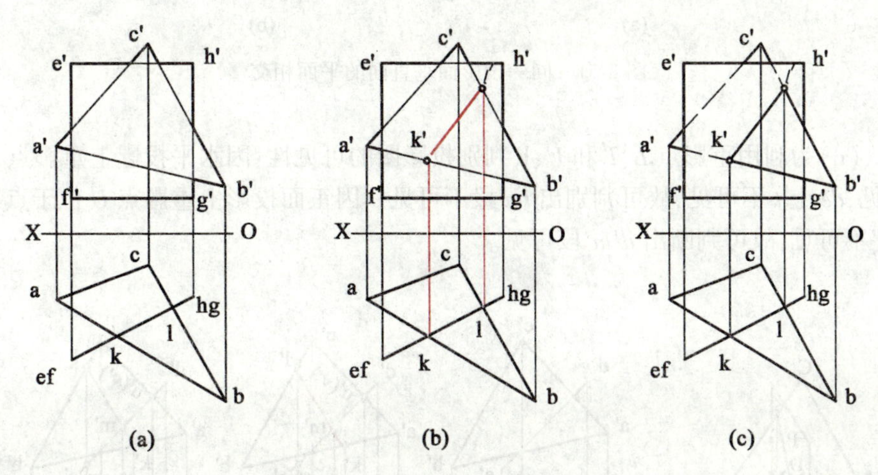

图 2-50 投影面垂直面与平面相交

因点 K 在直线 AB 上，点 L 在直线 BC 上，求出其正面投影 k'、l'，并连 $k'l'$ 线段，由 kl 和 $k'l'$ 得两平面交线 KL，如图 2-50(b)所示。

在水平投影中，平面 ABC 被铅垂面 $EFGH$ 分为右前、左后两部分。右前部分其正面投影可见，画粗实线，左后部分其正面投影部分被遮挡，不可见处画虚线；$h'g'$ 处部分被遮挡，画虚线等，如图 2-50(c)所示。

4.同一投影面垂直面的两平面相交

当两平面同时垂直某一投影面时，交线必垂直该投影面，即交线的方向为已知，且交线的一个投影应在具有积聚性投影的相交处。图 2-51(a)中的正垂面 DEF 与水平面 ABC 相交，因两平面都垂直于正面 V，交线 MN 为正垂线，且在具有积聚性投影的相交处，为 $m'n'$。

因交线 MN 为正垂线，其水平投影 mn 垂直 OX 轴，且位于两个三角形水平投影重合范围内，$m'n'$ 与 mn 为交线 MN 的两面投影，如图 2-51(b)所示。

在交线 MN 左侧，平面 DEF 位于平面 ABC 的上方，其水平投影可见；交线的右侧，平面 CAB 位于平面 DEF 的上方，其水平投影可见，其可见性判别结果如图 2-51(b)所示。

2.5.4 一般位置的相交问题

1.一般位置的直线与平面相交

一般位置直线与一般位置平面相交时，各几何元素的投影均无积聚性，不能直接从投影图中得到交点，通常采用辅助平面法求出。

图 2-52(a)为利用辅助平面法求交点的原理示意图：通过直线 DE 作铅垂辅助平面 P，求出辅助平面 P 与平面 ABC 的交线 KL，KL 与 DE 在辅助平面上不平行必相交，有交点 M，则交点 M 为直线 DE 与平面 ABC 的交点。其作图过程如图 2-52(b)、(c)所示：铅垂辅助平面 P 的水平迹线 P_H 与 de 重合；该辅助平面与平面 ABC 交线的水平投影为 kl，由 kl 求得其正面投影 $k'l'$；$d'e'$ 与 $k'l'$ 交于 m'，由 m' 作投影连线 $m'm$ 交 de 于 m 处，m'、m 为直线 DE 与平面 ABC 的交点 M 的两面投影。

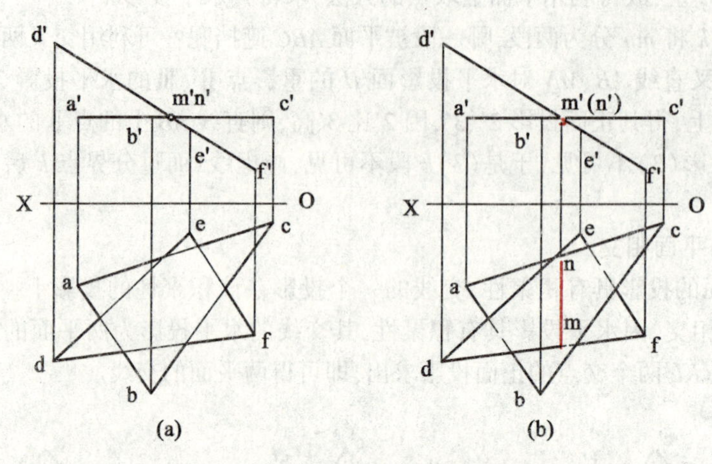

图 2-51 同一投影面垂直面的平面相交

图 2-52(c)、(d)为利用重影点 L、T 和 U、V 判别投影图的可见性：因水平投影上重影点 L 位于点 T 的上方，bc 上 l 可见，de 上 t 不可见，故可判别出 tm 段不可见。因正面投影上重影点 U 位于点 V 之前，$d'e'$ 上 u' 可见，$a'c'$ 上 v' 不可见，故可判断出 $d'm'$ 段可见。

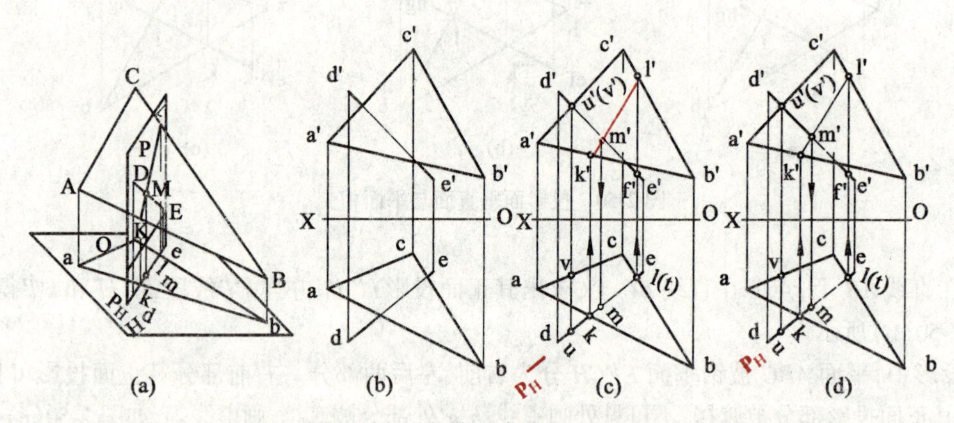

图 2-52 一般位置直线与平面相交

辅助平面法作图方法及步骤归纳如下：

(1)包含直线作垂直于投影面的辅助平面。

(2)求辅助平面与一般位置平面的交线的投影。

(3)求出交线与直线的交点的投影，即得直线与平面的交点的投影图。

2. 两个一般位置平面相交

两个一般位置平面相交，也因各几何元素的投影无积聚性，不能直接从投影图中得到交线，通常也采用辅助平面法求出：分别求解两条直线与另一平面的交点，由两个点得其交线。因此，可利用"求一般位置直线与平面的交点"的方法来解决两平面的求交线问题。

如图 2-53(a)所示，平面 ABC 与 $DEFG$ 相交。在图 2-53(b)中，采用过直线 DE 的铅垂面 P，求直线 DE 与平面 ABC 的交点 $M(m',m)$；再采用过直线 FG 作铅垂面 Q，求直线 FG 与平面 ABC 的交点 $N(n',n)$；直线 $MN(m'n',mn)$ 即为两平面的交线。

两面投影的可见性由重影点判别：正面投影中由重影 $u'(v')$ 判别其两平面的可见性，水平投影中由重影 $l(t)$ 判别其两平面的可见性，如图 2-53 (c)所示。

在作两个一般位置平面的交线的作图过程中，在作一条直线与另一平面的交点时，交点有时可能在直线的延长线上，有时也可能在平面的扩展面上，在连接交线时可取交线上分别位于两个平面图形的同面投影重合处一段。

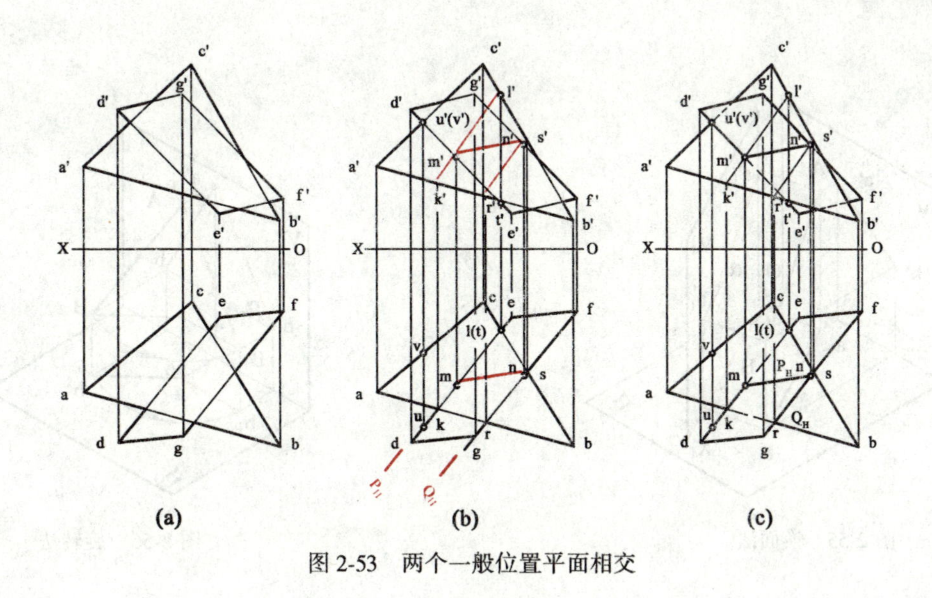

图 2-53　两个一般位置平面相交

2.6　投影变换方法

当空间直线、平面对投影面处于一般位置时，其投影不能反映这些几何元素的真实大小，也不具有积聚性。但当它们对投影面处于特殊位置时，直线、平面的投影具有积聚性，则可以反映真实大小，如图2-54所示。

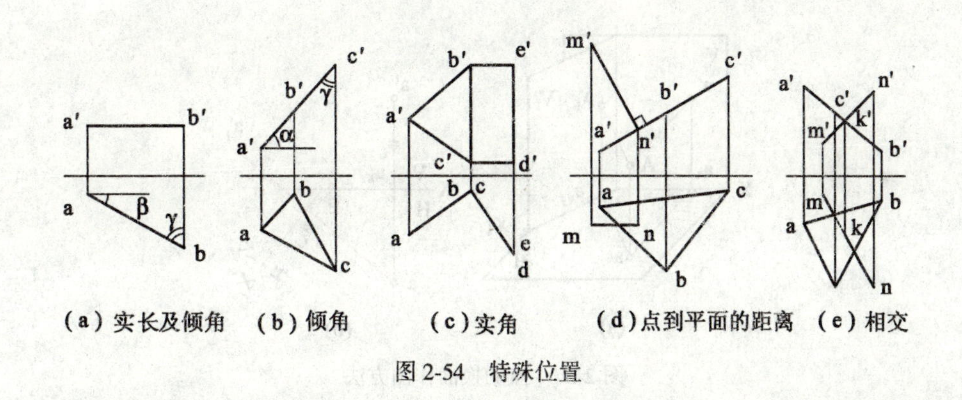

（a）实长及倾角　（b）倾角　（c）实角　（d）点到平面的距离　（e）相交

图 2-54　特殊位置

由图 2-54 可以得到启示，将一般位置的直线、平面等改变成特殊位置就很容易求解上述问题，这就是投影变换方法，通常可采用下述两种方法。

1.变换投影面法(换面法)

空间几何元素不动，用新的投影面取代旧的投影面，新的投影面与不变的投影面仍旧垂直，使空间几何元素对新投影面处于有利解题的位置，然后向新投影面投影，这种方法称为变换投影面法，如图 2-55 所示。图中，在新投影面上的投影就反映线段 AB 的实长及对水平面的倾角 α。

2.旋转法

投影面不动，将空间几何元素绕某一旋转轴旋转到有利于解题的位置，并作出旋转后的投影，这种方法称为旋转法，如图 2-56 所示。图中，旋转后的投影就反映线段 AB 的实长及对水平投影面的倾角 α。

当选择投影面垂直线作为旋转轴的旋转法称为垂直轴旋转法；选择投影面平行线作为旋转轴的旋转法称为平行轴旋转法。本章只介绍垂直轴旋转法。

2.6.1　点的换面法

1.点的一次换面

如图 2-57(a) 所示，已知原两投影面体系 V/H 中点 A 的两投影 a'、a。现设置新投影面 V_1，代替原来

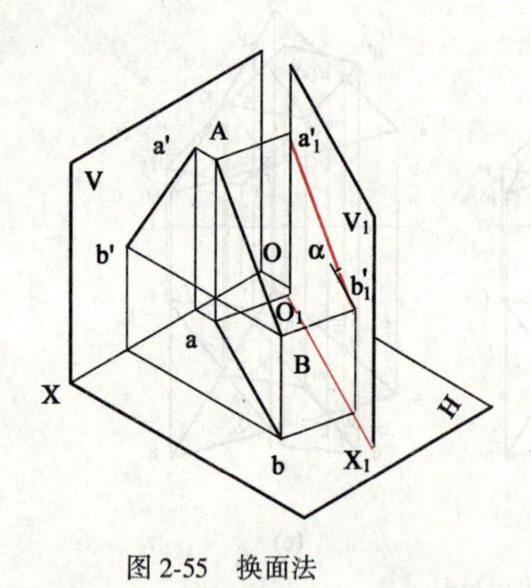

图 2-55　换面法

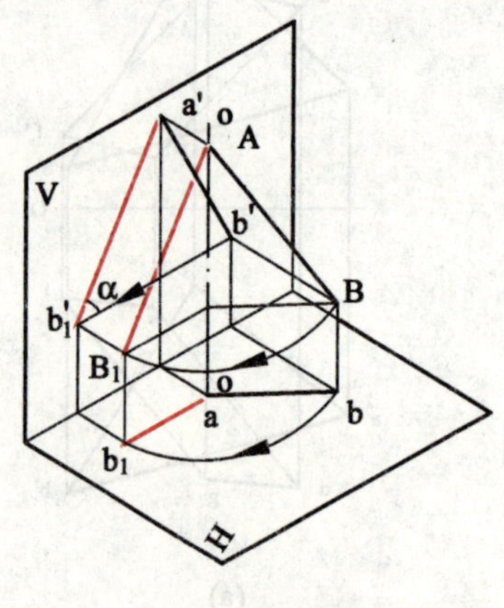

图 2-56　旋转法

的旧投影面 V,且 V_1 垂直于水平投影面 H,构成新的两投影面体系 V_1/H,新轴为 O_1X_1。这时,原正立投影面 V 上的投影 a'叫做被代替的旧投影,原水平投影面 H 上的投影 a 叫做不变的投影,新的正立投影面 V_1 上的投影 a'_1 叫做新投影,原 V/H 两投影面体系中的 OX 轴称为旧轴。当 V_1 面绕新轴 O_1X_1 旋转到与 H 面重合时,由于 $V_1 \perp H$,投影连线 aa'_1 垂直于新轴 O_1X_1,且 $a'_1a_{X1}=Aa=a'a_X$,于是可得点的换面作图方法为:

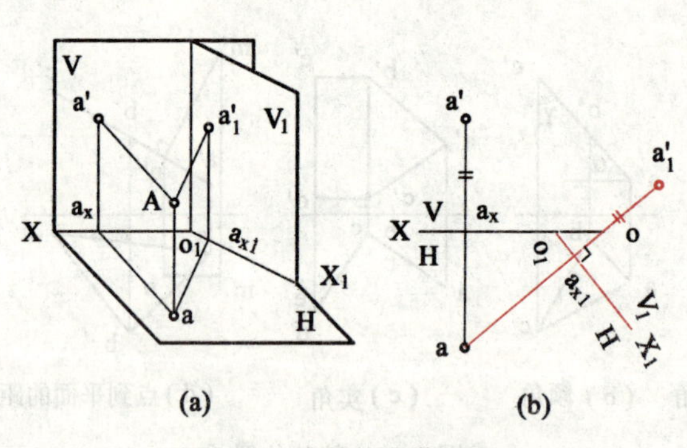

图 2-57　点的换面作图方法

(1)由不变的投影向新投影作垂线,即点的新投影与不变投影的投影连线垂直于新投影轴。

(2)该垂线与新投影轴交于一点,在此线上由交点起量取一段距离使之等于被代替的旧投影到旧投影轴的距离,得点的新投影图,即新投影到新轴的距离等于旧投影到旧轴的距离。

也可以置换 H 面,V 面保持不变,如图 2-58(a)所示,设置新的投影面 H_1 代替 H 面,且 H_1 面与正立投影面 V 垂直,构成新的两投影面体系 V/H_1,新轴为 O_1X_1。过不变投影 b'作投影连线 $b'b_1$ 垂直新轴 O_1X_1,得交点 b_{X1};由 b_{X1} 在投影连线上量取旧投影 b 到旧轴的距离 bbx,得新水平投影 b_1;作图过程如图 2-58(b)所示。

2.点的二次换面

在点的一次换面的基础上,再交替地进行一次换面称作点的二次换面。

如图 2-59 所示,点 A 的一次换面体系为 V_1/H,在此基础上再作新的投影面 H_2,得到新投影面体系 V_1/H_2,新投影轴为 O_2X_2,V_1、H_2 交替换面。换面中,新投影面 H_2 上的投影 a_2 与不变投影面 V_1 上的投影 a'_1 的投影连线垂直新轴 O_2X_2;a_2a_{x2}为新投影到新轴的距离,应等于被代替的 H 面上的旧投影 a 到旧轴 O_1X_1 距离 aa_{x1};图 2-59(b)为其点 A 的二次换面的画法。

当然也可采用先作 H_1 换面,再作 V_2 换面,其换面体系为:V/H_1、V_2/H_1,H_1、V_2 交替进行。

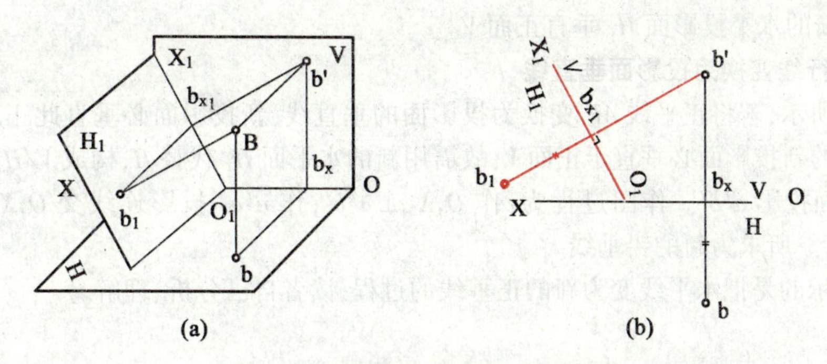

图 2-58　点的 V/H_1 体系中的一次换面

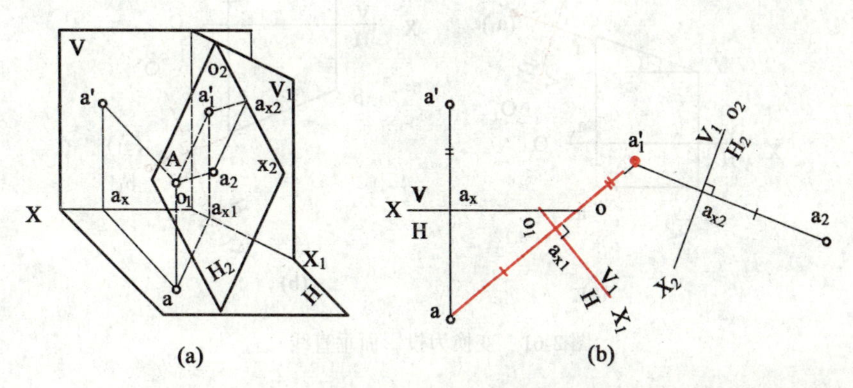

图 2-59　点的二次换面

2.6.2　直线的换面法

两个点确定一条直线，因此只需变换直线上的两个点，就能得到直线经换面后的投影。

1.把一般位置直线变换为投影面平行线

将一般位置直线变换为投影面平行线，必须使新投影轴平行某投影、且新投影面与原投影面之一垂直。如图 2-55 所示，设置新投影面 V_1，$V_1 \perp H$，V_1 与 H 面的交线为新轴 O_1X_1，且 O_1X_1 平行一般位置直线 AB 的水平投影 ab，构成 V_1/H 两投影面体系。在图 2-60 中，作新轴 $O_1X_1 \parallel ab$，自 a 作投影连线垂直 O_1X_1，交 O_1X_1 于 a_{X1}，由 a_{X1} 量取 $a_{X1}a'_1=a'a_X$，得 a'_1，即点 A 的新投影。同样作出点 B 的新投影 b'_1。因 ab 平行 O_1X_1，故直线 AB 为新的正平线，$a'_1b'_1$ 反映 AB 的实长，$a'_1b'_1$ 与 O_1X_1 的夹角为直线 AB 对水平面 H 的倾角 α。

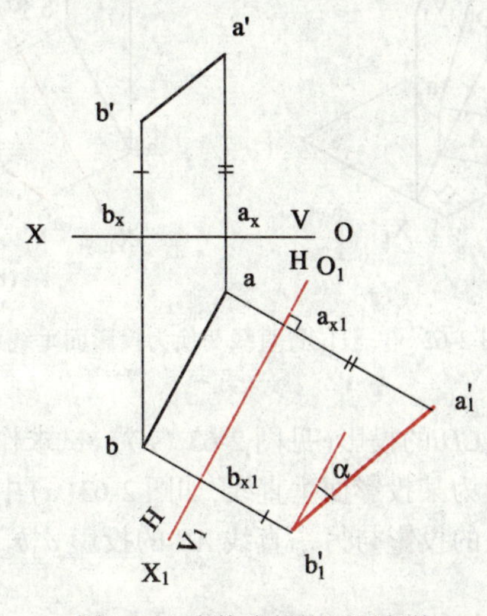

图 2-60　变换为投影面平行线

若需将直线变换为新的水平线，则需用新的水平投影面 H_1 代替原来的水平面 H，并使新轴 O_1X_1 平行直线的正面投影，新的水平投影面 H_1 垂直正面 V。

2.把投影面平行线变换为投影面垂直线

如图 2-61(a)所示，若将正平线 AB 变换为投影面的垂直线，新投影面必垂直此正平线 AB，这是因为垂直于正平线 AB 的新投影面必垂直于正面 V，故需用新的水平面 H_1 代替 H，构成 V/H_1 两投影面体系，且新轴 O_1X_1 垂直正面投影 $a'b'$。作图过程为：作 $O_1X_1 \perp a'b'$；作 $a'a_1$ 投影连线交 O_1X_1 轴于 a_{x1}，并量取 $a_1a_{x1}=aa_x$，得 b_1、a_1。所求为新的铅垂线。

图 2-61(b)所示的是把水平线变为新的正垂线的过程，读者自己分析、理解。

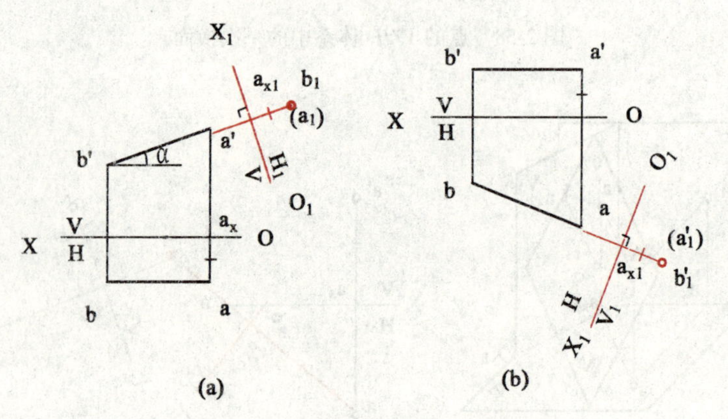

图 2-61 变换为投影面垂直线

3.把一般位置直线变换为投影面垂直线

将一般位置直线变换为投影面垂直线，需连续进行二次换面，如图 2-62(a)所示，先将直线变换为投影面平行线（V_1/H 体系），再将投影面平行线变为投影面垂直线（V_1/H_2 体系）。图 2-62(b)为其作图过程：

作 O_1X_1 轴平行 ab，并作出直线 AB 在新投影面 V_1 中的投影 $a'_1b'_1$；

作 O_2X_2 轴垂直 $a'_1b'_1$，并作出直线 AB 在新投影面 H_2 中的投影 a_2、b_2，且 a_2、b_2 积聚为一点。

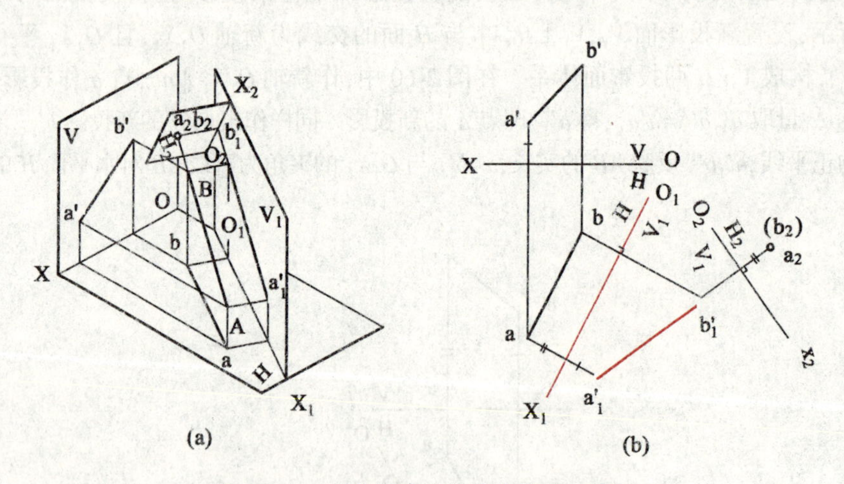

图 2-62 一般位置直线变换为投影面垂直线

【例 2-12】已知交叉两直线 AB、CD 的投影（见图 2-63 (a)），试求作其公垂线。

【解】若将交叉两直线之一变换为某投影面垂直线，如图 2-63(a)中，将 CD 变为 H_2 面的垂直线，公垂线为该投影面平行线，在该投影面上的投影与另一直线 AB 的投影 a_2b_2 相垂直，且反映公垂线实长，其作图过程如图 2-63 (b)所示：

(1)将直线 CD 变换为新的 V_1 投影面平行线，直线 AB 随同一起变换。

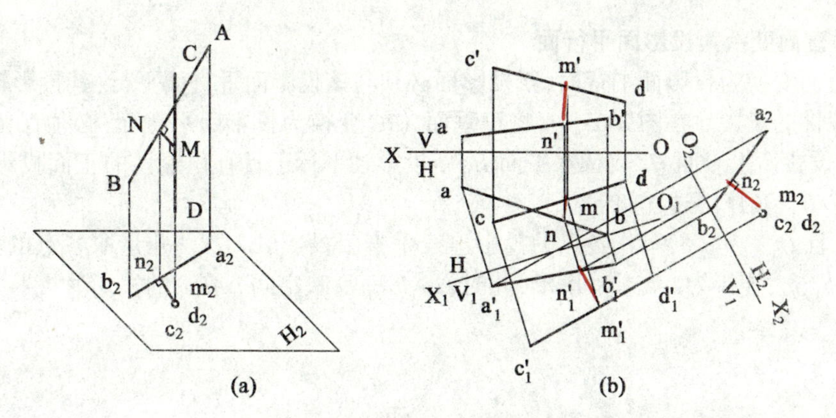

(a) (b)

图 2-63 求交叉两直线的公垂线

(2)将直线 CD 作二次变换,为新的 H_2 投影面垂直线,直线 AB 也随同一起变换。

(3)根据直角投影定理,可由 c_2d_2 的积聚投影处向 a_2b_2 作垂线 m_2n_2,为公垂线 MN 在投影面 H_2 上的投影。过 n_2 作 $n_2n'_1$ 投影连线,交 $a'_1b'_1$ 于 n'_1,再过 n'_1 作 $n'_1m'_1 \parallel O_2X_2$ 得 m'_1,$m'_1n'_1$ 为在 V_1 投影面上的投影。将公垂线返回到原 V/H 两投影面体系得 mn、$m'n'$,即为公垂线的两面投影。

2.6.3 平面的换面法

不在一直线上的三个点确定一平面,因此平面的换面也归结为求点的新投影换面问题。

1.把一般位置平面变换为投影面垂直面

把一般位置平面变换为投影面垂直面,新投影面必须垂直于平面,又必须垂直某个不变的投影面,则新投影面必定垂直于平面上不变投影面的平行线。如图 2-64(a)所示,若将平面 ABC 变换为新的正垂面,设置新投影面 V_1 代替 V,新投影面 V_1 垂直平面 ABC 的水平线 BD,这样保证了新投影面 V_1 既垂直平面 ABC,又垂直于水平面 H,构成 V_1/H 两投影面体系。在图 2-64(b)中,作水平线 BD 的投影,作新轴 O_1X_1 垂直水平投影 bd;分别作过 a、b、c,且与 O_1X_1 轴垂直的投影连线,量取相应点的 Z 坐标,得新投影面 V_1 上的投影 $a'_1b'_1c'_1$,即得△ABC 的积聚投影;该投影与 O_1X_1 间的夹角为平面 ABC 对水平面 H 的倾角 α。因此经过一次换面可将一般位置平面变换为新的正垂面。

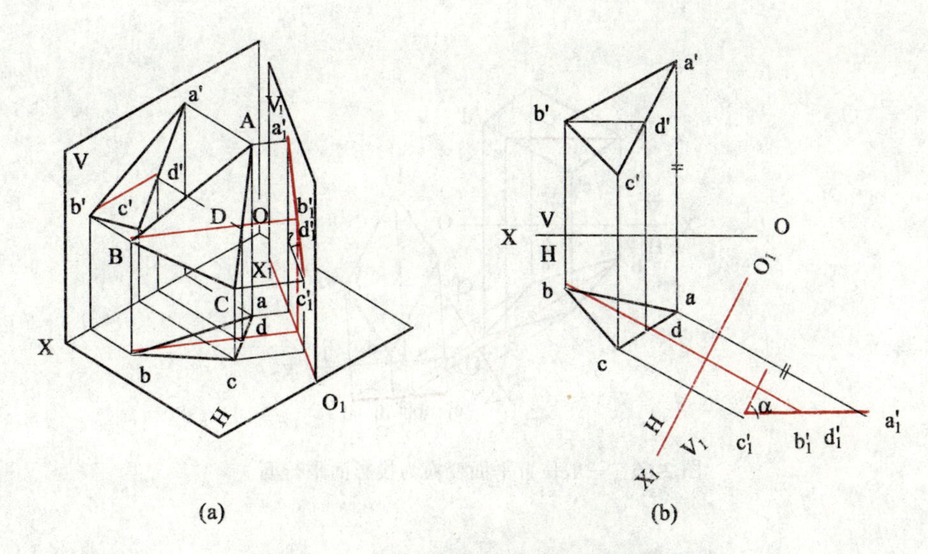

(a) (b)

图 2-64 一般位置平面变换为投影面垂直面

若需求新的铅垂面及对正立投影面 V 的倾角 β,必须用新投影面 H_1 代替水平面 H,构成新的 V/H_1 两投影面体系，新投影面 H_1 垂直平面 ABC 上的正平线，这样保证了新投影面既垂直平面 ABC，又垂直正立投影面 V。

2.把投影面垂直面变换为投影面平行面

把投影面垂直面变换为投影面平行面，新投影面必须与该投影面垂直面平行，其投影轴应平行该平面被保留的具有积聚性的投影。在图 2-65 中，将正垂面 ABC 变换为投影面平行面，必须保留具有积聚性的正面投影 $a'b'c'$。设置新投影面 H_1 代替水平面 H，新投影轴平行于具有积聚性的正面投影 $a'b'c'$，构成新的两投影面体系 V/H_1，其作用过程如下：

作新轴 O_1X_1，且 $O_1X_1 \parallel a'b'c'$；作各点的投影连线垂直新投影轴 O_1X_1，并量取各点的相应 Y 坐标，得新的水平投影 a_1、b_1、c_1；连接为 $\triangle a_1b_1c_1$ 图形，此时 $\triangle a_1b_1c_1$ 反映空间 ΔABC 的实形。

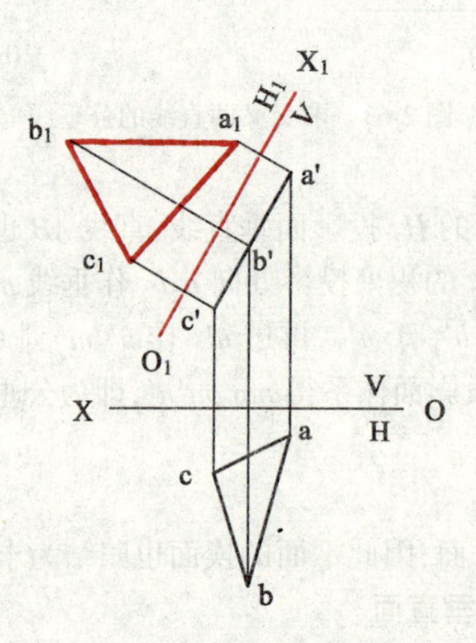

图 2-65　投影面垂直面变换为投影面平行面

3.把一般位置平面变换为投影面平行面

把一般位置平面变换为投影面平行面，需连续进行二次换面，可先变换为某投影面垂直面，再将投影面垂直面变换为投影面平行面。如图 2-66 所示，先将平面 $ABCD$ 变换为 V_1/H 两投影面体系中的新投影面 V_1 的垂直面，再将平面 $ABCD$ 进行二次换面，将新投影面 H_2 的新轴 O_2X_2 设置为与具有积聚性投影 $a'_1b'_1c'_1d'_1$ 平行，构成 V_1/H_2 两投影面体系，得到的图形 $a_2b_2c_2d_2$ 反映该平面图形的实形，为新的水平面，其作图过程如图 2-66 所示。

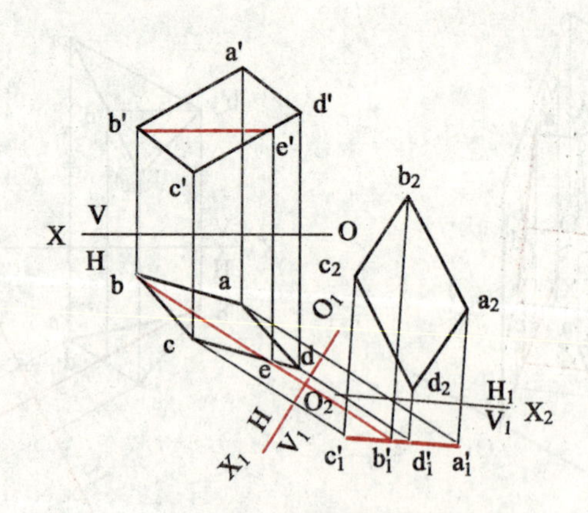

图 2-66　一般位置平面变换为投影面平行面

2.6.4　换面法应用举例

利用换面法将一般位置的几何元素变换为特殊位置时，可很方便地求得实长、实形，倾角、实角、距离、垂直、求交等实际问题，见图 2-54、图 2-63 等。

【例 2-13】　已知两平面 *ABD* 和 *CBD* 的投影(见图 2-67(a)),试求它们的夹角实形。

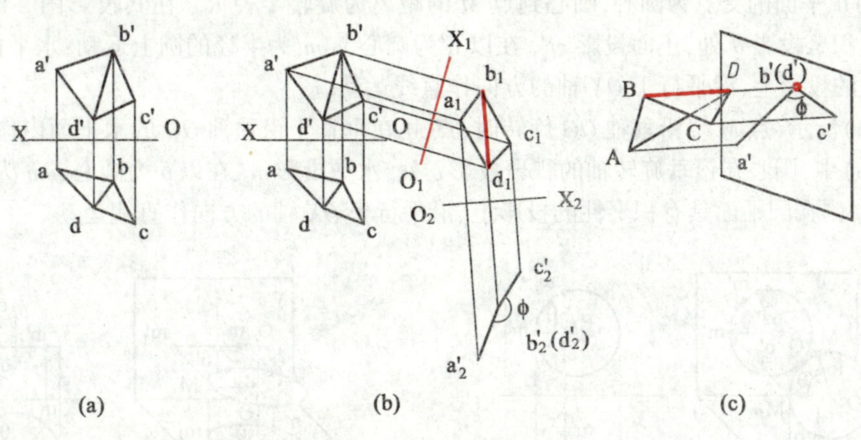

图 2-67　求两平面的夹角

【解】　当平面 *ABD* 与平面 *CBD* 的交线 *BD* 垂直某投影面时,两平面同时垂直该投影面,此时具有积聚性的投影能直接反映出两平面的夹角 φ,如图 2-67(c)所示。因此可经过二次换面,将两平面的交线 *BD* 变换为某投影面的垂直线,其作图过程如图 2-67(b)所示。

作 O_1X_1,轴平行 $b'd'$,将交线 *BD* 变换为 V/H_1 体系中的水平线,同时变换各点的新投影;作 O_2X_2 轴垂直于 b_1d_1,将交线 *BD* 变换为 V_2/H_1 体系中的正垂线,两平面的投影积聚为相交直线 $a'_2b'_2(d'_2)$ 与 $c'_2b'_2(d'_2)$;其夹角 $\varphi(\angle c'_2b'_2a'_2)$ 即为平面 *ABD* 与平面 *CBD* 间的夹角实形。

【例 2-14】已知点 *M* 到平面 *ABC* 的距离为 *L*(见图 2-68(a)),求点 *M* 的水平投影。

【解】点 *M* 是位于与平面 *ABC* 平行、距离为 *L* 的平面 *P* 上的点,若将平面 *ABC* 变换为 V_1 投影面垂直面,在该投影面上的投影积聚为直线,与之平行的平面 *P* 也积聚为直线,相距为 *L*;然后,利用点 *M* 的 *Z* 坐标,就能在平面 *P* 上得点 *M* 的新投影 m'_1,利用投影连线,可得其水平投影 *m*。作图过程如图 2-68(b)所示。

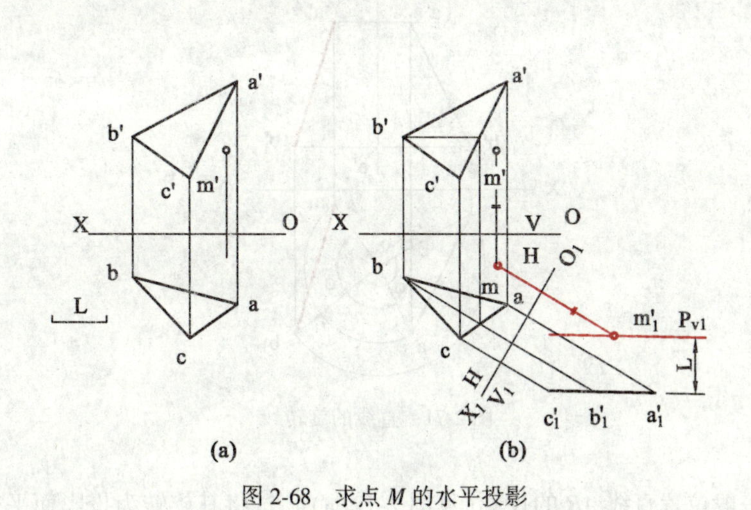

图 2-68　求点 *M* 的水平投影

2.6.5　绕垂直轴旋转法

绕垂直轴旋转法是投影变换的另一种常用方法,其主要特点是原投影面体系不变,而将需进行投影变换的空间几何元素绕一条垂直于某个投影面的轴旋转到有利于解题的位置,旋转过程中,所涉及的其他几何元素也应绕同一条轴、按同一方向、旋转相同的角度,并作出变换后新的投影位置。

用旋转法解题时,要根据要求、条件等选择适当的旋转轴,旋转轴应为投影面垂直线,并根据解题需要决定旋转角度。

1.点的旋转及投影变换规律

如图 2-69(a)所示,点 M 绕正垂轴 OO 旋转时,点 M 在垂直于正垂轴 OO 的正平面内作圆周运动,旋转轴(正垂轴)与正平面的交点为圆心,圆心到点 M 的距离为旋转半径 R。在其投影图 2-69 (b)中,圆心在正垂旋转轴的积聚投影 o'处,正面投影 m'_1 在以 o'为圆心,$o'm'$为半径的圆上运动;水平投影 m_1 则在圆平面具有积聚性的投影上、沿平行于 OX 轴的方向作直线运动。

如图 2-70(a)所示,点 M 绕铅垂轴 OO 旋转时,点 M 在垂直于铅垂轴 OO 的水平面内作圆周运动。在其投影图 2-70(b)中,圆心在铅垂旋转轴的积聚投影 o 处,水平投影 m_1 在以 o 为圆心、om 为半径的圆上运动;正面投影 m'_1 则在圆平面具有积聚性的投影上、沿平行于 OX 轴的方向作直线运动。

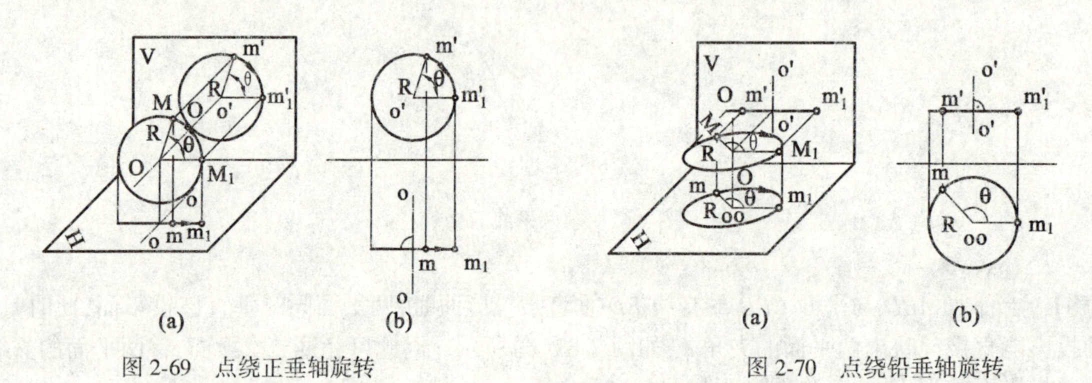

图 2-69　点绕正垂轴旋转　　　　图 2-70　点绕铅垂轴旋转

2.直线的旋转

图 2-71 表示一段直线 AB 绕铅垂轴 OO 旋转 ϕ 角的作图情况。由图可知,将直线 AB 上两个端点绕同一轴,以同一方向、旋转同一角度 ϕ,然后利用点的投影变换规律,作出其新投影图:以 o 为圆心,将 a、b 两点以点 o 为圆心作圆,使 a、b 沿同一方向、旋转相同的 ϕ 角,且 $|a_1b_1|=|ab|$;正面投影中,作 $a'a'_1 \parallel OX$、$b'b'_1 \parallel OX$,交 $a_1a'_1$、$b_1b'_1$ 的投影连线于 a'_1、b'_1 处,则(a'_1、a_1)、(b'_1、b_1)为旋转后的新投影图。

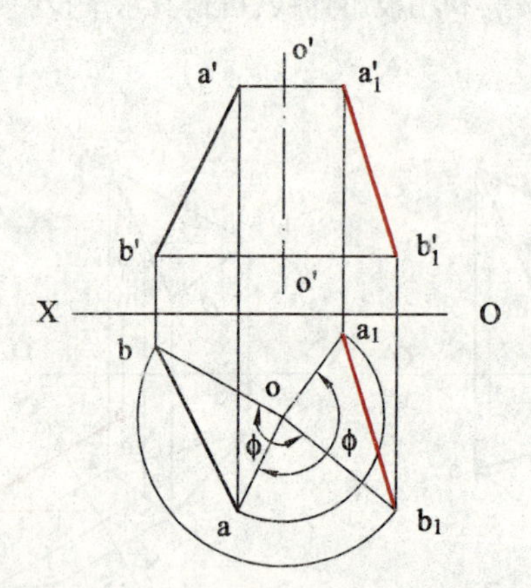

图 2-71　直线的旋转

【例 2-15】已知一般位置直线 AB 的投影(见图 2-72(a)),试将其旋转为投影面平行线。

【解】为使一般位置直线旋转为投影面平行线,需使直线的某个投影平行于 OX 轴;为使作图简便,可令旋转轴通过直线 AB 的一个端点,如点 A(见图 2-72(b)、(c))。

在图 2-72(b)中,绕通过点 A 的铅垂轴旋转,将水平投影 ab 旋转到 ab_1,且 $ab_1 \parallel OX$;$a'b'_1$ 为新的正平线的正面投影,并反映线段 AB 实长,$\angle a'b'_1b'$为线段 AB 对水平投影面的倾角 α。

在图 2-72(c)中,为求新的水平线及线段 AB 对正立投影面的倾角 β 的作图,不赘述。

【例 2-16】已知正平线 AB 的投影(见图 2-73(a)),试将其旋转为投影面垂直线。

【解】因直线 AB_1 为正平线,要将此直线旋转为投影面垂直线,只能采用正垂轴,将其正面投影旋转到垂直 OX 轴的位置,如图 2-73(b)所示,再向水平面作新的投影。因新的水平投影 a_2b_1 积聚为一点,故可

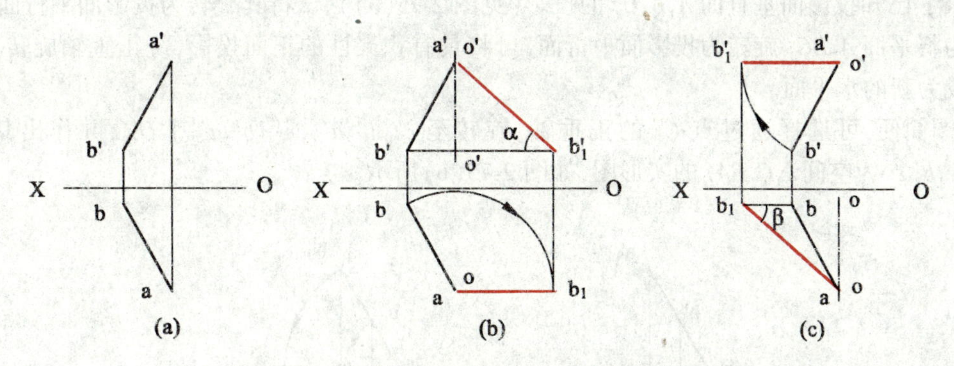

图 2-72 一般位置直线旋转为投影面平行线

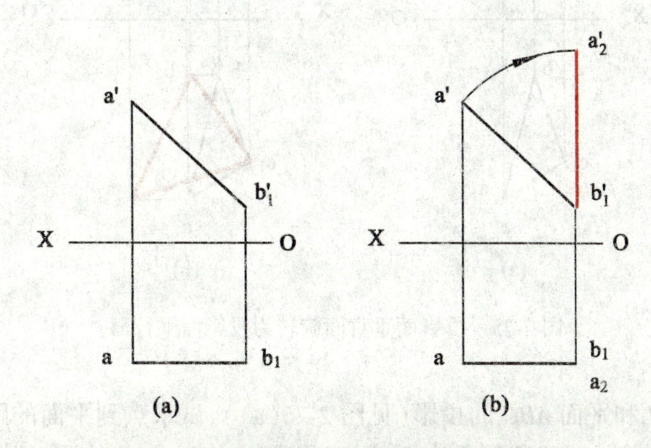

图 2-73 投影平行线旋转为投影面垂直线

将正平线 AB_1 旋转为新的铅垂线 A_2B_1。

3.平面的旋转

将平面 ABC 上的各端点，绕一旋转轴，按同一方向、旋转同一角度，然后用点的旋转规律可作出其新投影图。

【例 2-17】已知一般位置平面 ABC 的投影（见图 2-74(a)），试将其旋转为投影面垂直面，并求水平倾角 α。

【解】为求解水平倾角 α，可将平面 ABC 内的水平线旋转成正垂线，则平面可旋转为新的正垂面，正垂面与 OX 轴的夹角为平面 ABC 对水平面的倾角 α。

为使作图方便，可选择过点 B 的铅垂轴，将平面 ABC 内的水平线 BD 旋转成正垂线，水平投影 $bd_1 \perp OX$，平面的正面投影积聚为直线 $a'_1b'c'_1$，$a'_1b'c'_1$ 与 OX 轴的平行线的夹角即为水平倾角 α，如图 2-74(b)所示。

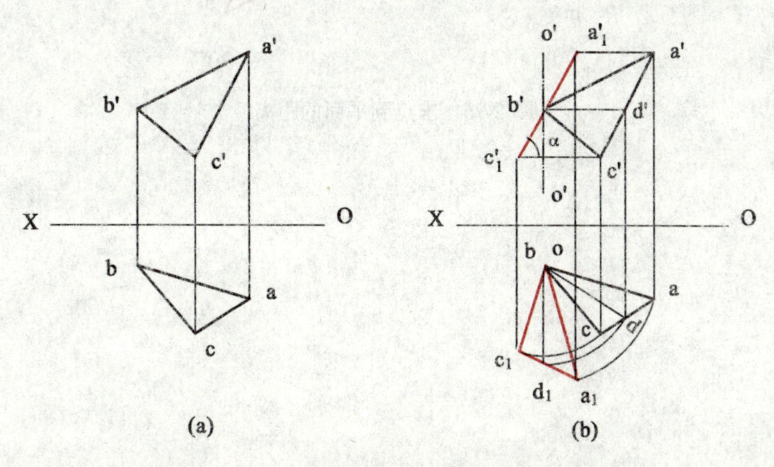

图 2-74 一般位置平面旋转为投影面垂直面

【例 2-18】已知投影面垂直面 $A_1B_1C_1$ 的投影(见图 2-75(a)),试将其旋转为投影面平行面。

【解】为将平面 A_1BC_1 旋转为投影面平行面,可将具有积聚性的正面投影,绕正垂轴旋转至与 OX 轴平行,使之成为新的水平面。

为使作图简便,可选择通过点 C_1 的正垂轴,旋转至 $c'_1b'_2a'_2$,$c'_1b'_2a'_2 \parallel OX$,并作出其水平投影 $c_1b_2a_2$,则$\triangle c_1b_2a_2$ 为空间$\triangle C_1BA_1$ 的实形图,如图 2-75(b)所示。

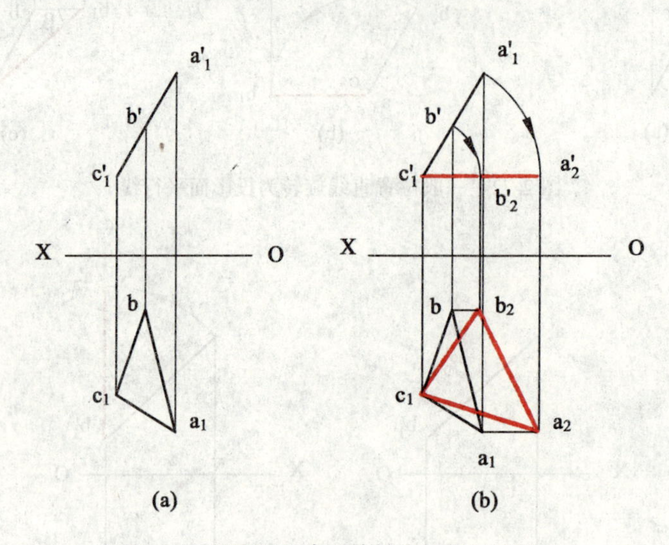

图 2-75 投影面垂直面旋转为投影面平行面

【例 2-19】 已知点 M 和平面 ABC 的投影(见图 2-76(a)),试求点到平面的距离。

【解】 若将平面 ABC 旋转为投影面垂直面,同时将点 M 绕过点 B 的同一旋转轴,按同一方向、旋转同一角度,并求出点 M、平面 ABC 的新投影(m'_1,m_1)、a_1bc_1 和 $a'_1b'c'_1$,使 A_1BC_1 为新的正垂面,$a'_1b'c'_1$ 积聚为直线,如图 2-76(b)所示。再过 m'_1 作直线 $m'_1n'_1$,$m'_1n'_1 \perp a'_1b'c'_1$,得垂足 $N(n'_1、n_1)$,$m_1n_1 \parallel OX$ 轴,$m'_1n'_1$为点 M 到平面 ABC 的距离实长。

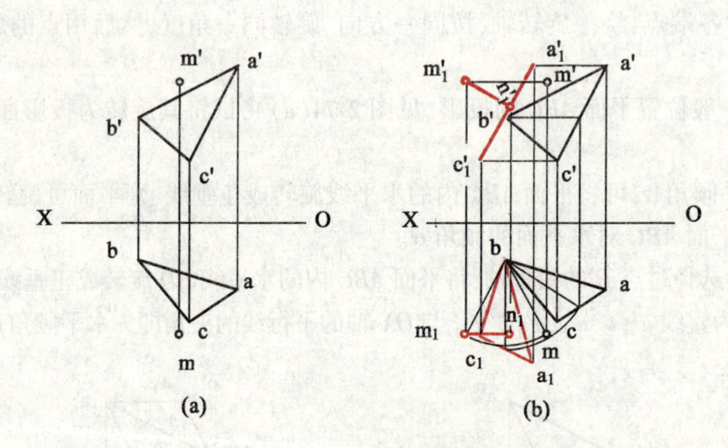

图 2-76 求点到平面的距离

第3章 基 本 体

立体是由若干表面围成的空间形体,按其表面几何性质可分为平面立体和曲面立体。表面由平面围成的基本体称平面立体,如棱柱、棱锥、棱台等;表面由平面和曲面或仅由曲面围成的基本体称曲面立体。根据曲面表面性质,又可将曲面立体分为回转体和非回转体,常见的回转体有圆柱、圆锥、圆球、圆环等。

3.1 平面立体

平面立体的表面均为多边形,其每条边为相邻两个平面的交线,顶点为邻接三个平面的共有点。因此,绘制平面立体的投影可归结为绘制这些多边形交线和顶点的投影。为了简化作图,一般不必逐个地绘制这些几何元素的投影,而是根据平面立体的形状和位置特点,绘制某些表面、轮廓线和顶点,从而获得整个形体的投影。

3.1.1 棱柱

棱柱是由平行的顶面、底面以及若干个侧棱面围成的实体,且侧棱面的交线(棱线)互相平行。把棱线垂直于底面的棱柱称为直棱柱;棱线与底面斜交的棱柱称为斜棱柱;底面为正多边形的直棱柱称为正棱柱。

1.棱柱的投影

图3-1(a)是以正五棱柱为例,绘制的三面投影。

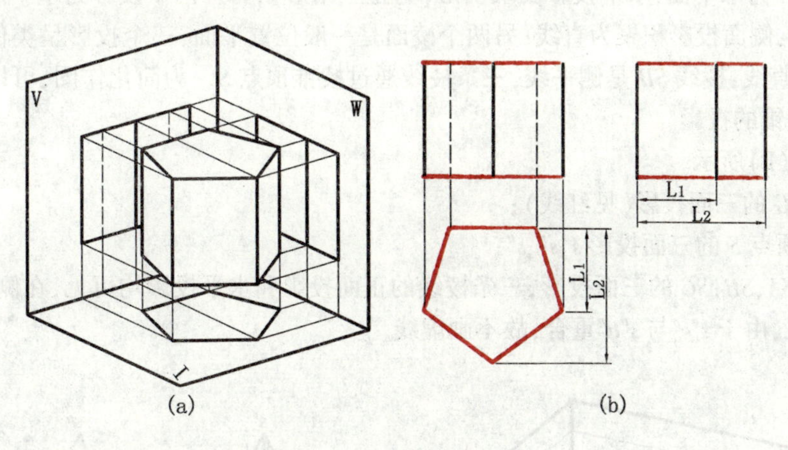

图3-1 正五棱柱的投影

分析:顶面和底面均为水平面,其水平投影为正五边形,另两个投影均为水平的直线(具有积聚性)。所有侧棱面都垂直于 H 面,水平投影为直线,且重合在五边形的五条边上,五条棱线都为铅垂线。

作图:如图3-1(b)所示。

(1)求作顶面和底面的三面投影(见红线);

(2)作出每条棱线的 V 面和 W 面投影,判别可见性,在 V 面投影中,有两条棱线不可见,画虚线。

2.棱柱表面上取点

【**例3-1**】已知棱柱表面上点 A,B 的 V 面投影 a',b',试求其 H,W 面投影(见图3-2(a))。

【**解**】分析:根据已知 A,B 两点 V 面投影的可见性,可以判定点 A,B 分别在左前棱面和最后棱面上。

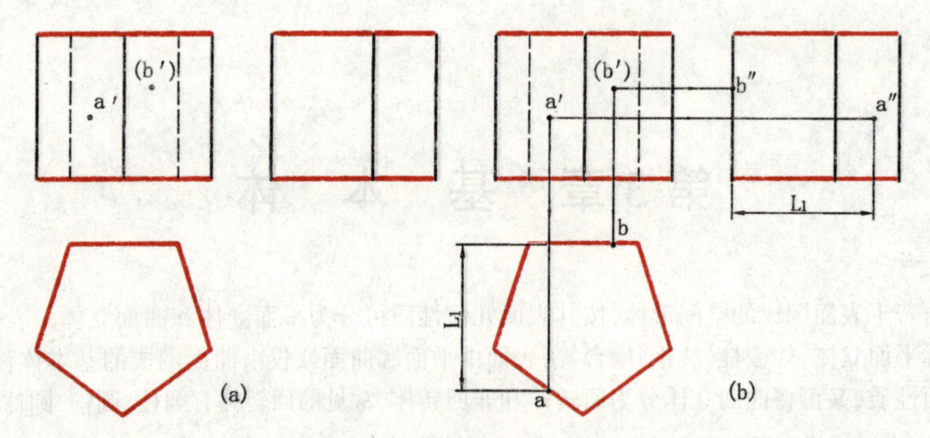

图 3-2　棱柱体表面上取点

因为所有棱面的水平投影都积聚为直线，故可先求出 *A*，*B* 点 *H* 面投影（重合在积聚性直线上），然后再求出 *A*、*B* 点的侧面投影。

作图：如图 3-2(b)所示。

(1)利用"长对正"关系，求出 *A*，*B* 点的 *H* 面投影 *a*，*b*；

(2)利用"高平齐"、"宽相等"关系求出 *A* 点的 *W* 面投影 *a*″，投影 *b*″可以直接得到。这里，投影 *a*，*b* 及 *a*″、*b*″均为可见。

3.1.2　棱锥

由一个底面和若干个侧棱面围成的实体称为棱锥，其底面为多边形，各个侧棱面为三角形，所有棱线都汇交于锥顶。与棱柱类似，棱锥也有正棱锥和斜棱锥之分。

1.棱锥的投影

以正棱锥为例（见图 3-3(a)），求其三面投影。

分析：底面 *ABC* 为水平面，水平投影反映实形（为正三角形），另外两个投影为水平的积聚性直线。侧棱面 *SAC* 为侧垂面，侧面投影积聚为直线；另两个棱面是一般位置平面，三个投影呈类似的三角形。棱线 *SA*、*SC* 为一般位置直线，棱线 *SB* 是侧平线，三条棱线通过棱锥顶点 *S*。为简化作图，可以先求出底面和棱锥顶点 *S*，再补全棱锥的投影。

作图：如图 3-3(b)所示。

(1)作底面 *ABC* 的三面投影（见红线）；

(2)确定棱锥顶点 *S* 的三面投影 *s*、*s*′、*s*″；

(3)完成棱线 *SA*、*SB*、*SC* 的三面投影，三条棱线的正面投影和水平投影均可见，在侧立投影面上，*s*″*a*″、*s*″*b*″可见，*s*″*c*″不可见，由于 *s*″*c*″与 *s*″*a*″重合，故不画虚线。

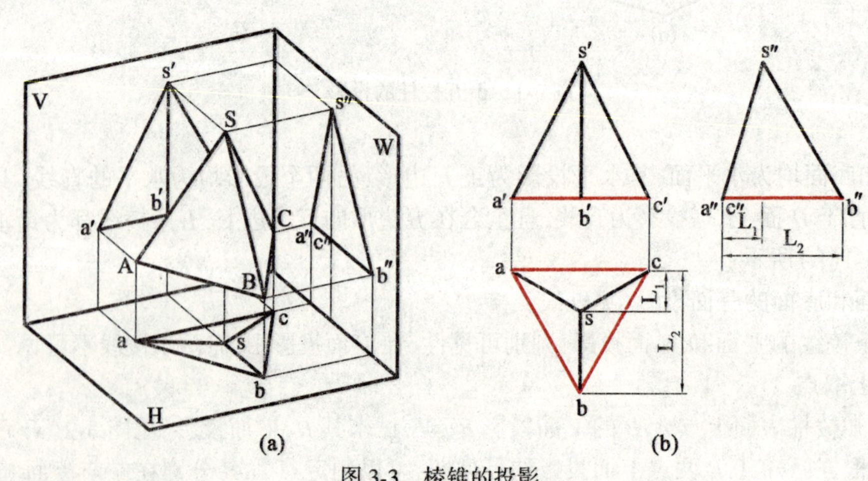

图 3-3　棱锥的投影

2.棱锥表面上取直线

【例 3-2】已知棱锥 *SABC* 的 *V*、*H* 面投影及其表面上直线 *DE*、*EF* 的水平投影(见图 3-4(a)),试完成它们的其余两投影,判别可见性。

【解】分析:根据 *de*、*ef* 的可见性,判定 *DE*、*EF* 分别在棱面 *SAB* 和 *SBC* 上。点 *E*、*F* 分别在棱线 *SB*、*SC* 上,其投影在棱线的同面投影上。点 *D* 可以利用在平面 *SAB* 上作辅助线的方法求得。

作图:如图 3-4(b)所示。

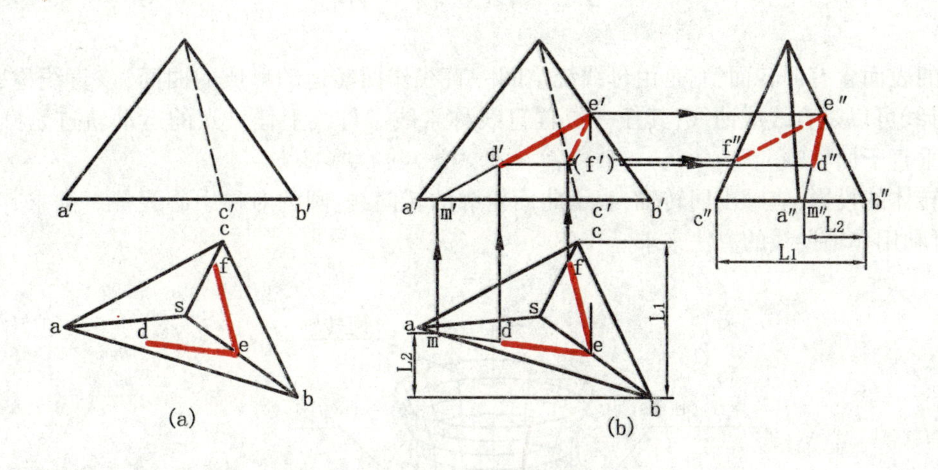

图 3-4 棱锥表面上取直线

(1)绘制棱锥的 *W* 面投影;

(2)求作直线 *EF* 的正面投影和侧面投影。由于其所在棱面 *SBC* 在 *V*、*W* 面上均为不可见面,故投影 *e′f′*、*e″f″*不可见。

(3)求作直线 *DE* 的正面投影和侧面投影。在 *H* 面上延长投影 *ed*,使之与 *ab* 交于 *m* 点,并作出投影 *m′*,*m″*。然后,作直线 *EM* 上的 *D* 点投影 *d′*,*d″*,连接投影 *e′d′*,*e″d″*,均为可见。

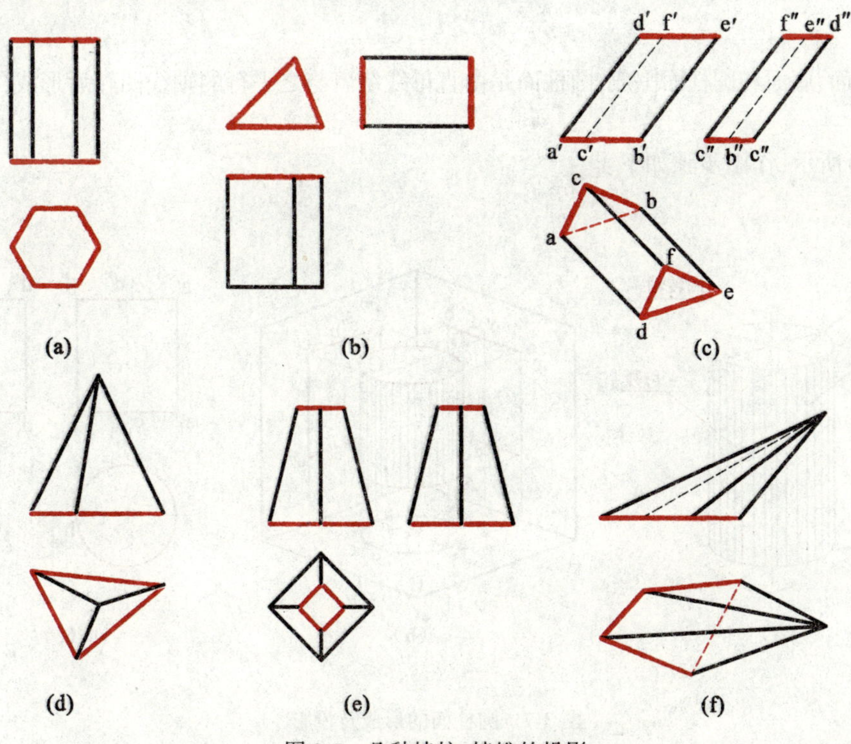

图 3-5 几种棱柱、棱锥的投影

由以上例子来看,平面立体最外边轮廓线的投影总是可见的,应画粗实线。中间的棱线投影是否可见,应通过分析其空间位置来判定。下面给出几种棱柱和棱锥的投影,请读者分析它们的投影特点,如图3-5所示。

平面立体表面上点、线的投影求解问题主要采用第2章介绍的平面上点和线的投影作图方法。要注意的是,点和直线从属于哪个表面,该表面投影是否可见。

3.2 回 转 体

回转体的表面含有回转面,它是由母线绕空间一直线作回转运动形成的曲面,该直线称回转轴,如图3-6所示。母线可以是直线或曲线,其任一位置直线称素线。母线上任一点的运动轨迹是圆,又称纬圆,其所在平面垂直于回转轴。

绘制回转体的投影,应画出回转轴,表示曲面轮廓的转向线、圆的对称中心线等。欲求其表面上点和线的投影,可利用作辅助线的方法来求。

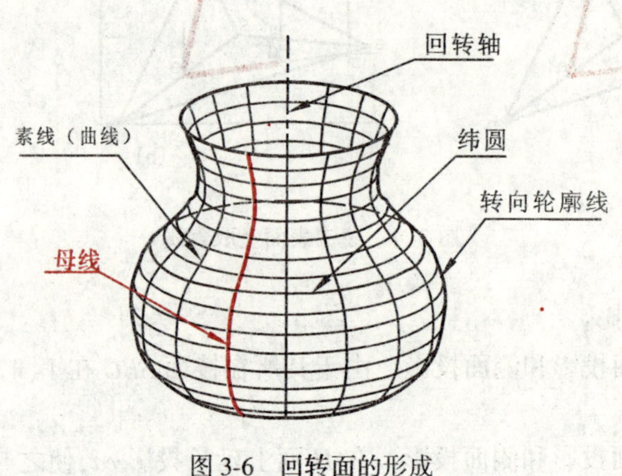

图3-6 回转面的形成

3.2.1 圆柱体

1.形成

圆柱体由顶面、底面和圆柱面围成,圆柱面是由直母线绕着与之平行的轴线回转后形成(见图3-7(a))。

2.投影

如图3-7(b)所示,作图步骤如下:

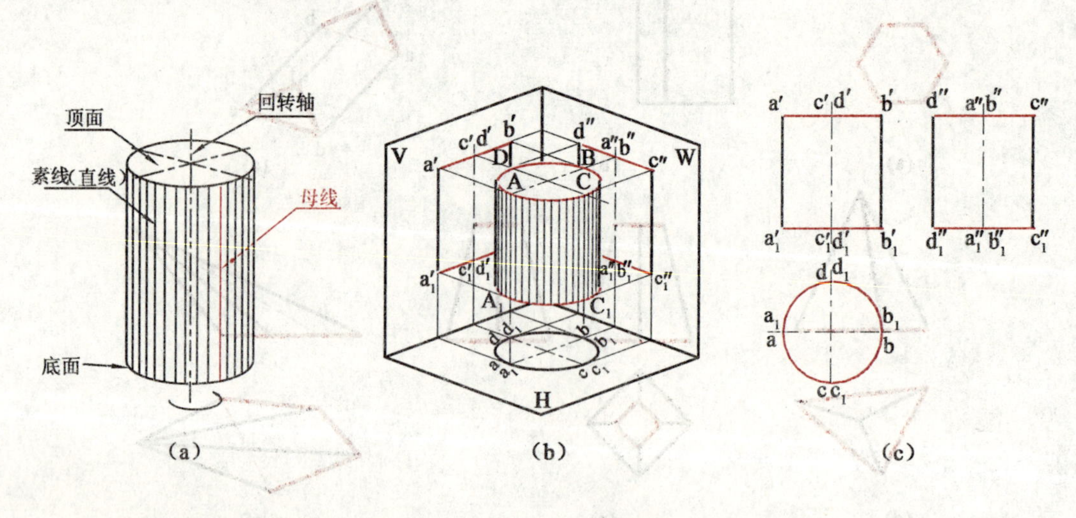

图3-7 圆柱面的形成及投影

(1)作回转轴的V、W面投影(点画线);

(2)作顶、底面的三面投影。V、W面投影为水平的直线,长度等于圆柱的直径,H面投影为圆,并画上中心线;

(3)作出圆柱面的正视转向线投影 $a'a'_1$ 和 $b'b'_1$,也是圆柱面上最左、最右素线的正面投影;

(4)作出圆柱面的侧视转向线投影 $c''c''_1$ 和 $d''d''_1$,也即圆柱面上最前、最后素线的侧面投影(见图3-7(c))。

3.表面取点、线

圆柱面上取点、线的作图,一般利用圆柱面的某一投影具有积聚性特点以及作辅助直素线的方法来求。

【例3-3】已知圆柱面上点 A、B 的正面投影 a'、$(b)'$(见图3-8(a)),求作它们的其余两面投影。

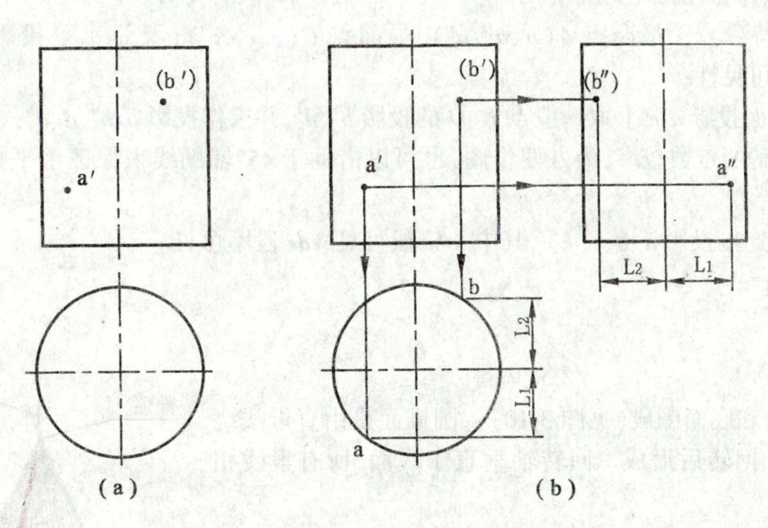

图3-8 圆柱表面取点

【解】分析:从投影 a'、b'的可见性可以判定点 A 在前半圆柱面上,点 B 点在后半圆柱面上。因为圆柱面的水平投影为积聚性的圆,故投影 a、b 一定重合在圆上。然后,利用"三等"关系求投影 a''、b''。

作图:如图3-8(b)所示。

(1)利用"长对正"关系求投影 a、b。因投影 a、b 落在积聚性投影上,为可见投影。

(2)根据 A、B 的两面投影求出投影 a''、b'',判别投影 a''为可见,投影 b''为不可见。

【例3-4】图3-9(a)为一个圆柱凸轮,其表面上有一弯曲形沟槽。假设将这段沟槽抽象成一条曲线 AE,试根据给出的 V 面投影求出另两面投影。

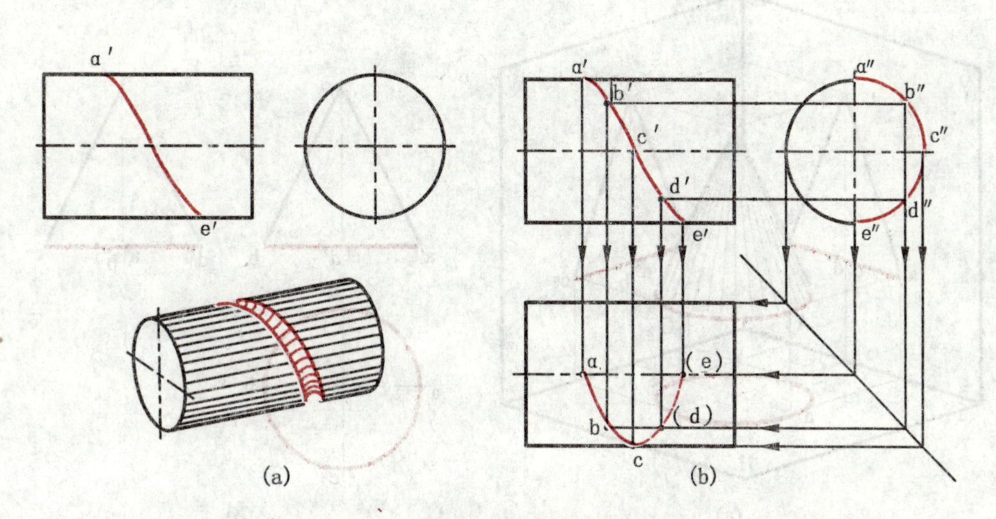

图3-9 圆柱凸轮上沟槽的投影

【解】分析:由于圆柱面的侧面投影有积聚性,故曲线 AE 的侧面投影重合在积聚性圆上,再根据 AE 的 V、W 面投影求其 H 面投影。因为 AE 的 H 面投影为一般曲线,所以需要在用取点的方法,用光滑曲线来逼近 ae。

取点原则：选取控制曲线空间范围的极限位置点，如最高、最低、最左、最右、最前、最后点；当曲线在某投影上一段可见，另一段不可见时，还应确定可见与不可见的分界点，即转向点。我们把极限位置点和转向点都称为特殊点。

为使作图有一定的准确性，有时在两个距离稍远的特殊点之间再选取若干个中间点，以便用曲线光滑地连接，把这些点称一般点。

作图：如图 3-9(b)所示。

(1)求曲线 AE 的侧面投影(见红线)；

(2)在 AE 上取特殊点。最高点 $A(a、a'、a'')$、最前点 $C(c、c'、c'')$(又是水平投影转向点)、最低点 $E(e、e'、e'')$，并判别可见性；

(3)在已知的正面投影 $a'e'$ 上取一般点 B、D 的投影 b'、d'，并求作投影 b、b''、d、d''；

注意，如果要求解的点数较多，为方便作图，也可以借助于45°辅助线来保证水平投影和侧面投影的“宽相等”关系。

(4)依次光滑地连接投影 a、b、c、d、e，其中，abc 段可见，cde 段不可见。

3.2.2 圆锥体

1.形成

圆锥体由圆锥面和底面围成(见图 3-10)。圆锥面是由直母线绕着与之相交的回转轴回转后形成。回转轴垂直于底面，所有素线相交于锥顶。

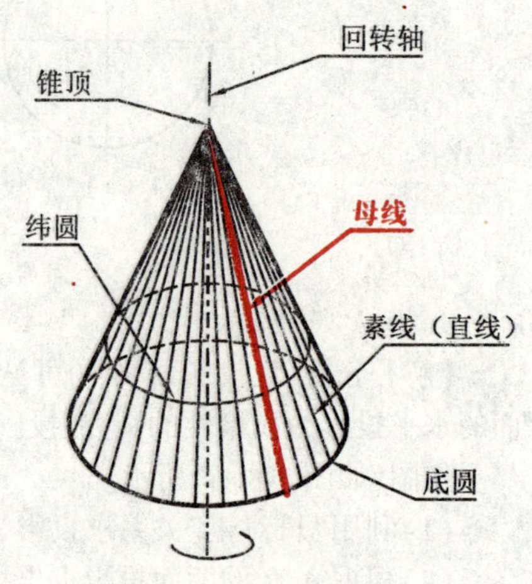

图 3-10 圆锥面的形成

2.投影

以图 3-11(a)所示圆锥为例。

(1)作轴线的 V、W 面投影(点画线)；

(2)作底面的投影。V、W 面投影为水平直线，长度等于底圆直径，H 面投影反映圆的实形，并画上中心线；

(3)确定圆锥顶点 $S(s、s'、s'')$；

(4)作圆锥面的正视转向线投影 $s'a'$、$s'b'$ 和侧视转向线投影 $s''c''$、$s''d''$(见图 3-11(b))。

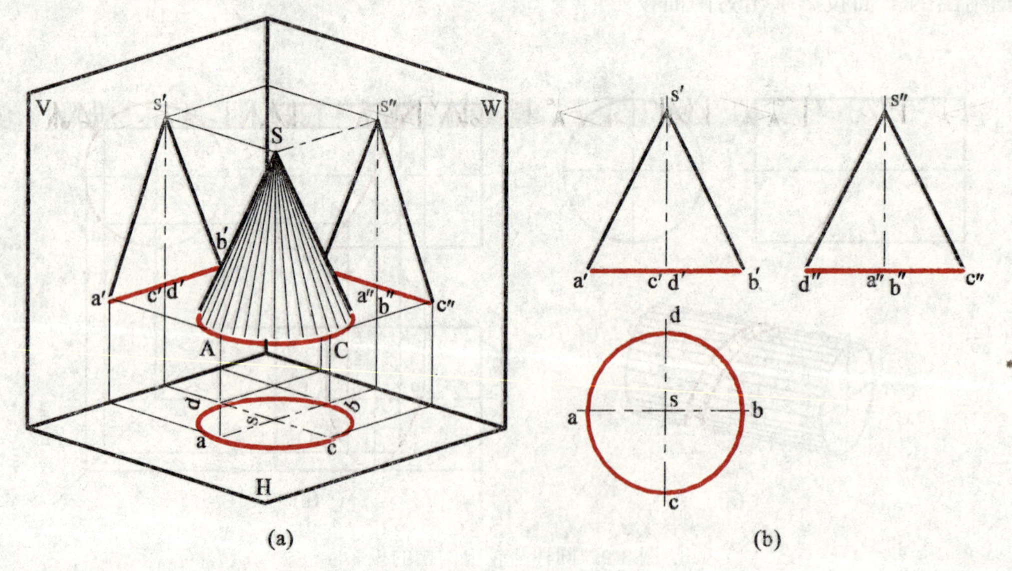

图 3-11 圆锥的投影

3.表面取点、线

圆锥表面上取点、线，可采用素线法和纬圆法。

【例 3-5】已知圆锥面上点 K 的正面投影 k'(见图 3-12(a))，试求点 K 的其余两面投影。

【解】分析：与圆柱面不同的是，圆锥面的任何一个投影均无积聚性，不能直接求出 K 点的 H 面或 W 面投影，必须借助于作辅助线的方法求解。

方法一，辅助素线法：

根据圆锥面的形成特点，过点 K 的已知投影在圆锥面上作一条直素线，以该线作为辅助线获得该点的其他投影（见图 3-12(b)）。

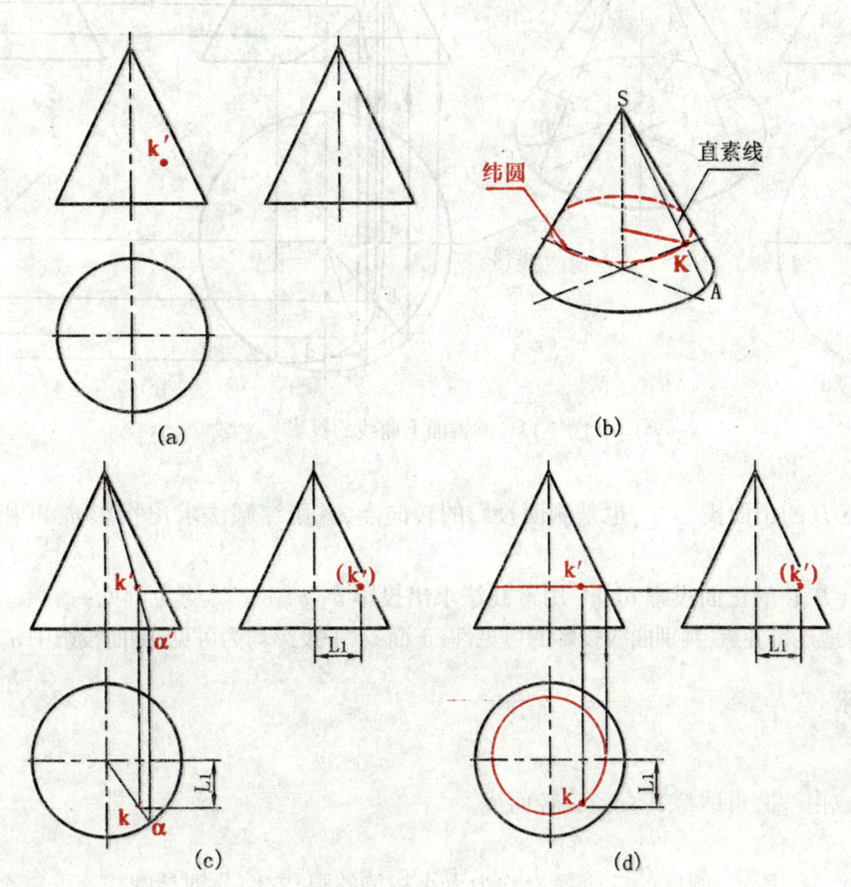

图 3-12　圆锥表面取点

作图：如图 3-12(c)所示。

(1)在 V 面上连接 $s'k'$，并延长使之与底边交于 a'；

(2)求 SA 的水平投影 sa，并在其上确定投影 k，k 为可见；

(3)利用“三等”关系求出投影 k''，因点 K 在圆锥面的右半部，故 k''为不可见。

方法二，辅助纬圆法：

过点 K 的已知投影在圆锥面上作一纬圆（垂直于回转轴），以该纬圆作为辅助线获得该点的其他投影（见图 3-12(b)）。

作图：如图 3-12(d)所示。

(1)过点 K 作纬圆（水平），即过正面投影 k'作水平线，它与两条正视转向线的投影相交两点，两点间的距离即为纬圆的直径；

(2)求作纬圆的水平投影（与底圆同心）；

(3)确定纬圆上 K 点投影 k，k 为可见；

(4)利用“三等”关系求作投影 k''，k''为不可见。

【例 3-6】已知圆锥面上曲线 AE 的 V 面投影（见图 3-13(a)），求其余两面投影。

【解】分析：欲求 AE 投影，可采用取其线上若干点并用曲线逼近的方法。先将曲线分为两段，其中，AD 段在左前半圆锥面上，DE 段在右前半锥面上（见图 3-13(b)）。

作图：如图 3-13(c)所示。

(1)求作特殊点 A、E 的 H、W 面投影 a、e、a''、e''，判别可见性；

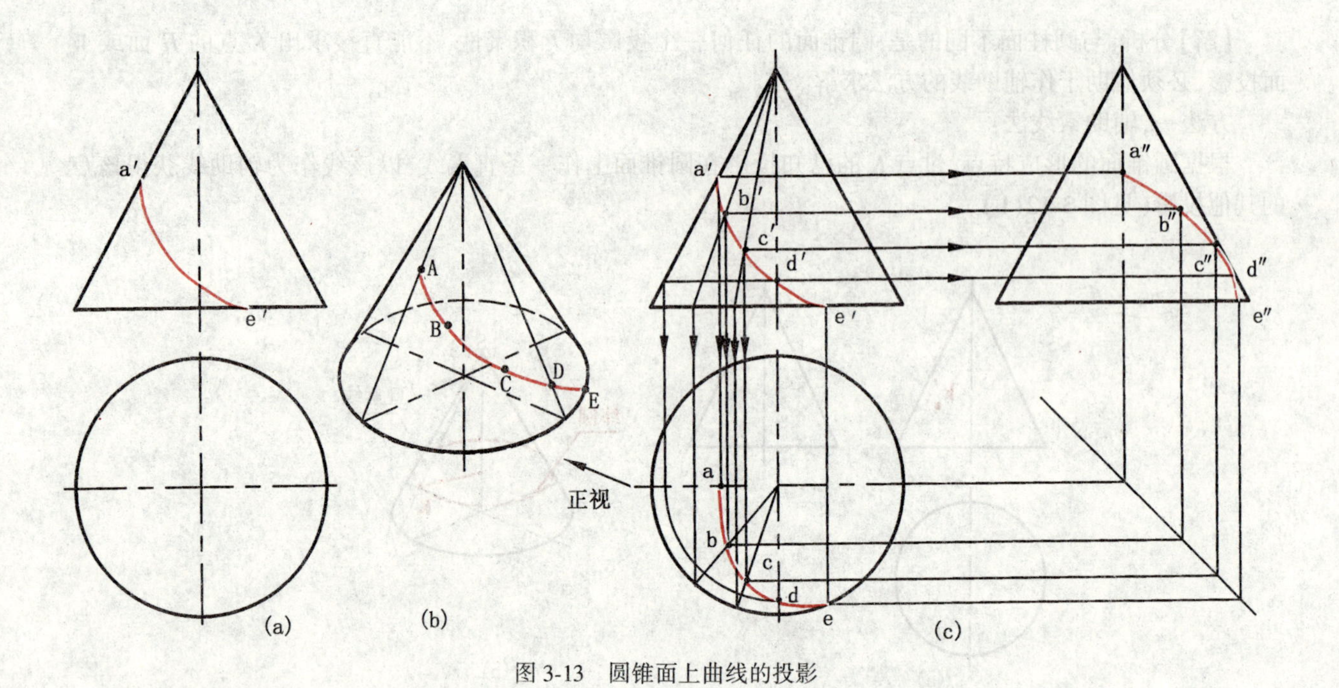

图 3-13　圆锥面上曲线的投影

(2)取最前点 D 的正面投影 d',也是侧面投影的转向点,并用纬圆法求出投影 d,再利用"高平齐"求出投影 d'';

(3)取一般点 B、C 的正面投影 b'、c',用素线法求出投影 b、b''、c、c'',均为可见;

(4)依次光滑地连接各点,判别曲线投影的可见性,正面、水平投影均为可见,侧面投影中 $d''e''$ 段为不可见。

3.2.3　圆球

1.形成

圆球可以看成由一圆母线绕其直径旋转而成。

2.投影

如图 3-14(a)、(b)所示,圆球的三个投影均为大小相等的圆,它们分别是圆球面上三个投影面转向线的投影。

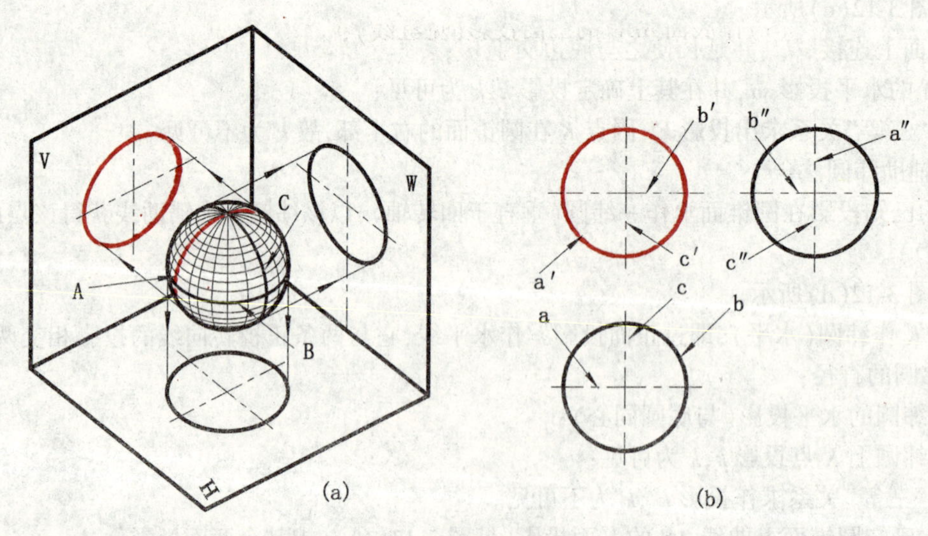

图 3-14　圆球的投影

例如,球面上圆 A 为正视转向线,其正面投影为球的轮廓,用粗实线表示,对另外两个投影面而言,它作为一般位置,不用画出。与此同时,圆 B、C 分别为水平转向线和侧视转向线,只需分别画出水平投影和侧面投影。

3.表面取点

【例3-7】已知球面上点 A、B 的某投影 a'、b(见图3-15(a)),求其余两面投影。

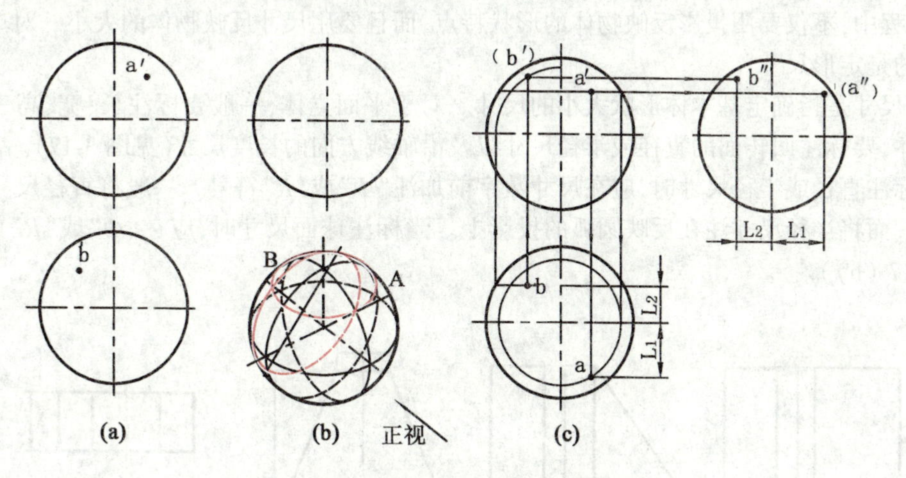

图3-15 圆球表面上取点的投影

【解】分析:根据所给 A、B 点的投影及可见性,可以判定它们在球面上的位置(见图3-15(b))。A 点在前半球的右上方,B 点在后半球的左上方。欲求它们的另外投影,只能采用辅助纬圆法。

虽然,过球面上一点可以作很多纬圆,但考虑到投影作图简单、准确,应尽可能使所作纬圆的投影为直线或圆,故只能作三种位置的纬圆,分别平行于三个投影面。

作图:

(1)如图3-15(c)所示。过点 A 在球面上作一个水平的纬圆,它的正面投影和侧面投影均为直线,水平投影为圆,求出其上投影 a、a''。由于点 A 在上半球和右半球,故 a 为可见,a''为不可见。

(2)过点 B 在球面上作一个正平的纬圆,它的水平投影和侧面投影均为直线,正面投影为圆,求其上投影 b'、b''。因点 B 在后半球和左半球,所以,b'为不可见,b''为可见。

下面给出了几种常见的回转体及其投影示例(见图3-16),希望读者分析它们的投影表达特点以及三面投影的对应关系。

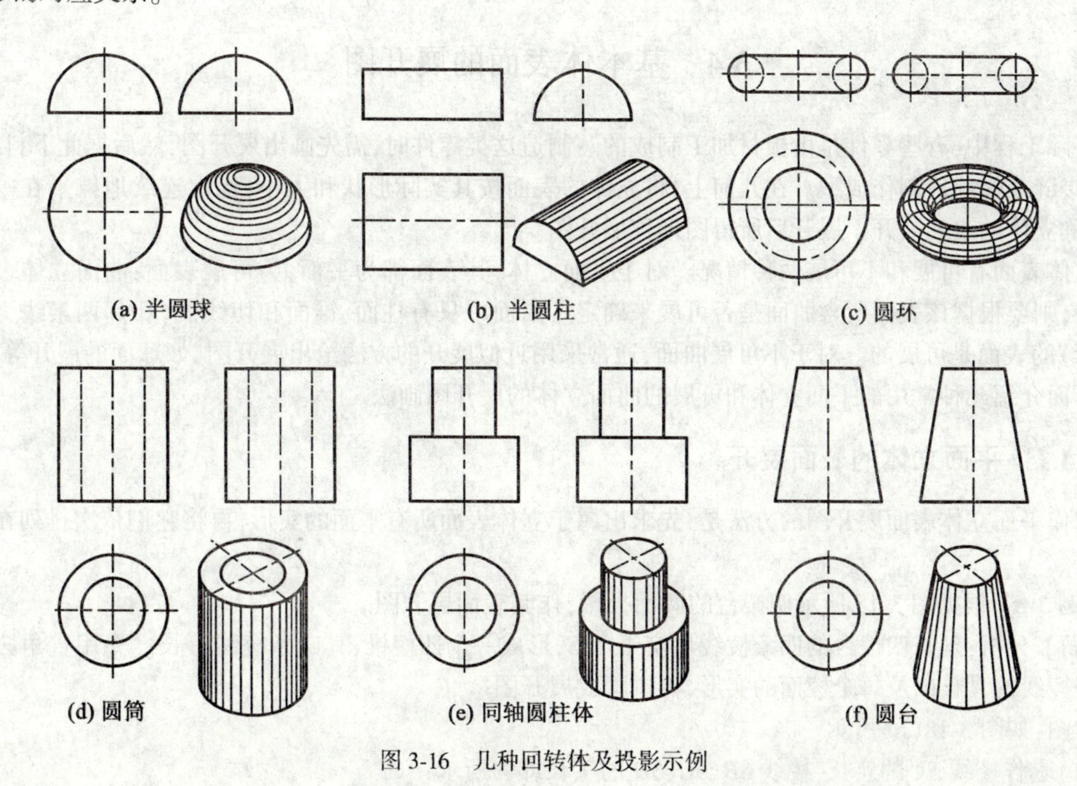

图3-16 几种回转体及投影示例

3.3 基本体的定形尺寸

在机械工程中，不仅要用投影反映物体的形状特点，而且要用尺寸反映物体的大小。对单一基本体而言，主要反映的是定形尺寸。

所谓定形尺寸是指确定基本体形状大小的尺寸。对于平面立体，一般要标注长、宽、高三个方向的尺寸；对于回转体，要标注回转面的直径或半径尺寸以及沿轴线方向的长度尺寸（见图3-17）。

注意，在标注直径或半径尺寸时，应在尺寸数字前加注"Φ"或"R"符号。一般将直径尺寸注在反映非圆的投影图上，而将半径尺寸注在反映圆弧的投影上。当标注球面尺寸时，应在"Φ"或"R"前再加注"S"符号（见图3-17（h））。

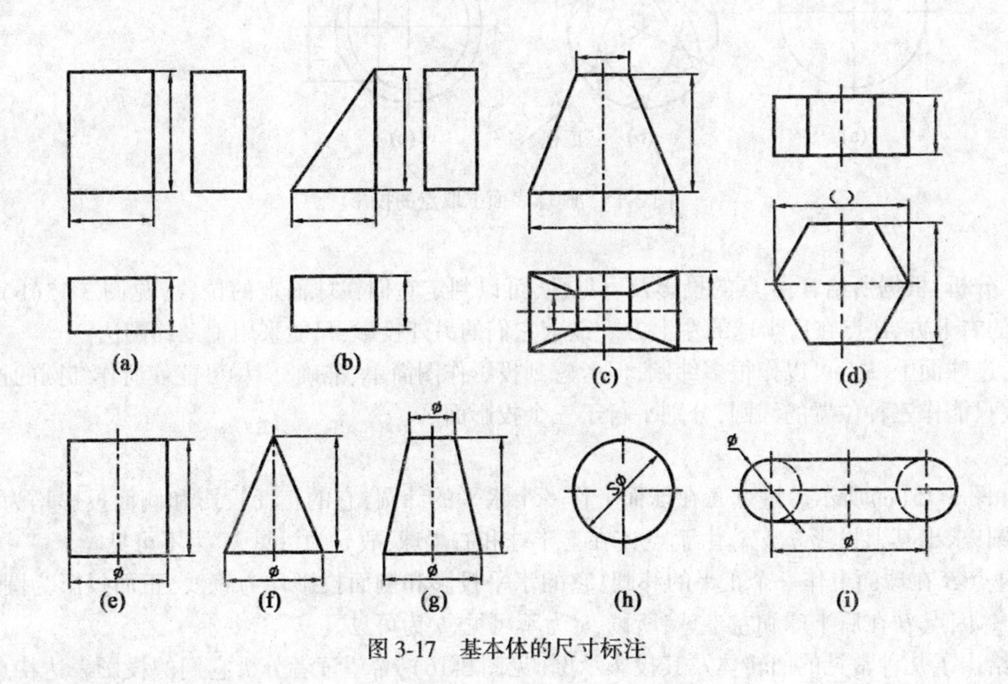

图3-17 基本体的尺寸标注

3.4 基本体表面的展开图

实际工程中，有些零件是由板材加工制成的。制造这类零件时，需先画出展开图，然后据此下料，再经弯卷、咬缝或焊缝后制作成型。在几何上，将立体的表面按其实际形状和大小，依次连续地摊平在一个平面上，称立体的表面展开。展开后所得图形称展开图。

立体表面有可展和不可展两种情况。对于平面立体，其表面都为平面，为可展表面；曲面立体表面是否可展，则要根据该表面所含曲面是否可展来确定。曲面中只有柱面、锥面和切线面（相邻两素线为相交或平行）的表面是可展的。对于不可展曲面，通常采用近似展开的方法给出展开图，如球面的展开等。

下面介绍几种常用的平面立体和可展的曲面立体的展开图画法。

3.4.1 平面立体的表面展开

求作平面立体表面展开图的方法是，先求出属于立体表面所有平面的实形，再将它们依次排列在一个平面上。

【例3-8】根据图3-18所示四棱台的两面投影，作其表面展开图。

【解】分析：延长四棱台的四条棱线后交于点S，形成一个四棱锥，其四条棱线等长。先用直角三角形法求解棱线的真长以及每个棱面的实形，再拼画成展开图。

作图：如图3-18(b)所示。

(1)求作棱线SA的实长，棱线SB、SC、SD的实长即为所求；

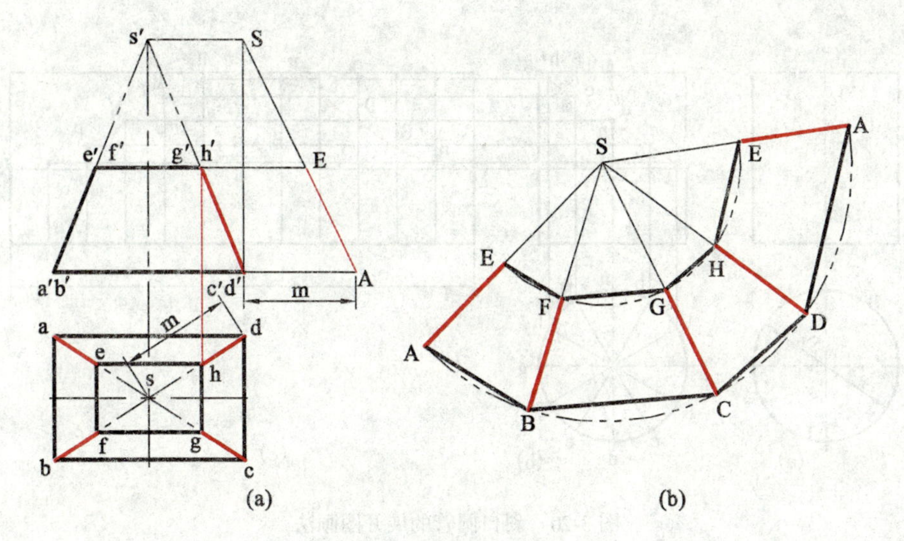

图 3-18 四棱台的展开图

(2)因底面和顶面矩形在 H 面上反映实形,故棱面上的另两条边实长如 AB、BC、CD、DA 可以直接获得;

(3)在平面上作一直线,长度等于 SA。以 S 为圆心,SA 半径画圆弧,并在该圆弧上截取 A、B、C、D 点;

(4)沿棱线 SA、SB、SC、SD 上分别截取 E、F、G、H 点,然后,顺次连接各点即完成展开图。

3.4.2 可展曲面立体的表面展开

常见可展曲面如圆柱面、圆锥面等,在展开后不会发生拉伸和压缩变形,曲面上的线和面均保持它原有的长度和面积不变。作图思路是,根据有关曲面展开的计算公式,算出曲面展开轮廓线上各点坐标值,然后,绘制出较为准确的展开图。

1. 圆柱面展开

如图 3-19 所示,圆柱面展开图为一矩形,一边长度为素线实长,另一边长度等于底圆的周长。

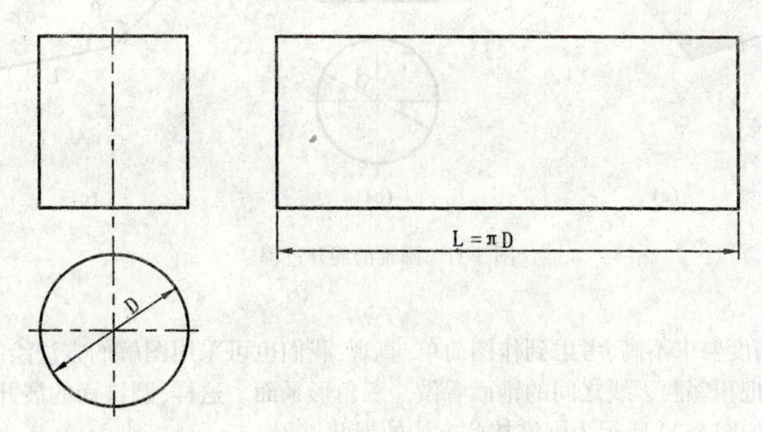

图 3-19 圆柱的展开

【例 3-9】如图 3-20(a)所示一斜口圆管,绘制其展开图。

【解】分析:将斜口圆管看做圆柱面被一平面斜截切所得,其交线形状为椭圆(有关形状的讨论见第 4 章)。先绘制完整圆柱面的展开图(矩形),再用图解的方法求作斜口椭圆在展开图上的展开曲线。

作图:如图 3-20(b)所示。

(1)绘制圆柱面的展开图。矩形长度 $L=\pi D$(D 为圆柱底圆直径);

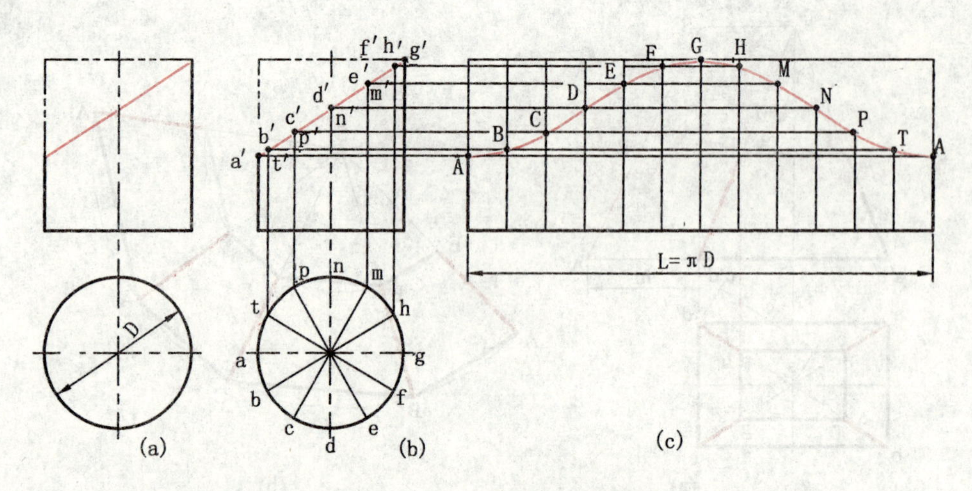

图 3-20　斜口圆管的展开图画法

(2)把圆柱底圆分成 n 等份(图中 $n=12$),并在圆柱面上作出对应的 n 条直素线,与椭圆交于 A、B、C、…点,投影标记如图 3-20(b)所示;

(3)将展开的矩形分成相同等分,并求出对应直素线的长度,得 A、B、C、…点;

(4)依次光滑地连接各点即得椭圆的展开曲线,斜口圆管展开图如图 3-20(c)所示。

2.圆锥面展开

由于圆锥面上素线长度相同,因此,圆锥面的展开图为一扇形(见图 3-21),其半径 L 为圆锥的素线实长,圆心角 $\theta=\pi D/L$(D 为圆锥底圆直径)。这种方法适用于工程中需要绘制有足够精度的展开图的情况。

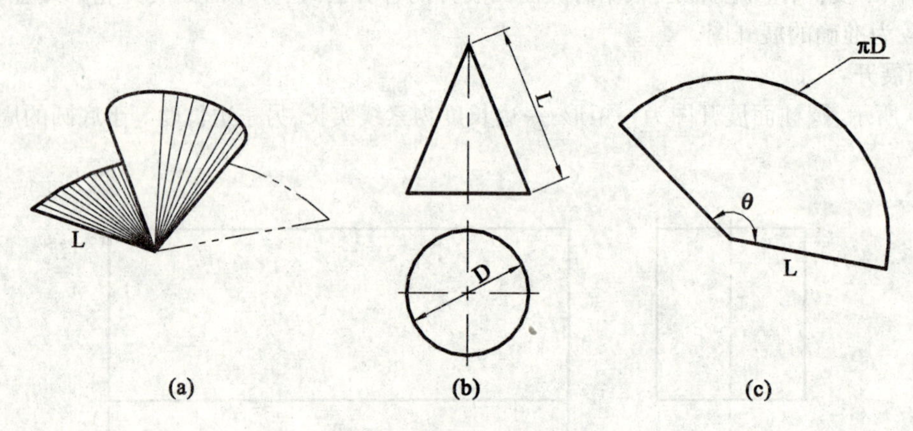

图 3-21　圆锥的展开过程

若对展开图的精度要求不高,考虑到作图简单、直观,我们也可采用图解的方法绘制展开图,即在曲面上作若干条直素线,把相邻两素线之间的锥面看做一三角形平面。这样,圆锥面的展开可当作一棱锥的表面展开问题来处理,如图 3-22 所示为圆锥按此方法的展开过程。

【**例 3-10**】根据如图 3-23(a)所示一截头圆锥的投影图,求作其展开图。

【**解**】分析:将截头圆锥看做由圆锥面被一平面斜截切所得,其交线形状为椭圆。先绘制圆锥面的展开图(扇形),再求作椭圆在展开图上的展开曲线。

作图:如图 3-23(b)所示。

(1)作出完整圆锥面的展开图。

(2)如图 3-23(b)所示,将圆锥底圆分成 n 等份(图中 $n=8$),并在圆锥面上作出对应的 n 条直素线,取对应椭圆上点的投影 a、a'、b、b'、c、c'、…;

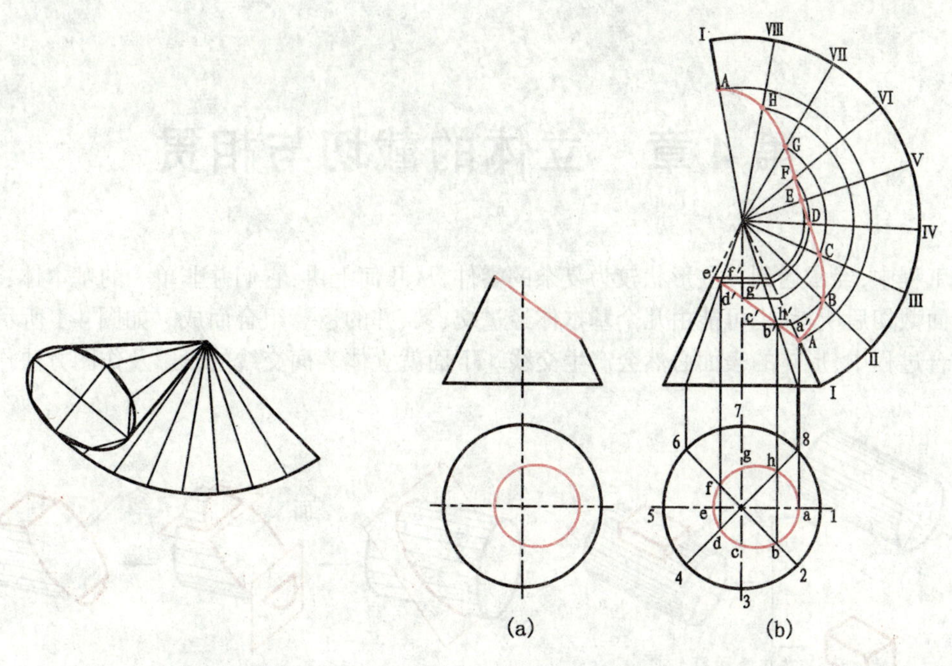

图 3-22 圆锥的近似展开　　　图 3-23 截头圆锥的展开图

(3)用直角三角形法或旋转法求出对应直素线的实长,得椭圆展开曲线上 A、B、C、…点;

(4)依次光滑地连接各点,完成截头圆锥展开图(见图 3-23)。

第4章　立体的截切与相贯

在实际工程中，经常遇到一些形状较为复杂的零件，从几何上讲，它们并非单一的基本体，可能由一个基本体被平面截切后所得，也可能由几个基本体经过交、叉、并的运算组合而成。如图4-1所示几个图例。在相交或组合过程中，形体的表面必然会产生交线。下面就立体表面交线的投影及作图方法作详细介绍。

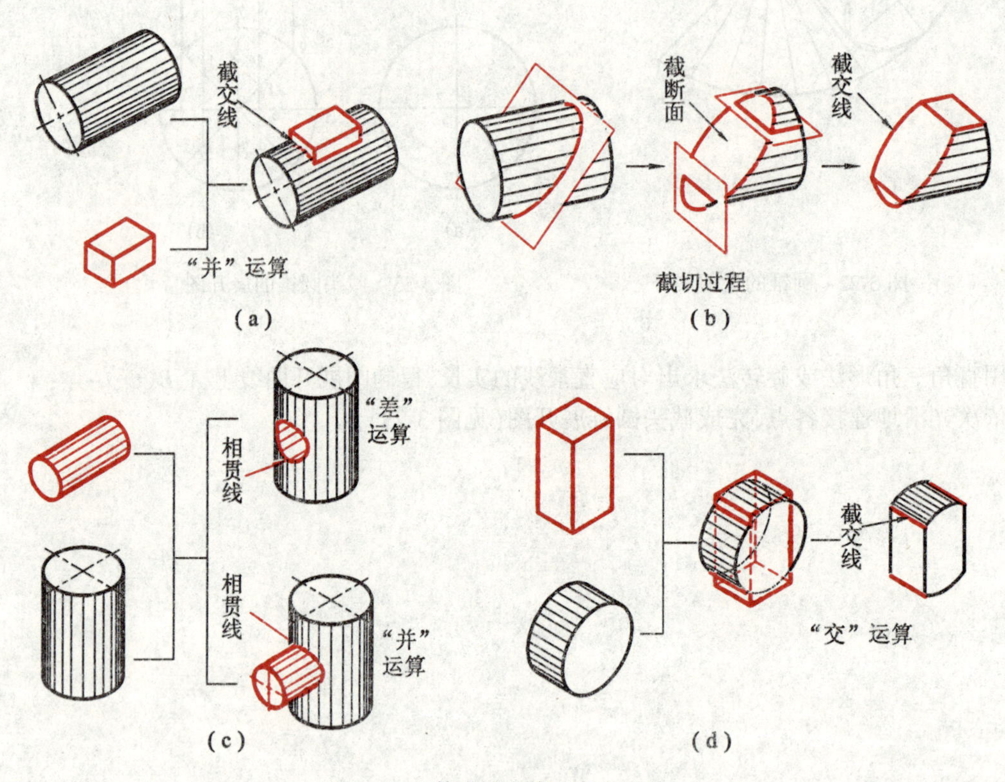

图4-1　立体表面交线的产生过程

4.1　立体的截切

把平面与立体表面的交线称截交线，该平面称截平面，截交线围成的图形称截断面，如图4-1(a)、(b))所示。

截交线的性质：

(1)截交线是截平面与立体表面的共有线，其上所有点既在截平面上又在立体表面上，是它们的共有点；

(2)由于立体占据一定的空间，截交线形状一定是封闭的平面图形，其形状取决于被截立体表面的几何性质。

截交线的形状：

(1)平面截切平面立体，截交线为平面多边形；

(2)平面截切曲面立体，截交线通常为封闭的平面图形，可能由平面曲线围成，或者由曲线和直线围成，也可能是平面多边形。

4.1.1　平面与平面立体相交

平面与平面立体相交,截交线为平面多边形,其上每个顶点是截平面与立体棱线的交点,每一条边是截平面与立体棱面或底面的交线(直线)。因此,求解截交线的投影可归结为求这些顶点和直线的投影,可以利用前面章节所介绍的两平面相交、直线与平面相交求交线、交点的投影作图方法来求解截交线。

【例 4-1】已知一正五棱柱被正垂面截切后的 V、H 面投影(见图 4-2(a)),求作 W 面投影以及截断面的实形。

【解】分析:如图 4-2(b)所示,截平面分别与五棱柱的顶面以及四个棱面相交,截交线形状是五边形。由于截平面为正垂面,所以截交线的正面投影为一斜线(截平面具有积聚性)。又因交线所在的四个棱面都垂直于水平投影面,故截交线上的四条边的水平投影与这些棱面的水平投影重合。

作图:

(1)确定截交线的正面投影和水平投影(见图 4-2(c)中红线)。

(2)根据截交线的两面投影,求作各顶点 A、B、C、D、E 的侧面投影,并顺序连接各点。截切后交线投影为可见。

(3)利用换面法将截断面变换为水平面(见图 4-2(d)),即得截断面的实形。

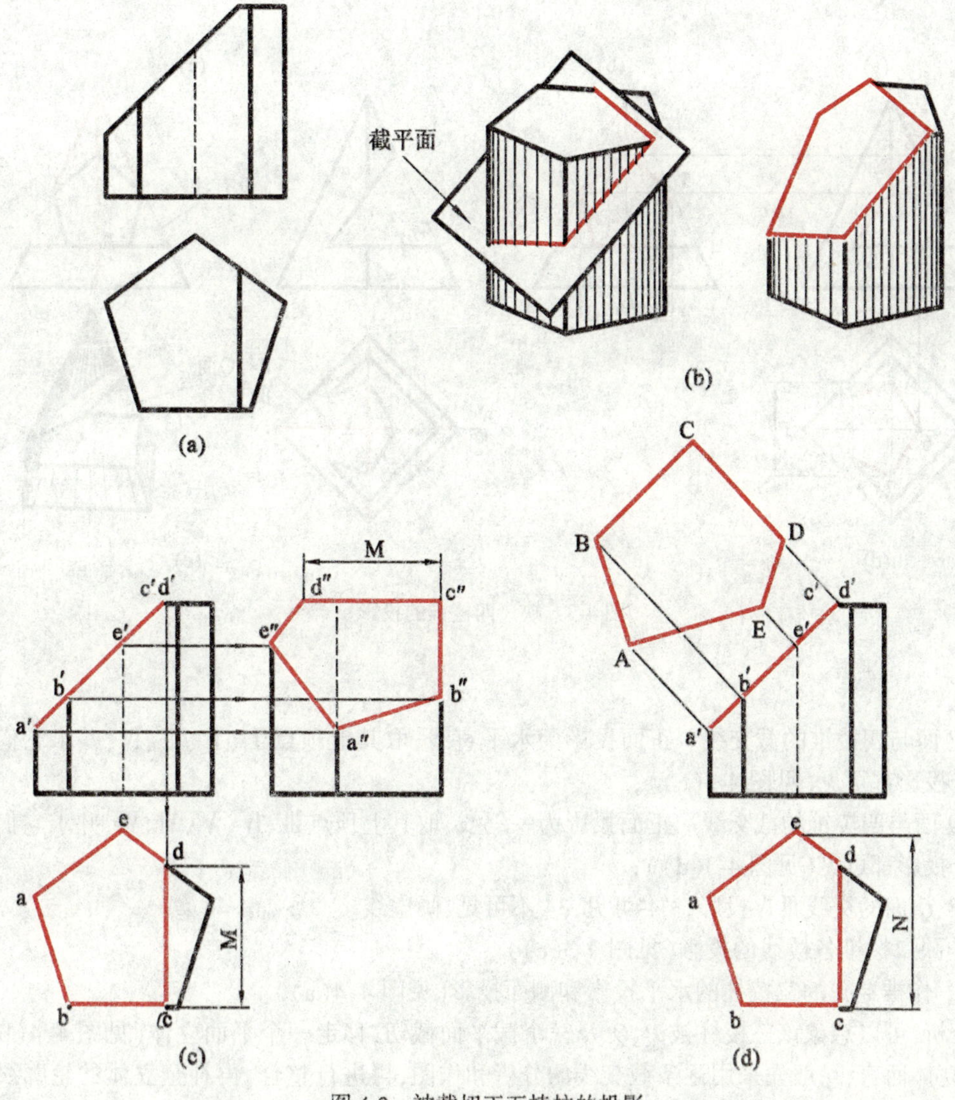

图 4-2　被截切正五棱柱的投影

【例 4-2】如图 4-3(a)所示为一缺口四棱锥的正面投影和部分水平投影,试完成其水平投影和侧面投影。

【解】分析:该缺口四棱锥可以想象为被截平面 P 和 Q 截切后所得(见图 4-3(b))。P 面为水平面,与棱锥底面平行,它与四个棱面的交线对应平行底面的四条边;Q 面为正垂面,其截交线的正面投影是直线。

由于用两个截平面截切都不是将立体整个切掉,因此,在作图时可以先假想将立体全部截切,求其截交线,然后再取局部图形。当多个截平面截切立体时,还要注意会产生两个截平面的交线,不能漏掉。这里,P 面与 Q 面的交线为正垂线。

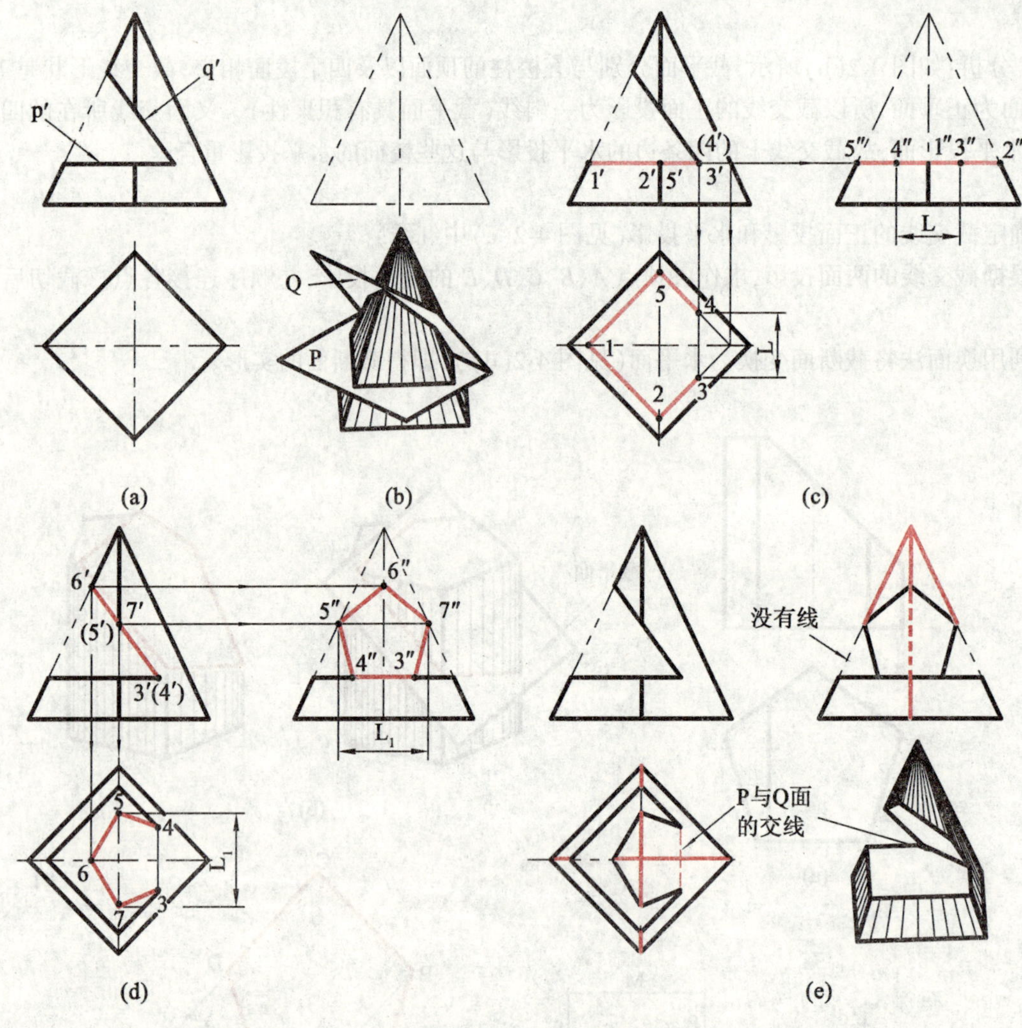

图 4-3　缺口四棱锥的投影

作图:

(1)求 P 面与四棱锥的截交线。正面投影为水平直线,取其上顶点Ⅰ、Ⅱ、Ⅲ、Ⅳ,并求它们的另外两面投影,两个投影都可见(见图 4-3(c));

(2)求 Q 面与四棱锥的截交线。正面投影为一斜线,取其上顶点Ⅲ、Ⅳ、Ⅴ、Ⅵ、Ⅶ,并求它们的另外两面投影,两个投影都可见(见图 4-3(d));

(3)作 P、Q 面的交线ⅢⅣ投影,3″4″可见,34 不可见,画虚线。

(4)补全缺口棱锥各棱线的投影(见图 4-3(e))。

【例 4-3】作被穿孔的三棱柱的水平投影和侧面投影(见图 4-4(a))。

【解】分析:可以想象该三棱柱被 P、Q、R 三个截平面截切,移走一个平面立体(见图 4-4(b))。对多个平面截切立体而言,一般先采用逐条截交线的分析和作图,再进行整合,再补全立体的轮廓线及两个截平面的交线投影。

作图:

(1)求 P 面与三棱柱的截交线。取点Ⅰ、Ⅱ、Ⅲ、Ⅳ、Ⅴ(1′、2′、3′、4′、5′),求它们的另外两面投影(见

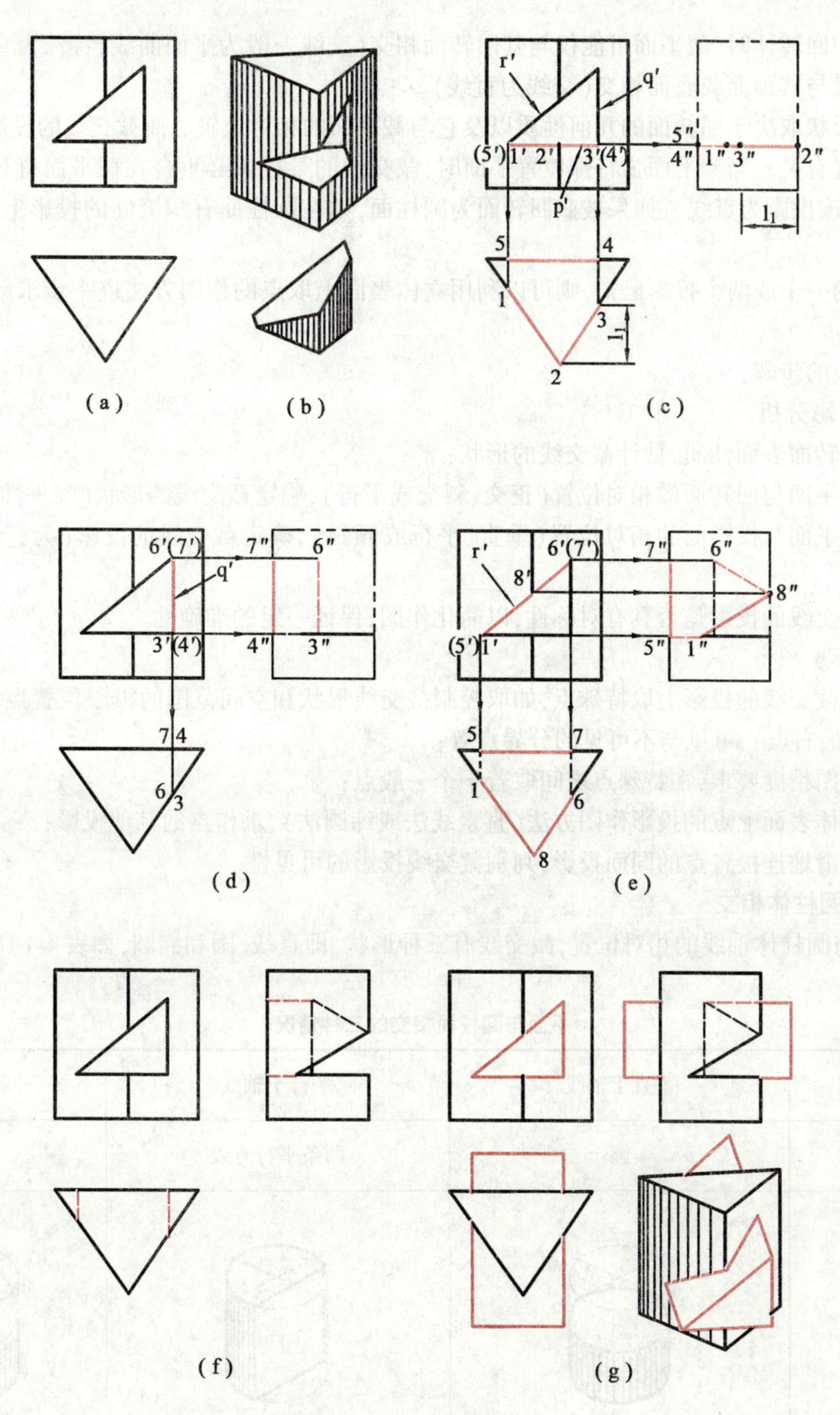

图 4-4　缺口三棱柱的投影

图 4-4(c))。

(2)求 Q 面与三棱柱的截交线。取点Ⅵ、Ⅶ(6′、7′),求投影 6、7、6″、7″(见图 4-4(d))。

(3)求 R 面与三棱柱的截交线,取点Ⅷ(8′),求投影 8、8″(见图 4-4(e))。

(4)补全缺口三棱柱的轮廓线和两个截平面的交线,判别可见性(见图 4-4(f))。

本例题也可以看做是两个三棱柱相交,再将水平放置的三棱柱移走以后的结果。如图 4-4(g)所示为这两个三棱柱相交后的投影,其交线形状不变,作图方法类似,只是立体的部分轮廓线及投影的可见性改变。该作图方法也适用于解决两个平面立体的相交问题。

4.1.2 平面与回转体相交

当平面截切回转体时,截平面可能仅与其回转面相交(交线一般为平面曲线,特殊为直线),也可能既与回转面相交又与其顶面或底面相交(交线为直线)。

截交线的形状取决于回转面的几何性质以及它与截平面的相对位置。而截交线的投影与截平面对投影面的相对位置有关。当截平面为特殊位置平面时,截交线的某投影必重合在截平面有积聚性的同面投影上,截交线的该投影为直线。如果被截回转面为圆柱面,则在圆柱面有积聚性的投影上,截交线的该投影为圆。

若截交线的一个或两个投影已知,则可以利用立体表面上取点的作图方法进一步求解截交线的其他投影。

求解截交线的步骤:

1.空间及投影分析

(1)分析回转面表面性质,估计截交线的形状;

(2)分析截平面与回转面的相对位置(正交、斜交或平行),确定截交线的形状(唯一性);

(3)分析截平面与投影面的相对位置(垂直、平行或倾斜),确定截交线的投影(为直线、实形或类似形);

(4)分析截交线的投影是否具有对称性,以简化作图,保证一定的准确性。

2.投影作图

(1)在已知截交线的投影上取特殊点,如取控制截交线形状和空间范围的极限位置点(最高、最低、最前、最后、最左、最右点),可见与不可见的分界点等;

(2)根据作图精度要求,在特殊点之间取若干个一般点;

(3)利用立体表面上点的投影作图方法(直素线法或纬圆法),求作点的其他投影;

(4)依次光滑地连接各点的同面投影,判别截交线投影的可见性。

一、平面与圆柱体相交

根据平面与圆柱体轴线的相对位置,截交线有三种形状,即直线、圆和椭圆,如表4-1所示。

表4-1 **平面与圆柱面相交的三种情况**

截平面的位置	垂直于轴线	平行于轴线	倾斜于轴线
截交线	圆	两条平行直线	椭圆
直观图		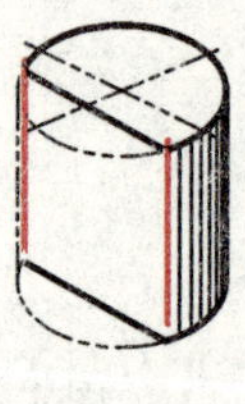	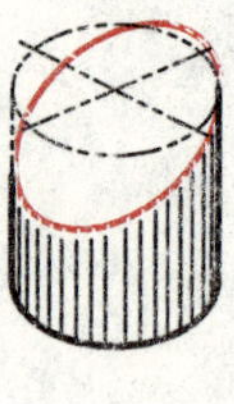
投影图	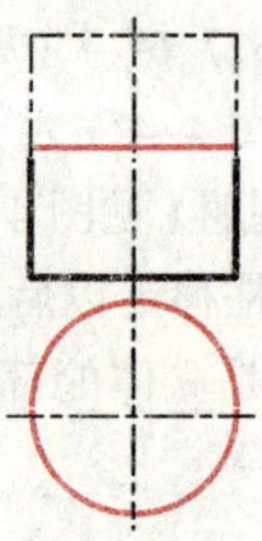	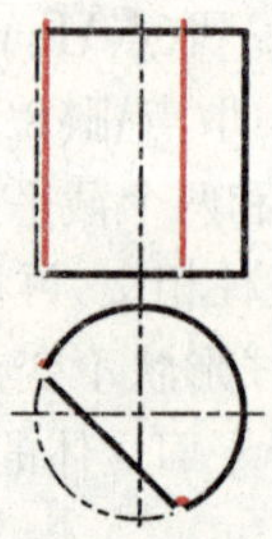	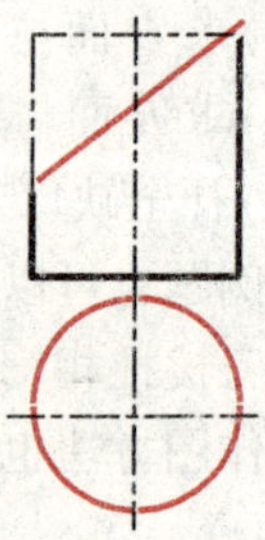

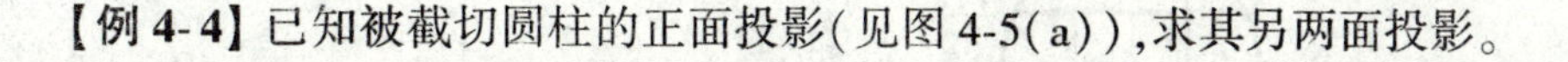

【例 4-4】已知被截切圆柱的正面投影(见图 4-5(a)),求其另两面投影。

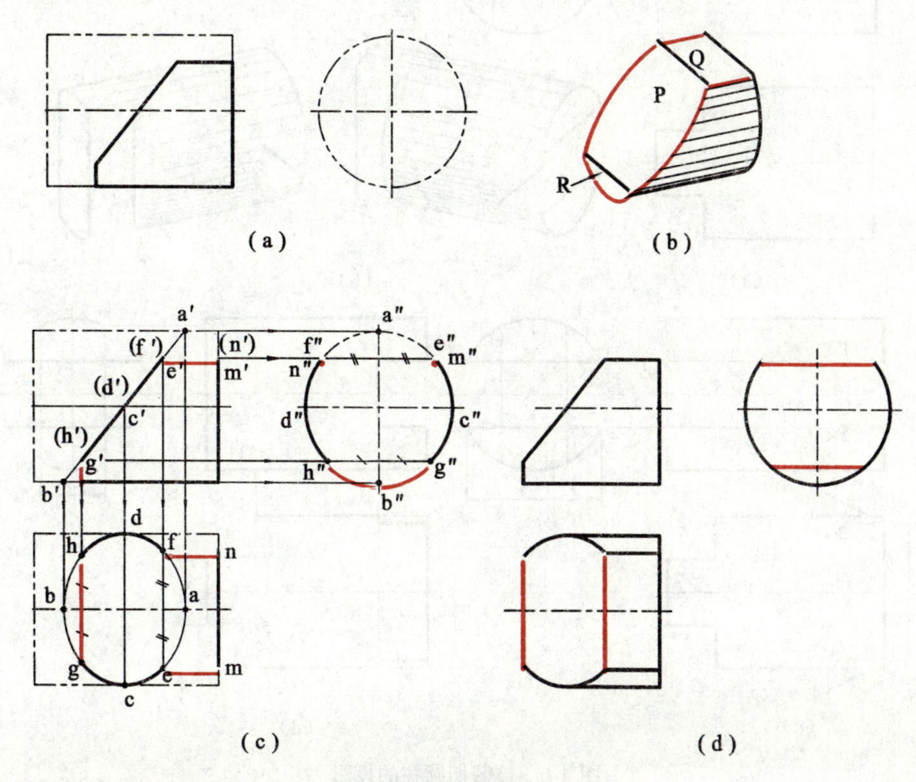

图 4-5　被截切圆柱的投影

【解】分析:如图 4-5(b)所示,该圆柱被三个平面截切,它们分别与圆柱轴线斜交、平行和垂直,所得三条截交线形状分别是椭圆、直线和圆弧(见红线)。由于三个截平面均垂直于 V 面,故三条截交线的正面投影都为直线。又因圆柱面的侧面投影有积聚性,即截交线的侧面投影重合在积聚性的圆上。空间被截圆柱前后对称,则水平投影也前后对称。

作图:

(1)如图 4-5(c)所示,分别求作 P、Q、R 面与圆柱面的交线(椭圆、直线和圆弧)的水平投影。首先,在椭圆的已知投影上取特殊点 A、B、C、D 及中间点 E、F、G、H,求出它们的水平投影。然后,求作直线 EM、FN 及圆弧 GBH 的水平投影。

(2)如图 4-5(d)所示,补全被截切圆柱体的轮廓线及两两截平面的交线(见红线)。

【例 4-5】如图 4-6(a)所示一圆柱体的左端开有矩形槽,右端有缺口,试补全该圆柱的正面投影和水平投影。

【解】分析:如图 4-6(b)、(d)所示,圆柱左端矩形槽的产生是由两个与圆柱轴线平行的水平面和一个与轴线垂直的侧平面截切,再移走中间部分。而右端的缺口是由两个与圆柱轴线平行的正平面和一个与轴线垂直的侧平面截切,再拿掉前后两块。

作图:

(1)如图 4-6(d)所示,在 V、W 面上取特殊点Ⅰ(1′、1″)、Ⅱ(2′、2″)、Ⅲ(3′、3″)、Ⅳ(4′、4″),求出交线的水平投影。注意,在矩形槽处,圆柱被截掉,其水平投影不再有圆柱的转向轮廓线。同时还要画上两截平面的交线(虚线)。

(2)在 H、W 面上取特殊点Ⅴ(5′、5″)、Ⅵ(6′、6″)、Ⅶ(7′、7″)、Ⅷ(8′、8″),求截交线的正面投影。注意,在缺口处圆柱中间是完整的,故应该用粗实线补上圆柱的正面转向轮廓线。

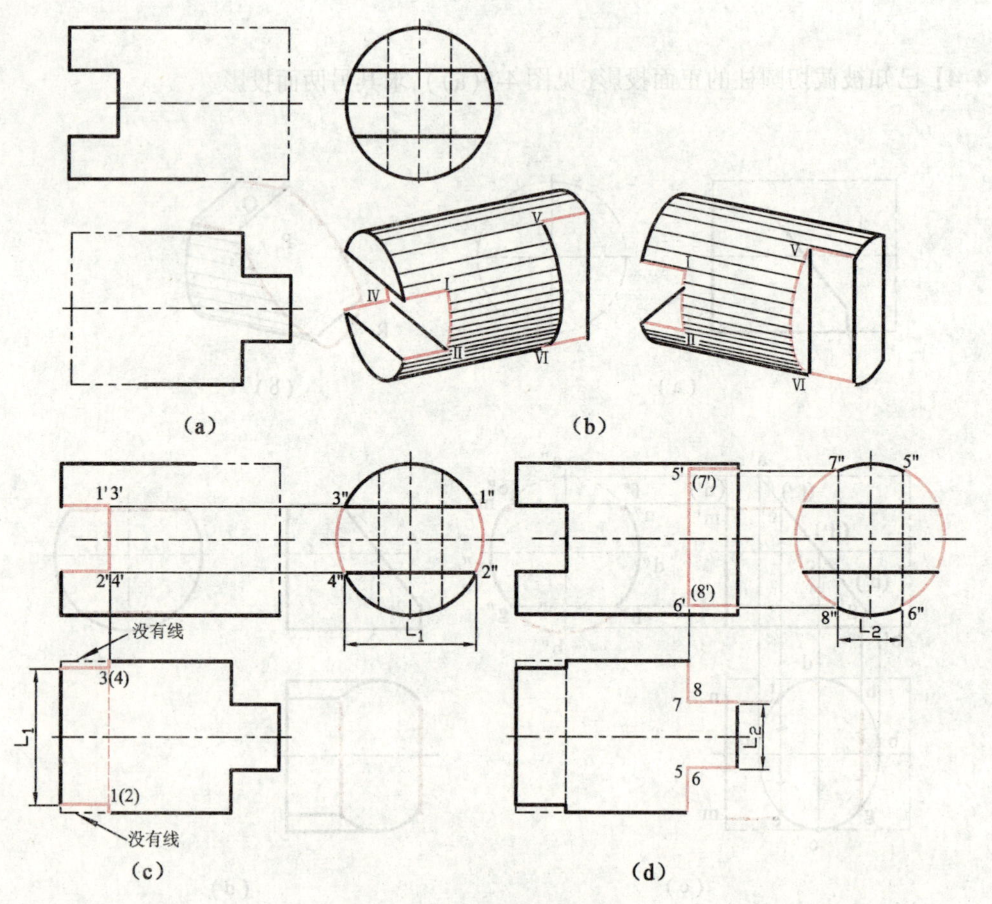

图 4-6　被截切圆柱的投影

【例 4-6】已知在空心圆筒上开槽和切口(见图 4-7(a)),试补全其正面投影和水平投影。

【解】分析:本例的开槽和截切过程与例 4-5 相似,只不过是将实心圆柱改换成空心圆筒(见图 4-7(b)、(c))。这里,截平面不仅与圆柱外表面相交,而且,还与其内表面相交,需要作出圆柱内、外表面上的截交线。

作图:

外表面上截交线的投影与例 4-5 完全相同,内表面上截交线的画法与之相似,作图过程如图 4-7(d)、(e)所示。

二、平面与圆锥体相交

根据截平面与圆锥面轴线的相对位置(平行、斜交、垂直等),其截交线形状有五种情况,见表 4-2。

表 4-2　**平面与圆锥面相交的五种情况**

截平面的位置	过锥顶	垂直与轴线 $\theta=90°$	与轴线倾斜 $\alpha<\theta<90°$	与某素线平行 $\theta=\alpha$	与轴线平行 或 $0°\leq\theta<\alpha$
截交线	两相交直线	圆	椭圆	抛物线	双曲线
直观图					
投影图					

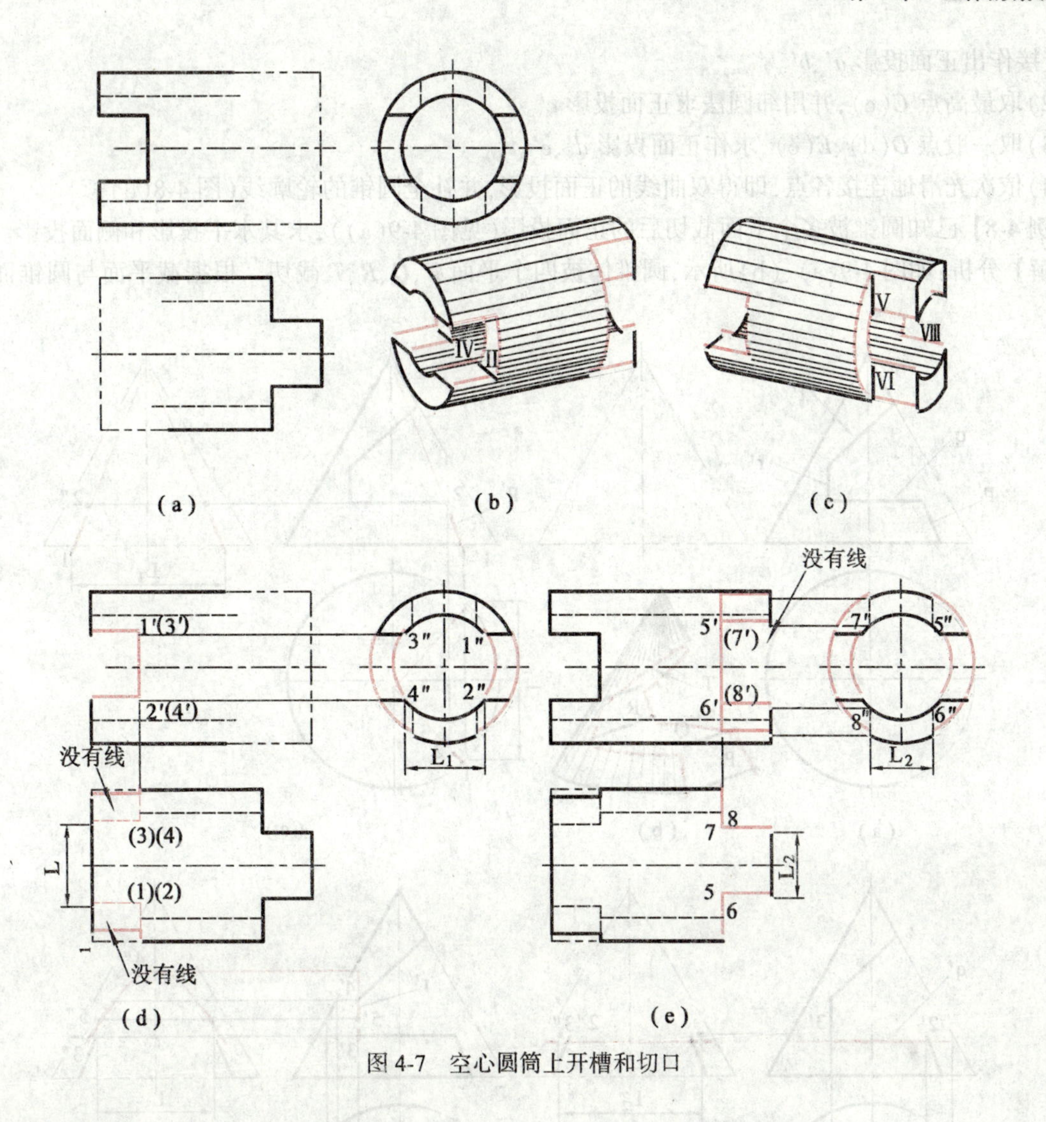

图 4-7　空心圆筒上开槽和切口

【例 4-7】已知圆锥被一个正平面截切(见图 4-8(a)),求截交线的正面投影。

【解】分析:如图 4-8(b)所示,圆锥体被一个正平面截切,截交线为双曲线,其水平投影为直线(重合在截平面的积聚性投影上),正面投影反映实形,且左右对称。

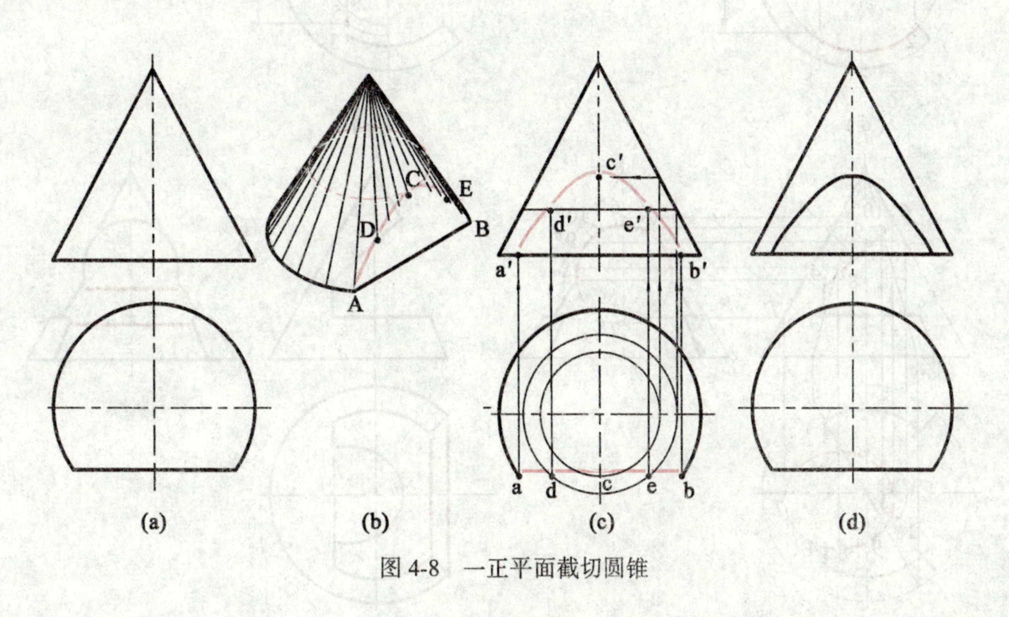

图 4-8　一正平面截切圆锥

作图:

(1)如图 4-8(c)所示。在 H 面上取交线的最低点 A(a)、B(b),它们又是最左、最右点(都在底圆上),

故可直接作出正面投影 a'、b'。

(2)取最高点 C(c),并用纬圆法求正面投影 c'。

(3)取一般点 D(d)、E(e),求作正面投影 d'、e'。

(4)依次光滑地连接各点,即得双曲线的正面投影,并补全圆锥的轮廓线(图 4-8(d))。

【例 4-8】 已知圆锥被多个平面截切后的正面投影(见图 4-9(a)),求其水平投影和侧面投影。

【解】 分析:如图 4-9(a)、(b)所示,圆锥体被四个平面 P、Q、R、T 截切。根据截平面与圆锥面的相对

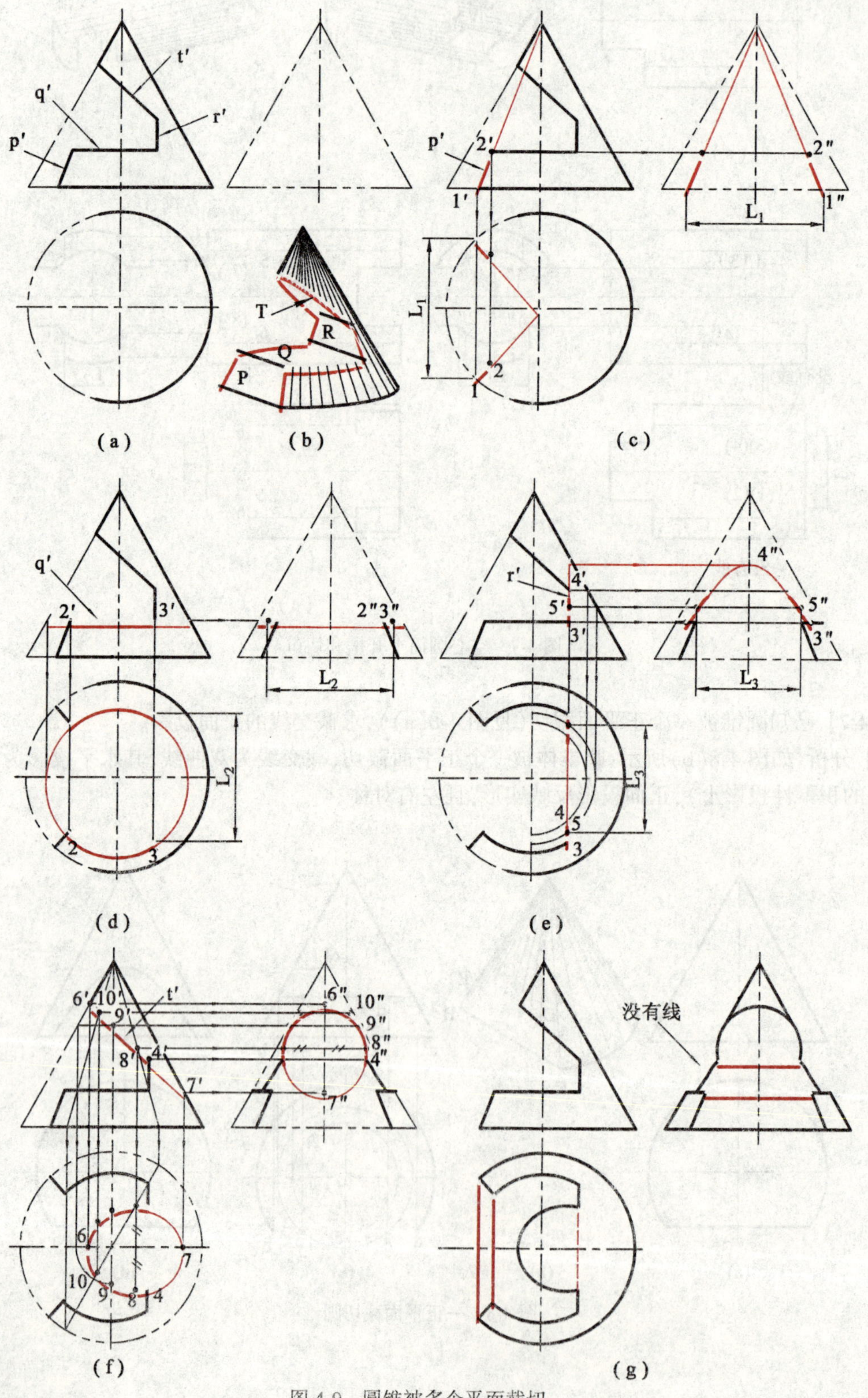

图 4-9 圆锥被多个平面截切

位置分析得出，圆锥面上四段截交线的形状分别是直线、圆弧、双曲线和椭圆弧。由于截平面均垂直于 V 面，故截交线的正面投影都是直线。先在 V 面上取特殊点和一般点，再利用圆锥表面上取点的作图方法逐步求解各交线的投影。由于形体前后对称，故可利用对称关系进行取点和作图，且水平投影和侧面投影的结果应保持这种对称性。

作图：

(1)求作过锥顶的正垂面 P 与圆锥面的交线(直线)投影 12 和 1″2″(见图 4-9(c))；

(2)求水平面 Q 与圆锥面的交线(圆弧)投影 23、2″3″(见图 4-9(d))；

(3)求侧平面 R 与圆锥面的交线(双曲线)投影 354 和 3″5″4″(见图 4-9(e))；

(4)求正垂面 T 与圆锥面的交线(椭圆弧)投影(见图 4-9(f))。取最高点Ⅵ(6′)、最低点Ⅶ(7′)，它们都在圆锥的正视转向轮廓线上，其长度为椭圆长轴，取 6′7′中点 8′(短轴上的点)，求投影 8。取侧视转向线上的点Ⅸ(9′)和一般点Ⅹ(10′)，利用辅助直素线法求投影 9、10 和 9″、10″，即完成椭圆的投影；

(5)补全两两截平面的交线及缺口圆锥的 H、W 面投影(见图 4-9(g))，判别可见性。

三、平面与圆球相交

平面截切圆球，表面所产生的截交线形状一定是圆。但截交线的投影与截平面对投影面的相对位置有关，可能是圆、直线或椭圆(请读者思考，什么情况下投影为圆、直线或椭圆)。

【例 4-9】已知开槽半圆球正面投影(见图 4-10(a))，求其另外两面投影。

【解】分析：在半圆球的槽口处，左右两端被两个侧平面截切，截交线都为圆弧，侧面投影反映实形，正面投影和水平投影都是直线。槽底为水平面，截交线为圆弧，其水平投影反映实形，正面投影和侧面投影均为直线。

作图：

(1)如图 4-10(b)所示，作两个侧平面与半圆球的截交线。水平投影是直线，侧面投影为圆弧，投影可见；

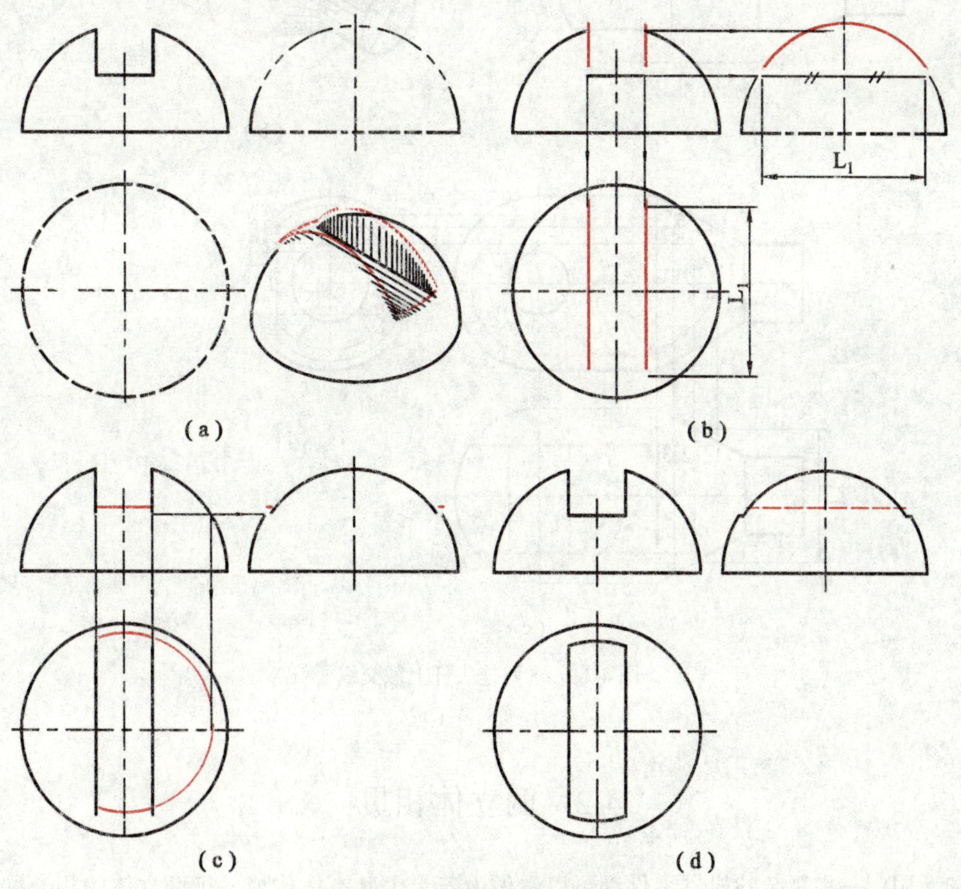

图 4-10　开槽半圆球的投影

(2)如图 4-10(c)所示,作水平面与半圆球的截交线。水平投影是圆弧,侧面投影为直线,投影可见;

(3)求两个截平面的交线,侧面投影不可见,画虚线(见图 4-10(d))。

综合举例:

【例 4-10】已知连头杆的投影(见图 4-11(a)),完成其上截交线的正面投影。

【解】分析:图 4-11(b)所示为一个多体截交的例子。连头杆由小圆柱、圆锥、大圆柱和半圆球组成,被前后两个对称的正平面截切。根据截平面与每个基本体的相对位置分析可知,截交线由双曲线、直线和半圆弧围成,有前后对称的两条,其正面投影反映实形(前后两条交线投影重合),且上下对称。水平投影和侧面投影均重合在截平面具有积聚性的直线上。

作图:如图 4-11(c)所示。

(1)作正平面与圆锥的截交线(双曲线)。先取最左点Ⅰ、最右点Ⅳ,求投影 1′、4′。再取一般点Ⅱ、Ⅲ,求投影 2′、3′,依次光滑地连接各点;

(2)作正平面与圆柱的截交线(直线)。过投影 4′作直线与轴线平行,即为所求;

(3)作正平面与圆球的截交线(半圆弧)。整条截交线的正面投影都为可见,用粗实线表示。

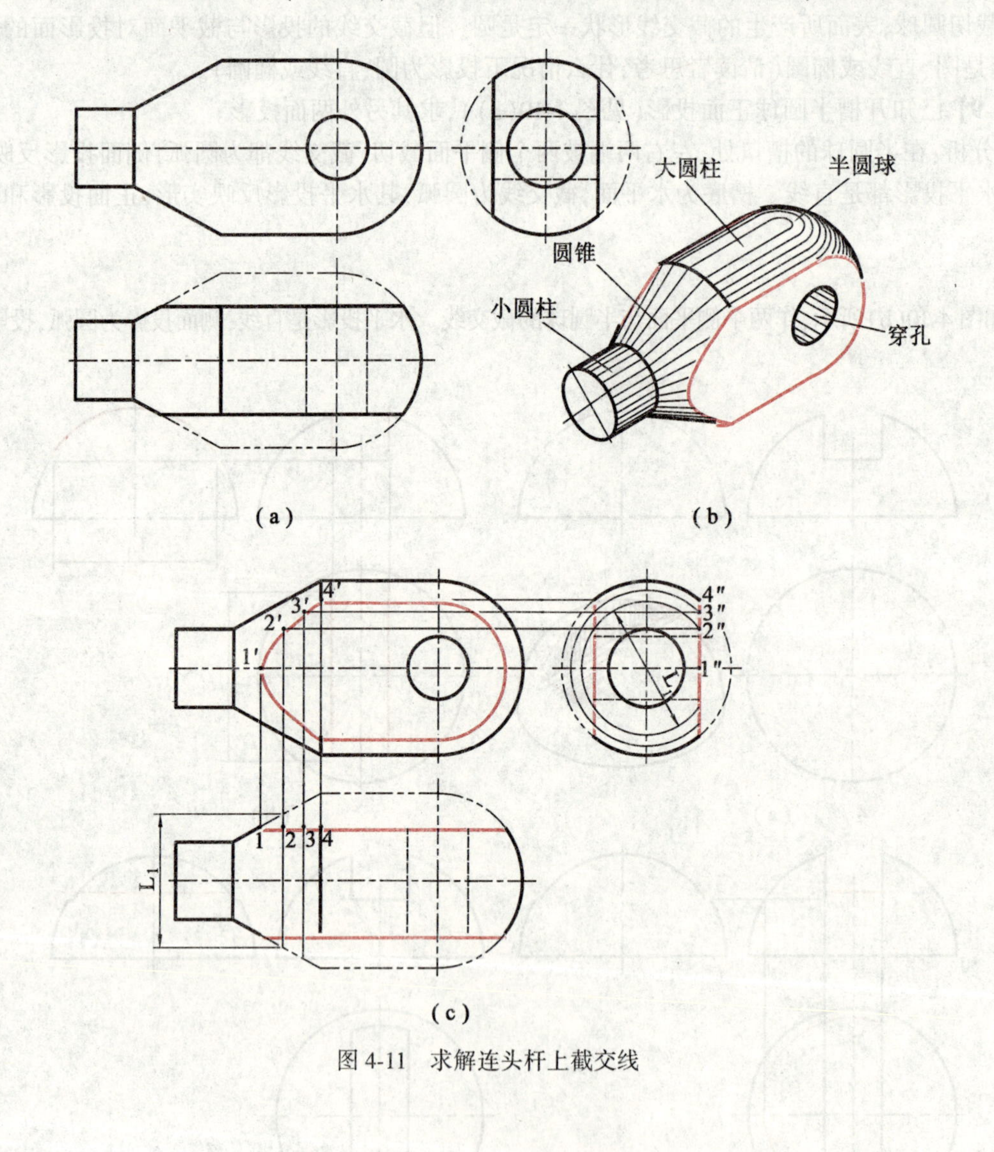

图 4-11　求解连头杆上截交线

4.2　两立体相贯

在机械工程中,一些复杂的机器零件都可以看做由若干个基本体构成。把两立体的相交称为相贯,其表面所产生的交线称相贯线。

立体相贯分两平面体相贯、平面体与曲面体相贯、两曲面体相贯三大类(见图 4-12)。无论哪种相贯,相贯线都具有如下性质：

(1)表面性：相贯线位于立体的内表面或外表面上(见图 4-12)。

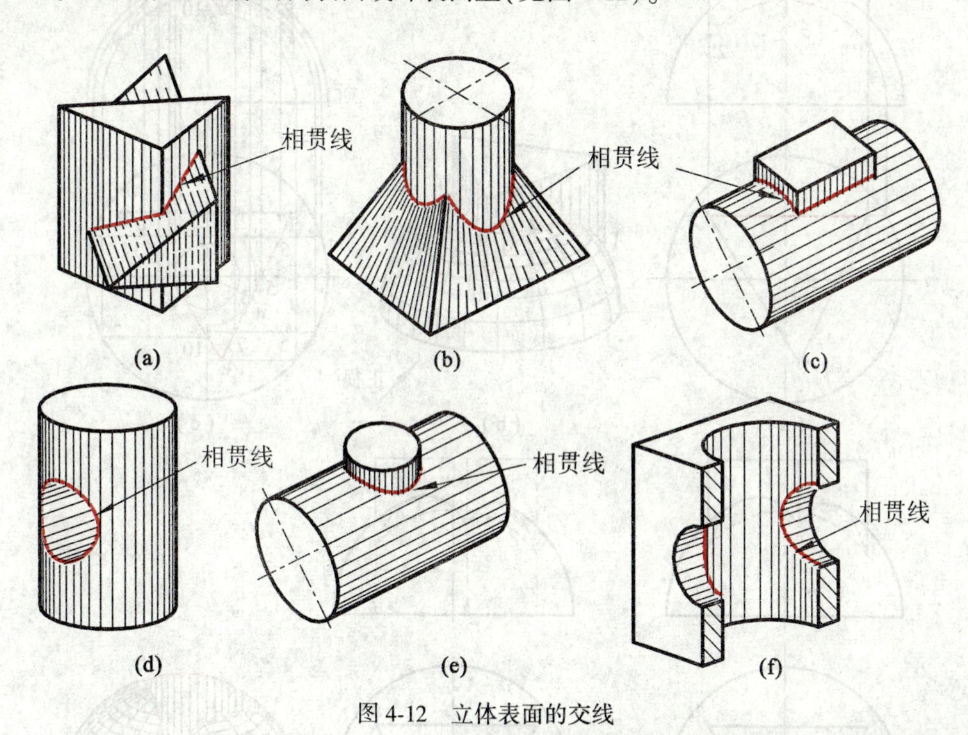

图 4-12　立体表面的交线

(2)共有性：相贯线是参与相交的两立体表面的共有线。因此，求相贯线的实质是求两立体表面一系列共有点。

(3)封闭性：由于立体具有一定的空间范围，故相贯线一定是闭合的。当两平面体相贯，相贯线一般为封闭的空间折线(见图 4-12(a))；当平面体与曲面体相贯，相贯线由平面曲线和直线或由多条平面曲线围成的空间闭合线(见图 4-12(b)、(c))；若两曲面体相贯，相贯线一般是封闭的空间曲线(见图 4-12(d)、(e)、(f))。

4.2.1　平面体与回转体相贯

如图 4-12(b)、(c)所示，平面体与回转体相交所产生的相贯线可以看做是平面体的多个表面(平面)与回转体表面(曲面)相交的结果，即认为用多个平面去截切回转体，得到多条截交线。因此，求解相贯线的问题可归结为求截交线的问题。

【例 4-11】已知三棱柱与半圆球相贯(见图 4-13(a))，求相贯线的投影。

【解】分析：如图 4-13(b)所示，三棱柱的三个侧棱面与半球面都相交，所得到的三条截交线都是圆弧，因此，相贯线是由三条圆弧组成。因三个棱面都垂直于 H 面，故三段交线的水平投影都积聚为直线。在 V 面上，后棱面(正平面)与半球面的交线投影反映实形(圆弧)，另两个棱面(铅垂面)与半球面的交线投影为椭圆弧。

作图：

(1)如图 4-13(a)所示，作后棱面与半球面的交线投影 12，不可见，画虚线。

(2)如图 4-13(c)所示，作左侧棱面与半球面的交线ⅠⅢ的正面投影。先找最左、最后点Ⅰ(1、1′)，最右、最前点Ⅲ(3,3′)，最高点Ⅳ(4、4′)(该点在球面上过交线的最小水平纬圆上)，正面投影转向点Ⅴ(5,5′)。再求一般点Ⅵ(6,6′)和Ⅶ(7,7′)。依次光滑地连接各点，其中，曲线 3′5′可见，5′1′不可见。

(3)作右侧棱面与半球面的交线ⅡⅢ的正面投影，方法类似作图(2)。

(4)补全三棱柱和半球面的轮廓线(见图 4-13(d))。

如图 4-13(e)、(f)所示，如果拿掉三棱柱，即为求作穿孔半球的正面投影，其交线形状不变，作图方法完全相同，只是在半球的轮廓线及可见性有所不同，望读者将两种相贯的投影加以比较。

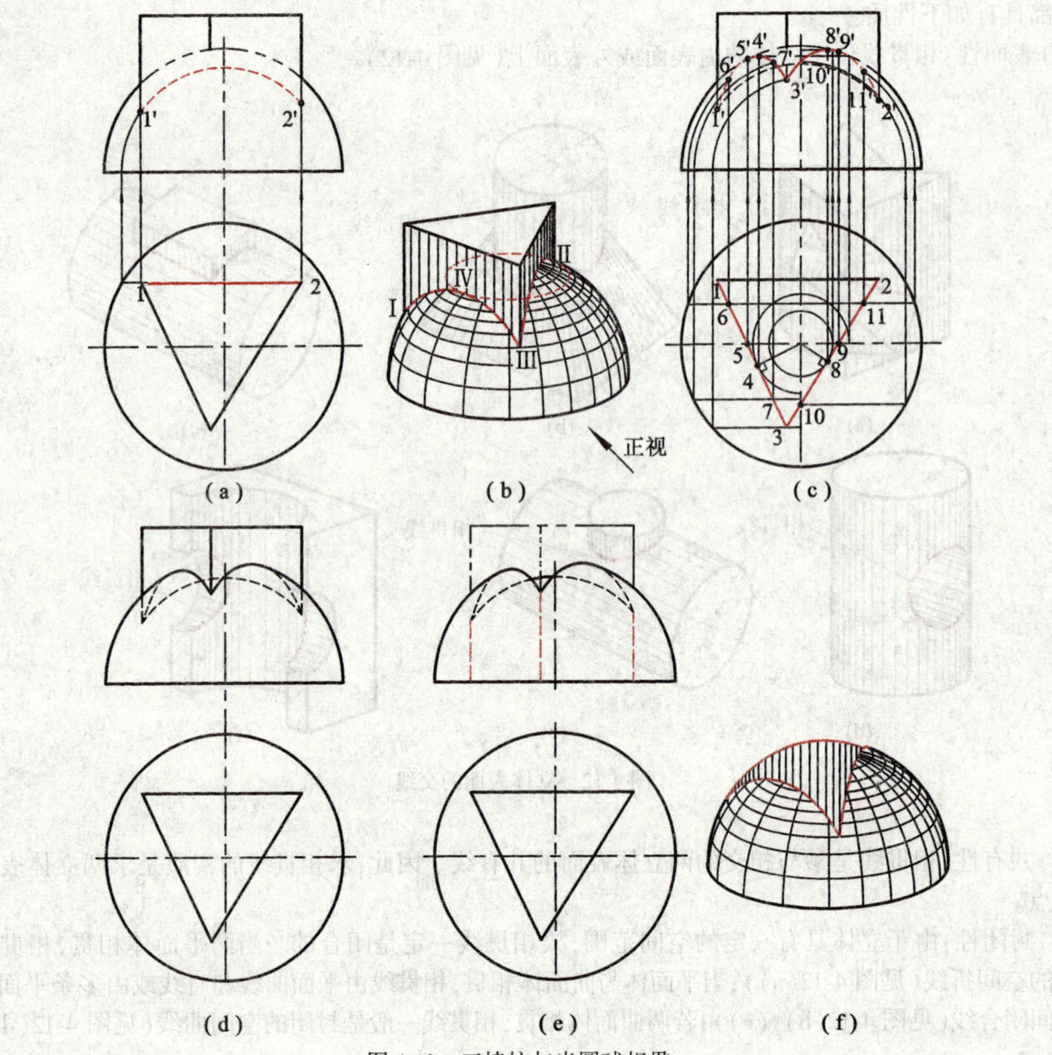

图 4-13　三棱柱与半圆球相贯

4.2.2　回转体与回转体相贯

两回转体相贯,相贯线一般为封闭的空间曲线,特殊情况为平面曲线或直线。相贯线的形状取决于两回转体的形状、大小以及它们之间的相对位置,其投影与两回转体相对于投影面的位置有关。因此,在求解相贯线时应注意分析两相贯体形状及相交关系。

求解相贯线的一般步骤:

(1)分析两回转体的形状大小和相对位置,从而了解相贯线的形状特点。

(2)分析两回转体对投影面的相对位置,确定投影作图方法。

(3)求出相贯线上一系列共有点。先取控制相贯线的空间范围和变化趋势的特殊点,如最高、最低、最左、最右、最前、最后点,转向点(投影可见与不可见的分界点)。然后,根据作图精度要求再取若干个一般位置点。

(4)依次光滑地连接各点的同面投影,判别可见性,并加粗、描深投影。判别相贯线投影可见性的原则:只有当相贯线同时位于两回转体可见的表面时,该投影才是可见的。

(5)补全或去掉回转体上部分转向轮廓线的投影,判别可见性,即完成相贯线的全图。

下面介绍两种常用的求解相贯线的作图方法。

1.表面取点法

表面取点法即利用回转体表面投影具有积聚性的特点,确定出相贯线的一个或两个投影,再采用回转体表面上取点的作图方法求解相贯线的未知投影。

显然,表面取点法适用于两回转体表面中含有圆柱面,且投影有积聚性的情况。

【**例 4-12**】已知两圆柱正交(见图 4-14(a)),求相贯线的投影。

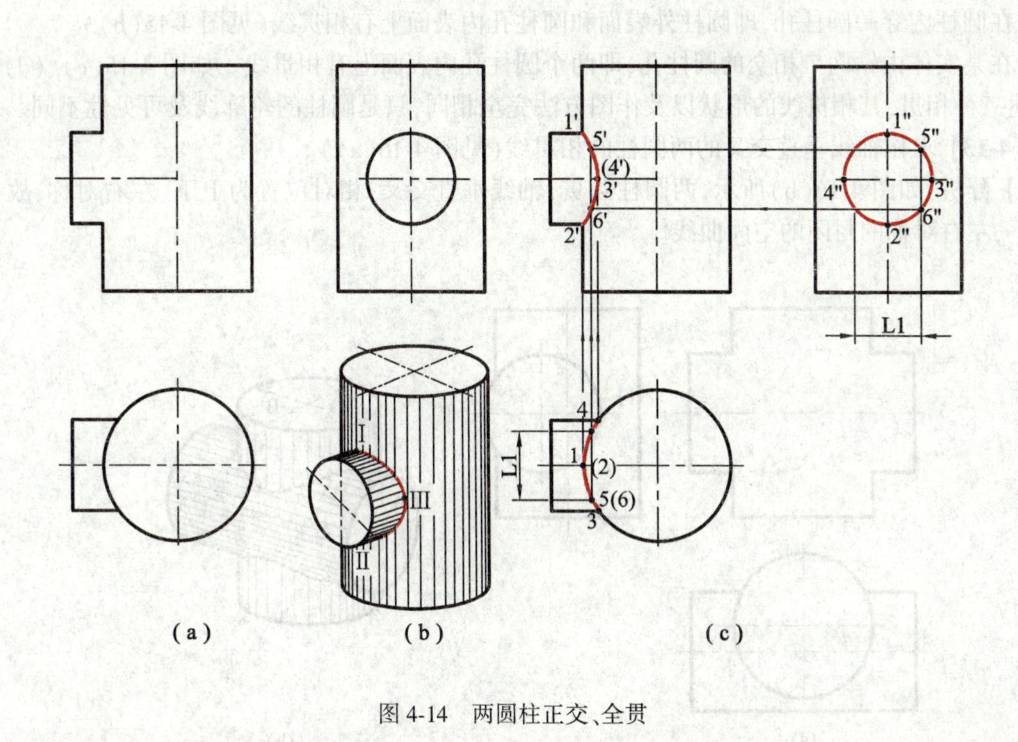

图 4-14　两圆柱正交、全贯

【解】分析：如图 4-14(a)、(b)所示，两圆柱正交，相贯线是一条前后、上下都对称的封闭的空间曲线。小圆柱的侧面投影有积聚性，相贯线的侧面投影为圆。大圆柱的水平投影有积聚性，相贯线的水平投影为圆弧。故相贯线的两个投影已知。

作图：

(1)如图 4-14(c)所示，找特殊点：最高、最左点Ⅰ(1、1″)，最低、最左点Ⅱ(2、2″)，最前、最右点Ⅲ(3、3″)，最后、最右点Ⅳ(4、4″)，求作投影 1′、2′、3′、4′。

(2)取一般点Ⅴ(5、5″)、Ⅵ(6、6″)，并利用“三等”关系求投影 5′、6′。

(3)依次光滑地连接各点的正面投影。由于相贯线前、后对称，其正面投影前、后半曲线重合。

讨论：

两圆柱相贯是工程上最常见的应用实例，不外乎有以下三种情况：

(1)两实心圆柱相贯，在两圆柱外表面上有贯线(见图 4-15(a))。

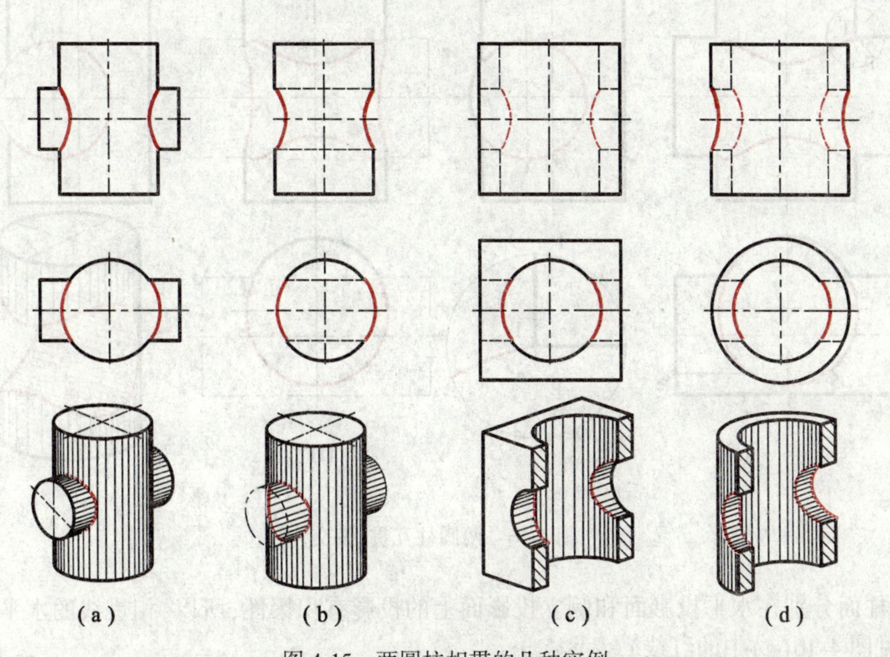

图 4-15　两圆柱相贯的几种实例

(2)在圆柱内穿一圆柱孔,即圆柱外表面和圆柱孔内表面上有相贯线(见图 4-15(b))。

(3)在某实体内钻两个相交的圆柱孔,即两个圆柱孔内表面上有相贯线。如图 4-15(c)、(d)所示。

上述三种相贯,其相贯线的形状以及作图方法完全相同,只是圆柱的轮廓线及可见性不同。

【例 4-13】求作轴线垂直交叉的两圆柱的相贯线(见图 4-16(a))。

【解】分析:如图 4-16(b)所示,两圆柱互贯,轴线垂直交叉,相对位置为上下、左右对称,故相贯线是一条上下、左右对称的封闭的空间曲线。

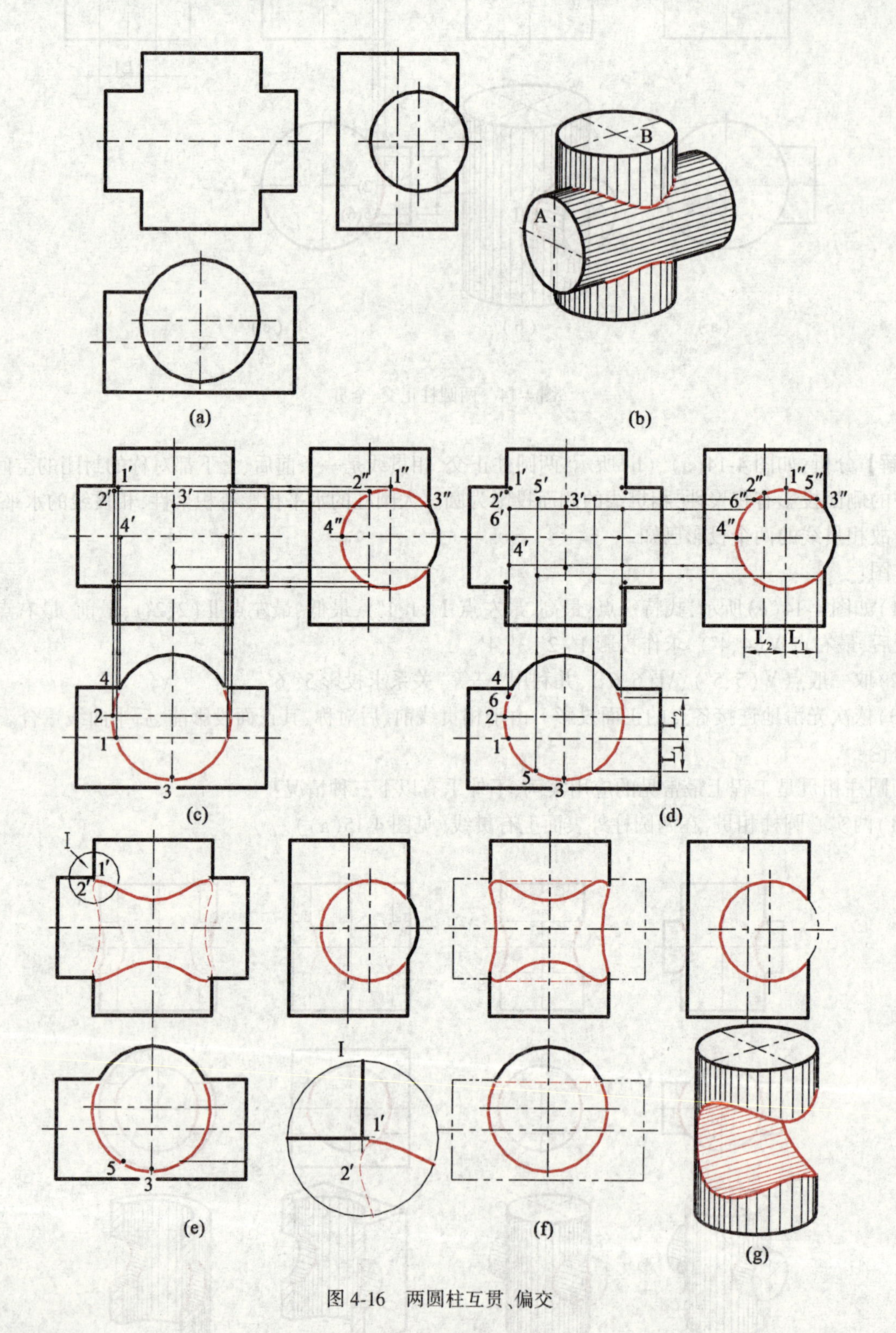

图 4-16 两圆柱互贯、偏交

由于两圆柱面分别在水平投影面和侧立投影面上的投影有积聚性,所以,相贯线的水平投影和侧面投影都是圆弧(见图 4-16(c)中的红线)。

作图：

(1)如图4-16(c)所示，在相贯线的两个已知投影上取特殊点Ⅰ(1、1″)、Ⅱ(2、2″)、Ⅲ(3、3″)、Ⅳ(4、4″)，再利用"三等"关系求其正面投影1′、2′、3′、4′。

(2)如图4-16(d)所示，在特殊点Ⅰ、Ⅲ和Ⅱ、Ⅳ之间分别取一般点Ⅴ(5、5″)和Ⅵ(6、6″)，求其投影5′、6′。

(3)如图4-16(e)所示，依次光滑地连接各点的正面投影，判别可见性，并补全轮廓线的投影(见放大图Ⅰ)。

讨论：

当相贯线具有对称性时，可以只在对称的一半曲线上取点，但最后作图结果一定要保持对称性。

轴线不相交的两回转体相贯(称偏交)，它们的转向素线是交叉的，投影交点并不是相贯线上的点，故投影交线必有可见与不可见之分(见放大图Ⅰ中过点Ⅰ、Ⅱ的轮廓线)。

如图4-16(f)、(g)所示，若抽掉水平的圆柱(在正面投影和水平投影均用双点画线表示)，其相贯线的形状及投影不变，只有可见改变，且有一段圆柱孔的轮廓线(画虚线)。

【例4-14】如图4-17(a)所示，求圆柱和圆锥(两轴线平行)的相贯线。

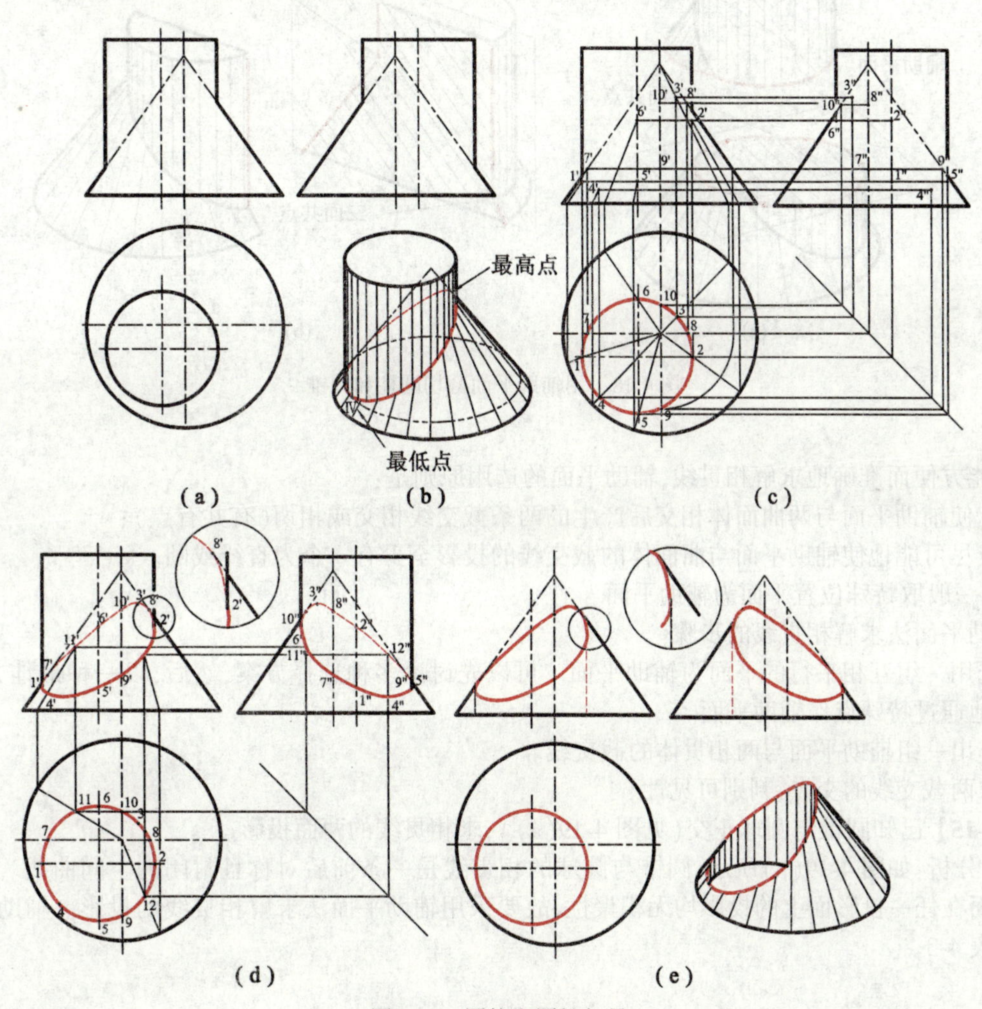

图4-17　圆柱和圆锥相贯

【解】分析：如图4-17(b)，圆柱全贯于圆锥，相贯线为一条封闭的空间曲线。因圆柱的水平投影有积聚性，则相贯线的水平投影为圆，另外两个投影都为封闭的曲线，且一部分可见一部分不可见(前后、左右不对称)。

作图：

(1)如图4-17(c)所示，在已知相贯线的水平投影上取特殊点：最左点Ⅰ(1)、最右点Ⅱ(2)、最高点Ⅲ(3)、最低点Ⅳ(4)、最前点Ⅴ(5)、最后点Ⅵ(6)、圆锥正视转向线上的点Ⅶ(7)和Ⅷ(8)、圆锥侧视转向线上的点Ⅸ(9)和Ⅹ(10)。其中，最高、最低点位于过相贯线且在圆锥的最小、最大纬圆上。因求作的点数较多，故在用"宽相等"的作图中，也可以借助于45°辅助线来作图。

(2)如图4-17(d)所示,根据作图精度的要求,取一般点Ⅺ(11)、Ⅻ(12),求其另外两面投影11′、11″、12′、12″。

(3)依次光滑地连接各点,判别可见性,并补全圆柱和圆锥的轮廓线投影(见放大图)。

抽掉圆柱后穿孔圆锥的三面投影图如图4-17(e)所示。注意轮廓线(虚线)及相贯线的可见性。

2.辅助平面法

所谓辅助平面法就是根据三面共点原理,选用一组辅助平面去截切两个相交的曲面体,得到两组截交线。这两组截交线相交的交点就是辅助平面和两曲面体表面的三面共点,也即相贯线上的点。

前面所讲述的例题都可以采用辅助平面法求解相贯线。例如,例4-14就可以用一组水平的辅助平面或一组过圆锥锥顶的铅垂面作为辅助面,帮助求解相贯线上的点。这些点既在辅助平面上,又在圆柱和圆锥面上(为三面共有点)(见图4-18)。

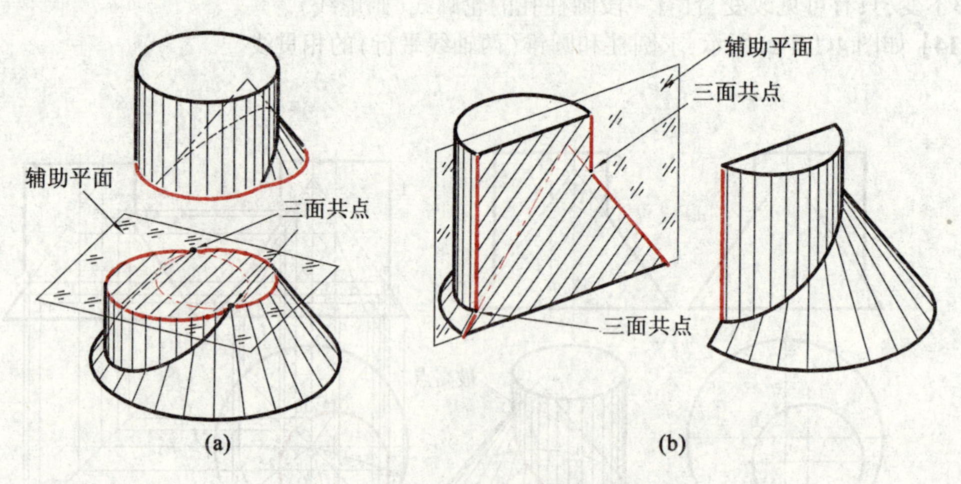

图4-18　用辅助平面截切圆柱和圆锥

为了能方便而准确地求解相贯线,辅助平面的选用原则是:

(1)应使辅助平面与两曲面体相交后产生的两条截交线相交或相切(有共有点);

(2)应尽可能地使辅助平面与曲面体的截交线的投影至少有一个为直线或圆。

因此,一般取特殊位置平面为辅助平面。

用辅助平面法求解相贯线的步骤:

(1)选用一组互相平行的平面为辅助平面。可以先讨论多种选择方案,然后,以一种最佳方案作图,并尽可能地通过特殊点作辅助平面。

(2)作出一组辅助平面与两相贯体的截交线。

(3)求两截交线的交点,判别可见性。

【例4-15】已知圆锥与圆球正交(见图4-19(a)),求相贯线的两面投影。

【解】分析:如图4-19(b)所示,圆锥与圆球的相贯线是一条前后对称且封闭的空间曲线。因圆锥和圆球的表面在任一投影面上的投影均无积聚性,故要采用辅助平面法求解相贯线的投影。辅助平面的选择方案见表4-3。

表4-3　　几种辅助平面的选择

立体表面 / 截交线投影 / 辅助平面	圆锥面		圆球面	
	V面	H面	V面	H面
一组正平面	双曲线	直线	圆	直线
一组水平面	直线	圆	直线	圆
过锥顶的一组铅垂面	两相交直线	直线	椭圆	直线
过锥顶的一正平面	转向轮廓线	直线	转向轮廓线	直线

从表 4-3 中几种方案的比较来看，显然，应采用一个过圆锥锥顶的正平面和一组水平面作为辅助平面进行解题。

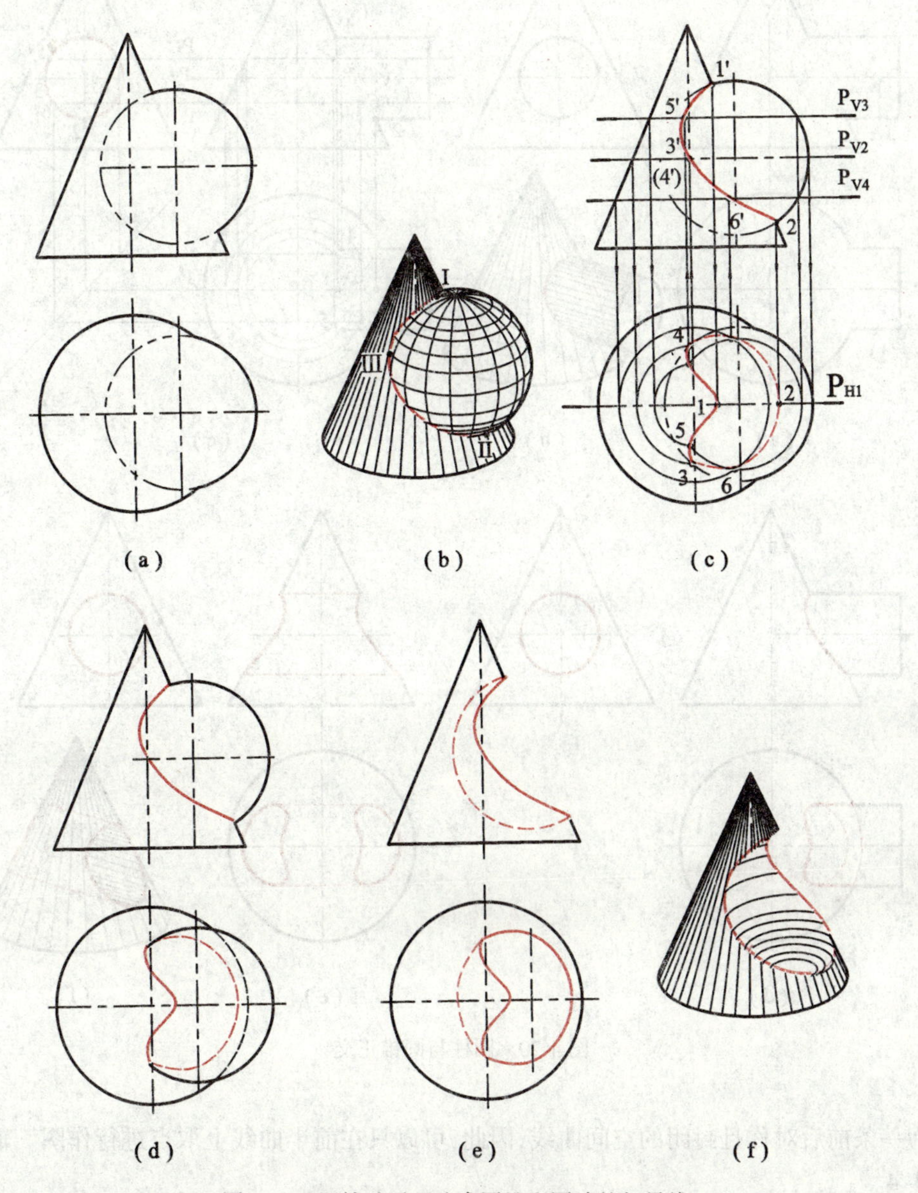

图 4-19　用辅助平面法求圆锥和圆球的相贯线

作图：

(1) 求特殊点：如图 4-19(c) 所示，过锥顶作辅助正平面 P_1，求它与圆锥、圆球的截交线，两者交点 Ⅰ(1、1′)、Ⅱ(2、2′) 即为最高、最低点。Ⅱ点又为最右点。再过圆球水平转向线作辅助水平面 P_2，它与圆锥、圆球的截交线都是圆，其交点 Ⅲ(3、3′)、Ⅳ(4、4′) 即为水平投影转向点。

(2) 求一般点：在 Ⅰ、Ⅲ点和Ⅲ、Ⅱ点之间作辅助水平面 P_3 和 P_4，同理，可求得一般点 Ⅴ(5、5′) 和 Ⅵ(6、6′)。

(3) 依次光滑地连接各点投影，其正面投影可见，水平投影中 3-1-4 段可见，3-2-4 段不可见。

(4) 补全圆锥和圆球的转向轮廓线(见图 4-19(d))，在水平投影中，一段圆锥底圆不可见，画虚线。

当圆锥挖去该圆球时，其投影结果如图 4-19(e) 所示。

【例 4-16】 已知圆柱与圆锥正交(见图 4-20(a))，求相贯线的 V、H 面投影。

【解】 分析：如图 4-20(b) 所示，圆柱面的侧面投影有积聚性，相贯线的侧面投影为圆，要求正面投影和水平投影。

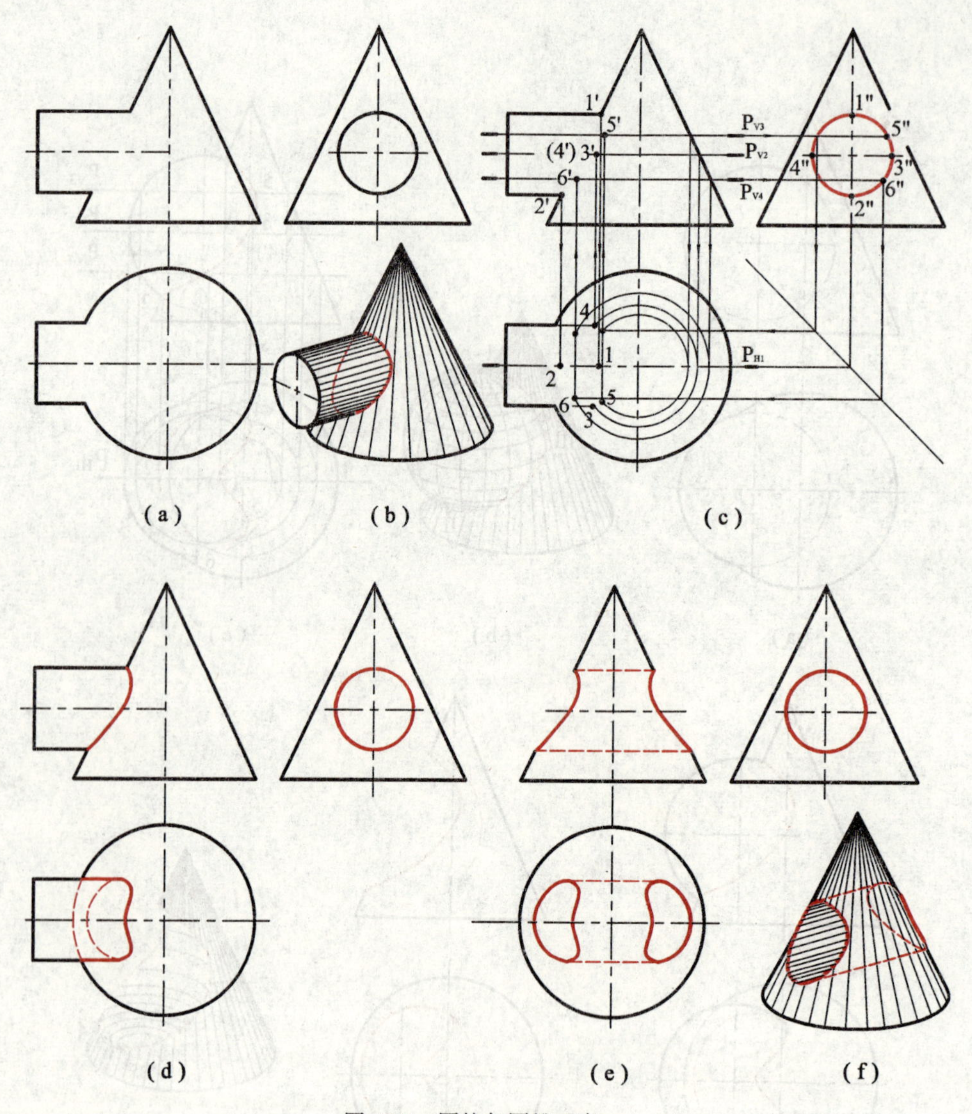

图 4-20　圆柱与圆锥正交

相贯线为一条前后对称且封闭的空间曲线，因此，可以只在前半曲线上取点进行作图。辅助平面的选择方案见表 4-4。

表 4-4　　几种辅助平面的选择

立体表面 / 截交线投影 / 辅助平面	圆柱面			圆锥面		
	V 面	*H* 面	*W* 面	*V* 面	*H* 面	*W* 面
过锥顶的一组铅垂面	椭圆	直线	圆	直线	直线	直线
过锥顶的一组侧垂面	直线	直线	两点	直线	直线	直线
一组水平面	直线	直线	直线	直线	圆	直线
一组正平面	直线	直线	直线	双曲线	直线	直线
过锥顶的正平面	转向轮廓线	直线	直线	转向轮廓线	直线	直线

从表4-4中几种方案的比较来看,本题可采用一个过锥顶的正平面和一组侧垂面或一组水平面为辅助平面进行作图。

作图:

(1)求特殊点:如图4-20(c)所示,过锥顶作辅助正平面 P_1,可以得到最高点Ⅰ(1、1′、1″),最低最左点Ⅱ(2、2′、2″)。过圆柱水平转向线作辅助水平面 P_2,可以得到最前点Ⅲ(3、3′、3″)和最后点Ⅳ(4、4′、4″),也即水平转向点。

这里,最右点不能直接作出,只有用辅助球面法求解(请读者参看有关书籍)。

(2)求一般点:根据作图需要,作一组辅助水平面,即求得一系列相贯线上的共有点。

(3)如图4-20(d)所示,依次光滑地连接各点,补全圆柱和圆锥的转向轮廓线投影,判别可见性。

讨论:本题也可采用表面取点法求解相贯线。

如图4-20(e)、(f)所示,当拿掉圆柱(圆锥穿孔)后,在圆锥左、右两侧各有一条封闭且对称的相贯线,圆锥内部还有圆孔的转向轮廓线(虚线)。

3.相贯线的特殊情况

(1)轴线平行的两圆柱相贯,相贯线为直线(见图4-21(a))。

(2)共锥顶的两圆锥相贯,相贯线为直线(见图4-21(b))。

(3)共轴线的两回转体相贯,相贯线为圆。当两轴线平行于某投影面时,相贯线的该投影为直线(见图4-22(c)、(d))。

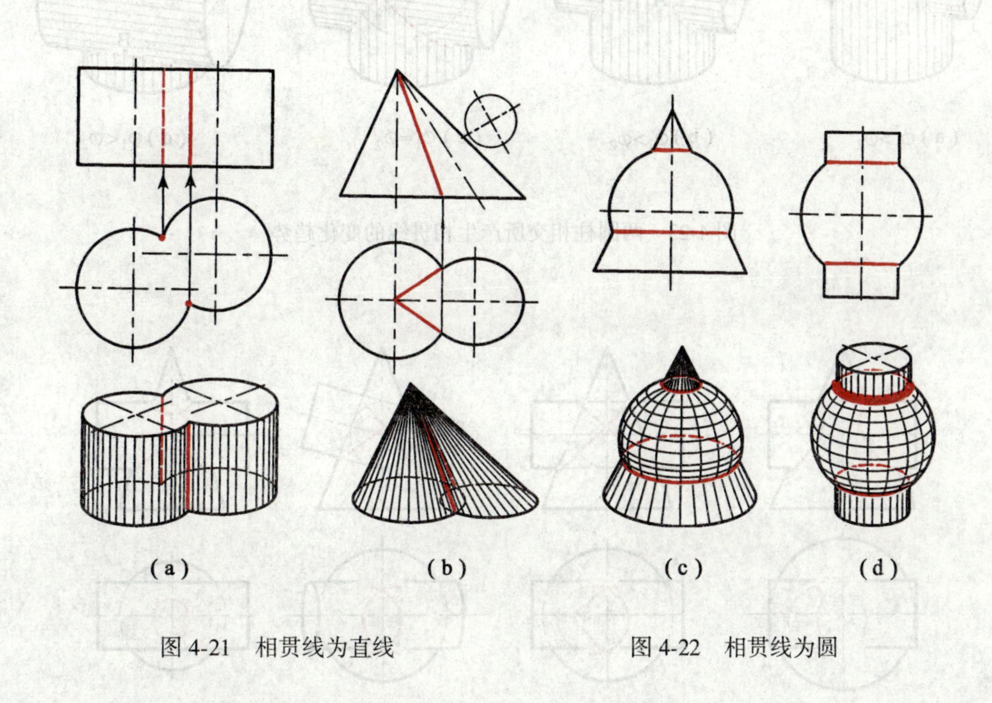

图4-21　相贯线为直线　　　　图4-22　相贯线为圆

(4)两回转体相贯,若同时内切或外切于另一个回转体(如圆球),则相贯线为两条平面曲线(椭圆),并且在两轴线都平行的投影面上,两曲线的投影是两相交的直线段。

图4-23和图4-24给出了两圆柱、圆柱和圆锥相交时,形状和位置的改变对相贯线的影响。当它们同时公切于一个圆球时,相贯线变为椭圆,其正面投影为相交的两直线段(见图4-23(b)、图4-24(b)、(c)),作图时可以直接画出直线。

4.2.3　多体相贯

两个以上立体相贯所产生的表面交线称为组合相贯线,其中,各段相贯线为某两个立体的表面交线。遇到这类作图问题时,通常处理的方法是:首先进行形体分析,弄清楚哪些部位是由哪两个立体相贯,其相贯线的形状如何。然后,逐步求解两两立体的相贯线,注意各段相贯线之间的连接点(三面共点),最后,综合起来完成形体及整个交线的投影。

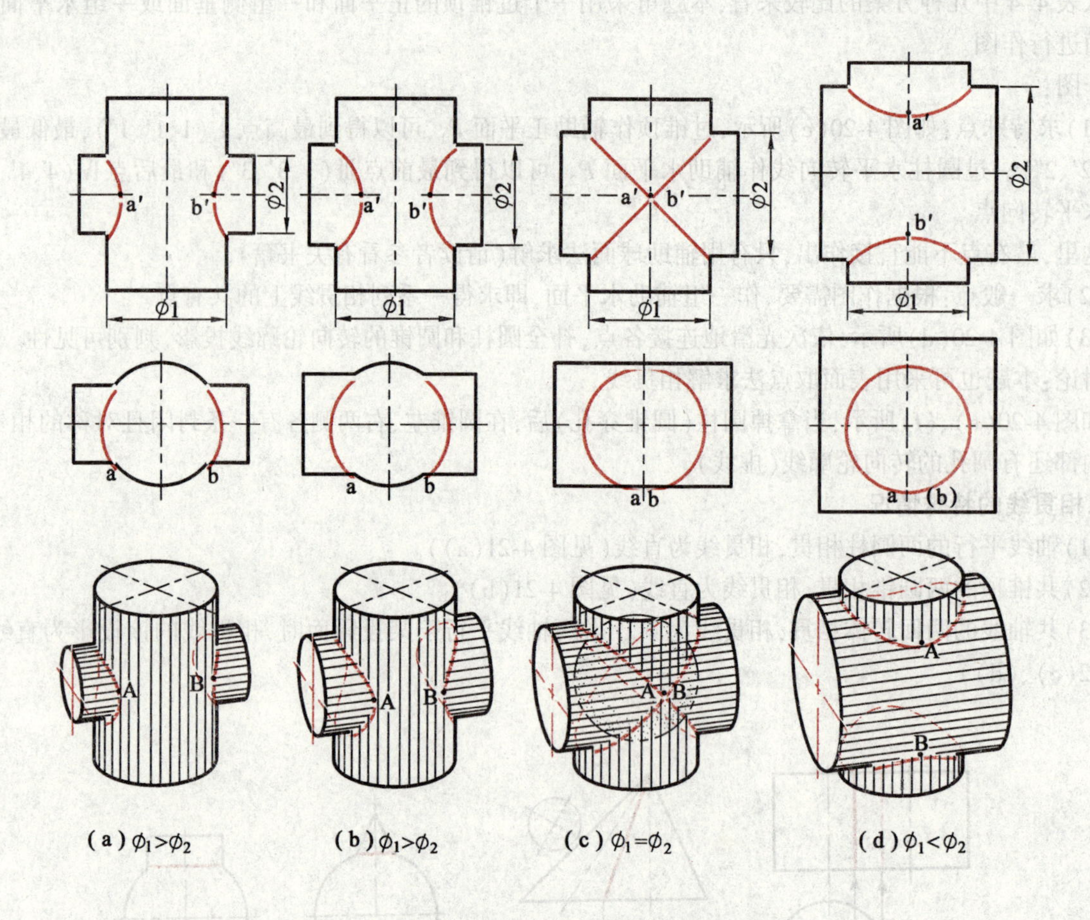

图 4-23　两圆柱相交所产生相贯线的变化趋势

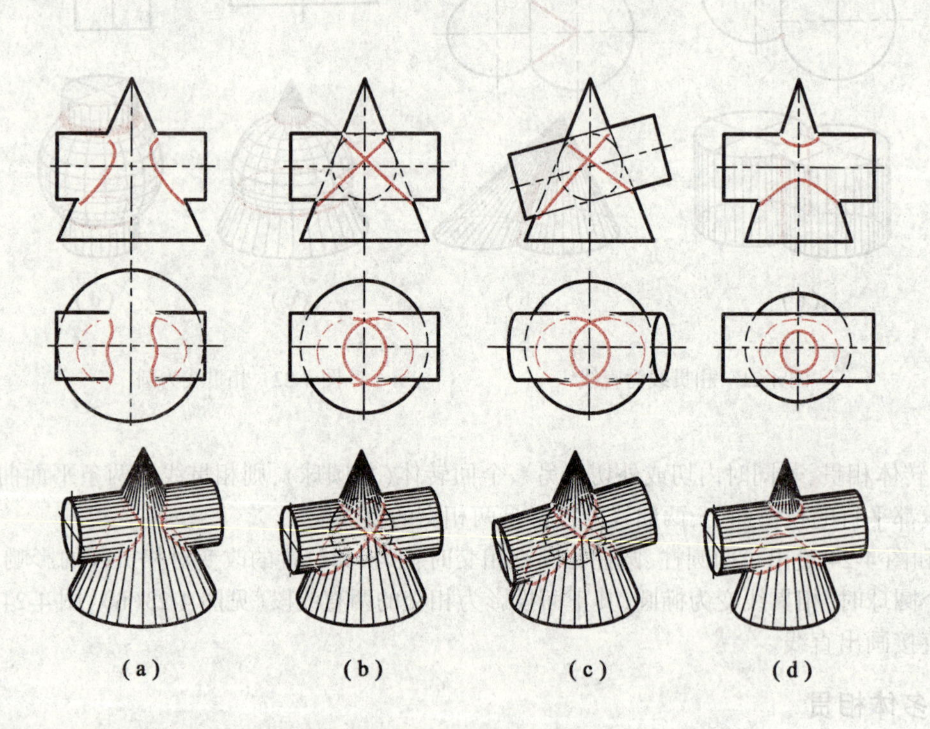

图 4-24　圆柱与圆锥相交所产生相贯线的变化趋势

【例 4-17】　已知图 4-25(a)所示的一组合体由多个基本体叠加、挖切后所得，试补画其内、外表面上的交线的正面投影。

【解】分析：如图4-25(b)所示，根据对形体及投影的分析可知，在组合体的外表面上，圆柱 A_1 既与半圆柱 B_1 有相贯线，又与长方体有截交线；圆柱 C 与圆柱 A_1 和 A_2 同时相交，得到相贯线。圆柱 A_1 与圆柱 A_2 的分界面又与圆柱 C 相交，产生截交线；长方体的前后两个面（正平面）与圆柱 C 相交，有截交线。

在内表面上，圆柱 D_1 与 D_2、D_3 分别有相贯线，其中，D_1 与 D_2 的直径相同，相贯线为平面曲线（椭圆弧）。

作图过程如图4-25(c)所示。注意相贯线上的连接点Ⅳ。

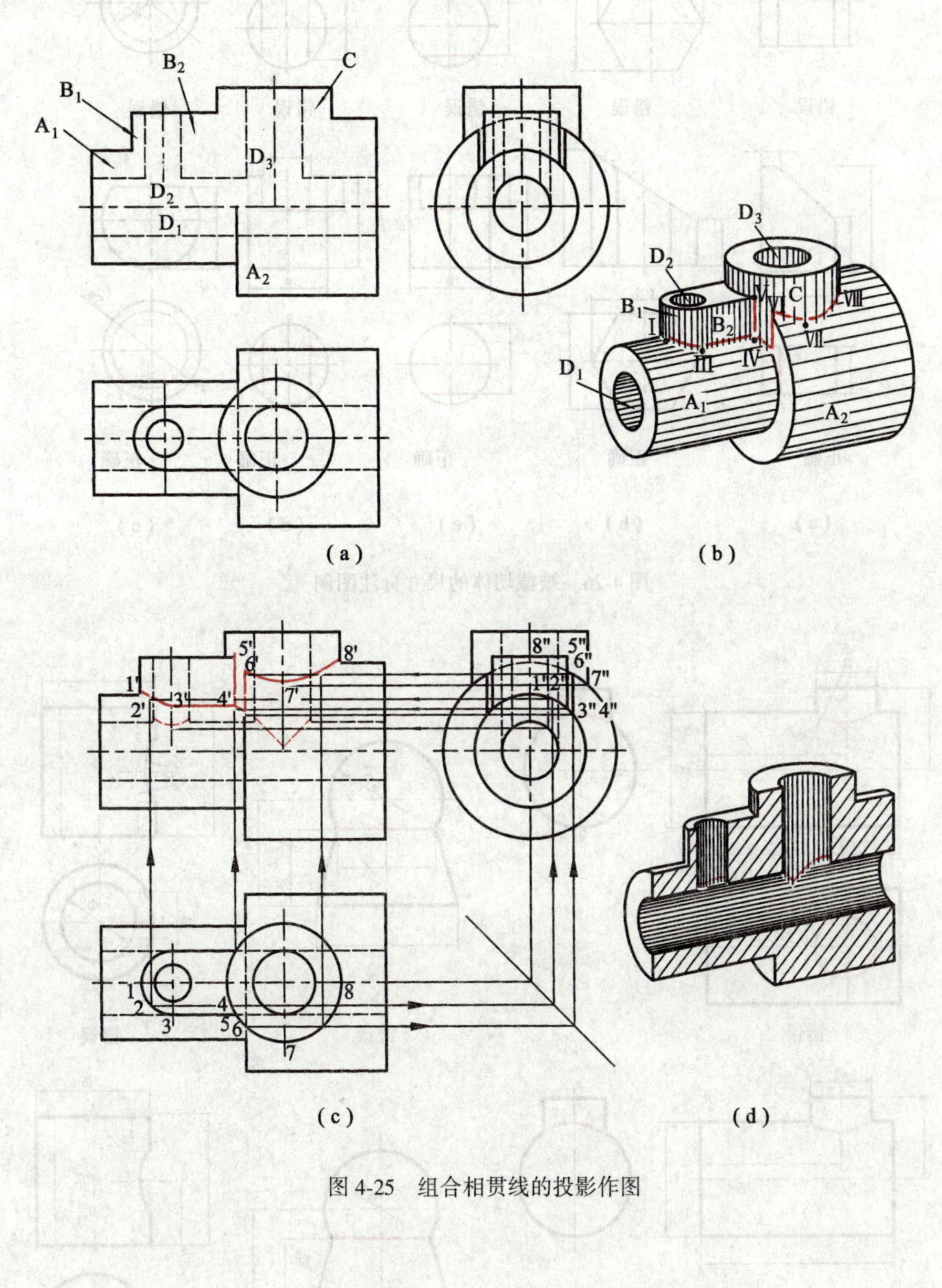

图4-25　组合相贯线的投影作图

4.3　截切体和相贯体的尺寸标注

当基本体被截切，必然会在表面上产生交线。其交线的形状和大小是由截平面的位置来确定的。因此，除了要标注基本体本身的定型尺寸外，还需要标注截切平面的定位尺寸，而不应该再另外标注交线的尺寸。例如，图4-26为一组被截切体的尺寸标注示例。

对于相贯体而言，一般应分别标注两立体的定型尺寸及两者之间的定位尺寸。例如，图4-27为相贯体的尺寸标注示例，注意，打“×”的尺寸标注是错误的。

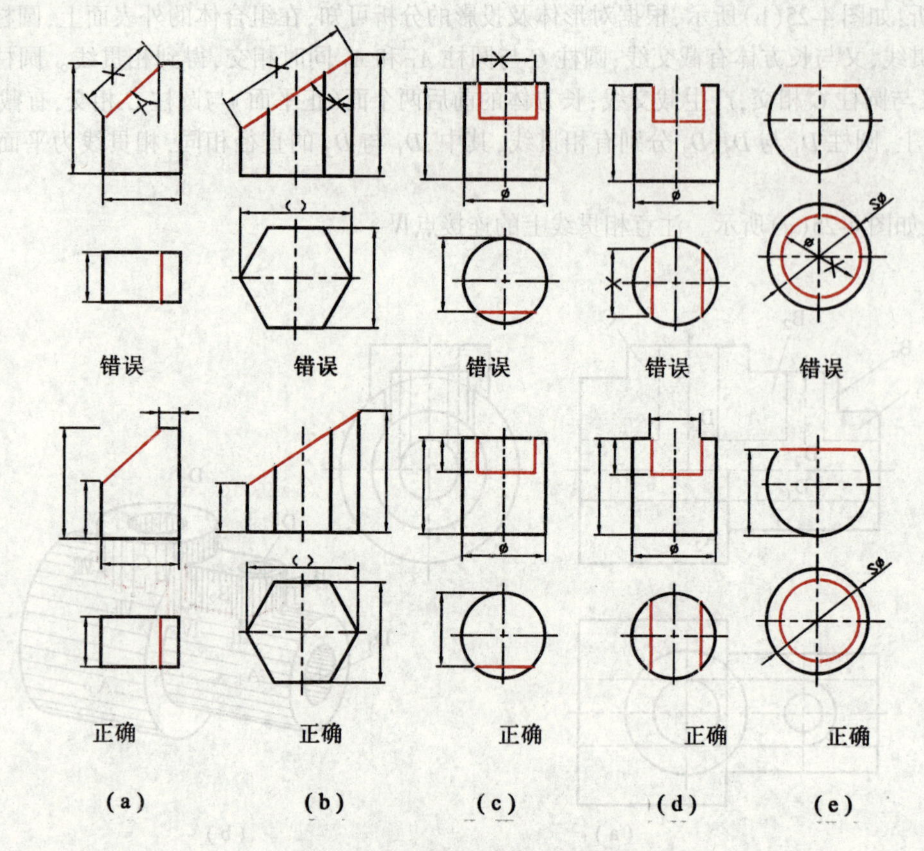

图 4-26 被截切体的尺寸标注图例

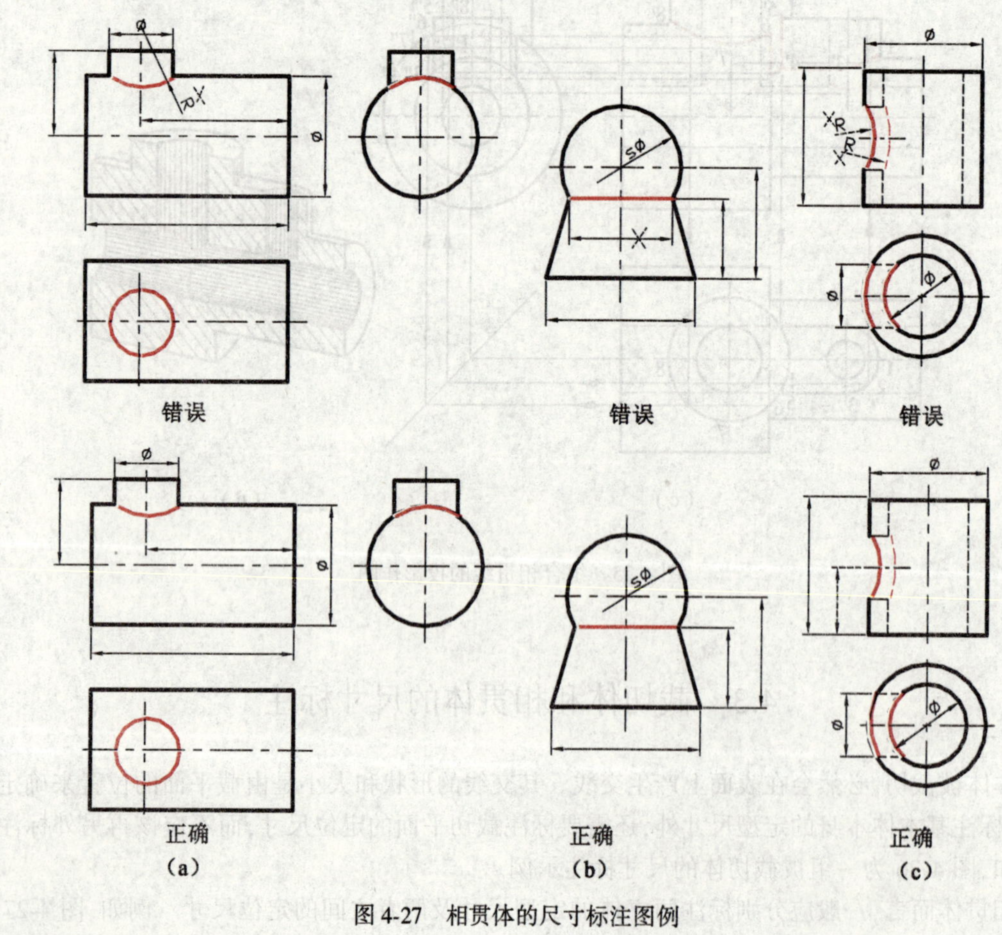

图 4-27 相贯体的尺寸标注图例

第5章 轴 测 图

5.1 轴测投影图的基本知识

前面介绍的多面正投影能够确切地表达空间物体的形状,并且作图简单,因此是工程中常用的图样。但它的缺点是立体感差,不易想象物体的空间形状,如图5-1所示。

5.1.1 轴测投影图的形成

图5-2是图5-1所示物体的轴测投影图,很显然,此图只用一个图样来表达物体,是一个单面投影图,而且立体感比较强,但这种图样作图较复杂,而且一般不反映表面实形。所以,在工程上常用作辅助图样,比如帮助设计构思、读图和外观设计等。在以后学习时,还可以借助轴测投影图来想象物体的空间形状。

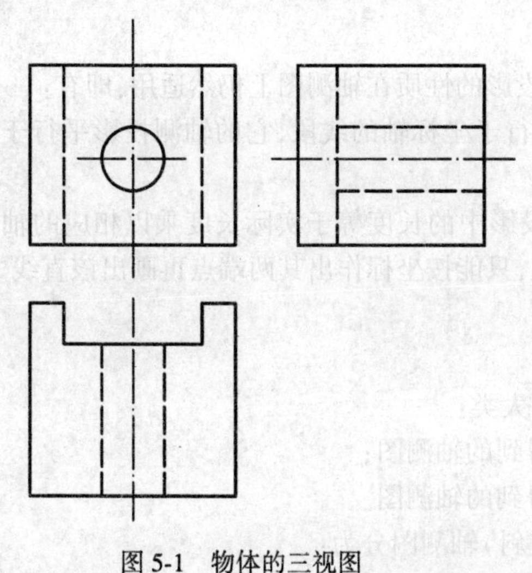

图5-1 物体的三视图

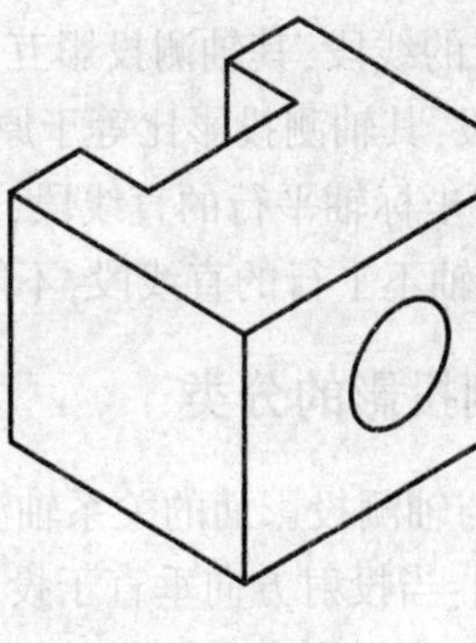

图5-2 物体的轴测图

视图只反映物体两个方向的向度,因此没有立体感。而轴测投影图之所以有立体感,是因为它同时能反映物体三个方向的尺度(三个方向表面的形状)。

轴测投影图就是将物体连同其直角坐标系,沿不平行于任一坐标平面的方向,用平行投影法将其投射在单一投影面上所得到的投影。轴测投影图简称轴测图,如图5-3所示。

5.1.2 轴向伸缩系数与轴间角

为便于讨论,设物体上的坐标系为 $OXYZ$,在物体上任取一点 K,将 K 点连同坐标系一起向投影面 P 作投影,坐标轴 OX、OY、OZ 的轴测投影分别为 O_1X_1、O_1Y_1、O_1Z_1 称为轴测轴,K 点的轴测投影为 K_1,如图5-3所示。

在轴测投影面上,任意两根轴测轴之间的夹角称为轴间角,分别有 $\angle X_1O_1Y_1$、$\angle Y_1O_1Z_1$、$\angle X_1O_1Z_1$。设在坐标轴 OX、OY、OZ 上分别有 A、B、C 三点,其轴测投影分别为 A_1、B_1、C_1,则比值:

$O_1A_1/OA=p$ 为 X 轴的轴向伸缩系数;

$O_1B_1/OB=q$ 为 Y 轴的轴向伸缩系数;

$O_1C_1/OC=r$ 为 Z 轴的轴向伸缩系数。

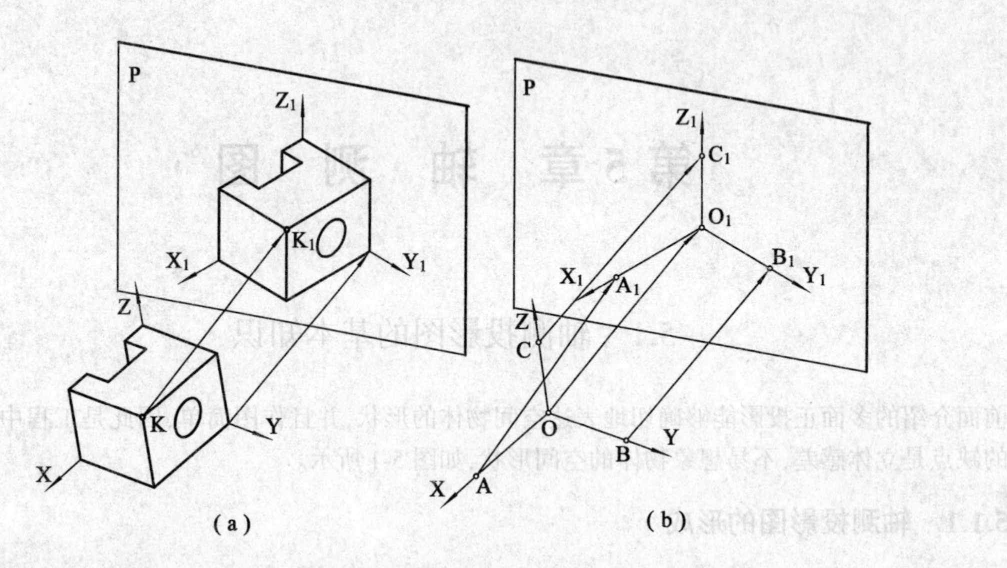

图 5-3　物体轴测投影的形成

如图 5-3(b)所示。

5.1.3　轴测图的投影特性

由于轴测图是采用平行投影法得到的，故平行投影的性质在轴测图上仍然适用，即有：

(1)相互平行的线段，其轴测投影互相平行；平行于坐标轴的线段，它的轴测投影平行于轴测轴。互相平行的两条线段，其轴测投影比等于原形长度比。

(2)空间中与坐标轴平行的直线段，其在轴测投影中的长度等于实际长度乘以相应的轴测轴的轴向伸缩系数；与坐标轴不平行的直线段，不能直接量度，只能按坐标作出其两端点再画出该直线。

5.1.4　轴测投影的分类

按投影方向与轴测投影面的关系轴测图分为两大类：

(1)正轴测图：当投射方向垂直于投影面时所得到的轴测图；

(2)斜轴测图：当投影方向倾斜于投影面时所得到的轴测图。

根据三个轴向伸缩系数是否相等，又可将正(或斜)轴测图分为：

(1)正(或斜)等轴测图，简称正(或斜)等测，即三个轴向伸缩系数都相等；

(2)正(或斜)二轴测图，简称正(或斜)二测，即只有两个轴向伸缩系数相等；

(3)正(或斜)三轴测图，简称正(或斜)三测，即三个轴向伸缩系数互不相等。

在画物体的轴测图时，应根据物体的形状特征选择一种合适的轴测图，使作图既简便又具有一定的直观性。一般采用正等测和斜二测，下面分别介绍这两种轴测图的画法。

5.2　正等轴测图

5.2.1　轴向伸缩系数与轴间角

在正轴测投影中，由于空间的三个坐标轴都倾斜于轴测投影面，所以三个轴向直线的投影都缩短，即 p、q、r 都小于 1。随着坐标轴与轴测投影面的倾斜角度的不同，轴间角和轴向伸缩系数都会改变。

正等测投影是使三条坐标轴与轴测投影面的倾角都相等，这时的轴向伸缩系数 $p=q=r\approx0.82$，轴间角 $\angle XOY=\angle XOZ=\angle YOZ=120°$，如图 5-4(a)所示。在作图时，习惯上将 Z 轴画成垂直位置，X 轴和 Y 轴均与水平线成 30°角，可用 30°的三角板画出，如图 5-4(b)所示。

为了简化作图，可以根据 GB/T14692—1993 采用简化伸缩系数，即 $p=q=r=1$。从图 5-5 中可以看出，

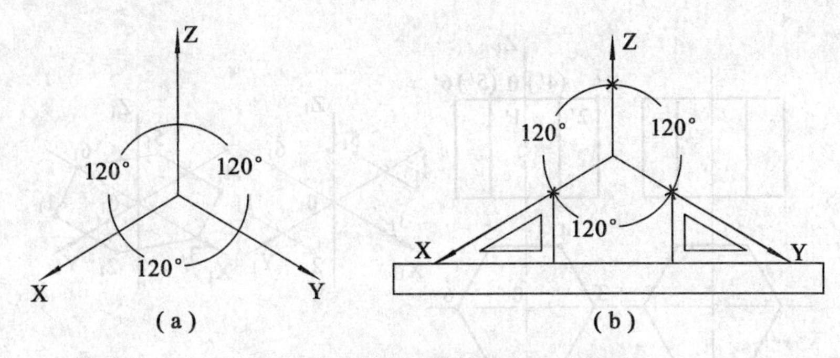

图5-4 正等轴测图轴间角和轴向伸缩系数

采用简化伸缩系数画出的正等轴测图,三个轴向尺寸都放大了约1/0.82=1.22倍,但这并不影响正等轴测图的立体感以及物体各部分的比例。

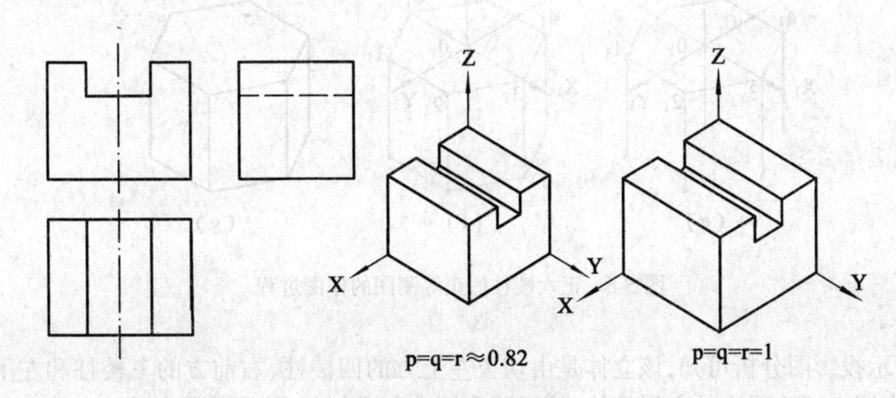

图5-5 正等轴测图

国家标准规定,在轴测图中,用粗实线绘制物体的可见轮廓线。必要时可以用虚线绘制物体的不可见轮廓线。轴测轴可以随轴测图同时画出,也可以省略不画。

5.2.2 平面立体的正等轴测图

绘制平面立体的正等轴测图可采用坐标法和组合法。

坐标法是根据立体表面上各顶点的坐标,分别画出它们的轴测投影,然后依次连接成立体表面的轮廓线。坐标法是绘制轴测图的基本方法。

组合法是根据不完整的形体或复杂形体的组合关系(切割或叠加),逐个绘出组合体中各基本体的轴测图,再根据组合关系,完成其轴测图。对于带切口的平面立体,可以坐标法为基础,先用坐标法画出完整平面立体的轴测图,然后用切割方法逐步画出各个切口部分。

这两种方法,不但适用于平面立体,而且适用于曲面立体;不但适用于正等测轴测图,而且适用于其他轴测图。

【例5-1】根据正六棱柱的投影图(见图5-6(a)),画出其正等测图。

【解】作图步骤如下:

(1)在投影图上选定坐标原点和坐标轴,并画出轴测轴,如图5-6(b)所示。

(2)根据顶面各点坐标,在$X_1O_1Y_1$坐标面上定出顶面1_1、2_1、3_1、4_1、5_1、6_1点的位置,如图5-7(c)所示。

(3)连接上述各点得出顶面的轴测投影,如图5-6(d)所示。

(4)由顶面各顶点向下作Z_1轴的平行线,并根据六棱柱高度在平行线上截得棱线长度,同时也定出了底面各可见点的位置(轴测图一般不画不可见部分轮廓),如图5-6(e)所示。

(5)连接底面各点,得出底面投影,整理加深完成作图,如图5-6(f)、(g)所示。

【例5-2】作出图5-7(a)所示立体的正等测图。

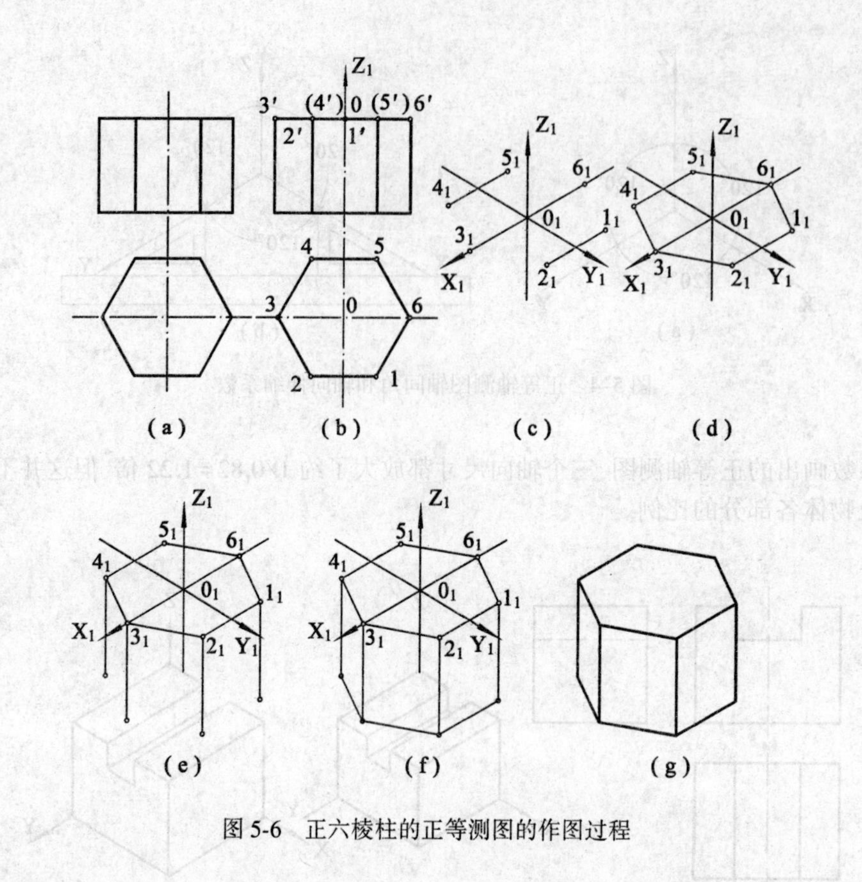

图 5-6　正六棱柱的正等测图的作图过程

【解】从所示投影图分析可知,该立体是由切去左上方的四棱柱、右前方的三棱柱和左下端方槽后形成的。绘图时先用坐标法画出长方形箱体,然后逐步切去各个部分,绘图步骤如图 5-7(b)~(g)所示。

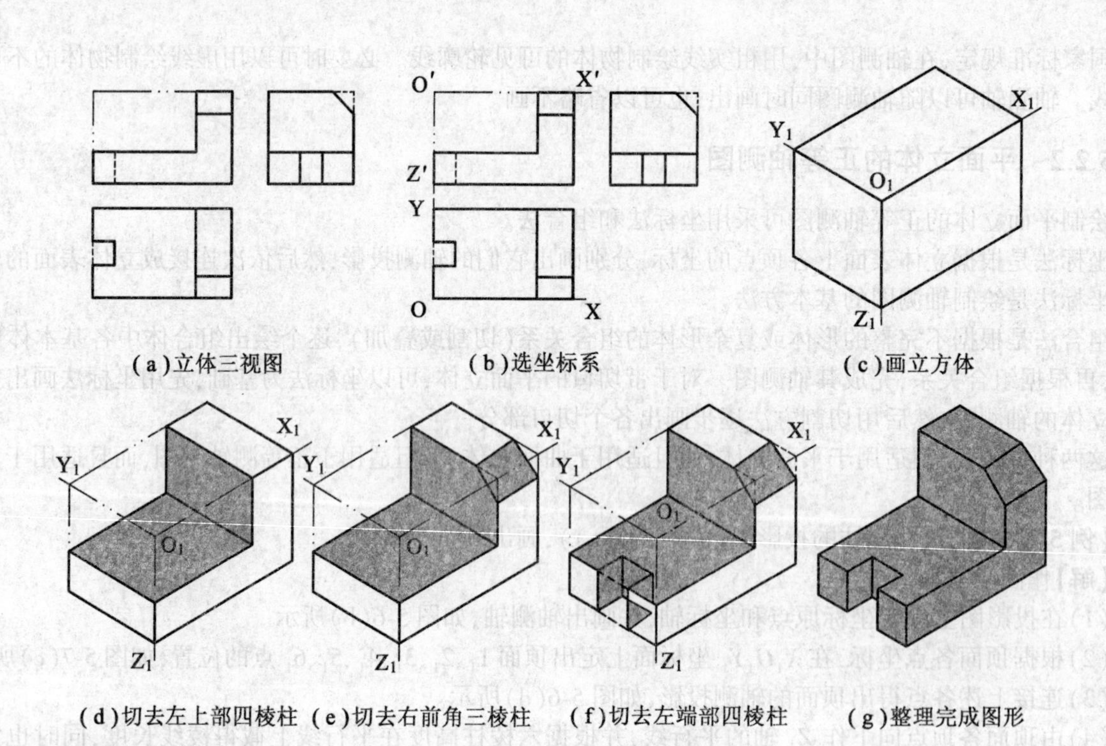

(a)立体三视图　(b)选坐标系　(c)画立方体

(d)切去左上部四棱柱　(e)切去右前角三棱柱　(f)切去左端部四棱柱　(g)整理完成图形

图 5-7　切割法绘制立体的正等测图

5.2.3 曲面立体的正等轴测图

1.平行于坐标面的圆的正等测图的画法

由于正等测投影的三个坐标轴都与投影面倾斜,且倾角都相等,所以三个坐标面也都与轴测投影面成相同角度倾斜。平行于这三个坐标面的圆,其投影是类似图形——椭圆。当平行于三个坐标面的圆直径相等时,它们的投影是三个同样大小的椭圆。如图 5-8 所示。要注意这三个椭圆的长短轴方向。

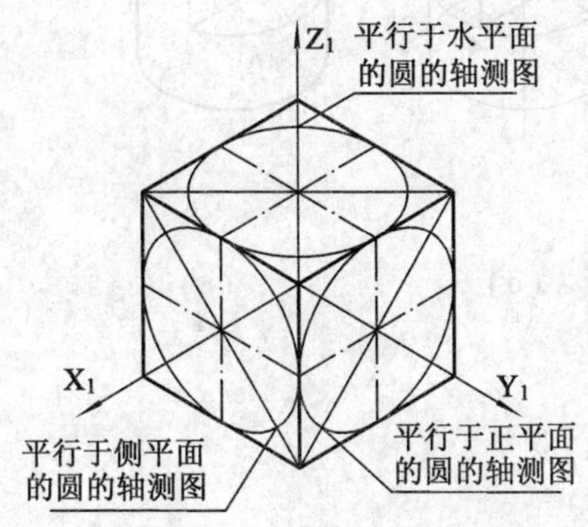

图 5-8 平行于坐标面的圆的正等测图

(1)圆在水平面上,椭圆长轴垂直于 Z 轴,短轴平行于 Z 轴;

(2)圆在正平面上,椭圆长轴垂直于 Y 轴,短轴平行于 Y 轴;

(3)圆在侧平面上,椭圆长轴垂直于 X 轴,短轴平行于 X 轴;

在正等测投影中,常采用四段圆弧连成的近似画法作椭圆。由于图中四段圆弧的圆心和半径是根据椭圆的外切菱形求得的,因而称为菱形四心法。

下面我们以平行于水平面的圆为例来说明它的轴测投影的画法。

(1)假设将坐标原点设在圆心上,圆的两条中心线分别为 X 轴和 Y 轴,圆的外切正方形为 $ABCD$,如图 5-9(a)所示。

(2)首先画出两条轴测轴,即圆的中心线的轴测投影,并画出圆的外切正方形的轴测投影,为菱形 $abcd$,1、2、3、4 分别为切点,如图 5-9(b)所示。

(3)确定四段圆弧的圆心。a、c 为菱形的两个顶点,连接另外两顶点 b、d 得一对角线,连 $c1_1$ 与对角线相交,交点为 m,连 $a3_1$ 与对角线相交,交点为 n,则 a、c、m、n 分别为四段圆弧的圆心。

(4)分别以 a、c 为圆心,以 $c1_1$、$a3_1$ 为半径,作圆弧 1_12_1、3_14_1,如图 5-9(c)所示。再以 m、n 为圆心,以 $m4_1$、$n2_1$ 为半径,作圆弧 1_14_1、2_13_1,即完成作图,如图 5-9(d)所示。

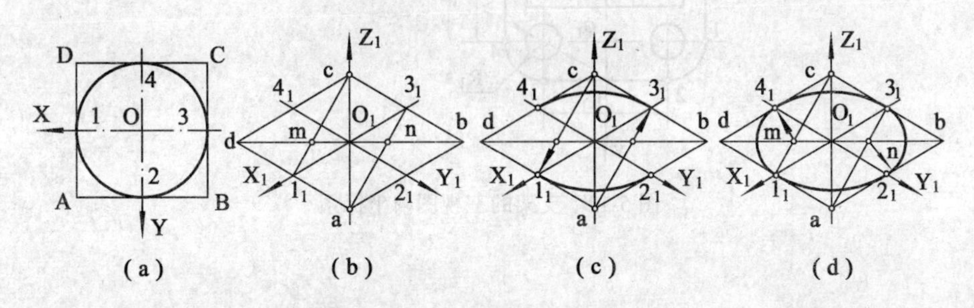

图 5-9 四心椭圆法

【例 5-3】如图 5-10 所示,画带缺口圆柱的正等测图。

【解】本题是一个圆柱被一个水平面和一个侧平面切割而成,应用切割法做。即先画出圆柱,然后切割画出缺口。作图步骤如下:

(1)定坐标系。取圆柱的轴线为 OZ 轴,顶面为 XOY 面,如图 5-11(a)所示。

(2)画轴测轴,并根据四心圆法画顶圆轴测图,如图 5-11(b)所示。

(3)将顶圆轴测图中四段圆弧的圆心向下平移 h_1,画出中间圆的轴测图。再将中间圆的四个圆心向下平移 h,作出底圆。这种方法也称"移心法",在画圆柱体时会使作图简化,如图 5-11(c)所示。

(4)自点 o_1 沿 X_1 正向量取 b,作 Y_1 轴向平行线与椭圆相交于 1、2 两点,过 1、2 两点作 Z_1 轴向平行线与中间椭圆交于 3、4 两点。连接 3、4 两点,即完成缺口作图,如图 5-11(d)所示。

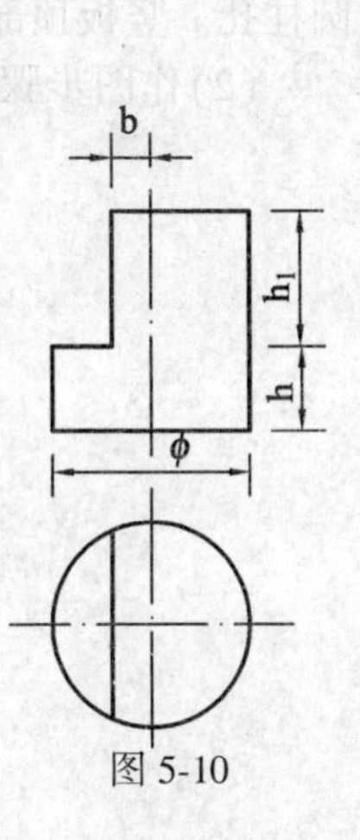

图 5-10

(5)擦去多余的线,将可见线加深,如图 5-11(e)所示。

【例 5-4】绘制如图 5-12 所示支架的正等测图。

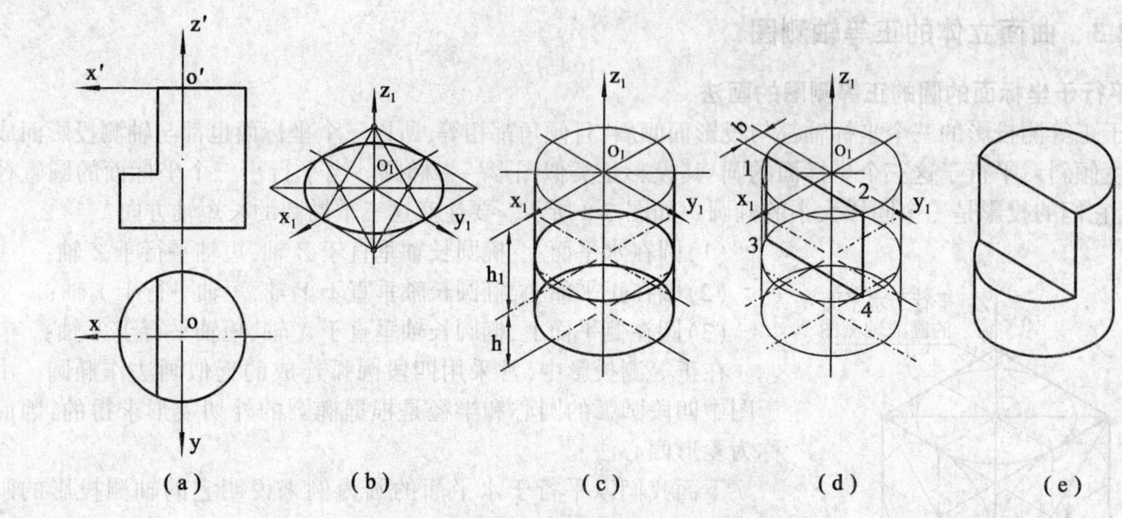

图 5-11 缺口圆柱的正等测图

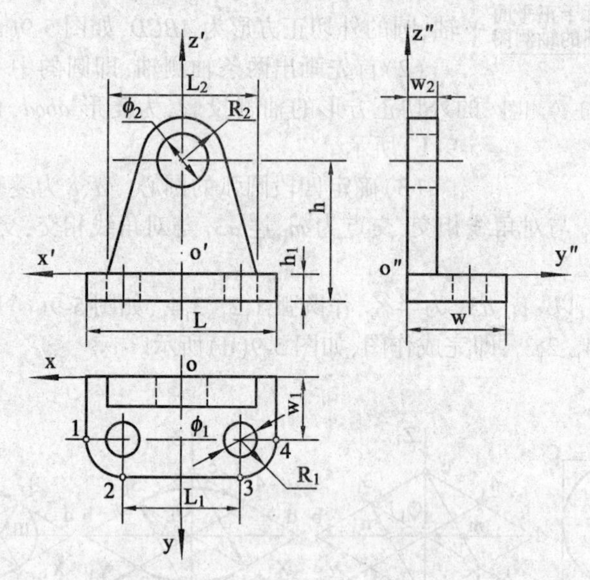

图 5-12 支架的三视图与坐标系

【解】

(1)形体分析确定坐标系。

该支架由底板和竖板两部分组成。底板是一带圆角的长方形薄板，在底板的前方有左右对称的两个圆柱孔。竖板顶部是圆柱面，两侧的斜壁与圆柱面相切，中间有一圆柱孔。其坐标系如图 5-12 所示。

(2)作图步骤如图 5-13(a)~(h)所示。

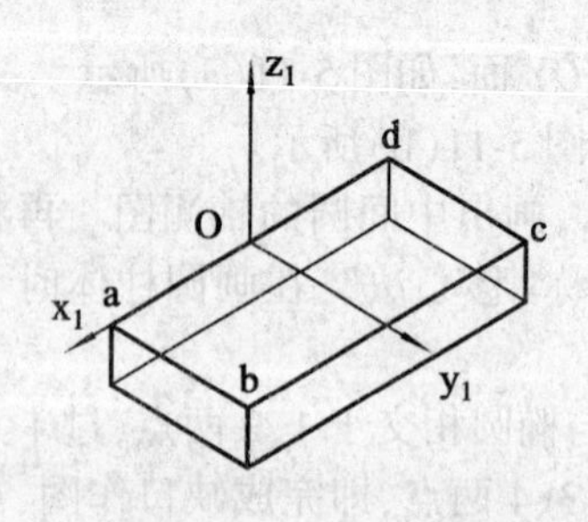

(a)作轴测轴，画底板的轮廓

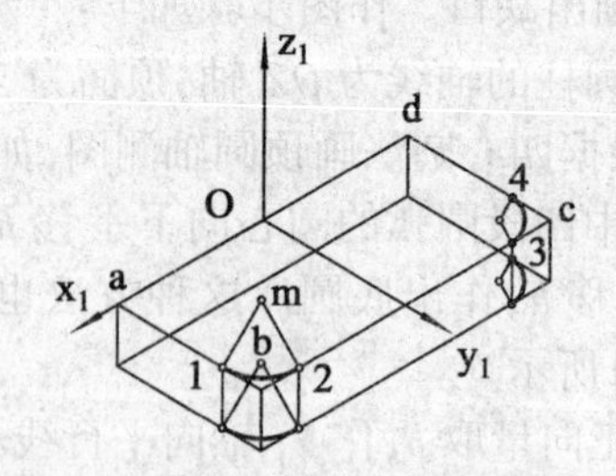

(b)作圆角的轴测图。过切点 1、2 分别作 ab、bc 的垂线，相交于点 m，以 m 为圆心 $m1$ 为半径画圆弧 12。将圆弧 12 向下平移 h_1。同理可画出另一圆角的轴测图。

图 5-13

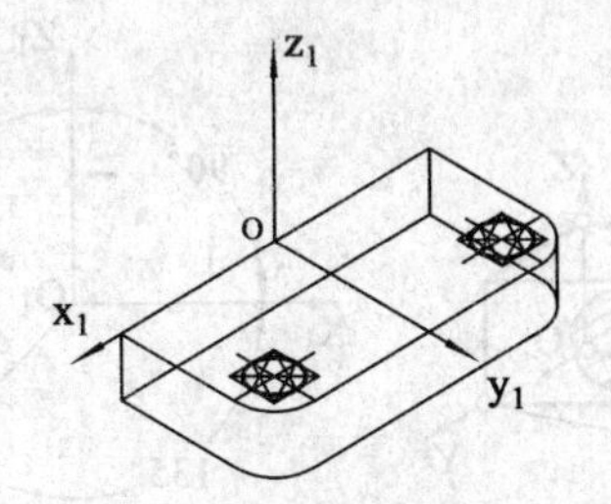

(c)作底板圆孔上表面圆的轴测图

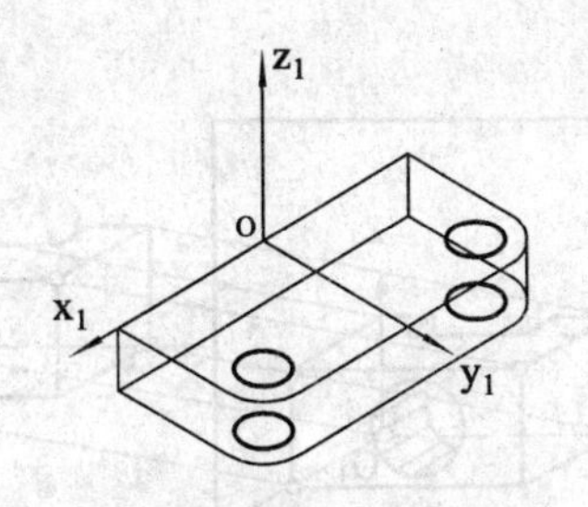

(d)将底板圆孔上表面圆向下平移 h_1 即得圆孔下底圆的轴测图。

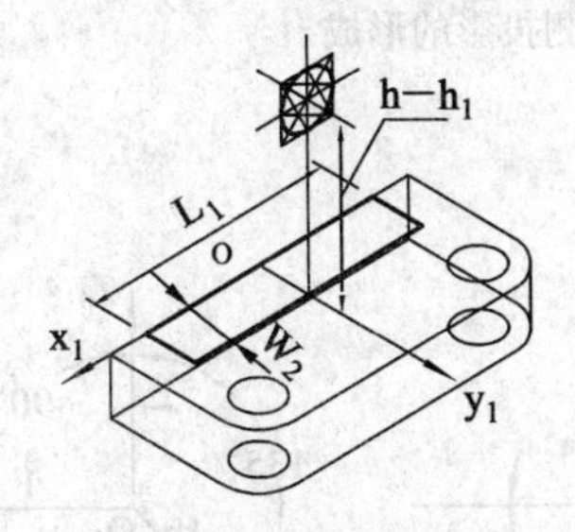

(e)在底板上表面画竖板与底板的交线,根据高差 $h-h_1$ 确定上圆柱孔前表面圆的圆心,并画小圆的轴测图。

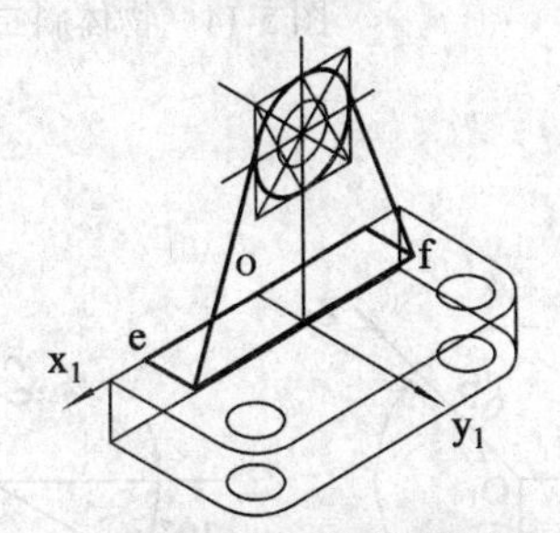

(f)画竖板上表面圆弧的轴测图。可根据圆弧的半径画一完整的圆的轴测图,过底板上的点 e、f 分别作椭圆的切线。

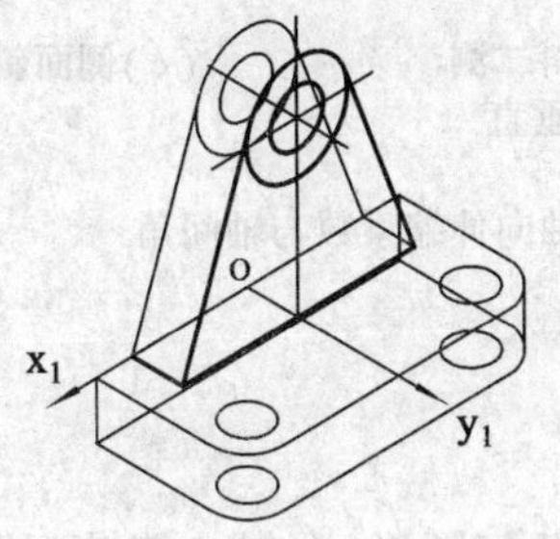

(g)将竖板前表面向后平移 w_2 即得竖板后表面的轴测图。

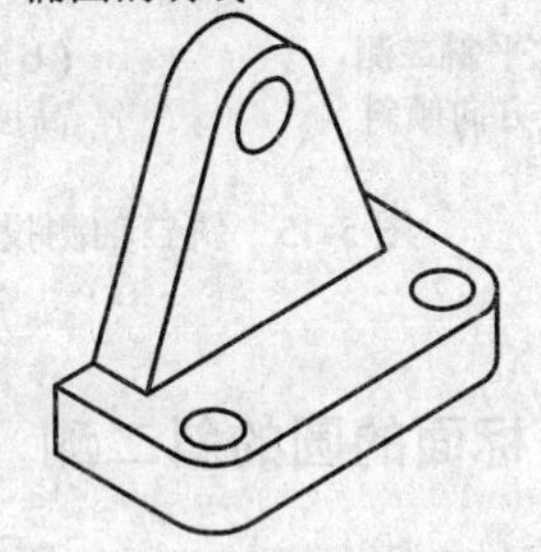

(h)作上表面前后椭圆的公切线,擦去不可见线和作图过程线完成轴测图。

续图 5-13

5.3 斜二等轴测图

5.3.1 轴间角和轴向伸缩系数

由于斜轴测图是投影光线倾斜于投影面,而斜二等轴测图两个轴向伸缩系数相等。为了使两个轴向伸缩系数相等,可以让轴测投影面平行于一个坐标平面。

当物体所在坐标系上某个坐标面平行于投影面时,相应两条坐标轴投影后的轴间角仍为90°,轴向伸缩系数是1,故反映该面的实形。如图5-14(a)所示,坐标面 XOZ 平行于投影面 P,轴间角 $\angle X_1O_1Z_1=90°$,而 X 轴向伸缩系数 P 和 Z 轴向伸缩系数 r 都为1。

由于光线斜射的方向可以是任意的,则第三轴的轴测轴方向和轴向伸缩系数可以任选。为方便作图,取轴向伸缩系数为0.5,第三轴与另两轴的轴间角是135°。如图5-14(b)所示,O_1Y_1 与轴 O_1X_1 和轴 O_1Z_1 成135°。由于该图的 XOZ 坐标面平行于投影面 P,故称为正面斜二测。

工程中除了常采用正面斜二测外,根据物体的形状还可以采用水平斜二测和侧面斜二测,其轴向伸缩系数与轴间角如图5-15所示。

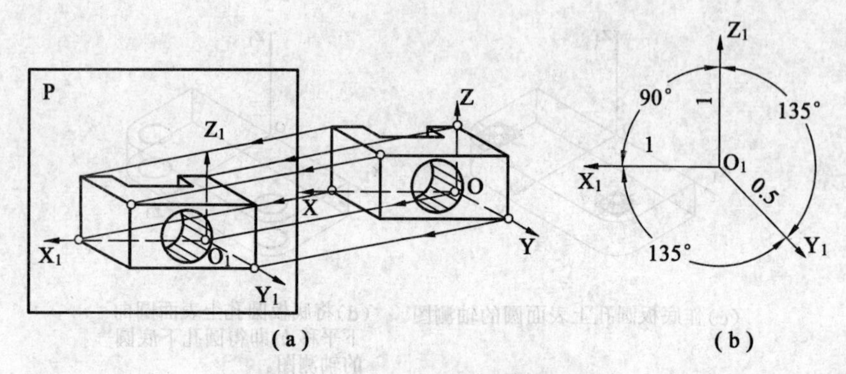

图 5-14　物体斜二轴测投影的形成

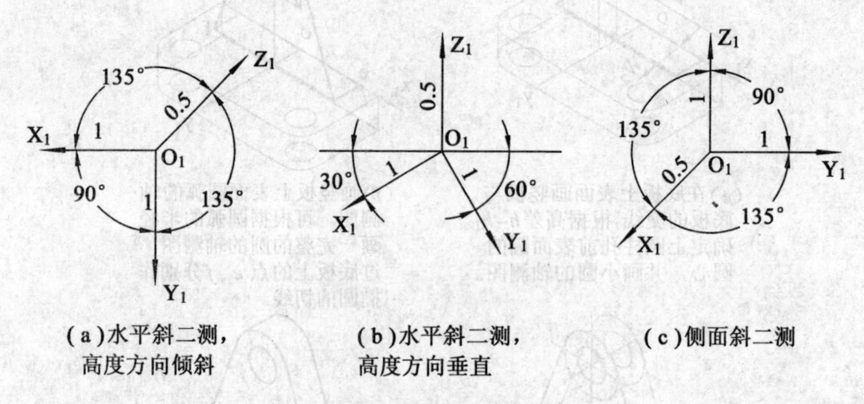

图 5-15　斜二轴测投影的轴向伸缩系数与轴间角

5.3.2　平行于各坐标面的圆的斜二测

由平行投影的实形性可知，平行于 $X_1O_1Z_1$ 平面的任何图形，在斜二等轴测图上均反映实形。因此平行于 $X_1O_1Z_1$ 坐标面的圆和圆弧，其斜二测投影仍是圆和圆弧，如图 5-16 所示。

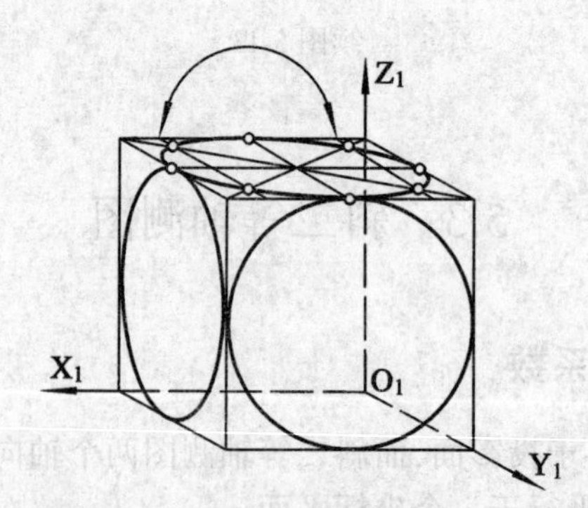

图 5-16　平行于各坐标面的圆的斜二测

平行于 $X_1O_1Y_1$、$Y_1O_1Z_1$ 坐标面的圆，其斜二测投影均是椭圆，这些椭圆作图较繁琐，常采用八点法近似绘制。由于斜二测能反映某个与轴测投影面平行的坐标面上的实形，所以，一般把物体在某个方向上形状较为复杂、特别是有较多的圆或曲线的面平行于某个坐标面，再作该面的斜二测，使作图更简单，而且反映真实形状。

因此，斜二等轴测图主要用于表示仅在一个方向上有圆或圆弧的物体，当物体在两个或两个以上方向有圆或圆弧时，通常采用正等测的方法绘制轴测图。

【例 5-5】根据如图 5-17(a)所示两视图画其斜二等轴测图。

【解】

(1)形体分析,确定坐标轴。

图5-17所示物体由一带圆角的方形底板和空心圆柱体两部分组成,在方形底板上带有四个小圆柱孔。由于该形体的圆和圆弧都平行于*XOZ*坐标面,故可画正面斜二测轴测图。其坐标系如图5-17(a)所示。

(2)画图步骤如图5-17(b)~(f)所示。

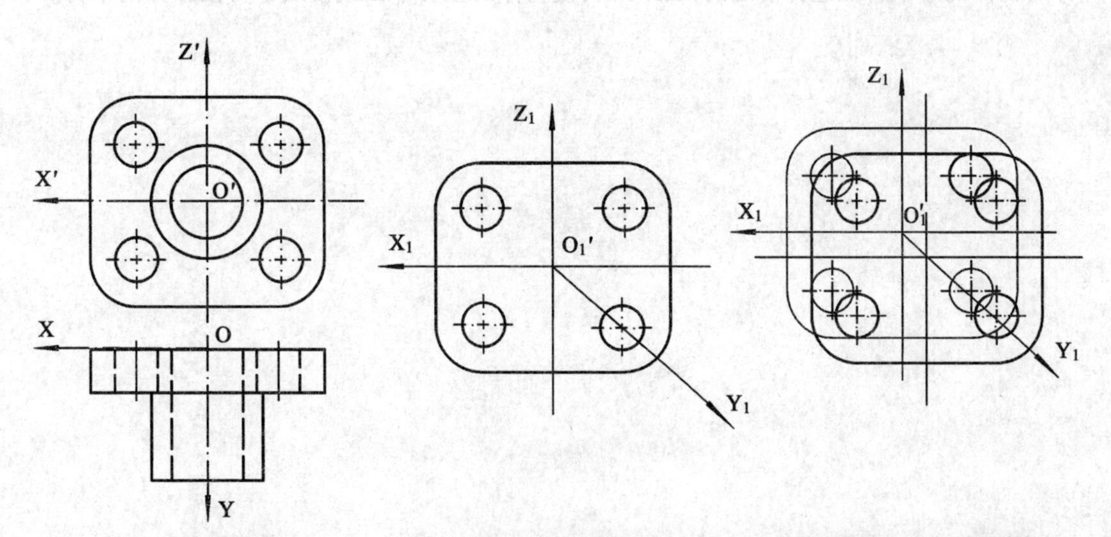

(a)确定坐标轴。

(b)画轴测投影轴,并画出方形底板底面的轴测图。

(c)根据底板的厚度,将底面形状沿*y*轴平移0.5倍的厚度。

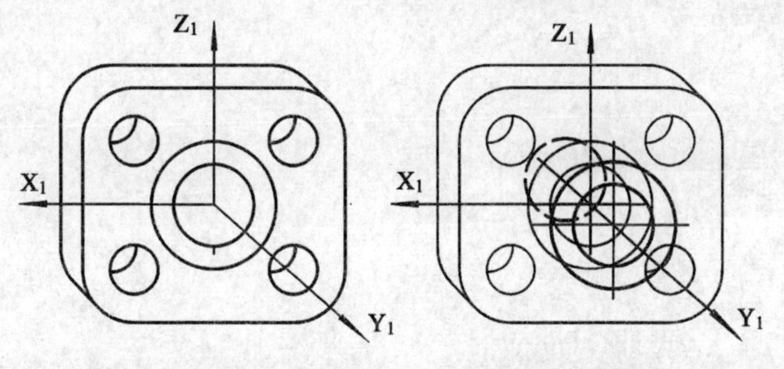

(d)画圆柱孔与底板表面的交线。

(e)根据圆柱孔的厚度,将交线圆沿*y*轴平移0.5倍的厚度,将圆孔向底板面上平移,如图中虚线所示。

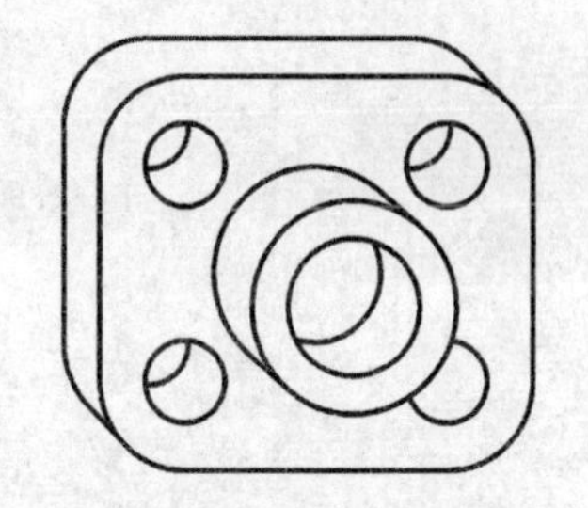

(f)作顶圆与底圆的公切线,擦去不可见线和作图过程线完成轴测图。

图5-17 画立体的斜二等轴测图

5.4 绘轴测图的有关问题

1.徒手绘轴测草图

徒手绘轴测图时,作图原理和过程与尺规绘轴测图是一样的,为使徒手绘制的轴测图比较正确,最好将立体的三视图绘在有方格的纸上,然后在确定相应轴测图方位的格子纸上绘制。

2.轴测图的选择

当形体上多个方向有圆或多个方向形状复杂时,应选用正等测。对于有一个方向复杂或圆弧较多的物体,应采用斜二测,使作图简便。

对于正等测和斜二测轴测图,在具体画图时,应选择哪一种,主要应从应用要求和画图方便考虑。正等测图的轴间角相等,各方向的近似椭圆的画法相同,比较简单,因此当形体上多个方向有圆或多个方向形状复杂时,应选用正等测。

斜二测图有一个坐标面与投影面平行,平行于这个坐标面的几何图形的投影形状不变,对于有一个方向复杂或圆弧较多的物体,应采用斜二测,使作图简便。

3.轴测投影方向的选择

应针对物体的形状特征选择恰当的投影方向。使物体的主要平面或棱线不与投影方向平行。

轴测投影方向近似人对物体的观察方向。当轴测投影的方向不同时,轴测图形的表达效果常大不一样。应针对物体的形状特征选择恰当的投影方向,使物体的主要平面或棱线不与投影方向平行。

第6章　组合体的视图

一个物体,一般都可视为由若干个子形体、基本体以叠加、切割等组合方式组合而成。子形体也由基本体构成。因此我们把由若干个子形体、基本体所组成的物体称为组合体。本章在学习了正投影理论、基本体、立体的截切与相贯和制图的基本知识的基础上,进一步学习组合体三视图的投影特性及组合体三视图的绘制、读图的基本方法、尺寸标注等内容,为今后绘制、阅读机械零件图或土木工程图等打下良好的基础。

6.1　组合体的三视图

1. 三视图的形成

如图6-1(a)所示,将组合体置于V、H、W三投影面体系中,用正投影法绘制的组合体图形称为视图。由前向后投影所得的视图称为主视图(正立面图),即组合体的正面投影;由上向下投影所得的视图称为俯视图(平面图),即组合体的水平投影;由左向右投影所得的视图称为左视图(侧立面图),即组合体的侧面投影。所得组合体三视图也称组合体三面图。

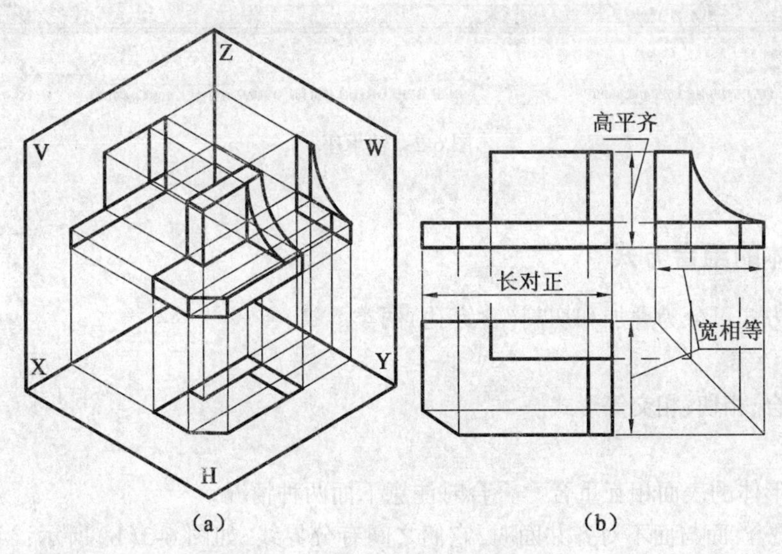

图6-1　三视图的形成及投影特性

2. 三视图的投影特性及六个方向的关系

如图6-1(b)所示,将三投影面体系展开后,每个视图可反映组合体的两个度量方向:主视图反映组合体的长和高;俯视图反映组合体的长和宽;左视图反映组合体的高和宽。由此可以看出,每两个视图可反映空间三个主要尺度,且每两个视图间有一个相同的尺度,即可得三视图的投影特性:主、俯视图具有相同的长度,称为“长对正”;主、左视图具有相同的高度,称为“高平齐”;俯、左视图具有相同的宽度,称为“宽相等”。在三视图中,组合体的总长、总高、总宽,局部形体的长、高、宽尺寸,都具有以上投影特性。

当组合体与投影面间的相对位置确定之后,它就有 上、下、左、右、前、后六个方向,如图6-1(b)所示。主视图反映组合体左与右、上与下四个方向,左视图反映组合体前与后、上与下四个方向,俯视图反映组合体前与后、左与右四个方向。应特别注意,俯视图、左视图中远离正立投影面V的一侧视为组合体的前方;反之为后。

6.2 组合体的形体分析

6.2.1 组合体的基本概念

如图 6-2 所示的轴承座组合体，是由底板①、支承板②、筋板③、轴承④、凸台⑤等子形体、基本体以叠加与切割两类组合方式和一定的相对位置组合而成的。我们要分析这些基本形体的形状，分析各基本形体间的组合方式和相对位置，以便产生对整个组合体形状的完整概念，这种分析方法称为形体分析法。

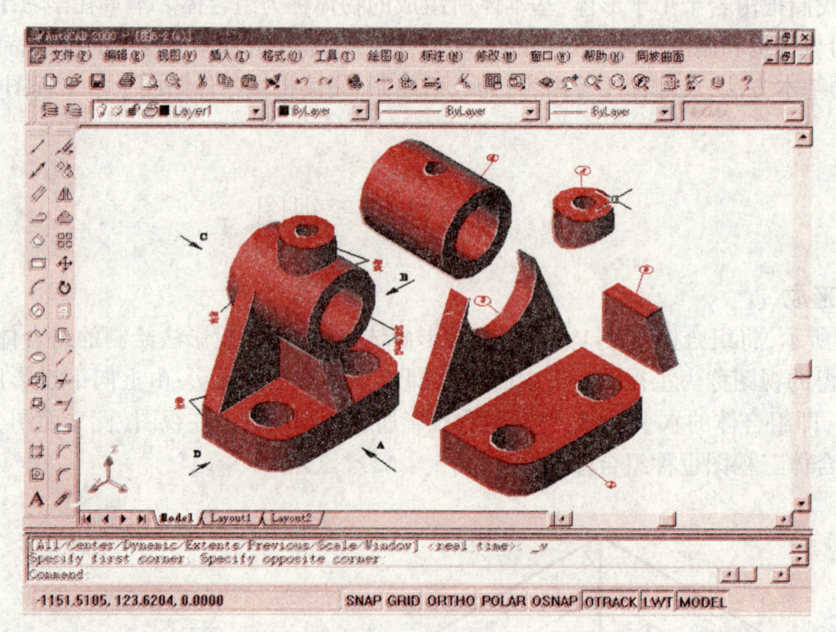

图 6-2 轴承座

6.2.2 组合体的组合方式

组合体的组合方式可分为叠加和切割（含穿孔）两类。

1.叠加

叠加包括有叠合、相切、相交等形式。

a.叠合

叠合是指基本形体的表面相互重合。叠合时注意下面两种情况。

(1) 当两形体叠合，面与面不对齐共面时，它们之间有分界线，如图 6-3(b) 所示；当两形体叠合，面与面对齐共面时，它们之间无分界线，见图 6-3(c) 所示。

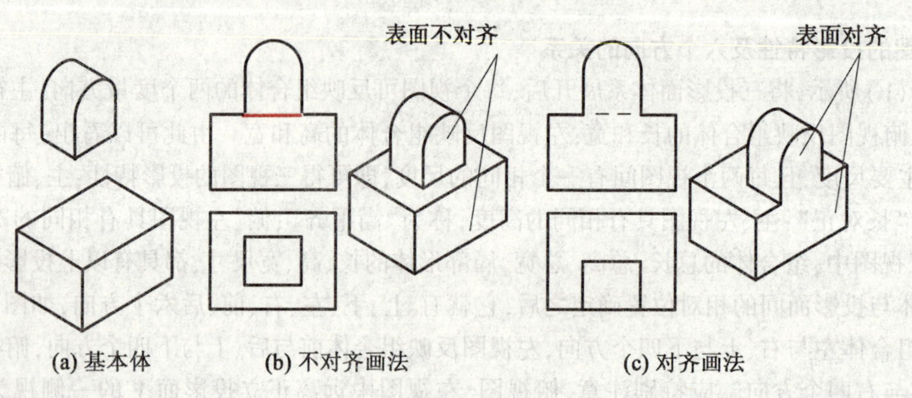

图 6-3 对齐与不对齐画法

(2)当两形体叠合,两形体不共曲面时,它们之间有分界线,如图 6-4(a)所示;当两形体叠合,两形体共曲面时,它们之间无分界线,如图 6-4(b)所示。

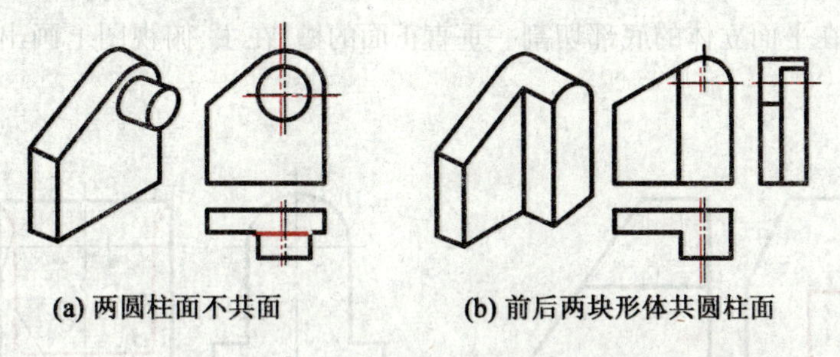
(a) 两圆柱面不共面　　(b) 前后两块形体共圆柱面

图 6-4　共曲面与不共曲面的画法

b.相切

两基本形体的表面光滑过渡或相接为相切时,相切处不存在交线。图 6-5(a)为平面立体表面与曲面立体表面相切时的情况,其平面立体表面的轮廓线画到切点为止,相切处无交线;图 6-5(b)为两曲面立体相切时的情况,相切处无交线。

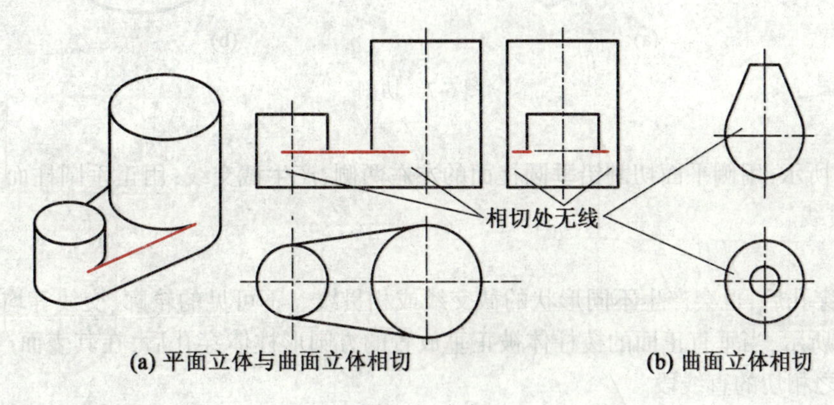

(a) 平面立体与曲面立体相切　　(b) 曲面立体相切

图 6-5　相切

c.相交

当两立体表面相交时,在结合处有交线(截交线或相贯线),应正确画出交线的投影。

图 6-6(a)为平面立体与曲面立体相交,产生的截交线有直线,也有曲线。图 6-6(b)为三立体相交,平面立体与曲面立体相交时有截交线(直线),两曲面立体相交时有相贯线。图 6-6(c)中为两曲面立体相交,内、外壁上均有相贯线。

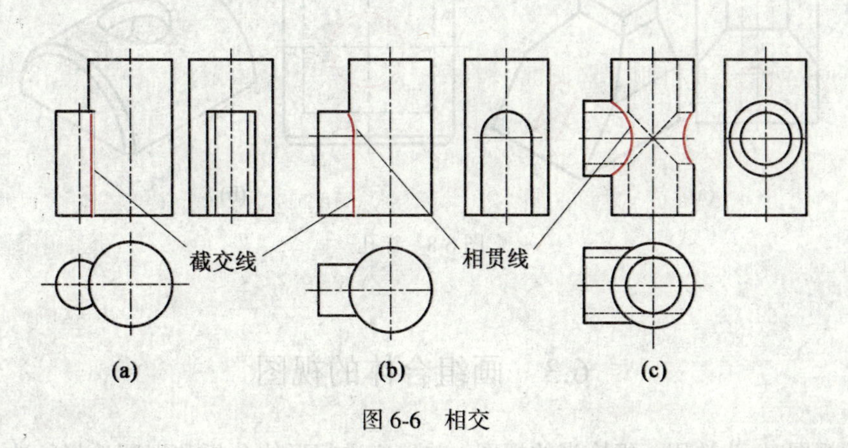

(a)　　(b)　　(c)

图 6-6　相交

2.切割与穿孔

a.切割

几何体被切割后,会产生不同形状的截交线或相贯线。

如图 6-7(a)所示,在平面立体的底部切割一垂直正面的槽,在主、俯视图上画出了槽口上各截交线的投影。

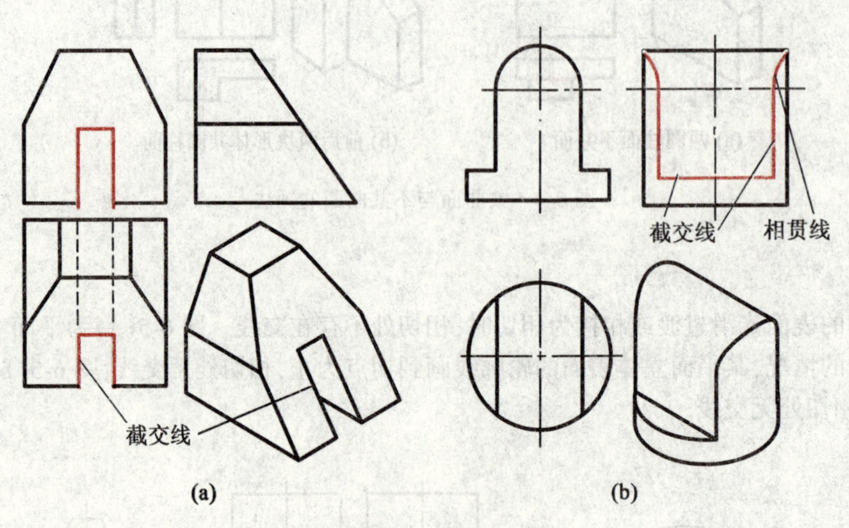

图 6-7　切割

如图 6-7(b)所示,用侧平面切割铅垂圆柱面的左右两侧,产生截交线;用正垂圆柱面切割铅垂圆柱面的顶部,产生相贯线。

b.穿孔

当几何体被穿孔后,也会产生不同形状的截交线或相贯线。不可见的轮廓、交线等均画虚线。

如图 6-8(a)所示,当垂直正面的棱柱体被正垂放置的方圆形柱体穿孔后,在其表面产生截交线,其形状为椭圆弧和与之相切的直线段。

如图 6-8(b)所示,当半圆柱体被铅垂圆柱穿孔后,内、外表面均产生相贯线,不可见时画虚线。

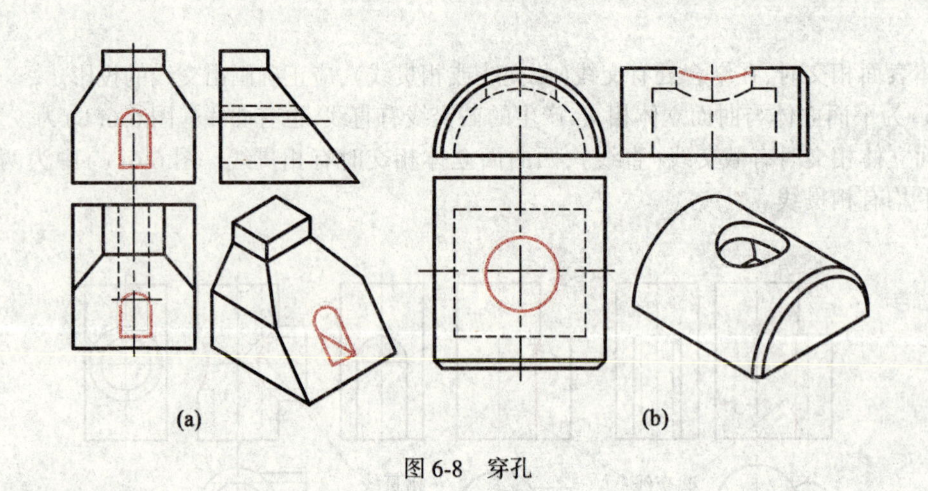

图 6-8　穿孔

6.3　画组合体的视图

画组合体的视图时,为选用一组恰当的视图, 首先应进行形体分析和视图选择。选择组合体的视图时应主要考虑以下问题:

1.组合体的安放位置

对于与机械零件相关的组合体,一般可使主要表面、对称面平行某投影面或主要轴线平行或垂直某投影面放置;对于与土木、水利工程相关的组合体,常按其工作位置放置,且使主要表面、对称面平行某投影面等;有时,也可按自然位置放置。

2.主视图(正立面图)的选择

主视图是组合体的一组视图中最主要的视图,要以最能反映组合体的形状特征及各组成部分(即各基本形体)间的组合方式、相对位置的投影方向作为主视图的投影方向。

3.视图数目的确定

在确定了主视图的投影方向之后,需确定最能充分表达该组合体的视图数目,即需用几个视图才能充分表达该组合体。

对于比较复杂的组合体,有时还需拟定几种表达方案,经过比较,采用视图数目少、表达方案明了、表达简洁的方案。

6.3.1　画组合体视图

下面结合实际组合体模型,举例说明画组合体视图的方法、步骤等。

1.形体分析

如图 6-9 所示为支架类组合体的形体分析树状结构图,该组合体由子形体 1(支承板)、子形体 2(肋板、左右各有一块)、子形体 3(底板)、子形体 4(凸台)等基本形体组成,子形体又可分解为若干基本体;支承板 1 叠合于底板 3 上,肋板 2 叠合在底板 3 上,且左右两侧斜平面与支承板相切,两基本形体背面与底板后对齐共面放置;支承板圆柱孔轴线位于对称面上,顶部凸台 4 为空心圆柱体,与支承板呈相交组合方式,两柱轴垂直相交,作图时需画出其相贯线,支承板内孔与凸台内孔的内壁相交,故还应画出不可见的相贯线;在底板上还穿有两小圆柱孔等。

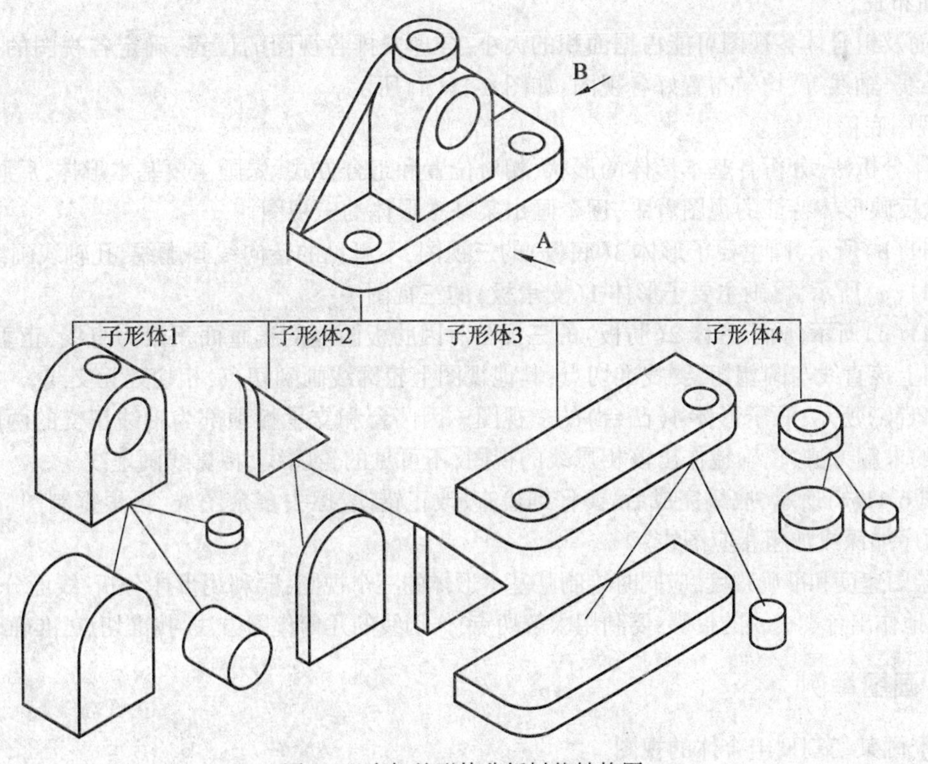

图 6-9　支架的形体分析树状结构图

2.主视图的选择

如图 6-9 所示,按该组合体的工作位置,可使底板水平放置。这时,可从 A、B 两个方向投影,得到两个视图,如图 6-10 所示,哪个视图可作为主视图呢?需对两个视图进行分析比较,以确定主视图的投影方向。比较 A 向、B 向两个视图,A 向更能表达该组合体各组成部分的组合方式和相对位置及整体轮廓特征,故确定 A 向作为主视图的投影方向。

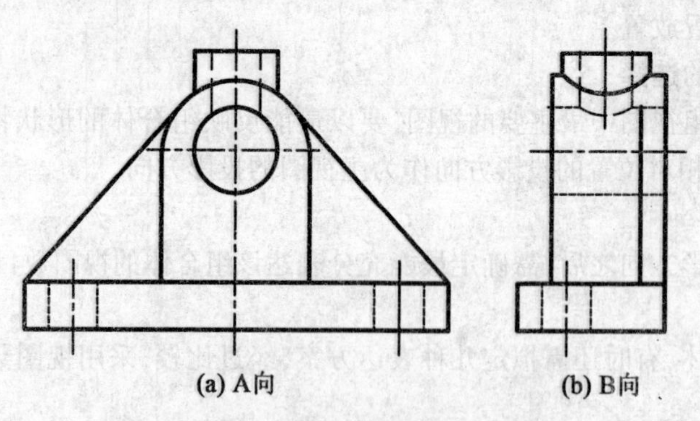

图 6-10　比较主视图的投影方向

3.视图数目的确定

主视图确定之后,俯视图、左视图的投影方向就确定了。对于较简单的组合体,可能只需两个视图;对于较复杂的组合体,可能需要三个或三个以上的视图来表达。

如图 6-9 所示的支架,表达底板、肋板的形状需主、俯视图,表达支承板与凸台的相贯线需左视图,故该组合体需三个视图。

4. 绘图步骤

(1)选择绘图比例、确定图幅。

要根据所绘组合体的尺寸、形状的复杂程度等决定绘图比例,按比例估算所绘视图及其标注尺寸等所需图纸幅面的大小,确定其图幅大小,取标准图幅。

(2)图面布置。

根据幅面及组合体各视图可能占据面积的大小,合理安排各视图的位置,确定各视图的基本定位线、对称线、中心线、轴线等,均匀布置好各视图,如图 6-11(a)所示。

(3)画视图底稿。

根据形体分析法,分析各基本形体的形状、相对位置和组合方式,先画主要基本形体,后画相关或次要基本形体,从反映形体特征的视图着手,逐个画出某基本形体的三视图。

如图 6-11(b)所示,画主要子形体 3(底板)的三视图,不可见的转向线画虚线,孔轴线画细点线。

如图 6-11(c)所示,再画主要子形体 1(支承板)的三视图……

如图 6-11(d)所示,画子形体 2(肋板)的三视图。因肋板两侧的正垂面积聚为直线,正垂圆柱面积聚为圆,主视图上该直线与圆相切,要找准切点;其他视图上轮廓线画到切点,相切处无交线。

如图 6-11(e)所示,画子形体 4(凸台)的三视图。因凸台和支承板顶部为轴线正交的两圆柱相贯,要利用相贯线的求解方法,正确地作出该相贯线的视图,不可见的轮廓线、相贯线画虚线。

(4)如图 6-11(f)所示,底稿完成后,要仔细检查,改正错误,擦去多余图线,再根据制图标准规定的线型,按一定顺序加深或加粗相应图线。

为提高绘图速度和准确程度,应同时绘制某基本形体的三个视图;要利用形体分析、线面分析、求解交线的方法,正确地作出各类交线的投影;要利用求解切点、作切线的几何作图方法,找准切点,准确地作出切线。

6.3.2　画图举例

【例 6-1】画某切割型组合体的视图。

1. 形体分析

如图 6-12 所示,该组合体可视为一长方体经过切割而成。首先在其左上方切去一四分之一圆柱①;随后在左方中部切去一个四棱柱②,构成一槽;最后在右上方的前后各切去一个四棱柱体③,顶部形成一凸块。

2.视图选择

按其自然位置放置后,可选择反映该组合体形状特征的 A 向为主视图投影方向。

表达切槽需主、俯视图,表达右上方凸块等需主、左视图,故需用三个视图来表达该组合体。

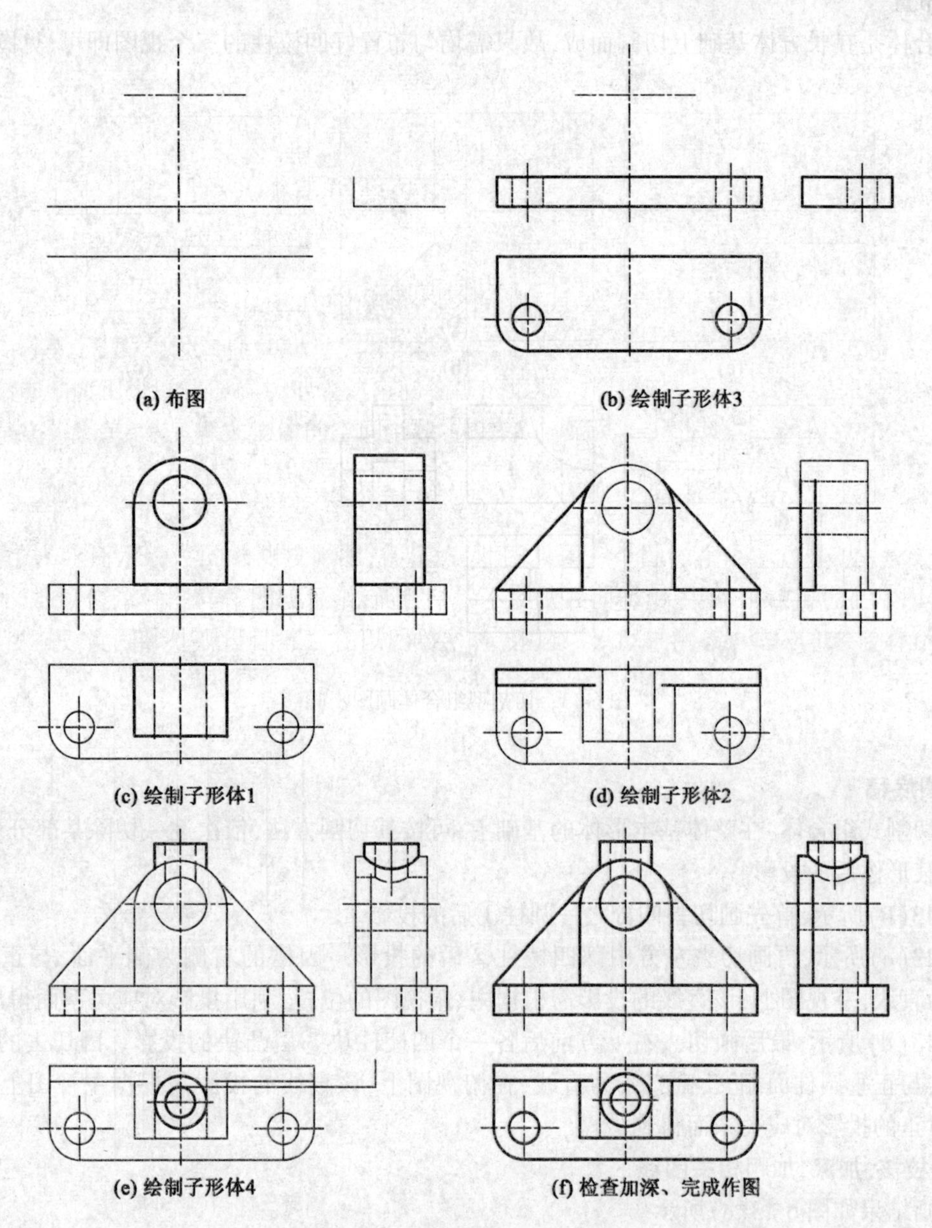

图 6-11　支架的画图过程、步骤

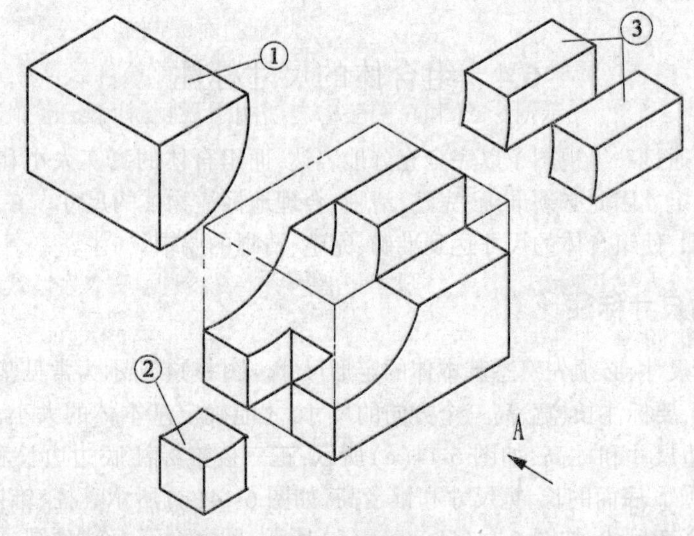

图 6-12　切割式组合体及形体分析

3.选择画图比例,确定图幅

4.图面布置

因该组合体是在长方体基础上切割而成,故只需均匀布置好四棱柱的三个视图即可,见图6-13(a)。

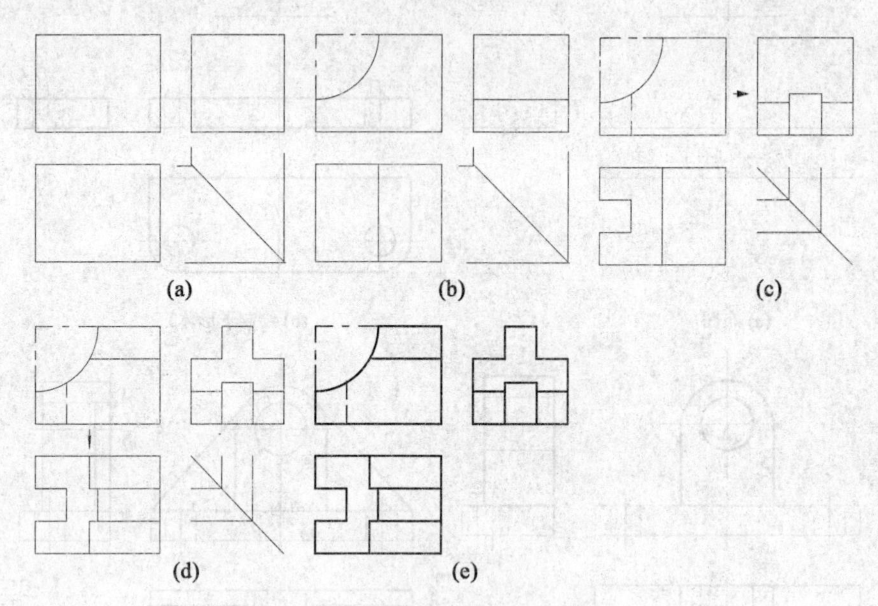

图6-13 切割型组合体画图步骤

5.画视图底稿

对这类切割式组合体,在整体基本形体的基础上,可按其切割方法,依次逐一切除某部分形体,随之逐步画出切去某形体后的投影。

如图6-13(b)所示,首先画切去四分之一圆柱①后的投影。

如图6-13(c)所示,再画切去左方中部四棱柱②后的投影。因槽的右侧为侧平面,与正垂圆柱面相交,截交线为直线,左视图上,该直线的投影需根据主、俯视图的位置,利用投影对应关系而得出。

如图6-13(d)所示,最后画切去右上方前后各一个四棱柱块③后凸块的投影。因切去的四棱柱块底面为水平面,与正垂圆柱面相交,截交线为直线,在俯视图上,该直线的投影需根据主视图上该直线的投影,利用长对正的投影对应关系而得到。

6.检查、校核、加深、加粗相关图线

最终所画结果如图6-13(e)所示。

必须注意:在画被切去槽或孔等形体后的投影时,应先从反映形体特征、交线位置的视图着手,再利用投影对应关系作出相应的其他视图。

6.4 组合体的尺寸标注

组合体的形状可以通过一组视图予以完全充分地表达,而组合体的真实大小和各组成部分间的相对位置则必须用尺寸来确定。因此必须准确、完整、清晰、合理地标注物体的尺寸。在本节中,主要学习标注组合体尺寸的方法、步骤,使组合体的尺寸达到准确、完整、清晰的要求。

6.4.1 基本体的尺寸标注

为标注好组合体的尺寸,必须先熟悉基本体的定形尺寸。图6-14所示为常见基本体的尺寸注法。

对于一般平面立体,要标注长、宽、高三个方向的尺寸,才能确定基本体的大小,如图6-14(a)、(b)所示;六棱柱一般标注对边尺寸和柱高,如图6-14(c)所示;正三棱锥标注底边边长和柱高尺寸,如图6-14(d)所示;棱锥台标注顶面、底面的长、宽尺寸和锥台高,如图6-14(e)所示。柱、锥回转体,要标注底圆半径、直径和轴线方向的高度尺寸,如图6-14(f)、(g)、(h)所示;圆锥台需标注顶圆、底圆的直径和锥台高,

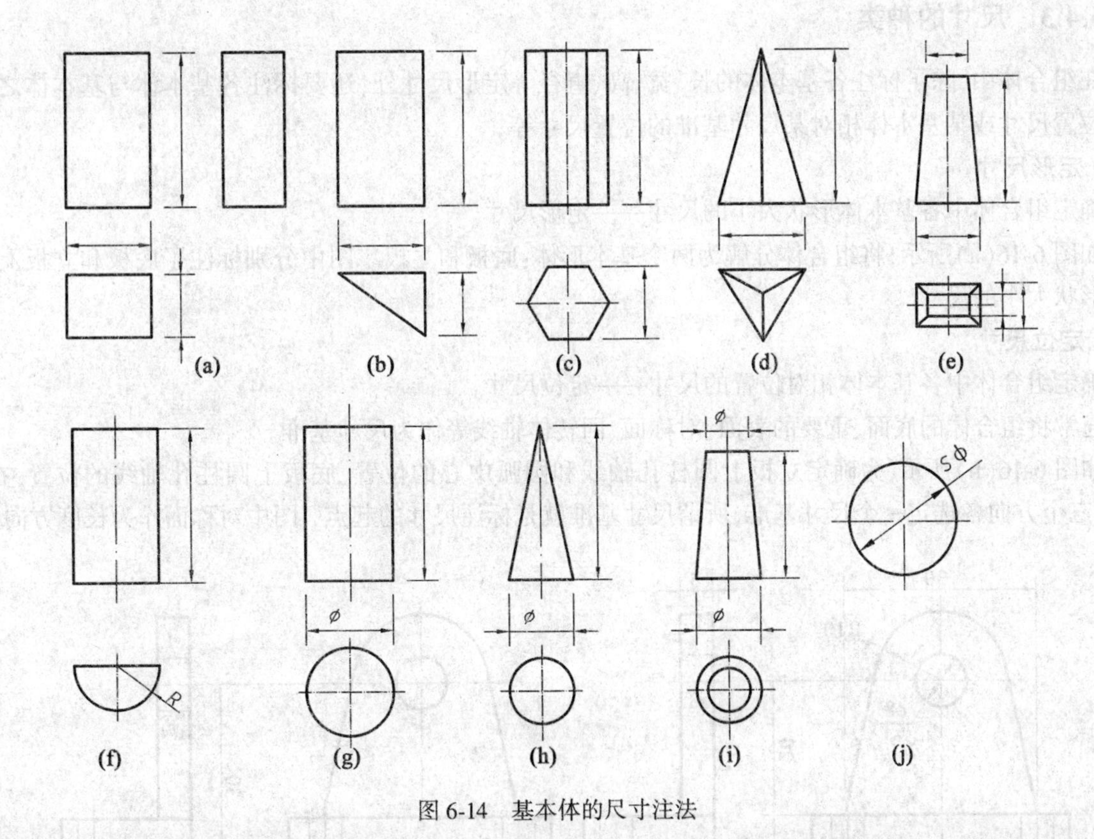

图 6-14　基本体的尺寸注法

如图6-14(i)所示;圆球体要标注球上最大直径尺寸“$S\phi$”,如图 6-14(j)所示。

6.4.2　带有截面或切口的基本体尺寸注法

对于带有截面或切口的基本立体,除标注图 6-14 所示基本体的长、宽、高、直径或半径等定形尺寸外,还要标注确定截平面位置的尺寸或槽、凸台的宽度、深度、高度等尺寸;不能标注截交线的尺寸。如图 6-15 所示。

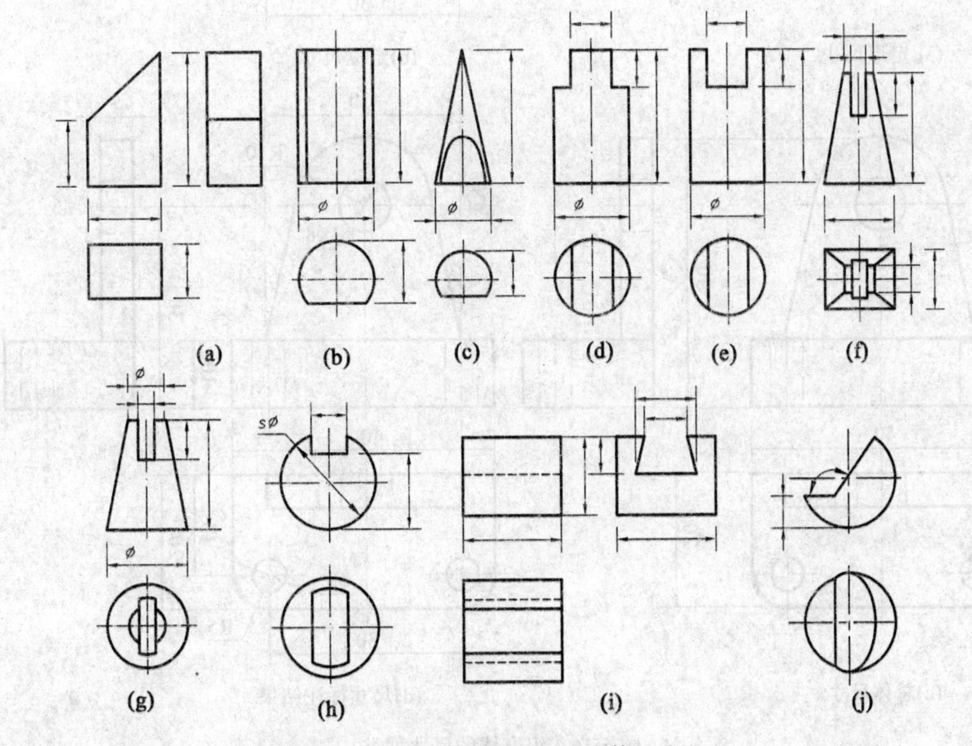

图 6-15　带有截面或切口的基本体尺寸注法

6.4.3 尺寸的种类

在组合体中,除了标注各基本体的长、宽、高、直径等定形尺寸外,还要标注各基本体与基本体之间的相对位置尺寸或某基本体相对某尺寸基准的位置尺寸等。

1.定形尺寸

确定组合体中各基本体形状大小的尺寸——定形尺寸。

如图 6-16(a)所示,将组合体分解为两个基本形体:底板和立板。图中分别标注了底板和立板上各基本体形状大小的尺寸。

2.定位尺寸

确定组合体中各基本体相对位置的尺寸——定位尺寸。

通常将组合体的底面、重要的表面、对称面、回转体轴线等作为尺寸基准。

如图 6-16(b)所示,为确定立板上圆柱孔轴线和圆弧中心的位置、底板上圆柱孔轴线的位置,在长、宽、高三个方向各选定一个尺寸基准,所谓尺寸基准就是标注尺寸的起点, 图中对称面作为长度方向尺寸

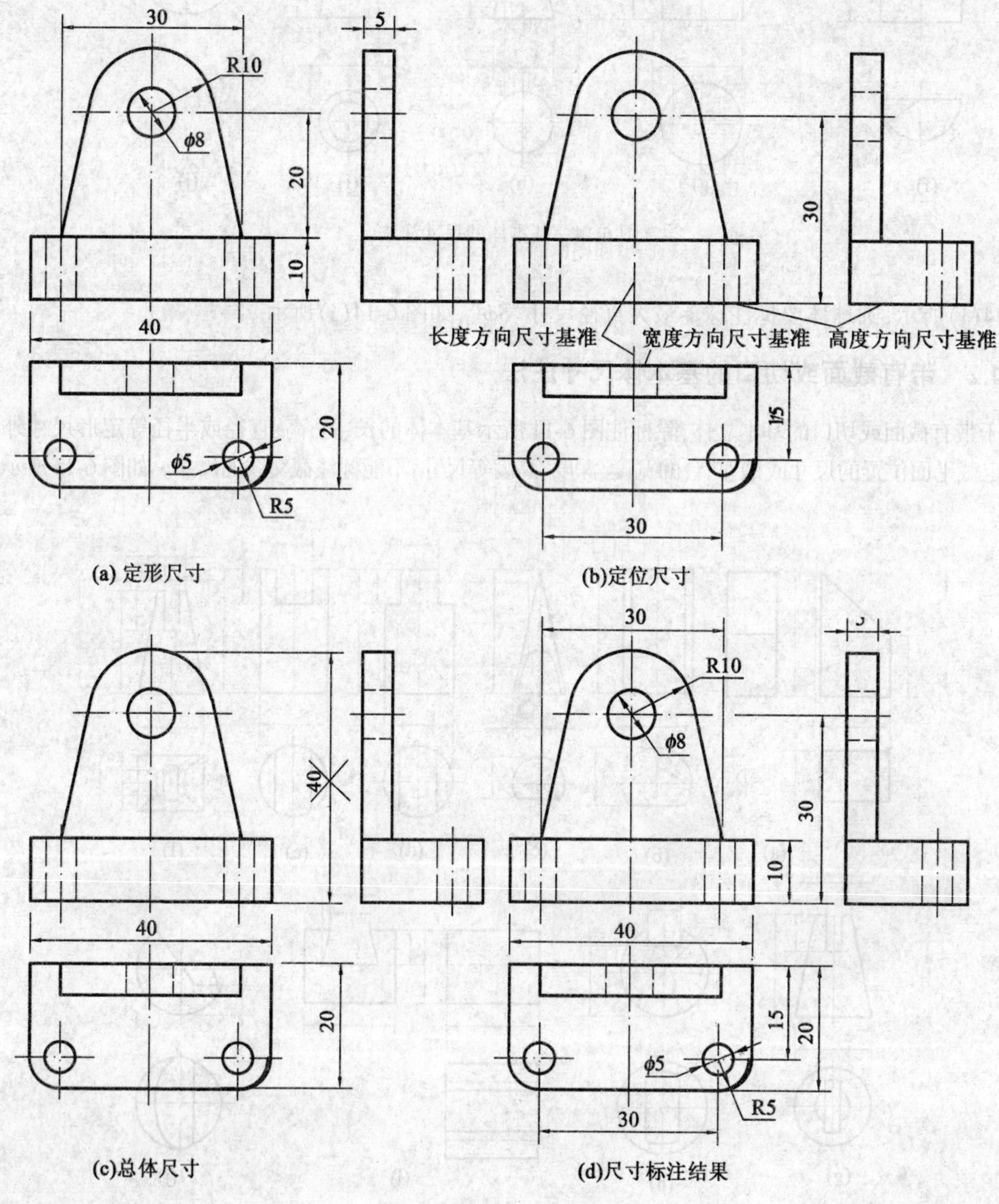

图 6-16 组合体的尺寸种类

基准,底板的底面作为高度方向尺寸基准,底板的背面为宽度方向尺寸基准。如底板上的两圆柱孔中心(轴),对称面为长度方向尺寸基准,中心间的距离为30;以底板背面为宽度方向尺寸基准,背面至圆柱孔中心的距离为15。又如,立板上圆柱孔轴线距底板底面的高度为30等。这些都是定位尺寸。

3.总体尺寸

确定组合体的总长、总宽、总高的尺寸——总体尺寸。

如图6-16(c)所示的组合体的总长尺寸为40、总宽尺寸为20等。此组合体不宜标注总高尺寸40,这是因为若标注了尺寸30和$R10$,再标注尺寸40,这就会出现重复尺寸,这在机械制图中一般是不允许的,故不能标注总高尺寸40,见画"×"号的尺寸。

该组合体的尺寸标注结果见图6-16(d)。

6.4.4 常见板的尺寸注法

如图6-17所示,有些组合体的底板、立板表面规则分布着孔和槽,图中表明了这类孔和槽的尺寸注法。在图6-17(a)、(b)、(c)、(d)、(e)中标注了孔和槽的定形、定位尺寸;在图6-17(b)、(c)、(d)、(e)中这类板一般不能标注总长或总高尺寸;在图6-17(c)中,同一圆上的分段圆弧,要标注直径尺寸,如$\phi35$尺寸;一组均匀排列的圆要标注圆心距,以确定圆心间的距离;在图6-17(f)中,一组圆均匀分布于同一圆上时,其定位尺寸要标注通过一组圆圆心的直径或半径,如$\phi28$尺寸;不注切线长度尺寸,如图6-17(e)中画"×"号的尺寸。

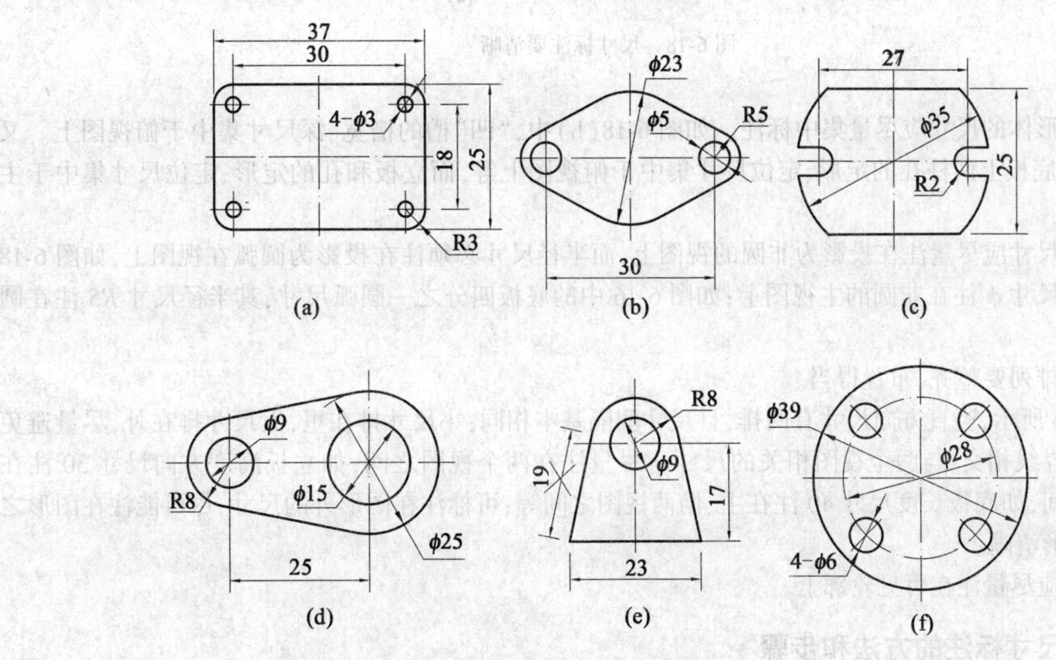

图6-17 板的尺寸注法

6.4.5 尺寸标注要完整

所谓尺寸标注要完整,就是图样中尺寸要齐全,不要遗漏。在机械、水利工程制图中,要求每一个尺寸一般只标注一次,不注重复标注。

为使尺寸完整,要按形体分析法,逐个注全各基本形体的定形尺寸、定位尺寸,最后标注组合体的总体尺寸。如图6-16(d)所示。

有时在标注定形尺寸、定位尺寸、总体尺寸之后,可能出现多余或重复尺寸,这时需对尺寸作适当调整,应去掉一个相对次要的尺寸,如图6-16中高度尺寸10、20和30重复,要去掉尺寸20。

6.4.6 尺寸标注要清晰

要使组合体的尺寸标注清晰,必须考虑以下几点:

(1)尺寸要应尽量注在反映形体特征的视图上。

如图6-18(a)所示的同轴回转体,主视图反映该组合体的形状特征,其锥台高、总高、直径尺寸 ϕ 都注在反映形状特征的主视图上,且由于主视图上标注了直径 ϕ,还可省略左视图。如图6-16所示的立板厚度尺寸5标注在反映形体特征的左视图上。又如图6-18(b)所示的"凹"槽的槽宽、深尺寸都注的反映实形的俯视图上。

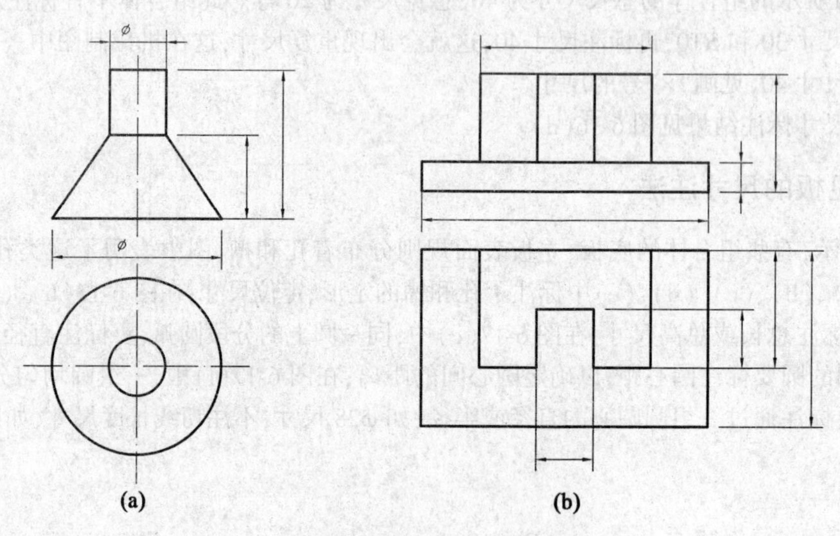

图6-18 尺寸标注要清晰

(2)同一形体的尺寸应尽量集中标注。如图6-18(b)中,"凹"槽的槽宽、深尺寸集中于俯视图上。又如图6-16中,底板上两柱孔的定形、定位尺寸集中于俯视图上等,而立板和孔的定形、定位尺寸集中于主视图上等。

(3)直径尺寸应尽量注在投影为非圆的视图上,而半径尺寸必须注在投影为圆弧在视图上,如图6-18(a)中的直径尺寸 ϕ 注在非圆的主视图上;如图6-16中的底板四分之一圆弧尺寸,其半径尺寸 $R5$ 注在圆弧上。

(4)尺寸排列要整齐、布置得当。

如图6-16所示,竖直方向尺寸有两排,且尺寸间隔基本相同;小尺寸排在里,大尺寸排在外,尽量避免尺寸线、尺寸界线相交;与两个视图相关的尺寸应尽量注在两个视图之间,如立板高度方向尺寸30注在主、左两视图间,如底板长度尺寸40注在主、俯两视图之间等;可标注在图形外的尺寸,尽可能注在图形之外,以保持图形清晰。

(5)尺寸应尽量注在可见轮廓上。

6.4.7 尺寸标注的方法和步骤

【例6-2】 标注支架的尺寸。

如图6-19所示支架,其尺寸标注步骤如下:

1.选择尺寸基准

对于该支架,可选左右对称面作为长度方向尺寸基准,支架的背面作为宽度方向尺寸基准,底板的底面作为高度方向尺寸基准,如图6-19(a)所示。

2.分别标注各基本形体的定形、定位尺寸

可先标注主要基本形体底板、支承板的尺寸,再标注与之相关的凸台、肋板的尺寸。

(1)底板

如图6-19(b)所示,先注底板长、宽、高尺寸,孔的定形尺寸 ϕ、定位尺寸和圆角尺寸 R 等。

(2)支承板

如图6-19(c)所示,标注圆柱内孔直径尺寸 ϕ、圆柱半径尺寸 R、内孔在高度方向上轴线的定位尺寸,标注板厚尺寸等。

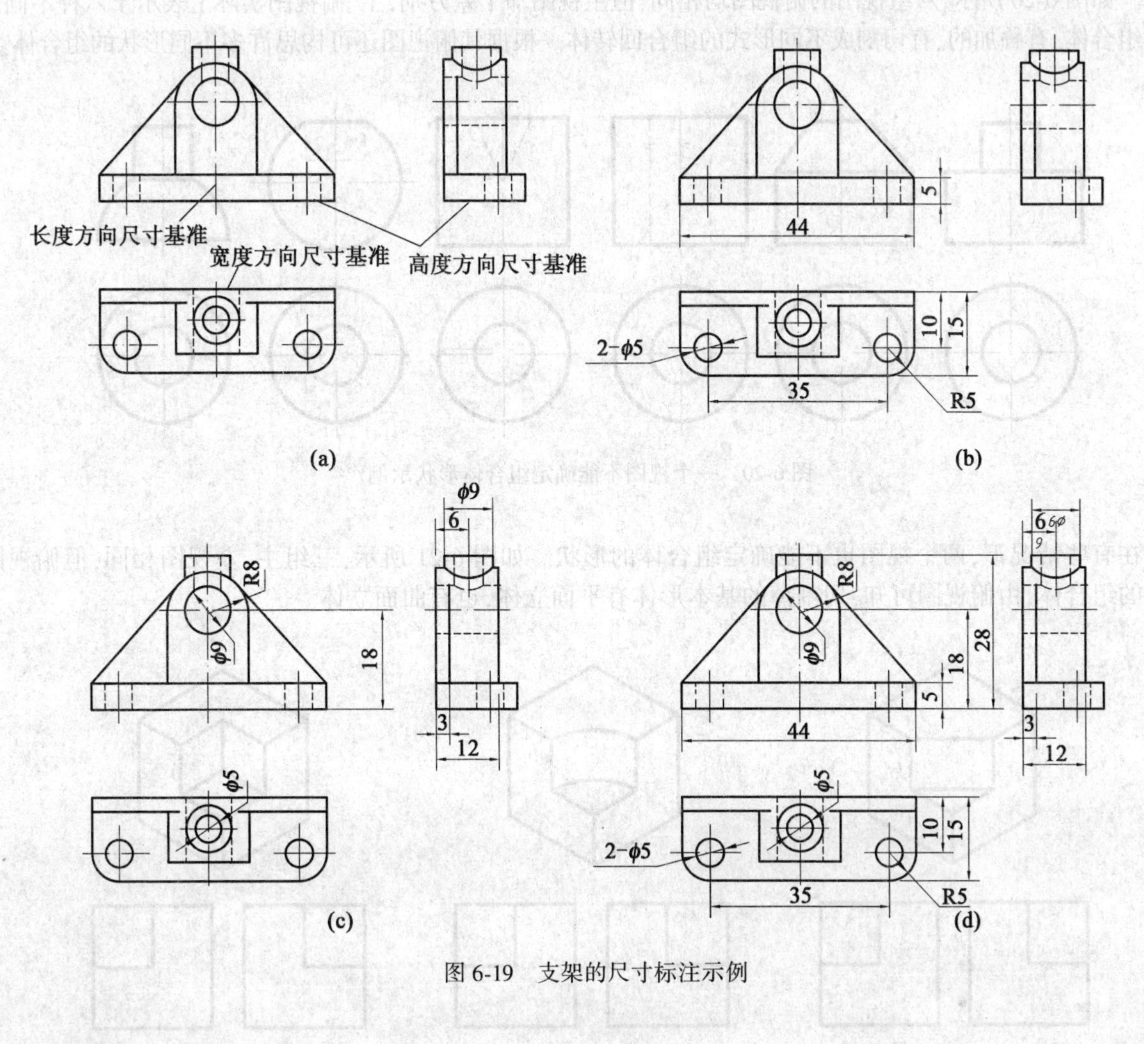

图 6-19　支架的尺寸标注示例

(3)肋板

如图 6-19(c)所示,标注肋板厚度尺寸。

(4)凸台

如图 6-19(c)所示,该凸台定形尺寸有内孔直径、外径 ϕ,凸台轴线至宽度方向尺寸基准的定位尺寸等。

(5)总体尺寸

(6)校核、调整尺寸

对已标注的尺寸,按准确、完整、清晰的要求仔细检查,有遗漏、不妥之处,作适当添加、调整等。尺寸标注的最后结果如图 6-19(d)所示。

6.5　读组合体的视图

所谓读组合体的视图,就是对一组组合体的视图,根据点、线、面、体的正投影特性和相应的读图基本方法想象出该组合体的形状和结构,也就是看懂组合体的视图。为能正确、快速地读懂组合体的视图,必须掌握读图的基本方法,通过读图训练,培养其空间想象、分析、构思能力。读组合体的视图的基本方法可概括为形体分析法和线面分析法。

6.5.1　看图要点

各种形式的组合体都由若干个基本形体、线、面构成。除了解这些基本形体、线、面的投影特性外,还要注意以下要点:

1.要将多个相关视图联系起来看

一般情况下,组合体是利用多个视图来表达的。因此,仅通过一个视图是不能确定该组合体的空间形状的。如图 6-20 所示,六组视图的俯视图均相同,但主视图却千差万别,主、俯视图实际上表示了六种不同形状的组合体,有叠加的、有切割成不同形式的组合回转体。根据其俯视图还可构思许多不同形状的组合体。

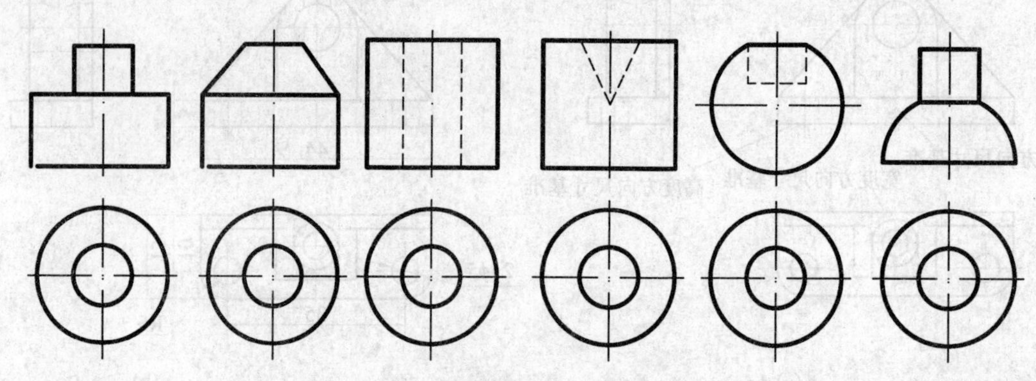

图 6-20　一个视图不能确定组合体形状示例

在有些情况下,两个视图也不能确定组合体的形状。如图 6-21 所示,三组主、左视图相同,但俯视图不同的组合体,由俯视图可知,切割掉的基本形体有平面立体,也有曲面立体。

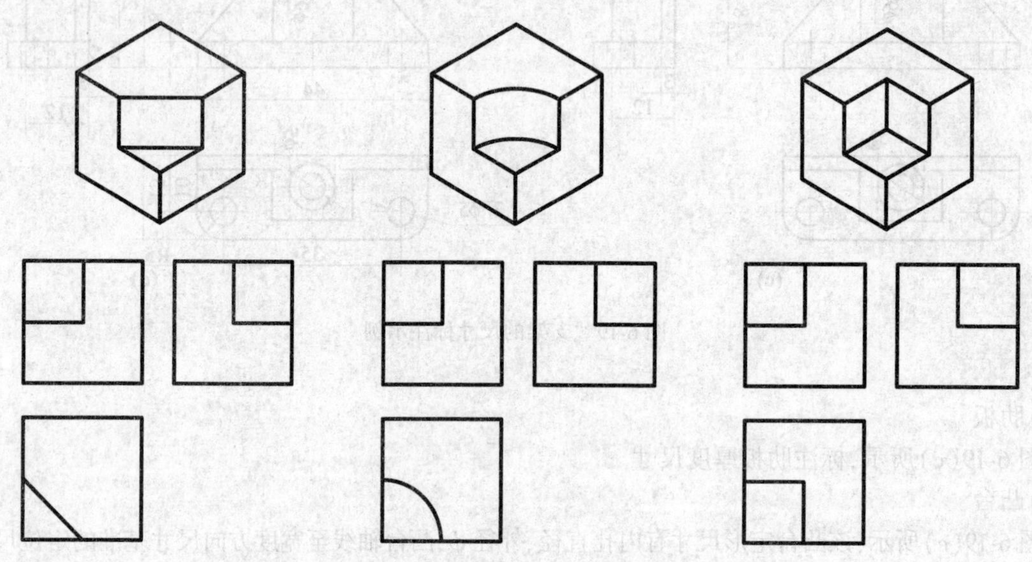

图 6-21　两个视图不能确定组合体的形状示例

因此,在读图时,一定要将多个相关视图联系起来看、分析、构思,才能正确地想象出组合体的空间形状。

2.要明确视图中图线和线框的含义

在视图中,有各种位置的图线线段。其线段可能是某个具有积聚性的平面或曲面的积聚投影,如图 6-22 中,线段 1′为四棱锥台右侧正垂面的积聚性投影;圆 2 为铅垂圆柱面的积聚性投影。也可能是面与面的交线,如线段 1 为四棱锥台的棱线,是棱面间的交线;也可能是立体的投影转向轮廓线或外形轮廓线,如线段 3′是圆柱体的正面投影转向轮廓线。在读图时,对照多个相关视图,根据线、面、体的投影性质,正确地识别各段图线的真正含义。还应注意:有时一段图线也可能同时有多种含义,如图 6-22 中线段 1′也可以为棱线 I 的正面投影。

在视图中,有各种形状的线框。一般每一封闭线框可能是某个平面的投影,如图 6-22 中,线段 1 所在的梯形线框为正垂面的水平投影;也可能是曲面的投影,如图 6-22 中 3′所指的矩形线框是圆柱面的投影;也可能表示表面相切的组合面的投影,如图 6-5(b)所示。封闭线框为虚线时,可能是某个不可见的面、体的投影,也可能为空洞部分。在读图时,要能对照多个视图,根据面、体的投影性质和组合方式,准确地判别每个封闭线框的含义。

3.要善于识别表面的相对位置和形状

视图上的两个相邻线框,若分隔线是线段(即两表面的交线)的投影,则相邻两个线框为相邻两表面,如图6-23所示；若分隔线是一个面的积聚性投影，则相邻两线框为并不相邻的两个表面，可能处于前后、上下或左右的相对位置，如图6-24(a)、(b)所示。

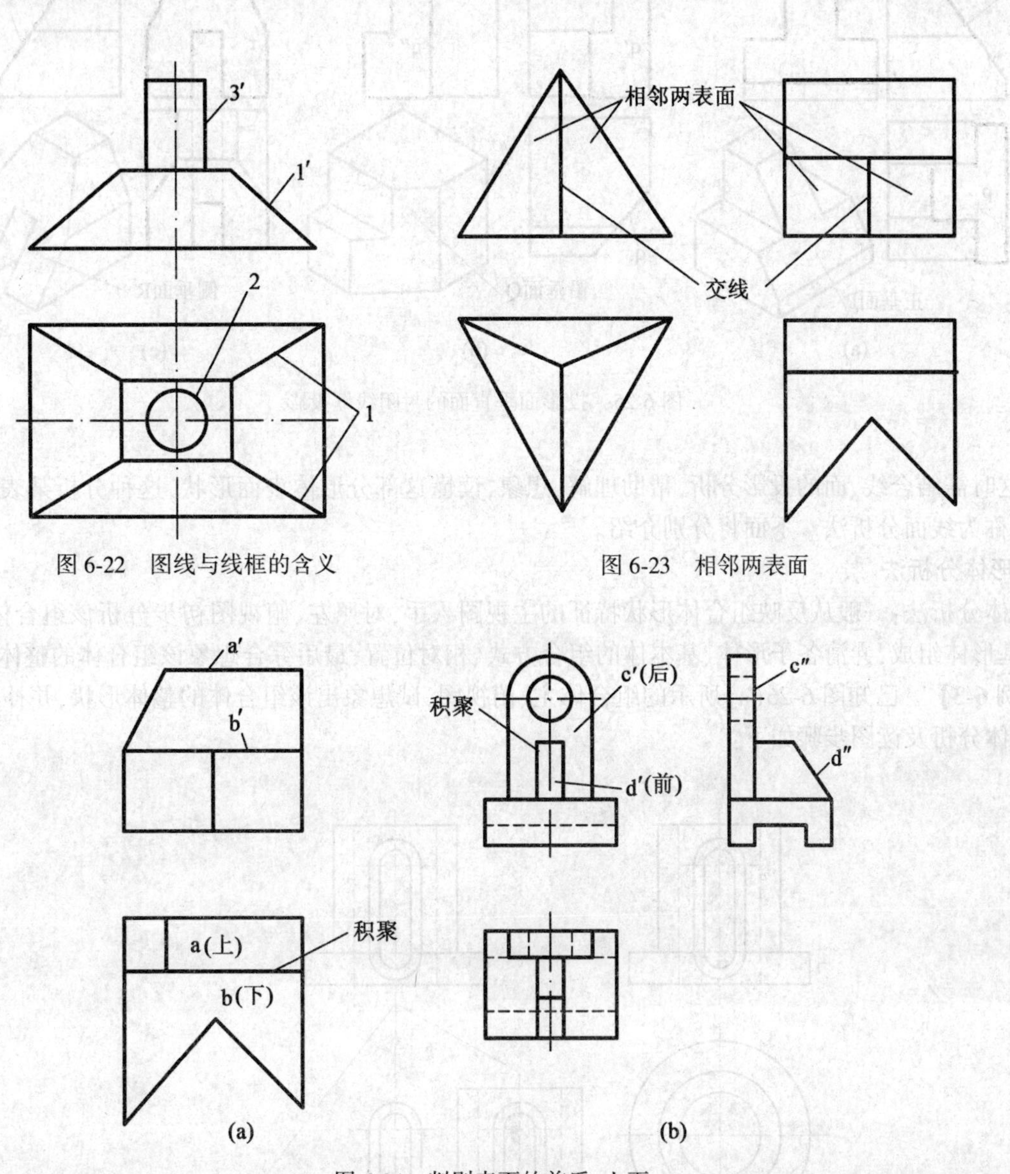

图6-22 图线与线框的含义

图6-23 相邻两表面

图6-24 判别表面的前后、上下

对于比较复杂的组合体表面的封闭线框，有时需通过投影分析，确定该表面对某投影面的相对位置和形状来帮助理解和作图。当某投影积聚为直线且平行某投影轴时，则为平行投影面的平面，如图6-24中*A*、*B*、*C*、*D*诸平面，通过长对正、高平齐、宽相等的对应关系，找出各平面的对应投影，可知：平面*A*、*B*为水平面，平面*C*为正平面、平面*D*为侧垂面。

当形体被投影面垂直面截切时，则在与截平面垂直的投影面上的投影积聚为直线段，而在另两个与截平面倾斜的投影面上的投影，其封闭线框是类似形。在图6-25(a)中有正垂面*P*，正面投影积聚为线段p'，俯视图和左视图上有类似形“凸”；在图6-25(b)中有铅垂面*Q*，水平投影积聚为线段q，主视图和左视图上有类似形“L”；图6-25(c)中有侧垂面*R*，侧面投影积聚为直线r''，主视图r'和俯视图r为类似形。

4.要正确分析面与面的交线

当视图中出现面与面的交线时，要运用立体的截切与相贯的原理，正确地分析交线的来源、性质、作图方法，读懂该局部部位的形状，如图6-6、图6-7、图6-8所示。

6.5.2 读图的基本方法和步骤

读图的基本方法主要是采用形体分析法。但在读图过程中，常出现一些较复杂且难以识别的组合体

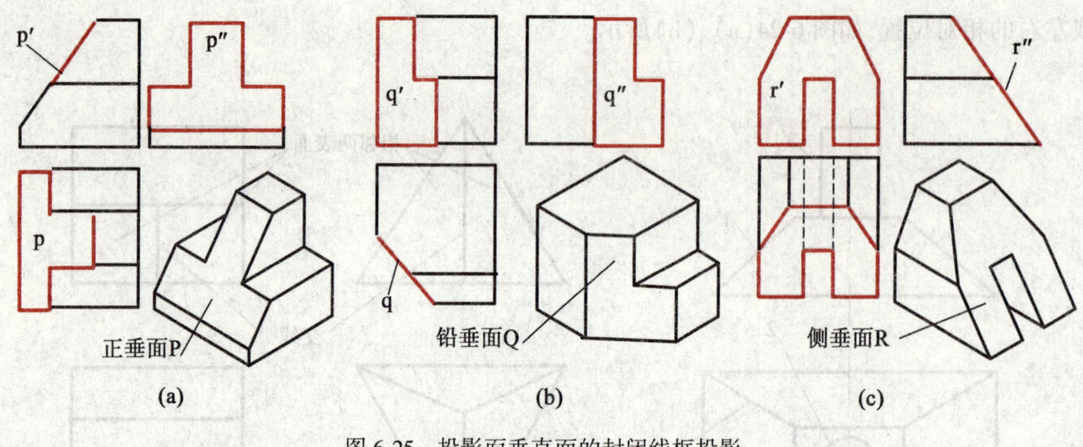

图 6-25　投影面垂直面的封闭线框投影

表面,这时需结合线、面的投影分析,帮助理解、想象,读懂这部分形体表面形状,这种分析某表面的线、面的方法称为线面分析法。下面将分别介绍。

1.形体分析法

形体分析法:一般从反映组合体形状特征的主视图入手,对照左、俯视图初步分析该组合体由哪些子形体、基形体组成,弄清各子形体、基本体的组合方式、相对位置,最后综合想象该组合体的整体形状。

【例 6-3】　已知图 6-26(a)所示的组合体主、俯视图,试想象出该组合体的整体形状,并补画左视图。

形体分析及读图步骤如下:

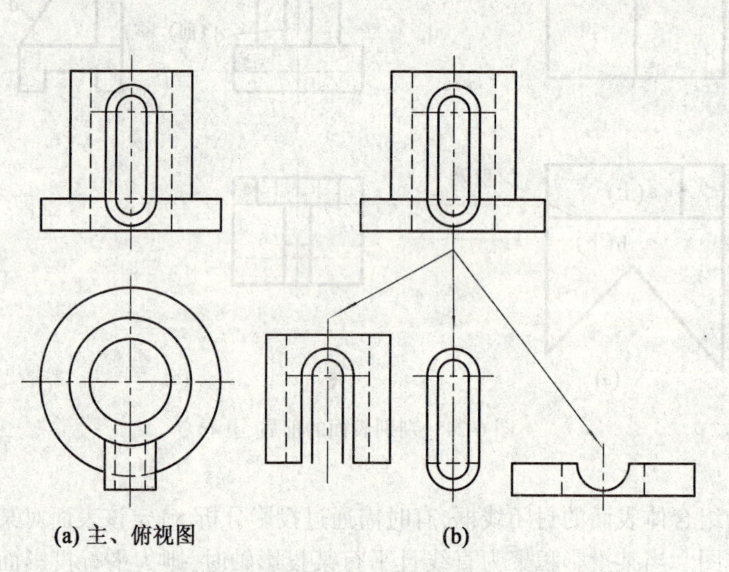

图 6-26　形体分析法读图

(1)对照主、俯视图划分封闭线框,将组合体分解为子形体、基本体。

如图 6-26(b)所示,在主视图上可初步将该组合体划分成三个封闭线框,得三个基本体、子形体。

(2)识别各子形体、基本体。

根据主、俯视图的长对正对应关系,找出三个子形体、基本体的对应图形如图 6-27 所示。

分析各子形体、基本体的形状和各形体相关部分的组合方式、相对位置:

根据图 6-27(a)所示,该基本体为铅垂空心圆柱体,正前方挖切一长圆形孔,该长圆形孔与铅垂圆柱内孔相交,圆柱体外表面与图6-27(b)所示的子形体相交。

根据图 6-27(b)所示,该子形体由上、下各有一个半圆柱和与之相切的侧平面构成,该子形体与图 6-27(a)、(c)所示的圆柱体相交,外表面有截交线和相贯线,中间挖去一长圆形孔。

由图 6-27(c)可知,该基本体为铅垂空心圆柱体,在图 6-27(a)所示的圆柱体同轴叠加组合。

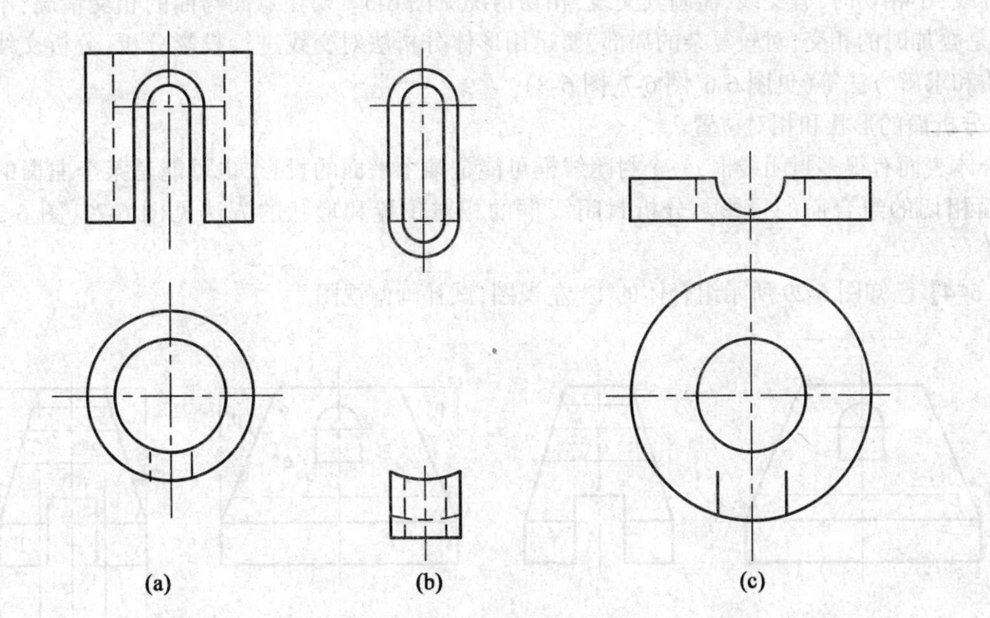

图6-27 子形体、基本体的主、俯视图

(3)想象组合体整体形状。

根据步骤(1)、(2)的投影分析、构思,已完全知道该组合体中各子形体、基本体的形状、组合方式、相对位置,可知该组合体的整体形状如图6-28所示。

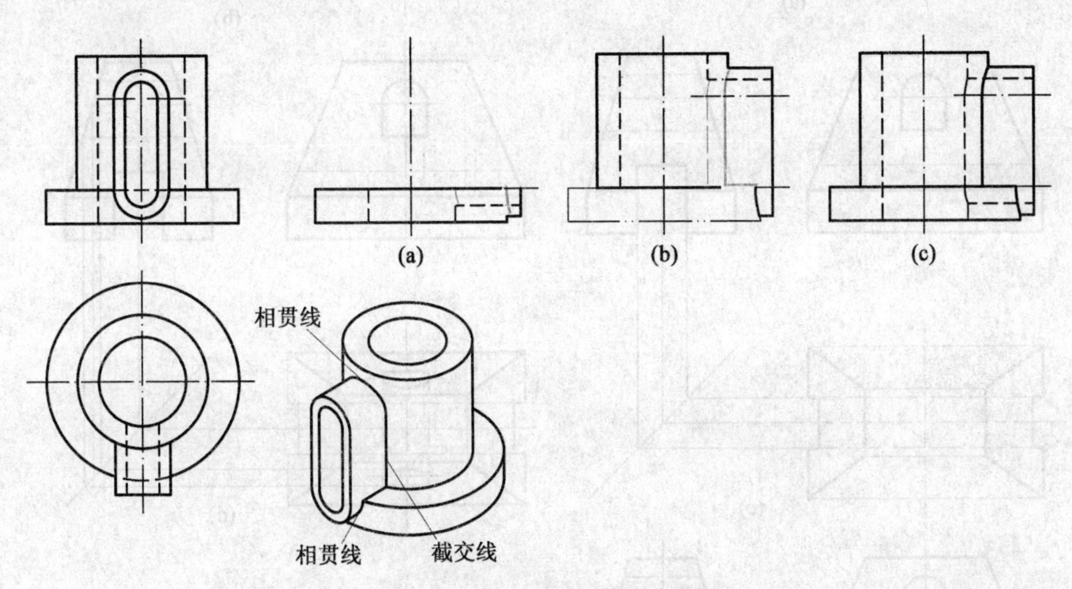

图6-28 补画左视图作图步骤

如图6-28(a)所示,画出底部铅垂圆柱的左视图,并画出与正垂放置的下半个圆柱体内、外表面的相贯线。

如图6-28(b)所示,画出上部铅垂空心圆柱体、正垂放置的上半个圆柱体和与之相切的侧平面的左视图,并画出其内、外表面的截交线、相贯线。

最终作图结果如图6-28(c)所示。

2.线面分析法

读图时,对于较复杂的组合体,某些局部不易读懂之处,在形体分析法的基础上,常对该处进行线、面分析,分析这些面、线的位置、形状,读懂这些局部形状,这种方法称为线面分析法。

(1)分析线的投影

在组合体的视图中,线有直线和曲线之分。在形体叠合时,要注意面与面之间共面与不共面的情况,共面时无分界线;不共面时有分界线(见图6-3、图6-4)。要注意面与面之间的相切情况,相切时,相切处不画分界线;不相切时,有交线,需画其交线,相切情况见图 6-5。要注意面与面的相交情况,不管是切割、穿孔,还是叠加时的相交,对较复杂的局部,要运用形体分析法对交线进行投影分析,分析交线的形成、交线的性质和求解方法等(见图 6-6、图 6-7、图 6-8)。

(2)分析面的形状和相对位置

组合体表面有很多封闭线框,一个封闭线框可能是某个平面的投影,也可能是某个曲面的投影,也可能是表面相切的组合面的投影。分析封闭线框的相对位置和形状的方法见图 6-22、图 6-23、图 6-24、图 6-25等。

【例 6-4】已知图 6-29 所示组合体的主、左视图,试补画俯视图。

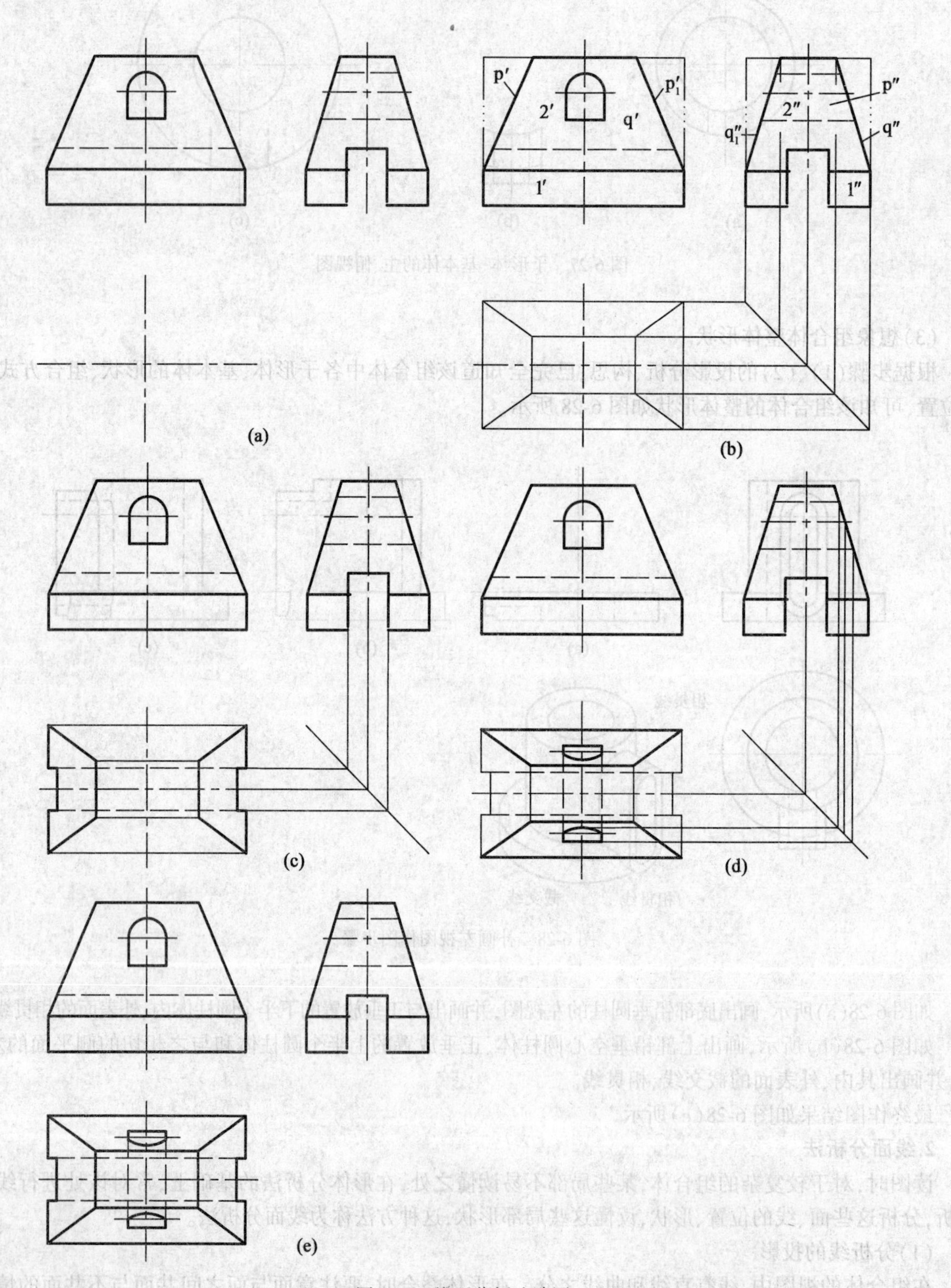

图 6-29　线面分析法读图

(1)分析组合体的组合方式

如图 6-29(a)所示的组合体,根据主、左视图,可将组合体大致分为两个封闭线框 1′和 2′。根据高平齐的对应关系,并在左视图上适当添加辅助线(如图 8-31(b)中双点画线),经分析可得 1′所对应的封闭线框 1″和 2′所对应的封闭线框 2″。由形体分析可知,底板Ⅰ（1′和 1″)由四棱柱组成,在底部从左至右穿通一个四棱柱槽;叠加于底板Ⅰ之上的基本形体Ⅱ为将一长方体经切割而成,即左、右各斜截一块,前、后各斜截一块,在形体上部正垂方向穿通一方圆形孔;如图 6-29(b)所示。

(2)分析具有特征性的表面

该组合体经过多次切割而成,最具特征性的表面为左、右两个正垂面 p'、p''和 p'_1、p'',前、后两个侧垂面 q'、q''和 q'、q''_1。因各表面的一个投影积聚成直线,另一个投影成梯形,根据垂直某投影面的平面的另外两个投影为类似形的特点,其俯视图上也应为梯形,初步作图见图 6-29(b)。

(3)分析面与面的交线

因在组合体底部由左至右穿通了一个四棱柱槽,该棱柱与两侧正垂面相交,交线为直线,如图 6-29(c)所示,直线为正平线和正垂线。因正垂面的左视图为带有矩形缺口的梯形,则其俯视图也应为带有矩形缺口的梯形,根据各段交线的端点,作出的俯视图如图 6-29(c)所示。

因在组合体上部正垂方向穿通了一方圆孔,由半个圆柱面和与之相切的四棱柱构成。当侧垂面与该圆柱面截交时,截交线为椭圆,椭圆的投影积聚为直线;侧垂面与四棱柱穿孔后的截交线为直线,直线的投影也重合于侧垂面的积聚投影上。该侧垂面的主视图为带有方圆孔的梯形,其俯视图也应为带有方椭圆孔的梯形,呈类似形,作出以上特殊点,可得其俯视图,如图 6-29(d)所示。

因以上从左至右的四棱柱槽和正垂方向的方圆穿孔的各棱线不可见,故在图 6-29(c)、(d)两个视图中还画有虚线。

(4) 补画出俯视图

综合图 6-29(b)、(c)、(d)各步的形体分析、线面分析和作图步骤,可补画出俯视图的最后结果如图 6-29(e)所示。

【例 6-5】补画图 6-30 所示组合体中漏画的线条。

(1)划分线框,拆分组合体

如图 6-31 所示,将组合体拆分为三个子形体。

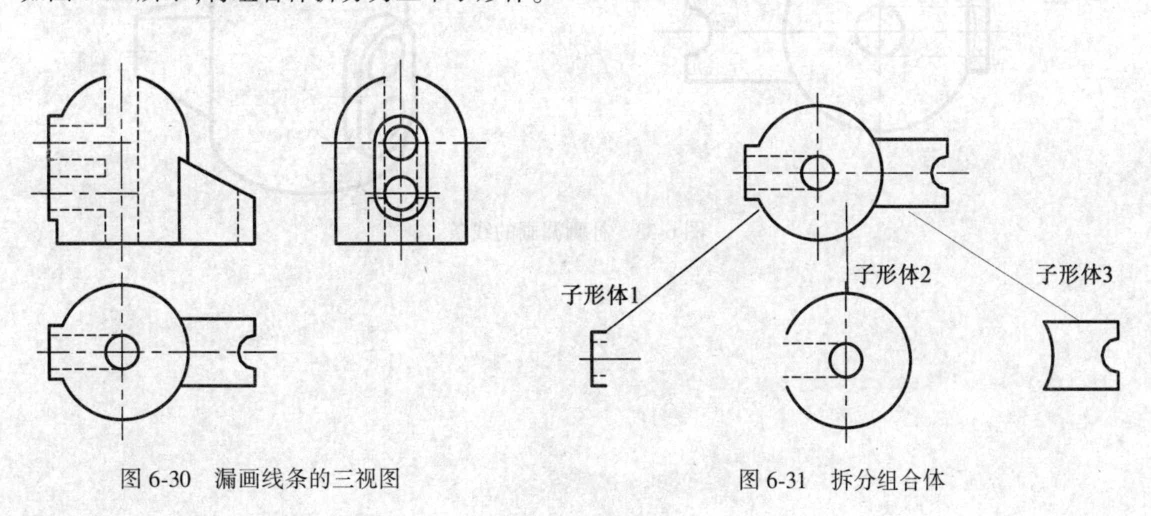

图 6-30　漏画线条的三视图　　　图 6-31　拆分组合体

(2)对照投影、识别子形体或基本体的形状、组合方式、相对位置

如图 6-32 所示,子形体 1 为长圆形体。侧垂方向穿有两圆柱孔。子形体 2 由上部为半球体、下部为与半球体相切的圆柱体组成,从上到下穿有铅垂圆柱孔,且与子形体 1 内向右延伸的侧垂圆柱孔相交。子形体 3 为棱柱体,右侧有铅垂半圆柱槽。

子形体 2 的外表面有相贯线、截交线,内部有等径圆柱孔相交而产生的相贯线——椭圆。子形体 3 的表面有截交线——椭圆弧。

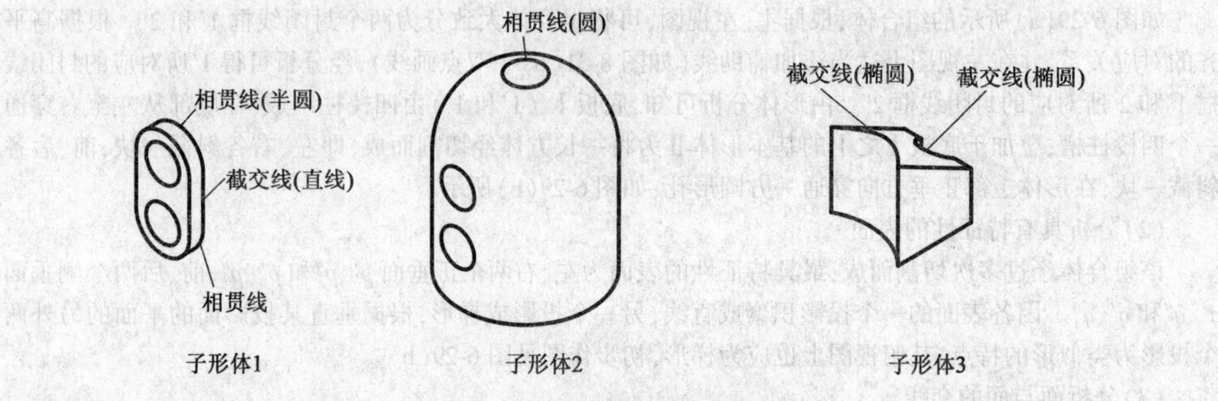

图 6-32　想象子形体的形状、组合方式

(3)补画漏画的线条

根据分析,需补画以上截交线、相贯线,如图 6-33 所示。

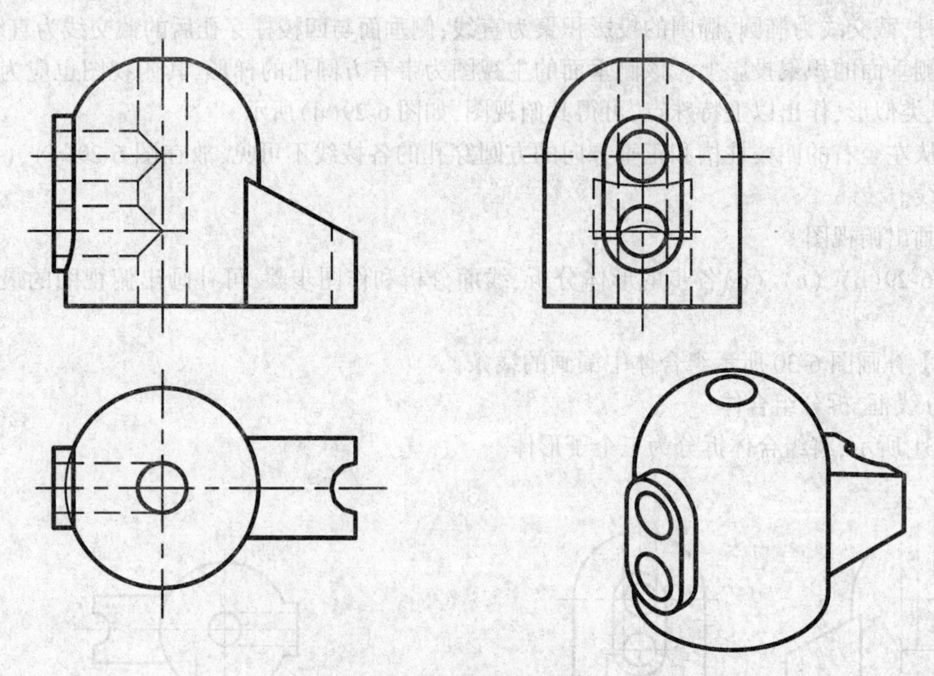

图 6-33　补画漏画的线条

第 7 章　机件形体的表达方法

7.1　视　　图

根据国家标准《技术制图》的规定，用正投影法绘制出的机件图样，称为视图。为了便于看图，视图一般只画出机件的可见轮廓，必要时才画出其不可见轮廓。视图通常有基本视图、向视图、局部视图和斜视图。

7.1.1　基本视图

当机件的形状比较复杂时，它的六个面的形状都可能不相同。为了清晰地表达六个面的结构，需要在三个投影面的基础上，再增加三个投影面组成一个长方体。构成长方体的六个投影面称为基本投影面。

把机件放在长方体中，将机件向六个基本投影面投射，所得到的视图称为六个基本视图。基本视图除前面学过的主视图、俯视图和左视图外，还有由右向左、由下向上、由后向前投射所得到的右视图、仰视图和后视图。

六个投影面的展开方法，如图 7-1 所示。正面投影面保持不动，其他各个投影面按箭头所指方向，逐步展开到与正面投影面在一个平面上。

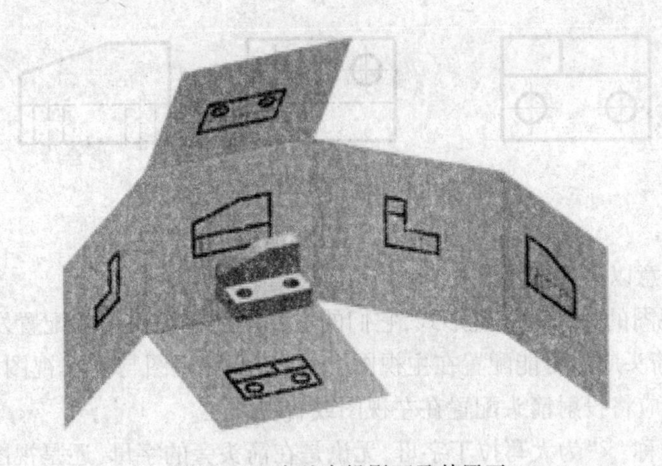

图 7-1　六个基本投影面及其展开

当六个基本视图按图 7-2 所示展开后的位置配置时，一律不标注视图的名称。

六个基本视图的投影对应关系：

(1)六个视图的度量对应关系，仍保持“三等”关系，即主视图、后视图、左视图、右视图高平齐；主视图、后视图、俯视图、仰视图长对正；左视图、右视图、俯视图、仰视图宽相等。

(2)六个视图的方位对应关系，除后视图外，其他视图在远离主视图的一侧，各视图所表达物体的前、后方位如图 7-2 所示；后视图所表达的物体左、右方位也如图 7-2 所示。

7.1.2　向视图

从某一方向投射所得到的视图称为向视图。

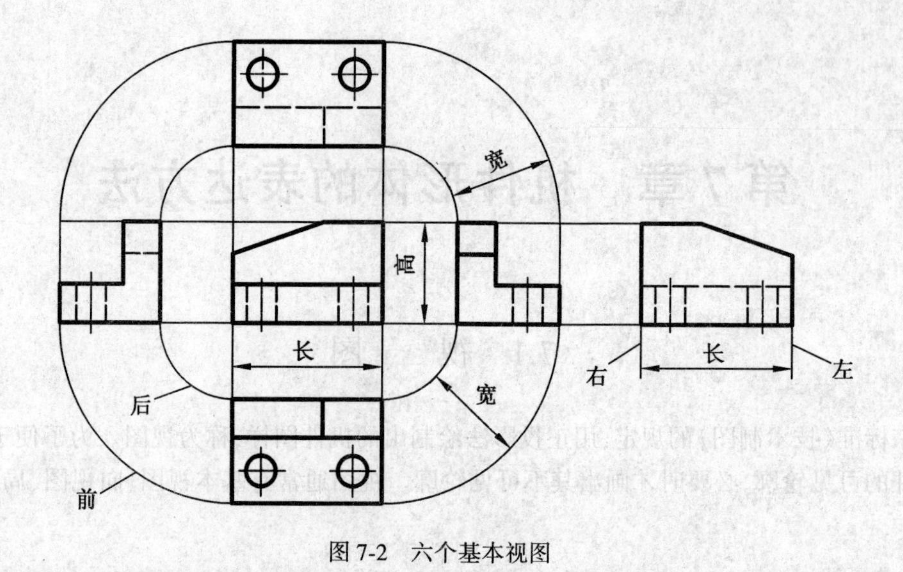

图 7-2　六个基本视图

向视图是可以自由配置的视图。其表达方式如图 7-3 所示。在向视图的上方标注“×”(“×”为大写拉丁字母);在相应视图的附近用箭头指明投射方向,并标注相同字母。

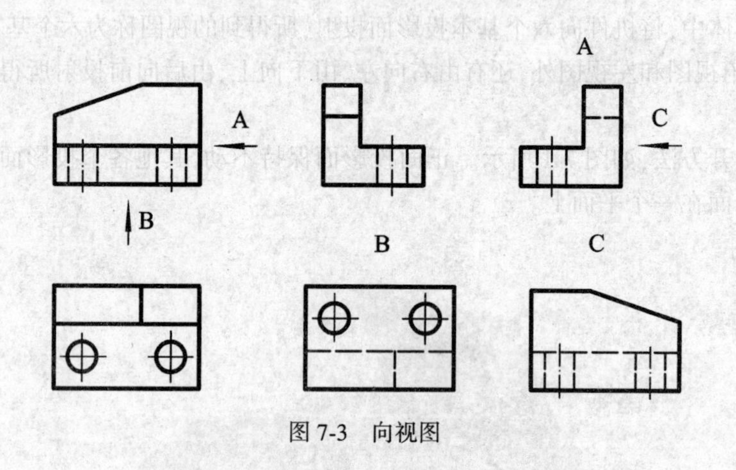

图 7-3　向视图

在实际应用时,要注意以下几点:

(1)向视图是基本视图的另一种表现形式,它们的主要差别在于视图的配置发生了变化。所以,在向视图中表示投射方向的箭头应尽可能配置在主视图上,以使所得视图与基本视图相一致。而绘制以向视图方式表达的后视图时,应将投射箭头配置在左视图或右视图上。

(2)向视图的视图名称“×”为大写拉丁字母,无论是在箭头旁的字母,还是视图上方的字母,均应与读图方向一致,以便于识别。

7.1.3　局部视图

如果机件在平行于某一基本投影面的方向上仅有某局部结构形状需要表达,而又没有必要画出其完整的基本视图时,可将机件的局部结构形状向基本投影面投射,这样得到的视图称为局部视图,如图 7-4 所示。

局部视图的画法、配置和标注应符合如下规定:

(1)局部视图的断裂边界通常以波浪线表示,如图 7-4 中的 *A* 向局部视图。注意:波浪线不应超出实体范围,如图 7-4 最右侧视图所示。

(2)当所表示的局部结构是完整的,且外轮廓线成封闭时,波浪线可省略不画,如图 7-4 中的局部右视图所示。

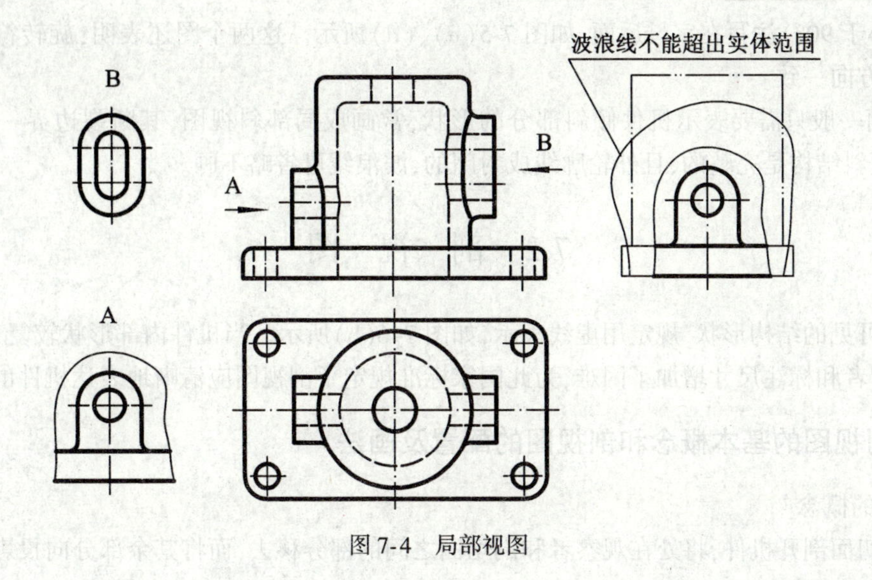

图 7-4　局部视图

(3)局部视图按基本视图配置时可不标注;也可按向视图的配置形式配置并标注,如图 7-4 中的 A 向局部视图所示。

7.1.4　斜视图

当机件具有倾斜结构时,如图 7-5(a)所示,其倾斜表面在基本视图上既不反映实形,又不便于标注尺寸。为了表达倾斜部分的真实形状,将机件向不平行于基本投影面的平面投射所得的视图,称为斜视图。

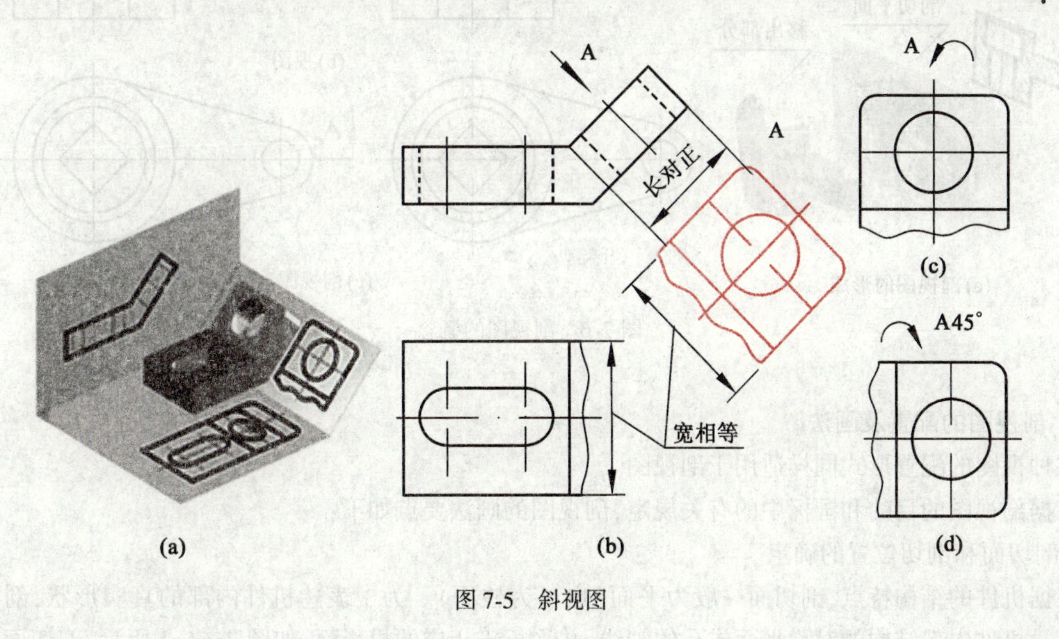

图 7-5　斜视图

斜视图的画法、配置和标注规定如下:

(1)当获得斜视图的投射面是正垂面时,斜视图和主、俯视图之间存在着"长对正"、"宽相等"的投影规律。例如图 7-5 中选用的投射面是正垂面,这时,投影面和 V 面的关系,同 H 面和 V 面的关系一样,也是相互正交的两投影面关系,因此,斜视图和主视图间应保持"长对正";机件在投影面上的投影也反映机件的宽度,因而斜视图和俯视图间则存在"宽相当"关系。同理,当获得斜视图的投影面是铅垂面时,斜视图和俯、主视图之间存在着"长对正"、"高平齐"的投影规律。

(2)斜视图通常按向视图的形式配置并标注,最好按投影关系配置,如图 7-5(b)所示,也可平移到其他位置。要注意的是:表示投射方向的箭头应垂直于倾斜表面。

(3)必要时,允许将斜视图旋转配置,这时标注在视图上方的字母应在旋转符号的箭头端;也允许将旋转角度(只小于90°)注写在字母后面,如图 7-5(c)、(d)所示。这两个图还表明,旋转符号箭头的指向应与图的旋转方向一致。

(4)斜视图一般只需要表示机件倾斜部分的形状,常画成局部斜视图,其断裂边界一般用波浪线表示,如表示的倾斜结构是完整的,且外轮廓线成封闭的,波浪线可省略不画。

7.2 剖 视 图

机件上不可见的结构形状,规定用虚线表示,如图 7-6(b)所示。当机件内部形状较复杂时,则视图上虚线过多,给读者和标注尺寸增加了困难,为此国家标准规定了剖视图应清晰地表达机件的内部形状。

7.2.1 剖视图的基本概念和剖视图的配置及画法

1. 剖视图的概念

假想用剖切面剖开机件,将处在观察者和剖切面之间的部分移去,而将其余部分向投影面投射所得的图形,称为剖视图,简称剖视。图 7-6(c)的主视图即为图 7-6(a)所示机件的剖视图。

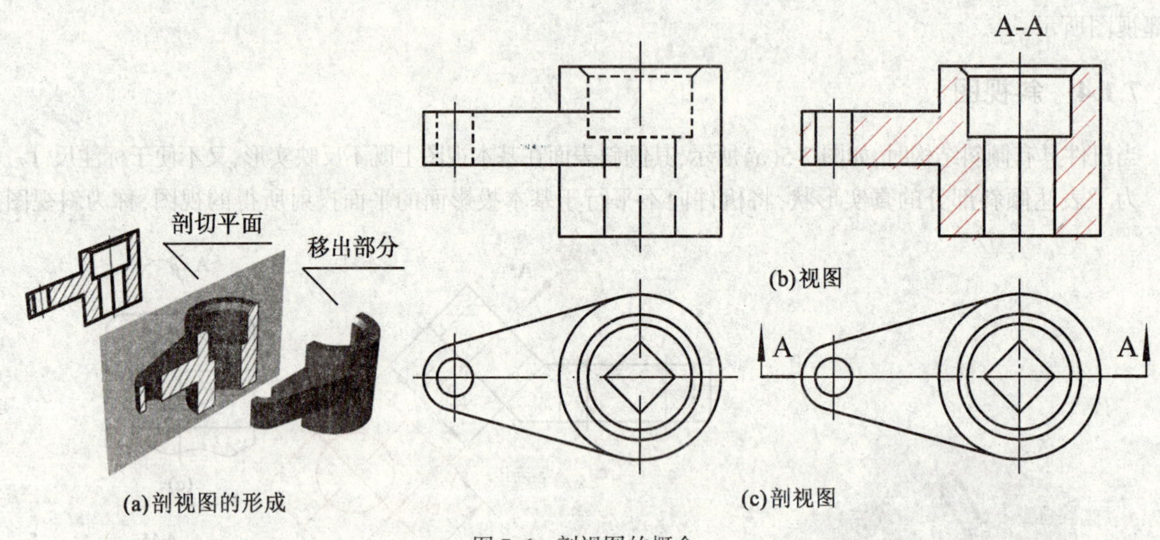

(a)剖视图的形成　(b)视图　(c)剖视图

图 7-6　剖视图的概念

2. 剖视图的配置及画法

各种视图的配置形式同样适用于剖视图。

根据剖视图的目的和国标中的有关规定,剖视图的画法要点如下:

a.剖切面和剖切位置的确定

根据机件的结构特点,剖切面一般为平面(也可为柱面)。为了表达机件内部的真实形状,剖切面一般应通过机件内部结构的对称平面或孔的轴线,并平行于相应的投影面,如图 7-6(a)所示,剖切面为正平面且通过机件的前后对称面。

b.剖视图的画法

剖切面剖切到的机件断面轮廓和其后面的可见轮廓线,都用粗实线画出;为了使剖视图清晰地反映机件上需要表示的结构,必须省略不必要的虚线,然后在剖切面切到的断面轮廓内画出剖面符号,如图 7-6(c)所示。

c.剖面符号的画法

若需在剖面区域中表示机件材料的类别时,应采用与机件的材料有关的剖面符号表示,如表 7-1 所示。

当不需在剖面区域中表示机件材料的类别时,可采用通用剖面线表示,通用剖面线应以适当角度的细实线绘制,最好与主要轮廓线或剖面区域的对称线成 45°角,如图 7-7 所示;同一零件的各个剖面区域,其剖面线的画法应一致,即方向一致,间隔相等,如图 7-8 所示。

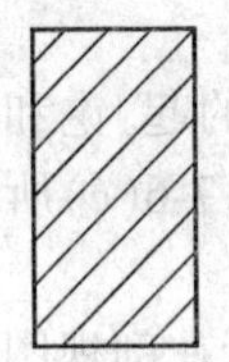
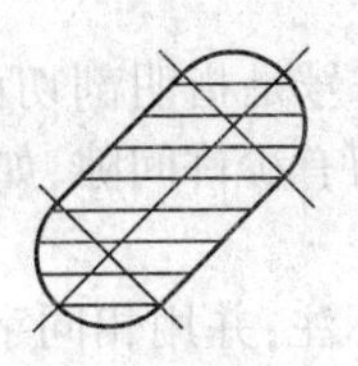
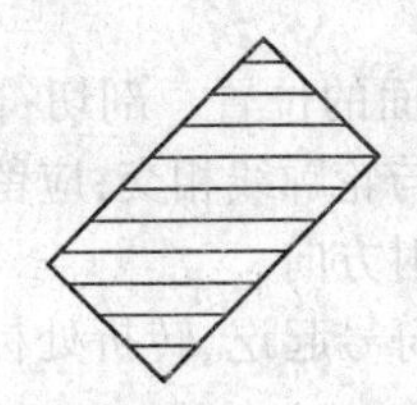
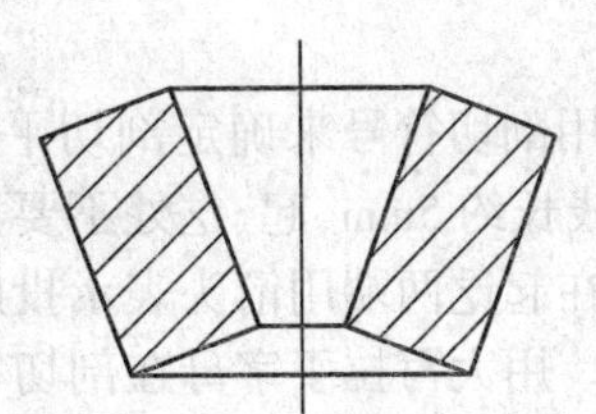
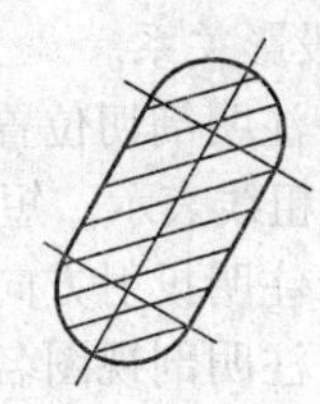

图 7-7　通用剖面线的画法

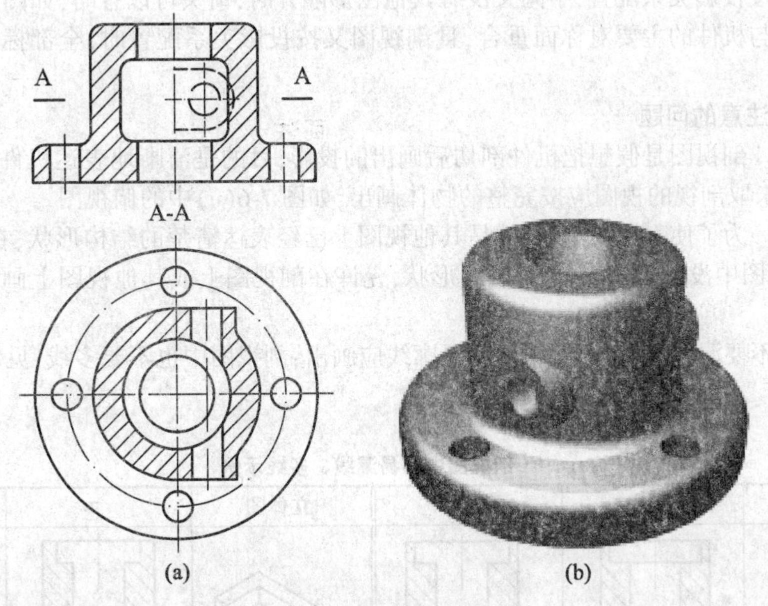

图 7-8　剖视图中的虚线问题

表 7-1　　剖面符号

金属材料（已有规定剖面符号者除外）		玻璃及供观察用的其他透明材料		混凝土	
线圈绕组元件		木材 纵剖面		钢筋混凝土	
转子、电枢、变压器和电抗器等的叠钢片		木材 横剖面		砖	
非金属材料（已有规定剖面符号者除外）		木质胶合板（不分层数）		格网（筛网、过滤网等）	
型砂、填砂、粉末冶金、砂轮、陶瓷刀片、硬质合金刀片等		基础周围的泥土		液体	

注:(1)剖面符号仅表示材料的类别,材料的名称和代号必须另行标注。

(2)叠钢片的剖面线方向,应与束装中叠钢片的方向一致。

(3)液面用细实线绘制。

3. 剖视图的标注

在剖视图中,应将剖切位置、投射方向、剖视图的名称在相应的视图上进行标注,以明确剖视图与相应视图的投影关系。

(1)注明剖切位置。用剖切符号来确定剖切平面的位置。剖切符号是指明剖切面的起、讫和转折位置,用短粗线表示。短粗线长约5mm,起、讫处不要与轮廓线相交,应留有少许间隙,如图7-6(c)所示。

(2)注明投射方向。在起讫两端用箭头表示投射方向。

(3)注明剖视图名称。用大写拉丁字母在剖切符号起讫、转折处标注;并用相同字母在剖视图的上方注明剖视图的名称"×—×",如图7-6(c)中的$A—A$。

但在下列情况下,剖视图标注的内容可相应省略:

(1)当剖视图按投影关系配置,中间又没有其他图形隔开时,箭头可以省略,如图7-8所示。

(2)当剖切面与机件的主要对称面重合,且剖视图又按投影关系配置时,全部标注内容可以省略,如图7-9(c)所示。

4.画剖视图应注意的问题

(1)假想剖切。剖视图是假想把机件剖切后画出的投影,目的是清晰地表达机件的内部结构,仅是一种表达手段,其他未取剖视的视图应按完整的物体画出,如图7-6(c)中的俯视图。

(2)虚线处理。为了使剖视图清晰,凡是其他视图上已经表达清楚的结构形状,在剖视图中虚线省略不画。但在其他视图中没有表达清楚的结构、形状,允许在剖视图上或其他视图上画出少量的虚线,如图7-8所示。

(3)剖视图中不要漏线,剖切面后的可见轮廓线应画出;剖视图中也不要多线,见表7-2。

表7-2 剖视图中容易漏线、多线示例

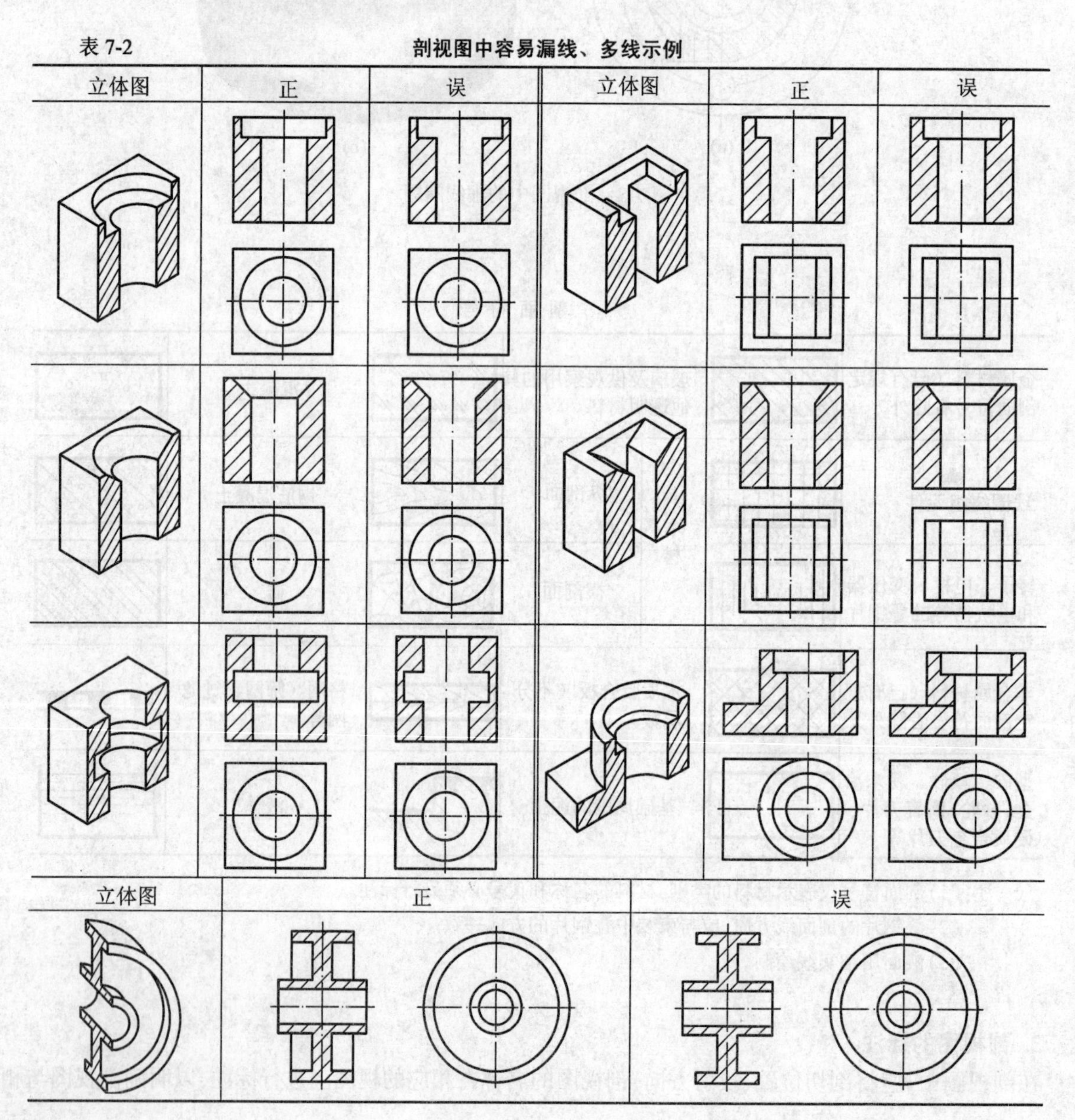

7.2.2　剖视图的种类和应用

1.全剖视图

a.形成

用剖切平面完全地剖开机件所得的剖视图,称为全剖视图。如图7-9(c)中的主视图,是用一个平行于正立投影面的剖切面完全地剖开机件后所得的全剖视图。

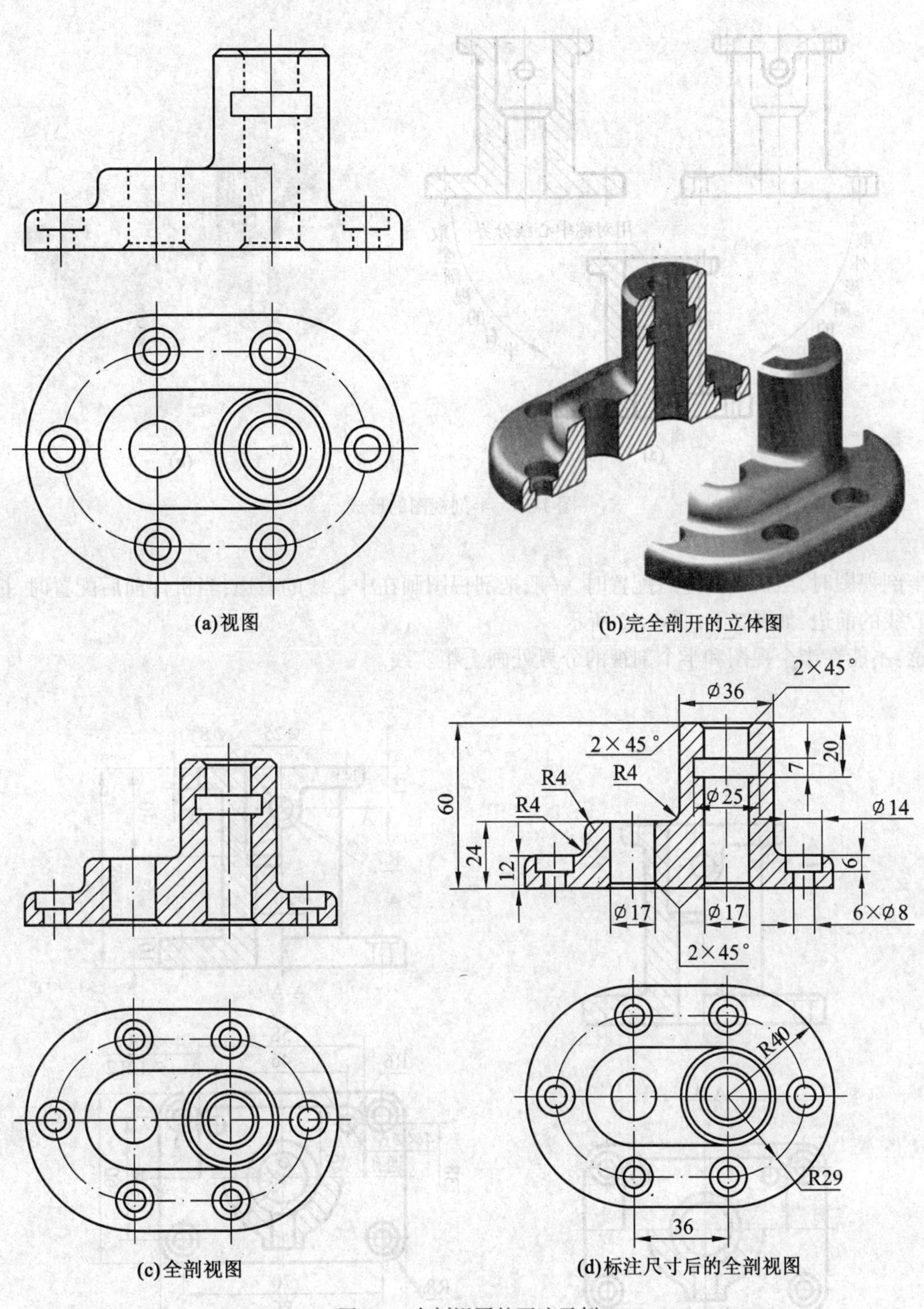

图7-9　全剖视图的画法示例

b.适用范围

当机件的外形较简单,内形较复杂,而图形又不对称时,常采用这种剖视。

c.剖视图的标注

图 7-9(c)中由于是用单一剖切面通过机件的对称面剖切,且剖视图按投影关系配置,故可省略标注。

2.半剖视图

a.形成

当机件具有对称平面时,在垂直于对称平面的投影面上投射所得的图形,可以对称中心线为界,一半画成剖视,另一半画成视图。这种合成图形称为半剖视图,如图 7-10 所示。

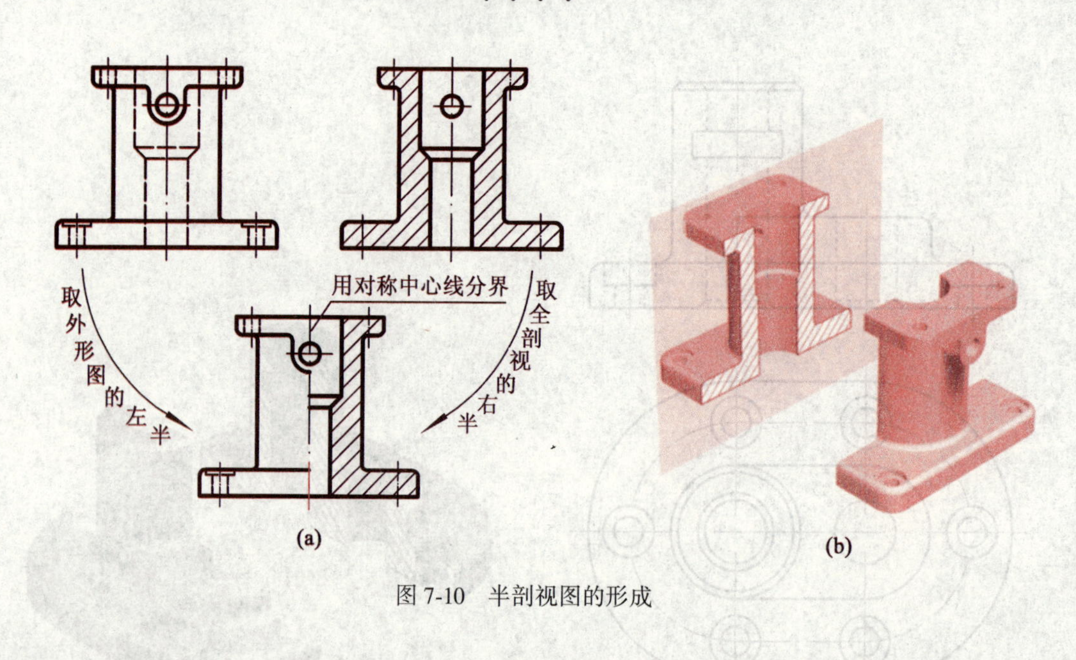

图 7-10 半剖视图的形成

画半剖视图时,当机件为左右配置时,一般把剖视图画在中心线的右边;当机件前后配置时,把剖视图画在中心线的前边,如图 7-11、图 7-12 所示。

注意:不能在半个视图和半个剖视的分界处画上粗实线。

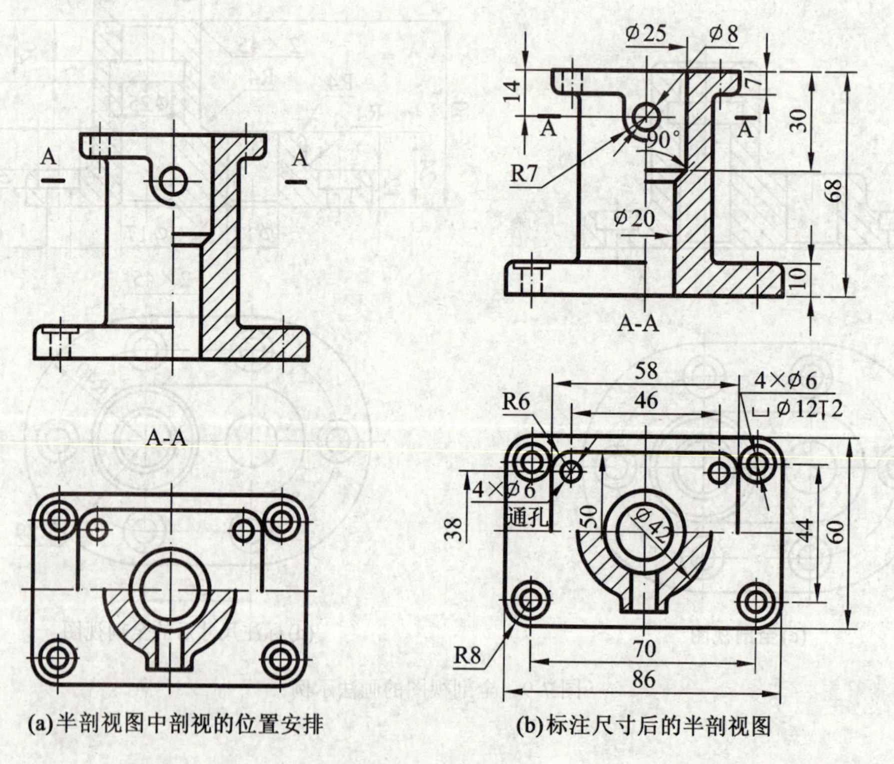

图 7-11 半剖视图

b.适用范围

半剖视图的特点是用剖视图和外形图的各一半来表达机件的内形和外形,所以当机件的内外形状都需要表达,且机件的结构又对称时,常采用半剖视图,如图 7-10 所示。当机件的形状接近于对称(即基本对称),且不对称结构已另有图形表达清楚时,也可采用半剖视图,如图 7-12 所示。在此特别提出,国标规定:当纵向剖切机件的肋时,肋不画剖面符号,而用粗实线将它和邻接部分分开,如图 7-12(详见 7.5.1)所示。

c.剖视图的标注

如图 7-11(a)所示,对于主视图上的半剖视图,因剖切面与机件的对称面重合,且按投影关系配置,故可省略标注;对于俯视图,由于剖切面未通过主要对称面,需要标注,但可省略箭头。

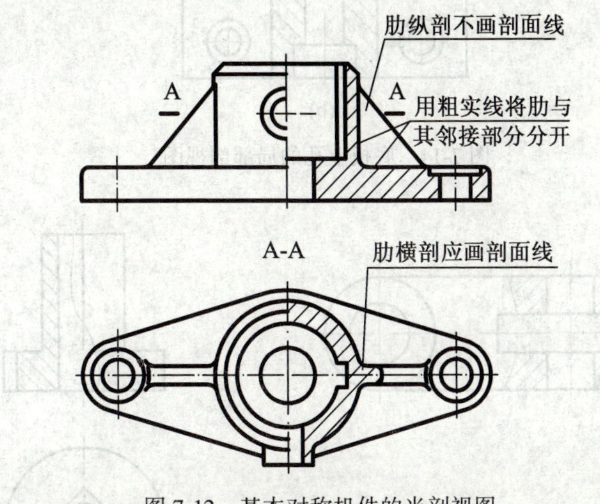

图 7-12　基本对称机件的半剖视图

3.局部剖视图

a.形成

用剖切面局部地剖开机件所得的剖视图称为局部剖视图,视图剖切后,其断裂处用波浪线分界,以示剖切范围,如图 7-13 所示。

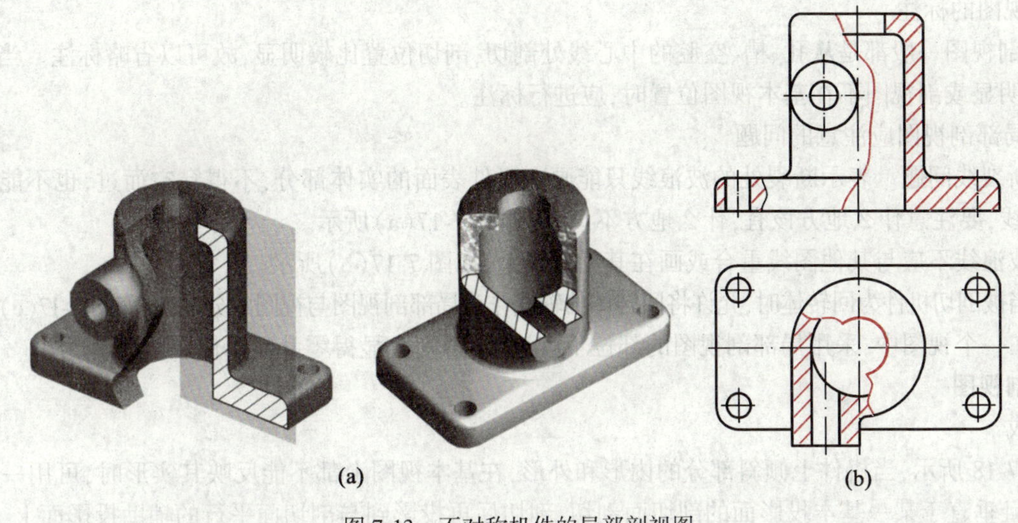

图 7-13　不对称机件的局部剖视图

b.适用范围

局部剖视图是一种比较灵活的表达方法,主要用于以下几种情况:

(1)机件上只有局部的内部形状需要表达,而不必画成全剖视图,如图 7-14、图 7-15 所示。

(2)对称机件的轮廓线与中心线重合时,不宜采用半剖视图,通常用局部剖视图,如图 7-16 所示。

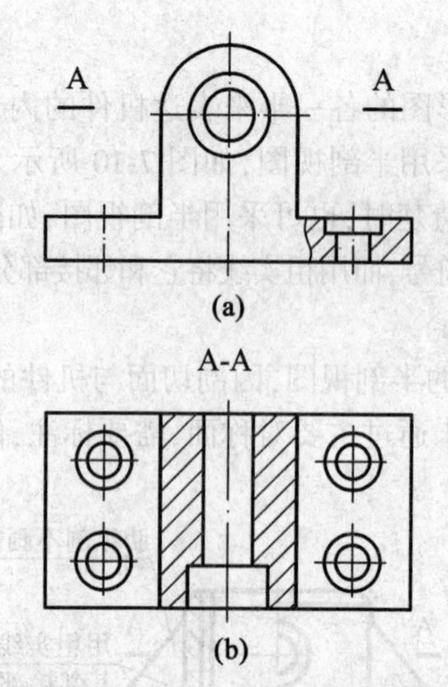

图 7-14　底板上孔的局部剖视图

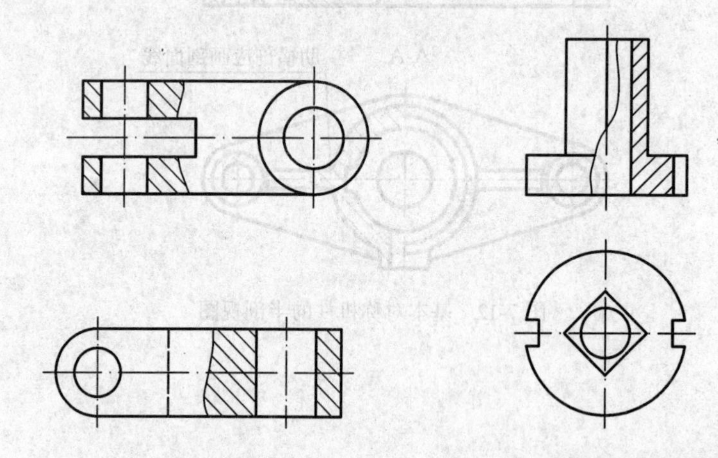

图 7-15　主、俯视图都采用局部剖视图　　图 7-16　对称机件的局部剖视图

(3)不对称机件的内外形状都需要表达时,常采用局部剖视图,如图 7-13 所示。

c.剖视图的标注

局部剖视图一般都是从孔、槽、空腔的中心线处剖切,剖切位置比较明显,故可以省略标注。当剖切面的位置不明显或剖视图不在基本视图位置时,应进行标注。

d.画局部剖视图应注意的问题

(1)断裂线问题。表示断裂处的波浪线只能画在机件表面的实体部分,不得穿空而过,也不能超出视图的轮廓线,要注意什么地方该有,什么地方不该有,如图 7-17(a)所示。

(2)波浪线不应与其他图线重合或画在其延长线上,如图 7-17(b)所示。

(3)当被剖切机件为回转体时,允许将回转体的轴线作为局部剖视图与视图的分界线,如图 7-17(c)所示。

(4)在一个视图中,采用局部剖视图的部位不宜过多,否则会显得零乱而不便看图。

4.斜剖视图

a.形成

如图 7-18 所示,当机件上倾斜部分的内形和外形,在基本视图上都不能反映其实形时,可用一平行于倾斜部分且垂直于某一基本投影面的剖切面剖切,剖切后再投影到与剖切面平行的辅助投影面上,以表达其内形和外形。

这种用不平行于任何基本投影面的剖切面剖开机件所得到的剖视图称为斜剖视图。

b.适用范围

当机件具有倾斜部分,而这部分内形和外形均需要表达时,应采用斜剖视图。

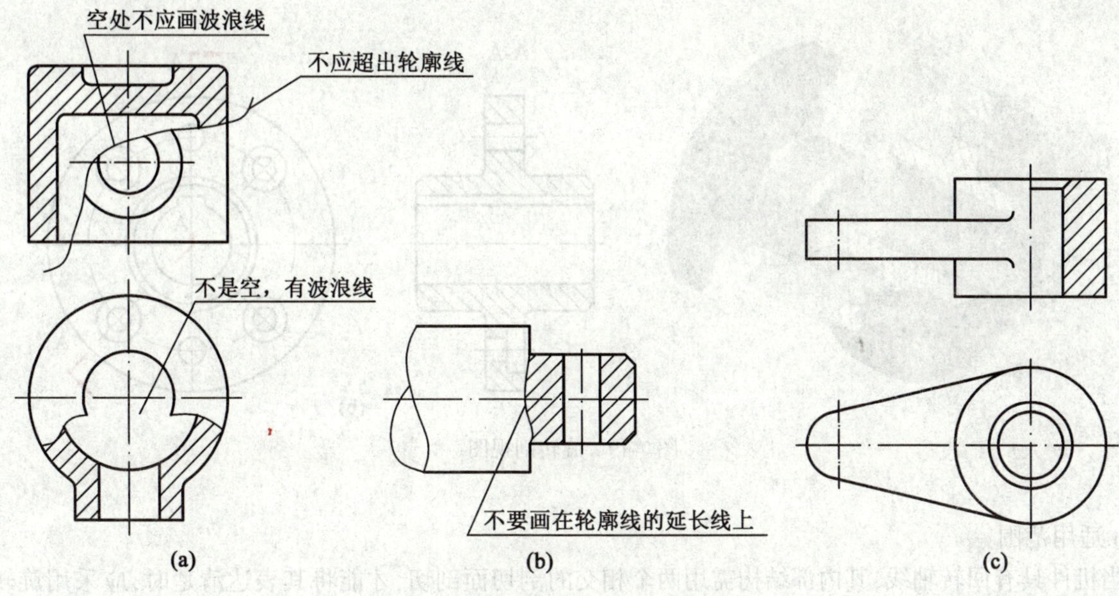

图 7-17　画局部剖视图应注意的问题

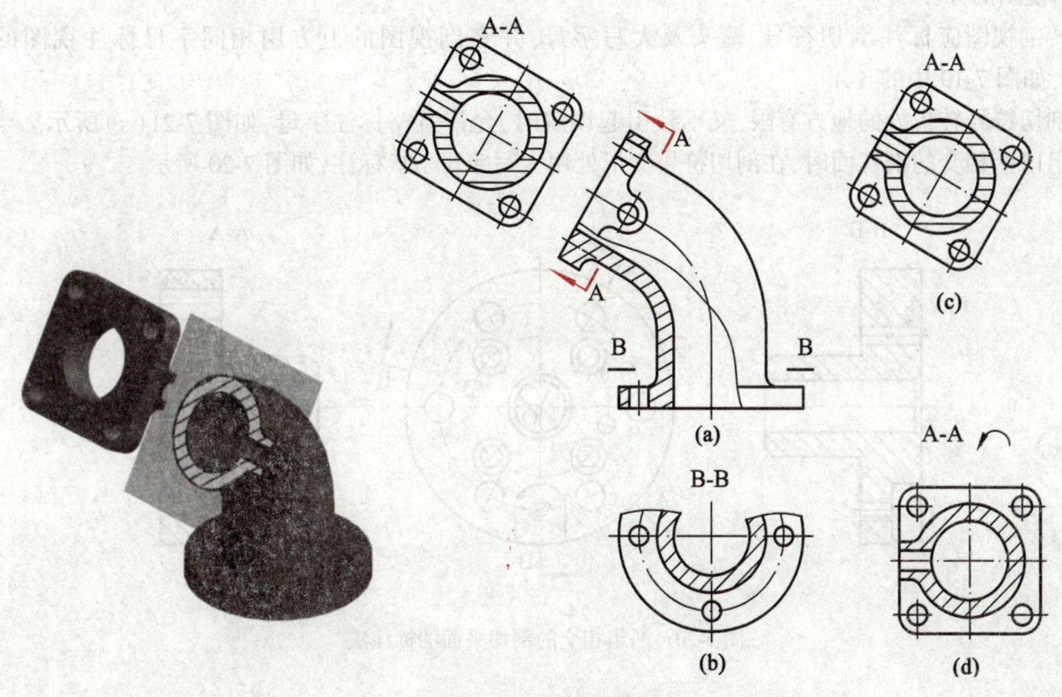

图 7-18　斜剖视图

c.剖视图的标注

斜剖视图要标注剖切符号、箭头和大写字母，并在剖视图上方用相同字母标注剖视图的名称“×-×”，如图 7-18 中的 *A-A*。

注意：采用斜剖视图时，标注不能省略。剖视图最好配置在箭头所指的方向，并符合投影关系，如图 7-18(b)所示，但也允许放置在其他位置，如图 7-18(c)所示。在不至于引起误解时允许旋转配置，但必须在剖视图上方标注旋转符号及剖视图名称，如图 7-18(d)所示。

5.旋转剖视图

a.形成

如图 7-19 所示，机件上有三个大小、形状不同的孔，需用两个相交的剖切面将其剖切，并将剖切面区域及有关结构绕剖切面的交线旋转到与选定的基本投影面平行，再进行投影。

这种用两相交且交线垂直于某一基本投影面的剖切面剖开机件，获得的剖视图称为**旋转剖视图**。

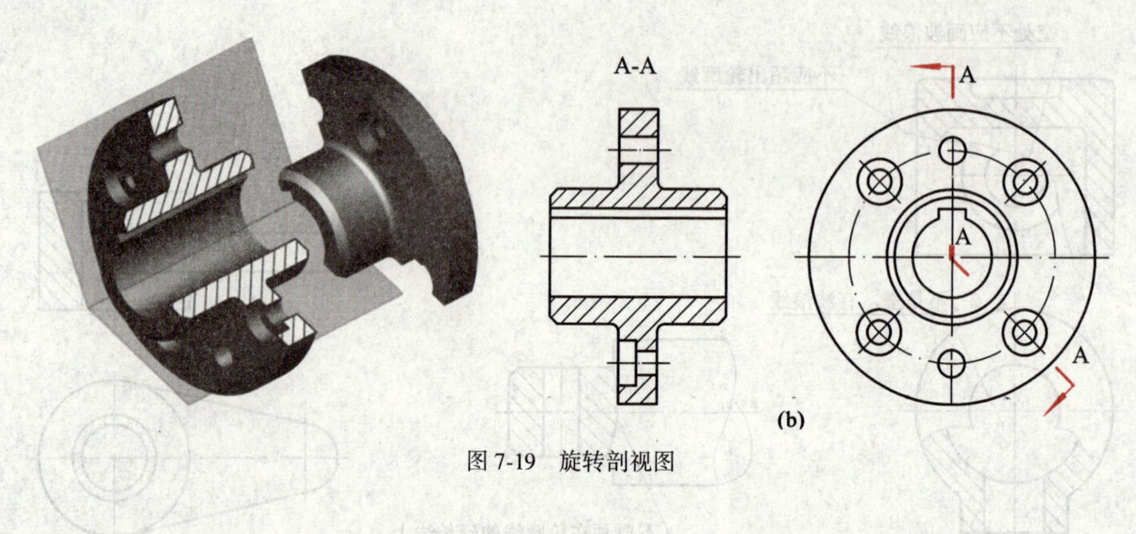

图 7-19　旋转剖视图

b.适用范围

当机件具有回转轴线,其内部结构需用两个相交的剖切面剖切,才能将其表达清楚时,应采用旋转剖视图。

c.剖视图的标注

旋转剖视图应标注剖切符号、箭头及大写字母,并在剖视图的上方用相同字母标注视图的名称"×—×",如图 7-19 中的 *A-A*。

当剖切符号转折处的地方有限,又不致引起误解时,允许省略标注字母,如图 7-21(a)所示。当有两组或两组以上相交的剖切面时,在剖切符号交汇处用大写字母"*O*"标注,如图 7-20 所示。

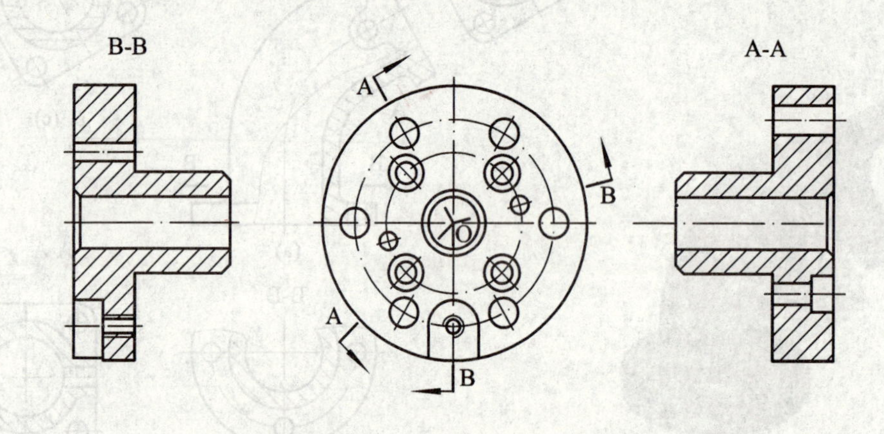

图 7-20　两组相交的剖切平面的标注法

d.画剖视图应注意的问题

(1)剖切面后的可见结构仍按原来的位置投射,如图 7-21(a)中的小油孔。

(2)当剖切面剖切后产生不完整要素时,仍应将此部分按不剖绘制,如图 7-21(b)中的臂。

6.阶梯剖视图

a.形成

有些机件内形层次较多,如图 7-22 所示,机件上有三种形状不同的孔,其轴线不在同一平面,要把这些孔的形状都表达出来,需要用三个相互平行的剖切面来剖切。

这种用几个相互平行的剖切面把机件剖切开所得到的剖视图称为阶梯剖视图。

b.适用范围

当机件上的孔、槽及空腔等内部结构不在同一平面内,而呈多层次时,应采用阶梯剖视图。

c.剖视图的标注

阶梯剖视图应标注剖切符号、箭头及大写字母,并在剖视图的上方用相同字母标注剖视图的名称

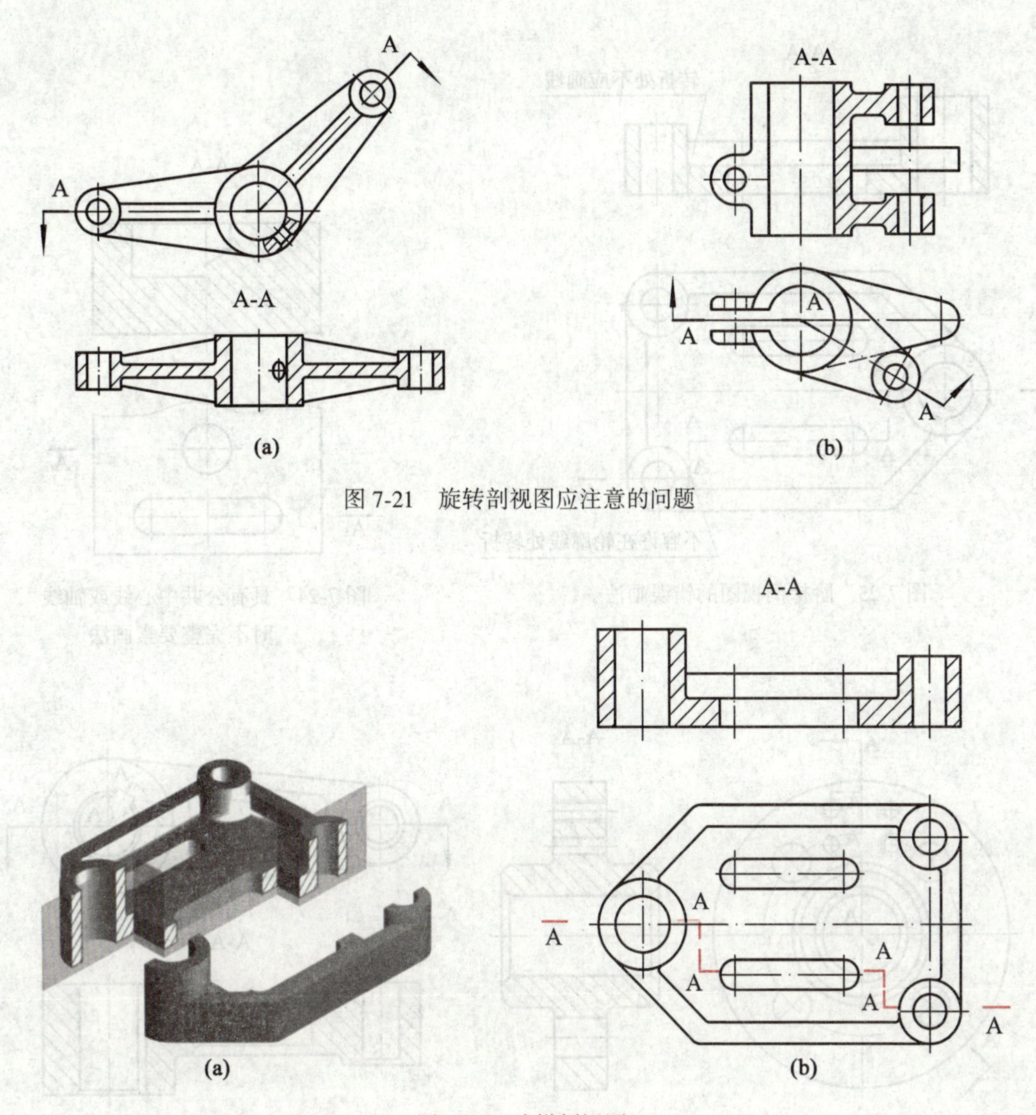

图7-21　旋转剖视图应注意的问题

图7-22　阶梯剖视图

"×—×",如图7-22中的*A-A*。当转折处地方有限,又不致引起误解时,允许省略字母,如图7-24所示。

d.画阶梯剖视图应注意的问题

(1)剖切面的转折处不应与图上的轮廓线重合,且不要在两个剖切面转折处画上粗实线,如图7-23所示。

(2)在剖视图内不应出现不完整要素,仅当两个要素在图形上具有公共对称中心线或轴线时,才允许以对称中心线或轴线为界限各画一半,如图7-24所示。

7.复合剖视图

a.形成

当机件内部结构比较复杂,不能单一用上述剖切方法,而用组合剖切面(有相互平行的,也有相交的)剖切机件时,所得的剖视图称为复合剖视图,如图7-25和图7-26所示。

b.剖视图的标注

复合剖视图的剖切符号的画法和标注,与旋转剖视图和阶梯剖视图相同,如图7-25和图7-26中的"*A-A*"。复合剖视图通常可用展开画法画出,当用展开画法时,图名应标注"×—×展开"。

8. 用圆柱面剖切

以上所述的剖视图,剖切面都是平面,但也可用曲面剖切机件。实际上在图7-26所示的复合剖视中,右侧轴孔的轴线之左的正垂剖切面和水平剖切面的转折处,就是按圆柱面剖切的概念作出的,只不过此圆柱面是剖切面的过渡面而已。在图7-27中的"*A-A*"剖视图是用平面剖切后得到的,而*B-B*展开剖视图是

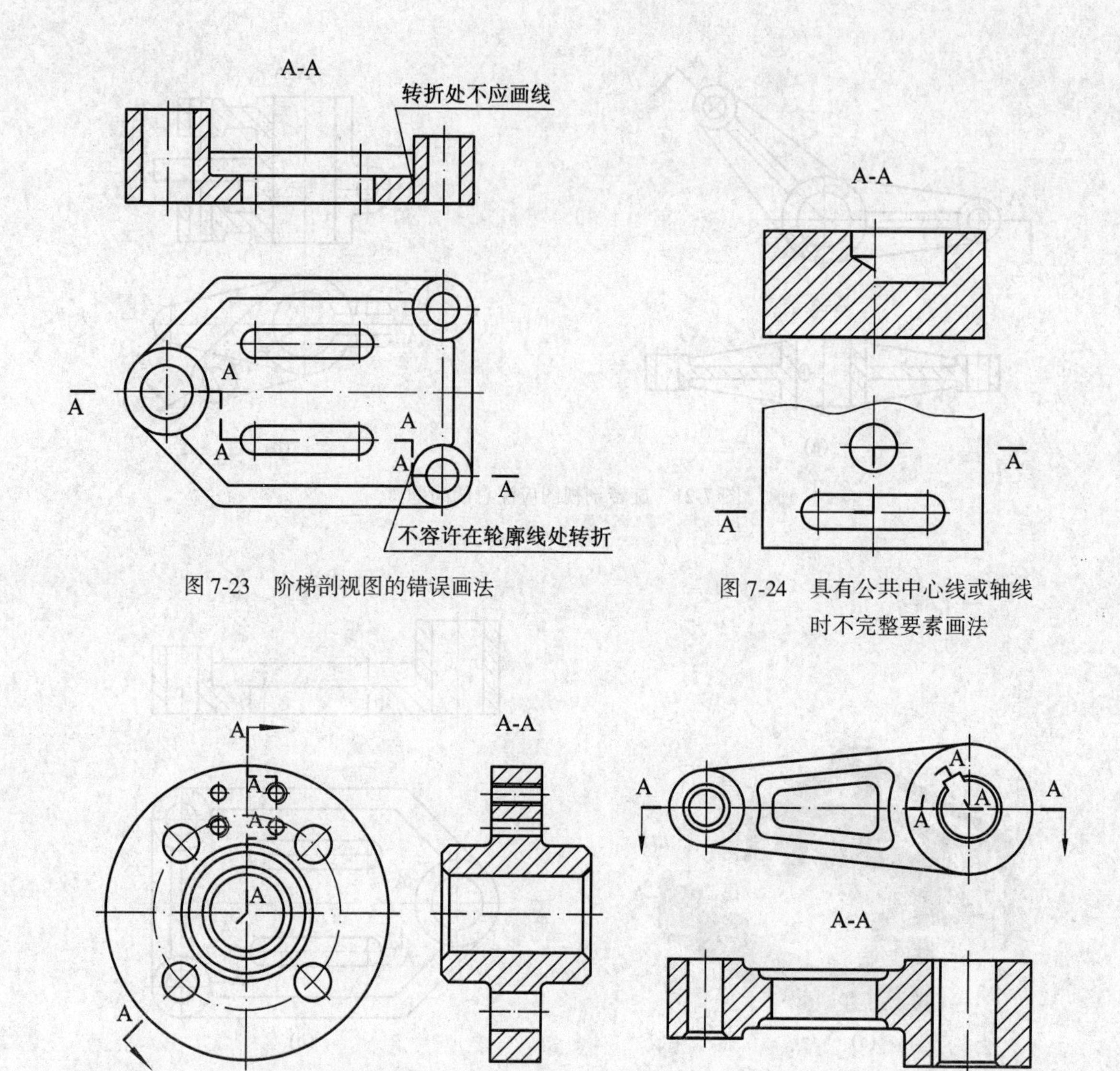

图 7-23 阶梯剖视图的错误画法

图 7-24 具有公共中心线或轴线时不完整要素画法

图 7-25 复合剖视图(一)

图 7-26 复合剖视图(二)

用圆柱面剖切后按展开画法画出的。国标规定,采用柱面剖切机件时,剖视图应按展开绘制。

由以上所讲的各种剖视图可看出:按剖切范围来分,剖视图可分为全剖视图、半剖视图、局部剖视图三类;按剖切方法的不同,剖视图可分为斜剖视图、旋转剖视图、阶梯剖视图、复合剖视图以及用圆柱面剖切所得的剖视图。

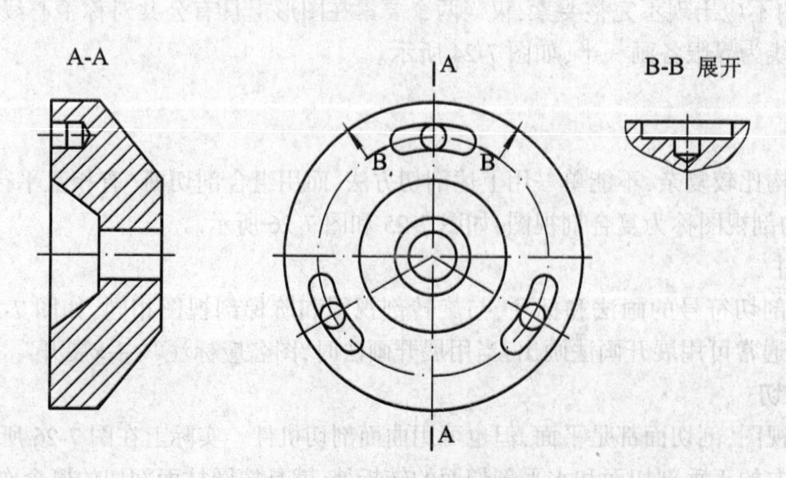

图 7-27 用圆柱面剖切

7.3 断　面　图

7.3.1　断面图的基本概念

断面图常用来表达机件上的肋、轮辐和轴上的孔、键槽等的断面形状。

假想用剖切面将机件的某处切断，仅画出剖切面与机件接触部分的图形，称为断面图，简称断面，如图 7-28(b)所示。

注意，断面图与剖视图的区别是：断面图只画出机件被剖切的断面形状，而剖视图除了画出机件被剖切的断面形状以外，还要画出剖切平面后留下部分的投影，如图 7-28(c)所示。可见用断面图配合主视图来表示轴上键槽的形状，显然比用剖视图更为简明。

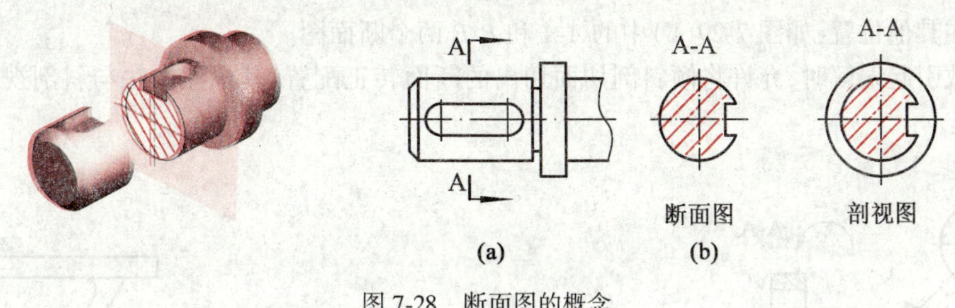

图 7-28　断面图的概念

7.3.2　断面图的种类

根据断面图在绘制时所配置的位置不同，可分为移出断面图和重合断面图。

1.移出断面图

画在被剖切结构的投影轮廓外的断面图称为移出断面图。

a.移出断面图的画法

(1)移出断面图的轮廓线用粗实线绘制，剖面区域内一般要画剖面符号。

(2)剖切面通过回转面形成的孔或凹坑的轴线时，这些结构均按剖视绘制，即孔口或凹坑口画成闭合，如图 7-29(a)的右边断面和图 7-30 的 *A-A* 断面所示。当剖切面通过非圆形通孔，会导致断面图出现完全分离的两部分时，这些结构也应按剖视绘制，如图 7-32 所示。

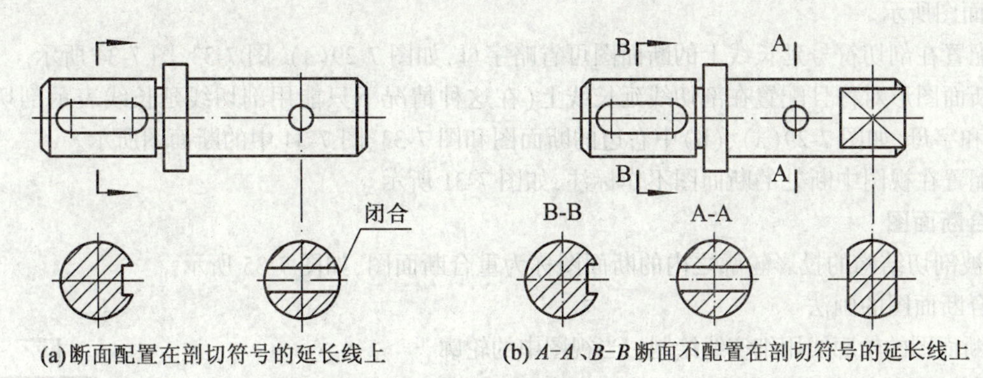

图 7-29　移出断面的配置

(3)断面图应表示结构的正断面形状，因此剖切面要垂直于机件结构的主要轮廓线或轴线，如图7-32、图 7-33、图 7-34 所示。

b.移出断面图的配置

(1)按投影关系配置，如图 7-28(b)、图 7-30 所示。

(2)配置在剖切符号或剖切线(指示剖切面位置的线,用点画线表示)的延长线上,如图 7-29(a)中的两个断面图。这种配置便于读图,应尽量采用。

(3)当断面图对称(即断面图存在一条与剖切符号或剖切线平行的对称中心线)时,可将断面图画在视图的中断处,如图 7-31 所示。

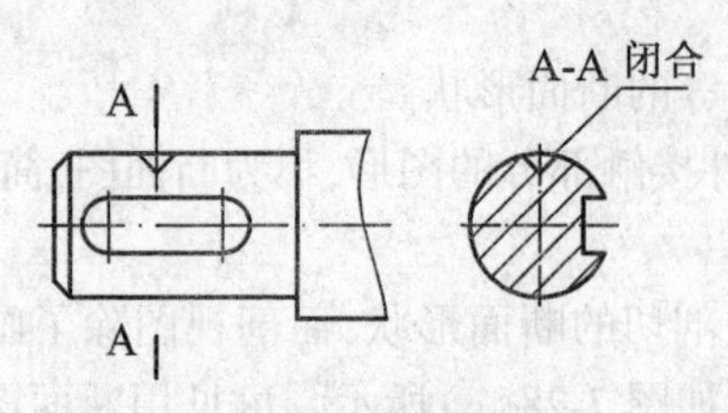

图 7-30 移出断面按投影关系配置

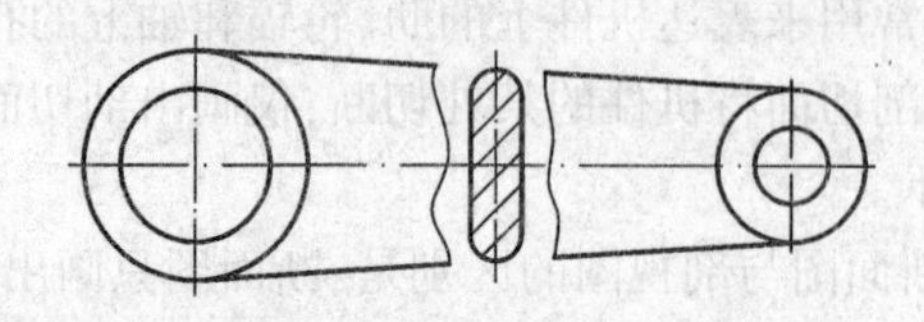

图 7-31 移出断面在视图中断处

(4)配置在其他位置,如图 7-29(b)中的 *A-A* 和 *B-B* 两个断面图。

(5)在不致引起误解时,允许将倾斜剖切面切出的断面转正配置;其标注方法与斜剖视图相同,如图 7-32 所示。

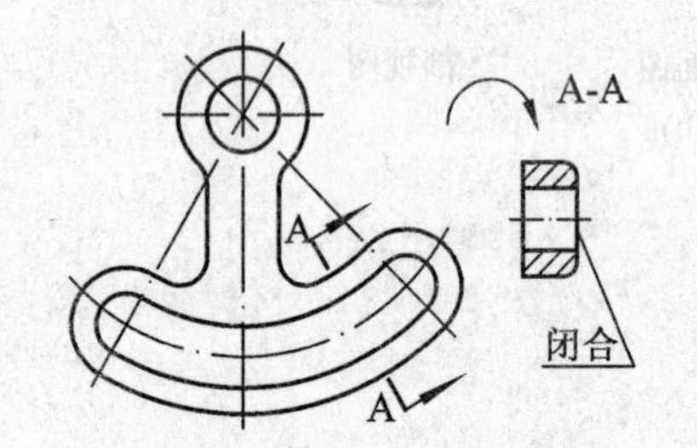

图 7-32 断面图形分离时的画法

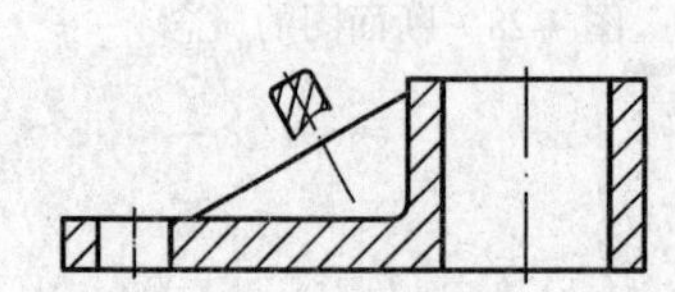

图 7-33 剖切平面必须垂直于被剖切部分的轮廓线

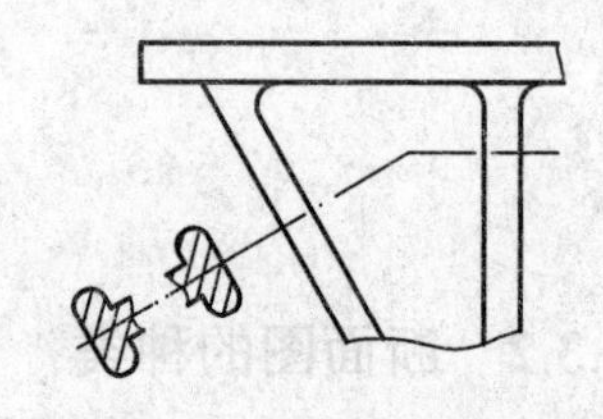

图 7-34 相交两平面剖切得到的移出断面,中间应断开

c.移出断面图的标注

移出断面的标注与用单一剖切面获得剖视图的标注基本相同,一般在断面图上方标出名称"×—×",在视图的相应部位标出剖切符号和箭头表示剖切位置和投影方向,并写上相同字母,如图 7-29(b)中的 *B-B* 断面图所示。

(1)断面图形对称或按投影关系配置的断面图,可省略箭头,如图 7-29(b)中的 *A-A* 断面图和 7-30 中的 *A-A* 断面图所示。

(2)配置在剖切符号延长线上的断面图可省略字母,如图 7-29(a)、图 7-33、图 7-34 所示。

(3)断面图形对称且配置在剖切线延长线上(在这种情况下只能用剖切线延长线表示剖切位置)时,省略箭头和字母,如图 7-29(a)、(b)中右边的断面图和图 7-33、图 7-34 中的断面图所示。

(4)配置在视图中断处的断面图不作标注,如图 7-31 所示。

2.重合断面图

画在被剖切结构的投影轮廓之内的断面图称为重合断面图,如图 7-35 所示。

a.重合断面图的画法

重合断面图的轮廓线用细实线绘制。当视图中的轮廓线和重合断面图的轮廓线重叠时,视图的轮廓线仍应连续画出,不可间断,如图 7-35(b)所示。移出断面图画法的其他规定都适用于重合断面图。

b.重合断面图的标注

重合断面图的配置和标注与在剖切符号或剖切线延长线上的移出断面图相同,如图 7-35 所示。

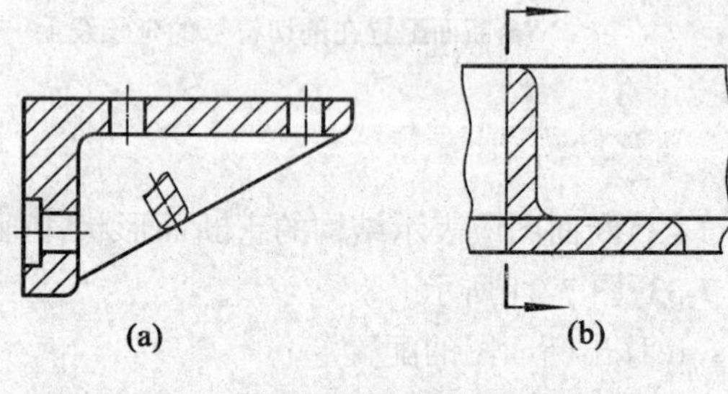

图 7-35 重合断面

7.4 局部放大图

将机件的局部结构，用大于原图形所采用的比例画出的图形，称为局部放大图。

局部放大图可以画成视图、剖视图、断面图，它与被放大部分的表示方法无关。当机件上的某些细小结构在原图形中表示得不清楚，或不便于标注尺寸时，就可采用局部放大图，如图7-36所示。

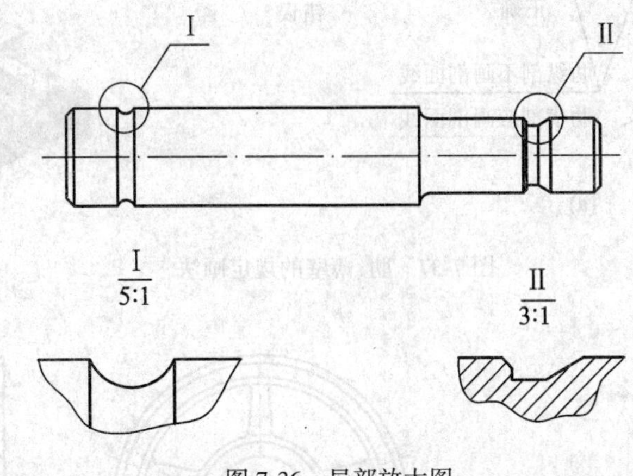

图7-36 局部放大图

局部放大图应尽量配置在被放大部位的附近。局部放大图的标注，如图7-36所示：用细实线圈出被放大的部位；当机件上有几个被放大的部分时，必须用罗马数字依次标明被放大的部位，并在局部放大图的上方标注出相应的罗马数字和采用的比例。当机件上被放大的部分仅一个时，只需在局部放大图的上方注明所采用的比例。

7.5 图样中的规定画法和简化画法

规定画法和简化画法是在视图、剖视、断面等图样画法的基础上，对机件上某些特殊机构和结构上的某些特殊情况，通过简化图形(包括省略和简化投影等)和省略视图等办法来表示，以达到在便于看图的前提下，简化画图的目的。下面从国家标准 GB/T 16675.1—1996 中摘要介绍一些常用的规定画法和简化画法。

7.5.1 规定画法

(1)对于机件上的肋板、轮辐及薄壁等，若剖切面通过它们的厚度对称平面或轮辐的轴线时，这些结构都不画剖面符号，而用粗实线将它与邻接部分分开；若按横向剖切，剖切的是它的断面结构，这些结构也要画剖面符号，如图7-37所示。

(2)当零件回转体上均匀分布的肋、轮辐、孔等结构不处于剖切平面上时，可将这些结构旋转到剖切平面上画出，且对均布孔只需详细画出一个，另一个只画出轴线即可，如图7-38(b)、图7-39所示。

7.5.2 省略画法

1.省略视图

(1)表示圆柱形法兰和类似零件上均匀分布的孔的数量和位置，可按图7-40绘制。

(2)在需要表示位于剖切平面前的结构时，这些结构按假象投影的轮廓线(双点画线)绘制，如图7-41所示。

2.省略重复投影、重复要素、重复图形等

(1)在不致引起误解时，对于对称机件的视图可只画一半或四分之一，并在对称中心线的两端画出两

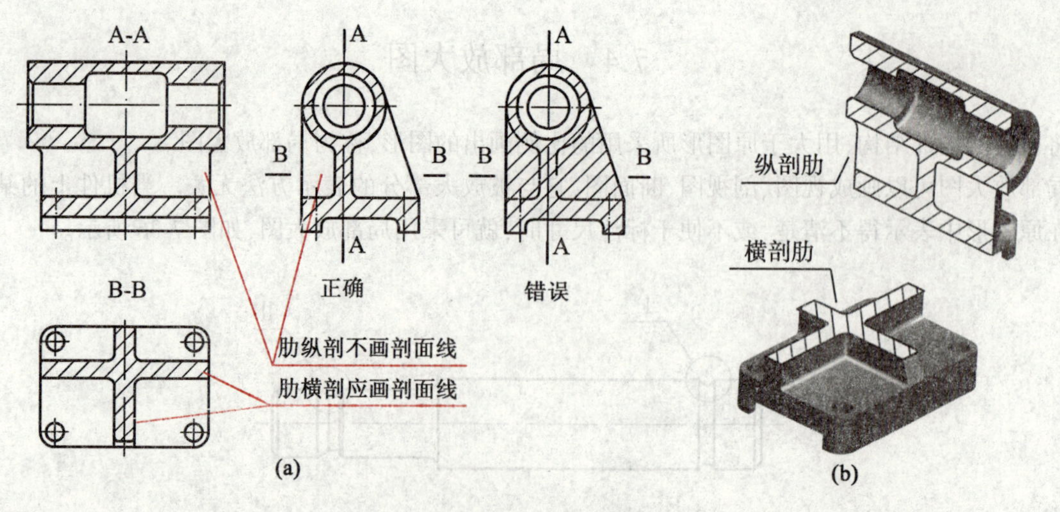

图 7-37　肋、薄壁的规定画法

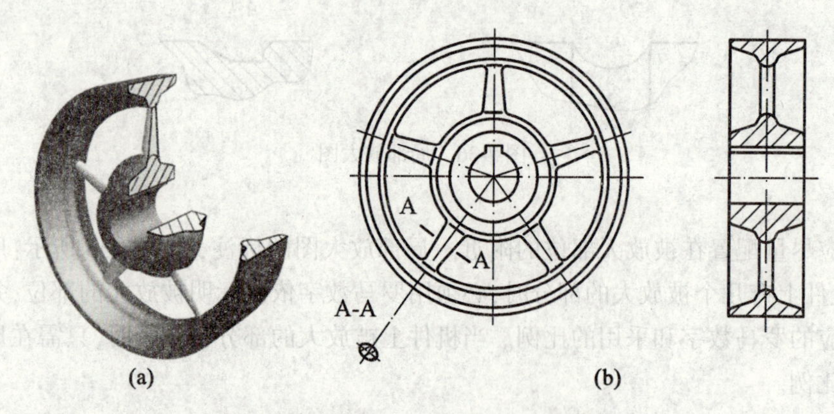

图 7-38　剖视图中均布轮辐的规定画法

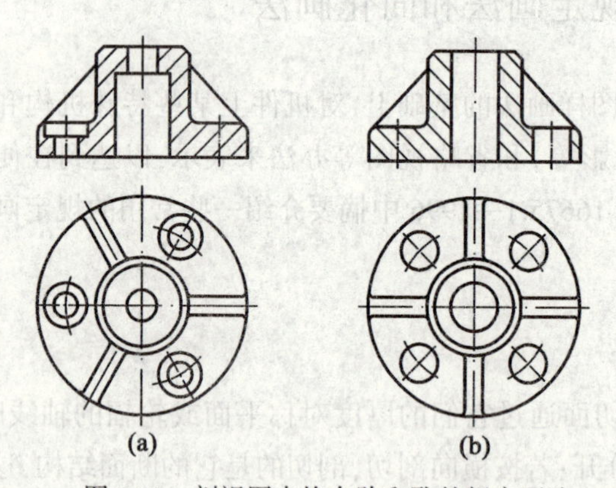

图 7-39　剖视图中均布肋和孔的规定画法

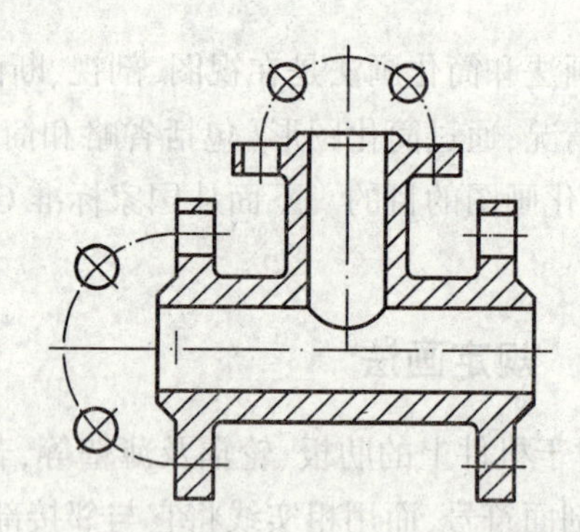

图 7-40　法兰上均布孔的简化画法

条与其垂直的平行细实线，如图 7-42 所示。

(2)当机件具有若干相同结构(如齿、槽等)并按一定规律分布时，只需画出几个完整的结构，其余用细实线连接，在零件图中必须注明该结构的总数，如图 7-43(a)所示。当这些相同结构是直径相同的孔(圆孔、螺孔、沉孔等)时，可以仅画出一个或几个，其余只需用点画线表示其中心位置，在零件图中应注明孔的总数，如图 7-43(b)所示。

3.省略剖面符号

在不致引起误解的情况下，剖面符号可省略，如图 7-44 所示。

4.断开画法

较长的机件(轴、杆、型材、连杆等)沿长度方向的形状一致或按一定规律变化时，可断开后缩短绘制，

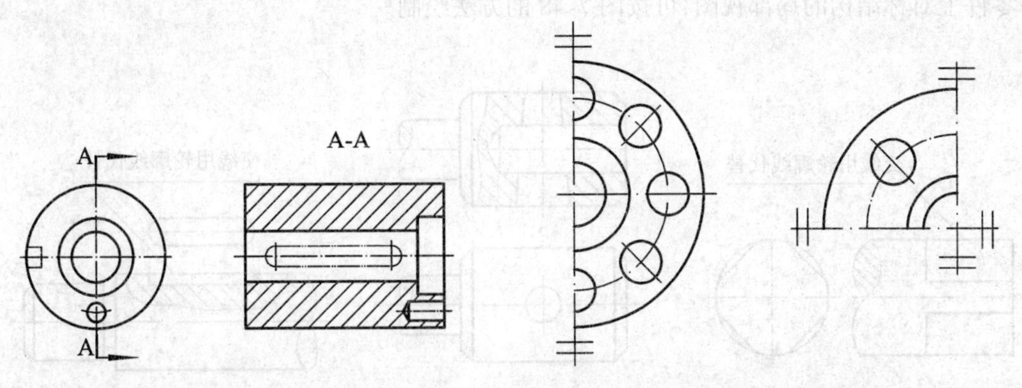

图7-41　剖切平面前的结构画法　　图7-42　对称机件视图的简化画法

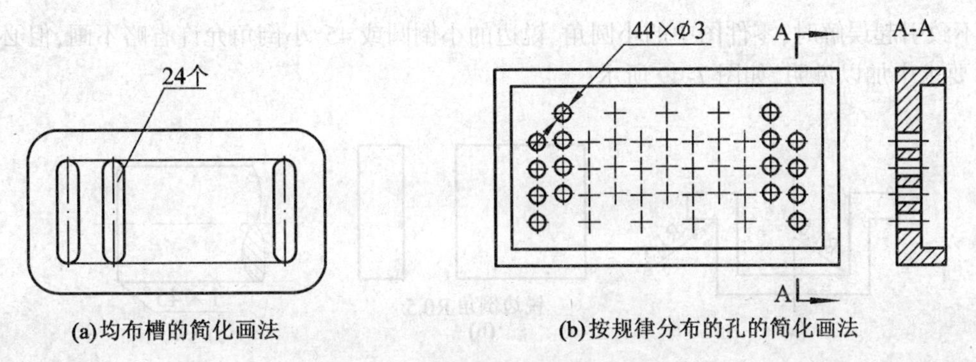

图7-43　重复要素的简化画法举例

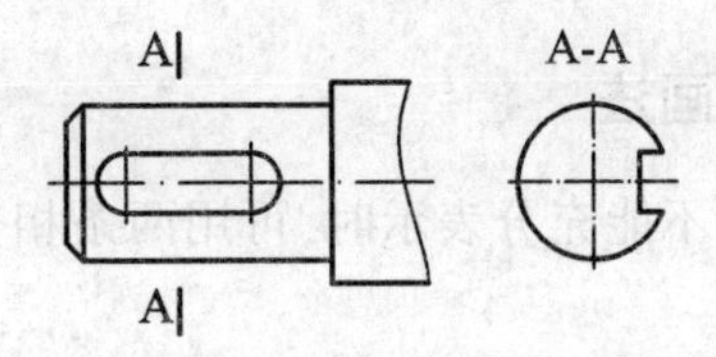

图7-44　断面中省略剖面符号

断裂处一般用波浪线表示，长度尺寸应注实长，如图7-45所示。

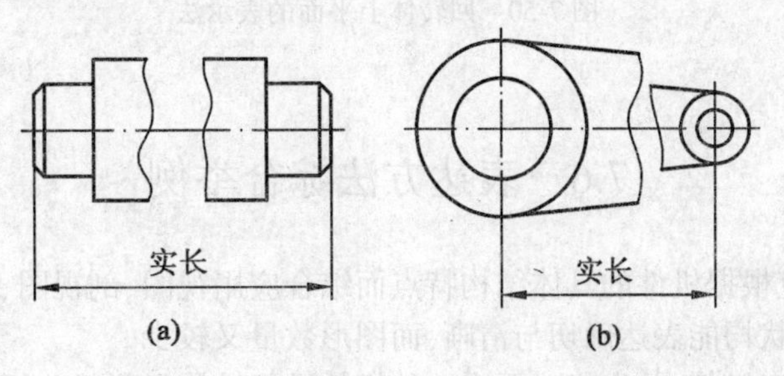

图7-45　较长机件断开后的简化画法

7.5.3　简化画法

(1)当机件上较小的结构已在一个图形中表达清楚时，在其他图形中应当简化或省略。如图7-46主视图左端的方头。

(2)在不致引起误解时，图形中的过渡线、相贯线可以简化。例如用直线代替曲线，如图7-47、图7-48中用圆弧代替非圆曲线。

(3)零件上对称结构的局部视图,可按图 7-48 的方法绘制。

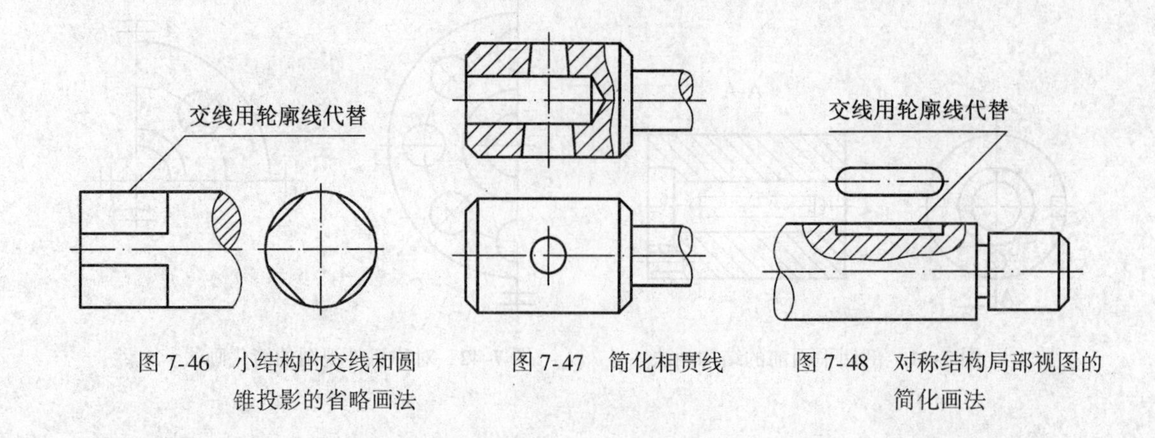

图 7-46　小结构的交线和圆锥投影的省略画法　　图 7-47　简化相贯线　　图 7-48　对称结构局部视图的简化画法

(4)在不致引起误解时,零件图中的小圆角、锐边的小倒圆或 45°小倒角允许省略不画,但必须注明尺寸或在技术要求中加以说明,如图 7-49 所示。

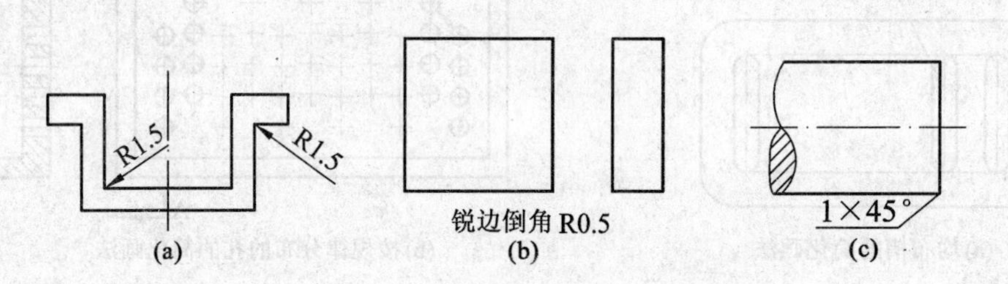

图 7-49　小圆角、小倒圆或 45°小倒角的简化画法

7.5.4　示意画法和其他简化画法

当回转体零件上的平面在图形中不能充分表示时,可用两条相交的细实线表示这些平面,如图 7-50 所示。

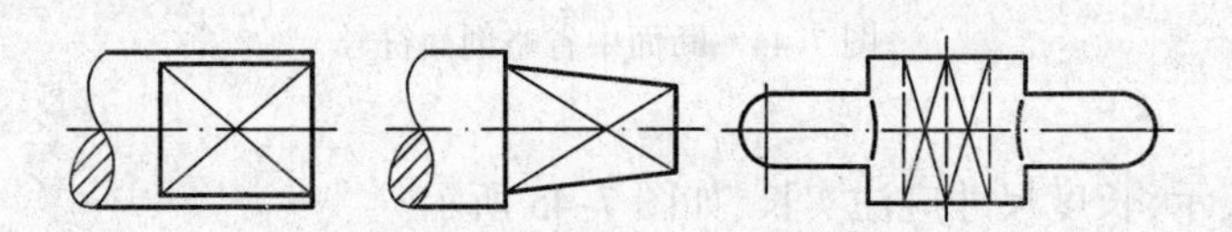

图 7-50　回转体上平面的表示法

7.6　表达方法综合举例

在绘制机械图样时,应根据机件的具体结构特点而综合应用视图、剖视图、断面图等各种表达方法,使得机件各部分的结构与形状均能表达确切与清晰,而图形数量又较少。

要完整清晰地表达给定机件,首先应对要表达的机件进行结构和形状分析,根据机件的内部及外部结构特征和形状特征选好主视图。主视图要尽量多地反映机件的结构形状,并根据机件的内、外结构的复杂程度决定在主视图中是否采用剖视图,采用何种剖视图,并在此基础上选用其他视图。其他视图的选择要力求做到“少而精”,避免重复画出已在其他视图中表达清楚的结构。注意:同一零件往往可以选用几种不同的表达方案。在确定表达方案时,还应结合标准尺寸等问题一起考虑。图 7-51(a)为一阀体,图 7-51(b)、图 7-51(c)、图 7-51(d)、图 7-51(e)是阀体的四种不同表达方案,对其分别分析如下:

1.分析机件形状

阀体的主体结构是不同直径的同轴圆柱体,内开有同轴的不同直径的圆柱孔;上侧有一圆形顶板,顶板上开有四个安装孔;下侧有一方形底板,底板上开有四个安装孔;中部是一轴线和主体柱体轴线垂直相

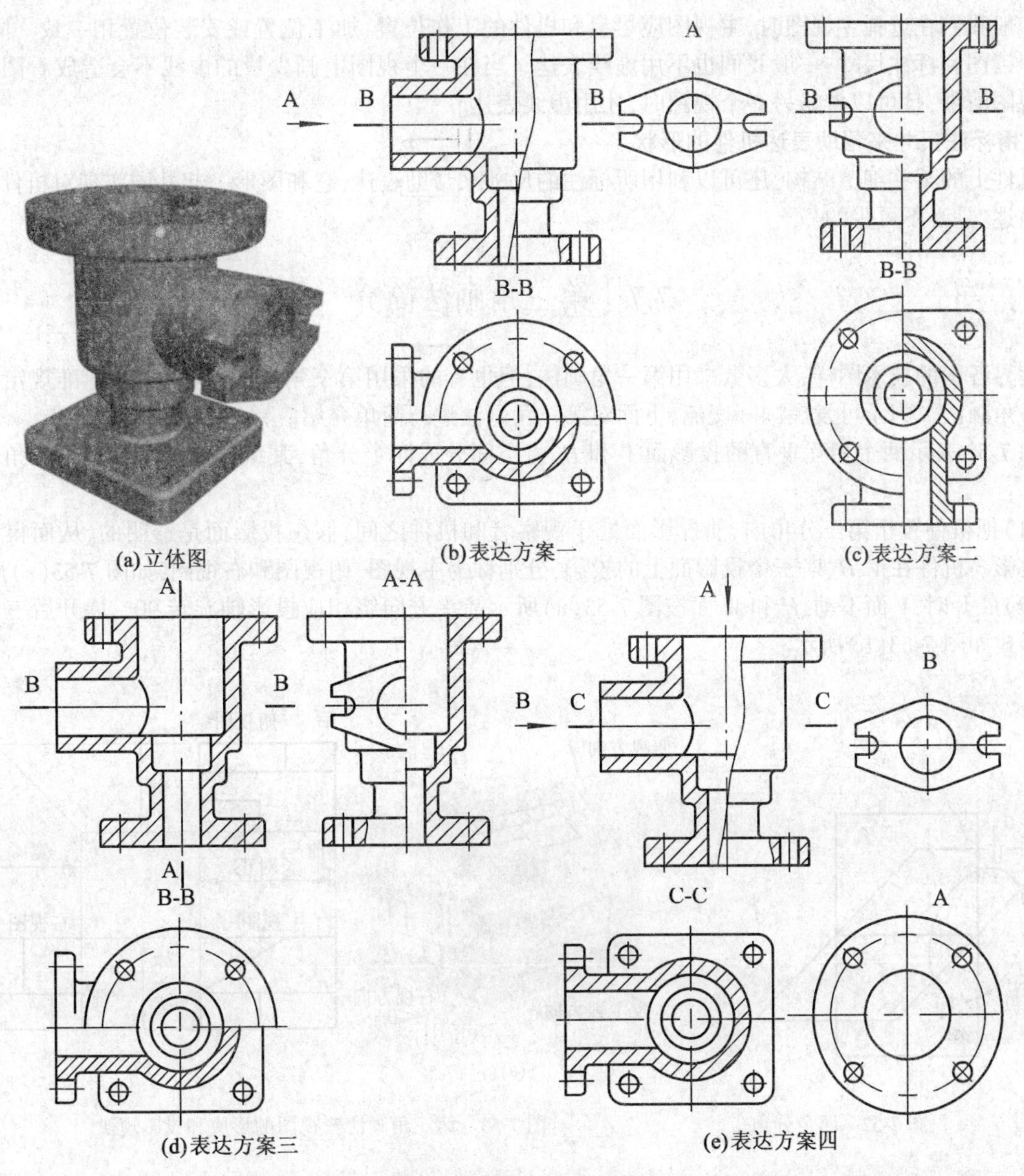

(a)立体图　(b)表达方案一　(c)表达方案二

(d)表达方案三　(e)表达方案四

图7-51　阀体的表达方案

交的圆柱体,其和主体圆柱体相贯,其中开有同轴的柱孔和主体柱孔也相贯,此圆柱体前端有一圆棱形端板,端板两边开有槽。

2.各种表达方案的分析、比较

通常选择最能反映机件特征的投射方向作为主视图的投射方向。在主视图中为了既表达机件的内形,也表达一部分机件的外形,图7-51(b)和图7-51(e)两种表达方案的主视图选用的都是局部剖视图。由于在这两种表达方案中机件的结构都是前后对称的,图7-51(b)方案的俯视图采用了半剖视图,其不仅剖切出了中端圆柱内腔,还表达了上顶板和下底板的实形及其上小孔的分布;图7-51(e)方案的俯视图用的是全剖视图,这样上顶板被切掉,上顶板的实形又得采用 *A* 向局部视图来表达,显然这种表达方案所采用的图形多,表达机件结构不够集中,没有图7-51(b)方案好。而图7-51(d)方案和上面两种方案相比较,其主视图用的是全剖视图,机件的内腔开孔表达得非常清晰,并增加了左视图(由于机件结构是前后对称的,采用的是半剖视图),不仅把中部柱体前端板实形表达清楚,且一定程度表达了机件的整体外形。当机件有对称面时,一般可采用半剖视图表达机件的内、外结构形状;当机件无对称面,且内、外结构一个简单、一个复杂时,在表达中要突出重点,外形复杂要以视图为主,内形复杂要以剖视图为主。对于无对称平面而内、外形状都比较复杂的机件,当投影不重叠时,可采用局部剖视图;当投影重叠时,可分别表达。而图7-51(c)方案,主视图的投射方向和前三种不同,当物体处于这种投射方向时,机件结构是左右对称的,因而主、俯视图均可采用半剖视图,就已经把机件的所有内、外结构形状都表达清楚了,无需再选用其他视图。一般我们在选择主视图时，主视图应尽量和机件的工作位置、加工位置或安装位置相一致。同时，为了便于读图和标注尺寸，一般我们也不用虚线表达。当在一个视图上画少量的虚线不会造成看图困难和影响视图清晰，且可以省略另一个视图时，才用虚线表达。

3.用标注尺寸来帮助表达机件的形状

机件上的某些细节结构，还可以利用所标注的尺寸来帮助表达，它和图形一起共同实现对机件的形与量的描述，是必不可少的。

7.7 第三角画法简介

世界各国的技术图样，大多数采用第一角画法，但也有的采用第三角画法，我国国家标准规定优先采用第一角画法。为了可发展国际交流，下面对第三角画法进行简单介绍。

图 7-52 表示两个相互垂直的投影面 V 和 H，将空间分成四个分角，其编号如图所示。第三角画法的特点是：

(1)把机件置于第三分角内，使投影面处于观察者和机件之间，假想投影面是透明的，从而得到机件的正投影。机件在 V、H、W 三个投影面上的投影，分别称为主视图、俯视图和右视图，如图 7-53(a)所示。

(2)展开时，V 面不动，H 和 W 面按图 7-53(a)所示箭头方向绕相应投影轴旋转 90°，展开后三视图的配置形式如图 7-53(b)所示。

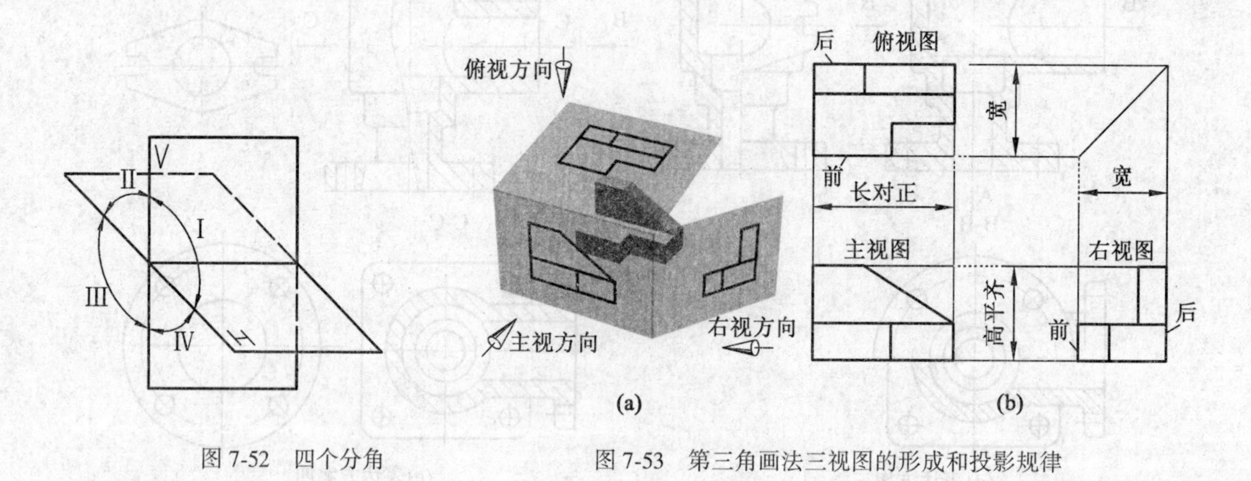

图 7-52 四个分角　　图 7-53 第三角画法三视图的形成和投影规律

(3)在第三角画法的三视图之间，同样符合"长对正、高平齐、宽相等"的投影规律。要注意的是：在俯视图和右视图中，靠近主视图的一边是机件前侧的投影。

(4)采用第三角画法绘制的图样中，必须画出第三角画法的识别符号，如图 7-54 所示。

了解了上述基本特点，在熟悉了第一角画法的基础上，就不难掌握第三角画法。

第三角画法也有六个基本视图。六个基本视图的配置形式如图 7-55 所示。

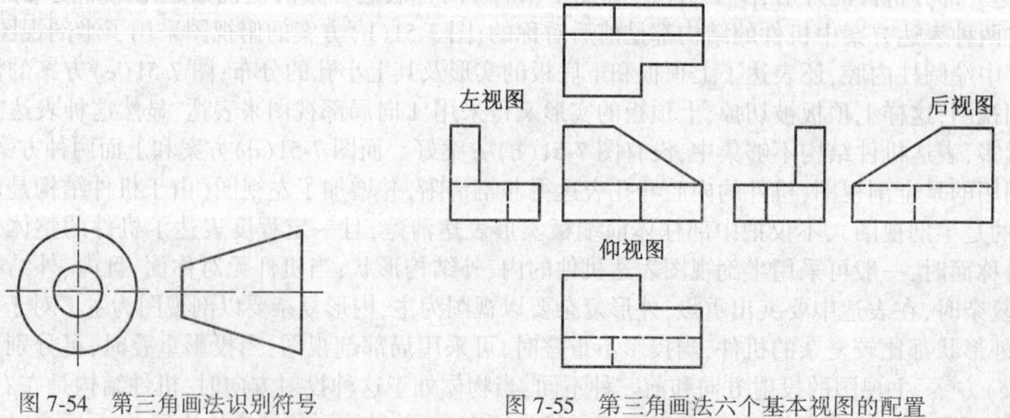

图 7-54 第三角画法识别符号　　图 7-55 第三角画法六个基本视图的配置

第 8 章　AutoCAD 绘图基础

在工程设计中图样的绘制占用大量的时间,手工绘图已经不能适应现代化生产的要求。而使用计算机辅助绘图技术则具有减少设计绘图工作量、缩短设计周期、易于建立标准图库及改善绘图质量、提高设计和管理水平等一系列优点。所以交互式计算机绘图软件现在已经成为一种实用工具,计算机绘图技术也成为工程设计人员必须掌握的基本技能之一。

现在国内外有很多软件可以满足计算机辅助绘图的工作。本章以 AutoCAD2002 为例,简要介绍图形对象的绘制和编辑等基本内容。AutoCAD 是美国 Autodesk 公司推出的一个通用的交互式计算机辅助绘图软件。由于它功能相对强大而且完善、易于使用、适应性强(可用于机械、建筑、电子等许多行业)、易于二次开发,而成为当今世界上应用最广泛的辅助绘图软件之一。

8.1　AutoCAD 的工作环境

在启动 AutoCAD2002 时,系统会首先打开"AutoCAD2002 今日"对话框。用户可以通过"AutoCAD2002 今日"对话框打开已有文件、创建新的图形文件或进行其他操作(见图 8-1)。

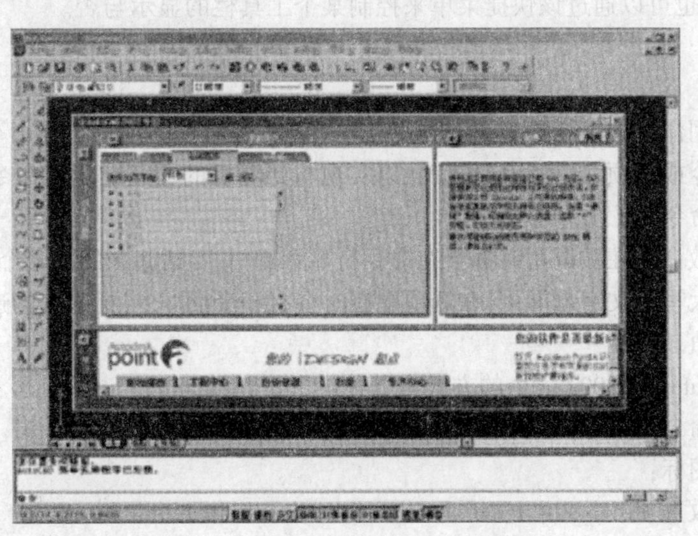

图 8-1　"AutoCAD2002 今日"对话框

根据需要选择相应的选项后,就可进入 AutoCAD2002 的工作界面。用户可以在此界面下开始图形文件的绘制和编辑工作。

图 8-2 为经过重新配置后的 AutoCAD2002 工作界面,主要包括下拉菜单、工具栏、绘图窗口、命令行、状态栏以及窗口按钮和滚动条等。下面对工作界面的各个部分分别作出介绍。

8.1.1　下拉菜单

使用下拉菜单是调用 AutoCAD 命令的第一种方式,每个选项都代表一个命令。基本上 AutoCAD2002 的所有操作都可以使用下拉菜单来实现。

8.1.2　工具栏

工具栏为用户提供了另一种快捷而简便调用命令的方式。它由一些形象的图形按钮组成,通过工具

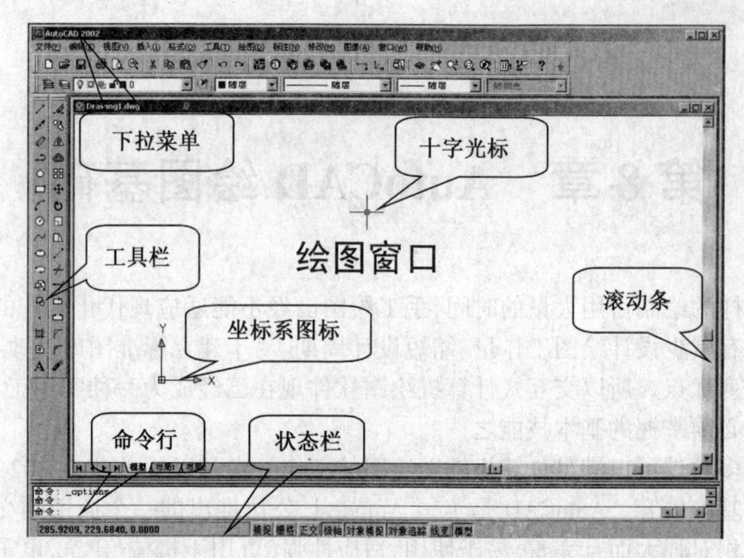

图 8-2　重新配置后的 AutoCAD2002 工作界面

栏可以直观、快速地调用一些常用的命令。

AutoCAD2002 中的工具栏包含有标准、对象特性、绘图、修改等 26 个工具栏。用户还可以创建新的工具栏或对已有工具栏进行编辑。

在任意一个工具栏上单击鼠标右键可弹出工具栏快捷菜单。该快捷菜单列出了 AutoCAD2002 中的所有工具栏名称,用户也可以通过该快捷菜单来控制某个工具栏的显示与否。

8.1.3　命令行

命令行提供了调用命令的第三种方式,即用键盘直接输入命令。用户可在命令行中的“命令:”提示符的右侧键入各种命令或选项、数据等操作信息以实现与计算机的交互。任何命令处于执行交互状态时都可按 Esc 键取消该命令。

AutoCAD 的大多数命令在被调用时都会在命令行显示用“[ ]”括起来的若干个选项,在进行交互操作时只要输入选项后的大写英文字母即可,在选项中有时会有一个用“<>”括起来的选项,此项为默认值,直接回车即接受此默认值。

如上所述,调用 AutoCAD2002 命令的方式有三种:

- 在命令行输入命令;
- 在工具栏选取图标;
- 在下拉菜单选取选项。

8.1.4　绘图窗口

屏幕上剩余的中央大区是绘图窗口,是 AutoCAD 显示、绘制图形的工作场所。AutoCAD2002 支持多文档,用户可以同时打开多个图形文件分别对它们进行编辑。

鼠标位于绘图窗口内时显示为十字线,其交点反映当前光标的位置,故称它为十字光标。十字光标用于绘图、选择对象。

8.1.5　状态栏

状态栏位于绘图屏幕的最底部,它主要反映当前的工作状态,左侧数字表示当前光标的坐标,右侧提供了一系列控制按钮,用于控制绘图辅助功能。

8.1.6　坐标系图标

在绘图窗口内的左下角处有一“L”形图标,它表示当前绘图时所用的坐标系形式。系统默认以左下角为坐标原点(0,0),水平向右为 X 轴正向,垂直向上为 Y 轴正向。

8.2　绘图环境设置

当使用 AutoCAD 绘制图形时,通常先要进行图形的一些基本的设置,诸如单位、精度、区域、线型、颜色等。正确地对绘图环境进行设置,可以大大地提高绘图工作效率。

8.2.1　设置图形界限和线性比例

1. 设置图形界限

图形界限即为绘图区域的大小。AutoCAD 是通过定义其左下角和右上角的坐标来确定的一个矩形区域。设定图形界限可由以下操作来实现:

命令:Limits

下拉菜单:格式→图形界限

调用"Limits"命令后系统提示如下:

重新设置模型空间界限:

指定左下角点或[开(ON)/关(OFF)] <0.0000,0.0000>:

指定右上角点 <420.0000,297.0000>:↙

即确定了一个 A3 图纸大小的绘图界限。

选项"开(ON)/关(OFF)"用于控制界限检查的开关状态。

- On(开):打开界限检查。此时 AutoCAD 将检测输入点,并拒绝输入图形界限外部的点。
- Off(关):关闭界限检查,AutoCAD 将不再对输入点进行检查。

2. 设置线型比例

设置线型比例可调整虚线、点画线等线型的疏密程度。线型比例设置不合适,有可能使虚线或点画线表现为实线或是间隙过大。设置线型比例可由以下操作来实现:

命令:Ltscale

输入新线型比例因子 <1.0000>:(在此输入合适的线型比例因子即可)。

8.2.2　设置对象的特性

AutoCAD2002 中,对象的特性包括线型、颜色、线宽、打印样式和图层等。通过设置对象的特性,用户可以方便地管理和组织图形对象。本节简要介绍这些特性的使用及设置方法。

设置对象特性的命令可以从"格式"下拉菜单或图 8-8 所示的"对象特性"工具栏选取,也可以在命令行输入命令。

图层是 AutoCAD 中的一个重要而实用的基本概念,是 AutoCAD 的管理者。下面介绍图层的建立、设置和使用。

1.图层的概念

可以把图层看做是透明的图纸,多张透明的图纸按照同一坐标重叠在一起,最后得到一幅完整的图纸。引用图层,用户可以对每一图层指定绘图所用的线型、颜色,并可将具有相同线型和颜色的实体放到相应的图层上。

2.利用对话框操作图层

命令:Layer

下拉菜单:格式→图层

工具栏:对象特性工具栏

执行命令后,立即弹出如图 8-3 所示的"图层特性管理器"对话框。

在 AutoCAD2002 中,与图层相关的一些功能设置都集中到"图层特性管理器"对话框中进行统一管理。用户可以使用"图层特性管理器"创建新的图层、设置图层的颜色、线型、线宽以及其他的操作。

(1)创建新图层。

AutoCAD 创建一个新图时,会自动创建一个 0 层为当前图层。用户可在"图层特性管理器"中单击

“新建”按钮创建一个新层。AutoCAD 会创建一个新的图层并显示在图层列表中。用户可以修改新创建的图层名。

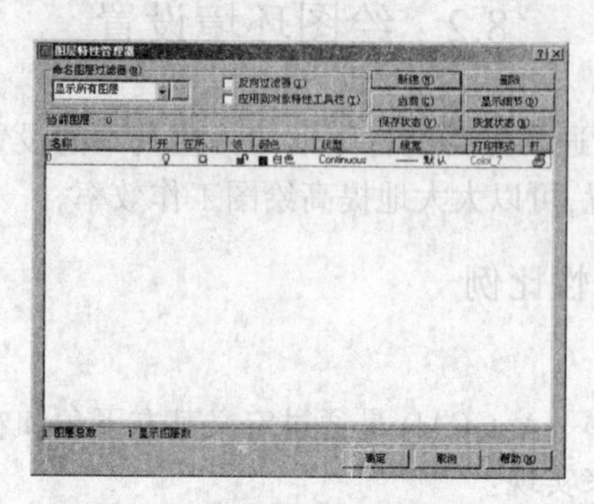

图 8-3 “图层特性管理器”对话框

(2)删除图层。

用户可以删除不必要的一些空白图层。选择要删除的图形,然后单击“删除”按钮即可。但不能删除0层、定义点层、当前层、外部引用所在层以及含有对象的图层。

(3)“当前”:使某层变成当前层。

用户可先选择某一图层后单击“当前”按钮。这样就可使此图层变为当前层,从而可使用当前图层的颜色、线型、线宽等特性进行图形对象的绘制。

(4)“显示细节”:显示选择图层的详细信息。用户可以通过“详细信息”栏来设置选择图层的各种状态和特性。

(5)图层特性设置区。

图层特性管理器的中央大区是图层特性设置区,该区域显示已有的图层及其设置。在设置区的上方有一标题行,各项含义如下:

● “名称”:显示各图层的层名,0 层为缺省层。

● “开”:设置图层打开与否。其下对应的图标是灯泡,如灯泡是黄色,则表示打开,灯泡灰黑,表示该图层是关闭的,其上图形对象不能够显示和打印。

● “在所有视口冻结”:控制图层对象冻结与否。当图层处于“冻结”状态时,AutoCAD 不会显示、打印或重新生成冻结图层中的图形对象。太阳图标表示处于解冻状态;雪花图标表示处于冻结状态。

注意:不能把当前层冻结,也不能把冻结层置为当前层。

● “锁定”:控制图层锁定与否。被锁定的图层上的对象不能被选择和编辑。但是仍然可见并可进行对象捕捉。当我们要编辑某些图层上的对象,而又不想影响其他图层上的不需编辑的对象时,可将这些不需编辑的对象所在图层锁住。

可将当前层设置为“锁定”状态并在上面绘制对象。“锁定”状态图层上的对象可以被打印。

该项的图标是一把锁,若该锁打开,表示图层处于“解锁”状态;若该锁关闭,则其处于“锁定”状态。

● “颜色”:显示图层中图形对象使用的颜色。若想改变该图层颜色,单击对应图标,则出现如图8-4所示的颜色选择对话框,从对话框中点击所需颜色即可。

● “线型”:显示图层中图形对象使用的线型。若想改变某一线型,单击对应的线型名,则出现如图8-5所示的“线型选择”对话框,用户可利用它设置。通常,所需线型并未出现在该对话框中,此时需按下线型选择对话框中的“加载”按钮,载入 AutoCAD 的线型库,如图 8-6 所示。其中预先定义的线型基本上可以满足普通用户的需要。

● “线宽”:单击“图层特性管理器”中要设置线宽图层的“线宽”列,AutoCAD 弹出如图 8-7 所示的“线宽选择”对话框。选择一种线宽后,单击“确定”按钮即可重新设置该图层的线宽。

3.利用对象特性工具栏操作图层

AutoCAD 提供了“对象特性”工具栏,全部展开后的“对象特性”工具栏如图 8-8 所示,利用它可以方便地对图层进行操作和设置。

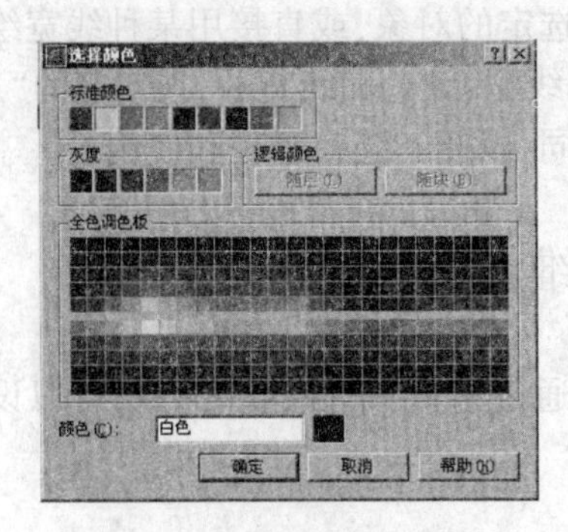

图 8-4　颜色选择对话框

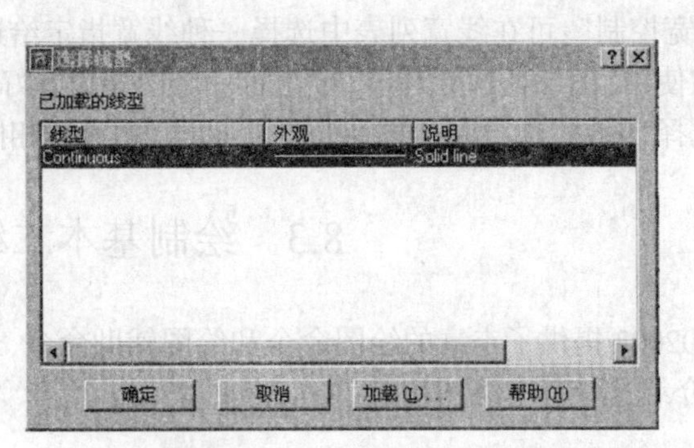

图 8-5　线型选择对话框

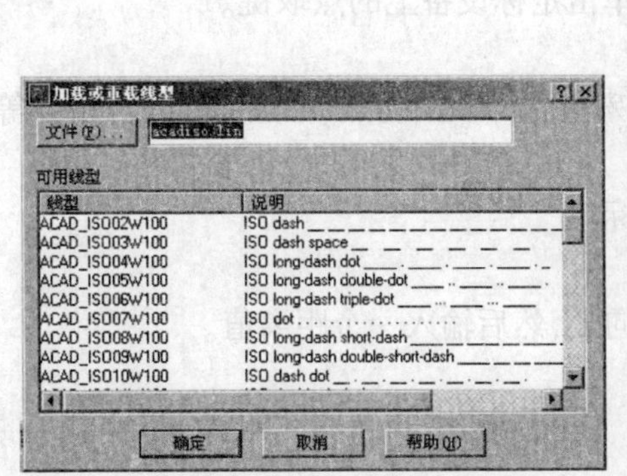

图 8-6　“线型选择”对话框

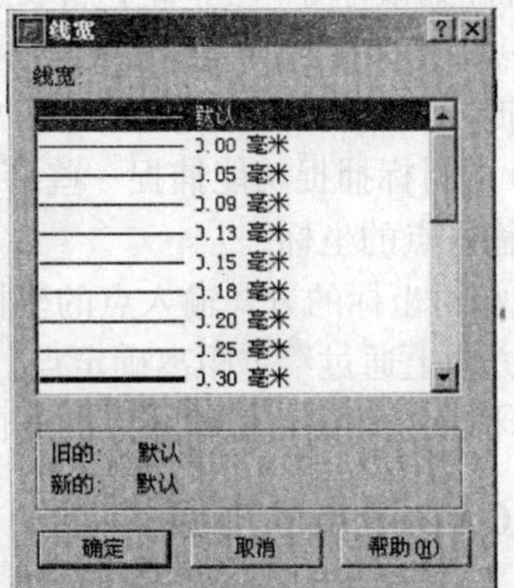

图 8-7　“线宽选择”对话框

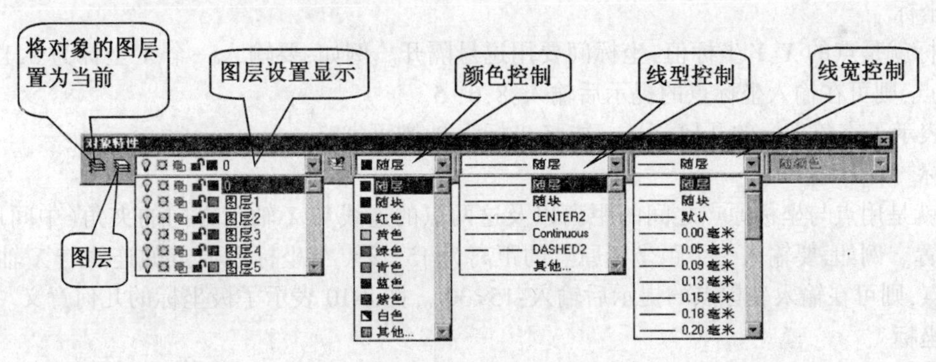

图 8-8　“对象特性”工具栏

工具栏中各项功能说明如下：

(1)“将对象的图层置为当前”：将指定对象所在图层设置为当前层。操作方式是，点取对象，然后单击“将对象的图层置为当前”按钮即可。

(2)“图层”：利用对话框进行图层操作。当按下“图层”按钮后，将出现如图 8-3 所示对话框。

(3)“图层设置显示”：按下三角形箭头，将弹出如图 8-8 所示的下拉列表，显示出所设置的图层名及图层设置状况。

其中常用操作是：

- 点取某图层层名，即将某图层变为当前层。
- 对该图层进行加锁、冻结等处理。

(4)“颜色控制”：可在调色板中选择一种颜色指定给选定的对象，或直接用某种颜色绘制图形。

(5)“线型控制”：可在线型列表中选择一种线型指定给选定的对象，或直接用某种线型绘制图形。

(6)“线宽控制”:可在线宽列表中选择一种线宽指定给选定的对象,或直接用某种线宽绘制图形。

通常,在使用“图层特性管理器”中为每一个图层设置好线型、颜色和线宽后,在对应的“对象特性”工具栏内,都选择“随层”项,即与“图层特性管理器”的设置相同,以便于统一管理和使用。

8.3 绘制基本二维图形

AutoCAD2002 提供了丰富的绘图命令和绘图辅助命令,通过学习,掌握这些命令,可以设计和绘制图形。本章将介绍这些基本绘图功能。

8.3.1 点的输入方式

在工程绘图时,经常要输入一些点,如线段的端点,圆和圆弧圆心等。因此本节先介绍点的各种输入方法。

(1)用定标设备(如鼠标等)在屏幕上点取点。

移动定标设备,将光标移到所需位置,然后单击定标设备上的点取键。

(2)用目标捕捉方式捕捉特殊点。

利用 AutoCAD 的目标捕捉功能捕捉一些特殊点,如圆心、切点、中点、垂足点、端点等。

(3)通过键盘输入点的坐标。

用绝对坐标或相对坐标的方式输入点的坐标。

(4)在指定的方向上通过给定距离确定点。

通过定标设备将光标移到希望输入点的方向上,然后输入一个距离值。

8.3.2 AutoCAD 中点的坐标

1.绝对坐标

绝对坐标是指相对于当前坐标系坐标原点的坐标。当用户以绝对坐标的方式输入一个点时,可以采用直角坐标等方式实现。

a.直角坐标

直角坐标就是点的 X、Y 坐标值,坐标间要用逗号隔开。例如,要输入一个 X 坐标为 8,Y 坐标为 6,Z 坐标为 5 的点,则可在输入坐标点的提示后输入:8,6, 5。

图 8-9 表示了直角坐标的几何意义。如 Z 坐标为 0,则可省略。

b.极坐标

极坐标就是用点与坐标原点之间的距离以及这两点的连线与 X 轴正方向的夹角(中间用“<”隔开)表示点的位置。例如,要输入一个距坐标原点的距离为 15,该点与坐标系原点的连线与 X 轴正方向的夹角为 30°的点,则可在输入坐标点的提示后输入:15<30 。图 8-10 表示了极坐标的几何意义。

2.相对坐标

相对坐标是指输入点相对于前一坐标点的坐标。其输入的格式同绝对坐标相同,但要求在坐标的前面加上“@”。例如,已知前一点的坐标为(4,5),如果要输入另一相对于该点的 X 方向距离为 12,Y 方向距离为 8 的点,则可在输入坐标点的提示后输入:@ 12,8。图 8-11 表示了相对坐标的几何意义。

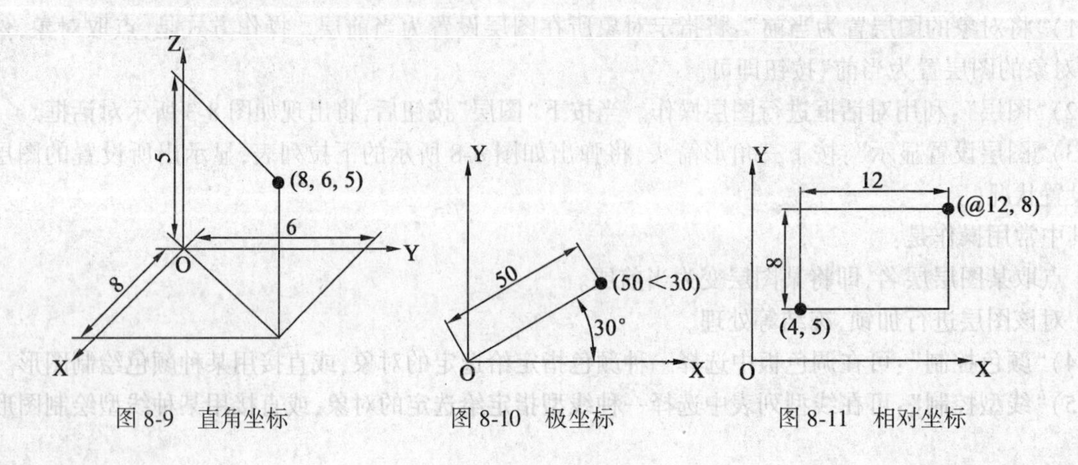

图 8-9 直角坐标　　图 8-10 极坐标　　图 8-11 相对坐标

8.3.3　基本绘图命令

绘图命令工具栏如图 8-12 所示,其上列出了常用的绘图命令。在需要时直接在标题栏中点取相应的图标即可。

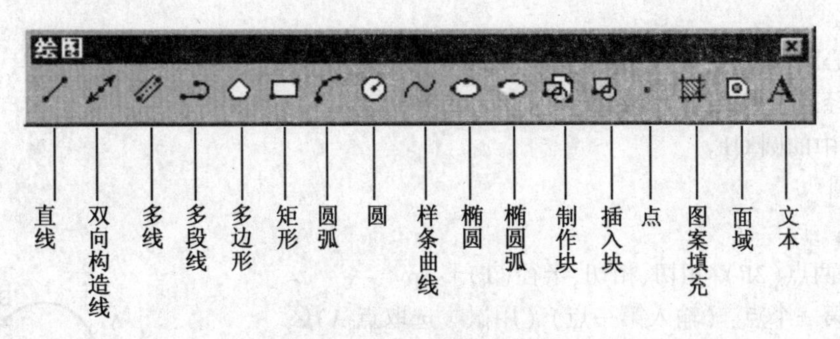

图 8-12　绘图命令工具栏

下面解释一些常用绘图命令的具体操作方法。

1.直线

命令输入方式:

命令:Line

下拉菜单:绘图→直线

工具栏:绘图→

功能:绘直线段。

【例 8-1】　用输入绝对坐标值画直线。

命令: line↙

指定第一点:250,250↙

指定下一点或[放弃(U)]:100,100↙

指定下一点或[放弃(U)]: 250,100↙

指定下一点或[闭合(C)/放弃(U)]:c↙

本例绘出如图 8-13 所示的三角形。

其中:"放弃(U)"选项为放弃上一点所输入的坐标。

"闭合(C)"选项为将最后一点与第一点相连。

2. 圆

命令输入方式:

命令:Circle

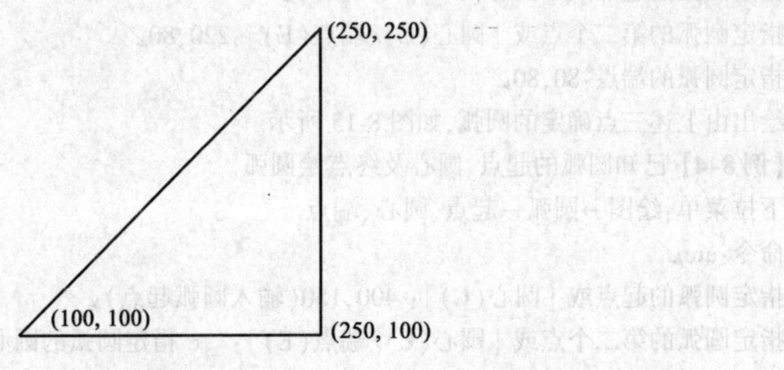

图 8-13　画直线

下拉菜单:绘图→圆→子菜单中各选项

工具栏:绘图→⊙

功能:在指点位置绘圆。绘圆的方法有六种,我们介绍其中的三种方法。

a.根据圆心与圆的半径绘圆

【例 8-2】

命令: circle↙

指定圆的圆心或[三点(3P)/两点(2P)/相切、相切、半径(T)]:200,190↙

指定圆的半径或[直径(D)]:25↙

绘出图 8-14 中的圆 O1。

b.用 3 点绘圆

命令: Circle↙

[三点(3P)/两点(2P)/相切、相切、半径(T)]:3p

指定圆上的第一个点:(输入第一点)(用鼠标选取点 A)↙

指定圆上的第二个点:(输入第二点)(用鼠标选取点 B)↙

指定圆上的第三个点:(输入第三点)(用鼠标选取点 C↙

绘出图 8-14 中的圆 O2。

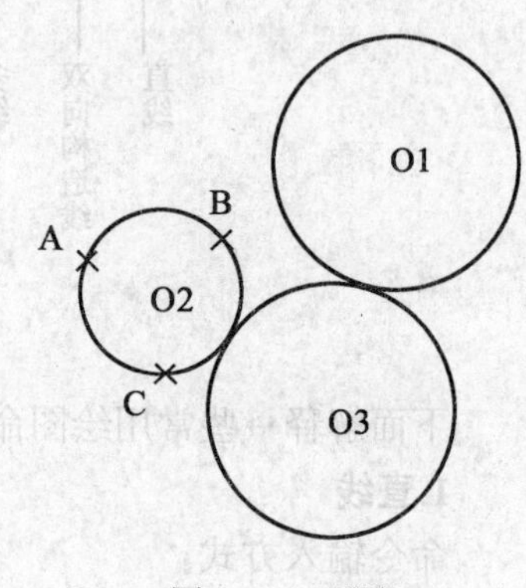

图 8-14 画圆

c.用两切点绘圆

命令: Circle↙

[三点(3P)/两点(2P)/相切、相切、半径(T)]:t

指定对象与圆的第一个切点:(用鼠标选取圆 O2 的圆周线)↙

指定对象与圆的第二个切点:(用鼠标选取圆 O1 的圆周线)↙

指定圆的半径 <缺省值>:25↙

绘出图 8-14 中的圆 O3。

3.绘圆弧

命令输入方式:

工具栏:◜

命令:Arc

功能:绘制给定参数的圆弧。

绘制圆弧的方式共有 11 种,使用下拉菜单:绘图→圆弧→……可以在多种方式中选择一项。我们只介绍其中的三种方法。

【例 8-3】用三点绘圆弧。

下拉菜单:绘图→圆弧→三点

命令:arc↙

指定圆弧的起点或[圆心(C)]::150,150↙

指定圆弧的第二个点或[圆心(C)/端点(E)]:220,80↙

指定圆弧的端点:80,80↙

绘出由上述三点确定的圆弧,如图 8-15 所示。

【例 8-4】已知圆弧的起点、圆心及终点绘圆弧。

下拉菜单:绘图→圆弧→起点、圆心、端点

命令:arc↙

指定圆弧的起点或[圆心(C)]: 400,150(输入圆弧起点)↙

指定圆弧的第二个点或[圆心(C)/端点(E)]: _c 指定圆弧的圆心: 330,150

指定圆弧的端点或[角度(A)/弦长(L)]:(输入终点)330,80↙

绘出如图 8-16 所示圆弧。

AutoCAD 规定按逆时针方向由起点到终点画圆弧,终点只用来决定角度。

【例 8-5】根据圆弧的起点、端点及半径绘圆弧。

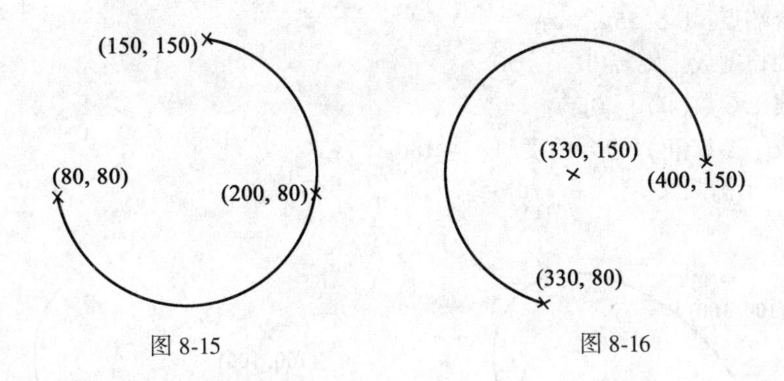

图 8-15　　　　图 8-16

下拉菜单：绘图→圆弧→起点、端点、半径

命令：_ arc

指定圆弧的起点或［圆心(C)］：200,110↙

指定圆弧的第二个点或［圆心(C)/端点(E)］：_ e 指定圆弧的端点：110,200↙

指定圆弧的圆心或［角度(A)/方向(D)/半径(R)］：_ r 指定圆弧的半径：90↙

绘出如图 8-17 所示圆弧，如半径为-90，则所绘圆弧如图 8-18 所示。

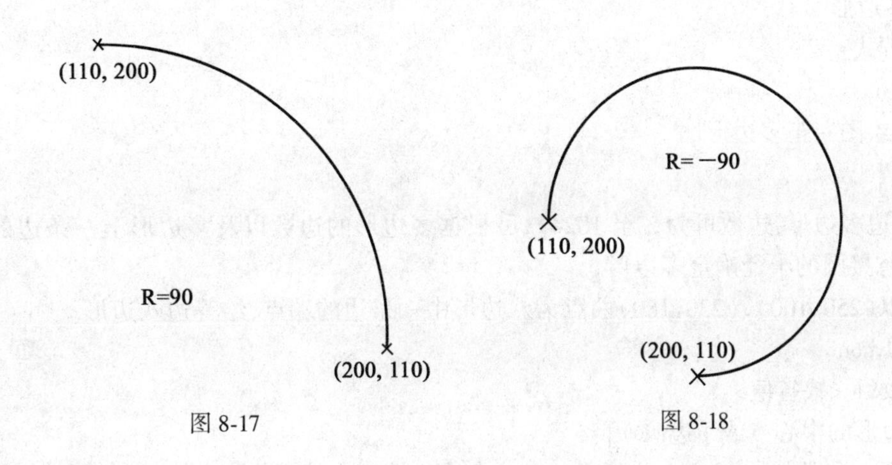

图 8-17　　　　图 8-18

4. 绘椭圆和椭圆弧

命令输入方式：

命令：Ellipse

下拉菜单：绘图→椭圆→……

工具栏：

功能：绘椭圆或椭圆弧。可通过确定椭圆某一轴上的两个端点的位置以及另一轴的半长或椭圆一根轴上的两个端点的位置以及一转角或根据椭圆的中心坐标、一根轴上的一个端点的位置以及一转角确定椭圆。

【例 8-6】绘椭圆。

命令：ellipse

指定椭圆的轴端点或［圆弧(A)/中心点(C)］：100,100↙

指定轴的另一个端点：145,55 ↙

指定另一条半轴长度或［旋转(R)］：50↙

绘出如图 8-19 所示椭圆。

【例 8-7】绘椭圆弧。

命令：ellipse

指定椭圆的轴端点或［圆弧(A)/中心点(C)］：a

指定椭圆弧的轴端点或［中心点(C)］：100,100↙

指定轴的另一个端点：145,55↙
指定另一条半轴长度或［旋转(R)］：50
指定起始角度或［参数(P)］：0↙
指定终止角度或［参数(P)/包含角度(I)］：180↙
绘出如图 8-20 所示椭圆弧。

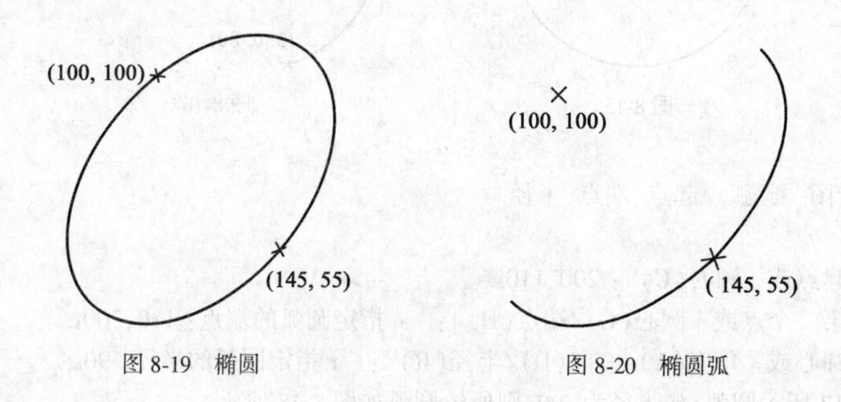

图 8-19 椭圆　　图 8-20 椭圆弧

5.绘等边多边形

命令输入方式：
命令:Polygon
下拉菜单:绘图→正多边形
工具栏:

功能:绘等边多边形,边数可为 3 至 1024。可根据多边形的边数以及多边形上一条边的两个端点或多边形的内(外)接圆的半径确定多边形。

【例 8-8】以(250,100)、(230,180)两点为八边形中一条边的端点,绘等边八边形。
命令：_ polygon
输入边的数目 <缺省值>:8
指定正多边形的中心点或［边(E)］:e
指定边的第一个端点：(输入多边形上的某一条边的第一个端点)250,100↙
指定边的第二个端点：(输入同一边上的另一个端点)230, 180↙
绘出如图 8-21 所示正八边形。如在"指定边的第一个端点"提示下先输入(230,180)点,再在"指定边的第二个端点:"下输入(250,100)点,则所绘图形如图 8-22 所示。

【例 8-9】以(200,150)点为中心,100 为外接圆半径,绘正六边形。
命令:polygon
输入边的数目 <缺省值>：6↙
指定正多边形的中心点或［边(E)］：200,150↙

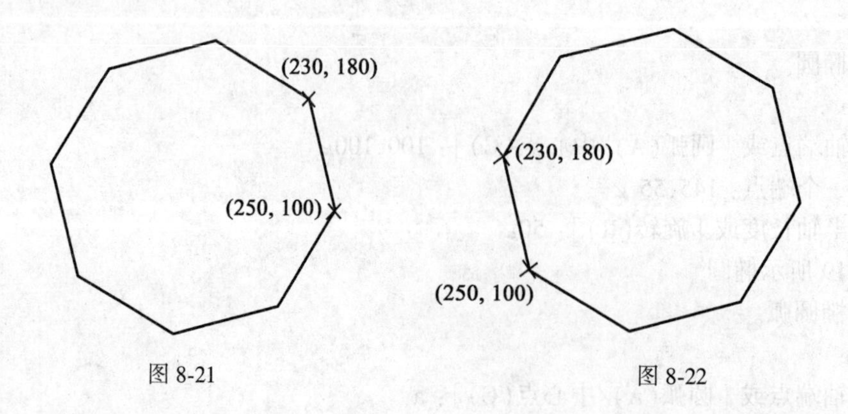

图 8-21　　图 8-22

输入选项［内接于圆(I)/外切于圆(C)］<缺省值>：I↙

指定圆的半径：100↙

绘出如图 8-23 所示正六边形。

【例 8-10】以(200,150)点为中心,100 为内切圆半径,绘正六边形。

命令：polygon

输入边的数目 <缺省值>：6↙

指定正多边形的中心点或［边(E)］：200,150↙

输入选项［内接于圆(I)/外切于圆(C)］<缺省值>：c↙

指定圆的半径：100↙

绘出如图 8-24 所示正六边形。

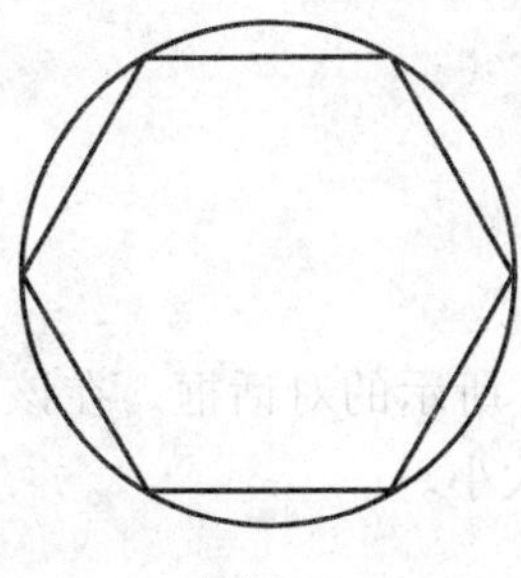

图 8-23

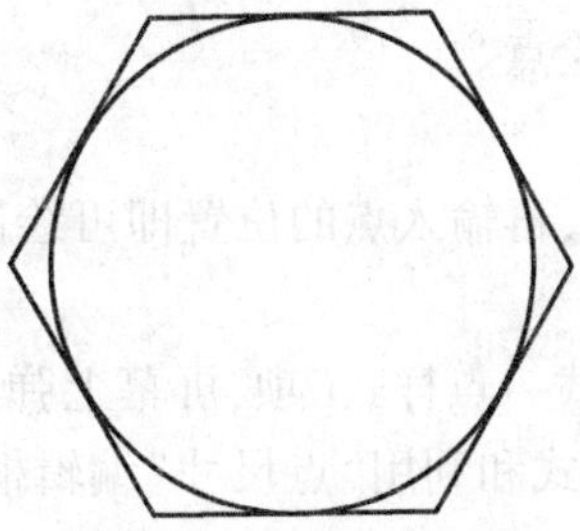

图 8-24

6.矩形

命令输入方式：

命令：Rectangle

下拉菜单：绘图→矩形

工具栏：

功能：绘矩形。

命令：Rectangle

指定第一个角点或［倒角(C)/标高(E)/圆角(F)/厚度(T)/宽度(W)］：(输入矩形第一个顶点的位置) 0,0↙

指定另一个角点或［尺寸(D)］：(输入与第一个顶点成对角的另一个顶点的位置) 50,30↙

结果：绘出以给定两点为对角线的矩形。

选项用于设置矩形的模式。

- 倒角：设置矩形的倒角长度,可绘出四个角都进行了倒角的矩形。倒角长度可设置成不同的值。
- 圆角：设置矩形的圆角半径,可绘出四个角都进行了圆角的矩形。
- 宽度：设置矩形四条边的线宽,用于按设置的线宽绘制矩形。

7.双向构造线

命令输入方式：

命令：Xline

下拉菜单：绘图→构造线

工具栏：

功能：绘制在两个方向上无限延长的直线。通常用作绘图辅助线。

命令：Xline

指定点或［水平(H)/垂直(V)/角度(A)/二等分(B)/偏移(O)］：(输入一点)

指定通过点：(输入第二点) ↙

结果：绘出通过上述两点的双向构造线。

该功能可绘出多条通过第一点的构造线。

其余各选项含义如下：

- 水平(H)：绘制通过指定点的水平构造线。
- 垂直(V)：绘制通过指定点的垂直构造线。
- 角度(A)：与X轴正向成指定角度(逆时针为正)的双向构造线。
- 二等分(B)：平分一已知角的构造线。
- 偏移(O)：绘过指定点与指定线平行的构造线。

8.绘点

命令输入方式

命令：Point

下拉菜单：

工具栏：

功能：在指定位置绘点。

命令：point

选取或输入命令后，再输入点的位置即可绘制出点。

a.设置点的样式

单击下拉菜单"格式→点样式"项，屏幕上弹出如图8-25所示的对话框。在该对话框中，用户可以选取自己所需要的点的形式和利用"点尺寸"编辑框调整点的大小。

b.定数等分

Divide命令可将直线、圆、圆弧、多段线、样条曲线等图形对象进行等分，并用点标记出来。操作如下：

【例8-11】

首先设置点的样式如图8-26所示。

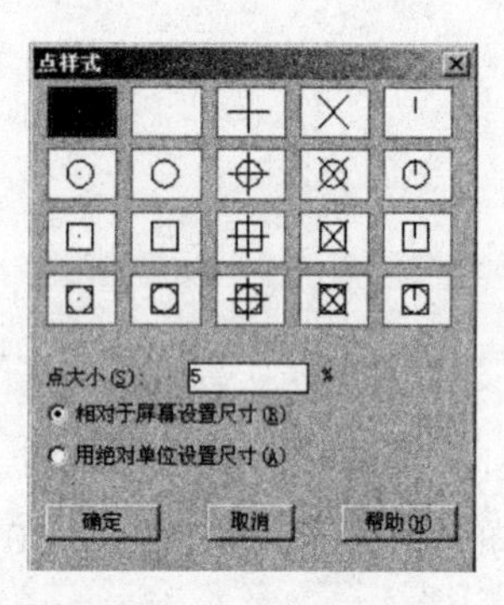

图8-25 点样式对话框

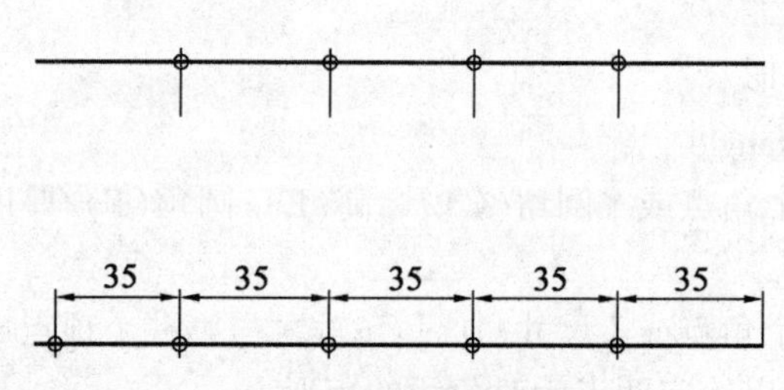

图8-26 定数等分与定距等分

命令：divide 或选取下拉菜单：绘图→点→定数等分

选择要定数等分的对象：(选取要定数等分的直线)

输入线段数目或［块(B)］：5

结果如图8-26上图所示。

c.定距等分

Measure命令可在图形对象上标记出一定距离的点。操作如下：

【例8-12】

命令：Measure 或选取下拉菜单：绘图→点→定距等分

选择要定距等分的对象：(选取要定距等分的直线)

指定线段长度或［块(B)］：35

结果如图8-26下图所示。

9.绘二维多段线

命令输入方式：

命令：Pline

下拉菜单：绘图→多段线

工具栏：

功能：绘制二维多段线。

二维多段线可以由等宽或不等宽的直线以及圆弧组成，AutoCAD 把多段线看成是一个单独对象，用户可以用多段线编辑命令对多段线进行各种编辑操作。具体操作如下：

命令：_pline

指定起点：（输入起始点）↙

当前线宽为 0.0000　　（提示当前的线宽为 nn，其中 nn 为数字）

指定下一个点或［圆弧（A）/半宽（H）/长度（L）/放弃（U）/宽度（W）］：

指定下一个点或［圆弧（A）/闭合（C）/半宽（H）/长度（L）/（U）/宽度（W）］：

下面介绍各选项的含义：

● 圆弧：把画图状态从画线状态切换到画弧状态。

● 闭合：用直线把图形的始点与终点连接起来。

● 半宽：设置要画的直线的半宽度值。

● 长度：输入所要画的一条直线的长度值。

● 放弃：取消最近一次画出的直线段或圆弧。

● 宽度：选择本项后，在"指定起点宽度 <缺省值>"和"指定端点宽度 <缺省值>"提示后输入开始和结束的宽度值。

在选用上述选项时，只需输入选项的第一个字母即可。

当输入 A（圆弧）时，会出现下述提示行并进入画弧状态：

指定圆弧的端点或

［角度（A）/圆心（CE）/方向（D）/半宽（H）/直线（L）/半径（R）/第二个点（S）/放弃（U）/宽度（W）］：

该行各选项的含义如下：

● 角度：设定圆弧的角度，并会有进一步的提示。

● 圆心：设定圆弧中心点，并会有进一步的提示。

● 方向：设定圆弧的起始方向，并会有进一步的提示。

● 直线：本项用于返回画线状态。

● 半径：设定圆弧半径，并会有进一步的提示。

● 第二个点：输入圆弧的第二个点，并会有进一步的提示。

● 其他选项与前面介绍的一样。

【例 8-13】绘出如图 8-27 所示图形。

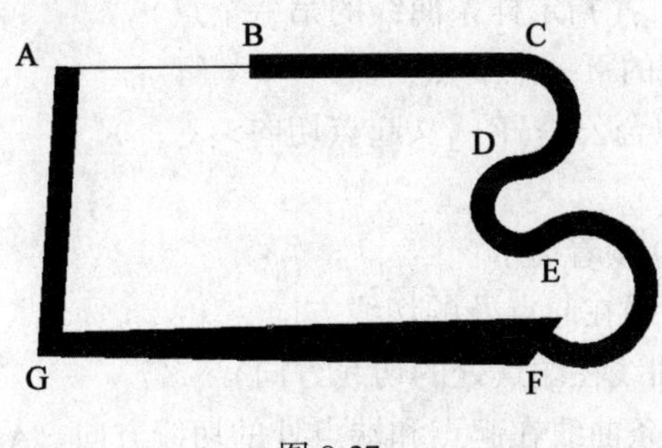

图 8-27

命令：pline

指定起点：（用鼠标单击图 8-26 中 A 点）↙

当前线宽为 0.0000

指定下一个点或［圆弧(A)/半宽(H)/长度(L)/放弃(U)/宽度(W)］:(单击 B 点)↙

指定下一点或［圆弧(A)/闭合(C)/半宽(H)/长度(L)/(U)/宽度(W)］: w

指定起点宽度 <0.000 >5↙

指定端点宽度 <5.000 >↙

指定下一点或［圆弧(A)/闭合(C)/半宽(H)/长度(L)/ (U)/宽度(W)］:(单击 C 点)↙

指定下一点或［圆弧(A)/闭合(C)/半宽(H)/长度(L)/ (U)/宽度(W)］: a↙

指定圆弧的端点或[角度(A)/圆心(CE)/方向(D)/半宽(H)/直线(L)/半径(R)/第二个点(S)/放弃(U)/宽度(W)]:(单击 D 点)↙

指定圆弧的端点或[角度(A)/圆心(CE)/方向(D)/半宽(H)/直线(L)/半径(R)/第二个点(S)/放弃(U)/宽度(W)]:(单击 E 点)↙

指定圆弧的端点或[角度(A)/圆心(CE)/方向(D)/半宽(H)/直线(L)/半径(R)/第二个点(S)/放弃(U)/宽度(W)]:(单击 F 点)↙

指定圆弧的端点或[角度(A)/圆心(CE)/方向(D)/半宽(H)/直线(L)/半径(R)/第二个点(S)/放弃(U)/宽度(W)]:L↙

指定下一点或[圆弧(A)/闭合(C)/半宽(H)/长度(L)/(U)/宽度(W)]: h↙

指定起点半宽 <缺省值>:5↙

指定端点半宽 <缺省值>: 2.5↙

指定下一点或［圆弧(A)/闭合(C)/半宽(H)/长度(L)/(U)/宽度(W)］:(单击 G 点)↙

指定下一点或[圆弧(A)/闭合(C)/半宽(H)/长度(L)/ (U)/宽度(W)]: c↙

10. 绘样条曲线

命令输入方式:

命令:Spline

下拉菜单:绘图→样条曲线

工具栏:

功能:用于绘制样条曲线。

样条曲线是通过指定一系列控制点而拟合形成的一条光顺曲线。AutoCAD 绘制的样条曲线为非均匀有理 B 样条(NURBS)。这种样条曲线在控制点之间生成光顺曲线。样条曲线通常用于绘制一些不规则曲线,如波浪线或标高图中的等高线等。

命令: spline

指定第一个点或［对象(O)］:

有两种生成样条曲线的方法:一种是通过指定样条曲线的控制点来生成样条曲线,另一种方法是将选择的二次或三次样条化拟合多段线转化为样条曲线。

a.通过指定的控制点生成样条曲线

指定第一个点或［对象(O)］:(指定样条曲线的第一个点)

指定下一点:(指定样条曲线的下一个节点)

指定下一点或［闭合(C)/拟合公差(F)］<起点切向>:

……

结束输入控制点时,AutoCAD 接着提示:

指定起点切向:(指定样条曲线在起点处的切线方向)

指定端点切向:(指定样条曲线在端点处的切线方向)

这两个选项要求用户指定样条曲线在起点和端点处的切线方向。AutoCAD 只能通过在绘图窗口拾取一点,由该点至样条曲线起点或端点的连线方向来定义切线方向。确定切线方向后,AutoCAD 绘出样条曲线并退出该命令。

其中的选项含义如下:

● 闭合:用于绘制封闭的样条曲线。选取该项后,AutoCAD 会继续提示:

指定切向:(指定起点的切向)。在指定起点的切向后,即可绘出闭合的样条曲线。

● 拟合公差:AutoCAD在绘制样条曲线时,允许用户指定和修改绘制样条曲线时生成的样条曲线和指定控制点的拟合公差。它反映了曲线与控制点的拟合程度。公差越小,样条曲线越靠近拟合点。在指定了拟合公差后,AutoCAD将自动绘出满足拟合公差及切向位置的最短样条曲线。选取该项后,AutoCAD提示指定拟合公差的数值,在指定拟合公差后,AutoCAD提示继续指定下一点或选取其他选项。在结束指定控制点前,用户还可以重新指定拟合公差,AutoCAD以最后一次指定的拟合公差作为生成样条曲线时的公差。

b.选择对象转换生成样条曲线

在AutoCAD提示"指定第一个点或[对象(O)]:"时,输入"O";选择"对象[O]"选项,可以将选择的二次或三次样条化拟合的多段线转换为样条曲线。选择该选项后,AutoCAD将会提示选择要转换为样条曲线的对象,此时可选择一条或多条样条化拟合的多段线将其转换生成样条曲线。

11.图块

在绘图工作中可以把一些常用的图形对象以图块的形式保存起来,这样可以在需要的时候在图中插入已经定义的图块,以提高图样的可重用性和工作效率。

图块的操作主要分为制作图块、保存图块和插入图块。

a.制作图块

制作图块的步骤为:①绘制图形;②定义属性;③创建图块。

【例8-14】绘制表面粗糙度符号图块。

(1)按图8-28所示绘制出粗糙度符号。其中"CCD"为定义的属性,不需要写出。

(2)定义图块的属性

定义属性的操作如下:选择菜单"绘图"→"块" →"定义属性"打开如图8-29所示的对话框。按照对话框中的设定值设定属性。注意在"插入点"项要点取"拾取点"按钮,用鼠标点取粗糙度符号倒三角上部合适的位置点。

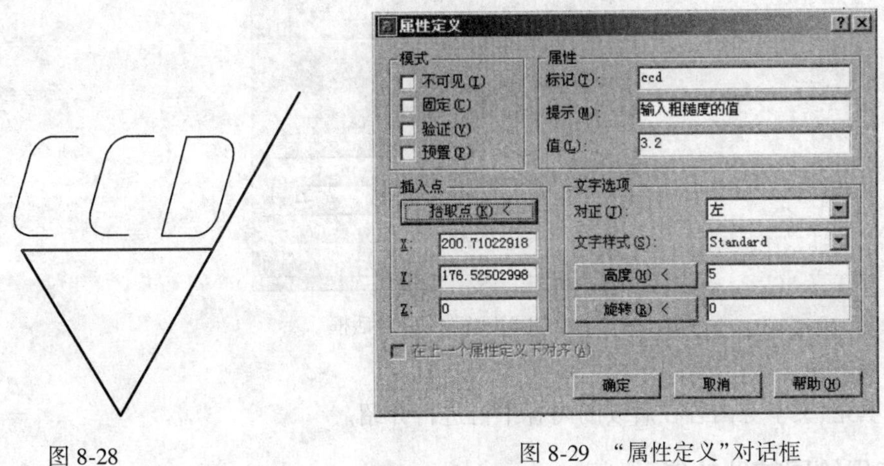

图8-28　　　　图8-29 "属性定义"对话框

定义好属性后,图样如图8-28所示,出现"CCD"标记。

(3)创建块

选取"绘图"工具栏中的"创建块"图标或选择菜单"绘图"→"块" →"创建",在出现的对话框中(见图8-30)定义块。首先输入图块名称;点按"拾取点"返回绘图工作区,单击图8-28中粗糙度符号下部顶点作为以后插入图块的基点;再点按"选择对象"按钮返回绘图工作区,将图8-28中的内容全选,回车后按"确定"按钮结束。至此,图块定义成功。

b.插入图块

选取"绘图"工具栏中的"插入块"图标或选择菜单"插入"→"块",在出现的对话框中(见图8-31)操作。首先在下拉列表中选取要插入的图块;然后确定图块在 *X*、*Y*、*Z* 方向的缩放比例;在指定图块的旋转角度;最后单击"确定"按钮。于是在命令行中显示属性中的提示;根据提示输入粗糙度值即可。

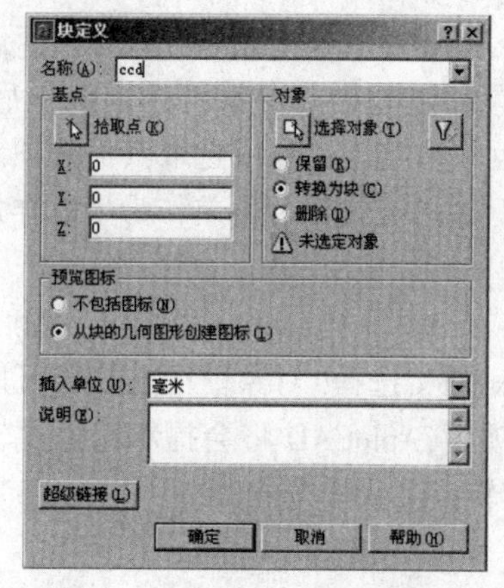

图 8-30 “块定义”对话框

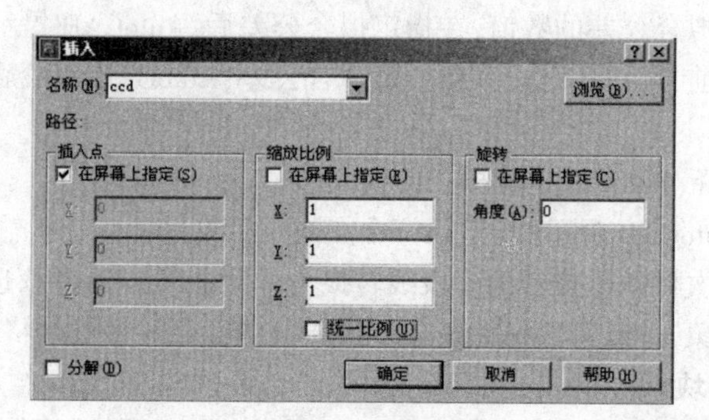

图 8-31 “插入”对话框

c.保存图块

按前文所述创建的图块称为“内部块”,只能保存在当前图形中,虽然能够与图形一道存盘,但不能用于其他图形。如果想要让图块用于其他图形,则必须使用“Wblock”命令创建和保存图块,这样的图块称为“外部块”。键入“Wblock”命令,出现如图 8-32 所示的对话框,首先选择块源(当块源为“块”或“整个对象”时,“拾取点”和“选择对象”按钮将不可用),然后为存盘文件取文件名、选择存盘路径,最后确认。

外部块的插入与内部块相同,只是要提供外部块的存盘路径。

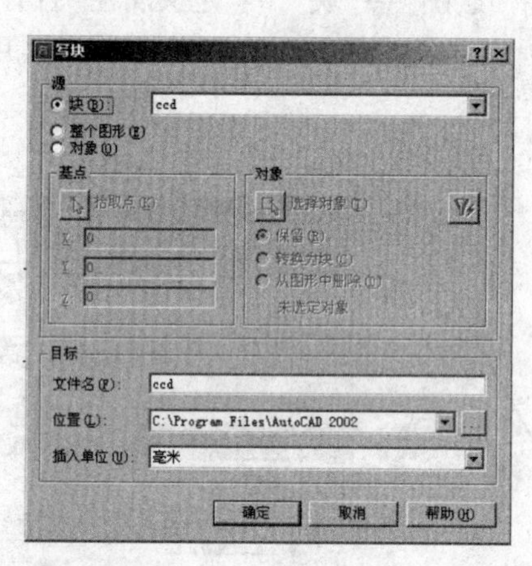

图 8-32 “写块”对话框

关于图案填充、文本等内容在后续的内容中再进行介绍。

8.3.4 使用绘图辅助功能

AutoCAD 提供了多种绘图辅助功能,利用这些功能,用户可以方便、迅速、准确地绘出需要的图形。

1. 对象捕捉

我们用 AutoCAD 绘图时,当希望用点取的方法找到某些特殊点时(如圆心、切点、线或圆弧的端点、中点等),无论怎么小心,要准确地找到这些点都十分困难,甚至根本不可能。例如,当绘一条线,该线以某圆的圆心为起点时,如果要用点取的方式找到此圆心就很困难。为解决这样的问题,AutoCAD 提供了“对象捕捉”功能,利用该功能,用户可以迅速、准确地捕捉到某些特殊点,从而能够迅速、准确地绘出图形。

图 8-33 是 AutoCAD2002 的对象捕捉工具栏,在标准工具栏中也可以弹出与此相似作用的工具栏。另外,由于用户在绘图时经常用到对象捕捉功能,因此 AutoCAD 还提供了另外一种执行对象捕捉功能的方法,当按下 Shift 键后再按右键时,AutoCAD 会弹出一个快捷菜单,利用它也可以实现对象捕捉功能。

a.对象捕捉的模式

表 8-1 列出了 AutoCAD2002 中所具有的对象捕捉模式,这些模式与图 8-33 中的按钮从左至右一一

对应。

表 8-1 对象捕捉模式

模式	关键词	功 能
临时追踪点	TT	临时指定一点为基点,用其确定另一点
捕捉自	FROM	捕捉距参照点指定偏移量的点
捕捉到端点	END	线段或圆弧的端点
捕捉到中点	MID	线段或圆弧等对象的中点
捕捉到交点	INT	圆或圆弧的圆心
捕捉到外观交点	APP	线段、圆弧、圆等对象之间的交点
捕捉到延长线	EXT	捕捉直线或圆弧延长线上的点
捕捉到圆心	CEN	捕捉圆、圆弧或椭圆的中心点
捕捉到象限点	QUA	圆周上 0、90、180、270 度的点
捕捉到切点	TAN	与最后一个点连线与圆或圆弧相切的切点
捕捉到垂足	PER	实体对象的垂足
捕捉到平行线	PAR	捕捉指定直线的平行线上的点
捕捉到插入点	INS	块、形或文字的插入点
捕捉到节点	NOD	用 POINT、DIVIDE、MEASURE 等命令生成的点
捕捉到最近点	NEA	离拾取点最近的线段、圆、圆弧等对象上的点
无捕捉	NON	关闭对象捕捉模式
对象捕捉设置		设置自动捕捉模式

b.使用对象捕捉功能

绘图时,当在命令提示行中提示输入一点时,可利用对象捕捉功能准确地捕捉到上述特殊点。方法是:

(1)在命令行提示后面输入相应捕捉模式的关键词,然后根据提示操作即可 。

(2)直接在对象捕捉工具栏上点取相应按钮。

(3)在状态栏中按下"对象捕捉"按钮,使用自动捕捉功能。在"对象捕捉"按钮上按鼠标右键,单击"设置",可设置自动捕捉的项目。

(4)Shift + 鼠标右键可弹出一个快捷菜单,选取相应的选项。

下面举例说明。

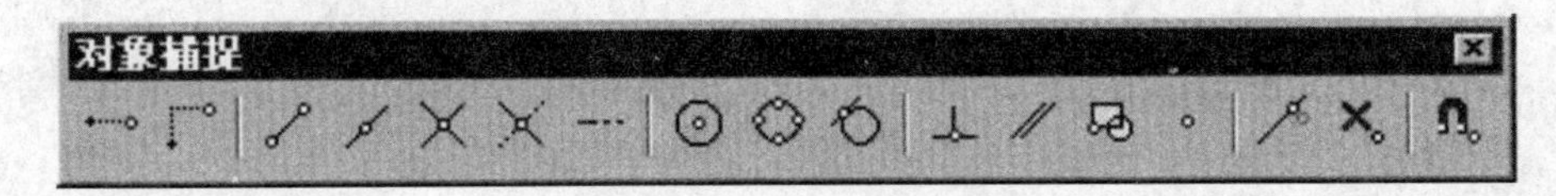

图 8-33 对象捕捉工具栏

【例 8-15】在图 8-34 中,用对象捕捉的方式从小圆的圆心向大圆上方作切线,然后向圆心连线作垂线。

命令: line

指定第一点: CEN↙(表示将要捕捉圆心)

到:(捕捉小圆的圆心,方法:将表示光标位置的取框压住圆,然后按点取键)

指定下一点或[放弃(U)]: TAN↙(表示将要捕捉切点)

到:(在大圆的上半部点取)

指定下一点或[放弃(U)]: PER↙(表示将要捕捉垂足点)

到:(点取直线)

指定下一点或[放弃(U)]:↙

执行结果如图 8-35 所示。

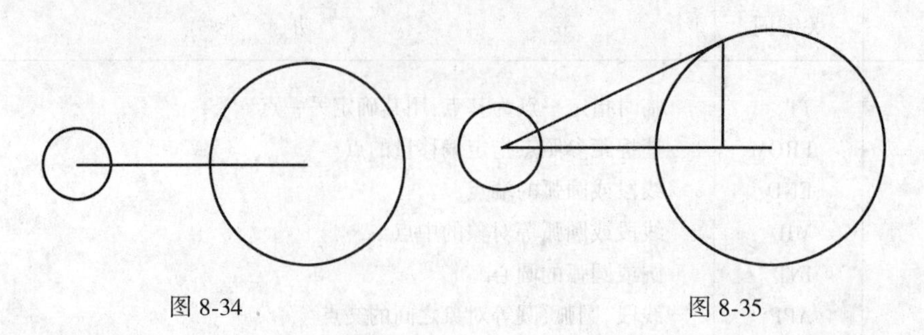

图 8-34　　　　图 8-35

说明:

AutoCAD 对象捕捉中捕捉垂足点、捕捉交点等项有延伸捕捉之功能,即如果对象没有相交,AutoCAD 会假想地把线或弧延长,从而找出相应的点。

【例 8-16】 在图 8-36 中绘一圆,使其通过圆弧的右端点、两条直线的交点以及小圆的圆心。

命令: circle

指定圆的圆心或 [三点(3P)/两点(2P)/相切、相切、半径(T)]: 3p

指定圆上的第一个点:(从对象捕捉工具栏中点取"端点"项)

_ endp 于 (在圆弧的左端点附近点取)

指定圆上的第二个点:(从对象捕捉工具栏中点取"交点"项)

_ int 于 (在两条直线的交点处点取)

指定圆上的第三个点:(从对象捕捉工具栏中点取"圆心"项)

_ cen 于 (点取圆)

执行结果如图 8-37 所示。

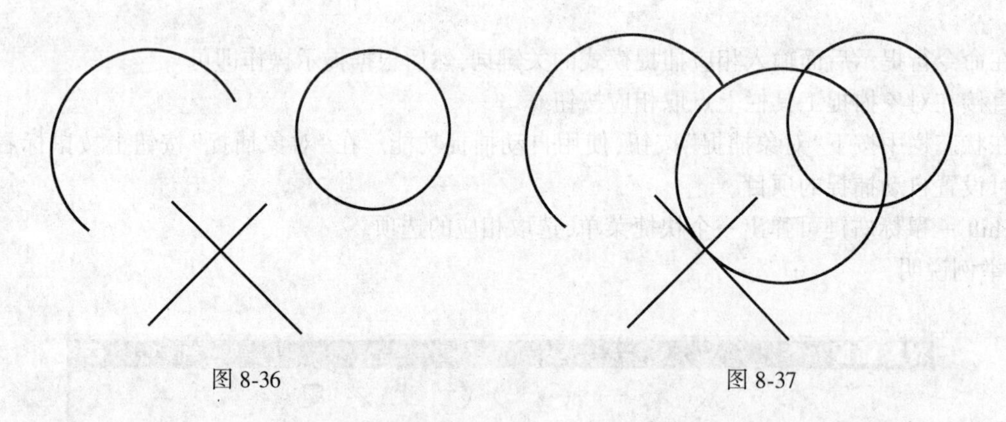

图 8-36　　　　图 8-37

2. 栅格捕捉功能

利用栅格功能可以生成一个隐含分布于屏幕上的栅格,这种栅格能够捕捉光标,使得光标只能落到其中的一个栅格点上(我们称这种栅格为捕捉栅格)。为便于说明问题,在此假定这种栅格是可见的。

命令:Snap(或点按状态栏的"捕捉"按钮,或按 F9 键)

指定捕捉间距或 [开(ON)/关(OFF)/纵横向间距(A)/旋转(R)/样式(S)/类型(T)] <缺省值>:

各选项的含义如下:

- ON(开):打开栅格捕捉功能,且使用上一次设定的捕捉间距、旋转角度和捕捉方式。
- OFF(关):关闭栅格捕捉功能,即绘图时光标的位置不再受捕捉栅格点的控制。
- 纵横向间距:该选项用于分别确定捕捉栅格点在水平与垂直两个方向上的间距。执行它时,AutoCAD 提示:

指定水平间距 <缺省值>:(输入水平方向的间距值)

指定垂直间距 <缺省值>:(输入垂直方向的间距值)

● 旋转:该选项将使捕捉栅格绕指定的点旋转一给定的角度。执行此选项,AutoCAD 提示:

指定基点 <缺省值>:(输入旋转基点)

指定旋转角度 <缺省值>:(输入旋转角度)

执行结果使捕捉栅格绕着旋转基点旋转指定的角度,同时光标的十字线也绕旋转基点旋转该角度。

● 样式:该选项用来确定捕捉栅格的方式。执行时 AutoCAD 提示:

输入捕捉栅格类型 [标准(S)/等轴测(I)] <S>:

指定捕捉间距或 [纵横向间距(A)] <10.0000>:

● 标准:标准方式。该方式下的捕捉栅格式普通的矩形栅格。

● 等轴测:等轴测方式。等轴测方式是绘正等轴测图时非常方便的工作环境,此时的捕捉栅格和光标十字线已不再互相垂直,而是成绘等轴测图时的特定角度。

● 类型:用于设置捕捉的类型。执行时 AutoCAD 提示:

输入捕捉类型 [极轴(P)/栅格(G)] <Grid>:

选择"极轴"选项后设置为极轴捕捉模式;选择"栅格"选项设置为栅格捕捉模式。

点按状态栏上的"捕捉"按钮或按 F9 键可打开或关闭栅格捕捉功能。通常在两个方向上的捕捉栅格间距相等。根据实际绘图的需要,用户可以将捕捉栅格点在水平与垂直两个方向上的间距设置成相等,也可以设置成不相等。

3.栅格显示功能

功能:控制是否在屏幕上显示栅格。所显示栅格的间距可以与捕捉栅格的间距相等,也可以不相等。

命令:GRID(或点按状态栏的"栅格"按钮,或按 F7 键)

指定栅格间距 (X) 或 [开(ON)/关(OFF)/捕捉(S)/纵横向间距(A)] <缺省值>:

各选项含义如下:

● 栅格间距:该选项用来确定显示栅格的间距,为缺省项。响应该项后 X 轴方向和 Y 轴方向上各间距相同。该命令允许用户以当前捕捉栅格间距与指定倍数之积作为显示栅格的间距。方法是用所希望的倍数紧跟一 X 来响应。

● ON/OFF:按当前的设置在屏幕上显示或不显示栅格。

● 捕捉:该选项表示显示栅格的间距与捕捉栅格的间距保持一致。

● 纵横向间距:该选项用来分别设置 X 轴方向与 Y 轴方向的显示栅格间距。执行该选项,AutoCAD 提示:

指定水平间距 <缺省值>:(输入水平方向的间距值)

指定垂直间距 <缺省值>:(输入垂直方向的间距值)

在上面的提示下,用户既可以直接输入某一数值作为相应的间距,也可以输入一数值并紧跟一 X,其作用栅格间同"栅格间距"。

对于栅格捕捉和栅格显示,我们还可以用右键单击状态栏中的"捕捉"或"栅格"按钮,再单击"设置",打开"草图设置"对话框,选择"捕捉和栅格"选项卡,在其中设置各项参数。

4.正交功能

功能:此命令控制用户是否以正交方式绘图。在正交方式下,用户可以方便地绘出与当前 X 轴或 Y 轴平行的线段。

命令:Ortho(或点按状态栏的"正交"按钮,或按 F8 键)

ON/OFF<缺省值>:

ON/OFF:该选项打开或关闭正交方式。

点按状态栏上的"正交"按钮或按 F8 键可打开或关闭正交功能。

当捕捉栅格发生旋转或选择 Snap 命令的"等轴测"项时,橡皮线仍与 X 轴或 Y 轴方向平行。

5.自动追踪功能

使用自动追踪的功能可以用指定的角度方向来绘制对象。在追踪模式下确定目标时,系统会在光标接近指定的角度方向上显示临时的对齐路径,并自动在对齐路径上捕捉距离光标最近的点。这样,用户就能以精确的位置和角度绘制对象。

AutoCAD 提供了两种追踪方式:极轴追踪和对象捕捉追踪。使用追踪功能更加方便了绘图操作。

a.极轴追踪

极轴追踪设置:

右键单击状态栏上的“极轴”按钮,选择“设置”,打开“草图设置”对话框,选择“极轴追踪”选项卡。极轴追踪设置内容如图 8-38 所示。

(1)启用极轴追踪。

可通过选中或不选中“启用极轴追踪”复选框来打开或关闭“极轴追踪”状态。此外也可使用功能键 F10 或点按状态栏的“极轴”按钮进行极轴追踪状态的切换。

(2)极轴角设置。

用于设置极轴追踪的角度。用户可按设定的极轴角的增量来使用极轴追踪。系统可按 90°、60°、45°、30°、22.5°、18°、15°、10°和 5°进行追踪。用户可以选择这 9 个角度增量中的一个,也可直接输入自己需要的追踪角度增量。当设置了极轴追踪的角度增量后,极轴追踪角度可为设置角度增量的整数倍。

AutoCAD 还允许用户自己设置一个或多个附加角。单击“新建”按钮后,可以在“附加角”列表框里输入一个附加角度。当选中“附加角”复选框后,这时的追踪角度除了追踪角度增量的整数倍外,还包括设置的附加角度。

(3)对象捕捉追踪设置。

- 仅正交追踪:在采用对象捕捉追踪时,只能在水平方向或垂直方向进行追踪。
- 用所有极轴角追踪:在采用对象捕捉追踪时可在水平、垂直方向和极轴角度方向进行追踪。

(4)极轴角测量。

- 绝对:采用绝对角度测量,所有极轴角都是相对于直角坐标的绝对角度。
- 相对上一段:选择此项时,自动追踪的提示为“相关极轴”,表示极轴角度为相对于上一线段的角度。

b.对象自动捕捉设置

在“草图设置”对话框中选择“对象捕捉”选项卡打开“对象捕捉”对话框。如图 8-39 所示。

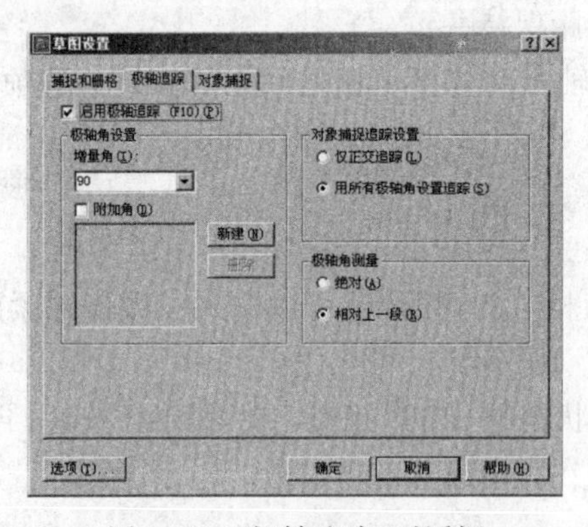

图 8-38 “极轴追踪”对话框

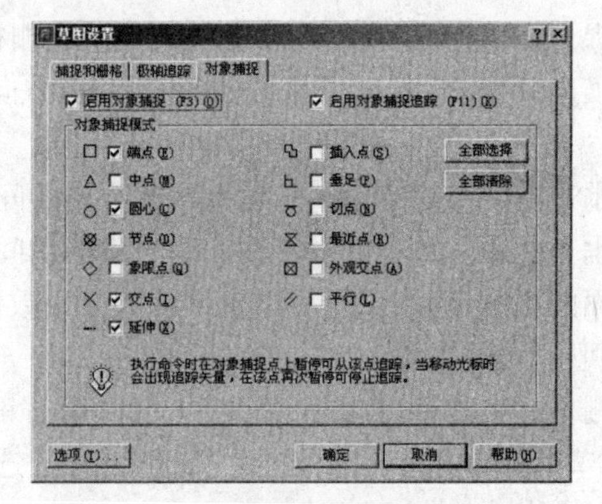

图 8-39 “对象捕捉”对话框

其中“对象捕捉模式”选区内的选项含义同前面“对象捕捉工具栏”各选项的含义相同。选择了其中的选项后,AutoCAD 在绘图过程中会自动捕捉所选定的对象特征点。

- 启用对象捕捉:打开对象捕捉模式,与按下状态栏上的“对象捕捉”按钮作用相同。
- 启用对象捕捉追踪:启动对象捕捉追踪状态。在该状态下,极轴追踪和对象捕捉同时起作用,用户可以十分容易地实现图样中各个位置的“长对正、高平齐、宽相等”的要求。与 AutoCAD 以前的版本相比,可以省掉许多作图的辅助线。

【例 8-17】过 *AB* 与 *CD* 的交点作一条直线与 *EF* 平行,如图 8-40 所示。

作图步骤:

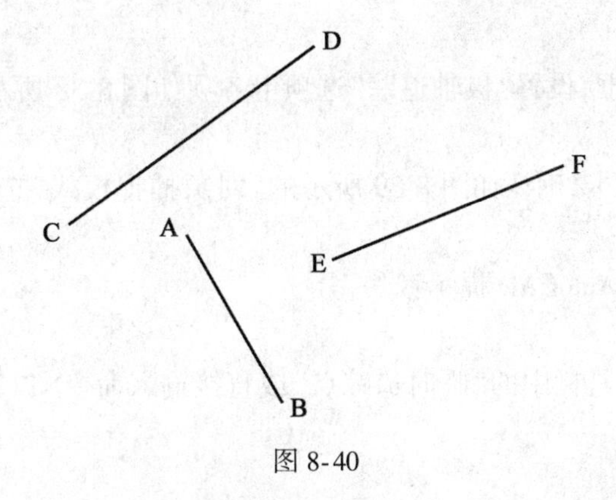

图 8-40

(1)确认图 8-39 所示的“对象捕捉模式”选项中选取“交点”、“延伸”和“平行”复选框处于被选中状态。

(2)用直线命令“Line”。

指定第一点:↙

将光标移动到 *A* 点,出现“端点”提示后再将光标沿着 *BA* 方向移动到 *CD* 上,出现“交点”提示后点按鼠标左键。如图 8-41 所示。

(3)再将光标移动到 *EF* 上,直到出现“平行”提示。

(4)将光标上移,直到出现追踪矢量和“平行”提示后,点按鼠标左键即可。如图 8-42 所示。

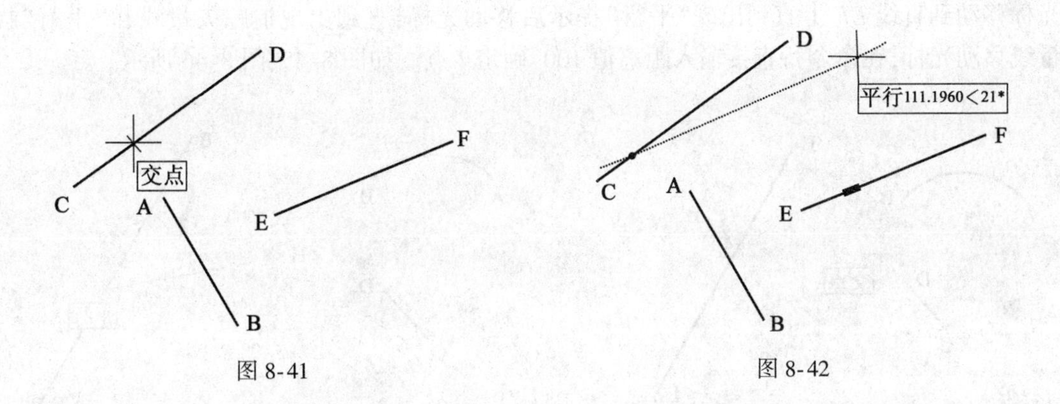

图 8-41　　图 8-42

为了更好地说明使用自动追踪功能的优点,我们再给一个例子。

【例 8-18】如图 8-43 所示,作出矩形 *HIJK*,*H* 点在水平方向与圆弧 *C* 和 *D* 直线 *AB* 的交点距离 50,且矩形的长边与直线 *EF* 平行。

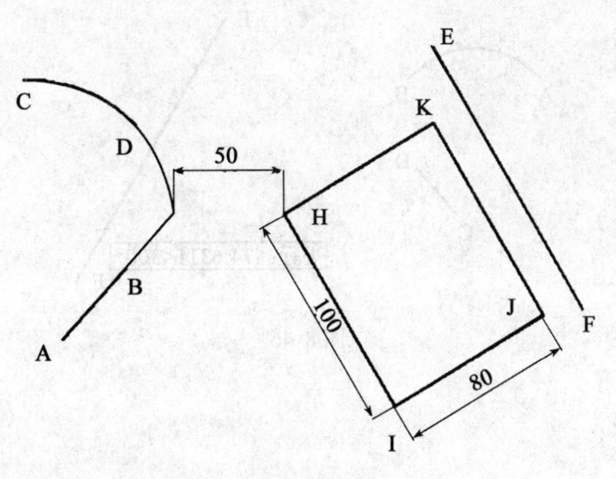

图 8-43

作图步骤：

(1)打开“草图设置”对话框，设置“极轴追踪”选项卡各项如图 8-38 所示。注意“极轴角测量”项选定“相对上一段”。

(2)设置“对象捕捉” 选项卡，确认如图 8-39 所示的“对象捕捉模式”选项中，选取“交点”、“延伸”复选框处于被选中状态。

(3)调用直线命令“Line”，AutoCAD 提示：

指定第一点：

在此时选取“对象捕捉”工具栏中的“临时追踪点”或直接输入命令“TT”。

(4)AutoCAD 继续提示：

指定临时追踪点：

将光标移动到圆弧的 *D* 点，出现“端点”提示后沿圆弧方向移动，此时光标拉出一条虚线弧，再将光标移动到直线的 *B* 点，在出现“端点”提示后，沿 *AB* 方向移动，光标又拉出一条虚线，继续移动光标，直到出现两条虚线相交并出现“交点”提示后，点按鼠标。如图 8-44 所示。

(5)向右侧沿着追踪矢量线移动光标，AutoCAD 继续提示：

指定第一点：

此时在命令行直接输入距离值 50。回车后，即确定了矩形 *HIJK* 的 *H* 点。

(6)AutoCAD 接着提示：

指定下一点：

将光标移动到直线 *EF* 上直到出现“平行”提示后移动光标，直到出现追踪矢量线和“平行”提示，沿追踪矢量线移动光标，在命令行直接输入距离值 100，确定 *I* 点。如图 8-45、图 8-46 所示。

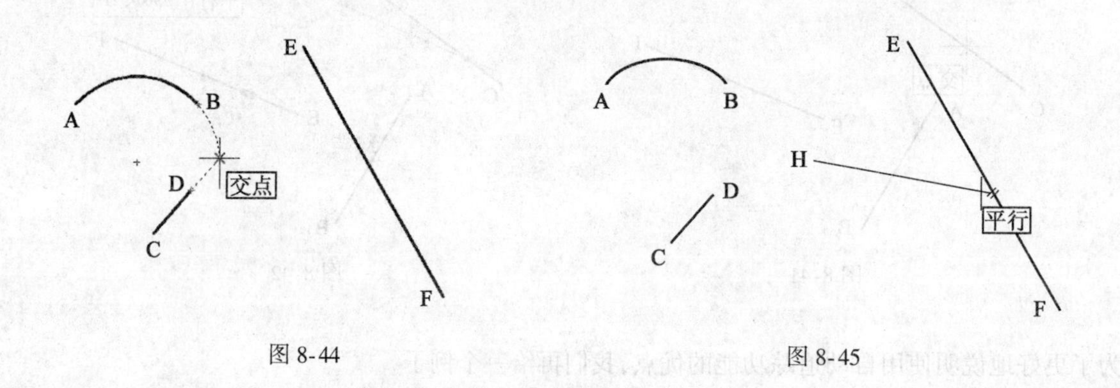

图 8-44　　图 8-45

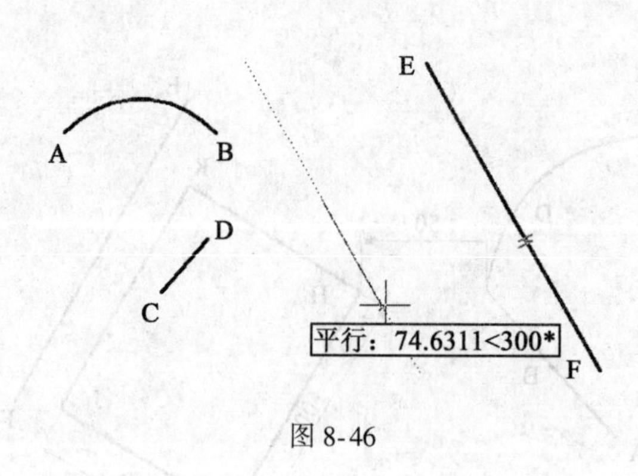

图 8-46

(7)AutoCAD 继续提示：

指定下一点：

向 *HI* 的垂直方向沿着追踪矢量线移动光标，在命令行直接输入距离值 80，确定 *J* 点。如图 8-47 所示。

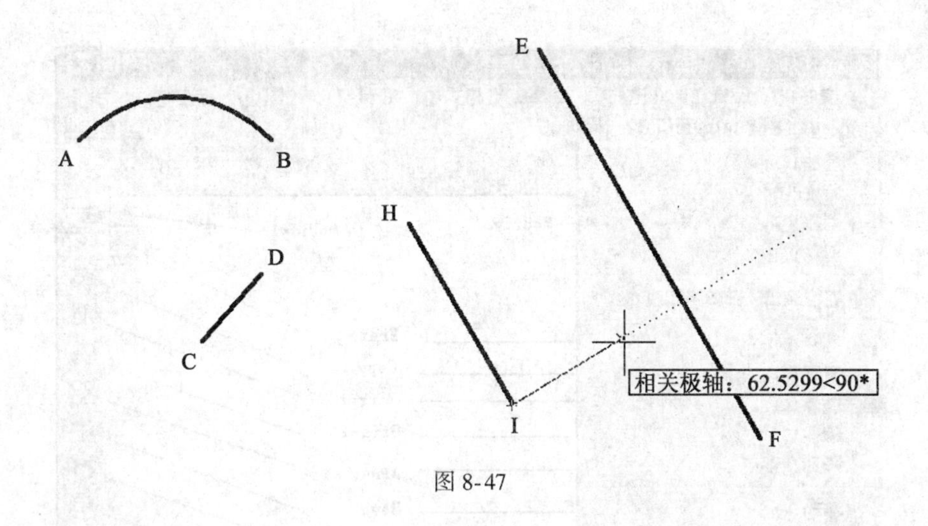

图 8-47

(8) AutoCAD 继续提示：

指定下一点：

向 *IJ* 的垂直方向沿着追踪矢量线移动光标，在命令行直接输入距离值 100，确定 *K* 点。

9.AutoCAD 继续提示：

指定下一点：

直接在命令行输入“C”，作出矩形 *HIJK*。最终完成图形。

8.4　图形编辑

图形编辑是指对所绘图形对象实施修改、移动、复制和删除等操作。与绘图命令同时使用，保证作图准确，减少重复操作，提高绘图效率。

8.4.1　图形编辑功能简介

AutoCAD 提供 Modify1、Modify2 两大类对象编辑功能，如图 8-48 所示。Modify1 是对图形对象实施编辑，本节将重点讨论。Modify2 是对复杂对象如填充图案、多段线、样条曲线、文字、标注等实施编辑，这些将在相关章节中讨论。图形编辑功能的调用有以下三种常用方式：

(1) 命令方式：在命令提示行下输入编辑命令或简化命令，回车启动。

(2) 菜单选择方式：鼠标左键选择下拉菜单或屏幕菜单中的编辑功能启动。

(3) 工具条点击方式：鼠标左键选择点击工具条中编辑功能图标启动。

8.4.2　编辑对象选取方式

图形对象在被编辑前，要处于被选取的状态。被选取的对象一般都呈虚线状。相对编辑命令启动先后，选取对象有两种方法：一种是在执行编辑命令之后根据系统提示选取对象；第二种是在执行编辑命令之前先选取要编辑的对象，然后再执行编辑命令。

1. 选取 (Select) 命令

该命令将选定对象置于“上一个”选择集内。其调用是在命令行输入命令，回车启动。

AutoCAD 要求先选中对象，才能对它进行处理。执行许多命令 (包括 SELECT 命令本身) 后都会出现“选择对象”提示。使用对象选择方式，一个称为“对象拾取框”的小框将代替图形光标上的十字线。

不管由哪个命令给出“选择对象”提示，都可以使用这些方法。要查看所有选项，请在命令行中输入“?”。系统提示如下：

Window/Last/Crossing/BOX/ALL/Fence/WPolygon/CPolygon/Group/Add/Remove/Multiple/Previous/Undo/AUto/Singl

(1) [Window]：选择矩形 (由两点定义) 中的所有对象。从左到右指定角点创建窗口选择。

(2) [Last]：选择最近一次创建的可见对象。

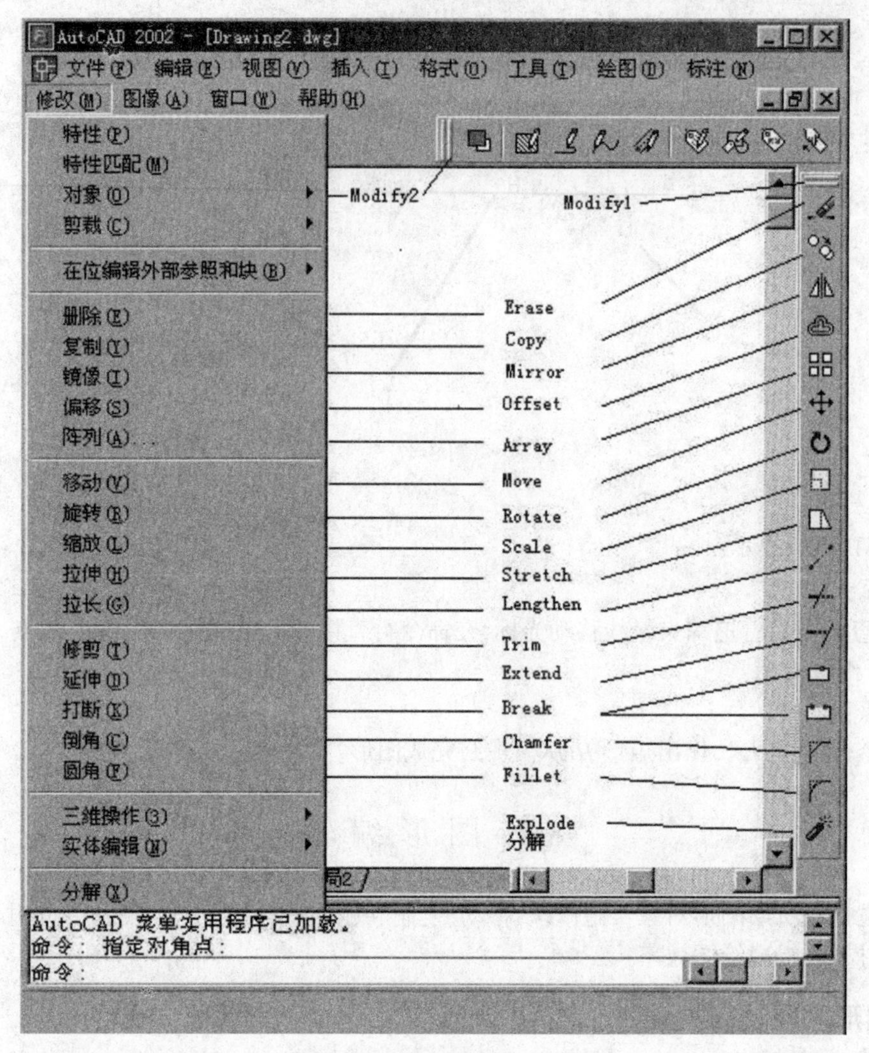

图 8-48　图形编辑功能

(3)[Crossing]:选择区域(由两点确定)内部或与之相交的所有对象。窗交显示的方框为虚线或高亮度方框,这与窗口选择框不同。从左到右指定角点创建窗交选择。

(4)[BOX]:选择矩形(由两点确定)内部或与之相交的所有对象。如果该矩形的点是从右向左指定的,框选与窗交等价。否则,框选与窗选等价。

(5)[ALL]:选择解冻的图层上的所有对象。

(6)[Fence]:选择与选择栏相交的所有对象。

(7)[WPolygon]:选择多边形(通过待选对象周围的点定义)中的所有对象。

(8)[CPolygon]:选择多边形(通过在待选对象周围指定点来定义)内部或与之相交的所有对象。

(9)[Group]:选择指定组中的全部对象。

(10)[Add]:切换到"添加"模式:可以使用任何对象选择方式将选定对象添加到选择集。"自动"和"添加"为默认模式。

(11)[Remove]:切换到"去除"模式:使用任何一种对象选择方式都可以将对象从当前选择集中去除。

(12)[Multiple]:指定多次选择而不高亮显示的对象,从而加快对复杂对象的选择过程。

(13)[Previous]:选择最近创建的选择集。从图形中删除对象将清除"前一个"选项设置。

(14)[Undo]:放弃选择最近加到选择集中的对象。

(15)[Auto]:切换到自动选择:指向一个对象即可选择该对象。

(16)[Singl]:切换到"单选"模式:选择指定的第一个或第一组对象而不继续提示进一步选择。

2. 快速选择(Qselect)命令

该命令用于创建选择集,该选择集包括或排除符合指定过滤条件的所有对象。QSELECT 命令可应用于整个图形或现有的选择集。其调用方式为：

快捷菜单：终止所有活动命令，在绘图区域中单击右键并选择"快速选择"。

菜单：[工具(T)]→[快速选择]

命令行：Qselect

命令启动后，将弹出如图 8-49 所示的"快速选择"对话框。

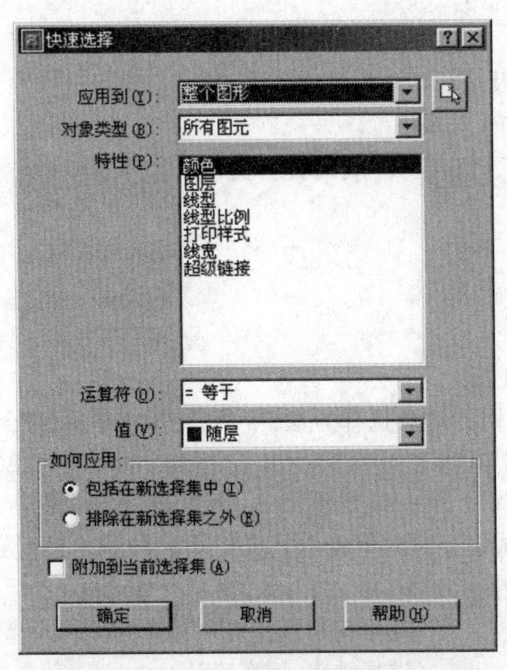

图 8-49　"快速选择"对话框

(1)[应用到(Y)]：将过滤条件应用到整个图形或当前选择集(如果存在的话)。

(2)[选择对象]：临时关闭"快速选择"对话框，以便选择要在其中应用过滤条件的对象。

(3)[对象类型(B)]：指定要包含在过滤条件中的对象类型。

(4)[运算符]：控制过滤的范围。根据选定的特性，选项可能包括"等于"、"不等于"、"大于"、"小于"和"＊通配符匹配"。

(5)[值]：指定过滤器的特性值。

(6)[如何应用]：指定是将符合给定过滤条件的对象包括在新选择集内或是排除在新选择集之外。

(7)[附加到当前选择集]：指定用 QSELECT 命令创建的选择集是替换当前选择集还是附加到当前选择集。

3. 夹点简介、快捷菜单

a.夹点简介

夹点是一些小方框，它们出现在用定点设备指定的对象的关键点上。可以拖动这些夹点执行拉伸、移动、旋转、缩放或镜像操作。

通过夹点可以将命令和对象选择结合起来，因此提高编辑速度。夹点打开后，可以在输入命令之前选择所需对象，然后用定点设备操作对象。也可单击鼠标右键调用快捷菜单进行选择，如图 8-50 所示。

b.快捷菜单

快捷菜单提供对当前操作的相关命令的快速访问。在屏幕的不同区域单击右键时，可以显示不同的快捷菜单，包括：

- AutoCAD 绘图区域内一个或多个选择对象
- AutoCAD 绘图区域内没有任何选择对象
- 在文字和命令窗口中
- 在 PAN 或 ZOOM 命令期间的任何地点

- 工具栏上
- 布局或模型选项卡上
- 在状态栏按钮上

c.快捷菜单选项

快捷菜单上通常包含以下选项：

- 重复执行输入的上一个命令
- 取消当前命令
- 剪切和复制到剪切板以及从剪切板粘贴
- 选择不同的 PAN 或 ZOOM 选项
- 显示对话框，例如“选项”、“自定义”或“特性”窗口
- 放弃输入的上一个命令

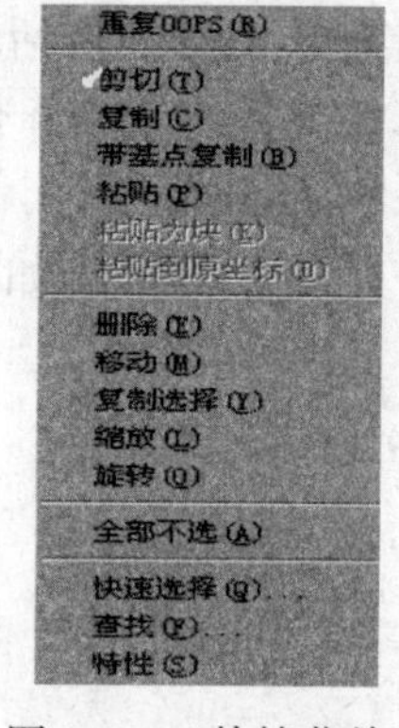

图 8-50 “快捷菜单”

8.4.3 图形编辑命令

1. 删除(Erase)命令

该命令用于从图形中删除对象。

ERASE 命令可用于所有可用的对象选择方法。可以使用 UNDO 命令恢复意外删除的对象。OOPS 命令可以恢复最近使用 ERASE、BLOCK 或 WBLOCK 命令删除的所有对象。

2. 复制(Copy)命令

该命令用于所选择的一个或多个对象生成一个副本，并将该副本放置到其他位置。

命令启动后，系统在命令行提示如下：

选择对象：找到 1 个　　　　(提示用户选择对象)

选择对象：　　　　(选择结束，回车确认)

指定基点或位移，或者［重复(M)］：

(1)［指定基点或位移］：指定两个点，AutoCAD 使用第一个点作为基点并相对于该基点放置单个副本。指定的两个点定义了一个位移矢量，它确定选定对象的被复制后移动距离和移动方向。

(2)［重复(M)］：使用 COPY 命令生成多重副本。系统提示指定选择对象的插入基点，随后提示用户指定第二个点，系统在相对于基点的这一点上放置一个副本。关于放置对象的多个副本的提示“指定位移的第二点”反复出现。如果按 ENTER 键，则结束该命令。

3. 镜像(Mirror)命令

该命令用于创建对象的镜像副本。命令启动后，系统在命令行提示如下：

选择对象：找到 1 个　　　　(选择需镜像的对象)

选择对象：　　　　(选择结束，回车确认)

指定镜像线的第一点：指定镜像线的第二点：　　　　(指定镜像线两端点)

是否删除源对象？［是(Y)/否(N)］<N>：　　　　(确定是否保留原对象)

4. 偏移(Offset)命令

该命令用于对指定对象作同心拷贝。对于直线是平行复制。命令启动后，系统在命令行提示如下：

指定偏移距离或［通过(T)］<1.0000>：

选择要偏移的对象或 <退出>：　　　　(选择要同心拷贝的单一对象)

指定点以确定偏移所在一侧：　　　　(指定副本放置于原对象的哪一侧)

选择要偏移的对象或 <退出>：　　　　(重复上述操作)

5. 阵列(Array)命令

该命令用于创建按指定方式排列的多个对象副本。命令启动后，系统将弹出“阵列”对话框，如图 8-51、图 8-52 所示。

(1)［矩形阵列］：创建由选定对象副本的行和列数所定义的阵列。

- ［行、列］：指定阵列中的行、列数。
- ［行、列偏移］：指定行、列间距。

● [阵列角度]:指定旋转角度。通常角度为 0,因此行和列与当前 UCS 的 X 和 Y 图形坐标轴正交。

● [拾取两个偏移]:临时关闭"阵列"对话框,这样可以使用定点设备指定矩形的两个斜角,从而设置行间距和列间距。

● [拾取行、列偏移]:临时关闭"阵列"对话框,这样可以使用定点设备来指定行、列间距。AutoCAD 提示用户指定两个点,并使用这两个点之间的距离和方向来指定"行偏移"、"列偏移"中的值。

● [拾取阵列角度]:临时关闭"阵列"对话框,这样可以输入值或使用定点设备指定两个点,从而指定旋转角度。

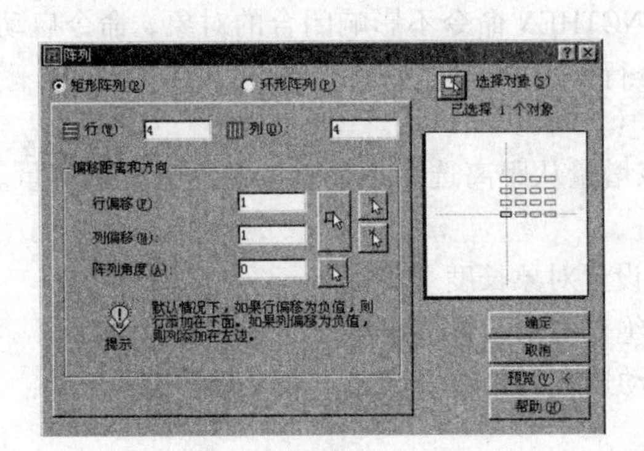

图 8-51　"矩形阵列"对话框

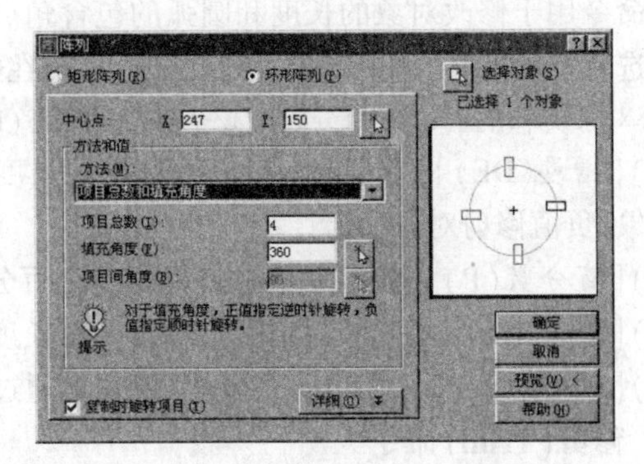

图 8-52　"环形阵列"对话框

(2)[环形阵列]:通过围绕圆心复制选定对象来创建阵列。

● [中心点]:指定环形阵列的中心点。输入 X 和 Y 轴的坐标值,或选择"拾取中心点"使用定点设备指定位置。

● [拾取中心点]:临时关闭"阵列"对话框,这样可以使用定点设备在 AutoCAD 绘图区域中指定圆心。

● [方法和值]:指定用于定位环形阵列中的对象的方法和值。

● [项目总数]:设置在结果阵列中显示的对象数目。

● [填充角度]:通过定义阵列中第一个和最后一个元素的基点之间的包含角来设置阵列大小。正值指定逆时针旋转,负值指定顺时针旋转。

● [项目间角度]:设置阵列对象的基点之间的包含角。输入正值或负值指示阵列的方向。

6. 移动(Move)命令

该命令用于在指定方向上按指定距离移动对象。命令启动后,系统在命令行提示如下信息:

选择对象:找到 1 个	(选择对象)
选择对象:	(回车,选择结束)

指定基点或位移:指定位移的第二点或 <用第一点作位移>:

7. 旋转(Rotate)命令

该命令用于将指定对象绕基点旋转一定角度。命令启动后,系统在命令行提示如下信息:

选择对象:找到 1 个	(提示用户选择对象)
选择对象:	(回车,选择结束)
指定基点:	(设置基点)

指定旋转角度或[参照(R)]:指定当前的绝对旋转角度或"R"选项

[参照(R)]:用于将对象与用户坐标系的 *X* 轴和 *Y* 轴对齐,或者与图形中的几何特征对齐。

8. 缩放(Scale)命令

该命令用于在 *X*、*Y* 和 *Z* 方向按比例放大或缩小对象。命令启动后,系统在命令行提示如下信息:

选择对象:找到 1 个	(选择缩放对象)
选择对象:	(回车,选择结束)
指定基点:	(指定缩放基点)
指定比例因子或[参照(R)]:	(指定比例或选"R")

[参照(R)]：按参照长度和指定的新长度比例缩放所选对象。

9. 拉伸(Stretch)命令

该命令用于移动或拉伸对象。命令启动后，系统提示用户用窗交或圈交选择拉伸对象。执行命令时，系统移动选择窗口内的对象顶点，而不改变窗口外对象的顶点。如被选对象的两端都在选择窗口内，类似于使用MOVE。AutoCAD可拉伸与选择窗口相交的圆弧、椭圆弧、直线、多段线线段、二维实体、射线、宽线和样条曲线。

10. 拉长(Lengthen)命令

该命令用于修改对象的长度和圆弧的包含角。LENGTHEN命令不影响闭合的对象。命令启动后，由用户先选定拉长方案，再选对象实施拉长。系统在命令行提示如下信息：

选择对象或[增量(DE)/百分数(P)/全部(T)/动态(DY)]：

(1)[增量(DE)]：指定的增量修改对象的长度，该增量从距离选择点最近的端点处开始测量。正值扩展对象，负值修剪对象。

(2)[百分数(P)]：按照对象总长度的指定百分数设置对象长度。

(3)[全部(T)]：指定从固定端点测量的总长度的绝对值来设置选定对象的长度。

(4)[动态(DY)]：打开“动态拖动”模式。通过拖动选定对象的端点之一来改变其长度。

11. 修剪(Trim)命令

该命令用其他对象定义的剪切边界修剪指定对象。命令启动后，系统提示选择作为剪切边界的对象；边界对象选择结束，按回车或鼠标右键；再选择要修剪的对象，实施修剪。命令执行过程中，系统在命令行显示如下信息。

当前设置：投影=UCS，边=无

选择剪切边...

选择对象：找到1个　　　　(选择剪切边界对象)

选择对象：找到1个，总计2个　　　　(选择剪切边界对象)

选择对象：　　　　(选择剪切边界对象结束)

选择要修剪的对象，按住Shift键选择要延伸的对象，或[投影(P)/边(E)/放弃(U)]：
(选择被剪对象)

选择要修剪的对象，按住Shift键选择要延伸的对象，或[投影(P)/边(E)/放弃(U)]：
(回车结束命令)

(1)[投影(P)]：指定修剪对象时AutoCAD使用的投影模式。

(2)[边(E)]：确定是在另一对象的隐含边处修剪对象，还是仅修剪对象到与它在三维空间中相交的对象处。

12. 延伸(Extend)命令

该命令用于延伸对象以和另一对象相接。命令启动后，系统提示选择作为边界的对象；边界对象选择结束，按回车或鼠标右键；再选择要延伸的对象，实施延伸。命令执行过程中，有两个选择集需选择和切换。其过程与TRIM命令相同。

13. 打断(Break)命令

该命令有两种操作方式，一是在单个点打断选定对象，即选定对象，指定断点；二是在两点之间打断选定对象，系统提示用户选择对象，并在命令行显示如下信息：

_break 选择对象：　　　　(选择对象，并将选择点当做第一个断点)

指定第二个打断点或[第一点(F)]：　　　　(指定第二个点或选“F”)

[第一点(F)]：用指定新点替换原来的第一个打断点。用此选项时仍需指定第二断点，实施打断。

14. 倒角(Chamfer)命令

该命令用于给对象的边加倒角。命令启动后，系统在命令行提示用户选择第一条直线，第二条直线。系统显示如下信息：

(“修剪”模式)当前倒角距离1 = 10.0000，距离2 = 5.0000

选择第一条直线或[多段线(P)/距离(D)/角度(A)/修剪(T)/方法(M)]：

选择第二条直线：　　　（选择第二条直线，实施倒角，结束命令）

（1）［多段线（P）］：对整个二维多段线倒角。对多段线每个顶点处的相交直线段倒角。倒角成为多段线的新线段。如果多段线包含的线段过短以至于无法容纳倒角距离，则不对这些线段倒角。

（2）［距离（D）］：指定第一、第二个倒角距离。

（3）［角度（A）］：通过第一条线的倒角距离和第二条线的角度设置倒角距离。

（4）［修剪（T）］：控制 AutoCAD 是否将选定边修剪为倒角线端点。输入修剪模式选项［修剪（T）/不修剪（N）］

（5）［方法（M）］：控制 AutoCAD 使用两个距离还是一个距离和一个角度来创建倒角。输入修剪方式［距离（D）/角度（A）］

15. 圆角（Fillet）命令

该命令用于给对象的边加圆角。命令启动后，系统在命令行提示用户选择第一条直线，第二条直线。系统显示如下信息：

当前模式：模式 = 修剪，半径 = 10.0000

选择第一个对象或［多段线（P）/半径（R）/修剪（T）］：

选择第二个对象：　　（选择第二条直线，实施倒角，结束命令）

［半径（R）］：定义圆角弧的半径。

16. 分解（Explode）命令

该命令用于将合成对象分解成它的部件对象。将复合线分解成各直线段，将块分解成该块的各对象，将一个尺寸标注分解成线段、箭头和尺寸文字。

8.5　图形的显示控制

在 AutoCAD 图形绘制过程中，用户既要对整张图进行总体布局，也要对图中局部细节进行操作。为此，AutoCAD 提供平移、缩放、鸟瞰、保存、恢复视图功能满足用户要求。

8.5.1　平移视图

1. 平移（Pan）视图命令

在当前视口中，使用 PAN 或窗口滚动条，移动视图的位置。其调用方式如下：

工具栏："标准（Draw）"→

菜单：［视图（V）］→［平移（P）］→［实时、定点、左、右、上、下］

命令行：Pan 或 P

（1）［实时］：选用"实时"选项，可以通过定点设备动态地进行平移。像使用相机平移一样，PAN 不会变更图形中对象的位置或放大比例，只变更视图。

（2）［定点］：指定两点，按照第一点移动至第二点方式移动视图。

（3）［左、右、上、下］：将当前视图向左、右、上、下移动。

2. 缩放（Zoom）视图命令

使用该命令实现放大或缩小当前视口中对象的外观尺寸。Zoom 不会变更图形中对象的绝对大小，而只变更视图的视觉比例。其调用方式如下：

工具栏："标准（Draw）"→　　　或"缩放"→　等。

菜单：［视图（V）］→［缩放（Z）］→［实时、上一个、窗口、动态、比例、中心点、放大、缩小、全部、范围］。

命令行：Zoom 或 Z

（1）［实时］　：通过向上或向下移动定点设备进行动态的缩放。

（2）［上一个］　：显示上一个视图。

（3）［窗口］　：缩放以显示矩形窗口指定的区域。

(4)[动态]：缩放以显示图形已生成的部分。

(5)[比例]：以指定的比例因子缩放显示。

(6)[中心点]：缩放显示由中心点和放大比例(或高度)所指定的视图。

(7)[放大]：增大对象的外观尺寸。

(8)[缩小]：减小对象的外观尺寸。

(9)[全部]：以显示图形范围或栅格界限进行缩放。

(10)[范围]：缩放以显示图形范围进行缩放。

"实时"平移和缩放命令都可使用"快捷菜单"启动,在绘图区域单击右键弹出"快捷菜单"并选择操作。平移和缩放过程中也可使用"快捷菜单"实行切换操作。

8.5.2 鸟瞰视图

为了使用户了解图纸整体与局部细节间的相关联系,AutoCAD 提供了"鸟瞰视图"工具,它使用一个独立于当前视图的"鸟瞰视图"显示整个图形视图,并在鸟瞰视图中实现快速移动到目的区域。其命令调用方式如下:

菜单:[视图(V)]→[鸟瞰视图(W)]

命令行:Dsviewer

命令启动后,系统将弹出如图 8-53 所示的鸟瞰视图窗口。

(1)[视图]:放大、缩小图形或在"鸟瞰视图"窗口显示整个图形来改变"鸟瞰视图"的缩放比例。

①[放大]:以当前视图框为中心放大两倍来增大"鸟瞰视图"窗口中的图形显示比例。

②[缩小]:以当前视图框为中心缩小 3/4 来减小"鸟瞰视图"窗口中的图形显示比例。

③[全局]:在"鸟瞰视图"窗口显示整个图形和当前视图。

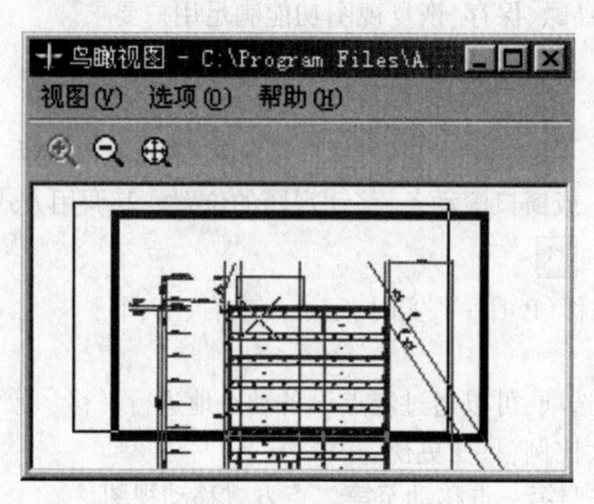

图 8-53 鸟瞰视图

(2)[选项]:切换图形的自动视口显示和动态更新。

①[自动视口]:当显示多重视口时,自动显示当前视口的模型空间视图。当"自动视口"关闭时,AutoCAD 不更新"鸟瞰视图"以匹配当前视口。

②[动态更新]:编辑图形时更新"鸟瞰视图"窗口。当"动态更新"关闭时,AutoCAD 不更新"鸟瞰视图"窗口,直到切换到"鸟瞰视图"窗口。

③[实时缩放]:使用"鸟瞰视图"窗口进行缩放时实时更新绘图区域。

8.5.3 重画、重生成视图

1. 重画(Redraw)命令

重画命令用于刷新屏幕显示。该命令有两种:一种是刷新当前视口;另一种是刷新所有视口。其调用方法如下：

菜单：[视图（V）] →[重画(R)]

命令行：Redraw；Redrawall 或 Ra

2. 重生成（Regen）命令

重生成不仅刷新屏幕，而且更新图形数据库中所有图形对象的坐标。重生成命令有两种：一种是重生成当前视口；另一种是重生成所有视口。其调用方法如下：

菜单：[视图（V）] →[重生成(G)]或[全部重生成(A)]

命令行：Regen；Regenall 或 Ra

使用名称保存特定视图后，可以在打印或参考特定的细部时恢复它们。

8.5.4　视图控制设置

1. 拖动（Dragmode）命令

该命令用于控制被拖动对象的显示方式。对于配置较低的计算机，拖动可能会很费时。使用 DRAGMODE 可禁止拖动。其调用方式为：

命令行：Dragmode

系统在命令行提示如下：

输入新值 [开(ON)/关(OFF)/自动(A)] <自动>：

(1)[开(ON)]：允许拖动，但必须在绘图或编辑命令的适当位置输入 drag 启动拖动。

(2)[关(OFF)]：忽略所有拖动请求，包括嵌入在菜单项中的拖动请求。

(3)[自动(A)]：对所有支持拖动的命令打开拖动。只要可能，便可执行拖动。而不需要每次输入 drag。

2. 填充（Fill）命令

该命令用于控制图案填充、二维实体和宽多段线等对象的填充。其调用方式为：

命令行：Fill

系统在命令行提示如下：

输入模式 [开(ON) / 关(OFF)] <开>：

(1)[开(ON)]：打开"填充"模式。

(2)[关(OFF)]：关闭"填充"模式。仅显示和打印对象的轮廓。重生成图形后，修改"填充"模式将影响现有对象。"填充"模式设置不影响线宽的显示。

3. 点标记模式（Blipmode）命令

该命令用于控制点标记是否可见。BLIPMODE 既是命令又是系统变量。其调用方式为：

命令行：Blipmode

系统在命令行提示如下：

输入模式 [开(ON) / 关(OFF)] <关>：

(1)[开(ON)]：BLIPMODE 为 1，打开点标记。点显示一个加号 "+" 形状的标记。

(2)[关(OFF)]：BLIPMODE 为 0 ，关闭点标记。默认设置 BLIPMODE 为关。

4. 快速文字（Qtext）命令

该命令用于控制文字和属性对象的显示和打印。其调用方式为：

命令行：Qtext

系统在命令行提示如下：

输入模式 [开(ON) / 关(OFF)]：

(1)[开(ON)]：打开"快速文字"，图形重生成后，系统将图中的文字和属性对象都显示为文字对象周围的边框。

(2)[关(OFF)]：关闭"快速文字"，图形重生成后，系统将图中文字对象周围的边框显示为文字。

8.6 图中的文字注写

视图标注、图纸标题栏、名细表、技术要求、说明都需用文字描述。AutoCAD 提供了丰富的文字输入和编辑功能满足工程制图的需要。

8.6.1 文字输入

1.多行文字输入(Mtext)命令

Mtext 命令的调用方式为:

工具栏:“绘图(Draw)”→A;“文字(Text)”→A

菜单:[绘图(Draw)]→[文字(Text)]→[多行文字(M)]

命令行:Mtext(或 mt、t)

命令启动后,将弹出如图 8-54 所示“多行文字编辑器”对话框。

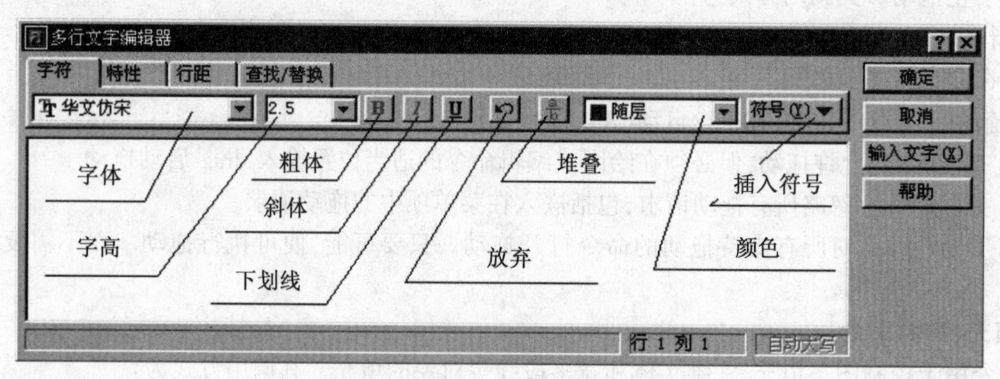

图 8-54 “多行文字编辑器”对话框

(1)[字符(Character)]:如图 8-54 所示,该选项除包括文字的字体、字高、颜色、粗体、斜体定义外,还包括以下特殊定义。

● [堆叠(Stack)]:堆叠“/”、“^”、“#”三种符前后紧邻的数字字符。要想堆叠非数字字符或包含空格的文字,先选择文字,然后在“多行文字编辑器”中选择“堆叠”按钮。斜杠、插入符和磅符号分别表示不同的堆叠形式,如 A#B 堆叠成 A/B。

● [插入符号(Symbol)]:该选项可以在文字中插入工程符号,如角度的度数、公差的正负号、表示直径的符号和不间断空格等特殊符号。此外,还可选择[其它]项,将会弹出“字符映射表”对话框,显示当前字体的全部字符供选择使用。

(2)[特性(Properties)]:如图 8-55 所示,该项包括以下设置。

● [样式(Style)]:将现有的样式应用到新输入的文字或选定的文字。当前样式(保存在 TEXTSTYLE 系统变量中)将被应用到新文字中。

● [对正(Justification)]:为新输入的文字或选定的文字设置对正和对齐方式。在一行的长度方向分左、中、右位置;在一行的高度方向分上、中、下位置。

● [宽度(Width)]:将指定的段落宽度应用到新输入的文字或选定的文字上。如果选择了“不换行”选项,得到的多行文字对象将会出现在单独的一行上。单个字符的宽度不受影响。

● [旋转(Rotation)]:以当前角度测量单位(度、弧度或百分度)设置文字边界的旋转角度。

(3)[行距(Line Spacing)]:控制多行文字对象的行距。行距是一行文字的底部(或基线)与下一行文字底部之间的垂直距离。如图 8-56 所示。

● [类型]选项:指定如何调整文字的行间距。如果选择“至少(At Least)”,AutoCAD 将根据行中最大文字的高度自动添加间距。这是默认设置;选择“精确(Exactly)”选项强制多行文字对象中的各行文字具有相同的行距。

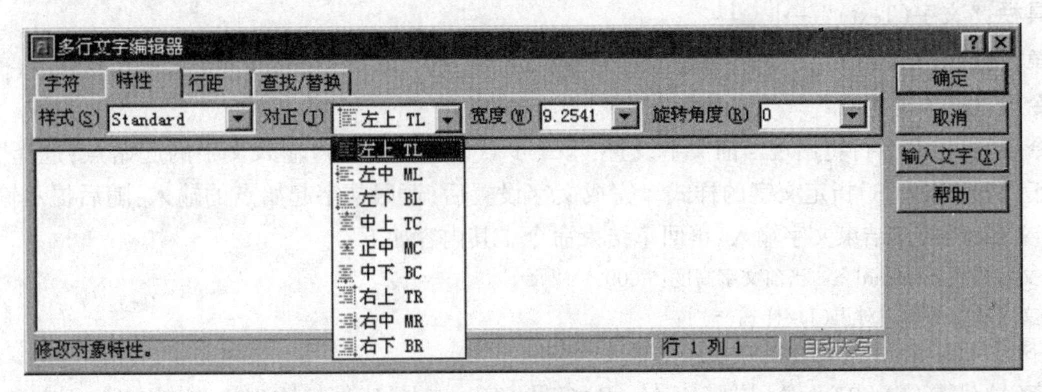

图 8-55　特性选项

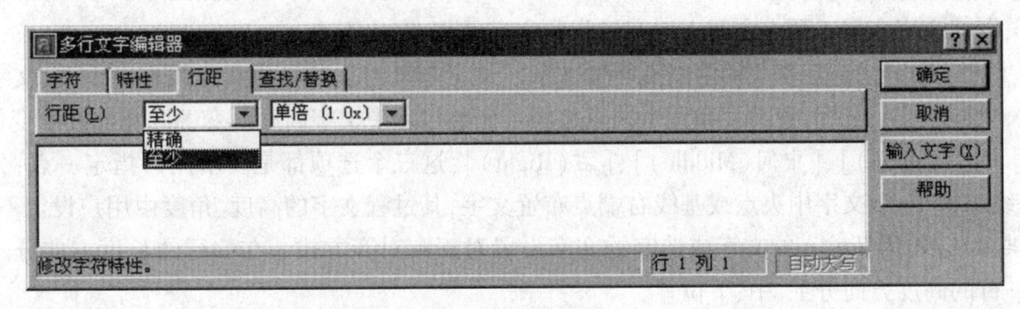

图 8-56　行距选项

● [间距]选项:指定多行文字的行距增量。可以将行距设置为间距比例(以单倍间距的倍数测量)或设置为绝对值(以图形单位测量)。间距因子:将行距设置为单倍行距的倍数。单倍行距是字符高度的 1.66 倍。可以以数字后跟 x 的形式输入行距比例表示单倍行距的倍数。例如,输入 1x 指定单倍行距,输入 3x 指定三倍行距。绝对值:将行距设置为以图形单位测量的绝对值。有效值必须在 0.0833(0.25x)和 1.3333(4x)之间。

(4)[查找/替代(Find/Replace)]:搜索指定的字符串并用新文字替换它们。如图 8-57 所示,包括以下内容。

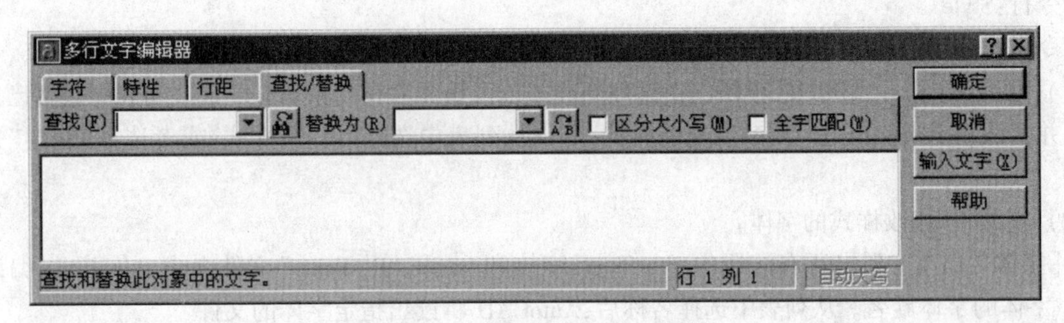

图 8-57　"查找/替代选项"对话框

● [查找(Find)]选项:输入要查找的文字,单击按钮实行查找。

● [替代为(Replace)]选项:输入要替代的文字,单击按钮实行替代。

● [区别大小写(Match Case)]选项:查找时是否区分大小写。

● [全字匹配(Whole Word)]选项:查找时是否实行全字匹配。

(5)[输入文字(Import Text)]:单击此钮显示"标准的文件选择对话框"。选择任意 ASCII 或 RTF 格式的文件。输入的文字保留原始字符格式和样式特性,但可以在"多行文字编辑器"中进行编辑。

2.单行文字输入(Dtext、Text)命令

为方便简单文字的创建,AutoCAD 还提供了输入单行文字的命令,其命令调用方法如下:

工具栏:“文字(Text)”→

菜单:[绘图(Draw)]→[文字(Text)]→[单行文字(S)]

命令行:Dtext 或 Text

命令启动后,命令行将出现当前文字设置,下一步默认设置为用户输入文字的起始点;选择“J”实施文字对正设置;选择“S”指定文字的样式。完成文字设置后,返回文字起始点的输入;随后提示输入文字的高度,文字,经回车结束文字输入;再回车结束命令。其内容如下:

当前文字样式:Standard　　当前文字高度:5.000

指定文字的起点或[对正(J)/样式(S)]:

当选择“J”(Justify)时,将出现如下选项:

[对齐(A)/调整(F)/中心(C)/中间(M)/右(R)/左上(TL)/中上(TC)/右上(TR)/左中(ML)/正中(MC)/右中(MR)/左下(BL)/中下(BC)/右下(BR)]:

(1)[对齐(Align)]:指定基线的两端点布置文字。文字布置的方向与两点连线方向一致,自动调整文字高度,以使文字布置于两点之间。对齐过程中文字的高、宽比不变。

(2)[调整(Fit)]:指定基线的两端点布置文字。文字布置的方向与两点连线方向一致,文字高度由用户设定,只调整文字宽度,使文字布置于两点之间。调整过程中文字高度不变,高、宽比发生变化。

(3)[中心(Center)]、[中间(Middle)]、[右(Right)]:这三个选项都是要求用户指定一点,分别以该点作为基线水平中点、文字中央点或基线右端点布置文字,其过程文字的高度、角度由用户设定不变。

(4)其他选项:为新输入的文字或选定的文字设置对正和对齐方式。在一行的长度方向分左、中、右位置;在一行的高度方向分上、中、下位置。

8.6.2 字体式样定义和特殊字符

1. 字体式样定义(Style)命令

AutoCAD 图形中的所有文字都具有与之相关联的文字样式。输入文字时,AutoCAD 使用当前的文字样式,该样式设置了字体、字号、角度、方向和其他文字特征。除了默认的 STANDARD 文字样式外,必须创建所需文字样式。其命令调用方法如下:

工具栏:“文字(Text)”→

菜单:[格式(Format)]→[文字样式(Text Style)]

命令行:Style

命令启动后,AutoCAD 弹出文字样式对话框,如图 8-58 所示。

(1)[样式名(S)]:显示文字样式名、添加新样式以及重命名和删除现有样式。列表中包括已定义的样式名并默认显示当前样式。要改变当前样式,可以从列表中选择另一个样式,或者选择“新建”来创建新样式。

(2)[字体]:修改样式的字体。

● [字体名(F)]:列出所有注册的 TrueType 字体和 AutoCAD“Fonts”文件夹中 AutoCAD 编译的形(SHX)字体的字体族名。从列表中选择名称后,AutoCAD 将读出指定字体的文件。

● [字体样式(Y)]:指定字体格式,比如斜体、粗体或者常规字体。选定“使用大字体”后,该选项变为“大字体”,用于选择大字体文件。

● [高度(T)]:根据输入的值设置文字高度。如果输入 0.0,每次用该样式输入文字时,AutoCAD 都将提示输入文字高度。

● [使用大字体(U)]:指定亚洲语言的大字体文件。只有在“字体名”中指定 SHX 文件,才可以使用“大字体”。只有 SHX 文件可以创建“大字体”。

(3)[效果]:修改字体的特性,如高度、宽度比例、倾斜角、倒置显示、反向或垂直对齐。

● [颠倒(E)]:倒置显示字符。

● [反向(K)]:反向显示字符。

● [垂直(V)]:显示垂直对齐的字符。只有当选定的字体支持双向显示时,才可以使用“垂直”。

TrueType字体的垂直定位不可用。

● [宽度比例(W)]:设置字符间距。输入小于 1.0 的值将压缩文字。输入大于 1.0 的值则扩大文字。

● [倾斜角度(O)]:设置文字的倾斜角。输入一个 -85 和 85 之间的值将使文字倾斜。

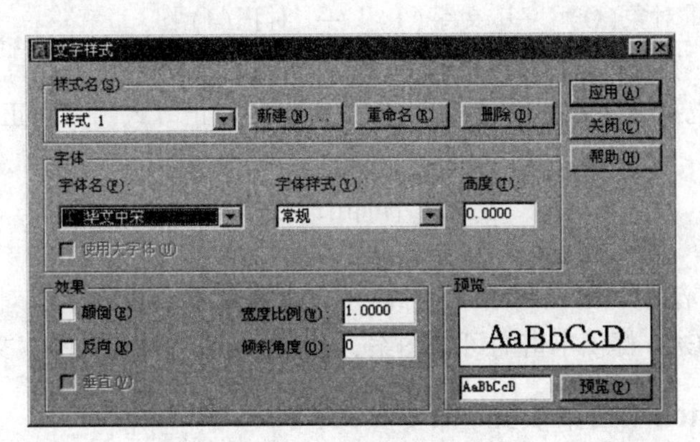

图 8-58 "文字样式"对话框

上述设置完成后,按[预览]按钮,观看设置效果,然后单击[应用]按钮将所做的修改、设置用到图形中。

2. 特殊字符

AutoCAD 除提供字体外,还提供了一些特殊的工程符号。以下是常用的特殊符号。

%%O 打开或关闭上画线功能,第一次使用是打开上画线功能,接着使用则是关闭上画线功能。

%%U 打开或关闭下画线功能。

%%P 加/减符号。例如 8%%P 的结果是±8。

%%C 圆直径符号"Φ"。例如%%C45 的结果是 Φ45。

%%D 角度符号。例如 100%%D 的结果是 100°。

%%%百分比符号。例如 80%%%的结果是 80%。

%%nnn nnn 代表 ASCII 码符号。例如%%100 的结果是字母"d"。

8.6.3 文本编辑、转换和显示

1. 编辑文字(Ddedit)命令

该命令用于修改文字内容、格式和特性。其调用方法如下:

工具栏:"文字(Text)"→ [图标]

菜单:[修改(M)]→[对象(O)]→[文字(T)]→[编辑(E)]

命令行: Ddedit

命令启动后,如果选取的文字是采用多行文字输入方法输入,则会弹出"多行文字编辑器"对话框,与输入过程一样实施对文字进行修改;如果选取的文字是采用单行文字输入方法输入,则会弹出"编辑文字"对话框。

2. 特性修改(Properties)命令

与其他几何对象一样,文字对象的内容、样式、对正、高度、旋转、宽度比例、插入点等特性都可用"特性"(Properties)对话框进行编辑。

3. 缩放文字(Scaletext)命令

该命令用于放大或缩小文字对象,而不改变它们的位置。其调用方式为:

工具栏:"文字(Text)"→ [图标]

菜单:[修改(M)]→[对象(O)]→[文字(T)]→[比例(S)]

命令行: Scaletext

命令启动,系统提示选择文字对象后,用户指定基点、选择缩放操作。指定基点方法与单行文字输入

相同。用户可指定文字的高度、比例因子、匹配对象进行文字缩放操作。

4. 对正文字(Justifytext)命令

该命令用于修改选定文字对象的对正点而不改变其位置。其调用方式为：

工具栏："文字(Text)"→

菜单：[修改(M)]→[对象(O)]→[文字(T)]→[对正(J)]

命令行：Justifytext

命令启动，系统提示选择文字对象后，要求用户指定新的对正方式。其对正方式与 Dtext 命令相同。

8.7 剖面线绘制

剖面线(图案填充)广泛用于工程制图中，用它区分工程部件或表现组成对象的材质，形象地区分图形的各个组成部分。AutoCAD 提供丰富的可选图案，同时允许用户自定义图案文件。

8.7.1 Bhatch、Hatch(图案填充)命令

BHATCH 命令首先从封闭区域的指定点开始计算面域或多段线边界，或者使用选定对象作为边界，从而定义要填充区域的边界。Hatch 与 Bhatchd 的内容基本相同，不同的是 Hatch 的交互信息在命令行，Bhatchd 使用对话框。

图案填充命令，有以下三种常用的调用方式：

工具栏："绘图(Draw)"→

菜单：[绘图(Draw)]→[图案填充(H)]

命令行：Bhatch 或 Hatch

命令启动后，系统将弹出图 8-59 所示的"边界图案填充"对话框。

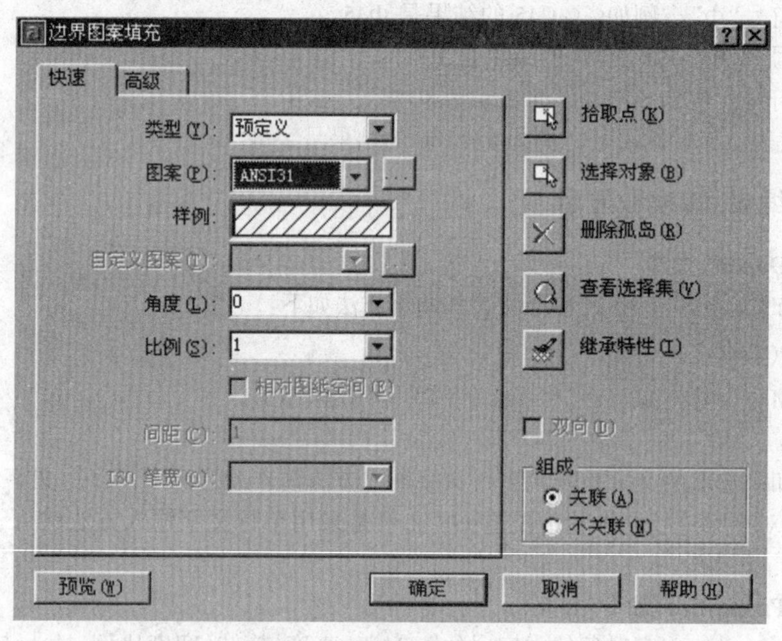

图 8-59 "边界图案填充"对话框

1.[快速]

如图 8-59 所示，该选项包括以下内容：

(1)[类型(Y)]：该选项有"预定义"、"用户定义"、"自定义"三种选项。

● [预定义]：指定预定义的 AutoCAD 填充图案。这些图案存储在 acad.pat 和 acadiso.pat 文件中。可以控制任何预定义图案的角度和缩放比例。对于预定义 ISO 图案，还可以控制 ISO 笔宽。

● [用户定义]：基于图形的当前线型创建直线图案。可以控制用户定义图案中直线的角度和间距。

● [自定义]:指定以任意自定义 PAT 文件定义的图案,这些自定义的 PAT 文件应已添加到 AutoCAD 的搜索路径。

(2)[图案(P)]:列出可用的预定义图案。AutoCAD 将选定图案存储在 HPNAME 系统变量中。只有将“类型”设置为“预定义”,该“图案”选项才可用。

(3)[样例]:显示选定图案的预览图像。可以单击“样例”以显示“填充图案控制板”对话框。

(4)[自定义(T)]:列出可用的自定义图案。AutoCAD 将选定图案存储在 HPNAME 系统变量中。只有在“类型”中选择了“自定义”,此选项才可用。

(5)[角度(L)]:指定填充图案的角度(相对当前 UCS 坐标系的 X 轴)。AutoCAD 将角度存储在 HPANG 系统变量中。

(6)[比例(S)]:放大或缩小预定义或自定义图案。AutoCAD 将缩放比例存储在 HPSCALE 系统变量中。只有将“类型”设置为“预定义”或“自定义”,此选项才可用。

(7)[相对图纸空间(E)]:相对于图纸空间单位缩放填充图案。使用此选项,可容易地做到以适合于布局的比例显示填充图案。该选项仅适用于布局。

(8)[间距(C)]:指定用户定义图案中的直线间距。AutoCAD 将间距存储在 HPSPACE 系统变量中。只有将“类型”设置为“用户定义”,此选项才可用。

(9)[ISO 笔宽(O)]:基于选定笔宽缩放 ISO 预定义图案。

2.[高级]

对较复杂的图案填充须选用该选项。如图 8-60 所示,该选项包括以下内容。

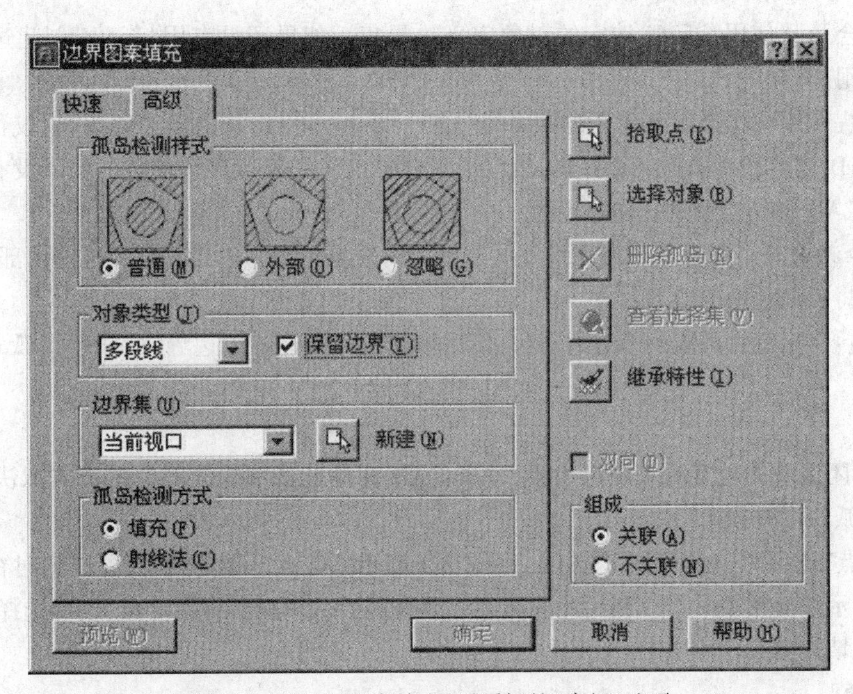

图 8-60　“边界图案填充”对话框的“高级”选项

(1)[孤岛检测样式]:指定最外层填充边界内填充对象的方法。如果不存在内部边界,则指定“孤岛检测样式”是无意义的。其样式有以下三种:

● [普通]:从外部边界向内填充。如果 AutoCAD 遇到内部交点时,将停止填充,直到遇到下一交点为止。这样,从填充的区域往外,由奇数个交点分隔的区域被填充,而由偶数个交点分隔的区域不填充。如图 8-61(a)所示,边界、拾取点及剖面线方向,从剖面线的两端起向内数剖面线与各层边界的交点次数;其效果如图 8-61(b)所示。

● [外部]:从外部边界向内填充。AutoCAD 如果遇到内部交点则停止填充。因为这一过程从每条填充线的两端开始,所以 AutoCAD 只填充结构的最外层,结构内部仍然保留为空白。如图 8-61(c)所示。

● [忽略]:忽略所有内部的对象,填充图案时将通过这些对象。如图 8-61(d)所示。

(2)[对象类型(T)]:控制新边界对象的类型。AutoCAD 将边界创建为面域或多段线。

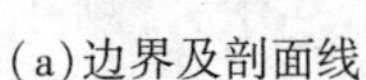

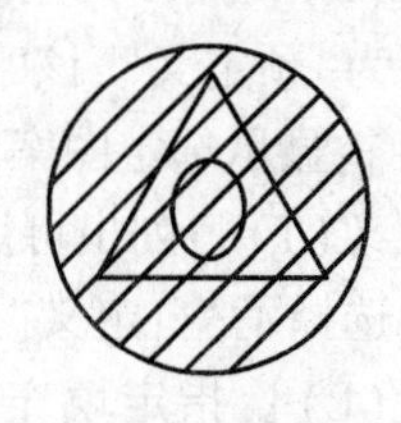

(a)边界及剖面线　(b)"普通"填充　(c)"外部"填充　(d)"忽略"填充

图 8-61 "孤岛检测样式"效果

(3)[边界集(U)]:定义当从指定点定义边界时,AutoCAD 分析的对象集。当使用"选择对象"定义边界时,选定的边界集无效。

默认情况下,当使用"拾取点"定义边界时,AutoCAD 分析当前视口中所有可见的对象。通过重定义边界集,可以忽略某些在定义边界时没有隐藏或删除的对象。对于大图形,重定义边界集还可以使生成边界的速度加快,因为 AutoCAD 检查的对象数目减少。

● [当前视口]:从当前视口中可见的所有对象定义边界集。选择此选项可放弃当前的任何边界集而使用当前视口中可见的所有对象。

● [现有集合]:从使用"新建"选定的对象定义边界集。如果还没有用"新建"创建边界集,则"现有集合"选项不可用。

● [新建]:提示用户选择用来定义边界集的对象。当 AutoCAD 构造新边界集时,仅包含选定的可填充对象。AutoCAD 放弃现有的任何边界集,用以选定对象定义的新边界集代替。如果没有选择任何可填充对象,则 AutoCAD 保留当前的任何边界集。

(4)[孤岛检测方式]:指定是否将在最外层边界内的对象包括为边界对象。这些内部对象称为孤岛。

● [填充]:将孤岛包括为边界对象。

● [射线法]:从指定点画线到最近的对象,然后按逆时针方向描绘边界,这样就将孤岛排除在边界对象之外。

3.[拾取点]

根据构成封闭区域的现有对象确定边界。AutoCAD 使用此选项检测对象的方式取决于在"高级"选项卡中选定的"孤岛检测方式"。

选择"拾取点"选项时,对话框临时关闭,AutoCAD 提示指定点。指定点时,可以随时在绘图区域内单击鼠标右键以显示快捷菜单。可以利用此快捷菜单放弃最后一个或所有指定点、改变选择方式、改变孤岛检测样式或预览填充图案。

4.[选取对象]

指定要填充的对象。

5.[删除孤岛]

从边界定义中删除使用"拾取点"选项时 AutoCAD 将其检测为孤岛的任意对象。但不能删除外部边界。

6.[查看选择集]

临时关闭对话框,并以上一次预览的填充设置显示当前定义的边界。未定义边界时此选项不可用。

7.[继承特性]

使用一个对象的填充特性填充指定的边界。

8.[双向]

对于用户定义图案,选择此选项将绘制第二组直线,这些直线相对于初始直线成 90°角,从而构成交叉填充。

9.[组成]

控制图案填充是否关联。有以下两种方式:

(1)[关联]:创建修改其边界时随之更新的图案填充。

(2)[不关联]:创建独立于边界的图案填充。

8.7.2　编辑图案填充

1. 图案编辑(Hatchedit)命令

该命令有如下常用调用方式:

工具栏:"修改Ⅱ"→

菜单:[修改(M)]→[对象]→[图案填充(H)]

命令行:Hatchedit

命令启动、选择剖面线对象后,其操作内容、格式与 Hatch 相同。

2. 特性修改(Properties)命令

与其他几何对象一样,剖面线对象的图案类型、角度、比例、间距、关联性、孤岛检测样式等特性都可用"特性"(Properties)对话框进行编辑。

8.8　尺 寸 标 注

尺寸标注是工程图样的重要组成部分。AutoCAD 的尺寸标注功能依照国家标准进行测量与标注。

8.8.1　尺寸标注基本要素

1. 基本概念

AutoCAD 的尺寸标注通常由以下几种基本元素构成,如图 8-62 所示。

(1)尺寸文字:表示实际测量值。系统自动计算出测量值,并附加公差、前缀和后缀等。用户可自定义文字或编辑文字。如图 8-62(b)、(c)、(d)、(e)、(f)所示。

(2)尺寸线:表示标注的范围。尺寸线两端的起止符表示尺寸的起点和终点。尺寸线平行所注线段,两端指到尺寸界线上。如图 8-62(a)所示。

(3)起止符:表示测量的起始和结束位置。系统提供多种符号供选用,用户可以创建自定义起止符。如图 8-62(a)所示。

(4)尺寸界线:从被标注的对象延伸到尺寸线。起点自标注点偏移一个距离(原点偏移量),终点超出尺寸线一段长度(超出尺寸线)。如图 8-62(a)所示。

(5)中心标记:标记圆或圆弧的圆心。如图 8-62(g)、(h)所示。

2. AutoCAD2002 尺寸标注特点

a.尺寸标注种类

系统提供以下 11 种尺寸标注方式,测量、标注几何对象。

·线形标注　·对齐标注　·坐标标注　·半径标注　·直径标注　·角度标注

·基线标注　·连续标注　·引线标注　·公差标注　·圆心标记

b.AutoCAD2002 尺寸标注的新特性

在 AutoCAD2002 中,尺寸标注与被标注对象具有关联性,即尺寸标注随被标注对象的改变而自动调整其位置、方向和尺寸文字等。

对于大多数对象都可实现关联标注,但不支持多线(multiline)对象。使用"qdim"命令创建的标注不具备关联性。对于非关联标注对象,用"dimreassociate"将其转换为关联标注。

3. AutoCAD2002 尺寸标注操作

如图 8-63 所示,是标注命令的工具条、命令行、菜单常用启动方式。

8.8.2　标注样式设置

标注样式是保存的一组标注设置,它确定标注的外观。通过创建标注样式,可以设置所有相关的尺寸

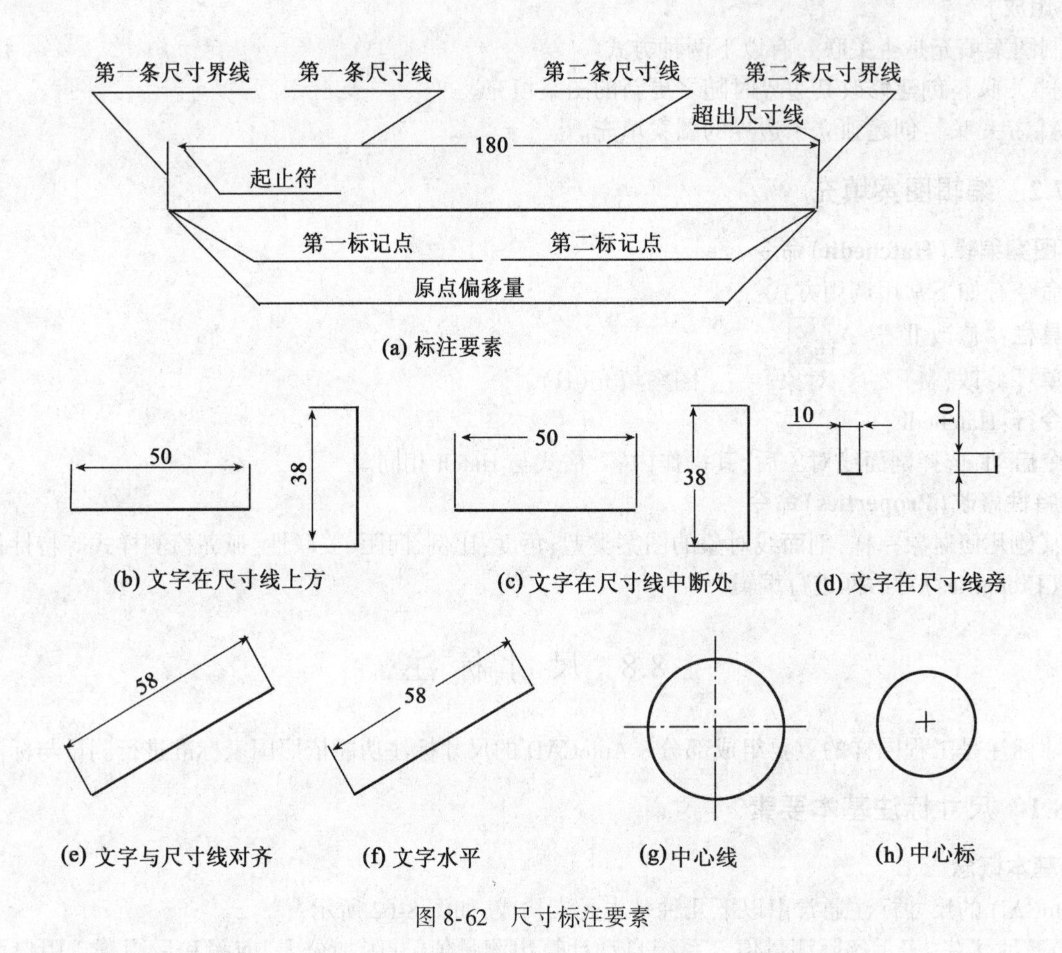

图 8-62　尺寸标注要素

标注系统变量,并且控制任一标注的布局和外观。标注样式包括:标注的特性、大小、比例系数和精度等。

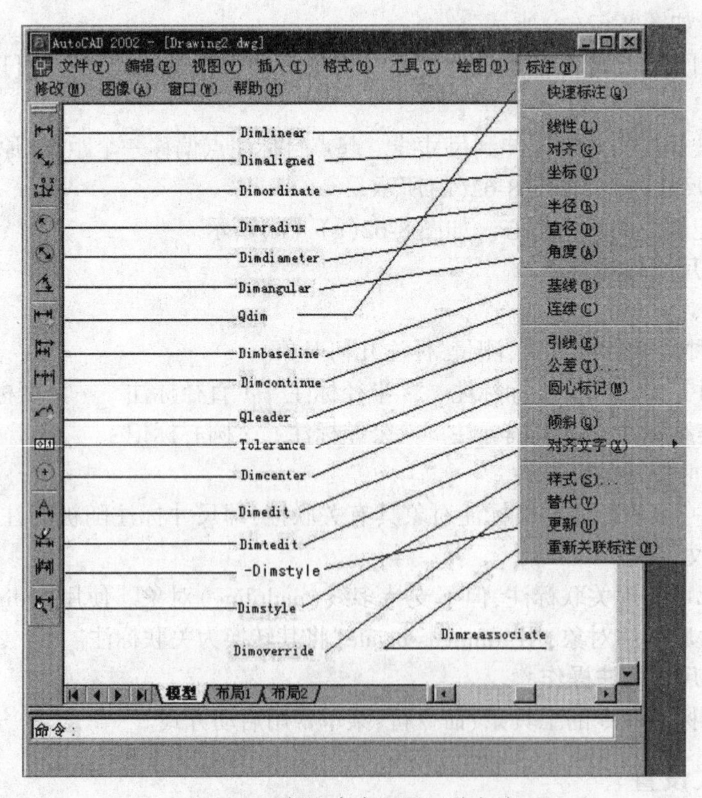

图 8-63　标注命令调用三种方式

1. 标注样式管理

标注样式的设置是通过“标注样式管理器”对话框实现的,如图 8-64 所示。

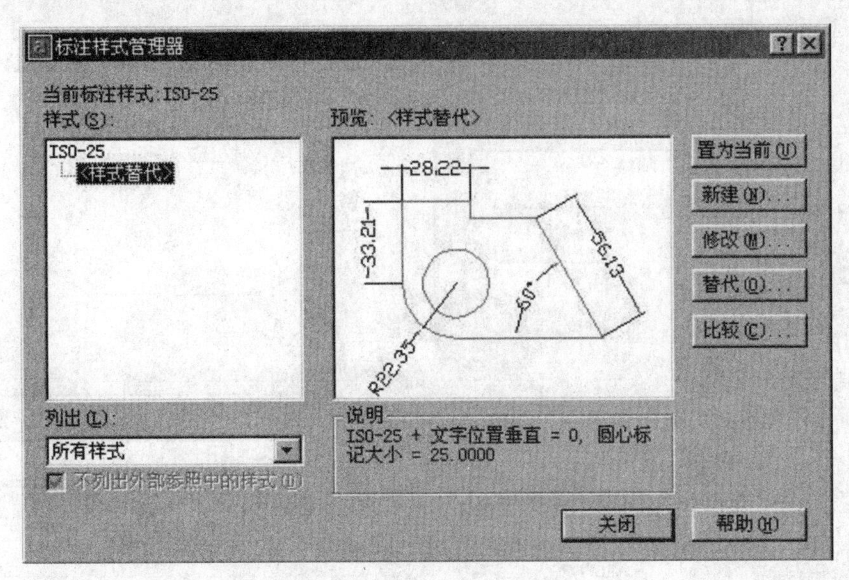

图 8-64 “标注样式管理器”

(1)[当前标注样式]:显示当前标注样式和图形中的所有标注样式。AutoCAD 为所有标注都指定了样式。系统默认样式为 STANDARD。

(2)[列出]:提供控制显示哪种标注样式的选项。显示所有标注样式或仅显示被当前图形中的标注引用的标注样式。

(3)[置为当前]:将在“样式”下选定的标注样式设置为当前标注样式。

(4)[新建]:显示“创建新标注样式”对话框,如图 8-65 所示。

- [新样式名]:命名新样式。
- [基础样式]:设置作为新样式的基础的样式。对于新样式,仅修改那些与基础特性不同的特性。
- [用于]:创建一种仅适用于特定标注类型的样式。

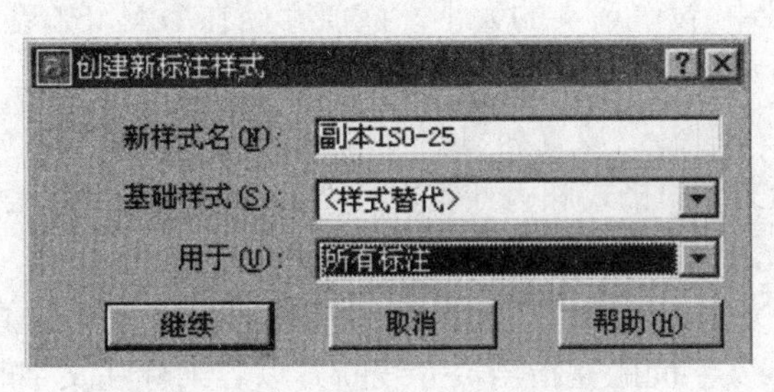

图 8-65 “创建新标注样式”对话框

- [继续]:显示“新建标注样式”对话框,如图 8-66 所示,可在其中定义新的标注样式特性。

(5)[修改]:显示“修改标注样式”对话框,在此可以修改标注样式。对话框选项与“新建标注样式”对话框中的选项相同。

(6)[替代]:显示“替代当前样式”对话框,在此可以设置标注样式的临时替代值。对话框选项与“新建标注样式”对话框中的选项相同。

(7)[比较]:显示“比较标注样式”对话框,该对话框比较两种标注样式的特性或列出一种样式的所有特性。

2. 标注样式设置

如图 8-66 第一行所示,标注样式设置包括以下六个方面的内容。

(1)[直线和箭头设置]:设置尺寸线、尺寸界线、箭头和圆心标记的格式和特性。

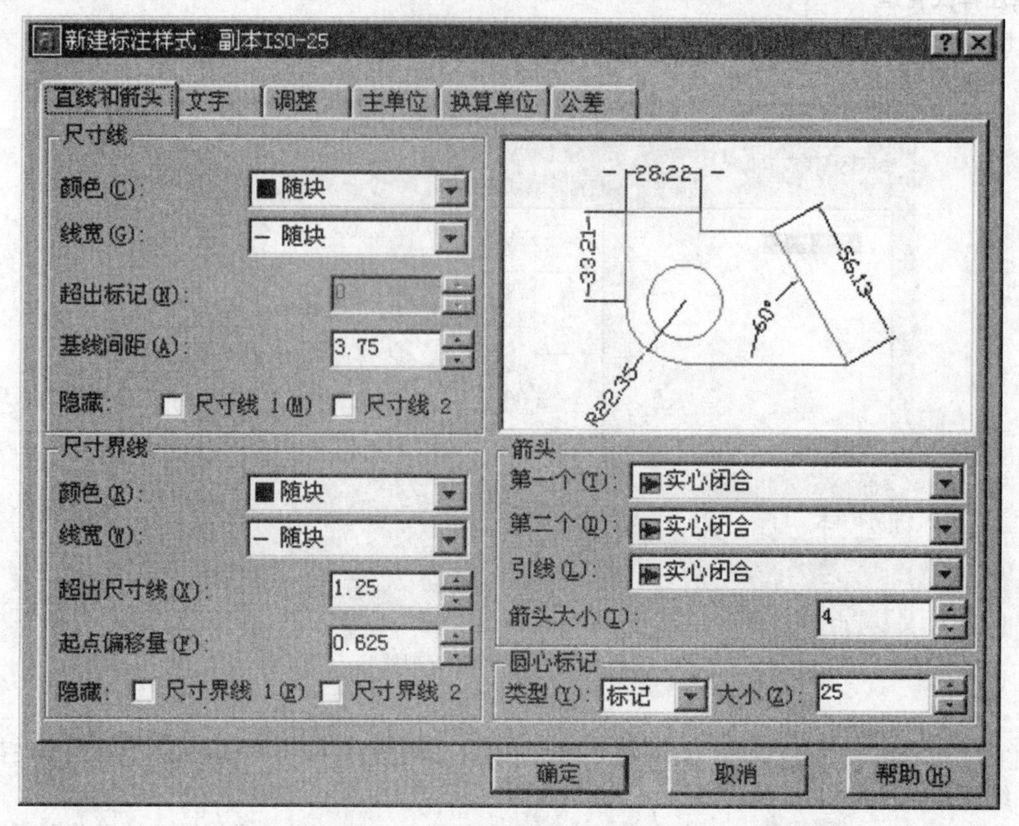

图 8-66 “新建标注样式”对话框

●［尺寸线］:设置尺寸线的特性。如尺寸线的颜色、线宽、超出标记、基线标注的尺寸线之间的间距、是否隐藏。

●［尺寸界线］:控制尺寸界线的外观。如尺寸界线的颜色、线宽、超出尺寸线、起点偏移量、是否隐藏。

●［箭头］:控制标注箭头的外观。设置第一、第二条尺寸线的箭头;设置引线箭头;引线箭头的名称存储在 DIMLDRBLK 系统变量中;设置箭头的大小。该值存储在 DIMASZ 系统变量中。

●［圆心标记］:控制直径标注和半径标注的圆心标记和中心线的外观。

(2)［文字］:设置标注文字的格式、放置和对齐方式。如图 8-67 所示。

●［文字外观］:控制标注文字的格式和大小。其中“分数高度比例”是设相对于标注文字的分数比例。

●［文字位置］:控制标注文字的位置。控制标注文字相对尺寸线的垂直位置和水平位置。“从尺寸线偏移”是设置当前文字间距,文字间距是指当尺寸线断开以容纳标注文字时标注文字周围的距离。

●［文字对齐］:控制标注文字放在尺寸界线外边或里边时的方向是保持水平还是与尺寸界线平行。

(3)［调整］:控制标注文字、箭头、引线和尺寸线的放置。如图 8-68 所示。

●［调整选项］:控制基于尺寸界线之间可用空间的文字和箭头的位置。当两条尺寸界线间的距离足够大时,AutoCAD 始终把文字和箭头放在尺寸界线之间。否则,将按照“调整”选项放置文字和箭头。

●［文字位置］:设置标注文字从默认位置(由标注样式定义的位置)移动时标注文字的位置。

●［标注特征比例］:设置全局标注比例或图纸空间比例。

●［调整］:设置其他调整选项。

(4)［主单位］:设置主标注单位的格式和精度,并设置标注文字的前缀和后缀。如图 8-69 所示。

●［线性标注］:设置线性标注的格式和精度。“比例因子”是设置线性标注测量值的比例因子。系统按照此处输入的数值放大标注测量值。例如,如果输入 2,系统会将一毫米的标注显示为两毫米。该值不应用到角度标注,也不应用到舍入值或者正负公差值。

●［角度标注］:设置角度标注的当前角度格式。“消零”是不输出前导零和后续零。

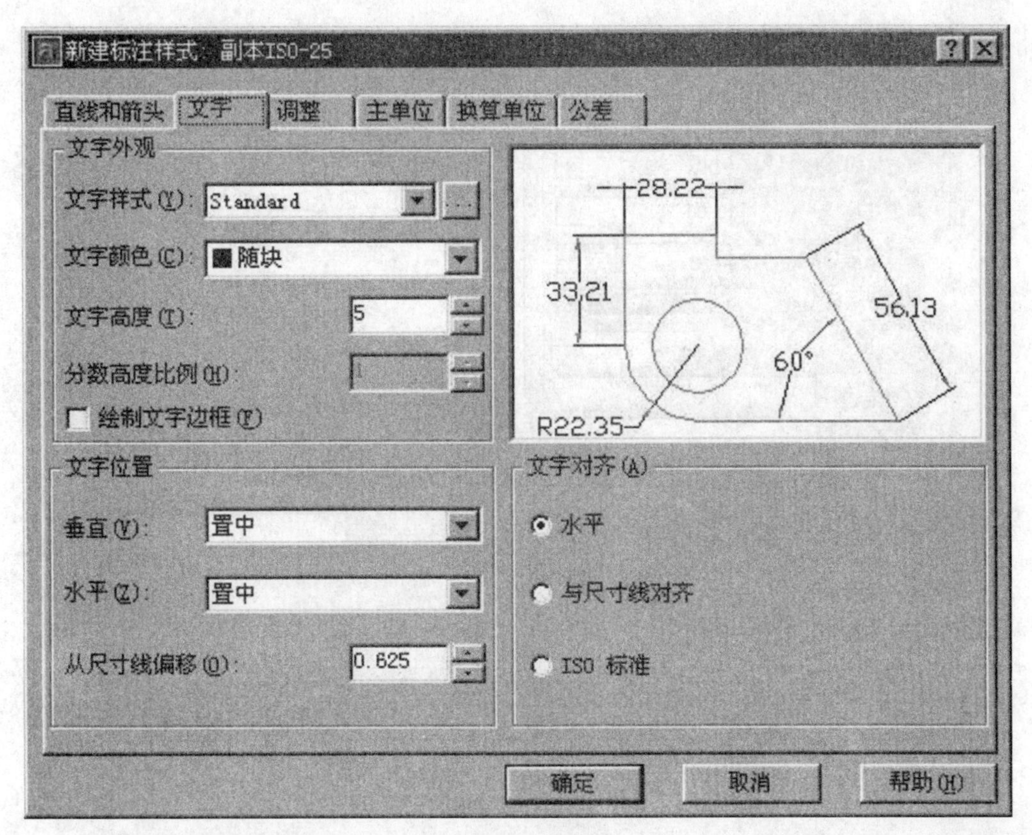

图 8-67　文字选项

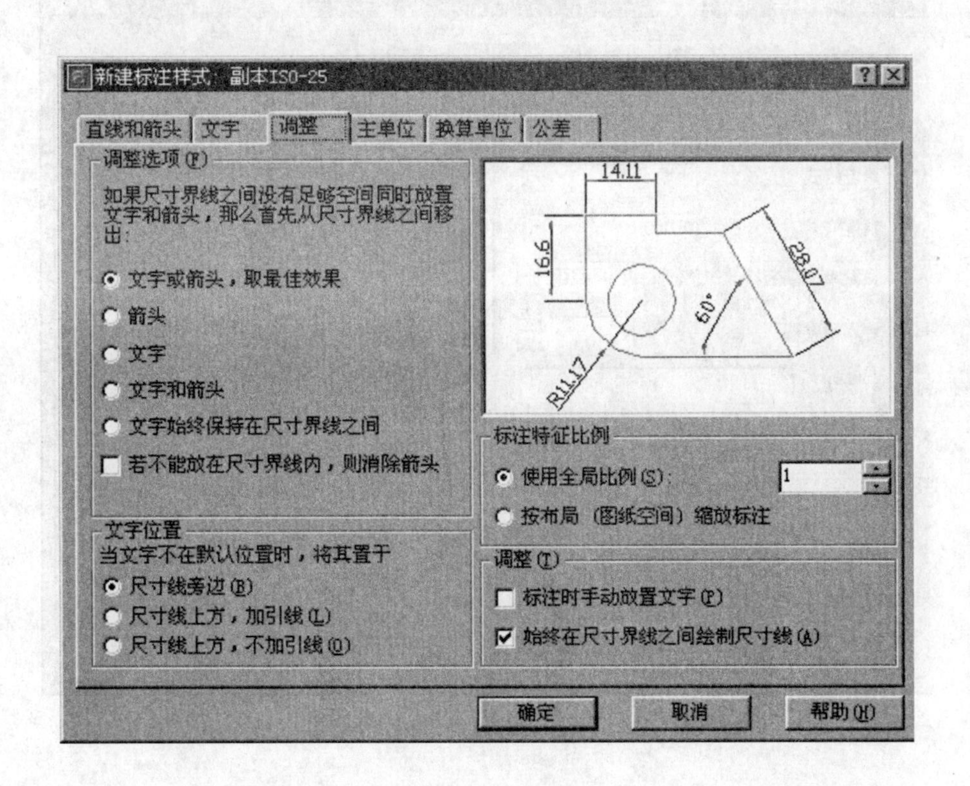

图 8-68　调整选项

(5)[换算单位]:指定标注测量值中换算单位的显示并设置其格式和精度。如图 8-70 所示。

- [换算单位]:设置除“角度”之外的所有标注类型的当前换算单位格式。
- [消零]:控制不输出前导零和后续零以及具有零值的尺寸。

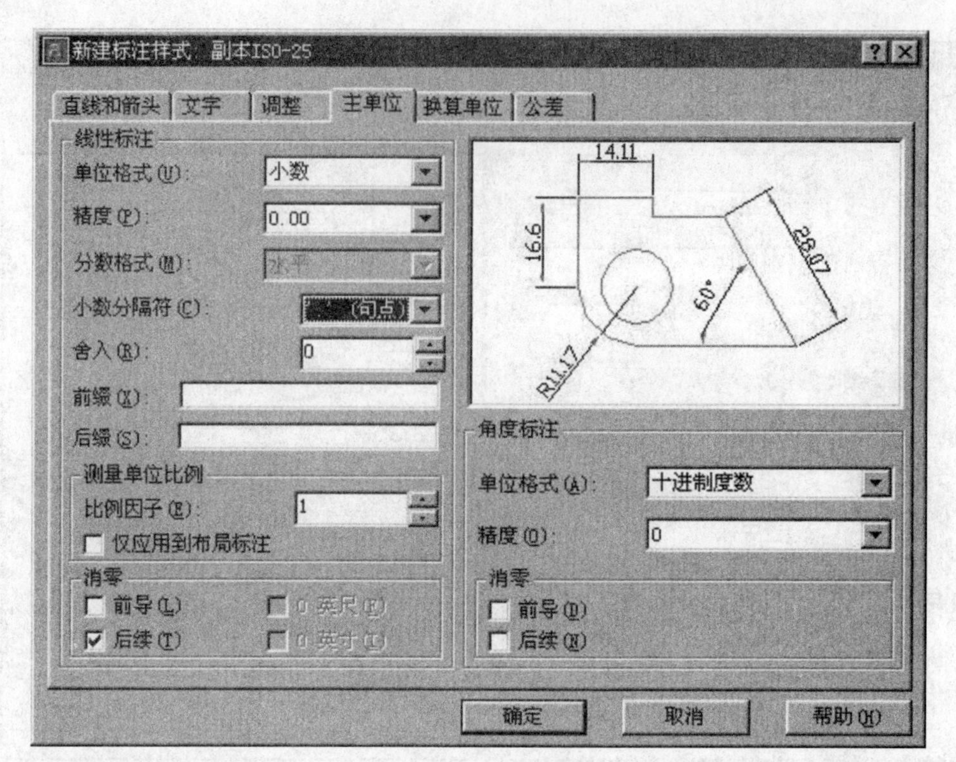

图 8-69　主单位选项

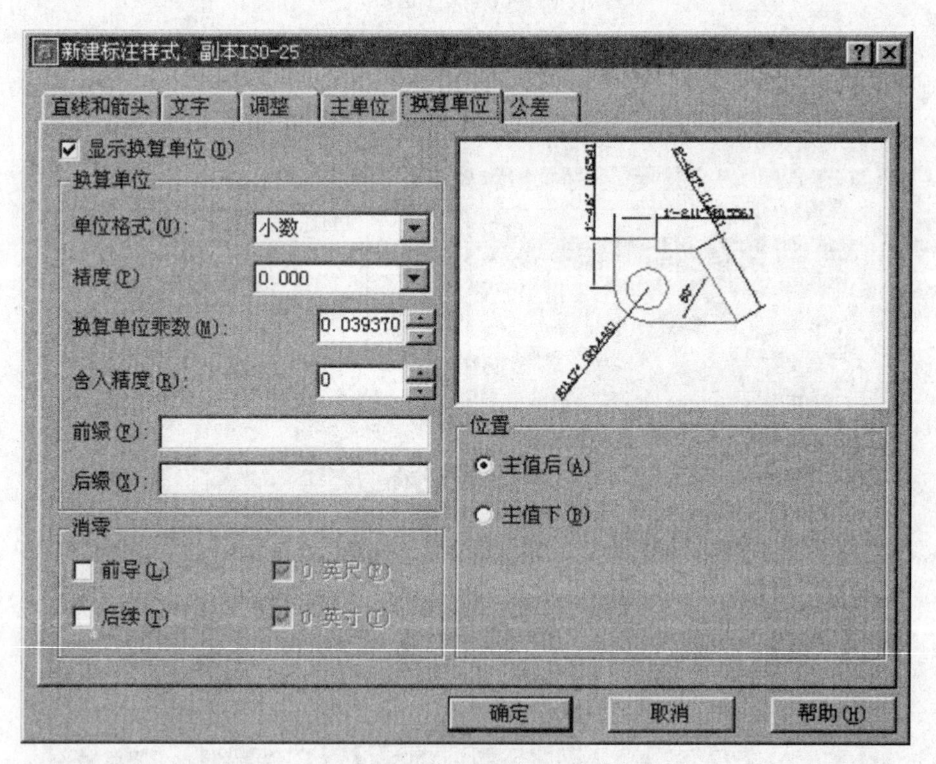

图 8-70　换算选项

● [位置]：控制换算单位的位置。将换算单位放在主单位之后或下。

(6)[公差]：控制标注文字中公差的显示与格式。如图 8-71 所示。

● [公差格式]：控制公差格式。其中"方式"是设置计算公差的方法；"精度"是设置小数位数；"上偏差"是设置最大公差或上偏差；"下偏差"是设置最小公差或下偏差；"高度比例"是设置公差文字的当前高度；"垂直位置"是控制对称公差和极限公差的文字对正方式。

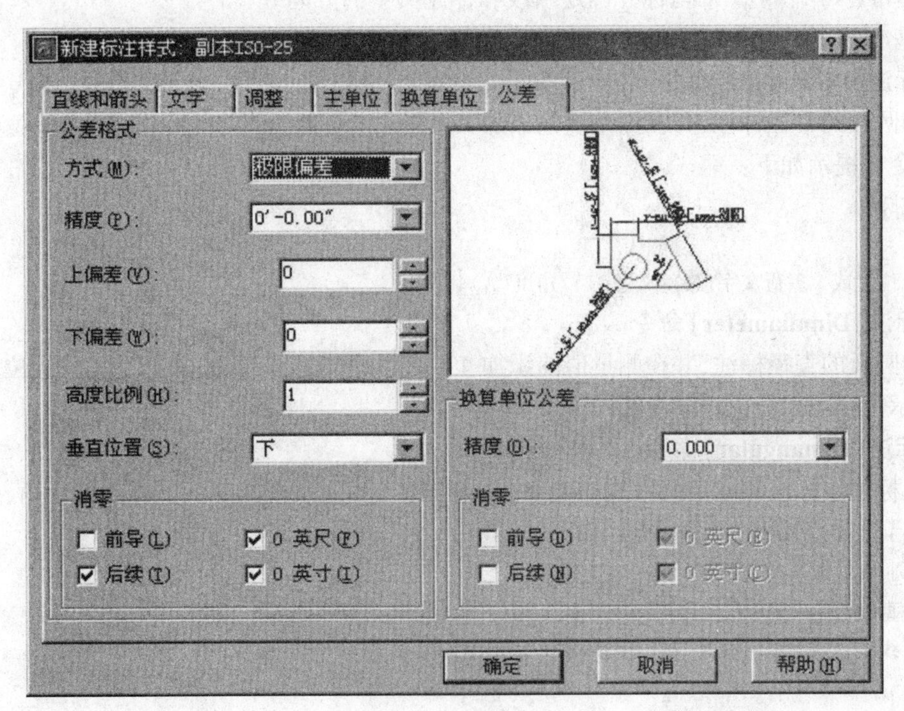

图 8-71　公差选项

● [换算单位公差]:设置换算公差单位的精度和消零规则。

8.8.3　标注命令注释

此处将介绍命令的功能及启动后的操作特征。

1. 线性标注(Dimliner)命令

该命令用于创建线性标注。标注指定点之间或对象的水平或垂直距离或对象。标注时由第一点和第二点确定起止位置,由第三点确定尺寸线的布置位置,并决定是水平测量还是垂直测量。命令启动后,系统在命令行提示如下:

指定第一条尺寸界线原点或<选择对象>:
指定第二条尺寸界线原点:
[多行文字(M)/文字(T)/角度(A)/水平(H)/垂直(V)/旋转(R)]:
标注文字

(1)[多行文字(M)]:显示多行文字编辑器,可用它来编辑标注文字。

(2)[文字(T)]:在命令行自定义标注文字。

(3)[角度(A)]:指定标注文字的角度。

(4)[水平(H)]:创建水平线性标注。

(5)[垂直(V)]:创建垂直线性标注。

(6)[旋转(R)]:指定尺寸线的角度,创建旋转线性标注。

2. 对齐标注(Aligned)命令

该命令用于创建对齐线性标注。标注指定点之间距离或对象长度。对齐标注是沿两个标注点方向或对象长度方向测量并标注。由第三点指定尺寸线的位置。使用该命令时,系统提示内容与线性标注命令基本相同。

3. 坐标标注(Dimordinate)命令

该命令用于创建坐标点标注。标注指定点的 X 和 Y 坐标。命令启动后,系统在命令行提示如下:

指定点坐标:
指定引线端点或[X 基准(X)/Y 基准(Y)/多行文字(M)/文字(T)/角度(A)]:
标注文字

(1)[X 基准(X)]:测量 X 坐标并确定引线和标注文字的方向。

(2)[Y 基准(Y)]:测量 Y 坐标并确定引线和标注文字的方向。

4. 半径标注(Dimradius)命令

创建圆和圆弧的半径标注,并在测量值前添加 R。标注时先选择对象,后指定标注线位置。命令启动后,系统在命令行提示如下:

选择圆弧或圆:

标注文字

指定尺寸线位置或[多行文字(M)/文字(T)/角度(A)]:

5. 直径标注(Dimdiameter)命令

创建圆和圆弧的直径标注,并在测量值前添加 Φ。标注时先选择对象,后指定标注线位置。使用该命令时,系统提示内容与半径标注命令相同。

6. 角度标注(Dimangular)命令

创建角度标注。标注时指定两直线的夹角,圆弧的圆心角或圆上指定两点间的圆心角,并在测量值后加“°”。命令启动后,系统在命令行提示如下:

选择圆弧、圆、直线或 <指定顶点>:

选择第二条直线:

指定标注弧线位置或[多行文字(M)/文字(T)/角度(A)]:

标注文字

7. 基线标注(Dimbaseline)命令

基线标注是从上一个或选定标注的基线作连续的线性、角度或坐标标注。该命令可创建自相同基线测量的一系列相关标注。AutoCAD 使用基线增量值偏移每一条新的尺寸线并避免覆盖上一条尺寸线。基线增量值在“新建标注样式”、“修改标注样式”和“替代标注样式”对话框的“直线和箭头”选项卡上基线间距指定。命令启动后,系统在命令行提示如下:

指定第二条尺寸界线原点或[放弃(U)/选择(S)] <选择>:

标注文字

指定第二条尺寸界线原点或[放弃(U)/选择(S)] <选择>:

标注文字

指定第二条尺寸界线原点或[放弃(U)/选择(S)] <选择>:

选择基准标注:(再继续下一个组界线标注,选择界线,按回车结束。)

(1)[放弃(U)]:放弃在命令任务期间上一个输入的基线标注。

(2)[选择(S)]:提示选择一个线性标注、坐标标注或角度标注作为基线标注的基准。选择基准标注后,AutoCAD 将重新显示“指定第二条尺寸界线原点”或“指定部件位置”提示。

8. 连续标注(Dimcontinue)命令

连续标注是从上一个或选定标注的第二条尺寸界线作连续的线性、角度或坐标标注。该命令绘制一系列相关的尺寸标注,例如添加到整个尺寸标注系统中的一些短尺寸标注。连续标注也称为链式标注。使用该命令时,系统提示内容与基线标注命令相同。

9. 引线标注(Qleader)命令

该命令快速创建引线和引线注释。该命令设置选项如图 8-72、图 8-73、图 8-74 所示。

(1)[注释]:设置引线注释类型,指定多行文字选项,并指明是否需要重复使用注释。如图 8-72 所示。

(2)[引线和箭头]:设置引线和箭头格式。如图 8-73 所示。

(3)[附着]:设置引线和多行文字注释的附着位置。只有在“注释”选项卡上选定“多行文字”时,此选项卡才可用。如图 8-74 所示。

10. 公差标注(Dimtolerance)命令

该命令用于创建形位公差标注。在指定位置标注公差框格及符号。命令启动后,首先弹出“形位公差”对话框,供用户设置公差内容,然后由用户指定形位公差框格放置位置。该命令常与引线标注命令配合使用。

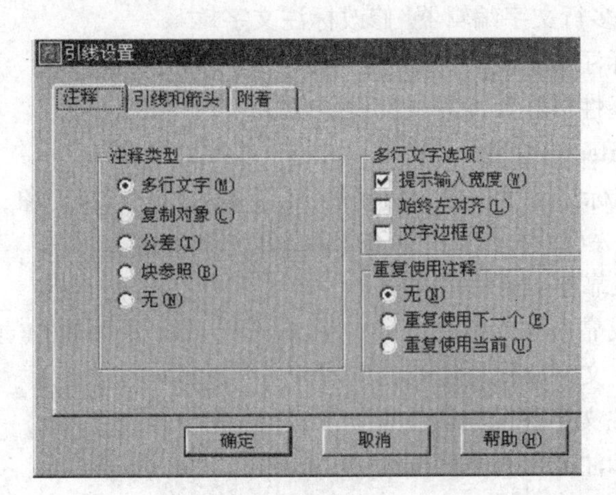

图 8-72　“引线设置”对话框

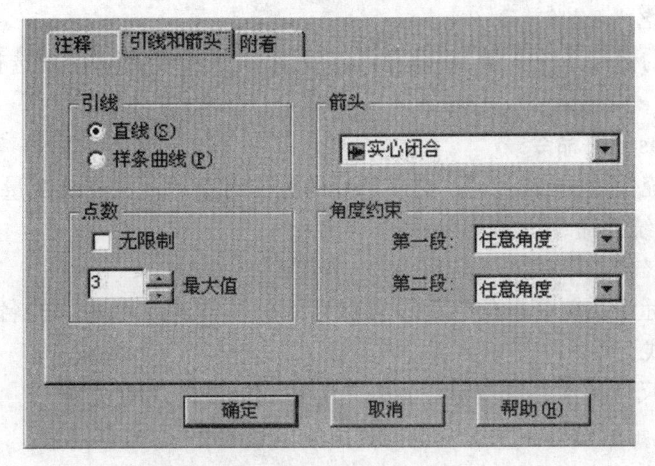

图 8-73　引线和箭头选项

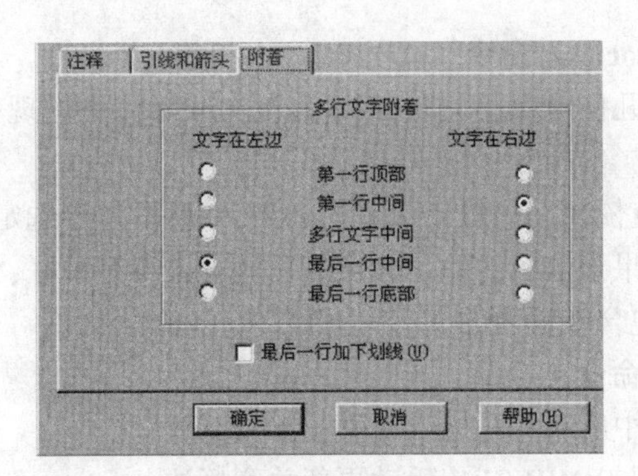

图 8-74　附着选项

11. 中心标注(Dimcenter)命令

该命令用于创建圆和圆弧的圆心标记或中心线。

12. 标注编辑(Dimedit)命令

该命令用于改变一个或多个标注对象上的标注文字和尺寸界线。命令启动后,系统在命令行提示如下:

输入标注编辑类型

[默认(H)/新建(N)/旋转(R)/倾斜(O)] <默认>:

(1)[默认(H)]:选中的标注文字移回到由标注样式指定的默认位置和旋转角。

(2)[新建(N)]:使用“多行文字编辑器”修改标注文字。

(3)[旋转(R)]:旋转标注文字。

(4)[倾斜(O)]:调整线性标注尺寸界线的倾斜角度。

13. 标注文字编辑(Dimtedit)命令

该命令用于移动和旋转标注文字。命令启动后,系统提示用户选择对象,并在命令行提示如下:

指定标注文字的新位置或[左(L)/右(R)/中心(C)/默认(H)/角度(A)]:

(1)[左(L)]:沿尺寸线靠左对齐标注文字。

(2)[右(R)]:沿尺寸线靠右对正标注文字。左、右选项只适用于线性、直径和半径标注。

(3)[中心(C)]:将标注文字放在尺寸线的中间。

(4)[默认(H)]:将标注文字移回默认位置。

(5)[角度(A)]:修改标注文字的角度。

14. 标注替代(Dimoverride)命令

该命令用于替代与标注对象相关联的尺寸标注系统变量,但不影响当前的标注样式。还可以使用该命令清除标注的替代值。命令启动后,系统在命令行提示如下:

输入要替代的标注变量名或[清除替代(C)]:

用户若指定要替代的标注系统变量,并设置新值后,系统进一步提示用户选择对象,用新的设置改变被选对象。

15. 标注更新(-Dimstyle)命令

该命令使用标注系统变量的当前设置,更新选择的标注对象的标注系统变量,并刷新选择的标注对象的标注。命令启动后,系统在命令行提示如下:

[保存(S)/恢复(R)/状态(ST)/变量(V)/应用(A)/?] <恢复>: _apply

(1)[保存(S)]:将标注系统变量的当前设置保存到标注样式。用输入的名称将标注系统变量的当前设置保存到新标注样式。

(2)[恢复(R)]:将尺寸标注系统变量设置恢复为选定标注样式的设置。

(3)[状态(ST)]:显示所有标注系统变量的当前值。列出变量,命令结束。

(4)[变量(V)]:列出某个标注样式或选定标注的标注系统变量设置,但不修改当前设置。

(5)[应用(A)/?]:将当前尺寸标注系统变量设置应用到选定标注对象,永久替代应用于这些对象的任何现有标注样式。

16. 标注再关联(Dimreassociate)命令

该命令可将无关联标注与几何对象相关联,或者修改关联标注中的现有关联。命令启动后,系统再提示用户选择标注对象。

用户选择标注对象时,系统依次亮显每个选定的标注,并显示适于选定标注的关联点的提示。每个关联点提示都显示一个标记。如果当前标注的定义点与几何对象没有关联,标记将显示为 X,但是如果定义点与其相关联,标记将显示为包含在框内的 X。

17. 更新标注(Dimregen)命令

使用该命令可将当前图形中所有关联标注的位置都被更新。

以下三种情况下,需要使用 DIMREGEN 手动更新关联标注:

(1)激活模型空间,在布局中用鼠标进行平移或缩放后,将更新创建于图纸空间的关联标注。

(2)打开已经用 AutoCAD 早期版本修改的图形后,如果已经对标注对象进行修改,请更新关联标注。

(3)打开包含在当前图形中标注的外部参照的图形后,如果已经对关联的外部参照几何图形进行修改,请更新关联标注。

18. 快速标注(Qdim)命令

使用快速标注可以直接选择标注对象进行标注。

19. 特性修改(Properties)命令

与其他几何对象一样,标注对象的基本、其他、直线与箭头、文字、调整、主单位、换算单位、公差等特性都可用“特性”(Properties)对话框进行编辑。

8.9　图 形 输 出

8.9.1　布局简介

布局就是图纸打印输出方案。布局使用图纸空间环境,模拟图纸页面,提供直观的打印预览。用户使用视口、标题栏等所需图形对象构造布局。每个布局都具有比例、图纸尺寸等不同的页面设置。

1. 布局创建与管理

a.创建(LAYOUTWIZARD 命令)新布局

布局向导用于引导用户创建新的布局,调用布局向导命令的方式为:

菜单:[工具 (T)] →[向导(Z)] →[创建布局(C)]

命令行:Layoutwizard

命令启动,系统将弹出“创建布局”对话框,如图 8-75 所示。按以下步骤及内容设置完成布局创建:

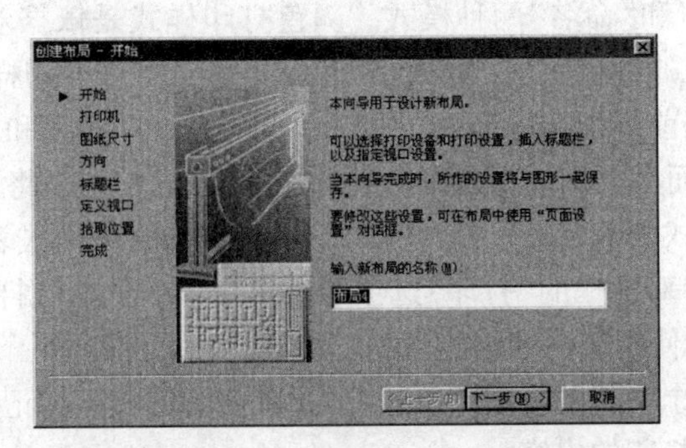

图 8-75　“创建布局”对话框

- [开始]:指定布局名称。
- [打印机]:选择打印机或绘图机。
- [图纸尺寸]:设定图纸尺寸、方向。
- [标题栏]:选择标准标题栏以图块或外部参照的图形插入到当前图形中。
- [定义视口]:指定视口的形式和比例。
- [拾取位置]:指定视口在图纸空间的位置。
- [完成]:结束命令,并根据以上设置创建新布局。

b.布局(LAYOUT 命令)管理

用 Layout 命令可实现布局的创建、删除、复制、保存和重命名各种操作。该命令的调用方法是:

工具栏:“布局” →、、、

命令行:Layout

2.使用布局打印输出的基本步骤

设计过程中,一般使用布局打印输出,以下是基本步骤:

①创建模型;②配置打印设备;③创建布局(对于二维图形不需创建布局,可直接打印);④页面设置;⑤创建标题栏;⑥在布局中创建浮动视口;⑦设置浮动视口的视图比例;⑧在布局中创建注释和几何图形;⑨打印输出。

8.9.2　页面设置

页面设置是随布局一起保存的打印设置。指定布局的页面设置时,可以命名、保存布局的页面设置,将其应用于其他布局中。

绘图过程中,首次选择布局选项卡时,系统显示“页面设置”对话框,从中可以指定布局设置和打印设置。用户也可用以下方式启动页面设置,调用方式为:

工具栏:“布局” → [icon]

菜单:[文件(F)] →[页面设置(G)]

命令行:Pagesetup

命令启动后,系统弹出“页面设置”对话框。其中各项设置如下:

1.[布局名(L)]:显示、修改当前布局的名称。

2.[页面设置名(U)]:在图形中列表显示已命名和已保存的页面设置。可以选择一个已命名的页面设置作为当前页面设置,或者选择“添加”选项添加新的命名页面设置。

3.[打印设备]:指定当前配置的打印设备以便打印布局。

(1)[打印机配置]:显示当前配置的打印设备及其连接端口或网络位置,以及任何附加的关于打印机的用户定义注释。

(2)[打印样式表]:设置、编辑打印样式表,或者创建新的打印样式表。

“打印样式”是一种对象特征,用于控制打印图形的外观,根据对象的颜色、线型和线宽等,指定端点、连接和填充样式,以及抖动、灰度、笔指定、淡显等输出效果。

打印样式分为“颜色相关”和“命名”两种模式。颜色打印样式是依据对象的颜色控制对象的打印方式。命名打印样式独立于对象的颜色使用,可以给对象指定任意一种打印样式。

- [名称]:显示指定给当前模型选项卡或布局选项卡的打印样式表和当前可用的打印样式表。如果选定了不止一个布局选项卡,而且它们被指定了不同的打印样式表,列表将显示“多种”。
- [编辑]:显示“打印样式表编辑器”,从中可以编辑选定的打印样式表。
- [新建]:根据在“选项”对话框的“打印”选项卡中选择哪一个默认打印样式(依赖颜色或命名),显示两种打印样式表向导之一。使用该向导创建新的打印样式表。

(3)[打印戳记]:在每一个图形的指定角放置打印戳记和/或将戳记记录到文件中。

(4)[打印范围]:定义要打印的内容。

(5)[打印到文件]:打印输出到文件而不是打印机。

4.[布局设置]:指定布局设置,例如打印区域、打印比例、打印偏移、图形方向和图纸尺寸等。

(1)[图纸尺寸和图纸单位]:显示选定打印设备可用的标准图纸尺寸。

(2)[图形方向]:指定打印机图纸上的图形方向,包括横向和纵向。

(3)[打印区域]:指定图形中要打印的区域。

- [布局/图形界限]:打印布局时,打印指定图纸尺寸页边距内的所有对象;从模型选项卡打印时,打印图形界限定义的整个图形区域。
- [范围]:当前空间中的所有几何图形都将被打印。
- [显示]:打印模型选项卡当前视口中的视图或布局选项卡中的当前图纸空间视图中的视图。
- [视图]:打印以前用 VIEW 命令保存的视图。
- [窗口]:打印通过窗口区域指定的图形部分。选择“窗口”按钮以便使用定点设备指定要打印区域的两个角点,或输入坐标值。

(4)[打印比例]:控制图形单位对于打印单位的相对尺寸。

(5)[打印偏移]:指定打印区域相对于图纸左下角的偏移量。

(6)[打印选项]:指定打印对象使用的线宽、打印样式、隐藏线和次序选项。

8.9.3 图形打印

用户可以在模型空间中或任一布局调用打印图形,调用方式为:

工具栏:“标准” → [icon]

菜单:[文件(F)] →[打印(P)]

命令行:Plot 或 Print

命令启动后,系统弹出“打印”对话框,其内容与“页面设置”相同,设定完成即可打印输出。

8.10　AutoCAD 三维建模、图样生成实例

随着 CAD 技术的发展，特别是计算机三维建模技术的成熟，产品的设计已从二维空间过渡到三维空间。实践中，先建三维模型而后生成工程图样，三维造型设计已被广泛应用。限于篇幅，本节以实例介绍这一过程。

8.10.1　三维对象概述

AutoCAD 支持三种类型的三维建模：线框模型、曲面模型和实体模型。每种模型都有各自的用途和创建方法及编辑技术。

1.线框模型

线框模型描绘三维对象的框架。线框模型中没有面，只有描绘对象边界的点、直线和曲线。用 AutoCAD 可在三维空间的任何位置放置二维（平面）对象来创建线框模型。AutoCAD 也提供一些三维线框对象，例如三维多段线和样条曲线，如图 8-76(a)所示。由于构成线框模型的每个对象都必须单独绘制和定位，因此，这种建模方式最为耗时。

2.曲面模型

曲面模型比线框模型更为复杂，它不仅定义三维对象的边而且定义面。AutoCAD 曲面模型使用多边形网格定义镶嵌面。如图 8-76(b)所示。但 AutoCAD 用镶嵌面表达三维曲面，产生的是不连续三维曲面；曲面间相互不能粘接；曲面不能转化成实体。

3.实体模型

实体建模是最容易使用的三维建模类型。利用 AutoCAD 实体模型，可以通过创建下列基本三维形状来创建三维对象：长方体、圆锥体、圆柱体、球体、楔体和圆环体实体。然后对这些形状进行合并，找出它们差集或交集（重叠）部分，结合起来生成更为复杂的实体，如图 8-76(c)所示。也可以将二维对象沿路径延伸或绕轴旋转来创建实体。在工程分析领域，实体的信息最完整，歧义最少，应用最为广泛。

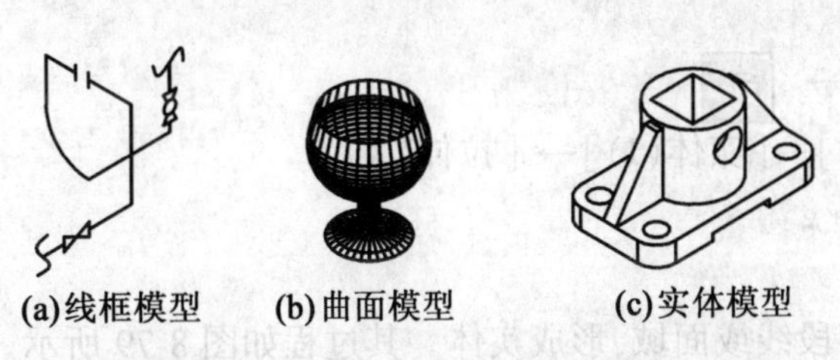

图 8-76　AutoCAD 支持的三种模型

8.10.2　实体建模及编辑

1.基本形体

AutoCAD 提供六种如图 8-77 中右边所示基本形体的建模功能及基本形体定义的参数特征；图 8-77 所示为相应的工具条图标；基本形体命令调用方法如下：

- 使用工具条：“绘图(Draw)” →
- 使用菜单：[绘图(D)] → Solids →图 8-77 所示选项。
- 在 Command：Box、Shphere、Cylinder、Cone、Wedge、Torus。

2.拉伸、旋转形体

a.Region（面域）命令

面域是从闭合的形或环创建的二维区域。闭合多段线、直线和曲线都是有效的选择对象。曲线包括圆弧、圆、椭圆弧、椭圆和样条曲线。如果选定的多段线通过 PEDIT 命令中的“样条曲线”或“拟合”选项进行了平滑处理，得到的面域将包含平滑多段线的直线或圆弧。此多段线并不转换为样条曲线对象。面

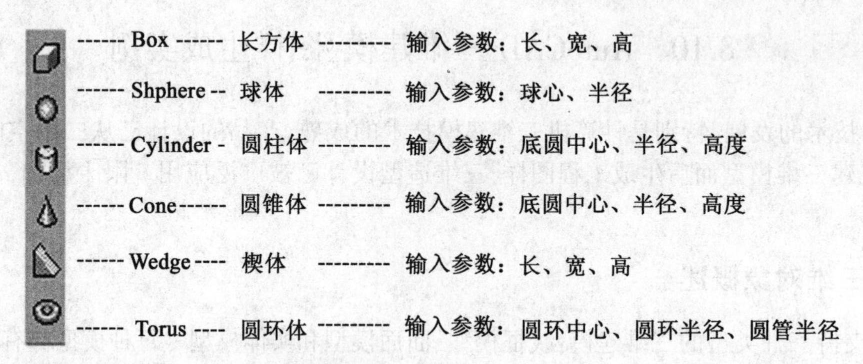

图 8-77 基本形体

域可理解为零高度的实体。命令调用方法如下。

- 使用工具条："绘图(Draw)" →
- 使用菜单：[绘图(D)]→ 面域(N)
- 在 Command：Region

b.Extrude(拉伸)命令

沿路径拉伸二维封闭的多段线或面域，形成实体。其过程如图 8-78 所示。命令调用方法如下。

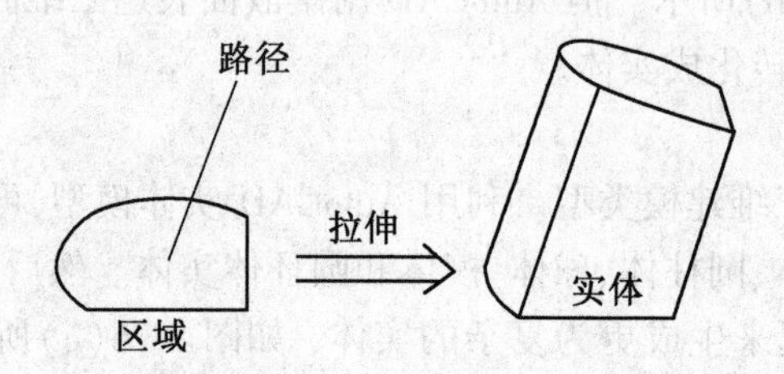

图 8-78 拉伸实体

- 使用工具条："实体"→
- 使用菜单：[绘图(D)]→[实体(I)]→ [拉伸(X)]。
- 在 Command：Extrude ↙

c.Revolve(旋转)命令

绕轴旋转二维封闭的多段线或面域，形成实体。其过程如图 8-79 所示。命令调用方法如下。

- 使用工具条："实体(Solids)" →
- 使用菜单：[绘图(D)]→[实体(I)]→[旋转(R)]。
- 在 Command：Revolve

3.形体组合

可以使用现有实体的并集、差集和交集创建组合实体。

a.Union(并集)命令

使用 UNION 命令，可以合并两个或多个实体(或面域)，构成一个组合对象。其过程如图 8-80 所示。命令调用方法如下：

- 使用工具条："实体编辑" →
- 使用菜单：[修改(M)]→ [实体编辑(N)] →[并集(U)]
- 在 Command：Union

b.Subtract(差集)命令

使用 Subtract 命令，可删除两组实体间的公共部分。从选择集的每个子集内减去选定的对象。为每个子集创建一个新的组合面域或实体。其过程如图 8-81 所示。命令调用方法如下：

- 使用工具条："实体编辑"→ 

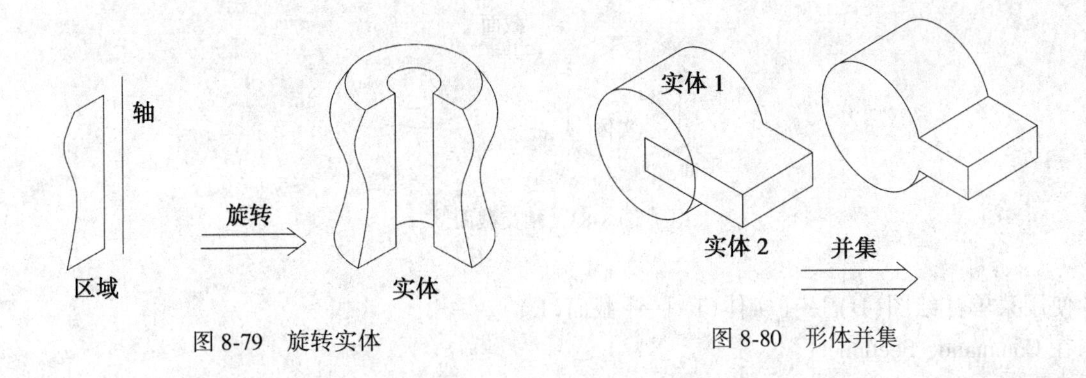

图 8-79　旋转实体　　　　图 8-80　形体并集

● 使用菜单：[修改(M)]→[实体编辑(N)]→[差集(S)]。

● 在 Command：Subtract

c.Intersect(交集)命令

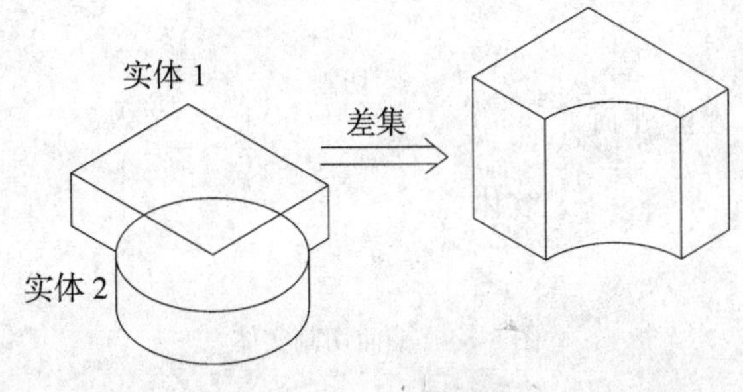

图 8-81　形体差集

使用 Intersect 命令，删除两个或多个实体非重叠部分，用公共部分创建组合实体。其过程如图 8-82 所示。

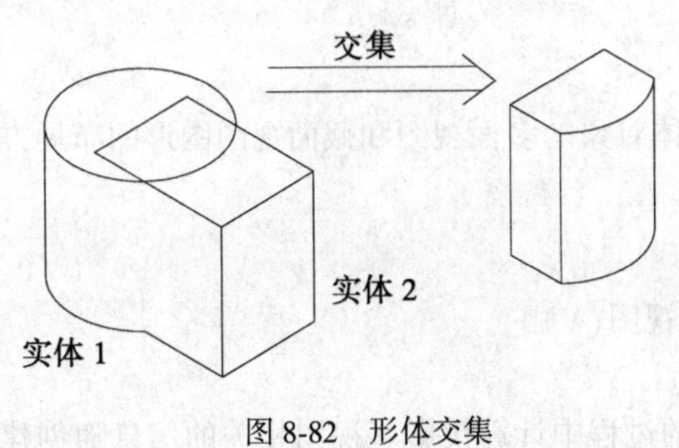

图 8-82　形体交集

命令调用方法如下：

● 使用工具条："实体编辑"→

● 使用菜单：[修改(M)]→[实体编辑(N)]→[交集(I)]。

● 在 Command：Intersect

d.干涉(Interfere)命令

用两个或多个实体的公共部分创建三维组合实体。Interfere 命令除有与 Intersect 相似构造实体功能外，还能对一组实体间或两组实体间进行空间干涉检测；如有则亮显所有干涉的三维实体，并显示干涉三维实体的数目和干涉的实体对，提示是否需要构造干涉实体；构造干涉实体同时并不影响原有的实体。命令调用方法如下：

● 使用工具条："实体(Solids)"→

● 使用菜单：[绘图(D)]→[实体(I)]→[干涉(I)]

● 在 Command：Interfere

e.Section(截面)命令

用 Section 命令，可创建穿过面域或实体的相交截面。默认方法是指定三个点定义一个面。也可以通过其他对象、当前视图、Z 轴或 XY、YZ 或 ZX 平面来定义相交截面平面。AutoCAD 在当前图层上放置相交截面平面。如图 8-83 所示。命令调用方法如下：

● 使用工具条："实体(Solids)"→ 

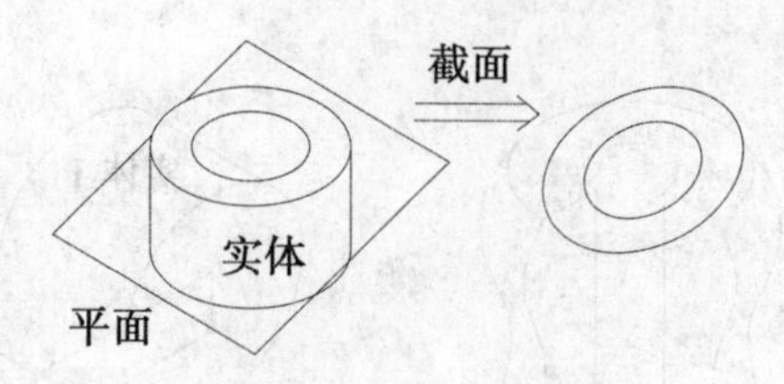

图 8-83　相交截面

● 使用菜单：[绘图(D)]→[实体(I)]→[截面(E)]。

● 在 Command：Section

f.Slice(切割)命令

用 SLICE 命令，可以切开现有实体，并移去指定部分，从而创建新的实体。可以保留剖切实体的一半或两部分。剖切实体保留原实体的图层和颜色特性。剖切实体平面的指定与 Section 命令相同。其过程如图 8-84 所示。命令调用方法如下：

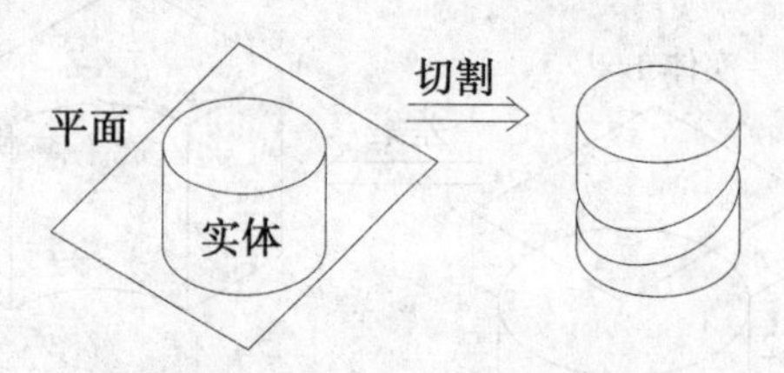

图 8-84　平面切割实体

● 使用工具条："实体(Solids)"→

● 使用菜单：[绘图(D)]→[实体(I)]→[剖切(E)]

● 在 Command：Slice

4.工程图样布置与生成

a.Solview(视图布置)命令

该命令是使用正投影法，在创建浮动视口中，指定三维实体对象的多面视图和截面视图图形的布局方式。命令调用方法如下：

● 使用工具条："实体(Solids)"→

● 使用菜单：[绘图(D)]→[实体(I)]→[设置(U)]→[视图(V)]。

● 在 Command：Solview

Solview 在引导用户创建基本视图、辅助视图以及剖视图的过程中计算投影。视图相关的信息随创建的视口一起保存。命令启动后，系统提示如下：

选项 [Ucs(U)/正交(O)/辅助(A)/截面(S)]：选项或按 Enter 键退

● [Ucs(U)]：创建相对于用户坐标系的投影视图。如果图形中不存在视口，"UCS"选项是创建初始视口的好方法，别的视图也可以由它创建。其他的所有 Solview 选项都需要现有的视口。可以选择使用当前 UCS 或以前保存的坐标系作为投影面。创建的视口投影平行于 UCS 的 XY 平面，该平面中 X 轴指向右，而 Y 轴垂直向上。

● [正交(O)]：创建与现有视图正交的视图。

● [辅助(A)]：在现有视图中创建辅助视图。辅助视图投影到和已有视图正交并倾斜于相邻视图的平面。

● [截面(S)] 创建实体图形的剖视图。

b.Soldraw(视图生成)命令

该命令用于 SOLVIEW 命令创建的视口中，使用 Solview 产生的视图信息，生成轮廓图和剖视图图形视图。创建视口中表示实体轮廓和边的可见线和隐藏线和剖面线，然后投影到垂直视图方向的平面上。并将图线分别归类于视图名-VIS、视图名-HID、视图名-HAT 三个图层。

c.Solprof(计算实体轮廓)命令

该命令用于创建三维实体的轮廓图像。轮廓图只显示当前视图下实体的曲面轮廓线和边。命令执行过程中，系统先后提示用户："是否在单独的图层中显示隐藏的轮廓线?"；"是否将轮廓线投影到平面?"；"是否删除相切的边?"。如用户回答"是"，系统将产生视图名-VIS、视图名-HID、视图名-HAT 三个图层，用户通过对此三个层的管理操作，实现视图中可见线、不可见线、剖面线的显示控制。

8.10.3　实体模型建模举例

1.实例形体组合分析

如图 8-85 所示，实体使用 R20 半柱体基体，上下、前后挖孔；前端左右挖切长方体形成。

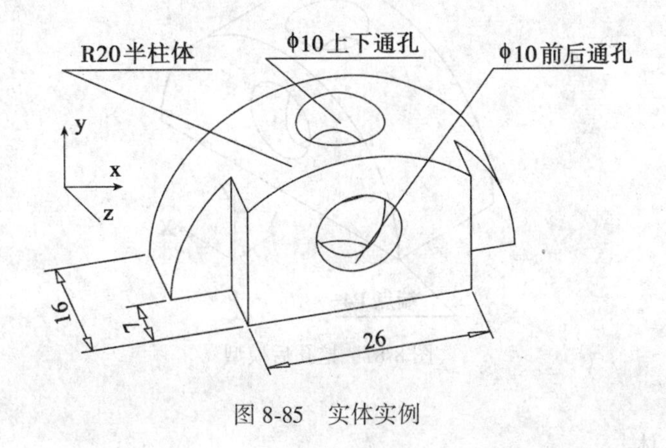

图 8-85　实体实例

2.建模步骤

a.进入三维建模环境

选择[视图(V)]→[三维视图(3)]→[西南等轴测(S)]。

b.建立用户坐标系

选择[工具(T)]→[新建 UCS(W)]→[X]→输入 90。

c.建立半柱体区域

- 画圆：[绘图(D)]→[圆(C)]→[圆心、半径(R)]→指定圆心、输入半径 20。
- 画直线 1：[绘图(D)]→[直线(L)]→指定圆的沿 X 轴方向两个象限点。
- 修剪：[修改(M)]→[修剪(T)]→选择直线→回车→选择圆下半步。
- 创建区域：[绘图(D)]→[面域(N)]→选择上半圆、直线 1→回车。

d.创建半柱体

选择[绘图(D)]→[实体(I)]→[拉伸(X)]→选择区域→输入拉伸高度为 16→指定拉伸倾斜角度为 0→回车结束。

显示模型

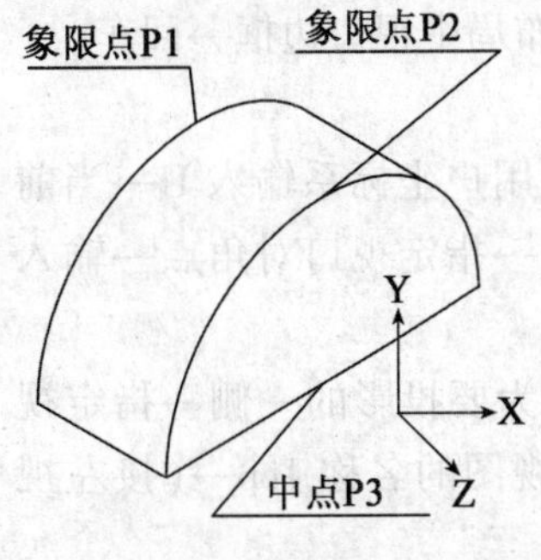

图 8-86　模型显示

- 设置显示方式：在命令行输入 Dispsilh→回车→输入 1→回车。
- 消隐：[视图(V)]→[消隐(H)]。显示如图 8-86 所示。

f.挖前后孔

- 辅助线：[绘图(D)]→[直线(L)]→指定中点 P3、象限点 P2。
- 画圆：[绘图(D)]→[圆©]→[圆心、半径®]→指定辅助线中点为圆心、输入半径 5。
- 拉伸孔柱体：[绘图(D)]→[实体(I)]→[拉伸(X)]→选择 R5 的圆→回车→输入拉伸高度为-16→指定拉伸倾斜角度为 0→回车结束。
- 挖前后孔：[修改(M)]→[实体编辑(N)]→[差集(S)]→选择半柱

体→回车→选择孔柱体。删除辅助线 P3-P2。

g.挖上下孔

● 使用世界坐标系:[工具(T)]→[新建 UCS(W)]→[世界(W)]→回车。

● 辅助线:[绘图(D)]→[直线(L)]→指定象限点 P1、P2。

● 画圆:[绘图(D)]→[圆©]→[圆心、半径®]→指定辅助线中点为圆心、输入半径 5。

● 拉伸孔柱体:[绘图(D)]→[实体(I)]→[拉伸(X)]→选择 R5 的圆→回车→输入拉伸高度为 -20→指定拉伸倾斜角度为 0→回车结束。

● 挖上下孔:[修改(M)]→[实体编辑(N)]→[差集(S)]→选择半柱体→回车→选择孔柱体。删除辅助线 P2-P1。

完成(6)、(7)后,消隐如图 8-87 所示。

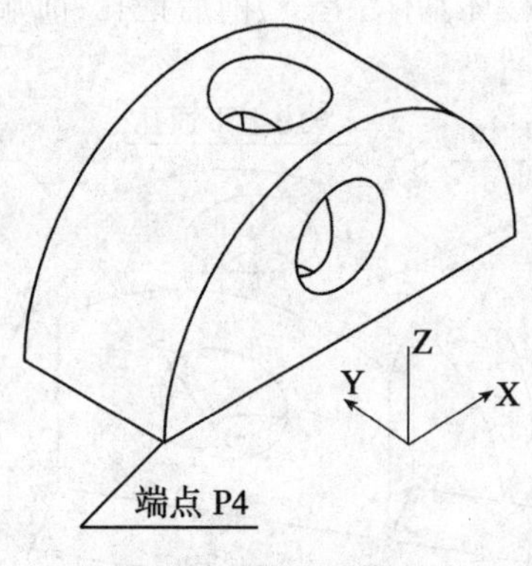

图 8-87 挖孔后模型

h.挖前面左、右长方体

● 画线:[绘图(D)]→[直线(L)]→指定端点 P4→命令行输入@ 7,0→命令行输入@ 0,7→命令行输入@ -7,0→命令行输入 C。

● 创建区域:[绘图(D)]→[面域(N)]→选择以上四条线→回车。

● 拉伸左长方体:[绘图(D)]→[实体(I)]→[拉伸(X)]→选择以上区域→回车→输入拉伸高度为 20→指定拉伸倾斜角度为 0→回车结束。

● 生成右长方体:[修改(M)]→[三维操作(3)]→[三维镜像(M)]→选择左长方体→回车→命令行输入 YZ→指定中点 P3→命令行输入 N→回车。

● 挖切:[修改(M)]→[实体编辑(N)]→[差集(S)]→选择半柱体→回车→选择左、右长方体→回车。生成如图 8-85 所示的模型。

8.10.4 图样生成举例

1. 坐标系设定、创建布局

(1)投影坐标系设定:[工具(T)]→[新建 UCS(W)]→[X]→ 输入 90。

(2)创建布局:鼠标左键点击布局后,系统会弹出“页面设置”对话框。完成页面设置,布局中会产生同模型空间相同方位的单一默认视口,选择[修改(M)]→[删除(E)]→选择布局中视口边框→回车。

2. 布置视口

(1)主视视口:[绘图(D)]→[实体(I)]→[设置(U)]→[视图(V)]→用户坐标系输入 U→当前坐标系输入 C→输入视图比例 1→指定视图中心→回车→指定视口的第一角点→指定视口对角点→输入视图的名称 Fornt→(接俯视视口)。

(2)俯视视口:(接主视视口创建)选择正交 O→指定主视口的边框的上侧为要投影的一侧→指定视图中心(主视口下侧)→回车→指定视口的第一角点→指定视口对角点→输入视图的名称 Top→(接左视视口创建)。

(3)左视视口:(接俯视视口创建)选择正交 O→指定主视口的边框的右侧为要投影的一侧→指定视

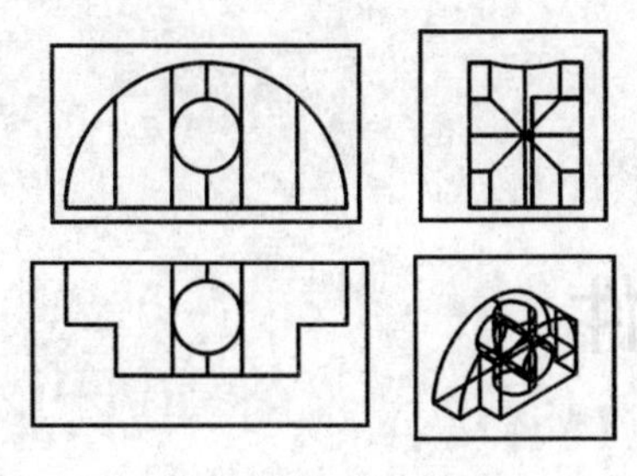

图 8-88　视口布置

定视口的第一角点→指定视口对角点→输入视图的名称 Left→回车结束。

(4) 轴测视口

● 选择[视图(V)]→[视口(V)]→[一个视口]→指定视口的第一角点→指定视口对角点。

● 双击轴测视口使其成为浮动视口。

● 选择[视图(V)]→[三维视图(3)]→[西南等轴测(S)]。所产生视口如图 8-88 所示。

3. 计算投影

(1) 生成主、俯、左视图：

选择[绘图(D)]→[实体(I)]→[设置(U)]→[图形(D)]→分别选择主、俯、左视口边框，生成主、俯、左视图。

(2) 生成西南等轴测：双击轴测视口使其成为浮动视口→选择[绘图(D)]→[实体(I)]→[设置(U)]→[轮廓(P)]→选择轴测视口边框内实体模型→回答 Y 设置单独的图层中显示隐藏的轮廓线→回答 Y 设置将轮廓线投影到平面→回答 Y 设置删除相切的边。

4. 设置图层、控制显示

(1) 设置当前层：选择[格式(O)]→[图层(L)]→"图层管理器"→将 *-VIS 设为当前层。

(2) 关闭模型所在层："图层管理器"→将模型所在层实施关闭并将所有视口冻结。默认图层名为"0"层。

(3) 关闭视图边框所在层："图层管理器"→将名为"VPORTS"的层关闭。

(4) 关闭西南等轴测视图不可见轮廓层："图层管理器"→将名为"PH-*"的所有层关闭。

(5) 设置线形："图层管理器"→将名为"*-HID"所有层的线形设置为虚线。

5. 添加中心线、标注尺寸

首先增设中心线层、标注尺寸线层，分别设置线形、颜色，然后在图纸空间添画中心线、标注尺寸，得到如图 8-89 所示的打印布局。

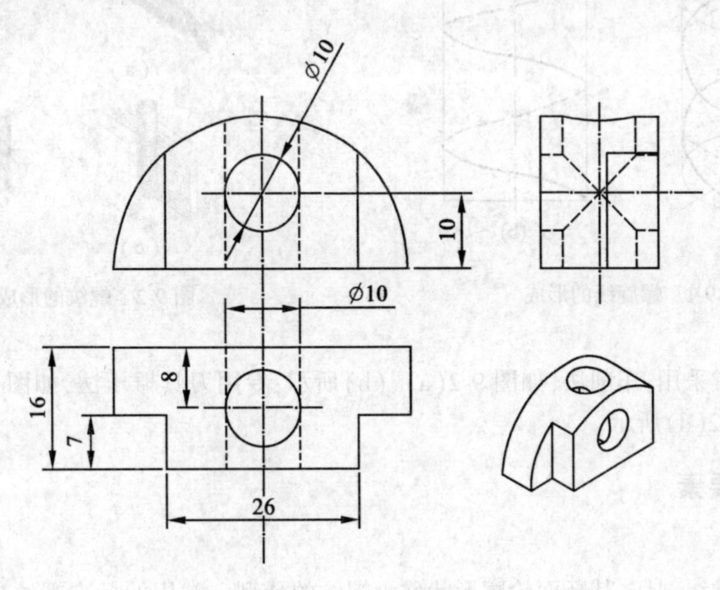

图 8-89　打印布局

第9章　标准件和常用件

在各种机械产品、设备中,大量使用各种零件和部件,有的在结构、尺寸方面均已标准化,称为标准件,如螺栓紧固件等;有的部分重要参数标准化、系列化,称为常用件,如齿轮等零件。结构、尺寸标准化、系列化,能确保产品质量、提高生产效率、降低成本等。

9.1　螺纹及螺纹紧固件

9.1.1　螺纹的形成

在圆柱面上一点绕其轴线做匀速旋转运动,同时沿柱表面直竖线做匀速直线运动,其复合运动轨迹线称为圆柱螺旋线,如图9-1(a)、(b)所示。

螺纹是指在圆柱或圆锥表面上,沿螺旋线所形成的具有相同断面的连续凸起和沟槽,起连接、紧固或传动作用。在圆柱或圆锥外表面上形成的螺纹称为外螺纹,如图9-2(a)所示;在圆柱或圆锥内表面上形成的螺纹称为内螺纹,如图9-2(b)所示。在圆柱表面上形成的螺纹称为圆柱螺纹,在圆锥表面形成的螺纹称为圆锥螺纹。

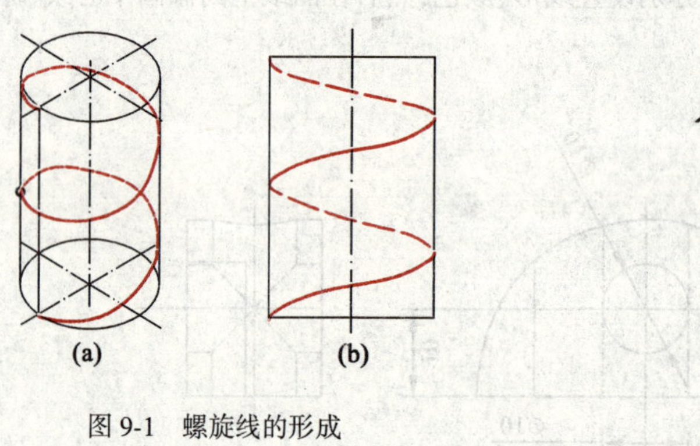

图9-1　螺旋线的形成

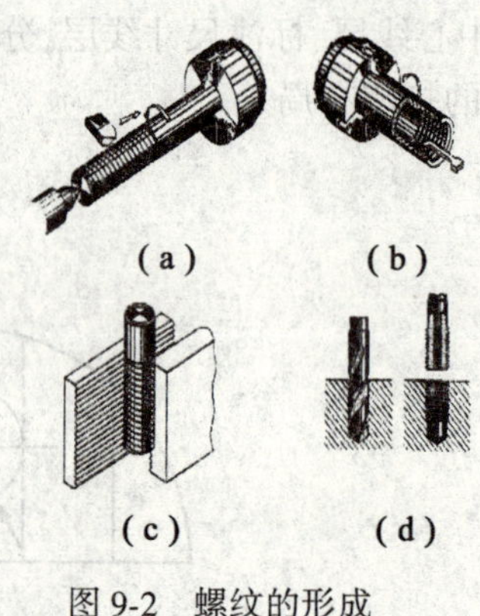

图9-2　螺纹的形成

螺纹的加工方法常采用:车削法,如图9-2(a)、(b)所示;专用刀具辗压法,如图9-2(c)所示;用丝锥加工内螺纹法,如图9-2(d)所示。

9.1.2　螺纹的要素

1.螺纹牙型

通过螺纹零件的轴线剖切,其断面轮廓形状称为螺纹的牙型。常用的标准螺纹牙型有三角形、梯形、锯齿形。不同的牙型,有不同的用途,如三角形螺纹用于连接两个零件,梯形、锯齿形螺纹用于传递动力等。

2.公称直径

公称直径对于普通的公制螺纹、梯形螺纹、锯齿形螺纹,其螺纹大径就是螺纹的公称直径。

大径:外螺纹牙顶所在假想圆柱面的直径 d、内螺纹牙底所在假想圆柱面的直径 D,如图9-3所示。

小径:外螺纹牙底所在假想圆柱面的直径 d_1、内螺纹牙顶所在假想圆柱面的直径 D_1,如图9-3所示。

中径:在牙型上沟槽和凸起宽度相等的假想圆柱的直径 d_2 或 D_2,如图9-3所示。

3. 线数 n

零件表面螺纹的条数称为线数，用 n 表示。沿一条螺旋线形成的螺纹称为单线螺纹；沿两条或两条以上螺旋线形成的螺纹称为多线螺纹，如图 9-3(c)、(d)所示。

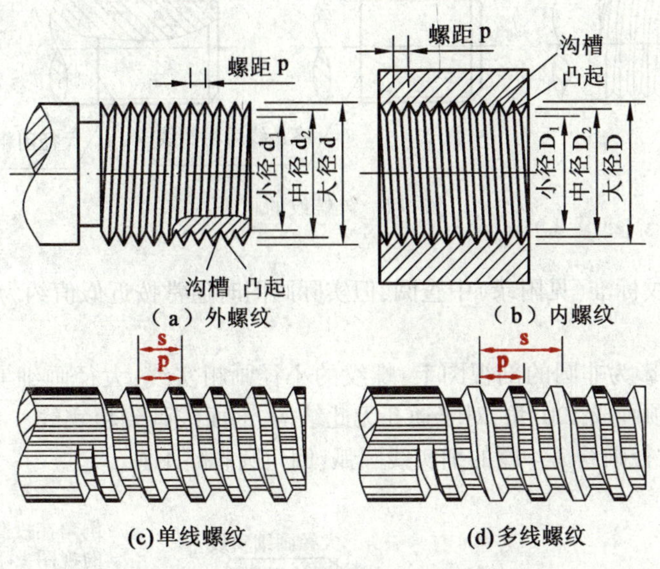

图 9-3　螺纹牙型、线数、螺距、导程

4. 螺距 p 和导程 s

相邻两牙在中径线上对应两点的轴向距离称为螺距 p。

同一条螺纹上相邻两牙在中径线上对应两点的轴向距离称为导程 s。

螺距与导程的对应关系为：$s=np$。在图 9-3(d)中为双线螺纹，其导程 s 等于螺距的 2 倍：$s=2p$。

5. 旋向

螺纹有右旋、左旋两种。内、外螺纹旋合连接时，顺时针旋入为右旋，工程中常用右旋。逆时针旋入为左旋。如图 9-4 为两种旋向的螺纹。

内、外螺纹连接旋合在一起时，是成对配合使用的，只有内、外螺纹的要素全部相同，才能旋合在一起。在螺纹要素中，牙型、大径、螺距是决定螺纹的三个基本要素。凡是这三个基本要素符合国家标准的螺纹称为标准螺纹；牙型符合标准，大径或螺距不符合标准的螺纹称为特殊螺纹；牙型不符合标准的螺纹称为非标准螺纹，如方形螺纹。

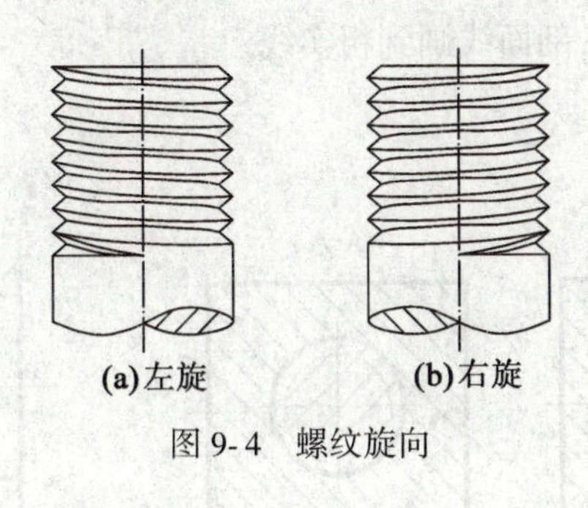

图 9-4　螺纹旋向

9.1.3　螺纹的规定画法

螺纹的真实画法比较复杂，为了简化作图，国家标准对有关螺纹和螺纹紧固件作了规定的画法。

1. 外螺纹的画法

如图 9-5 所示，在投影为非圆的视图上，螺纹的大径画粗实线；小径画实线；表示螺纹有效长度的终止界线——螺纹终止线画粗实线；画出螺杆端部的倒角或倒圆。在投影为圆的视图上，螺纹的大径画粗实线圆；螺纹的小径画约 3/4 圈的细实线圆弧；倒角圆省略不画。

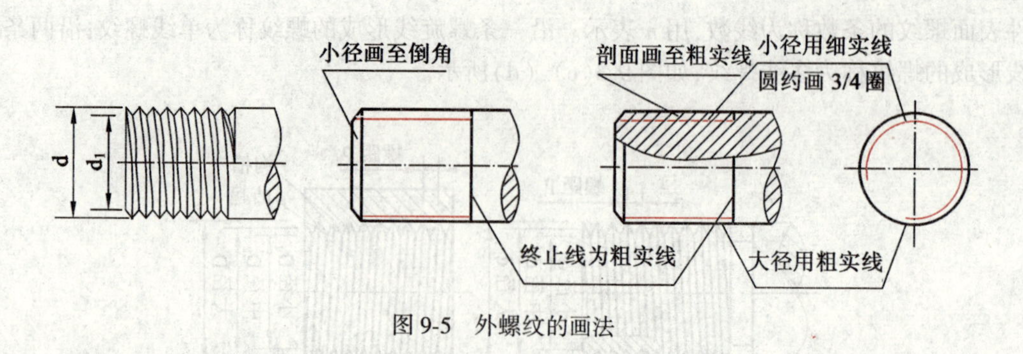

图 9-5　外螺纹的画法

小径的尺寸可在螺纹标准(见附录)中查阅,但实际画图时通常按近似值约为大径的 0.85 倍画出。

2.内螺纹的画法

如图 9-6 所示,在投影为非圆的剖视图上:螺纹的小径画粗实线;大径画细实线;螺纹终止线画粗实线;画出钻孔结构,其锥顶画成 120°角,对于通孔无此结构;剖面线画到粗实线。在投影为圆的视图上,螺纹的小径画粗实线圆;大径画约 3/4 圈的细实线圆弧;倒角圆省略不画。

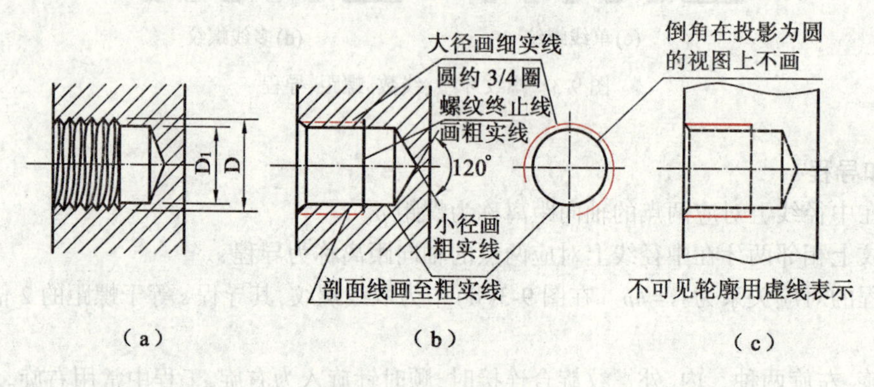

图 9-6　内螺纹的画法

当内螺纹没有剖切时,不可见的螺纹大径、小径、螺纹终止线及其他轮廓均画虚线,如图 9-6(c)所示。

3.内、外螺纹连接图画法

当内、外螺纹旋合在一起时,需画其连接图。在剖视图中:其旋合部分应按外螺纹画,其余部分仍按各自的画法画出,如图 9-7 所示。画图时应注意:表示外螺纹大径、小径的粗实线、细实线应与表示内螺纹大径、小径的细实线、粗实线分别对齐;剖面线画到粗实线。

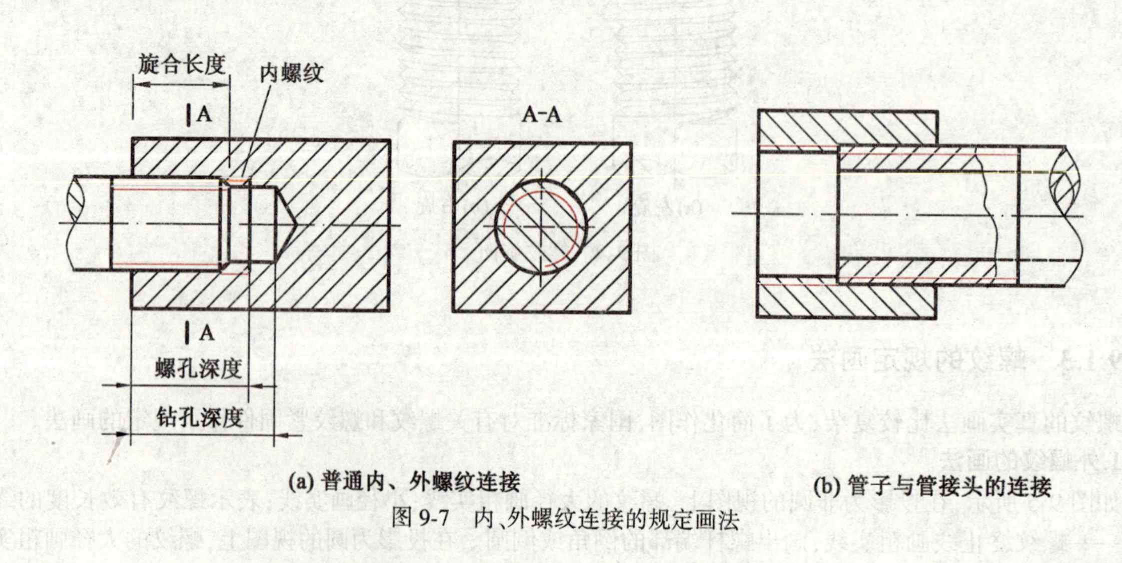

图 9-7　内、外螺纹连接的规定画法

9.1.4　螺纹标注

螺纹按用途来分，又分为连接螺纹和传动螺纹。连接螺纹中又分为普通公制螺纹、管螺纹、锥管螺纹等。尽管种类不同，其画法却相同。因此需在相应的图上标注其标准螺纹的牙型、直径、螺距等基本要素，常用标准螺纹的牙型见图9-8。

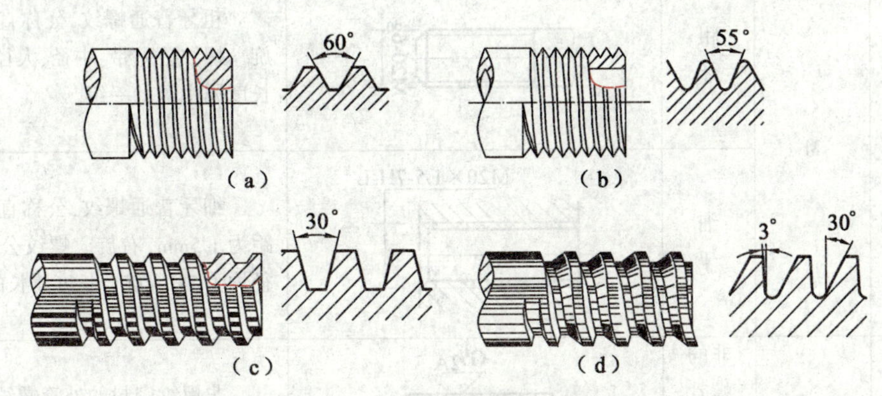

图9-8　常用标准螺纹的牙型

1.普通螺纹代号

普通螺纹的牙型特征代号符号用“M”表示。同一公称直径的普通螺纹，可能有多种螺距，把最大螺距的螺纹称为粗牙普通螺纹，其余一个或多个螺距的螺纹称为细牙普通螺纹。粗牙普通螺纹代号为：特征代号　公称直径　旋向；细牙普通螺纹代号为：特征代号　公称直径×螺距　旋向。当旋向为右旋时，可省略不注；左旋螺纹标注“左”字。普通螺纹牙型为等腰三角形，且牙型角为60°，如图9-8(a)所示。

2.梯形螺纹代号

梯形螺纹的牙型为等腰梯形，牙型角为30°，如图9-8(c)所示，牙型特征代号用“Tr”表示。多线梯形螺纹代号为：特征代号　公称直径×导程(*p*螺距)旋向；单线梯形螺纹代号为：牙型符号　公称直径×螺距　旋向。当螺纹为左旋时，标注“LH”；右旋螺纹可省略不注。

3.锯齿形螺纹代号

锯齿形螺纹的牙型为非等腰梯形，牙型角一边为30°，另一边为3°，如图9-8(d)所示，牙型特征代号用“B”表示。多线锯齿形螺纹代号为：特征代号　公称直径×导程(*p*螺距)旋向；单线锯齿形螺纹代号为：特征代号　公称直径×螺距　旋向。

4.管螺纹代号

用于水管、油管、气管的连接螺纹称为管螺纹，其尺寸单位是英寸。有非螺纹密封的内、外管螺纹；也有用螺纹密封的圆柱内管螺纹，用螺纹密封的圆锥内、外管螺纹，其牙型特征代号分别用G、Rp、Rc、R表示。牙型为等腰三角形，牙型角为55°，如图9-8(b)所示。管螺纹代号为：特征代号　尺寸代号-旋向。

注意：所标注的是尺寸代号，不是该螺纹的大径，尺寸代号与带有外螺纹管子的孔径相近。非螺纹密封的外管螺纹还应标注公差等级，公差等级分A、B两级，其螺纹代号示例为：G 1/2A-LH，表示非螺纹密封的左旋外管螺纹尺寸代号为1/2英寸，公差等级为A级。

5.螺纹标记与标注

(1)普通螺纹、梯形螺纹、锯齿形螺纹的螺纹标记由以下组成部分构成：

螺纹代号-螺纹公差带代号-螺纹旋合长度。

如“M20-5g6g-S”中，普通外螺纹的中径公差带代号为5g，大径公差带代号为6g，且公称直径为20mm，旋合长度为短的一组。

螺纹旋合长度有L(长)、N(中)、S(短)三种，当旋合长度为中等(N)时，可省略不注。一般情况下，不标注旋合长度，其螺纹公差带按中等(N)旋合长度确定。

(2)标注。

普通螺纹、梯形螺纹、锯齿形螺纹的螺纹标记应标注在尺寸线上。管螺纹的螺纹标记应采用指引线方式标注，指引线从大径引出。其标注示例见表 9-1。

表 9-1　　常用螺纹的种类、用途和标注示例

螺纹种类		特征代号	代号或标记示例		说　明
连接螺纹	普通螺纹	M	粗牙	M20-6g	粗牙普通螺纹，公称直径为 20mm，右旋。螺纹公差带：中径、大径均为 6g。旋合长度属中等的一组。
			细牙	M20×1.5-7H-L	细牙普通螺纹，公称直径为 20mm，螺距为 1.5mm，右旋。螺纹公差带：中径、小径均为 7H。旋合长度属长的一组。
	管螺纹	G	非螺纹密封的管螺纹	$G\frac{1}{2}A$	非螺纹密封的外管螺纹，尺寸代号1/2英寸，公差等级为 A 级，右旋。用引出标注。
		R_c R_p R	用螺纹密封的管螺纹	$Rc1\frac{1}{2}$	用螺纹密封的圆锥内管螺纹，尺寸代号 $1\frac{1}{2}$ 英寸，右旋。用引出标注。 R_p、R 分别是用螺纹密封的圆柱内管螺纹、圆锥外管螺纹的牙型特征代号。
传动螺纹	梯形螺纹	T_r		T_r40×14(P7)LH-7H	梯形螺纹，公称直径为 40mm，双线螺纹，导程为 14mm，螺距为 7mm，左旋（代号为 LH）。螺纹公差带：中径为 7H。旋合长度属中等的一组。
	锯齿形螺纹	B		B32×6	锯齿形螺纹，公称直径为 32mm，单线螺纹，螺距为 6mm，右旋。

9.1.5　螺纹牙型的画法及各种螺纹的工艺结构

1.螺纹牙型的画法

当需表达螺纹牙型时，可按图 9-9 的画法画出。

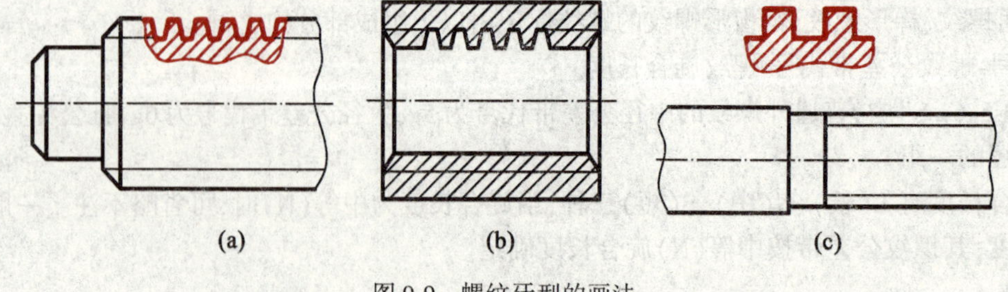

图 9-9　螺纹牙型的画法

2.螺纹的工艺结构

(1)退刀槽:为便于退刀或消除螺尾或方便连接,有时需在螺尾处先加工一个退刀槽,如图9-10(a)、(b)所示。标准退刀槽的形状、尺寸请查阅附录中的有关附表或手册。

(2)倒角:为便于装配,去除端面毛刺,可将螺纹的端面倒角,如图9-10(b)所示。标准倒角尺寸可查阅附录中的有关附表或手册,其倒角尺寸C×45°中的C表示锥台的高度,由螺纹直径 d 或 D 查表决定。

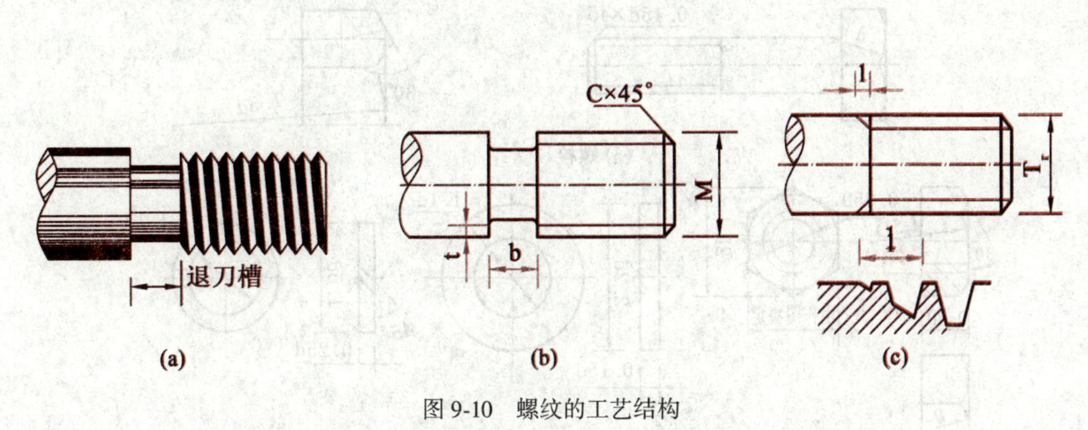

图9-10　螺纹的工艺结构

(3)螺尾:在螺纹的收尾处,由于刀具逐渐离开机件,螺纹的牙型不完整,形成螺尾,如图9-10(c)所示,螺纹部分不能参与有效连接。当需要表示螺尾时,螺尾部分的牙底用与轴线成30°的细实线画出。

9.1.6　常用的螺纹紧固件

以上所述为螺纹画法、标注等内容。下面主要介绍用于连接机件的螺纹紧固件。常用的螺纹紧固件用普通螺纹加工成螺栓、螺钉、螺母、双头螺柱等形式,如图9-11所示。为使连接可靠、安全,常配有垫圈等零件。螺纹紧固件就是用一对内、外螺纹的连接作用将两个或两个以上的机件连接、紧固在一起的零件。

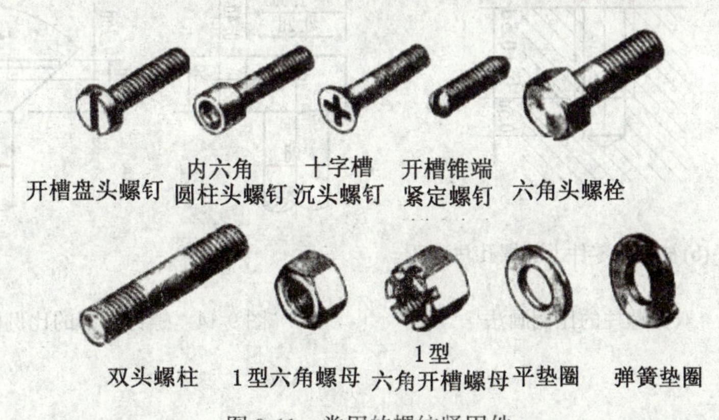

图9-11　常用的螺纹紧固件

1.螺纹紧固件的规定标记

螺纹紧固件中的结构、型式、尺寸均已标准化,并由专业工厂大批量生产成“标准件”。使用者只需根据需要,按其名称、代号等规定标记直接选购。螺纹紧固件的规定标记应包括如下内容:

名称　标准编号-规格尺寸-性能等级。其中标准编号,为该螺纹紧固件编号和颁发标准年号组成;规格尺寸一般由螺纹代号×公称长度组成。见附录;性能等级是标准规定的某一等级时,可省略不注。

2.常用螺纹紧固件的比例画法

为作图方便,螺纹紧固件往往不需按实际数据画出,而是采用比例画法。

所谓比例画法,是除了公称长度需计算、查表确定外,其他各部分尺寸按取与螺纹大径成一定的比例值来画。螺栓、螺母、垫圈的各部分画图的比例尺寸折算及比例画法如图9-12(a)、(b)、(c)所示。

其他常用螺纹紧固件的比例画法在相关内容中叙述,比例画法见图9-13、图9-14。

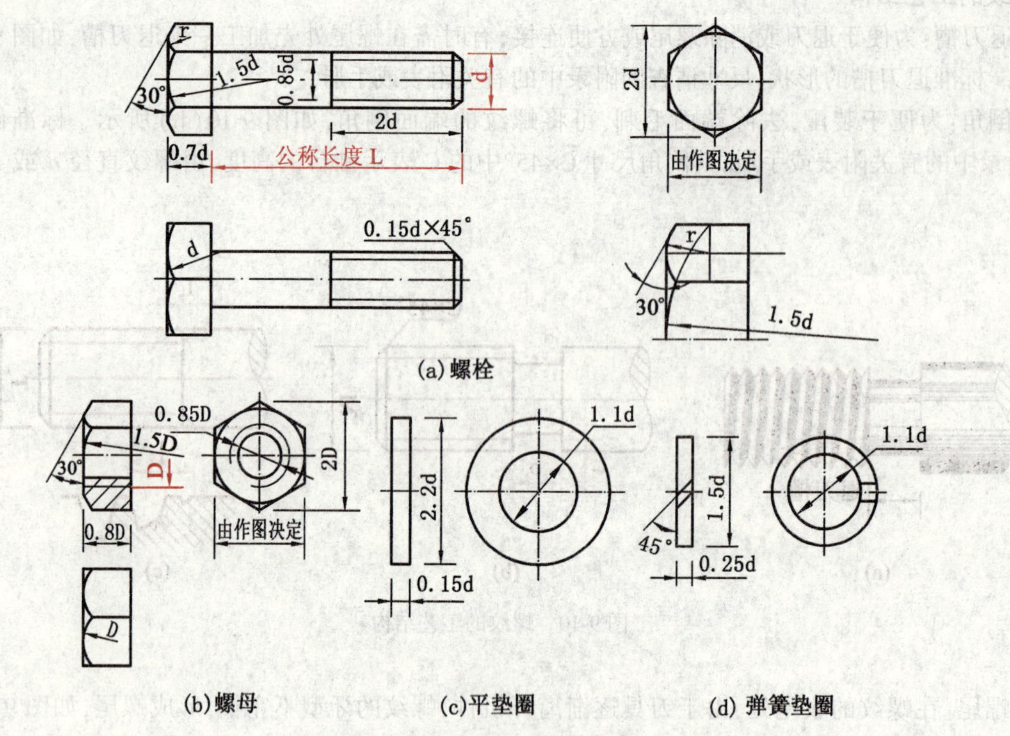

图 9-12 螺柱、螺母、垫圈的比例画法

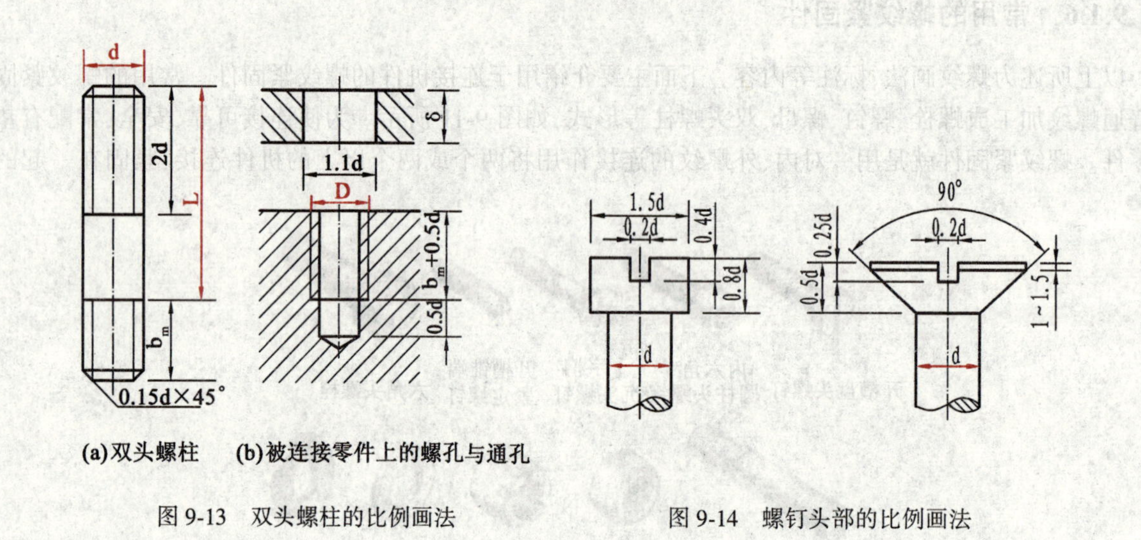

图 9-13 双头螺柱的比例画法

图 9-14 螺钉头部的比例画法

9.1.7 螺栓连接

在两块不厚的零件上，钻通孔，其孔径大于螺栓螺纹大径（约 1.1d），装入螺栓、套上垫圈后，再拧紧螺母，构成螺栓连接。

1.螺栓连接的规定画法

用一组图形表达螺纹紧固件连接若干零件，其所画图形为简单的螺栓装配图，在画装配图时，有如下基本规定：

(1) 两零件的相接触表面只画一条轮廓线；不接触的表面画两条轮廓线。

(2) 剖视图中，相邻接两个零件的剖面线方向相反，或方向一致、间隔不相等；但同一零件在各个剖视图中的剖面线方向一致、间隔相等。

(3) 剖视图中，当剖切平面通过螺纹紧固件等标准件的轴线剖切时，这些零件按不剖画出，即画其外形。

其画图过程如图 9-15 所示。

已知需连接两零件及螺栓、螺母、垫圈(见图 9-15(a))。

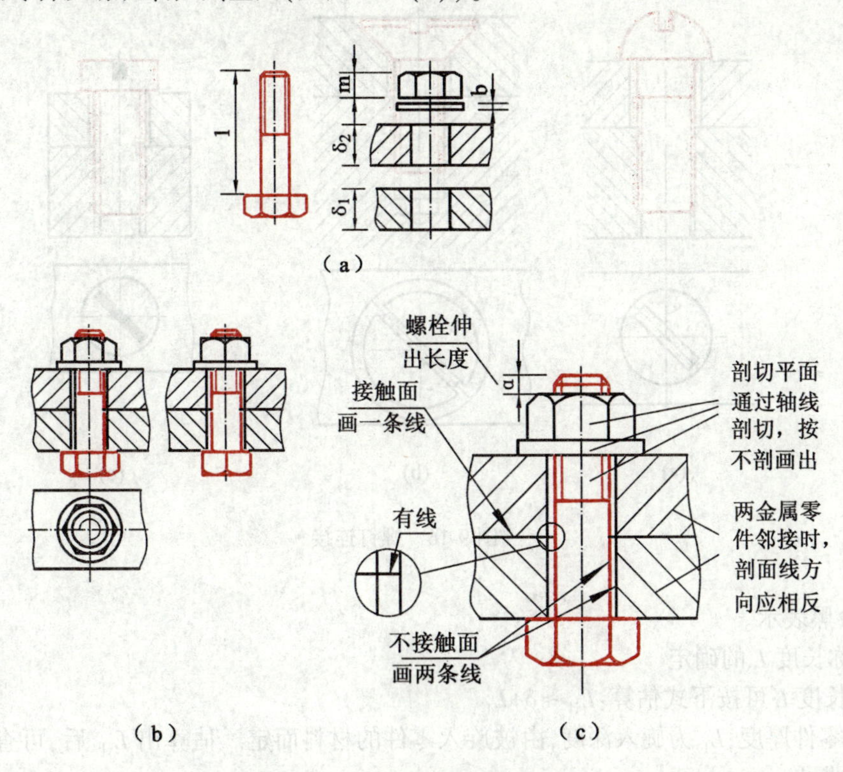

图 9-15 螺栓连接图画图步骤

顺序画出螺栓、垫圈、螺母的三视图,因剖切平面通过该标准件的轴线剖切,均按不剖画出;孔壁与螺栓轮廓不接触,画两条轮廓线。

按比例画法画出螺栓、螺母六角头部的交线,并核对、加深、加粗相应图线,如图 9-15(b)所示。图 9-15(c)为说明其放大部位图线画法要点等注意事项。

2.螺栓公称长度 *L* 的确定

螺栓公称长度 L 可根据下式来估算:

$$L_{计} \approx \delta_1+\delta_2+h+m+a$$

式中,δ_1、δ_2 分别为两被连接零件的厚度;m、h 分别为螺母、垫圈的厚度,厚度取值(比例画法,而不是实际厚度) 见图 9-12;a 为螺栓伸出螺母外的长度,$a \approx (0.2\sim0.3)d$。估算出 $L_{计}$ 后,通过查表,在螺栓公称长度 L 系列中,查出一个与 $L_{计}$ 值相近的标准值作为螺栓的公称长度 L。

3.螺栓紧固件的标记

螺栓紧固件的规定标记为:名称 国标代号 规格尺寸,见附录。

9.1.8 螺钉连接

螺钉是将螺钉直接拧进螺孔或穿过通孔后,拧入螺孔的连接形式。用在受力不大,不需经常拆卸的地方。根据用途可分为连接螺钉和紧定螺钉两类。

1.连接螺钉

如图 9-16(a)、(b)、(c)所示的分别为常用的开槽盘头螺钉、开槽沉头螺钉、开槽圆柱头螺钉连接图,螺钉穿过上部零件的通孔(孔径约为 1.1d)、拧入下部零件的螺孔中,其拧入螺纹深度(即旋合长度)由材料而定;图中所示的为一字起子槽。起子槽是为拧入螺钉时,插起子的槽,有一字槽、十字槽等种类,见附录。沉头螺钉连接时,需将螺钉头部埋入锥孔中,如图 9-16(b)所示。螺钉头部的比例画法见图 9-14。

a.螺钉连接的规定画法

螺钉与被压零件是非螺纹连接,与通孔间有间隙,应画两条轮廓线;与另一零件是螺纹连接,为保证连接牢固、可靠,螺钉的螺纹终止线应超过螺孔的端面;当螺孔为盲孔时,应在孔的底部画 120°的锥角。

螺钉头部的起子槽在非圆的视图上画在中间,在圆的视图上,其起子槽画成与水平成 45°;螺钉起子

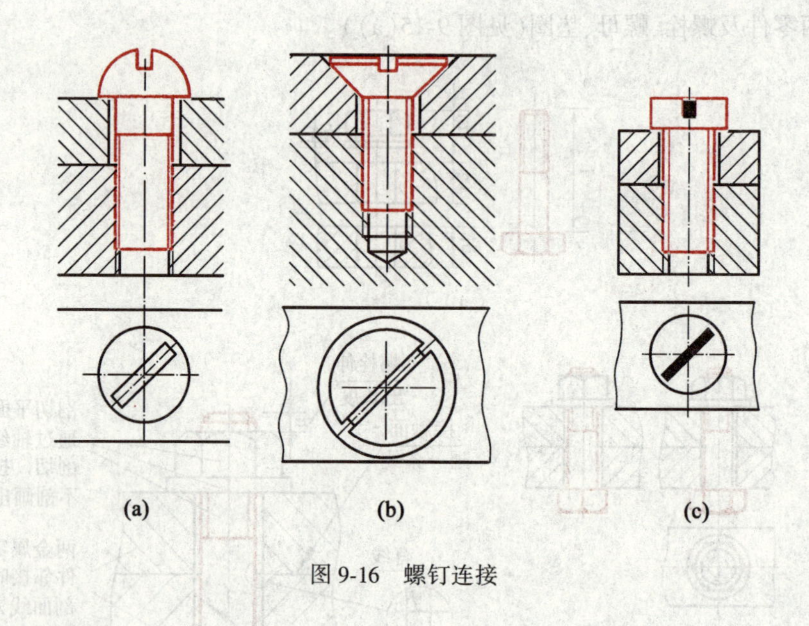

图 9-16　螺钉连接

槽很窄时,可涂黑表示。

b.螺钉公称长度 L 的确定

螺钉公称长度 L 可按下式估算:$L_{计} \approx \delta + L_1$

式中,δ 为被压零件厚度;L_1 为旋入深度,由被旋入零件的材料而定。估算出 $L_{计}$ 后,可查表,取与 $L_{计}$ 相近的 L 的标准值即可。

c.螺钉的规定标记

标记为:名称　国标代号　规格尺寸,见附录。

2.紧定螺钉

紧定螺钉可用来固定两个零件间的相对位置。将紧定螺钉旋入零件的螺孔,使螺钉端部的 90°锥面与另一零件上的 90°锥坑压紧,起固定作用,如图 9-17 所示。

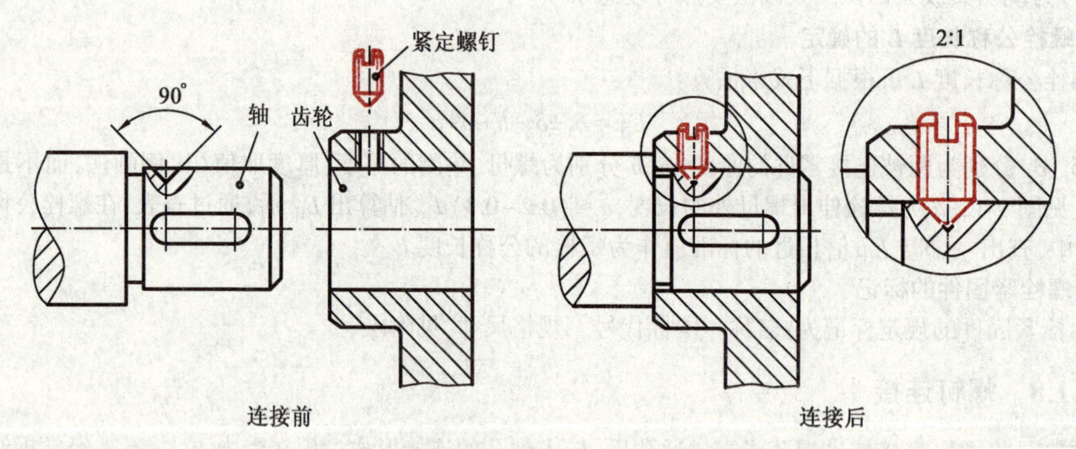

图 9-17　紧定螺钉连接

紧定螺钉的标注见附录表。

9.1.9　双头螺柱连接

当被连接的零件中有一个较厚或不适宜钻成通孔,而不便用螺栓连接时,常采用双头螺柱连接,如图 9-18(a)所示。

1.双头螺柱长度确定及规定标记

a.螺柱公称长度 L 的确定

双头螺柱两端均有螺纹,一端旋入较厚零件的螺孔中,称为旋入端;另一端穿过较薄零件的通孔和垫

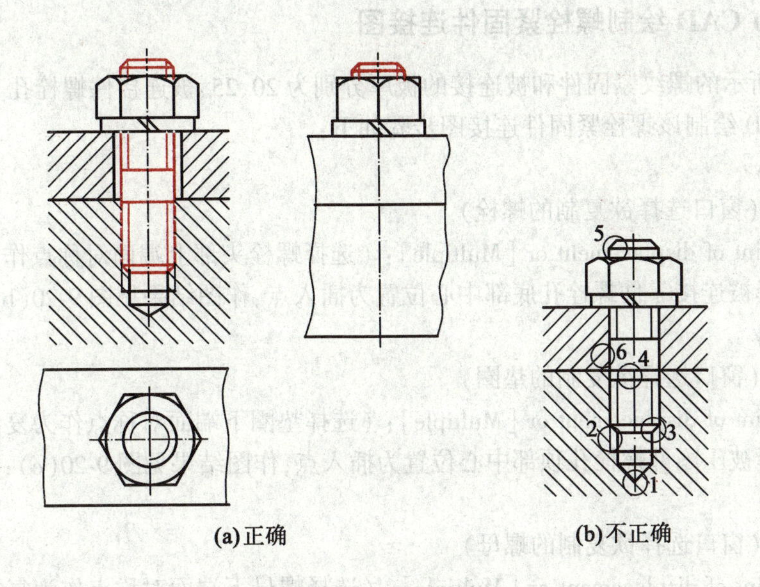

图 9-18 螺柱连接

圈,与螺母连接,称为紧固端,公称长度 L 是无螺纹使部分杆长度与拧螺母的紧固端螺纹长度之和,比例画法中,螺纹长度可取 $2d$ 的近似值画出,如图 9-13 所示。

双头螺柱公称长度 L 可按下式估算:$L_{计}=\delta+h+m+a$

式中,各取值方式与螺栓连接相似。估算出 $L_{计}$ 后,可查表,取与 $L_{计}$ 相近的 L 标准数值即可。

b.旋入端长度 b_m 的确定

旋入端长度 b_m 与被连接材料有关,根据国家标准规定有四种长度:

被旋入零件的材料为:钢和青铜时,$b_m=d$(GB/T 897—1988);铸铁时,$b_m=1.25d$(GB/T898—1988)或 $1.5d$(GB/T 899—1988);铝时,$b_m=2d$(GB/T 900—1988)。

螺孔深度可取 $b_m+0.5d$,光孔深度取 $0.5d$,见图 9-13。

c.螺柱的规定标记

名称　国标代号—规格尺寸,见附录。

2.螺柱连接的规定画法

由图 9-18 可看出:双头螺柱连接的上半部分与螺栓连接相似,图中将垫圈换为弹簧垫圈;下半部分与螺钉连接相似,与螺钉连接稍有区别的是螺柱连接时,旋入端螺纹终止线应与零件端面对齐。图 9-18(a)为正确的画法,图 9-18(b)为错误的画法。

9.1.10 螺纹紧固件的简化画法

在装配图中螺纹紧固件除可采用前述的比例画法外,还可采用简化画法,螺栓头部、螺母头部的倒角省略不画,如图 9-19 所示。

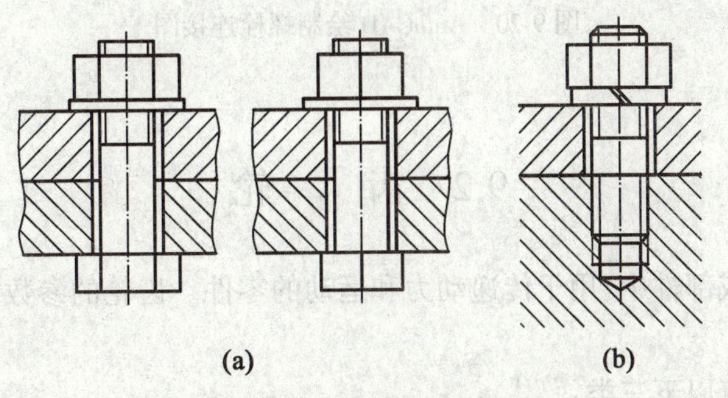

图 9-19 螺纹紧固件的简化画法

9.1.11 Auto CAD 绘制螺栓紧固件连接图

如图 9-20(a)所示的螺纹紧固件和被连接的板厚分别为 20、25,被连接件螺栓孔直径可取螺纹大径的 1.1d 画出。AutoCAD 绘制该螺栓紧固件连接图步骤如下:

Command: copy

Select objects:(窗口选择欲复制的螺栓)

Specify base point of displacement or [Multiple]:(选择螺栓头部上端面对称点作为复制对象的基点)

移动鼠标,选择被连接零件螺栓孔底部中心位置为插入点,作图结果见图 9-20(b);

Command: copy

Select objects:(窗口选择欲复制的垫圈)

Specify base point of displacement or [Multiple]:(选择垫圈下端面对称点作为复制对象的基点)

移动鼠标,选择被压零件螺栓孔顶部中心位置为插入点,作图结果见图 9-20(c);

Command: copy

Select objects:(窗口选择欲复制的螺母)

Specify base point of displacement or [Multiple]:(选择螺母下端面对称点作为复制对象的基点)

移动鼠标,选择垫圈上端面对称点位置为插入点,作图结果如图 9-20(d)所示;

最后利用修剪(Trim)命令修剪多余线条,作图结果如图 9-20(e)所示。

螺栓紧固件连接图也可采用块(block)命令将各个紧固件作成块,利用块插入命令将已定义螺栓紧固件块插入到相应部位。

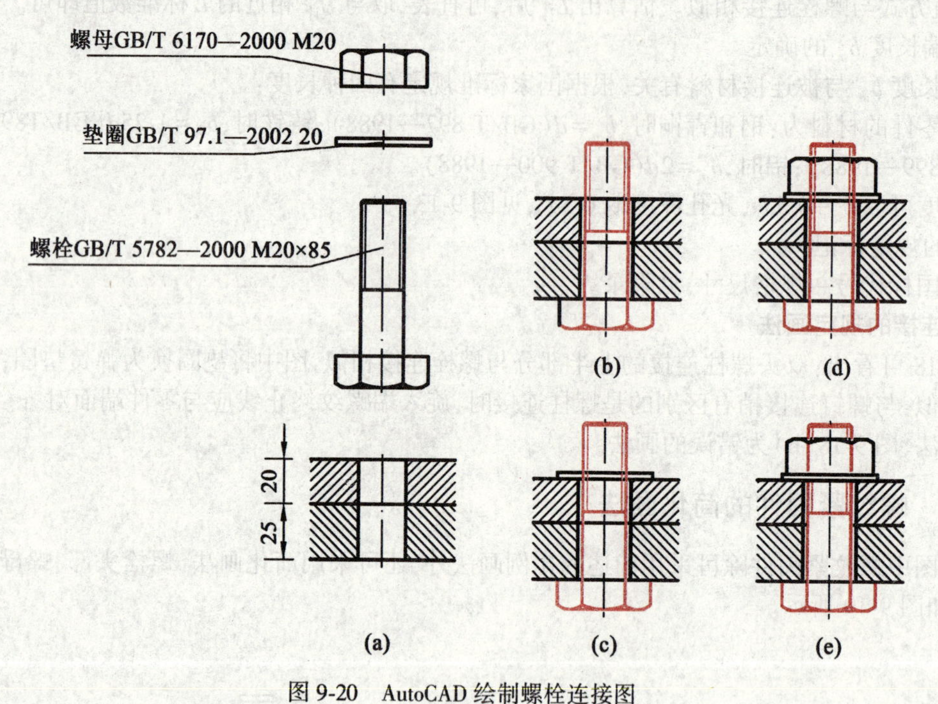

图 9-20 AutoCAD 绘制螺栓连接图

9.2 齿 轮

齿轮是广泛用于机器或部件中,用于传递动力和运动的零件。齿轮的参数中只有模数、压力角已经标准化,因此,它属于常用件。

常见的齿轮传动形式有以下三类:

(1)圆柱齿轮。一般用于两平行轴之间的传动,如图 9-21(a)所示。

(2)圆锥齿轮。通常用于两相交轴之间的传动,如图 9-21(b)所示。

(3)蜗轮蜗杆。主要用于两交叉轴之间的传动,如图 9-21(c)所示。

(a) 圆柱齿轮　　(b) 圆锥齿轮　　(c) 蜗轮蜗杆

图 9-21　常见的齿轮传动

轮齿是齿轮的主要结构,有直齿、斜齿、人字齿等。在传动中,为了运动平稳、啮合正确,轮齿的齿廓曲线可以制成渐开线、摆线或圆弧。通常采用渐开线齿轮。

齿轮分为标准齿轮和非标准齿轮,具有标准齿的齿轮为标准齿轮。本节只介绍渐开线标准齿轮的基本知识及其规定画法。

9.2.1　圆柱齿轮

1.圆柱齿轮几何要素的名称和代号

圆柱齿轮简称直齿轮。图 9-22 是两个啮合的直齿轮示意图。

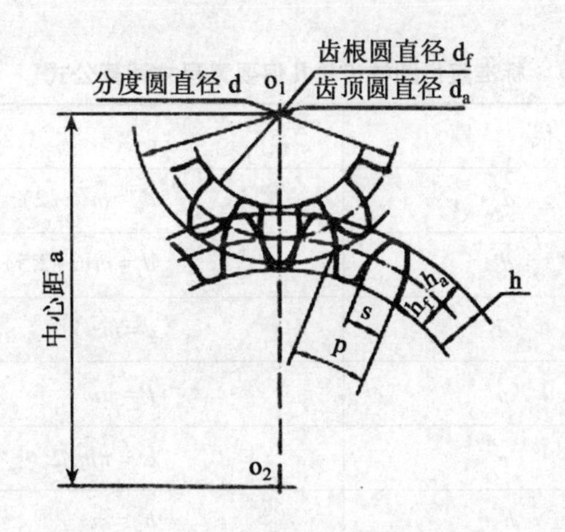

图 9-22　圆柱齿轮各部分名称和代号

(1)齿顶圆、齿根圆。通过轮齿顶部的圆称为齿顶圆,其直径用 d_a 来表示;通过轮齿根部的圆称为齿根圆,其直径用 d_f 来表示。

(2)分度圆。分度圆是设计、制造齿轮时进行部分尺寸计算的基准圆,也是分齿的圆,因此称为分度圆,其直径用 d 表示。

(3)齿距 p、齿厚 s。分度圆上相邻两齿廓对应点之间的弧长,称为分度圆齿距,用 p 表示。两啮合的齿轮齿距应相等。每个轮齿的尺廓在分度圆上的弧长,称为分度圆齿厚,用 s 表示。相邻轮齿间的齿槽在分度圆上的弧长,称为槽宽,用 e 表示。对于标准齿轮,$s=e=p/2$,$p=s+e$。

(4)齿高 h、齿顶高 h_a、齿根高 h_f。齿顶圆距齿根圆的径向距离称为齿高,用 h 表示。分度圆距齿顶圆的径向距离称为齿顶高,用 h_a 表示。分度圆距齿根圆的径向距离称为齿根高,用 h_f 表示。$h=h_a+h_f$。

(5)模数 m。以 z 表示齿轮的齿数,则分度圆周长 $=z \cdot p=\pi \cdot d$,

所以 $$d=(p/\pi) \cdot z$$

令 $$m=p/\pi;\text{则有 } d=m \cdot z$$

即模数是齿距和 π 的比值。因此,若齿轮的模数大,其齿距就大,齿厚也大,即齿轮的轮齿大。若齿数一定,齿轮的模数越大,其分度圆直径就越大,轮齿也越大,齿轮的承载能力也就越大。

模数是设计和制造齿轮的基本参数。为了设计和制造方便,减少不同模数齿轮加工刀具的数量,国家标准已将模数标准化,其系列值见表 9-2。

表 9-2　**标准模数(GB1357—1987)**

第一系列	1　1.25　1.5　2　2.5　3　4　5　6　8　10　12　16　20　25　32　40　50
第二系列	1.75　2.25　2.75　(3.25)　3.5　(3.75)　4.5　5.5　(6.5)　7　9　(11)　14　18　22　28　36　45

(6)压力角 α。两啮合齿轮的齿廓在节点 P 处的公法线(即尺廓的受力方向)与两节圆的内公切线(即节点 P 处的瞬时运动方向)所夹的锐角,称为压力角 α。

(7)传动比 i。主动齿轮的转速 n_1(r/min)与从动齿轮的转速 n_2(r/min)之比,称为传动比,即 n_1/n_2。对于一对啮合齿轮:

$$i= n_1/n_2=z_2/z_1$$

(8)中心距 a。两圆柱齿轮轴线之间的最短距离,称为中心距,即

$$a=(d_1+d_2)/2=m(z_1+z_2)/2$$

2.圆柱齿轮几何要素的尺寸计算

标准齿轮中,轮齿个部分的尺寸都是以模数为基本参数。设计齿轮时,先要确定模数和齿数,其他各尺寸都可由模数和齿数计算出来。计算公式见表 9-3。

表 9-3　**标准直齿圆柱齿轮几何要素尺寸计算公式**

几何要素名称	代　号	公　式
齿顶圆直径	d_a	$d_a=m(z+2)$
齿根圆直径	d_f	$d_f=m(z-2.5)$
分度圆直径	d	$d=mz$
分度圆齿距	p	$P=\pi m$
分度圆齿厚	e	$e=\pi m/2$
齿顶高	h_a	$h_a=m$
齿根高	h_f	$h_f=1.25m$
中心距	a	$a=(d_1+d_2)/2=m(z_1+z_2)/2$

3.圆柱齿轮的规定画法

齿轮的轮齿不需画出其真实投影,机械制图国家标准 GB4459.2—1984 规定了它的画法,简介如下。

a.单个圆柱齿轮的画法

单个圆柱齿轮的画法如图 9-23 所示。

齿顶圆和齿顶线用粗实线绘制;分度圆和分度线用点画线绘制;齿根圆和齿根线用细实线绘制(也可省略不画),如图 9-23(a)所示。

在剖视图中,当剖切平面通过齿轮的轴线时,轮齿一律按不剖处理,不画剖面线,齿根线用粗实线绘

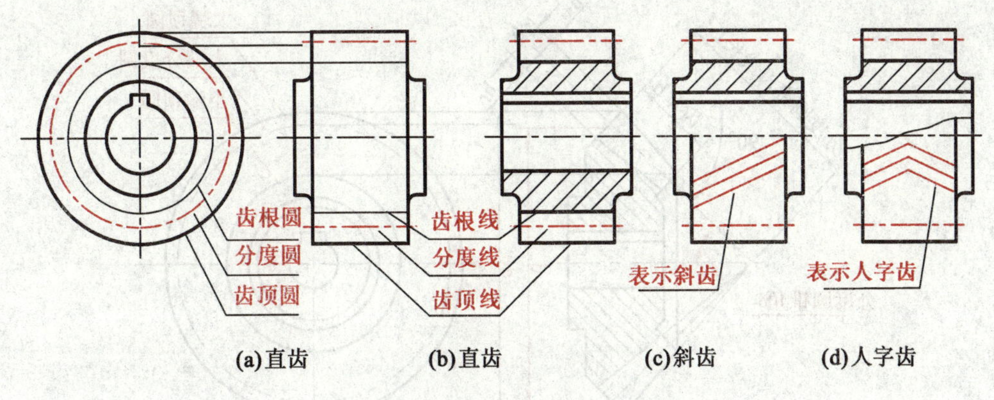

图 9-23　单个圆柱齿轮的规定画法

制，如图 9-23(b)所示。若为斜齿或人字齿，则需要在外形图上用三条与轮齿方向一致的平行细实线来表示齿线的形状，如图 9-23(c)、(d)所示。

b.圆柱齿轮的啮合画法

画齿轮啮合图时必须注意啮合区的画法，如图 9-24 所示。国家标准对齿轮啮合的画法规定如下：在投影为圆的视图中，啮合区内齿顶圆均用粗实线绘制，如图 9-24(a)所示，或按省略画法，如图 9-24(b)所示；在剖视图中，当剖切平面通过两啮合齿轮的轴线时，在啮合区内，两齿轮的节线重合，将一个齿轮的轮齿用粗实线绘制，另一个齿轮的轮齿被遮挡的部分用虚线绘制，如图 9-24(a)中的剖视图所示。在非圆的外形视图中，啮合区的齿顶线不画，节线用粗实线绘制，其他处的节线仍用点画线绘制，如图 9-24(c)、(d)、(e)所示。

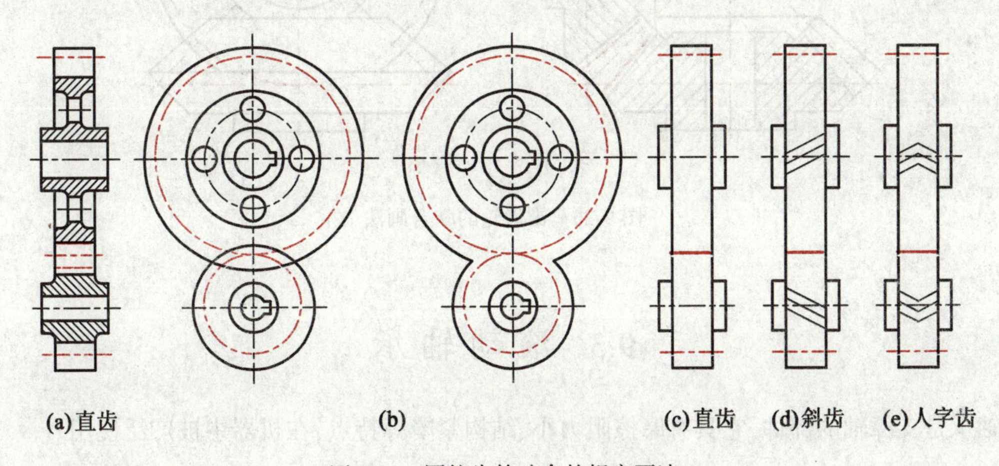

图 9-24　圆柱齿轮啮合的规定画法

9.2.2　圆锥齿轮简介

锥齿轮通常用于垂直相交两轴之间的传动。由于圆锥齿轮的轮齿是分布在圆锥面上，所以轮齿一端大一端小，齿厚是逐渐变化的，直径和模数也随着齿厚的变化而变化。为了计算和制造方便，国标规定根据大端模数来决定其他基本尺寸。锥齿轮各部分几何要素的名称，如图 9-25 所示。

锥齿轮各部分几何要素的尺寸与模数 m、齿数 z 及分度圆锥角 δ 有关。其计算公式为：齿顶高 $h_a=m$，齿根高 $h_f=1.2m$，齿高 $h=2.2m$；分度圆直径 $d=mz$，齿顶圆直径 $d_a=m(z+2\cos\delta)$，齿根圆直径 $d_f=m(z-2.4\cos\delta)$。

锥齿轮的规定画法，与圆柱齿轮基本相同。单个圆锥齿轮的规定画法，如图 9-26 所示。锥齿轮的啮合画法如图 9-26 所示。

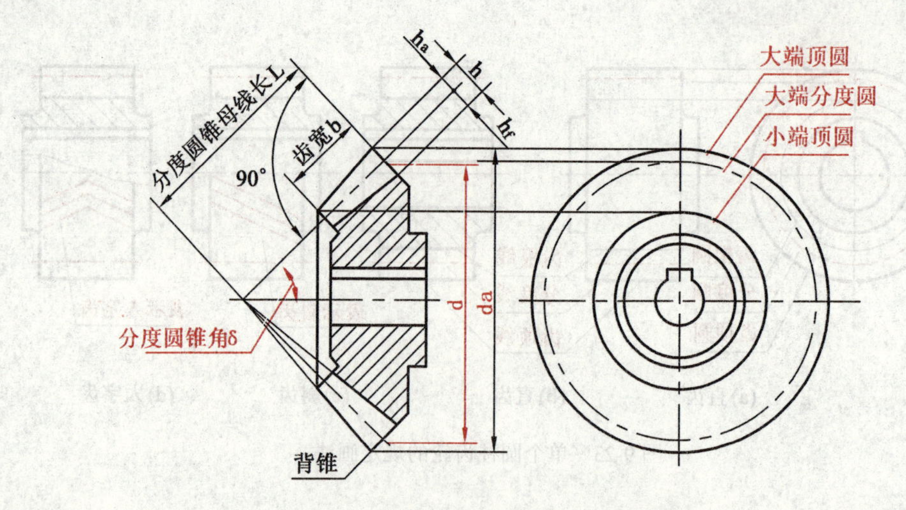

图 9-25 锥齿轮各部分几何要素的名称

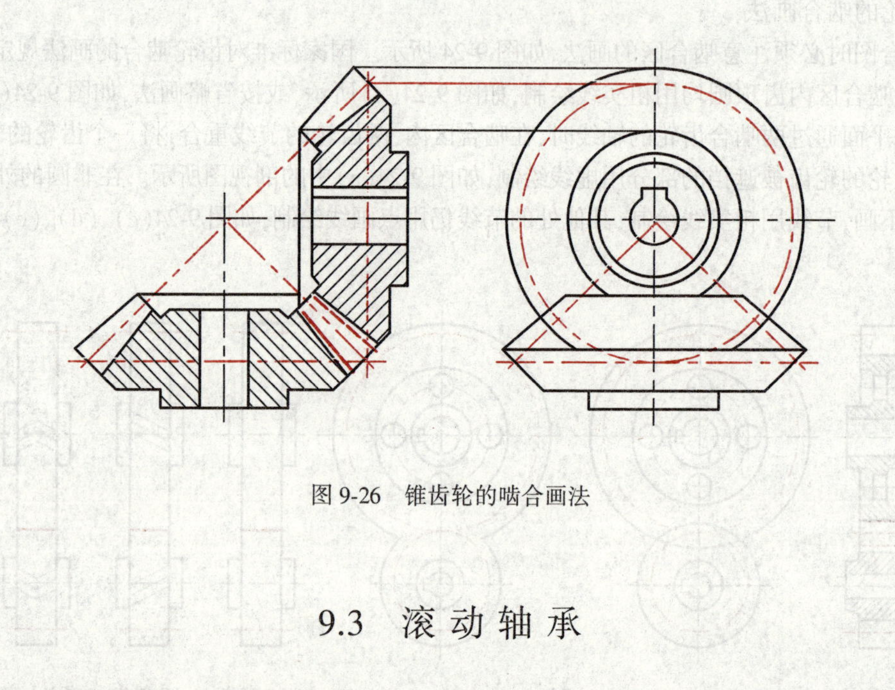
图 9-26 锥齿轮的啮合画法

9.3 滚动轴承

滚动轴承是支撑轴的部件，它具有摩擦阻力小、结构紧凑等特点，在机器中被广泛使用。

9.3.1 滚动轴承的结构、种类

1.滚动轴承的结构

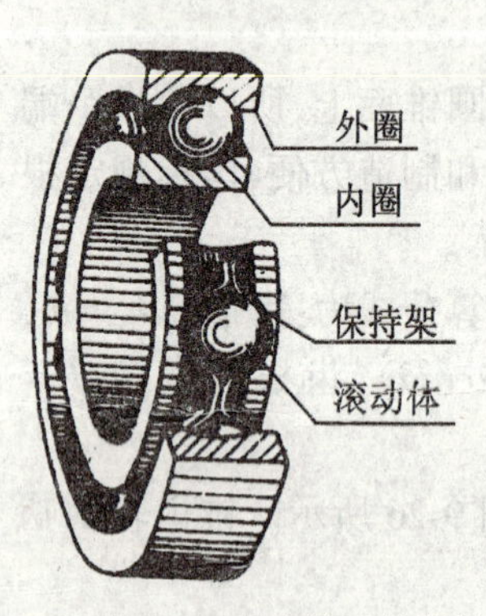

图 9-27 滚动轴承的结构

滚动轴承的种类很多，但其结构大体相同，一般由外圈、内圈、滚动体、保持架四部分组成，如图 9-27 所示。其中，外圈通常装在机体或轴承座内，一般固定不动；内圈装在轴上，与轴配合在一起，随轴一起旋转；滚动体装在内圈与外圈之间的滚道中，滚动体有钢球、圆柱滚子、圆锥滚子和滚针等种类；保持架用以将滚动体互相隔离开，防止其互相摩擦和碰撞。

2.滚动轴承的种类

滚动轴承按内部结构和受力情况可分为三类：

向心轴承——主要承受径向载荷；

推力轴承——主要承受轴向载荷；

向心推力轴承——能同时承受径向载荷和轴向载荷。

9.3.2　滚动轴承的画法

滚动轴承是标准部件，其结构、尺寸都已经标准化。因此，在画图时不需画出它的零件图，只需在装配图中根据外径、内径、宽度等几个主要尺寸，按照比例画出它的结构特征就可以了。

滚动轴承通常可采用三种画法绘制，即通用画法、特征画法和规定画法。通用画法和特征画法的绘图方法较为简单，可参见相应的国家标准。规定画法能较详细地表达轴承的主要结构形状，必要时，可采用规定画法绘制滚动轴承。常见的深沟球轴承、圆锥滚子轴承和推力球轴承的规定画法见表 9-4。

表 9-4　　常用滚动轴承的形式和规定画法

轴承名称及代号	结　构	规 定 画 法
深沟球轴承 60000 型 GB/T 276—1994	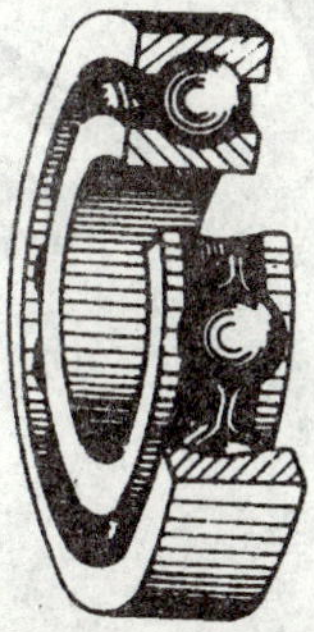	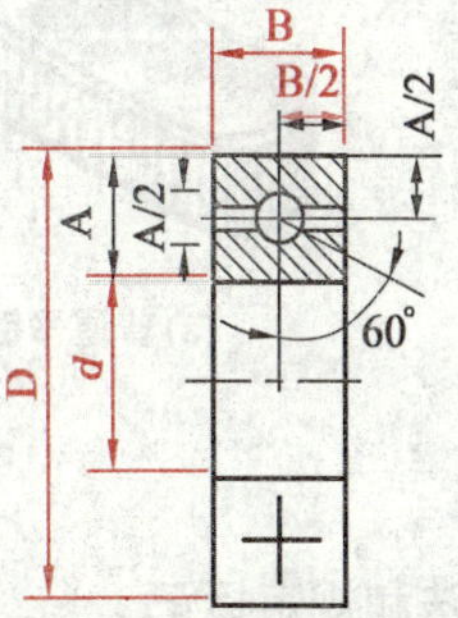 B B/2 A/2 A A/2 60° D d
圆锥滚子轴承 30000 型 GB/T 297—1994	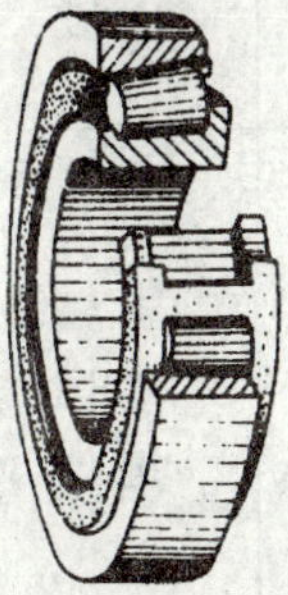	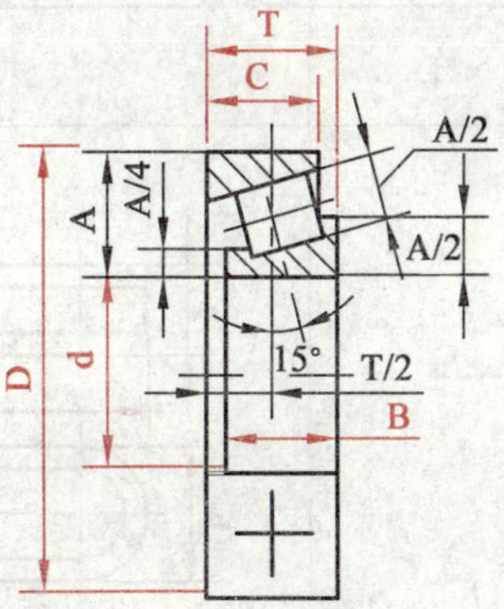 T C A/2 A/4 A A/2 15° T/2 B D d
推力球轴承 50000 型 GB/T 301—1995	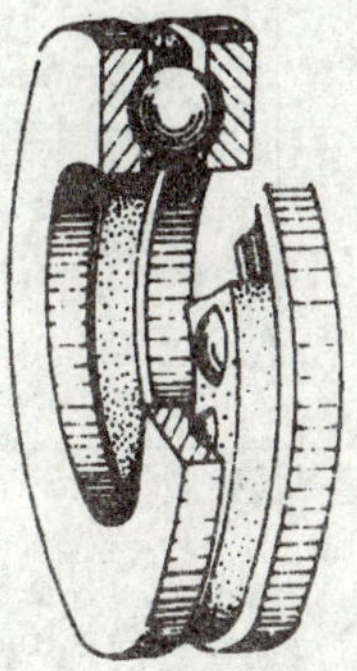	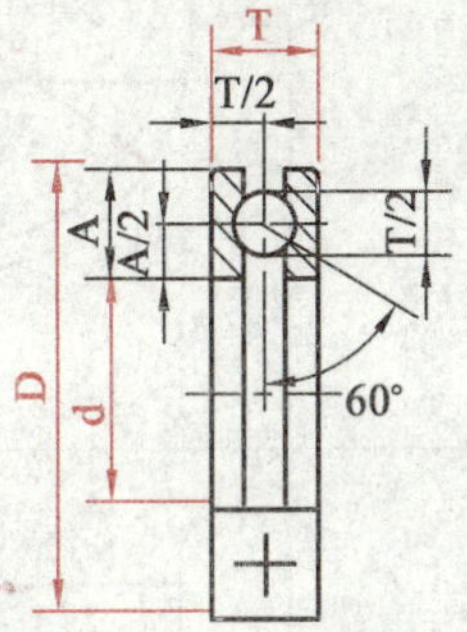 T T/2 A A/2 T/2 60° D d

在装配图中用规定画法绘制滚动轴承时,轴承的保持架及倒角均省略不画。一般只在轴的一侧用规定画法表达轴承,在轴的另一侧应按通用画法绘制。在装配图的剖视图中用规定画法绘制滚动轴承时,轴承的滚动体不画剖面线,各套圈的剖面线方向可一致、间隔相同。在不至引起误解时,还允许省略剖面线。

9.4 其他标准件和常用件

9.4.1 键

键用于联结轴和装在轴上的齿轮、带轮等转动零件,其传递扭矩的作用。常用的键有普通平键、半圆键和钩头楔形键等,如图 9-28 所示。其中最常用的是普通平键。

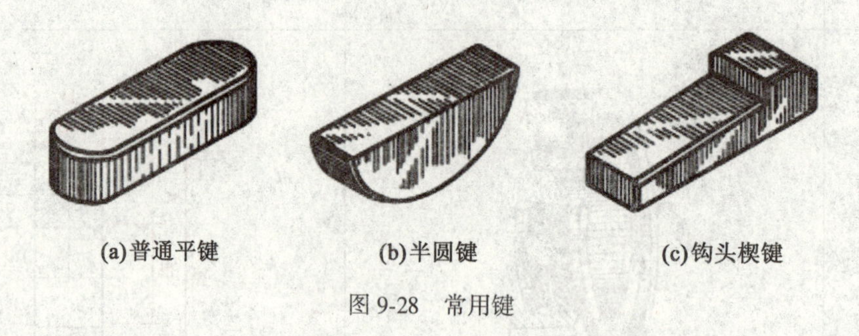

(a)普通平键 (b)半圆键 (c)钩头楔键

图 9-28 常用键

1.键的画法和规定标记

键的标记由名称、规格、国标代码三部分组成,各种键的标记和画法见表 9-5。

表 9-5 **常用键的画法和标记**

名　　称	形式和尺寸	规定标记示例
普通平键		宽 $b=12$mm,高 $h=8$mm,长 $L=30$mm 规定标记: 键 12×30 GB/T 1096—2003
半圆键		宽 $b=6$mm,直径 $d=25$mm 规定标记: 键 6×25 GB/T 1099—2003
钩头楔键		宽 $b=16$mm,高 $h=10$mm,长 $L=100$mm 规定标记: 键 16×100 GB/T 1565—2003

2.键联结的画法

采用键联结时,要在轮、轴的表面各开一键槽,将键嵌入,如图 9-29(a)、(b),图 9-30(a)、(b)所示。普通平键、半圆键的两侧面是工作面,因此,它的两侧面应与轴、轮毂的两侧面紧密接触,在联结图中要画一条线,键的顶面为非工作面,它与轮毂之间有间隙,要画两条线,如图 9-29(c),图 9-30(c)所示。

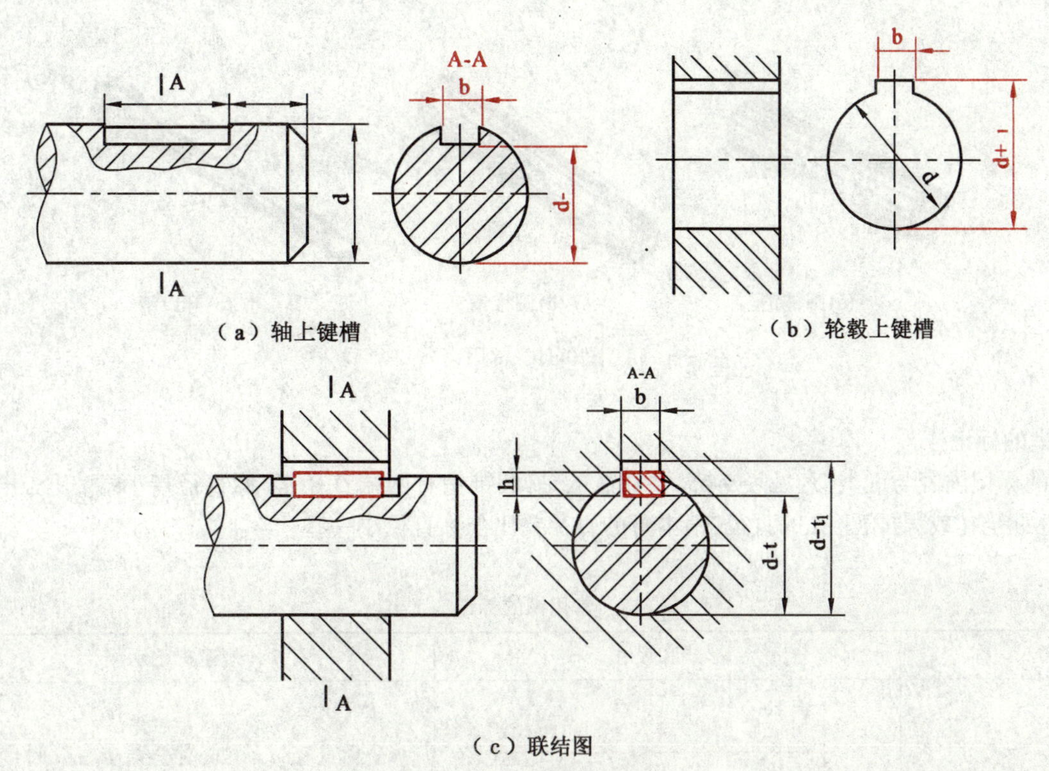

(a) 轴上键槽　　(b) 轮毂上键槽

(c) 联结图

图 9-29　普通平键联结及键槽尺寸

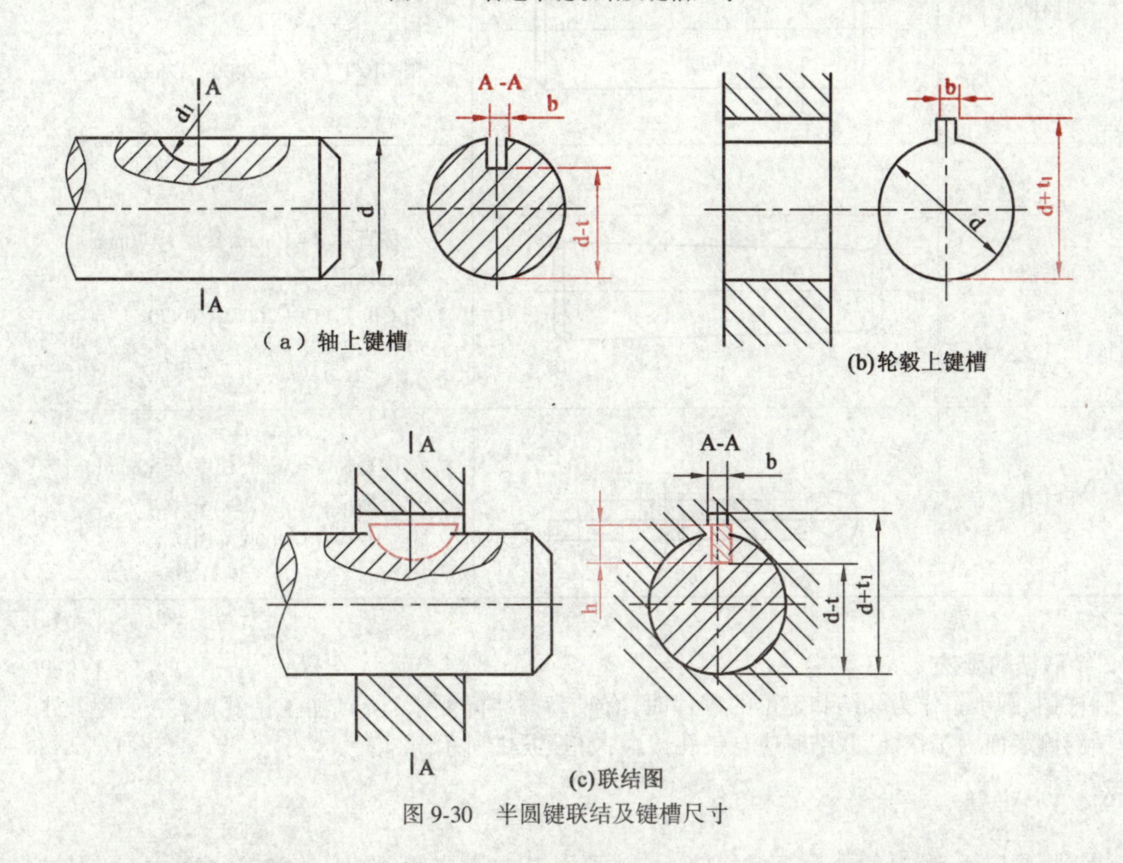

(a) 轴上键槽　　(b)轮毂上键槽

(c)联结图

图 9-30　半圆键联结及键槽尺寸

轴、轮毂上的键槽是标准结构要素，其尺寸 b,t,t_1 等应按轴径查阅相应的标准，见附表。

9.4.2 销

销通常用于零件间的联结或定位。常用的销有圆柱销、圆锥销和开口销，如图 9-31 所示。开口销常与带孔螺栓和槽形螺母配合使用，它穿过螺母上的槽和螺杆上的通孔，并在销的尾部叉开，以防止螺母松动。

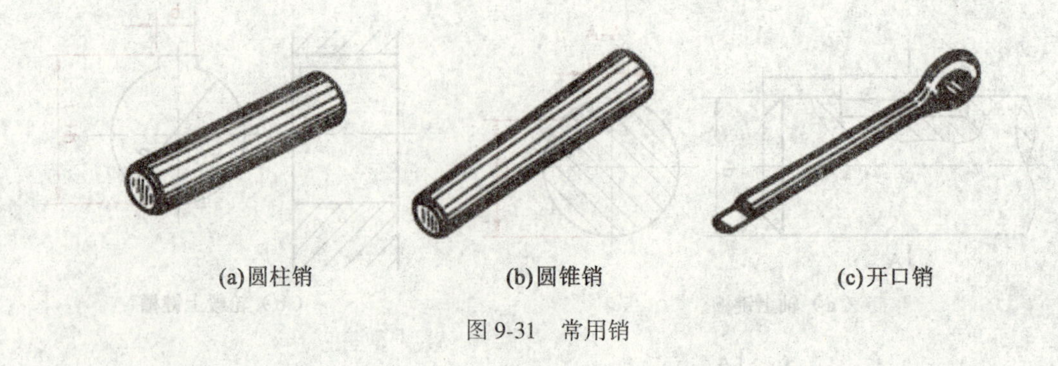

(a)圆柱销　(b)圆锥销　(c)开口销

图 9-31　常用销

1.销的标记

销的标记内容与键类似，见表 9-6。要注意的是，圆锥销有两端直径，公称直径指小端直径；开口销的公称直径指轴（或螺杆）上孔的直径，销本身的直径要比公称直径小一些。

表 9-6　常用销的标记

名　称	形式和尺寸	规定标记示例
圆柱销	l, d	公称直径 $d=12$mm，公差为 m6，长度 $l=30$mm 规定标记： 销 GB/T 119.1—2000　12m6×60
圆锥销	l, d	公称直径 $d=10$mm，长度 $l=70$mm 规定标记： 销 GB/T 117—2000 A10×70
开口销	l, d	公称直径 $d=5$mm，长度 $l=50$mm 规定标记： 销 GB/T 91—2000 5×50

2.销联结的画法

圆柱销、圆锥销作为联结和定位的零件时，有较高的装配要求，所以加工销孔时，一般两零件一起加工。销的侧表面为工作面，联结时应与销孔接触，如图 9-32 所示。

9.4.3 弹簧

弹簧用途广泛、形式多样，属于常用件。它主要用于减震、夹紧、测力、储能、复位等方面。其特点是外

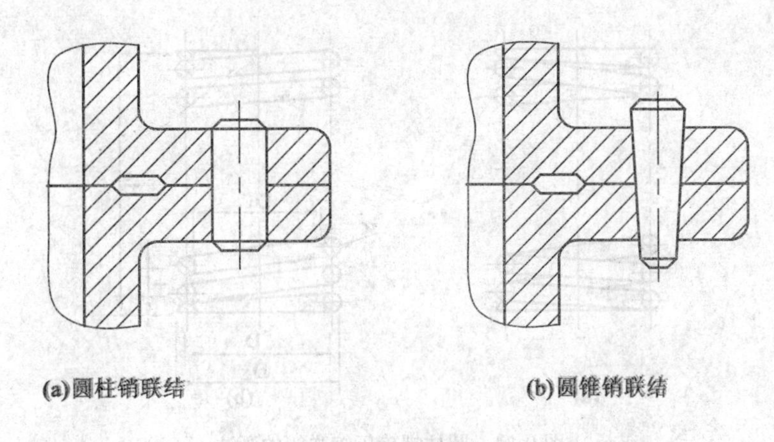

图 9-32　销联结的画法

力去处后能立即恢复原状。

弹簧的种类很多,常见的有螺旋弹簧(见图 9-33(a)、(b)、(c))、蜗卷弹簧(见图 9-23(d))。本节只介绍普通圆柱螺旋压缩弹簧的画法和尺寸计算。

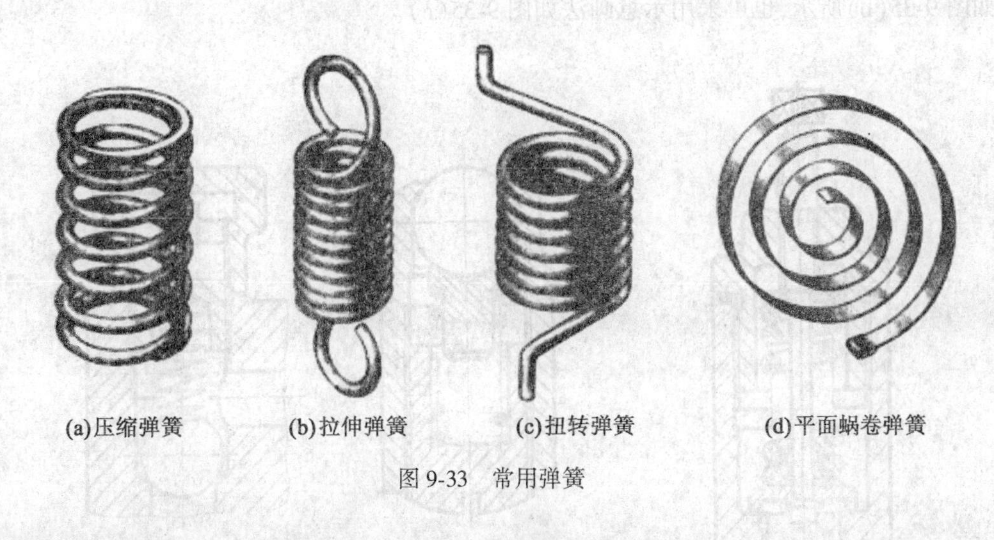

图 9-33　常用弹簧

1.圆柱螺旋压缩弹簧各部分名称和尺寸关系(见图 9-34)

簧丝直径 d——制造弹簧的钢丝直径。

弹簧外径 D——弹簧圈的最大直径。

弹簧内径 D_1——弹簧圈的最小直径,$D_1=D-2d$。

弹簧中径 D_2——弹簧圈的平均直径,$D_2=(D+D_1)/2=D-d=D_1+d$。

支撑圈数 n_2——为使弹簧各圈均匀、支撑平稳,制造时需将弹簧两端并紧、磨平的圈数。

有效圈数 n——除支撑圈外,其余保持节距相等,参加工作的圈数。

总圈数 n_1——有效圈数与支撑圈数之和。

节距 t——除支撑圈外,相邻两圈的轴向距离。

自由高度 H_0——弹簧不受外力作用时的高度。

展开长度 L——制造弹簧的坯料长度。

旋向——弹簧的螺旋方向,分为左旋和右旋。

2.圆柱螺旋压缩弹簧的规定画法

弹簧不需按真实投影作图,国标的规定画法如图 9-34 所示。其要点如下:

(1)弹簧在平行于投影面的视图中,各圈的轮廓线画成直线。

(2)弹簧的有效圈数在 4 圈以上时,可以只画出两端各 1~2 圈,中间部分省略不画,且可以适当缩短图形长度。

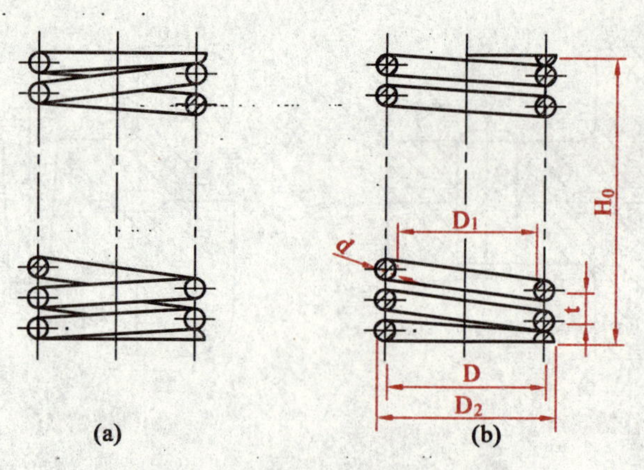

图 9-34　圆柱螺旋压缩弹簧的画法

(3)右旋弹簧在图上一律画成右旋;左旋弹簧允许画成右旋,但不论画成左旋还是右旋,一律要加注"左"字。

(4)在装配图中,被弹簧挡住的部分一般不画出,可见部分应从弹簧的外轮廓线或从弹簧钢丝的剖面的中心线画起,如图 9-35(a)所示;当弹簧被剖切时,如弹簧钢丝的直径等于或小于 2mm 时,剖面可以涂黑表示,如图 9-35(b)所示,也可采用示意画法如图 9-35(c)。

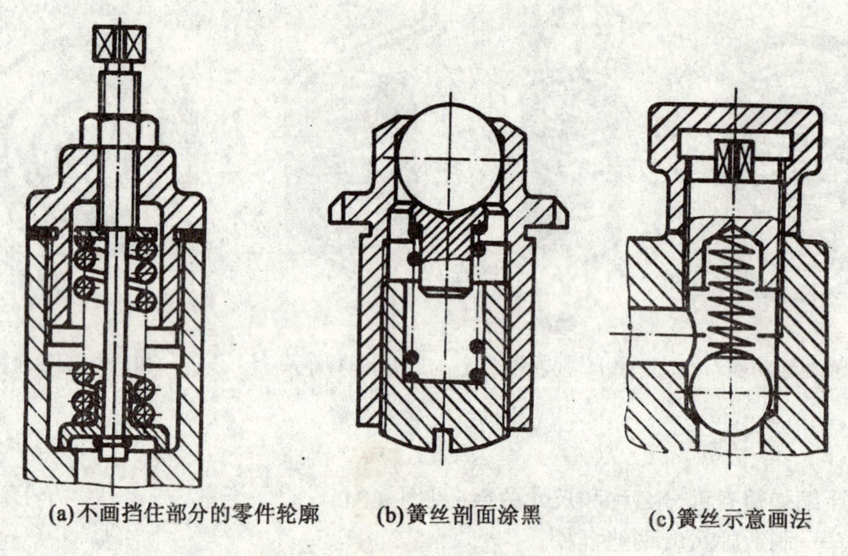

图 9-35　装配图中弹簧的规定画法

第10章 零 件 图

10.1 零件图的内容

零件图是设计部门提交给生产部门的重要技术文件。它要反映出设计者的意图,表达机器(或部件)对零件的要求,同时要考虑到结构和制造的可行性与合理性,是制造和检验零件的依据。因此,图样中必须包括制造和检验该零件时所需要的全部资料。图10-1是实际生产用的零件图,其具体内容如下:

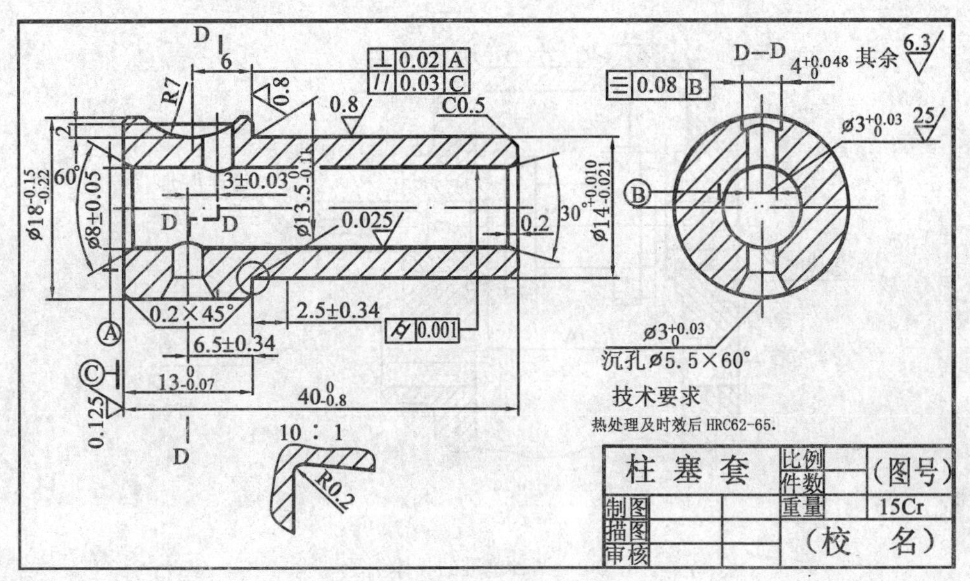

图10-1 零件图

1.视图

用一组视图(其中包括六个基本视图、剖视图、断面图、局部放大图和简化画法等),正确、完整、清晰和简便地表达出零件的内外形状和结构。

2.尺寸

用一组尺寸、正确、完整、清晰和合理地标注出零件全部尺寸即形状、结构的大小、相对位置及整体的大小。

3. 技术要求

用一些规定的代号、数字和文字简明地、准确地给出零件在使用、制造和检验时应达到的一些技术要求(包括表面粗糙度、尺寸公差、形状和位置公差,表面处理和材料的热处理的要求等)。

4. 标题栏

一般在零件图的右下角,用标题栏明确地填写出零件名称、材料、图样的编号、比例、制图人员与校核人员的姓名和日期等。

10.2 零件图中的尺寸标注

零件图中的尺寸标注,在正确、完整、清晰的同时,还要求合理,即零件图上所注的尺寸必须既满足设计要求，以保证机器的质量；又能满足工艺要求，以便于加工制造和检测。因此，在标注零件图尺寸时应注意以下几点。

10.2.1 尺寸基准

尺寸基准是度量尺寸的起点。零件图中的尺寸标注，也应从基准出发，以便于加工过程中的尺寸测量和检验。由于用途不同，基准可以分为：

(1)设计基准——是在机器工作时确定零件位置的一些面、线或点；

(2)工艺基准——是在加工或测量时确定零件位置的一些面、线或点。

图 10-2 为在装配图中轴的设计和工艺基准的具体例子。

从设计基准出发标注尺寸，能保证所设计的零件在机器中的工作性能；从工艺基准出发标注，则便于加工和测量。因此，选择尺寸基准时，最好把设计基准和工艺基准统一起来。当设计基准和工艺基准不统一时，所注尺寸应在保证设计要求的前提下，满足工艺要求。

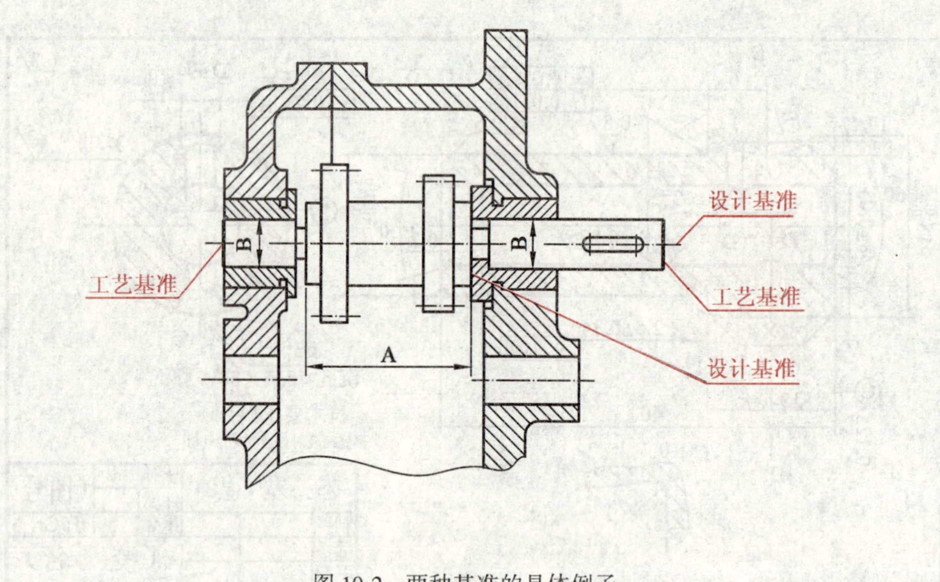

图 10-2 两种基准的具体例子

10.2.2 考虑设计要求标注尺寸的原则

1.功能尺寸一定要直接标出

功能尺寸是影响产品工作性能和装配技术要求的重要尺寸，必须直接标注出来，这样，能够直接提出尺寸公差、形状和位置公差的要求，还可以避免加工误差的积累，以保证设计要求。图 10-3(a)中上边的一根轴，轴上装有齿轮与套，用挡圈在轴向固定。为保证齿轮与下面轴上齿轮的正确配合，尺寸 C 必须直接标注出来，如图 10-3(b)所示。

2.不要注成封闭尺寸链

封闭尺寸链是首尾相接，绕成一整圈的一组尺寸，如图 10-4(a)所示。如果尺寸链封闭，则尺寸链中任一环的尺寸公差，都是各环尺寸误差之和。因此，这样标注尺寸在加工时往往难以保证设计要求。标注尺寸时，常将尺寸链中精度最低的环(开口环或补偿环)不注尺寸，这样使误差都集中在这个开口环上，从而保证了重要尺寸的精度如图 10-4(c)所示。有时，为了设计和加工时的参考，也注成如图 10-4(b)所示的封闭尺寸链。

10.2.3 考虑工艺要求标注尺寸的原则

1. 加工面与非加工面尺寸要分开标注

加工面与非加工面(毛面)按两组尺寸分开标注，如图 10-5 所示。在同一个方向要有一个尺寸 A 把

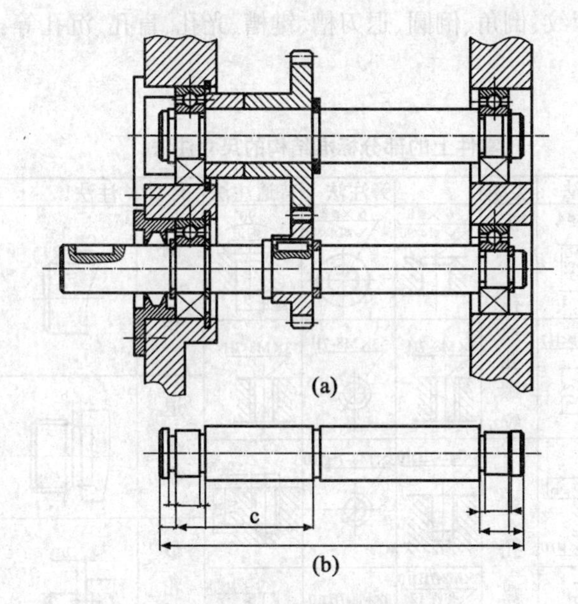

图 10-3 功能尺寸直接标出

(a)封闭尺寸链 (b)参考尺寸注法 (c)有开口环的尺寸注法

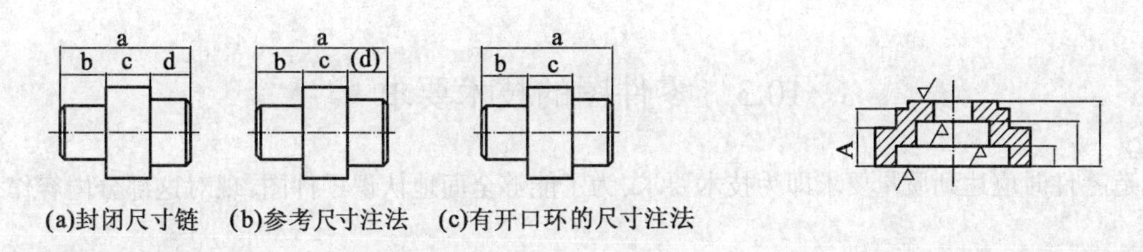

图 10-4 三种尺寸标注的方法

图 10-5 毛面尺寸注法

它们联系起来。

2. 所标注的尺寸应便于测量

图 10-6(a)所示一些图例,是由设计基准注出中心至某面的尺寸,但不易测量。如果这些尺寸对设计要求影响不大时,应考虑测量方便,按图 10-6(b)标注。

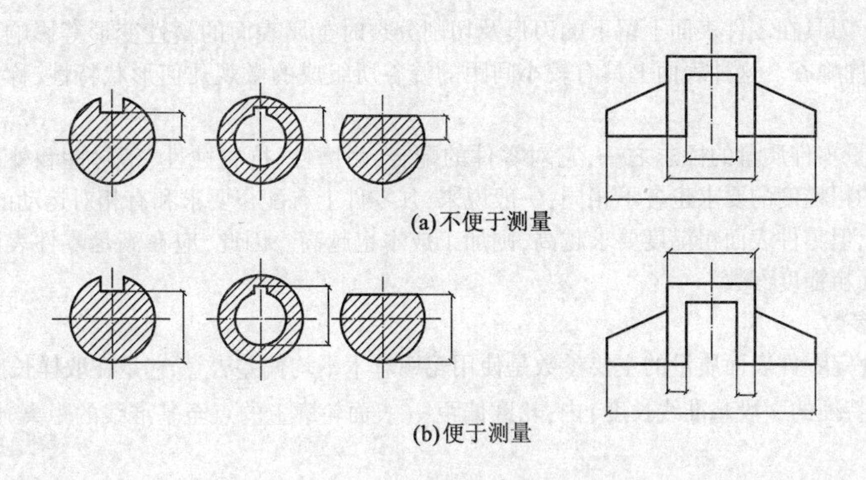

图 10-6 标注尺寸要便于测量

3. 零件上常见典型结构的尺寸注法

零件上常见典型结构,如螺纹、倒角、倒圆、退刀槽、键槽、光孔、盲孔、沉孔等,应查阅有关国家标准,如表 10-1 所示。

表 10-1　　零件上的部分标准结构的尺寸注法

类型	旁注法	旁注法	普通注法	类型	旁注法	旁注法	普通注法	类型	注法1	注法2	注法3
光孔	3×ø4↧12	3×ø4↧12	3×ø4 12	沉孔	6×ø8 ⌵ø14×90°	6×ø8 ⌵ø14×90°	90° ø13 6×ø8	倒角	C2	α 2	45° 2
光孔	3×ø4H7 孔深12	3×ø4H7 孔深12	3×ø4H7 12	通孔螺纹	3×M8-7H	3×M8-7H	3×M8-7H	倒角			
沉孔	6×ø10 ⌴ø14↧5	6×ø10 ⌴ø14↧5	ø14 5 6×ø10	盲孔螺纹	3×M8-7H↧10	3×M8-7H↧10	3×M8-7H 10 12	退刀槽	b d1	b×d1	b×c
沉孔	6×ø10 ⌴ø20	6×ø10 ⌴ø20	ø20 锪平 6×ø10	盲孔螺纹	3×M8-7H↧10 孔深12	3×M8-7H↧10 孔深12	3×M8-7H 10 12	砂轮越程槽	b d1	b×d1	b×c

10.3　零件图的技术要求

在制造零件时应达到质量要求即为技术要求,为了能够全面地认识零件图,现对这部分内容作一简单地介绍。

零件图上正常标注出的技术要求的内容有:

(1)表面粗糙度;

(2)尺寸公差;

(3)形状位置公差及材料、材料热处理、表面热处理。

10.3.1　表面粗糙度及其标注

1.表面粗糙度的概念

零件加工时,由于刀具在零件表面上留下的刀痕及切削分裂时金属表面的塑性变形等影响。使零件存在着间距较小的轮廓峰谷。这种表面上具有较小间距的峰谷所组成的微观几何形状特性,称为表面粗糙度。

表面粗糙度是衡量零件质量的标志之一,它对零件的配合、耐磨性、抗腐蚀性、密封性和外观都有影响。因此,零件表面的粗糙度的要求也各不相同,一般说来,凡零件上有配合要求和有相对运动的表面,表面粗糙度参数值要小,但零件表面粗糙度要求越高,则加工成本也越高。因此,应在满足零件表面的功能前提下,合理选用表面粗糙度参数。

2.表面粗糙度的参数

目前,在生产中评定零件表面质量的主要参数是使用轮廓算术平均偏差 R_a。它是在取样长度 l(用于判别具有表面粗糙度特征的一段基准线长度)内,轮廓偏距 y(表面轮廓上的点至基准线的距离)绝对值的算术平均值。

R_a 的取值及取样长度见表 10-2。

表 10-2　　**R_a 及 l, l_n 选用值**

R_a(μm)	l (mm)	l_n($l_n=5l$)　(mm)
≥0.008~0.02	0.08	0.4
>0.02~0.1	0.25	1.25
>0.1~0.2	0.8	4.0
>2.0~10.0	2.5	12.5
>10.0~80.0	8.0	40.0

有时,还使用 R_z(微观不平度十点高度)和 R_y(轮廓最大高度)。

3.表面粗糙度的标注方法

a.表面粗糙度代号

图样上表示零件表面的粗糙度符号的画法如图 10-7 所示。

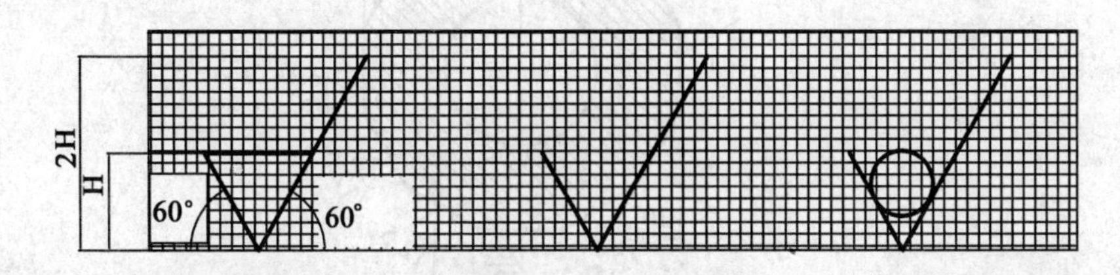

图 10-7　表面粗糙度符号的比例

图样上表示零件表面粗糙度的符号如表 10-3 所示。

表 10-3　　**表面粗糙度符号**

符　号	意　义	符　号	意　义
√	基本符号,单独使用没有意义		表示表面粗糙度是用不去除材料的方法获得,如锻、铸、冲压、热轧、冷轧、粉末冶金等或是保持原供应状况的表面
	表示表面粗糙度是用去除材料的方法获得,如车、铣、钻、磨、抛光、腐蚀,电火药加工等		
3.2	用任何方法获得的表面 R_a 的最大允许值为 3.2μm	3.2	用不去除材料方法获得的表面,R_a 的最大允许值为 3.2μm
3.2	用去除材料方法获得的表面,R_a 的最大允许值为 3.2μm	3.2 1.6	用去除材料方法获得的表面,R_a 的最大允许值为 3.2μm,最小允许值为 1.6μm

b.表面粗糙度代号的标注方法

代号和参数的注写方向如图 10-8 所示。当零件大部分表面具有相同的表面粗糙度时,对其中使用最多的一种符号、代号可统一标注在图样的右上角,并加注"其余"两字,统一标注的代号及文字高度,应是图形上其他表面所注代号和文字的 1.4 倍。

不同位置表面代号的注法,符号的尖端必须从材料外指向表面,代号中数字的方向与尺寸数字方向一致 ,如图 10-9 所示。

对于不连续的同一表面,可用细线相连,其表面粗糙度符号、代号可只标注一次,如图 10-10(a)所示;同一表面粗糙度要求不一致时,应该用细实线分界,并注上尺寸与表面粗糙度代号,如图 10-10(b)所示。

当需要表示镀(涂)覆或其他表面处理后的表面粗糙度值时,其标注方法见图 10-11(a)所示,需要表

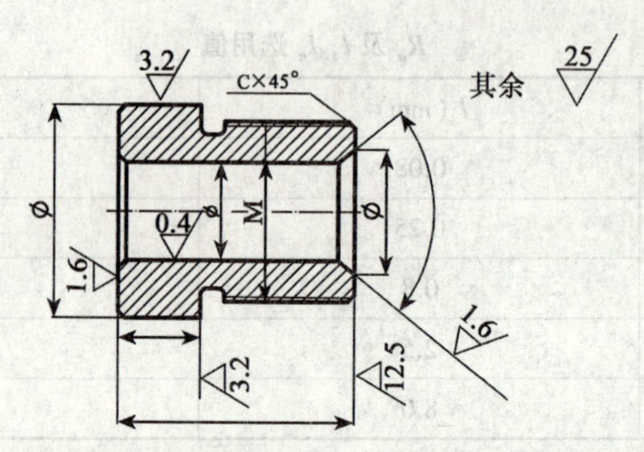

图 10-8 表面粗糙度代号的基本标注方法

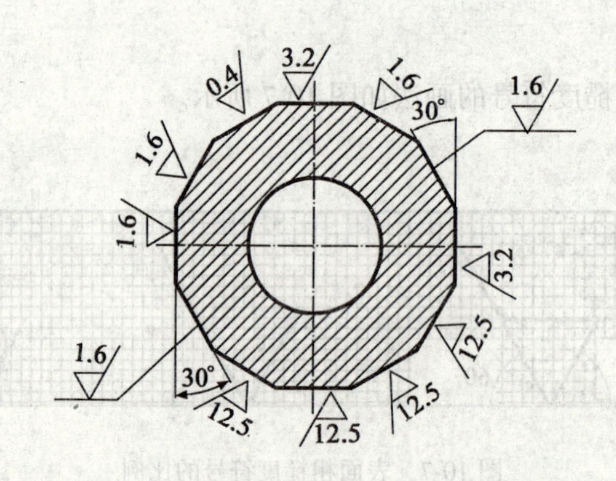

图 10-9 不同位置表面上表面粗糙度代号的标注

示镀(涂)覆前的表面粗糙度值时,应另加说明见图 10-11(b)所示,若同时要求表示镀(涂)覆后的表面粗糙度值时,标注方法如图 10-11(c)所示。

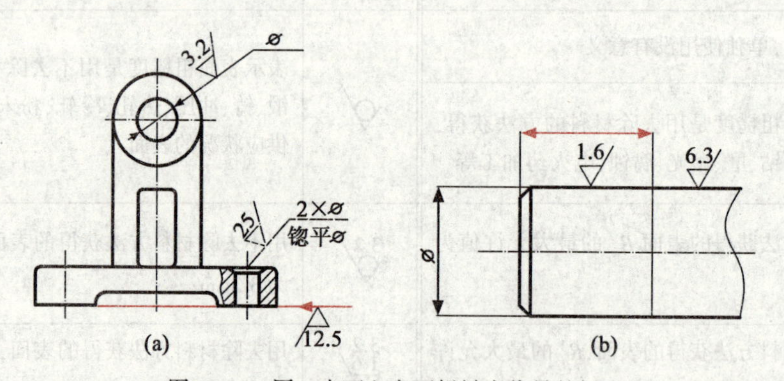

图 10-10 同一表面上表面粗糙度代号的标注

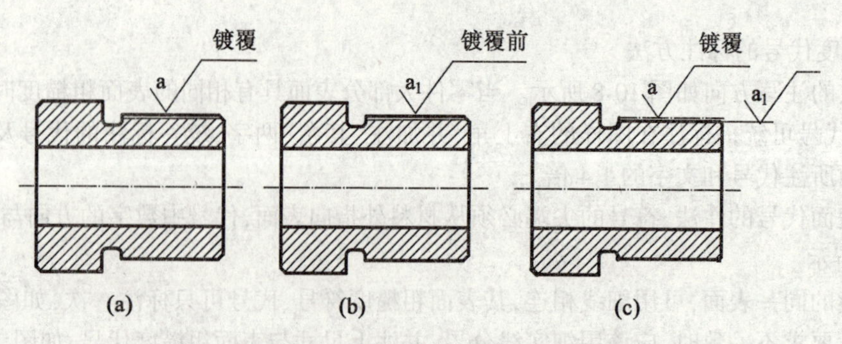

图 10-11 镀(涂)覆处理的表面粗糙度代号标注

10.3.2　极限与配合

1. 极限与配合的基本概念

a.零件的互换性

从一批相同的零件中任取一件,不经修配,装到机器上去,能保证使用要求,这说明这批零件具有互换性,零件具有互换性,不但给机器装配、修理带来方便,更重要的是为机器的现代化大量生产提供可能性。

b.尺寸公差

在零件的加工过程中,由于机床精度、刀具磨损、测量误差等因素的影响,不可能把零件的尺寸做得绝对准确。为了保证互换性,必须将零件尺寸限制在一定的范围内,规定出尺寸的变动量,允许尺寸的变动量,称尺寸公差,简称公差。现以图 10-12(a)圆柱孔尺寸 ϕ40±0.010 为例,作简要说明。

基本尺寸:根据零件强度,结构和工艺性要求,设计确定的尺寸,例如图 10-12 中的基本尺寸是 ϕ40。

极限尺寸:允许尺寸变化的两个界限值,它以基本尺寸为基准来确定。两个界限值中较大的一个称为最大极限尺寸 ϕ40.010;较小的一个称为最小极限尺寸 ϕ39.990。

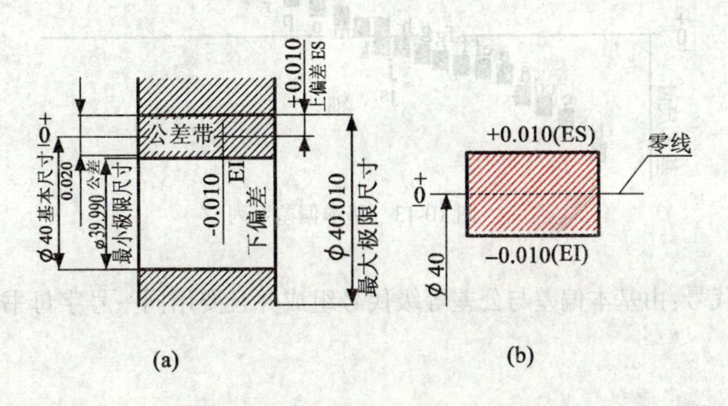

图 10-12　尺寸公差基本概念

尺寸偏差(简称偏差):某一尺寸减其基本尺寸所得的代数差。

尺寸偏差有

上偏差=最大极限尺寸-基本尺寸

下偏差=最小极限尺寸-基本尺寸

上、下偏差统称为极限偏差,上、下偏差可以是正值、负值或零。

同样规定孔的上偏差代号为 ES、下偏差代号为 EI,轴的上偏差代号为 es、下偏差代号为 ei。图 10-12 中,

ES=40.010-40=+0.010,EI=39.990-40=-0.010

尺寸公差=最大极限尺寸(40.010)-最小极限尺(39.990)=0.020

或者:尺寸公差=上偏差(0.010)-下偏差(-0.010)=0.020

从上可知,尺寸公差一定为正值。

尺寸公差带(简称公差带):由代表上、下偏差的两条直线所限定的区域来表示,如图 10-12(a)所示。实用中,一般用图 10-12(b)所示的公差带图来表示。在公差带图中,表示基本尺寸的一条直线称为零线,它是确定正、负偏差的基准线,正偏差位于零线之上,负偏差位于零线之下,如图 10-12(b)所示。

标准公差:是指国家颁布的"标准公差数值表"中以确定公差带大小的任一公差,标准公差是基本尺寸的函数,对于一定基本尺寸,公差等级愈高,标准公差值愈小,尺寸的精确程度愈高。标准公差分为 20 个等级即 IT01、IT0、IT1 至 IT18。IT 表示公差,数字表示公差等级。IT01 公差值最小,精度最高,IT18 公差值最大,精度最低,各级标准公差的取值,可查阅附表。

基本偏差:用以确定公差带相对于零线位置的上偏差或下偏差。一般是指靠近零线的那个偏差,如图 10-13 所示。基本偏差代号共有 28 个,大写为孔,小写为轴。轴的基本偏差从 $a \sim h$ 为上偏差,从 $j \sim zc$ 为下偏差。孔的基本偏差是从 A~H 为下偏差,从 J~ZC 为上偏差。

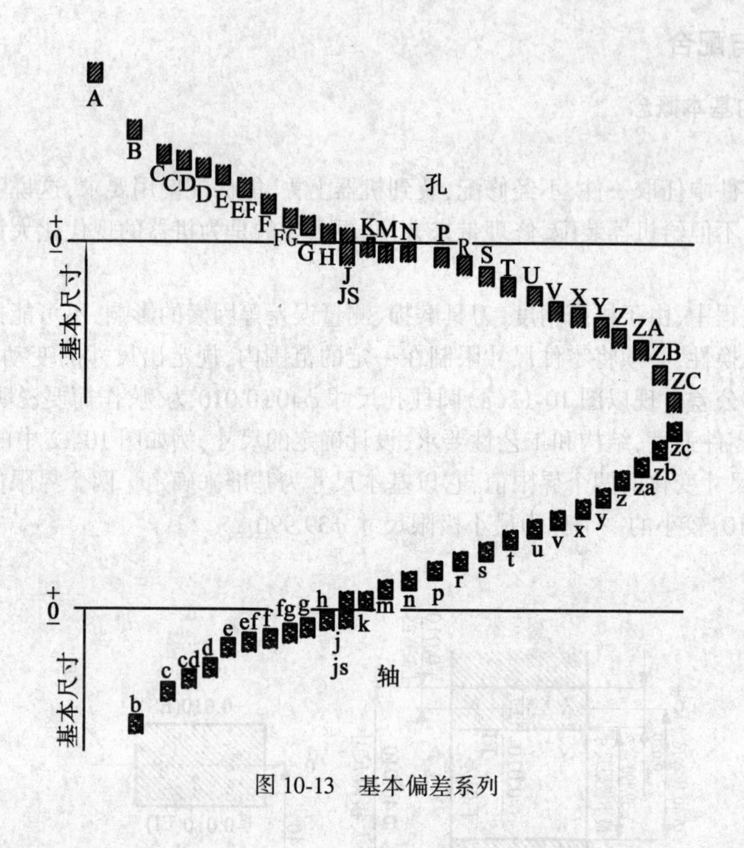

图 10-13　基本偏差系列

轴、孔的公差带代号：由基本偏差与公差等级代号组成并且要用同一号字母书写出。例如，ϕ60H8 的含义如下：

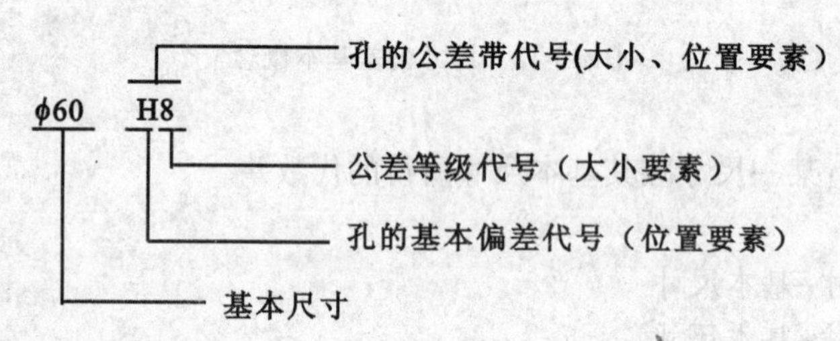

又如 $\phi60f\,7$ 的含义如下：

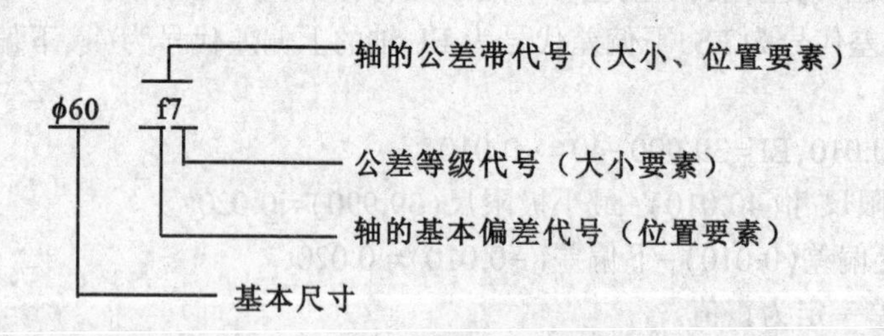

c.配合

在机器装配中，将基本尺寸相同的、相互结合的孔和轴公差带之间的关系，称为配合。

(1)配合种类：间隙配合，过盈配合，过渡配合

间隙配合：孔与轴装配时，有间隙(包括最小间隙为零)的配合，如图 10-14(a)所示，孔的公差带在轴的公差带之上。

过盈配合：孔与轴装配时，有过盈(包括最小过盈等于零)的配合，如图 10-14(b)所示，轴的公差带在孔的公差之上。

过渡配合：孔与轴装配时，可能有间隙或过盈的配合，如图 10-14(c)所示，孔的公差带与轴的公差带，互相交叠。

(2)配合的基准制：国标规定了两种基准制

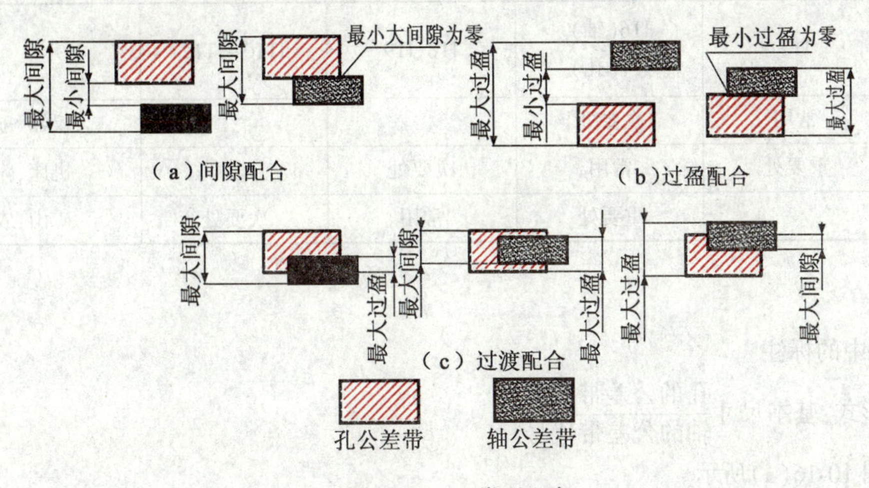

图 10-14 三类型配合

基孔制:基本偏差为一定的孔的公差带,与不同基本偏差的轴的公差带构成各种配合的一种制度。这种制度在同一基本尺寸的配合中,是将孔的公差带位置固定,通过变动轴的公差带位置,得到各种不同的配合,如图 10-15(a)。基准制的孔称为基准孔,国家标准规定基准孔的下偏差为零,上偏差>0,"H"为基准孔的基本偏差代号。

基轴制:基本偏差为一定的轴的公差带,与不同基本偏差的孔的公差带构成各种配合的一种制度。这种制度在同一基本尺寸的配合中,是将轴的公差带位置固定,通过变动孔的公差带位置,得到各种不同的配合,如图 10-15(b)。基轴制的轴称为基准轴,国家标准规定基准轴的上偏差为零,下偏差为负值,"h"为基轴制的基本偏差代号。

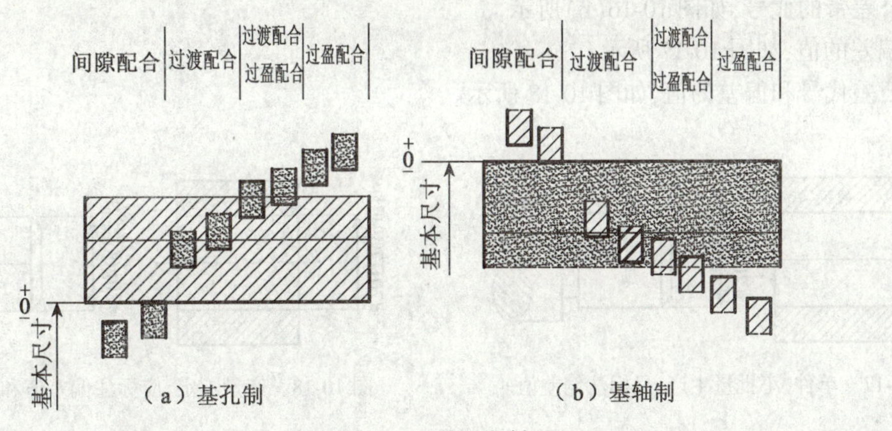

图 10-15 两种基准制

2. 极限与配合的选用及标注

a.选用

(1)应选用优先配合和常用配合,在附表中列出了这些配合。

(2)优先选用基孔制。在一些特殊情况下采用基轴制如一些标准滚动轴承的外环与孔的配合,采用基轴制。

(3)在配合时,选用孔比轴低一级的公差等级,因为加工期孔较困难,例如,H8/h7。

常用的配合尺寸公差等级的应用如表 10-4 所示。

表 10-4　常用的配合尺寸公差等级的应用

公差等级	IT5	IT6(轴) IT7(孔)	IT8、IT9	IT10~IT12	
精密机械	常用	次要处			仪器、航空机械
一般机械	重要处	常用	次要处		机床,汽车制造
非精密机械		重要处	常用	次要处	矿山,农业机械

b.标注

(1)在装配图中的标注

标注的通用形式:基本尺寸$\dfrac{\text{孔的公差带代号}}{\text{轴的公差带代号}}$

具体标注如图 10-16(a)所示。

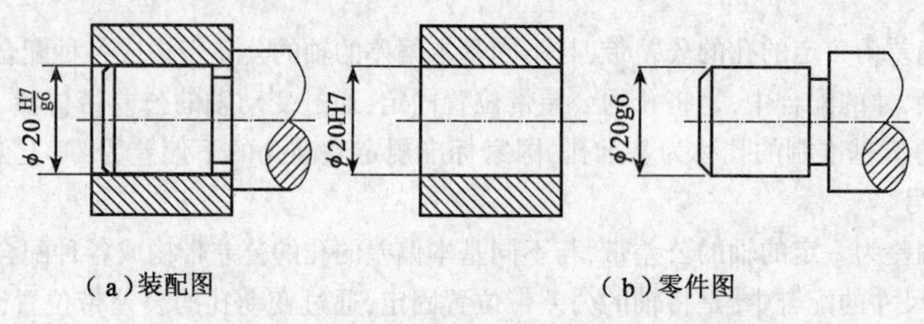

(a)装配图　(b)零件图

图 10-16　大批量生产只标注偏差代号

(2)在零件图中的标注

a.标注公差带的代号,如图 10-16(b)所示。

b.标注偏差的值,如图 10-17 所示。

c.标注公差代号和偏差的值,如图 10-18 所示。

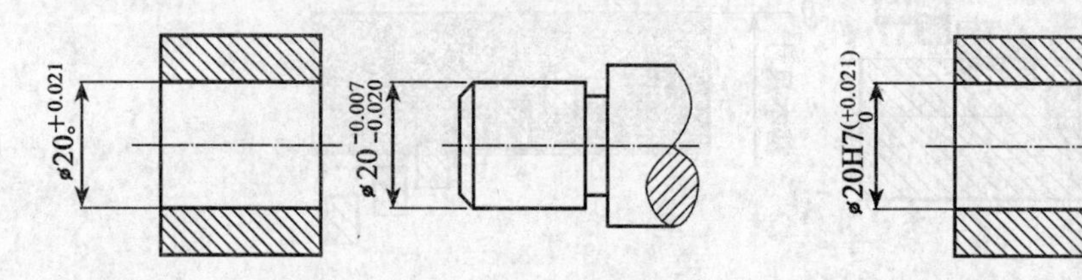

图 10-17　单件、小批量生产,只标注偏差值　图 10-18　产量不定,应标注偏差值和偏差代号

10.4　零件图的视图选择

10.4.1　零件图的视图选择

不同的零件有不同的结构形状,用怎样的一组图形表达零件,首先,要考虑的是便于看图;其次,要根据它的结构特点选用适当的表达方法;最后,在完整清晰地表达各部分结构形状的前提下,力求画图简便。画零件图时必须选择一个较好的表达方案,它包括主视图的选择、视图数量和表达方法的选择。

主视图的选择:一般按零件的工作位置(自然位置)或加工位置来选择主视图。如在车床上加工的轴套、轮和盘等零件,一般按加工位置画主视图。

视图数量的选择:主视图选择后还需进一步选择视图的数量,对像轴、套类简单零件用一个视图,注上尺寸就可以表达得完整清晰。

对于象盖、盘类零件,虽然形体简单,但位置关系略复杂,一个视图不能表达完整,所以需要两个视图。对于比较复杂的箱体类零件需要用三个或三个以上的视图来表示。

表达方法选择:根据零件的结构特点,适当、灵活地选用其中的表达方法,可以用前面所学组合体、零件的表达方式等知识来具体分析。

10.4.2 典型零件的分析

下面通过对具有代表性的轴套、轮盘、叉架、箱体类零件进行分析,来熟悉看零件图的方法,掌握零件图的有关内容,了解各类零件的一些特点。

1.轴套类零件

轴一般是用来支承零件和传递动力的。套一般是装在轴上,起轴向定位、传动或联结作用。

a.表达方案

如图10-19所示为泵轴零件图。轴套类零件一般在车床上加工,所以按形状特征和加工位置确定主

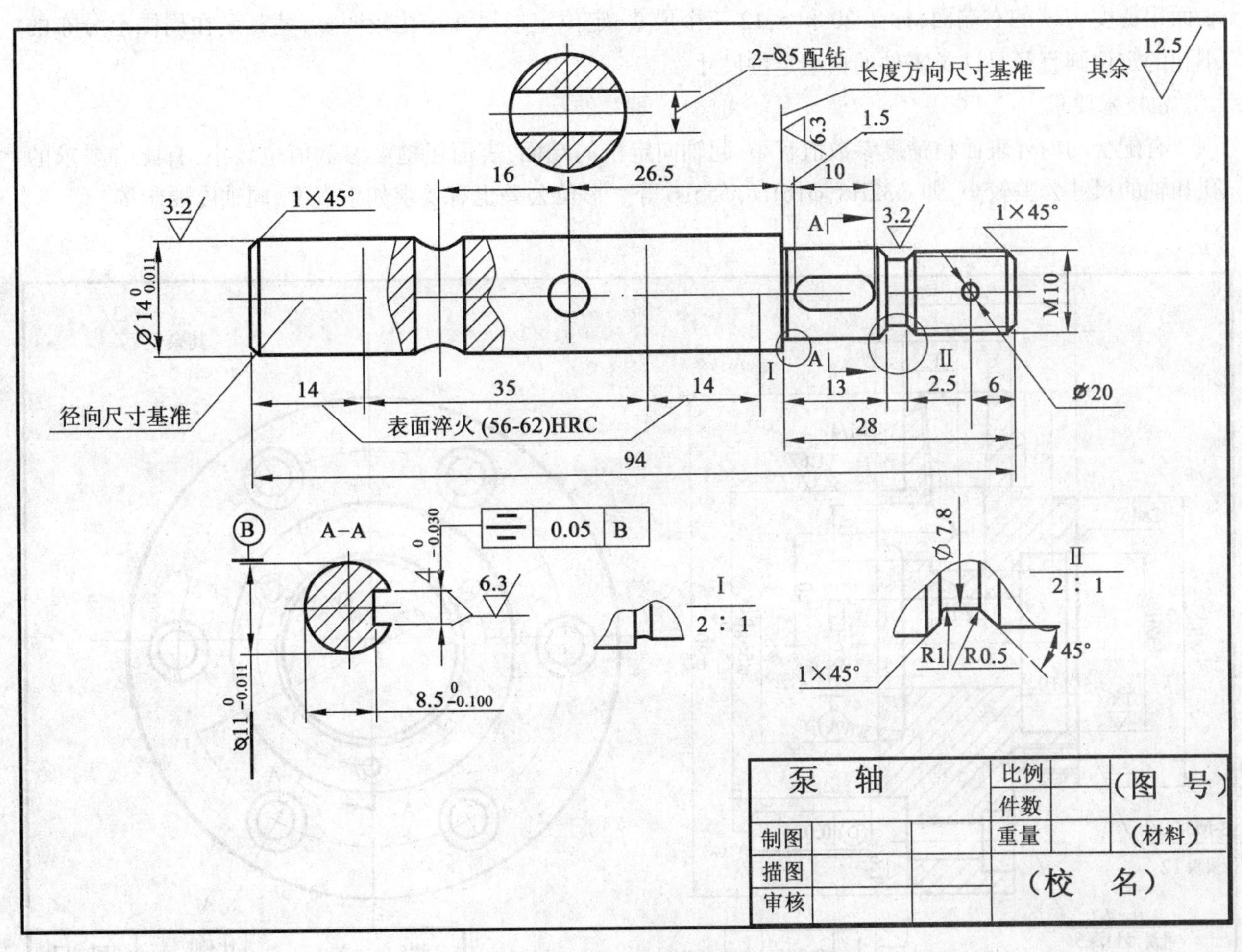

图10-19 泵轴零件图

视图。轴线横放,大头在左,小头在右,键槽、孔等结构一般朝前;轴套类零件主要结构形状是回转体,一般只画一个主视图。轴套类零件的其他结构形状,如键槽、退刀槽、越程槽和中心孔等可以用剖视、断面、局部放大图等加以补充,对形状简单且较长的零件可以采用折断的方法表示。图10-19图例中的两个断面,两个局部放大图。轴上个别部分的内部结构形状可以采用局部剖视图,如图例中的一个圆柱孔。

b.尺寸标注

它们的宽度和高度方向的尺寸基准,即是径向尺寸基准,是回转轴线。长度方向的主要基准在图10-19中所示的表面粗糙度为R_a6.3的左轴肩(这里紧靠传动齿轮),再以右轴端面为长度方向尺寸的辅助基准。零件上的标准结构(倒角、退刀槽、键槽)较多,应按结构标准的尺寸标注。

c.技术要求

有配合要求的内外表面粗糙度参数值较小；例如图中有键槽那段的表面粗糙度为$\overset{3.2}{\bigtriangledown}$，起轴向定位的端面，表面粗糙度参数值较小，如图中的左轴肩表面粗糙度为$\overset{6.3}{\bigtriangledown}$；有配合的轴颈都有尺寸公差，如 $\phi14^{0}_{-0.011}$ 和 $\phi11^{0}_{0.011}$，还有些形位公差要求，如键槽的对称度要求等。

2.轮盘类零件

轮盘类零件可包括手轮、胶带轮、端盖、盘座等。轮一般用来传递动力和扭矩，盘主要起支承、轴向定位以及密封等作用。

a.表达方案

轮盘类零件主要是在车床上加工，所以应按形状特征和加工位置选择主视图，轴线横放，对有些不以车床加工为主的零件可按形状特征和工作位置确定。

b.尺寸标注

它们的宽度和高度方向即是径向尺寸基准为回转轴线，长度方面的主要基准为图 10-20 中经加工的表面粗糙度为$\overset{1.6}{\bigtriangledown}$的右端面，标注 20 和 5，12 三个尺寸，定位定形尺寸却比较明显，尤其是在周围上分布的小孔的定位圆直径是这类零件的典型定位尺寸。

c.技术要求

有配合的内外表面粗糙度参数值较小，起轴向定位的端面，表面粗糙度参数值也较小，有配合要求的孔和轴的尺寸公差较小，如 $\phi32H8$，$\phi16H7$，$\phi55g6$ 等。形位公差也有要求如垂直度、同轴度要求等。

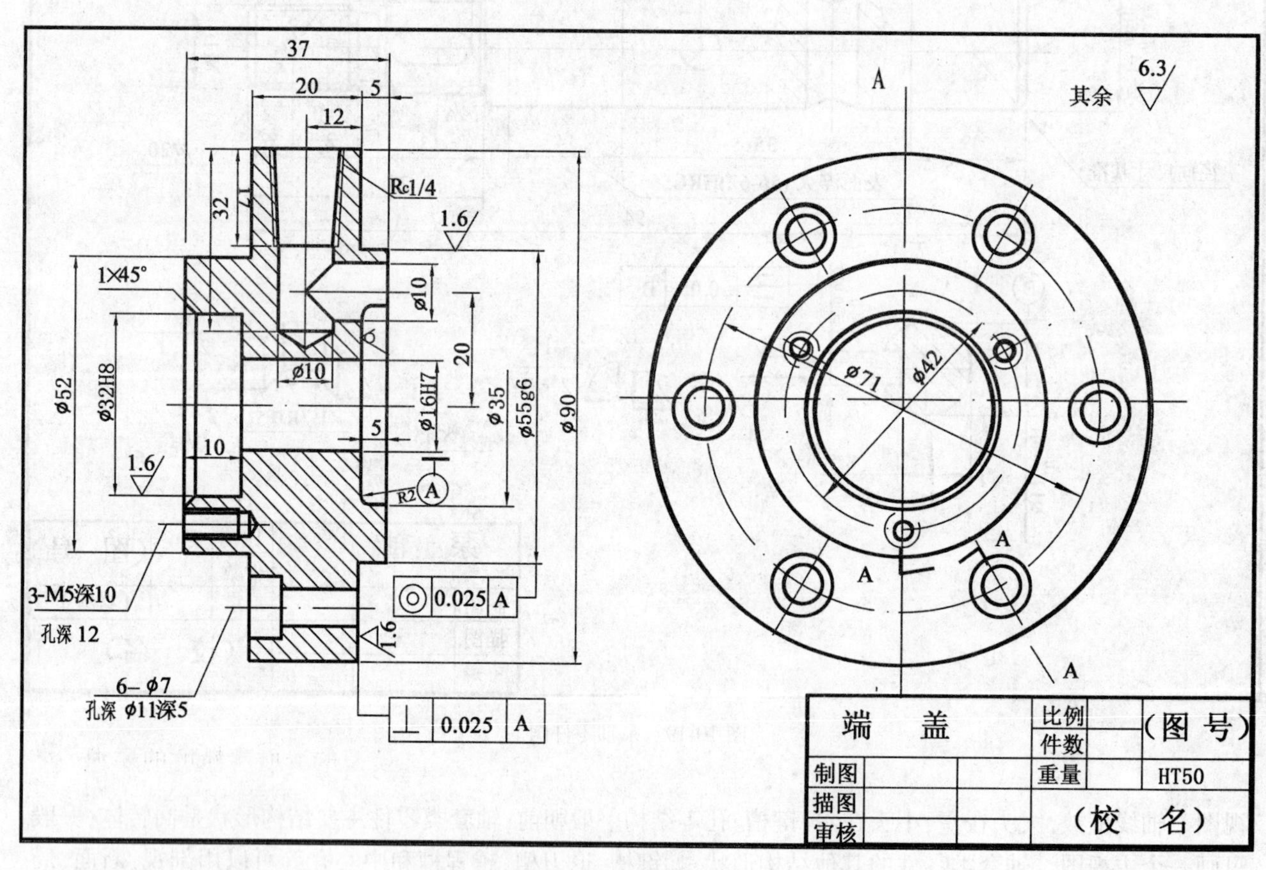

图 10-20 端盖零件图

3.叉架子类零件

叉架类零件包括各种用途的拨叉和支架。拨叉主要用在机床、内燃机各种机器上的操纵机构上，用以操纵机器、调节速度。支架主要起支承和连接作用。

a.表达方案

叉架类零件一般都是铸件或锻件毛坯，毛坯形状较为复杂，需经不同的机械加工方法加工成型，而加工位置难以分出主次。所以，在选择视图时，主要按形状特征和工作位置（或自然位置）确定。例如图10-21所示主视图，就是这样选择的。

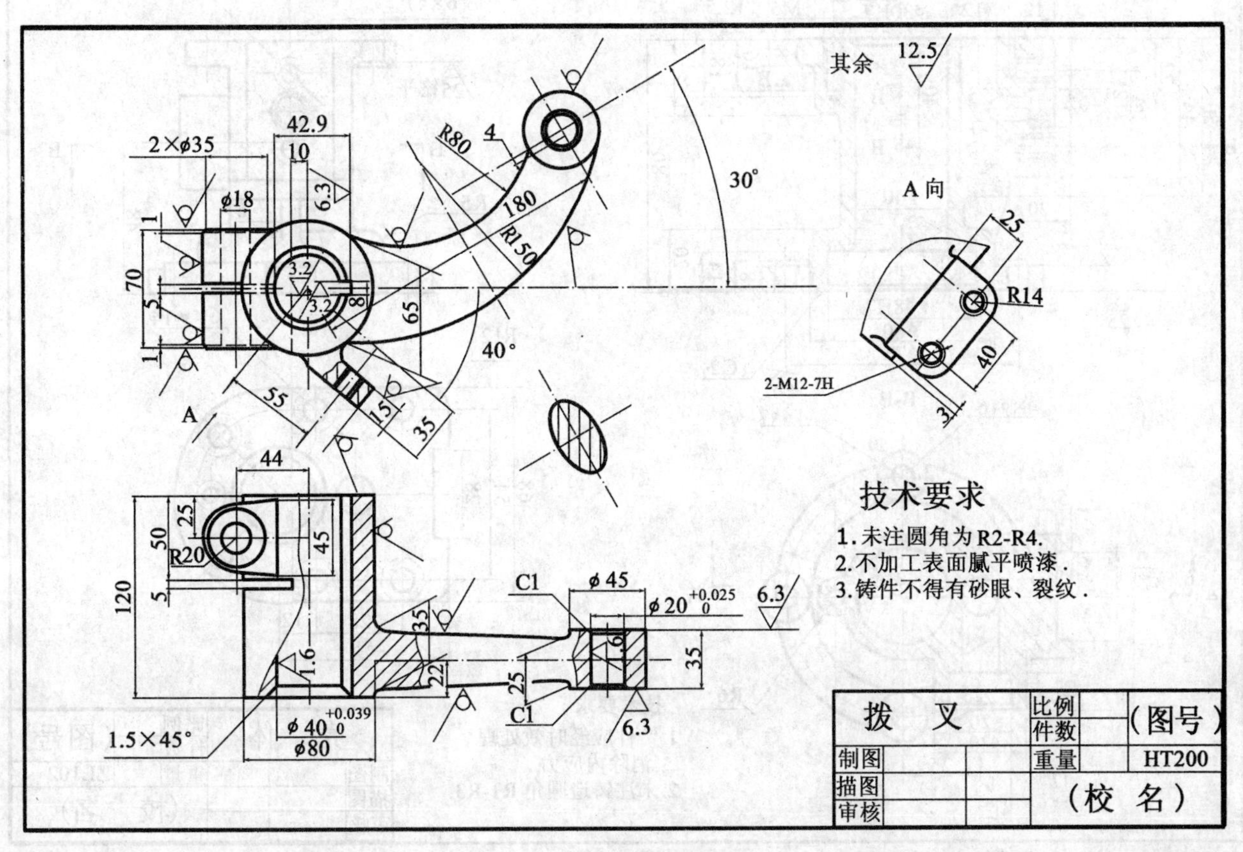

图10-21 叉架零件图

叉架类零件结构形状较为复杂，一般都需要两个以上的基本视图，由于它的某些结构形状不平行于基本投影面，所以常常采用斜视图，如图10-21中的*A*向斜视图。图中还采用一个断面表达肋的剖面形状，主视图和俯视图都是采用局部剖视图表达。

b.尺寸标注

它们的长度方向、宽度方向、高度方向的主要尺寸，基准可确定为孔的中心线、轴线、对称面和较大的加工平面。如图10-21中长度方向基准主要以大圆柱孔$\phi80$俯视图的中心线为基准标注相应尺寸$\phi40_{0}^{+0.039}$、$\phi80$、44等。高度方向主要以大圆柱孔$\phi80$主视图的水平中心线为基准，注出相应的尺寸70、5、30°、40°等。宽度方向以大圆柱的后端面为基准标注出相应的尺寸25、50、120等。

c.技术要求

形位公差没有什么特殊要求主要是一些铸造方面的要求，还有尺寸公差的表面粗糙度的要求，如$\phi40_{0}^{+0.039}$、大圆柱孔的表面粗糙度为1.6▽等。

4.箱体类零件

箱体类零件多为铸件，一般可起支承、容纳、定位和密封等作用。

a.表达方案

箱体类零件多数经过较多工序加工制造而成，各工序的加工位置不尽相同，因而主视图主要按形状特征和工作位置确定，如图10-22所示。图中壳体零件图，结构较复杂，用三个基本视图和一个局部视图表达它的内、外形状。主视图用单一的正平面剖切后所得的*A-A*全剖视图，表达内部形状。俯视图采用阶梯剖后的*B-B*全部视图，同时表达内部和底板的形状。采用局部剖视的左视图以及*C*向局部视图，主要表达外形及顶面形状。

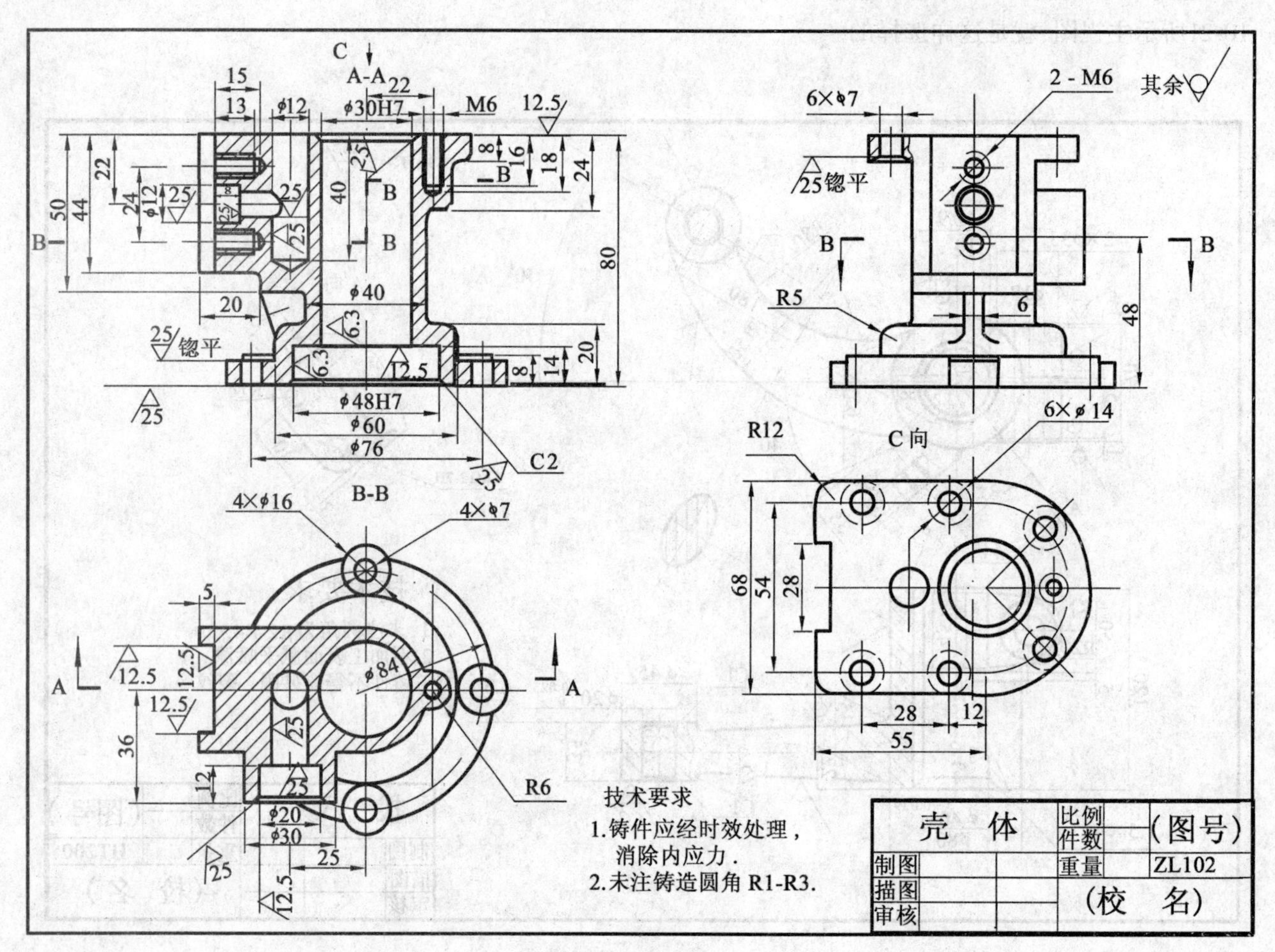

图 10-22　壳体零件图

由形体分析可知，壳体主要由上部的主体，下部的安装底板以及左面的凸块组成。除了凸块外，主体及底板基本上是回转体。再看细部结构，顶部有 ϕ30H7 的通孔，ϕ12 的盲孔和 M6 的螺孔。底部有尺寸为 ϕ48H7 与主体上的 ϕ30H7 通孔相连接的阶梯孔，底板上还锪平 4—ϕ16 的安装孔 4—ϕ7。结合主、俯、左视图看，左侧为带有凹槽 T 形凸块，在凹槽的左端面上有 ϕ12、ϕ8 的阶梯孔，与顶部的 ϕ12 圆柱孔相通；在这个台阶孔的上方和下方，分别有一个螺孔 M6。在凸块前方的圆柱形凸缘上(从外径 ϕ30 可以看出)，有 ϕ20，ϕ12 的阶梯孔，向后与顶部 ϕ12 的圆柱也相贯。从采用局部剖视的左视图和 C 向视图可看出：顶部有六个安装孔 ϕ7，并在它们的下端分别锪平成 ϕ14 的平面。

通过这样的读图，就可以大致看清楚壳体的内、外结构和形状。

b.尺寸标注

壳体的长度、宽度、高度方向的主要基准，采用孔的中心线、轴线、对称平面和较大的加工平面。

图 10-22 中，长度和宽度的基准分别是壳体的主体轴线，高度基准是底板的底面。它们的定位尺寸较多，各孔中心线(或轴线)间的距离等，应直接标注出来，如主视图中孔 ϕ30H7 与螺纹孔 M6 之间的距离 22，俯视图中 ϕ30H7 与 ϕ20 之间的距离 25 等。主要形状尺寸可采用形体分析法标注。

c.技术要求

重要的箱体孔和重要的表面，其表面粗糙度参数的值较小，如 ϕ30H7、ϕ48H7 为 $\overset{6.3}{\bigtriangledown}$；重要的箱体孔和主要的箱体表面应有尺寸公差和形状公差要求，如 ϕ30H7、ϕ48H7 都有公差要求，其极限偏差数值可由公差带代号 H7 查表获得。文字表达方面要求有：铸件经过时效处理后，才能进行切削加工；图中未注尺寸的铸造圆角都是 $R1 \sim R3$。

10.5 零件图阅读

10.5.1 读零件图的要求

读零件图时，应该达到如下要求：

(1)了解零件的名称、材料和用途；

(2)了解组成零件各部分结构形状的特点、功用，以及它们之间的相对位置；

(3)了解零件的制造方法和技术要求。

10.5.2 读零件图的方法和步骤

1.读标题栏

从标题栏中可以了解零件的名称、材料、比例，对零件所属类型和作用等有一个初步的认识。

2.分析视图，想象形状

从主视图看零件的大体的内外形状，结合其他基本视图、辅助视图以及它们之间的投影关系、视图的作用和表达重点，来弄清零件的内外结构形状；从零件图中所示设计或加工方面的要求，了解零件的一些结构的作用。

3.分析尺寸和技术要求

了解零件的各部分尺寸，以及标注尺寸时所用的基准。看懂技术要求如表面粗糙度、极限与配合等内容。

4. 综合考虑

把读懂的零件结构形状、尺寸标注和技术要求等内容综合起来，就能比较全面地读懂这张零件图。有时为了看懂比较复杂的零件图，还需参考有关的技术资料，包括该零件所在的部件装配图以及有关的零件图。

10.5.3 举例

图10-23是蜗轮壳的零件图。

从标题栏中可看出，零件的名称是蜗轮壳，属箱体零件。材料为HT200，属于铸件。

图中的主视图采用全剖视图，俯视图采用半剖视图，以及另外两个指定位置的剖视图和一个局部视图来表达蜗轮壳的内外结构形状。

根据投影分析，由主视图可以看出，该零件由左边法兰、中间连接板和右边壳体组成。

由主视图、俯视图和*A-A*剖视图，可以找出左边法兰的相应投影，想象出其形状和孔在圆周上的分布情况。左边都是圆柱体，右边是一个法兰，其形状从*A-A*剖视图中可以看出；中间加工了阶梯孔(ϕ42H7，ϕ48mm)；在ϕ100 mm的圆周上均匀分布着四个圆柱孔，右端面锪平；前后(尺寸为75mm)加工两个螺纹孔(2×M10)，其结构如俯视图所示。

由主视图、俯视图、*D-D*剖视图和*B*向局部视图，可以找出右边壳体的相应投影，确定其大致形状是上方下圆，上方顶部前后各有一个凸缘，形状如*B*向局部视图所示，且蜗杆轴孔的尺寸为ϕ52H7；中央部位有个空心圆柱，其外径为ϕ55mm，内径为ϕ38H7(是蜗轮轴的支承孔)，长22mm；下方的左边是由*R*28mm与*R*22mm组成的1/4圆环的一半，右边是组合的空心半圆柱；连接上下部分的前、后及左边结构都是厚度为6mm的平板，前、后平板与左边平板间靠1/4的空心圆柱(*R*31mm，*R*37mm)过渡。

由主视图、俯视图和*A-A*剖视图，可以找出中间连接板的相应投影，确定出其形状大致为截切后空心圆柱，断面形状如*A-A*剖视图所示。

综合上述分析，即可想象出蜗轮壳的完整结构形状。

蜗轮壳长度方向的尺寸基准是蜗杆轴孔的轴线，宽度方向的基准是前后对称中心面，高度方向的基准是蜗轮孔的轴线。蜗轮蜗杆轴线距离71.5JS11，蜗轮轴孔ϕ42H7、ϕ38H7，蜗杆轴ϕ52H7等都是重要尺寸。

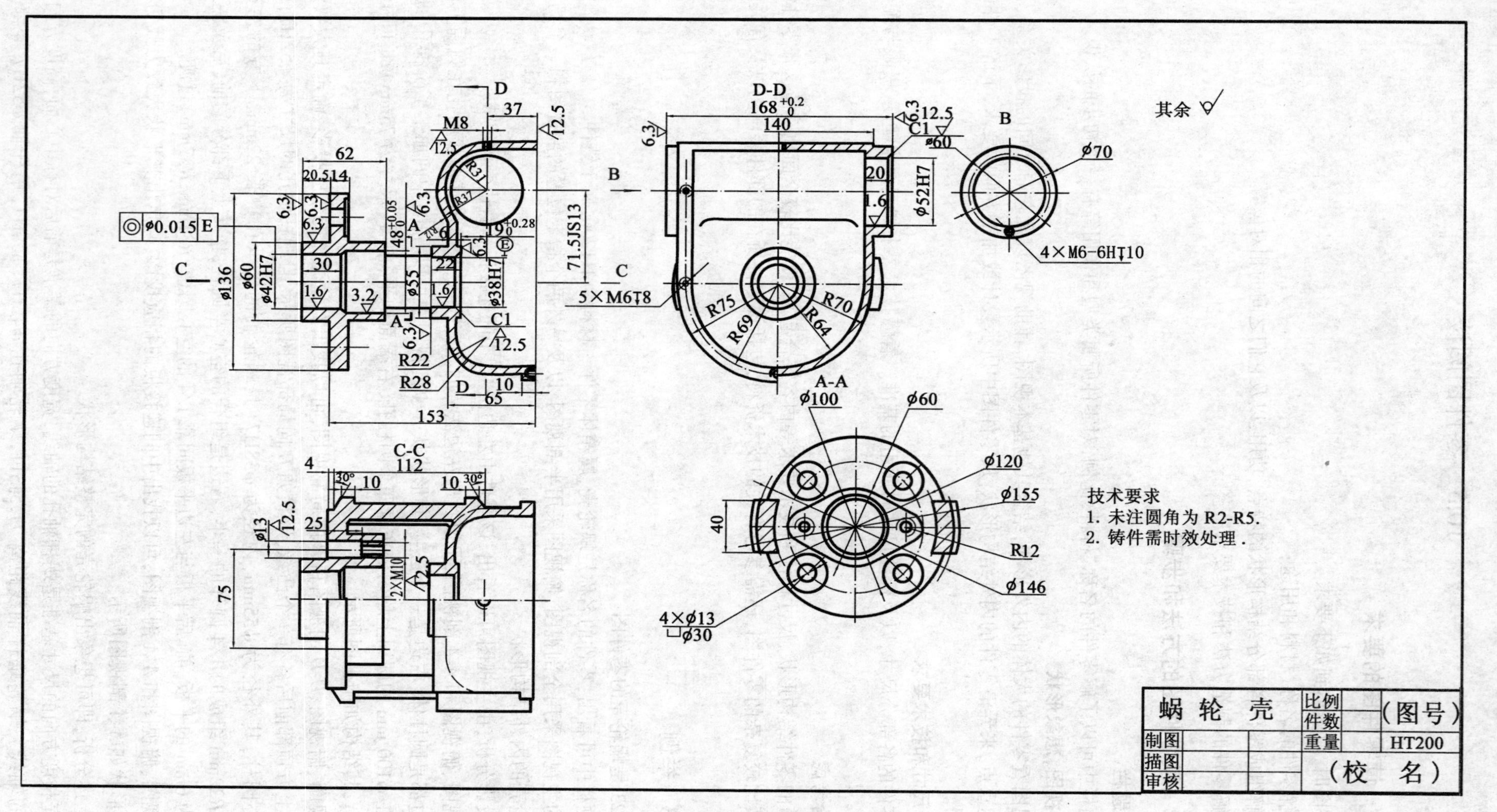

图 10-23 蜗轮壳零件图

分析各个表面的表面粗糙度要求，以及其他的技术要求，即可了解蜗轮壳制造精度方面的要求。

10.6 零件的测绘及结构工艺性

10.6.1 测量方法及测量工具

对零件实物进行测量、绘图和确定技术要求的过程，称为零件测绘。在仿造和修配机器或部件以及进行技术改造时，通常要进行零件测绘。

测绘零件的工作常在机器的现场进行。由于受条件的限制，一般先绘制零件草图（即以目测比例、徒手绘制的零件图），然后由零件草图整理成零件工作图（简称零件图）。零件草图是绘制零件图的重要依据，因此，零件草图必须具备零件图应有的全部内容。必须做到：图形正确，表达清晰，尺寸完整，线型分明，图面整洁，字体工整，并注写出技术要求等有关内容。

测绘尺寸是零件测绘过程中的一个必要步骤。零件上的全部尺寸的测量应集中进行，这样，不但可以提高工作效率，还可以避免错误和遗漏。测量零件尺寸时，应根据零件尺寸的精度选用相应的量具。常用的量具直尺、卡钳（外卡和内卡），游标卡尺和螺纹规等。

常用的测量方法如表 10-5 所示。

表 10-5　　**零件常用的测量方法**

项目	例图与说明	项目	例图与说明
线性尺寸	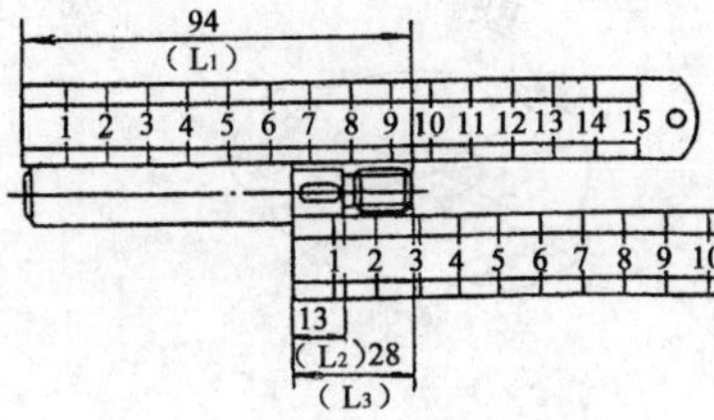 线性尺寸可以用直尺直接测量读数，如图中的长度 L_1(94)、L_2(13)和 L_3(28)	直径尺寸	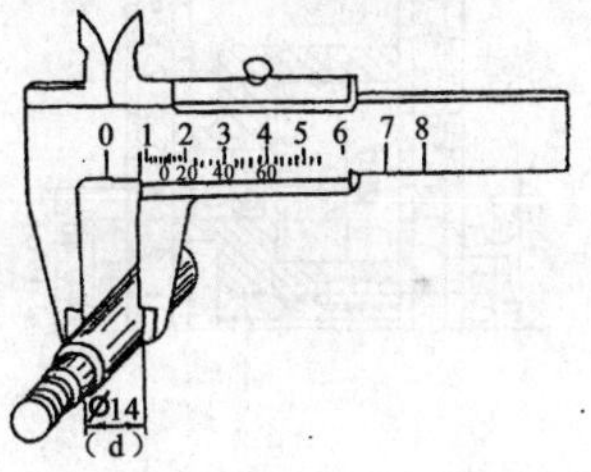 直径尺寸可以用游标卡尺直接测量读数，如图中的直径 d ($\phi 14$)
螺纹的螺距	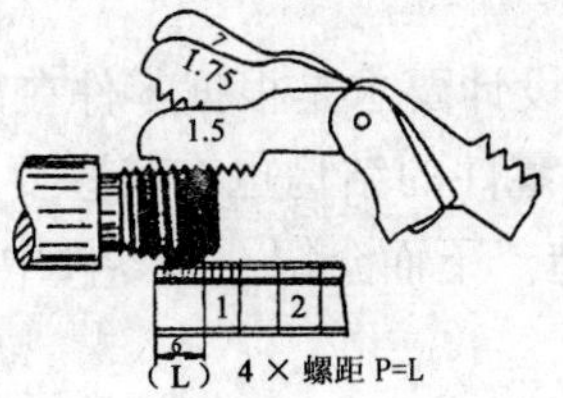 螺纹的螺距可以用螺纹规或直尺测得，如图中螺距 $P=1.5$	齿轮的模数	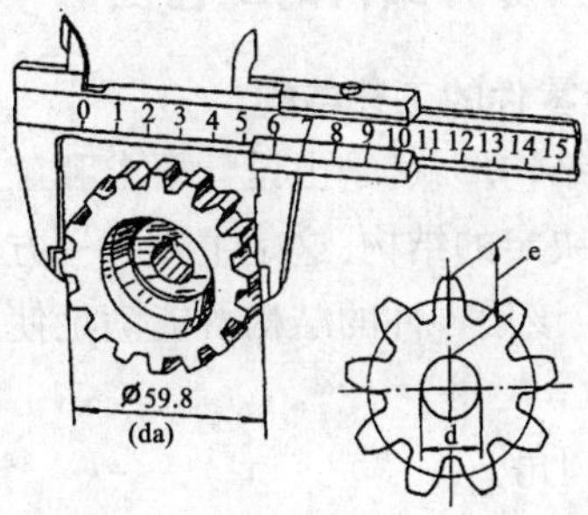 对标准齿轮，其轮齿的模数可以先用游标卡尺测得 d_a，再计算得到模数 $m=d_a/(z+2)$。奇数齿的齿顶圆直径 $d_a=2e+d$，请参阅右下角的附图

续表

项目	例图与说明	项目	例图与说明
壁厚尺寸	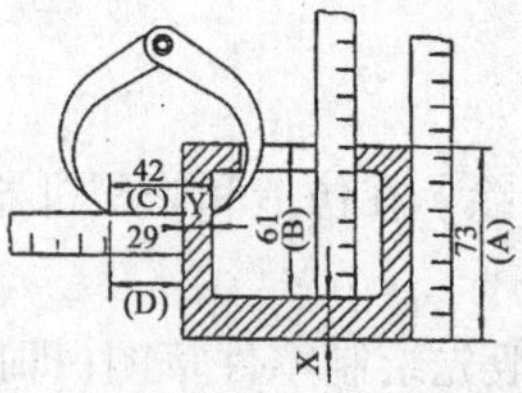 壁厚尺寸可以用直尺测量，如图中底壁厚度 $X=A-B$，或用卡钳和直尺测量，如图中侧壁厚度 $Y=C-D$	孔间距	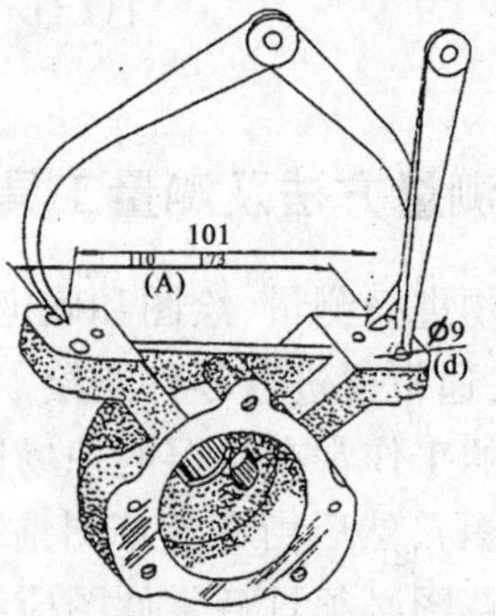 孔间距可以用卡钳（或游标卡尺）结合直尺测出，如图中两孔中心距 $A=L+d$
中心高	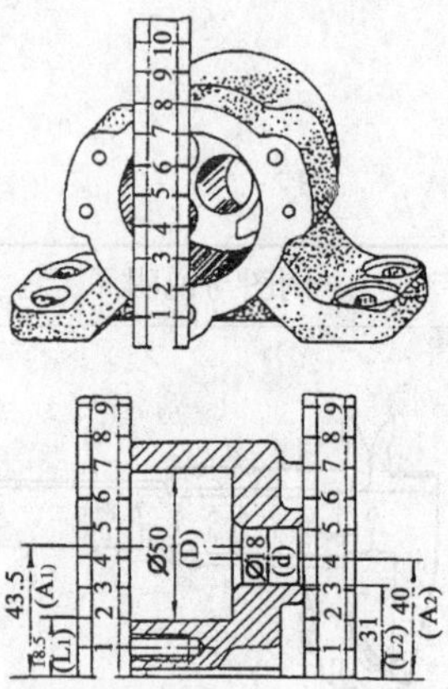 中心高可以用直尺和卡钳（或游标卡尺）测出，如图中左侧 $\phi50$ 孔的中心高 $A_1=L_1+0.5D$，右侧 $\phi18$ 孔的中心高 $A_2=L_2+0.5d$	曲面轮廓	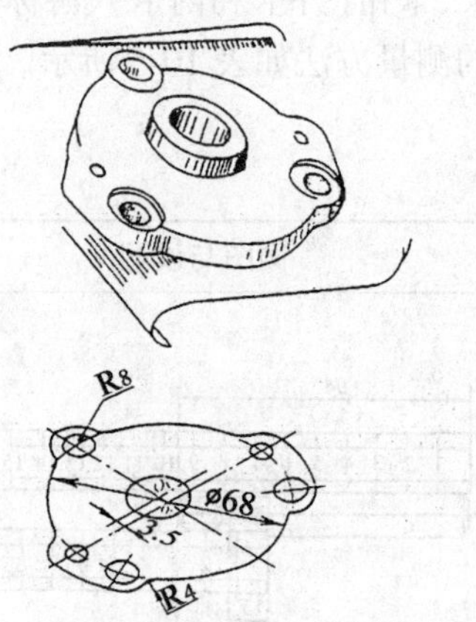 对精确度要求不高的曲面轮廓，可以用拓印法在纸上拓出它的轮廓形状，然后用几何作图的方法求出各连接圆弧的尺寸和中心位置，如图中 $\phi68$、$R8$、$R4$ 和 3.5

10.6.2 零件结构的工艺性

1. 铸造零件的工艺结构

零件的结构形状，是由设计要求和工艺要求两方面来决定的。设计要求是根据零件在部件（或机器）中的作用来决定的结构，这是主要的一方面，另一方面，制造工艺对零件的结构也有某些要求，因此，在画零件图时，应该使零件的结构既能满足使用上的要求，又要方便制造。下面介绍一些零件中的常见的工艺结构。

a.铸造圆角

为了满足铸造工艺要求，防止砂型落砂，铸件产生裂纹和缩孔在铸件中各表面相交处都做成圆角而不做成尖角，如图 10-24 所示。圆角半径一般取壁厚的 0.2~0.4 倍，在同一铸件上圆角半径的种类应尽可能减少，如图 10-25 所示。

b.拨模斜度

为了在铸造时，便于将木模从砂型中取出，在铸件的内、外壁上常设计出拨模斜度，如图 10-26（a）所示，这种斜度在图上可以不予标注，也不一定画出，如图 10-26（b）所示，必要时，可以在技术要求中用文字说明。

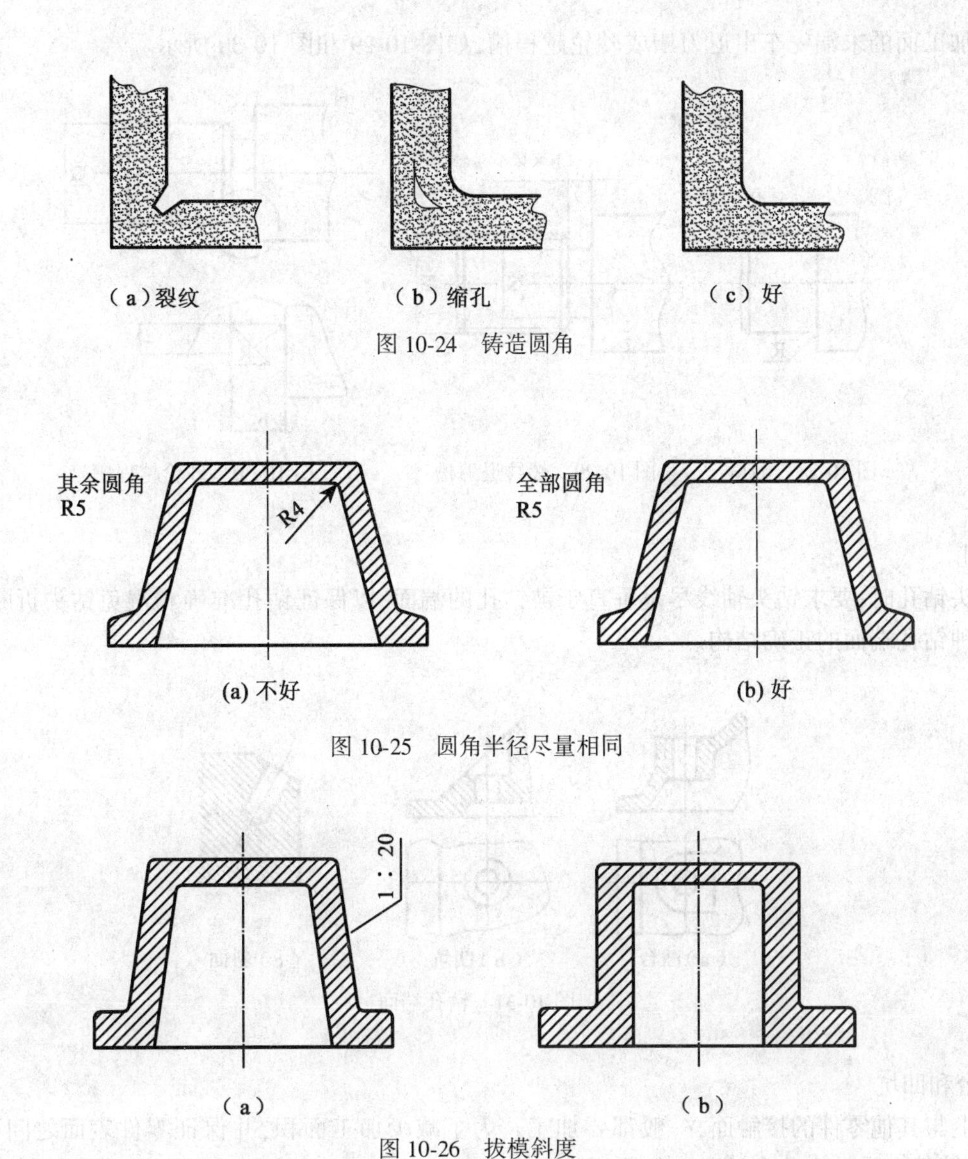

图 10-24 铸造圆角

图 10-25 圆角半径尽量相同

图 10-26 拔模斜度

c.铸件壁厚

在浇铸零件时，为了避免各部分冷却速度的不同而产生缩孔或裂缝，铸件壁厚应保持大致相等或逐渐变化，如图 10-27 所示。

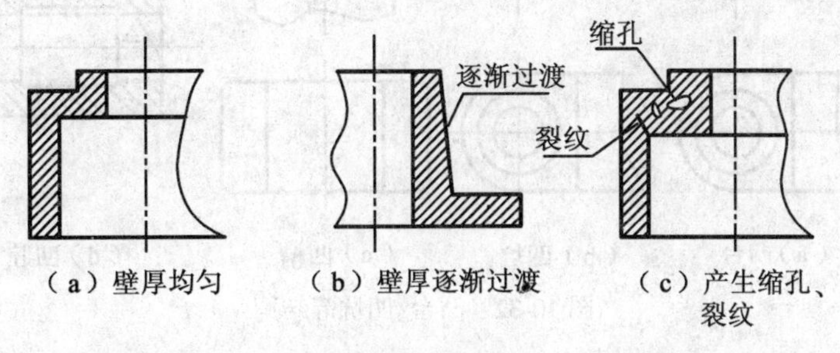

图 10-27 铸件壁厚

2.零件加工面的工艺结构

a.倒角

为了去除零件的毛刺、锐边和便于装配和保护装配面，一般做成倒角。如图 10-28 所示。

b.退刀槽和越程槽

在切削加工中，特别是在车螺纹和磨削时，多了便于退出刀具或使砂轮可以稍稍越过加工面，常常在零件的待加工面的末端先车出退刀槽或砂轮越程槽，如图 10-29 和图 10-30 所示。

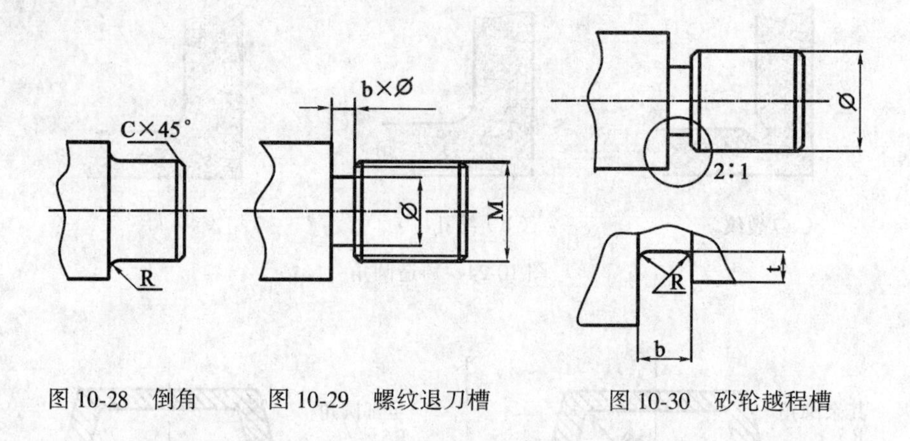

图 10-28　倒角　　图 10-29　螺纹退刀槽　　图 10-30　砂轮越程槽

c.钻孔

用钻头钻孔时，要求钻头轴线尽量垂直于被钻孔的端面，以保证钻孔准确和避免钻头折断。图 10-31 表示了三种钻孔端面的正确结构。

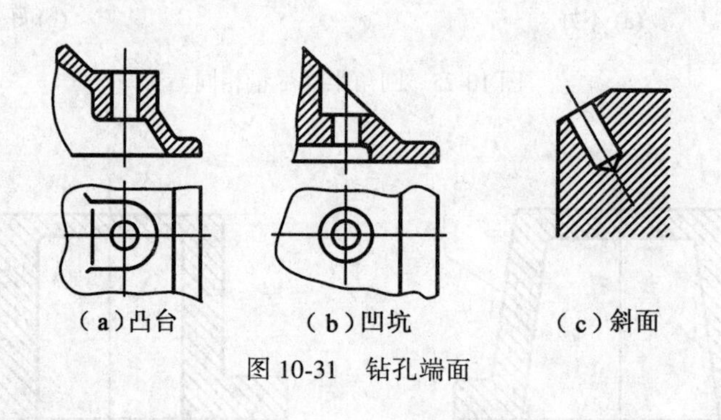

图 10-31　钻孔端面

d.凸台和凹坑

零件上与其他零件的接触面，一般都要加工。为了减少加工面积，并保证零件表面之间有良好的接触，常常在铸件上设计出凸台、凹坑，如图 10-32 所示。

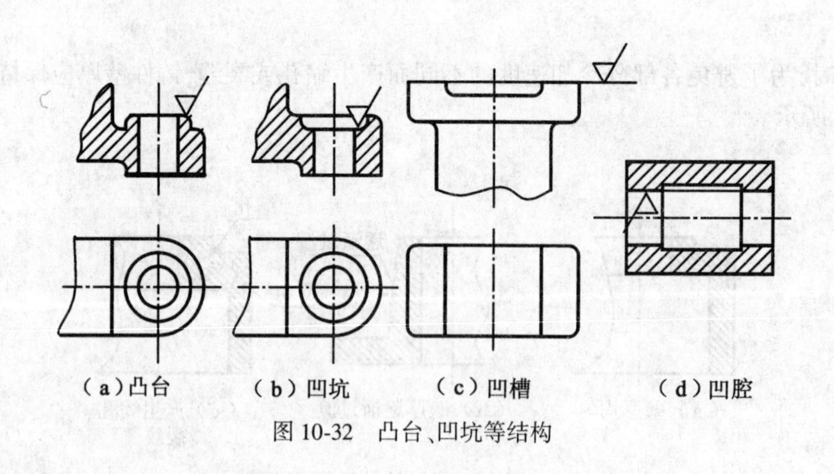

图 10-32　凸台、凹坑等结构

10.7　AutoCAD 绘制零件图

AutoCAD 绘制零件图与手工绘制零件图大致过程是相同的。但为了充分利用 AutoCAD 提供的各种工具和方法在具体的操作过程中，要根据 AutoCAD 的特点，增加一些用 AutoCAD 绘图特有的步骤和方法，现以绘制图 10-33 所示的零件图为例，说明如何用 AutoCAD 绘制一张完整的符合生产要求的零件图。

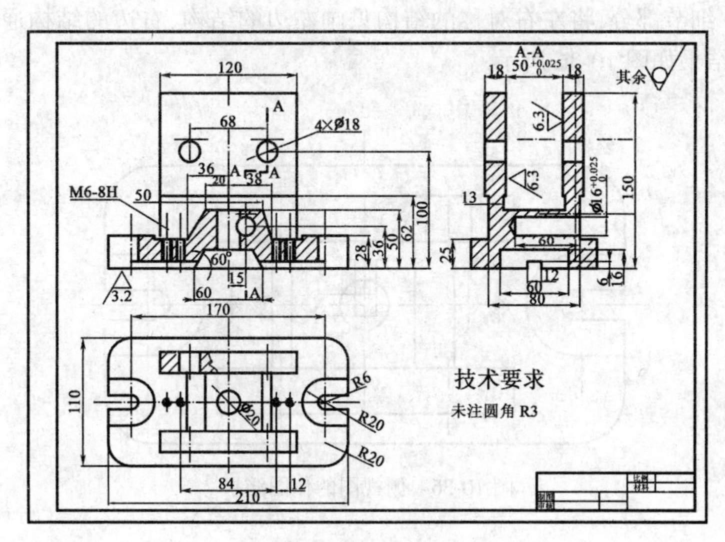

图 10-33　零件图例图

1.设置作图环境

根据 3 个视图的大小,若用 1 ∶1 的比例,应当将作图区域设置为 594×420 即 A2 图纸幅面大小,并且建立相应的图层。设置作图区域大小的命令 LIMITS,并将作图区域放大至全屏,用 ZOOM 命令中的选项 ALL,如图 10-34 所示。

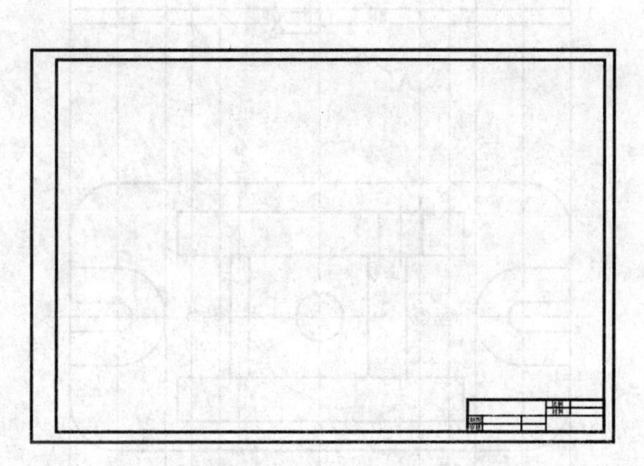
图 10-34　A2 样板图

2.确定作图顺序,选择尺寸转换为坐标值的方式

本例按俯视图、主视图、左视图的顺序画此零件图。

a.画俯视图

(1)在中心线层画出定位中心线,建立用户坐标系使坐标系移至中心线的交点,再在轮廓层画俯视的矩形轮廓如图 10-35 所示。

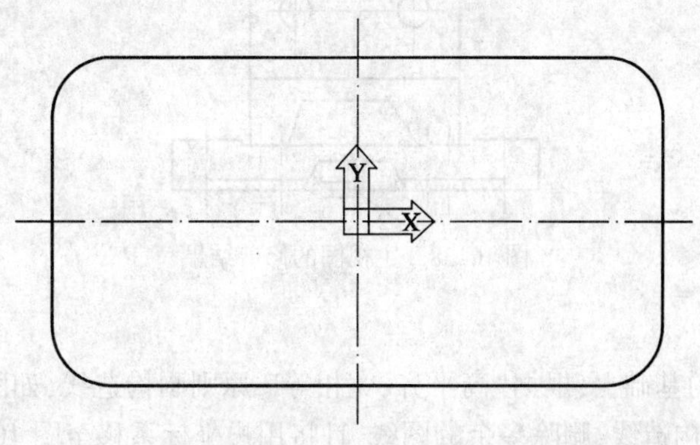

图 10-35　将所画矩形放大至全屏

(2)画出俯视图中细节部分,将左右对称的结构只画左边的结构,右边的结构通过镜像命令 MIRROR(mirror)产生,其作用结果如图 10-36 所示。

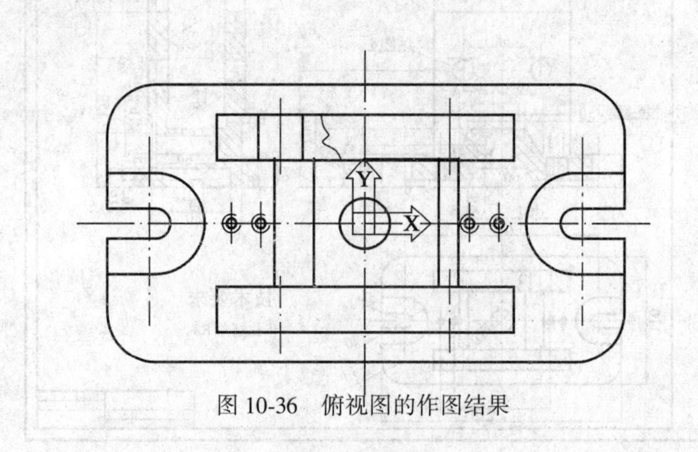

图 10-36　俯视图的作图结果

b.画主视图

(1)根据长对正,用画构造线命令 XLINE,画铅垂构造线且将用户坐标系的原点,移到 A 点,如图 10-37 所示。

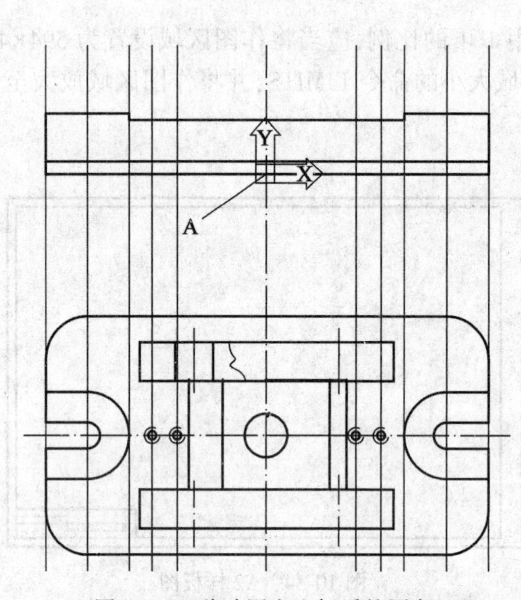

图 10-37　移动用户坐标系的原点

(2)画主视图的其余部分,用 TRIM 修剪命令进行剪切,修剪结果如图 10-38 所示。

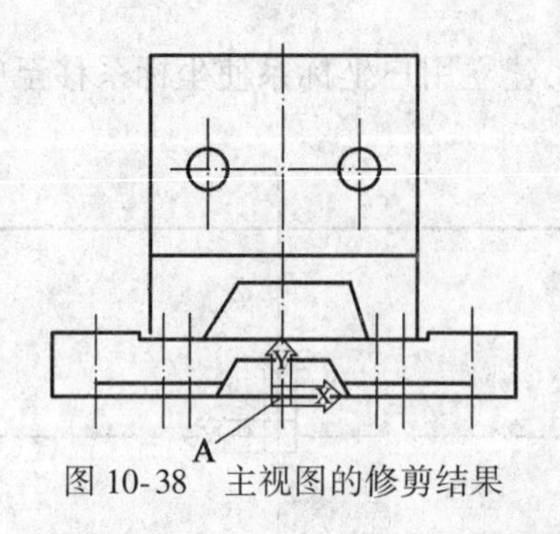

图 10-38　主视图的修剪结果

c.画左视图

(1)在主视图、俯视图的基础上,根据“高平齐,宽相等” 原则画构造线,如图 10-39 所示。

(2)修剪图 10-40 中的构造线,删除多余的图线,且将用户坐标系移至图 10-40 所示的位置,再画在视图的其余细部结构。

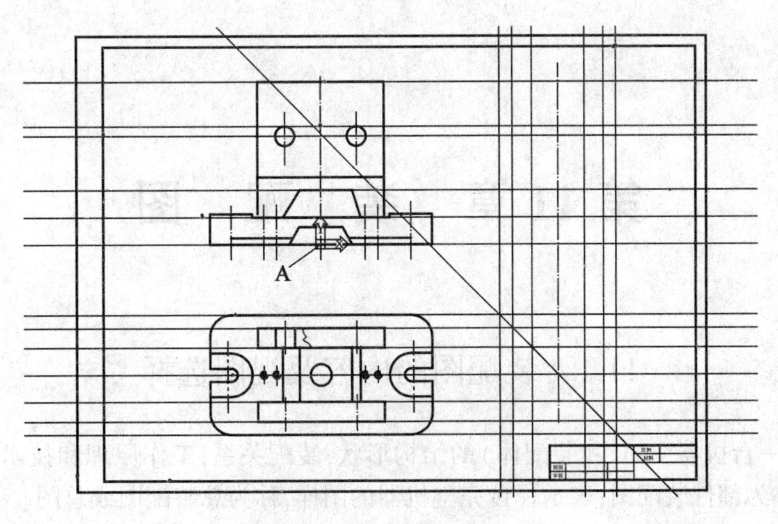

图 10-39 画构造线

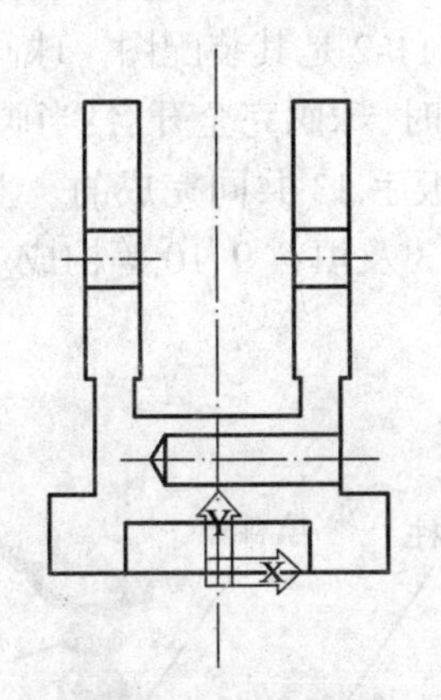

图 10-40 完成后的左视图

d.画剖面线,重新布图

用 HATCH 命令画剖面线,但要注意画剖面线以前,要先关闭中心线层,否则,中心线将影响填充边界的选择。打开所有的图层用 MOVE 命令调整各视图的位置,其结果如图 10-41 所示。

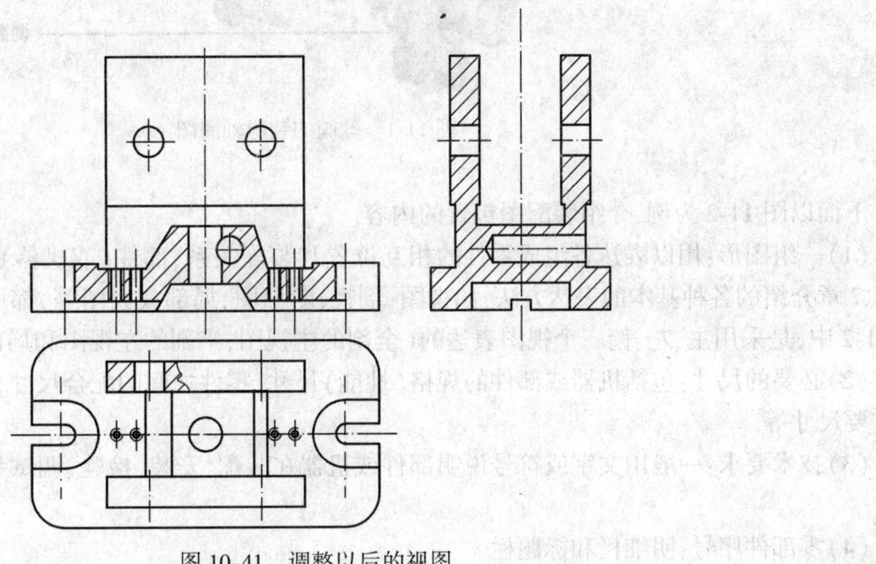

图 10-41 调整以后的视图

3.标注尺寸,标注技术要求,填写标题栏

标注尺寸前要关闭剖面线层,以免剖面线在标注尺寸时影响捕捉端点。其最后结果如图 10-41 所示。

第11章 装 配 图

11.1 装配图的内容及视图选择

装配图是表达一台机器或部件(装配体)的结构形状,装配关系,工作原理和技术要求的图样。其中表示部件的图样,称为部件装配图;表示一台完整机器的图样,称为总装配图或总图。

设计时,一般先根据设计思想表达装配示意图,然后画出装配图,最后根据装配图绘制零件图,装配图也是指导机器或部件的装配、检验、调试、安装、维护等的重要技术文件。

图11-1是一个球阀的装配轴测图,图11-2是其装配图。球阀的启闭及流量的控制是通过旋转球形阀芯4来完成的,当阀芯处在图11-2的位置时,球阀完全开启;当阀芯旋转90°时,球阀完全关闭。而阀芯的旋转是依靠榫接在阀芯凹槽的阀杆12和扳手13共同完成的。上述零件及液体的支撑、密封和相互连接是依靠阀体1,阀盖2,双头螺柱6,密封圈3及填料9、10等构成。

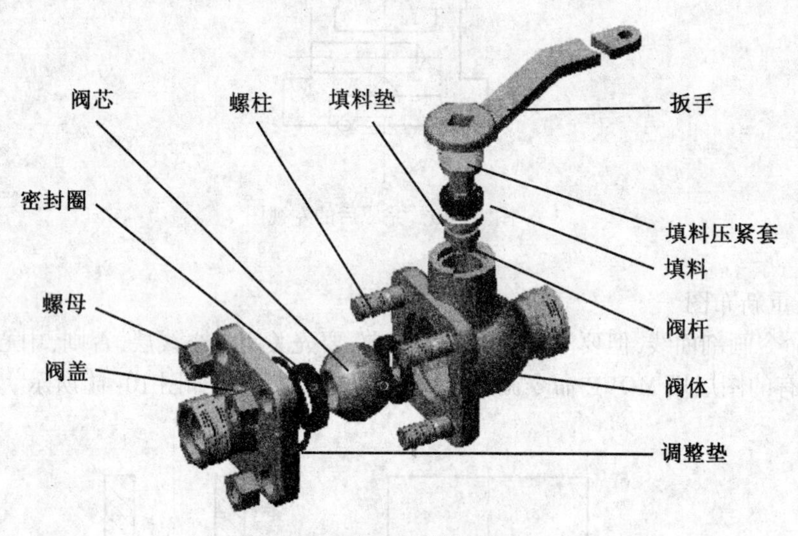

图11-1 球阀的装配轴测图

下面以图11-2为例,介绍装配图包含的内容。

(1)一组图形:用以表达各组成零件的相互位置和装配关系、部件(或机器)的工作原理和结构特点。在第7章介绍的各种基本的表达方法,如视图,剖视,断面图,局部放大图等,都可以用来表达装配体。在图11-2中,是采用主、左、俯三个视图表达的(全剖的主视图,半剖的左视图和局部剖的俯视图)。

(2)必要的尺寸:包括机器或部件的规格(性能)尺寸,零件之间的配合尺寸,外形尺寸,安装尺寸和其他重要尺寸等。

(3)技术要求:一般用文字或符号说明部件或机器在装配、安装、检验、调试和使用时应遵循的技术条件。

(4)零部件序号:明细栏和标题栏。

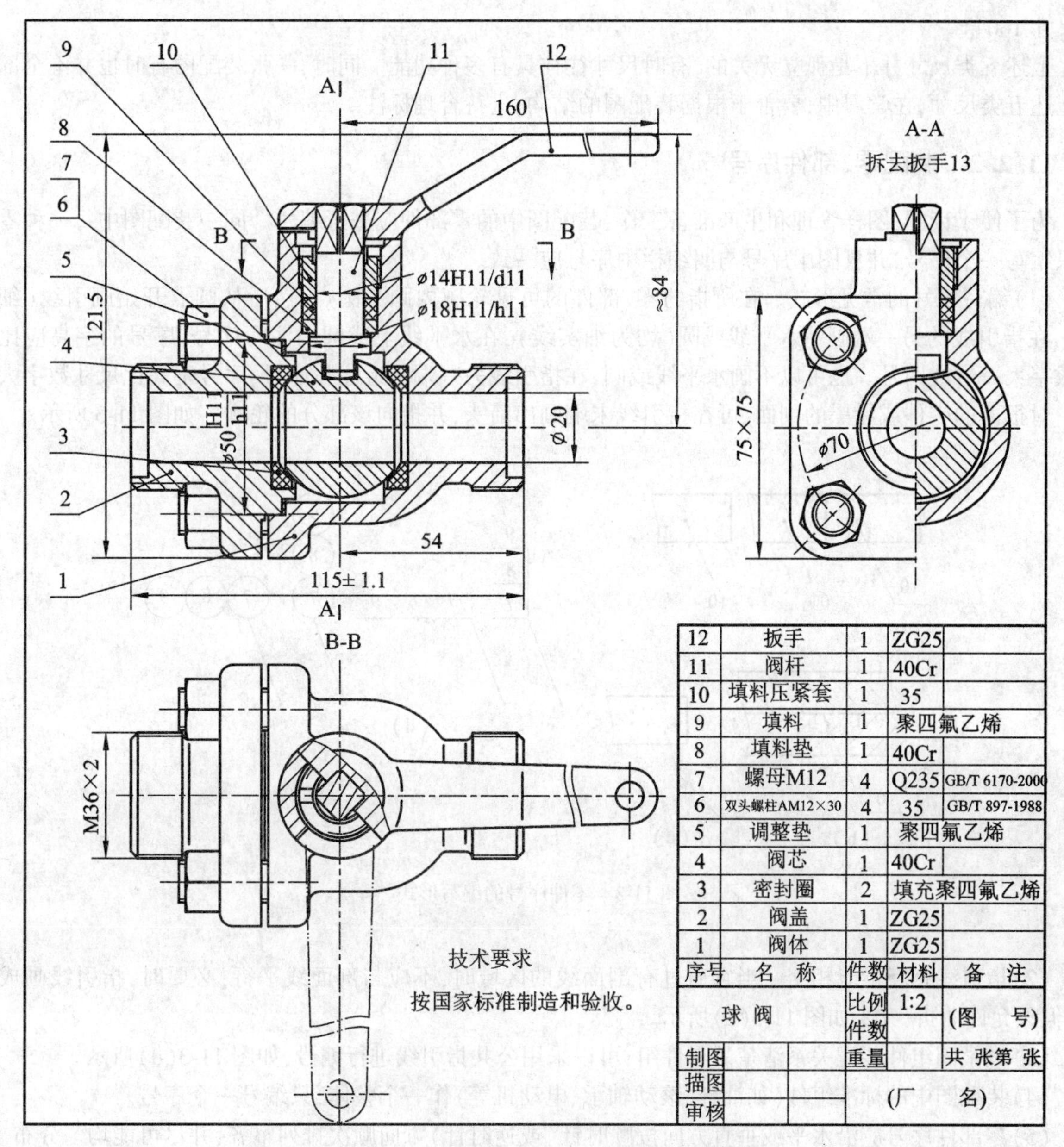

图 11-2 球阀的装配图

11.2 装配图中尺寸标注及编号

11.2.1 装配图中尺寸标注

由于装配图不用于指导零件的制造,因此,装配图只需标注下述几类必要的尺寸。下面以图 11-2 球阀装配图中的一些尺寸为例来说明。

(1)性能(规格)尺寸:是设计时确定的机器或部件的功能性参数,也是了解和选用该机器或部件的依据,如图 11-2 中球阀的公称直径 $\Phi20$。

(2)装配尺寸:部件重要零件的公差配合要求,采用组合式注法标注其配合关系,如图 11-2 中阀盖和阀体的配合尺寸 $\Phi50$H11/h11 等。

(3)安装尺寸:机器或部件安装时所需的尺寸,如图 11-2 中与安装有关的尺寸:~84、54、M36×2 等。

(4)外形尺寸:表示机器或部件外形轮廓的大小,即总长、总高和总宽,它为包装、运输和安装过程所占的空间大小提供了数据,如图 11-2 中球阀的总长、总宽和总高度分别为 11.5±1.100,75 和 121.5。

(5)其他重要尺寸:运动零件的极限尺寸,主要零件的重要尺寸等都属于这类尺寸。如图 11-2 中的扳手尺寸160。

上述五类尺寸并不是孤立无关的,有时尺寸往往具有多种功能。同时,一张装配图有时也并不全部具备上述五类尺寸,在学习中,要善于根据装配图的结构,进行合理标注。

11.2.2 装配零、部件序号

为了便于读图、图样管理和生产准备工作,装配图中的零部件应进行编号。同一装配图中每一种零部件只编写一个序号,并且图中序号与明细栏中序号应一致。

(1)编写序号的常见形式。在所指的零、部件的可见轮廓内画一圆点,然后从圆点开始画引线(细实线),在指引线的另一端画一水平线或圆(均为细实线),在水平线上或圆内注写序号,序号的字高应比尺寸数字大一号或两号。也可以不画水平线或圆,在指引线另一端附近注写序号,序号字高比尺寸数字大两号。对很薄的零件或涂黑的剖面,可在指引线末端画出箭头,并指向该部分的轮廓。如图11-3所示。

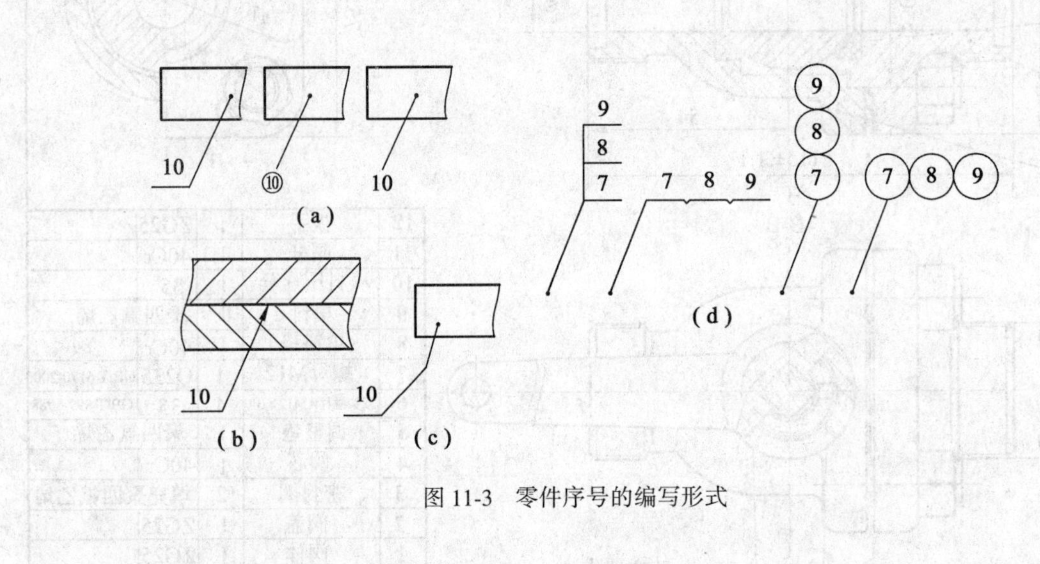

图11-3 零件序号的编写形式

(2)指引线相互不能相交。当它通过有剖面线的区域时,不应与剖面线平行;必要时,指引线画成折线,但只允许曲折一次,如图11-3(c)所示。

(3)对紧固组件装配关系清楚的零件组,可以采用公共指引线进行编号,如图11-3(d)所示。

(4)装配图中的标准组件(如油杯、滚动轴承、电动机等)作一个整体,只编号一个序号。

(5)零部件序号应沿水平或垂直方向按顺时针(或逆时针)方向顺次排列整齐,并尽可能均匀分布。

11.2.3 明细栏

明细栏是机器或部件全部零部件的详细目录,制图作业的明细栏建议采用图11-2的形式。明细栏应画在标题栏的上方,序号自下而上填写,表达比较多的零件和部件组装成为一台机器的装配图时,如果必要,可为装配图另附按A4幅面专门绘制的明细栏。

11.3 装配图中的表达方法

装配图表达的重点在于反映部件的工作原理、装配连接关系和主要零件的结构形状。所以,装配图还有一些特殊的表达方法。

11.3.1 装配图的规定画法

(1)两相邻零件的接触面和配合面只画一条线,如图11-4中(1)和(2)处,但当两相邻件的基本尺寸不同,即使其不接触的间隙较小,也必须画出两条线,如图11-4中(3)处。

(2)两相邻件的剖面线方向应相反,当有多个零件相邻剖面线的方向相同的,应错开间隔,以示区别,如图11-4所示。但应注意:同一零件在视图中的剖面线方向和间隔应保持一致。

(3)当剖切平面通过紧固件、销、键、实心轴、手柄、球等零件的轴线剖切时,均按不剖画出,如图 11-4 中(5)处。若该零件上有连接关系需要表达,如键连接,销连接等,可以采用局部视图表达。

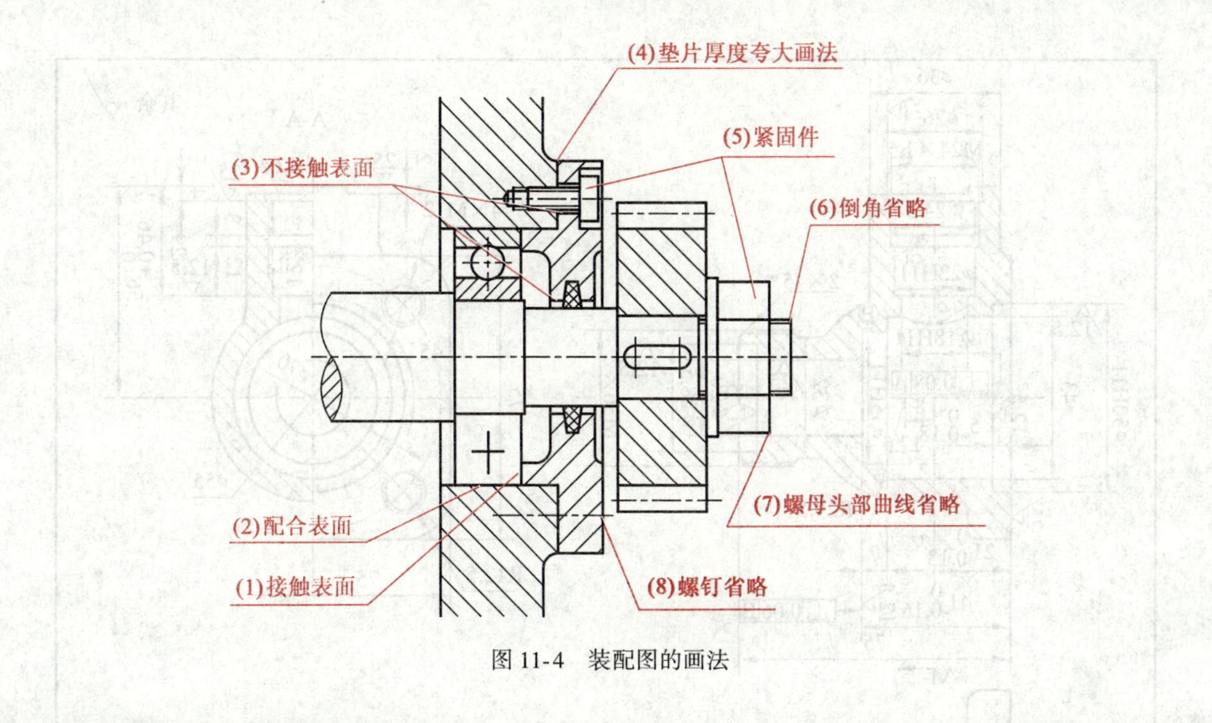

图 11-4 装配图的画法

11.3.2 特殊表达方法

1. 沿结合面剖切或拆卸画法

在装配图中,根据需要可沿某些零件的结合面选取剖切平面,这时在结合面上不应画出剖面线。如图 11-13 齿轮油泵装配图中的左视(*B-B* 剖视图),就是沿泵体和垫片的结合面剖切后画出的半剖视图。如图 11-2 中的左视图采用拆卸扳手的半剖视图表达。

2. 假想画法

为了表达运动的板限位置或部件与相邻零件(或部件)的相互关系,可以用双点画线画出其轮廓,如图 11-2 中的俯视图,用双点画线画出了扳手的一个极限位置。

3. 夸大画法

对薄片零件,细丝弹簧,微小间隙等,若按它们的实际尺寸和绘图比例,很难在装配图中表达清晰时,可不按画图比例,而采用夸大画法画出,如图 11-4 中(4)处。

4. 简化画法

在装配图中,零件的工艺结构,如圆角、倒角、退刀槽等不画出。对于若干相同的零件组,如螺栓连接等,可详细地画出一组或几组,其余只需用点画线表示其装配位置即可,如图 11-4 中(8)处。

11.4 装配图绘制

11.4.1 由零件图画装配图

部件既由一些零件所组成,那么根据其所属的零件图,就可以拼画成部件的装配图。现以图 11-2 中的球阀为例,说明由零件图画装配图的步骤和方法。球阀各主要零件的零件图,如图 11-5,图 11-6。还有一些零件图,因限于篇幅,不再全部列出。

1. 了解部件的装配关系和工作原理

对部件实体(见图 11-1)或装配示意图(见图 11-7)进行仔细的分析,了解各零件间的装配关系和部件的工作原理。这个球阀组成的各零件间的装配关系和球阀的工作原理见本章章首,不再赘述。

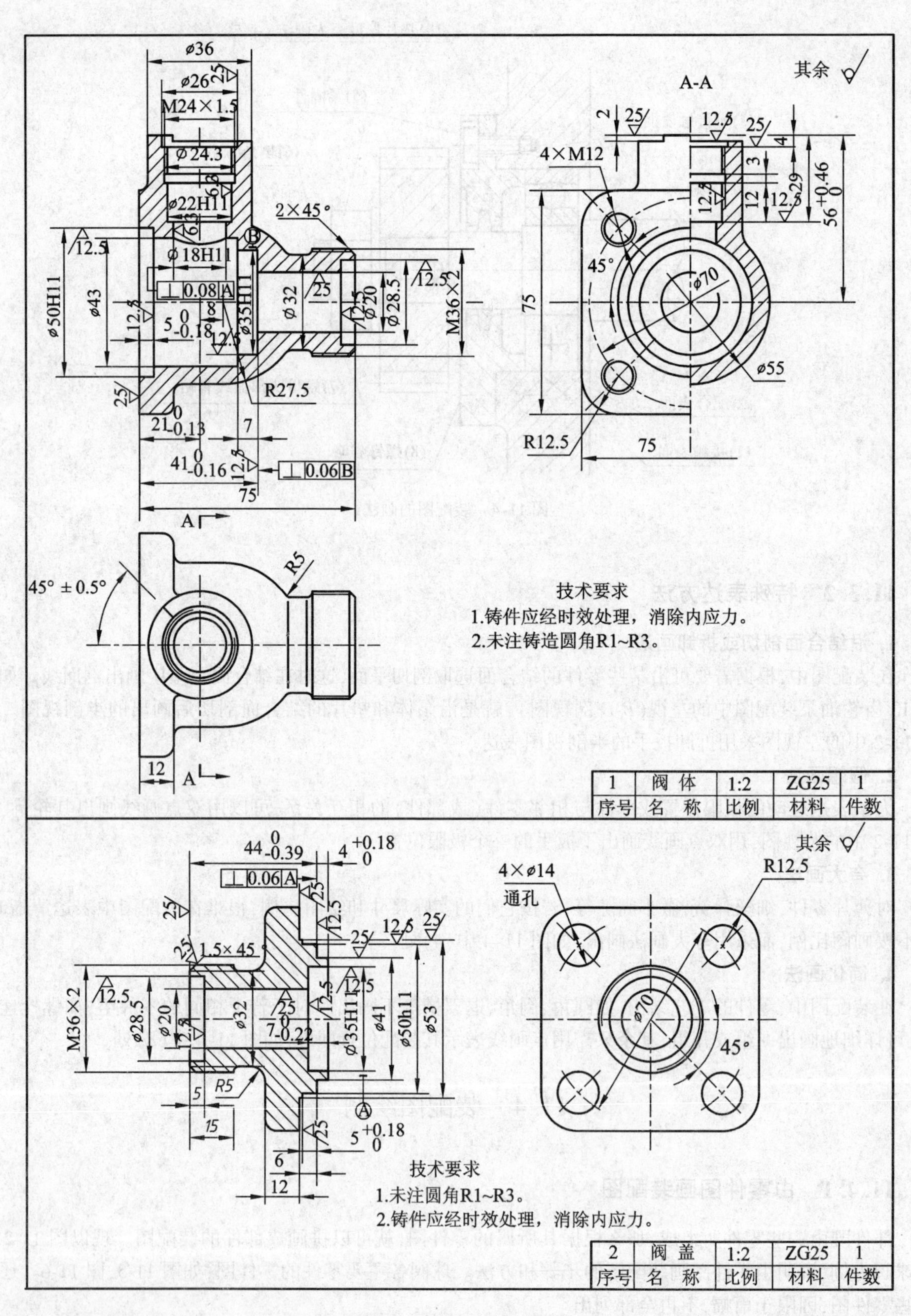
其余
A-A
4×M12
2×45°
45°
R27.5
R12.5
ø70
ø55
75
A
45° ±0.5°
R5
12
技术要求
1.铸件应经时效处理，消除内应力。
2.未注铸造圆角R1~R3。
1 阀 体 1:2 ZG25 1
序号 名 称 比例 材料 件数
其余
4×ø14
通孔
R12.5
1.5×45°
M36×2
ø70
45°
技术要求
1.未注圆角R1~R3。
2.铸件应经时效处理，消除内应力。
2 阀 盖 1:2 ZG25 1
序号 名 称 比例 材料 件数

图 11-5 球阀零件图(一)

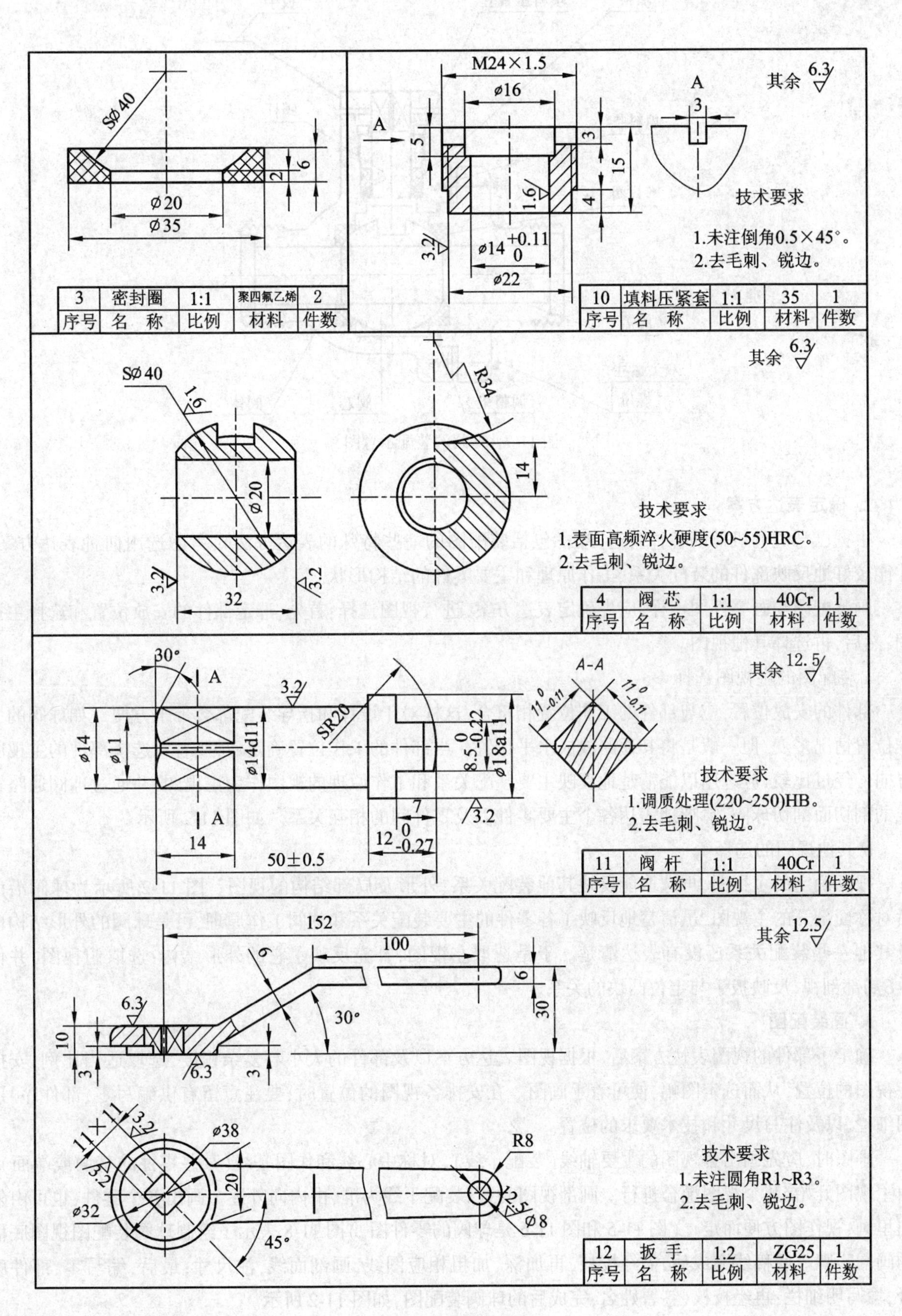
SØ40
Ø20
Ø35
2
6
3 | 密封圈 | 1:1 | 聚四氟乙烯 | 2
序号 | 名称 | 比例 | 材料 | 件数
M24×1.5
Ø16
A
5
3
15
1.6
4
3.2
Ø14 +0.11 0
Ø22
A
3
其余 6.3
技术要求
1.未注倒角0.5×45°。
2.去毛刺、锐边。
10 | 填料压紧套 | 1:1 | 35 | 1
序号 | 名称 | 比例 | 材料 | 件数
其余 6.3
SØ40
1.6
R34
14
Ø20
3.2
32
3.2
技术要求
1.表面高频淬火硬度(50~55)HRC。
2.去毛刺、锐边。
4 | 阀芯 | 1:1 | 40Cr | 1
序号 | 名称 | 比例 | 材料 | 件数
30°
A
3.2
SR20
Ø14
Ø11
Ø14d11
8.5 0 -0.22
Ø18a11
7
3.2
14
12 0 -0.27
50±0.5
A-A
11 0 -0.11
其余 12.5
技术要求
1.调质处理(220~250)HB。
2.去毛刺、锐边。
11 | 阀杆 | 1:1 | 40Cr | 1
序号 | 名称 | 比例 | 材料 | 件数
152
100
9
6
30
30°
6.3
10
3
6.3
3
其余 12.5
11×11
3.2
Ø38
3.2
20
Ø32
45°
R8
12.5
Ø8
技术要求
1.未注圆角R1~R3。
2.去毛刺、锐边。
12 | 扳手 | 1:2 | ZG25 | 1
序号 | 名称 | 比例 | 材料 | 件数

图 11-6 球阀零件图(二)

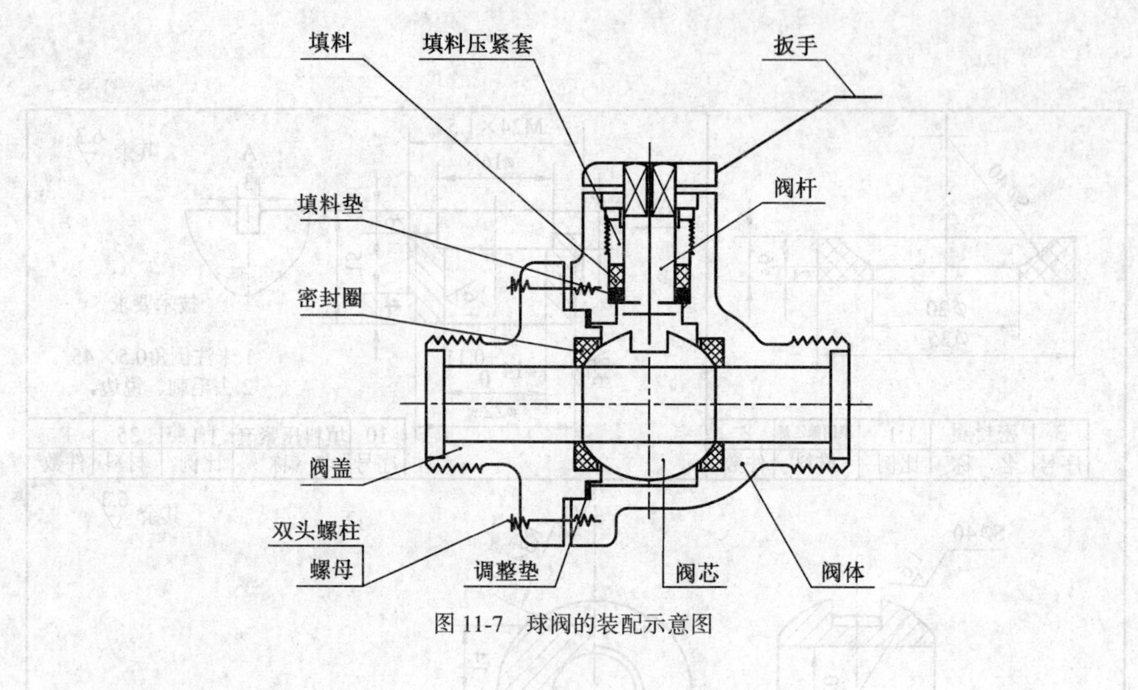

图 11-7 球阀的装配示意图

2. 确定表达方案

根据已学过的机件的各种表达方法(包括装配图的一些特殊的表达方法),考虑选用何种表达方案,才能较好地反映部件的装配关系、工作原理和主要零件的结构形状。

画装配图与画零件图一样,应先确定表达方案,进行视图选择:首先,选定部件的安放位置和选择主视图;然后,再选择其他视图。

a.装配图的主视图选择

部件的安放位置,应与部件的工作位置相符合,这样对于设计和指导装配都会带来方便。如球阀的工作位置情况多变,但一般是将其通路放成水平位置。当部件的工作位置确定后,接着就选择部件的主视图方向。经过比较,应选用以能清楚地反映主要装配关系和工作原理的视图作为主视图,并通过球阀通路轴线的剖切面剖切球阀,清晰地表达各个主要零件以及零件间的相互关系。如图 11-2 所示。

b.其他视图的选择

根据确定的主视图,再选取能反映其他装配关系、外形及局部结构的视图。图 11-2 所示为球阀沿前后对称面剖开的主视图,虽清楚地反映了各零件的主要装配关系和球阀工作原理,可是球阀的外形结构以及其他一些装配关系还没有表达清楚。于是选取左视图,补充反映了它的外形结构;选取俯视图,并作 *B-B* 局部剖视,反映扳手与定位凸块的关系。

3. 画装配图

确定了部件的视图表达方案后,根据视图表达方案以及部件的大小与复杂程度,选取适当比例,安排各视图的位置,从而选定图幅,便可着手画图。在安排各视图的位置时,要注意留有供编写零、部件序号,明细栏,以及注写尺寸和技术要求的位置。

画图时,应先画出各视图的主要轴线(装配干线)、对称中心线和作图基线(某些零件的基面或端面)。由主视图开始,几个视图配合进行。画剖视图时,以装配干线为准,由内向外逐个画出各个零件,也可由外向里画,视作图方便而定。(图 11-5 和图 11-6 是球阀的零件图。)图 11-8 表示了绘制球阀装配图视图底稿的画图步骤。底稿线完成后,需经校核,再加深、加粗相应图线,画剖面线,注尺寸;最后,编写零、部件序号,填写明细栏;再经校核,签署姓名,完成后的球阀装配图,如图 11-2 所示。

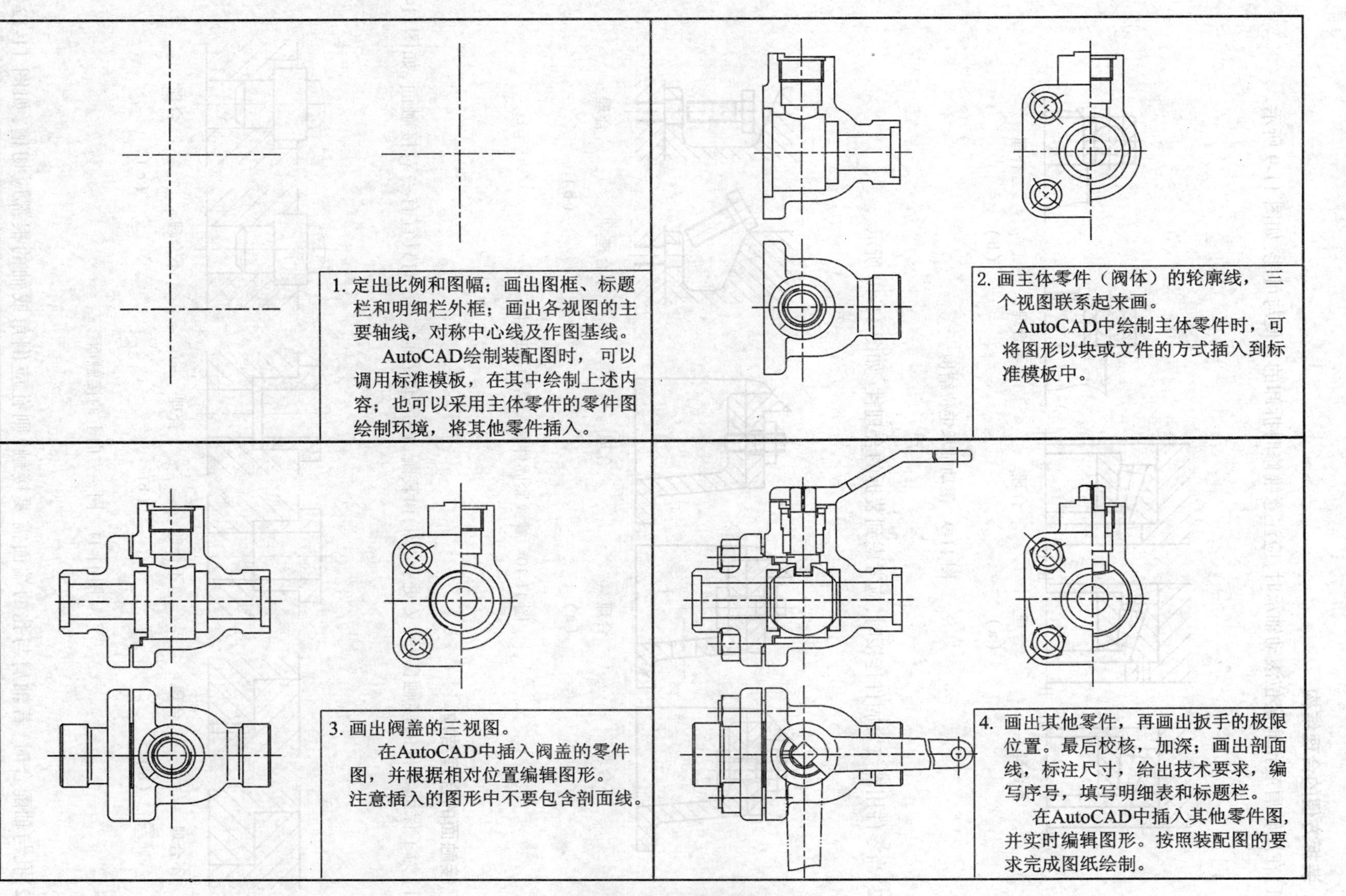

图 11-8 绘制球阀装配图步骤

11.4.2 常见装配结构的合理性

1. 装拆方便的合理结构

(1)在用轴肩或孔肩定位滚动轴承时,应注意维修时拆卸的方便与可能,如图 11-9 所示。

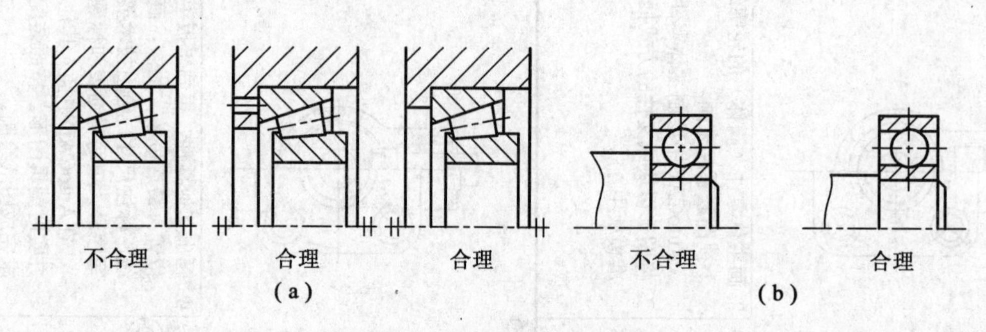

图 11-9 滚动轴承定位结构

(2)当零件用螺纹紧固件连接时,应考虑到装拆的合理性,如图 11-10 所示。

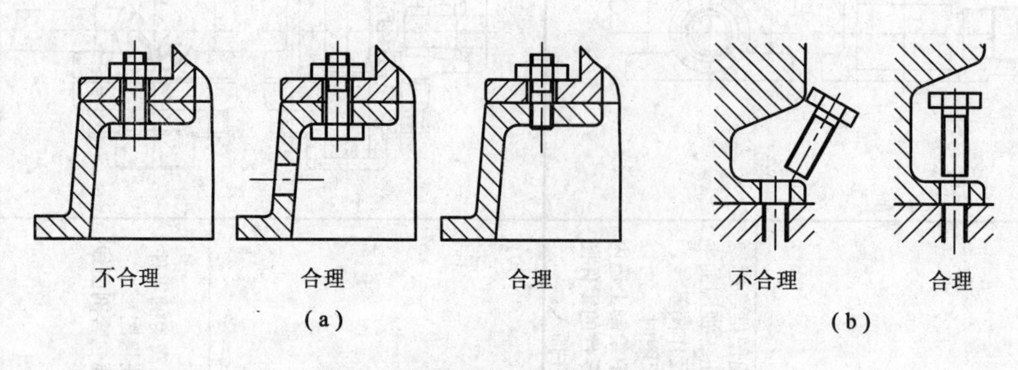

图 11-10 螺纹紧固件装配结构合理性

2. 接触面的合理结构

(1)为了保证零件的接触良好,又便于加工和装配,两零件在同一方向只宜有一对接触面,如图11-11所示。

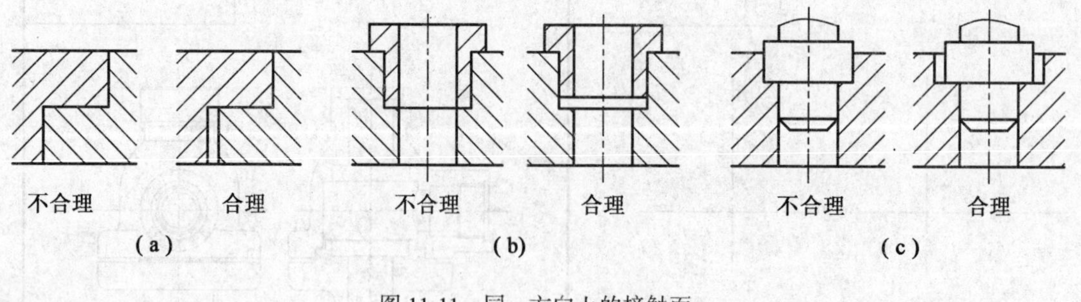

图 11-11 同一方向上的接触面

(2)孔与轴配合时,若轴肩与孔的端面需要接触,则孔应倒角或轴的根部应切槽,如图 11-12 所示。

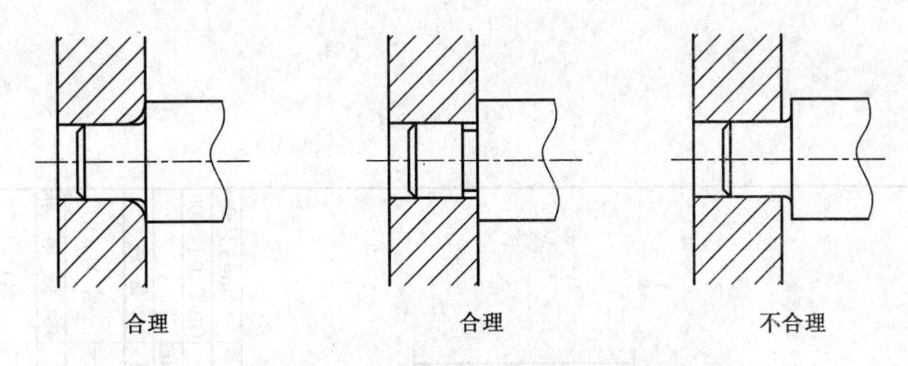

图 11-12 轴肩和孔的端面接触时的结构

11.5 读装配图及由装配图拆画零件图

读装配图的目的,是从装配图中读懂部件的工作原理,了解各零件之间的装配关系,分析和读懂其中主要零件和其他零件的结构形状,进而画出部件的零件图。

11.5.1 读装配图的步骤和方法

1. 概括了解

(1)通过阅读标题栏和明细表,了解部件的名称和用途。对照零部件序号,在装配图上查找各零件的数量和位置,并查找部件中使用的标准件的数量和规格。

(2)对视图进行分析,根据装配图上视图的表达情况,找出各个视图、剖视、断面等配置的位置及投影方向,搞清各视图表达的重点。

(3)阅读有关尺寸,对部件的大体轮廓和内容有一个大概的印象。

2. 了解安配关系和工作原理

在概括了解的基础上,分析各条装配干线,弄清各零件间相互配合的要求,以及零件间的定位、连接方式、密封等问题,搞清运动零件和非运动零件的相对运动关系,这样就对部件的工作原理和装配关系有所把握。

3. 分析读懂零件的结构形状

从主要零件入手,弄清每个零件的结构形状及其作用。当零件在装配图中表达不完整时,可对相关零件进行形体分析,确定该零件的内外结构形状。

4. 由装配图拆画零件图

在设计部件时,需要根据装配图拆画零件图,简称拆图。拆图时,先对所拆零件的作用进行分析,然后从各视图中将该零件的轮廓范围分离出来,结合分析,补齐所缺轮廓线。根据表达该零件的需要,可以重新安排视图或添加视图以清晰表达该零件。选定和画出视图后,按零件图的要求,标注尺寸、填写技术要求,完成该零件图。

11.5.2 装配图读图和拆画举例

【例 11-1】 读齿轮油泵装配图

1. 概括了解

齿轮油泵是机器中用来输送润滑油的一个部件。图 11-13 中的齿轮油泵是由泵体,左、右端盖,运动零件(传动齿轮、齿轮轴等),密封零件以及标准件等所组成的。对照零件序号及明细栏可以看出:齿轮油泵共由 11 种零件装配而成,并采用两个视图表达。主视图为全剖视图,反映了组成齿轮油泵各个零件间的装配关系。左视图采用半剖视图,沿左端盖 1 与泵体 7 的结合面剖切后移去垫片 6,它清楚地反映:油泵的外部形状,齿轮的啮合情况;再以局部剖视反映吸、压油的工作原理。齿轮油泵的外形尺寸是 118、85、95,由此知道这个齿轮油泵的体积范围。

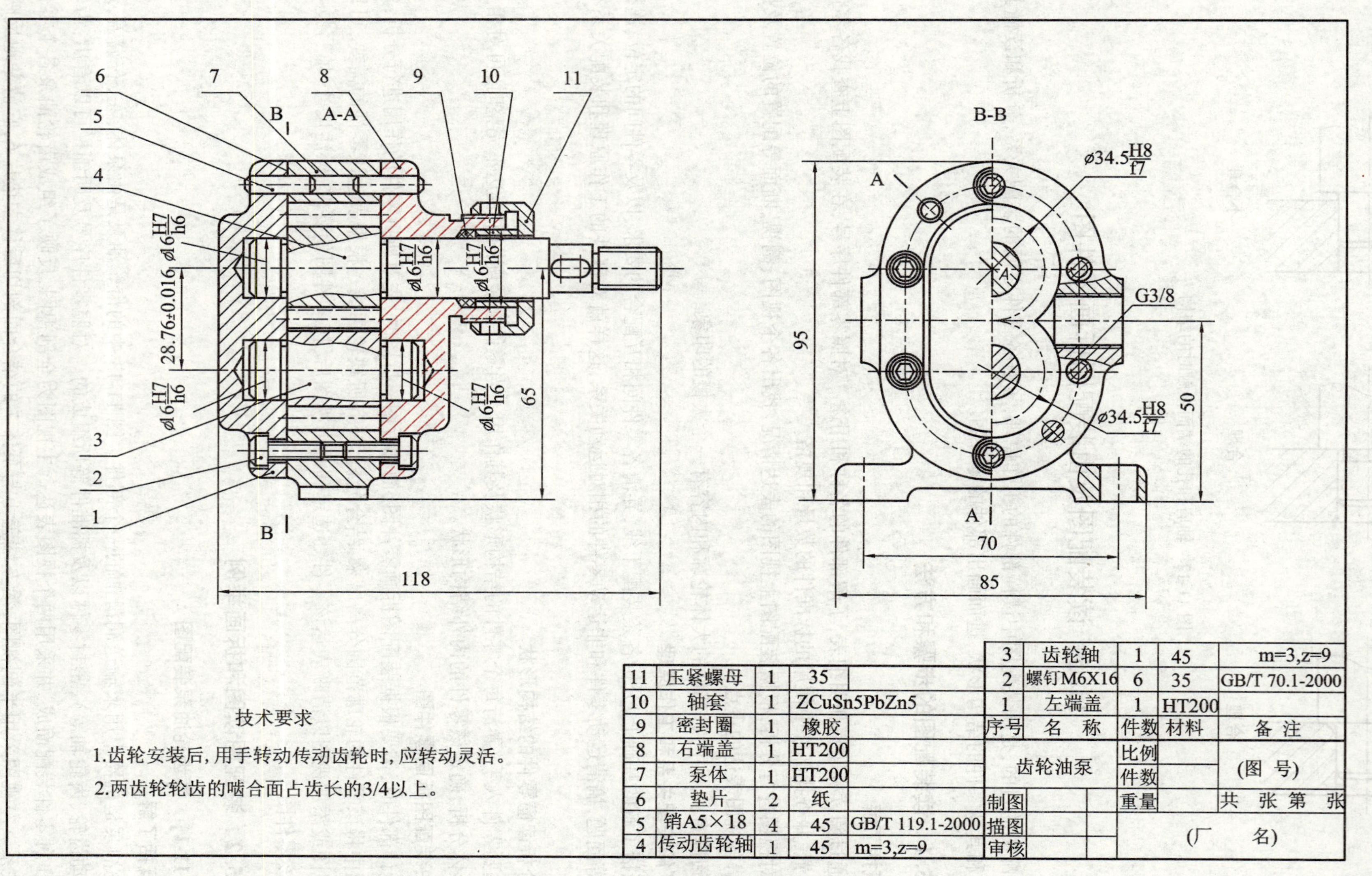

技术要求

1.齿轮安装后,用手转动传动齿轮时,应转动灵活。

2.两齿轮轮齿的啮合面占齿长的3/4以上。

序号	名称	件数	材料	备注
11	压紧螺母	1	35	
10	轴套	1	ZCuSn5PbZn5	
9	密封圈	1	橡胶	
8	右端盖	1	HT200	
7	泵体	1	HT200	
6	垫片	2	纸	
5	销A5×18	4	45	GB/T 119.1-2000
4	传动齿轮轴	1	45	m=3,z=9
3	齿轮轴	1	45	m=3,z=9
2	螺钉M6X16	6	35	GB/T 70.1-2000
1	左端盖	1	HT200	

齿轮油泵		比例		(图 号)
		件数		
制图		重量		共 张 第 张
描图		(厂 名)		
审核				

图 11-13 齿轮油泵装配图

2. 了解装配关系及工作原理

泵体7是齿轮油泵中的主要零件之一,它的内腔容纳一对吸油和压油的齿轮。将齿轮轴3、传动齿轮轴4装入泵体后,两侧有左端盖1、右端盖8支承这一对齿轮轴做旋转运动。由圆柱销5将左、右端盖与泵体定位后,再用螺钉2将左、右端盖与泵体连接成整体。为了防止泵体与端盖结合面处、传动齿轮轴4伸出端漏油,分别用垫片6及密封圈9、轴套10、压紧螺母11密封。

齿轮轴3、传动齿轮轴4是运动零件。当传动齿轮轴4按逆时针方向(从左视图观察)转动时,经过齿轮啮合带动齿轮轴3做顺时针方向转动。当一对齿轮在泵体内做啮合传动时,啮合区内右边的空间产生局部真空,油池内的油在大气压力作用下进入油泵低压区内的吸油口;随着齿轮的转动,齿槽中的油不断沿箭头方向被带至左边的压油口把油压出,送至机器中需要润滑的部分,如图11-14所示。

3. 对齿轮油泵中一些配合和尺寸的分析

根据零件在部件中的作用和要求,应注出相应的公差带代号。

从图11-13中可以看到,齿轮轴3、传动齿轮轴4与左、右端盖之间的配合尺寸均为$\phi16H7/h6$,由附录附表查得:孔的尺寸是$\phi16_{0}^{+0.018}$;轴的尺寸是$\phi16_{-0.011}^{0}$,为间隙配合:

配合的最大间隙$=0.018-(-0.011)=0.029$,

配合的最小间隙$=0-0=0$。

齿轮轴的齿顶圆与泵体内腔的相互依赖尺寸是$\phi34.5H8/f7$。其配合关系请读者自行解答。

尺寸28.76 ± 0.016是一对啮合齿轮的中心距,该尺寸准确与否将会直接影响齿轮的啮合传动,是性能尺寸。

吸、压油口的尺寸G3/8和底板上两个定位孔之间的尺寸70为安装尺寸,需要注出。

4. 拆画右端盖零件图

现以右端盖(序号8)为例,作为拆画零件图进行分析。由主视图可见:右端盖上部有传动齿轮轴4穿过,下部有齿轮轴3轴颈的支承孔,在右部的凸缘的外圆柱面上有外螺纹,用压紧螺母11通过轴套10将密封圈9压紧在轴的四周。由左视图可见:右端盖的外形为长圆形,沿周围分布有六个螺钉沉孔和两个圆柱销孔。

拆画此零件时,先从主视图上区分出右端盖的视图轮廓,由于在装配图的主视图上,右端盖的一部分可见投影被其他零件所遮挡,因此它是一幅不完整的图形,如图11-15(a)所示。根据此零件的作用及装配关系,可以补全所缺的轮廓线如图11-15(b)所示。该盘盖类零件一般可用两个视图表达,从装配图的主视图中拆画右端盖的图形,显示了右端各部分的结构,仍可作为零件图的主视图;将外螺纹凸缘部分向上布置俯视图能显示较多的可见轮廓,如图11-16所示。

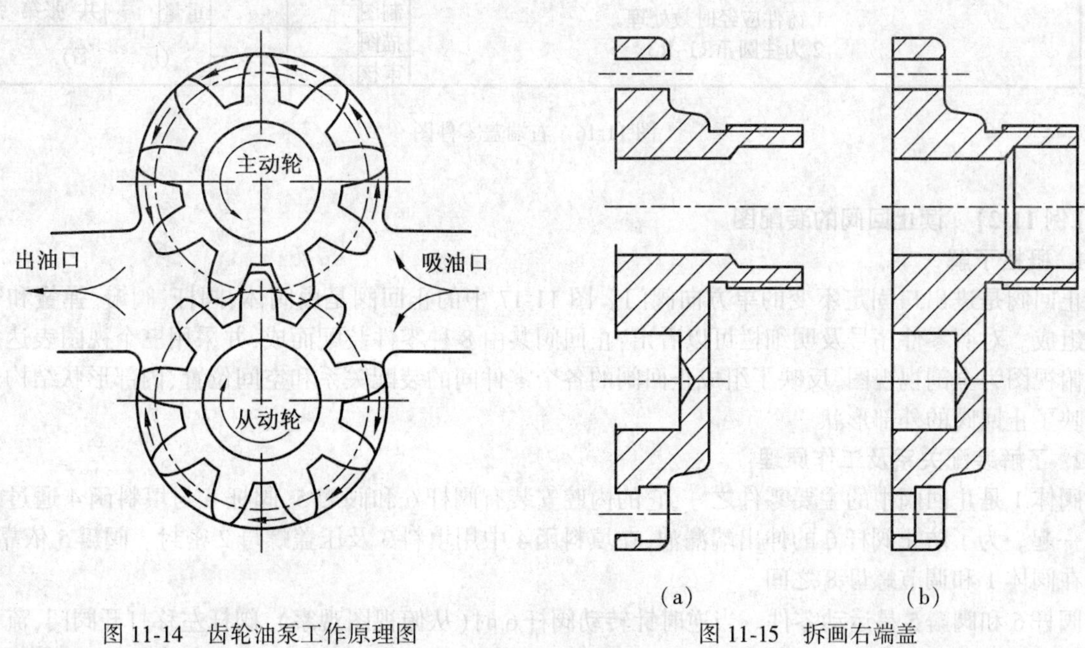

图11-14 齿轮油泵工作原理图　　图11-15 拆画右端盖

图 11-16 是右端盖零件图。在图中按零件图的要求注全了尺寸和技术要求,相关的尺寸公差按装配图中所给出的要求注写。

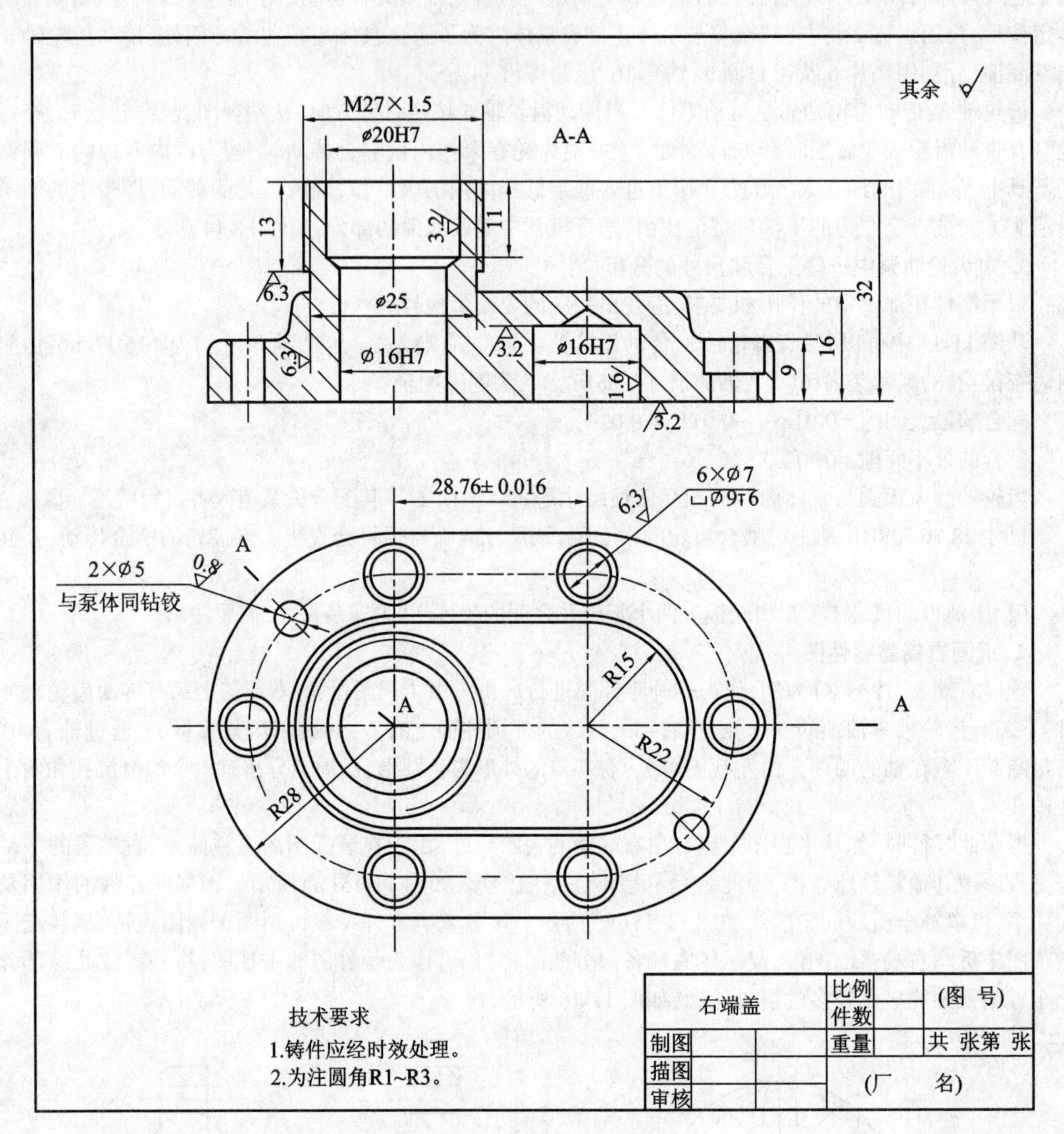

图 11-16　右端盖零件图

【例 11-2】　读止回阀的装配图

1. 概括了解

止回阀是进出口固定不变的单方向阀门。图 11-17 中的止回阀是由阀体、阀杆、阀瓣、弹簧和密封零件等组成。对照零件序号及明细栏可以看出:止回阀共由 8 种零件装配而成,并采用三个视图表达。主视图和俯视图为全剖视视图,反映了组成止回阀的各个零件间的装配关系和空间位置、内部形状结构。左视图反映了止回阀的外部形状。

2. 了解装配关系及工作原理

阀体 1 是止回阀中的主要零件之一,它的内腔安装有阀杆 6 和阀瓣 5,阀杆 6 与填料函 4 通过螺纹连接在一起。为了防止阀杆 6 的伸出端漏油,在填料函 4 中用填料 3 及压盖螺母 2 密封。阀瓣 5 依靠弹簧 7 压紧在阀体 1 和调节螺母 8 之间。

阀杆 6 和阀瓣 5 是运动零件。当逆时针转动阀杆 6 时(从俯视图观察),阀杆左移打开阀门,流体介质从下面 M22×2 的螺孔口进入,推开阀瓣 5,进入阀体 1,由阀体右边 ϕ18 孔流出。当阀杆右移关闭阀门时,

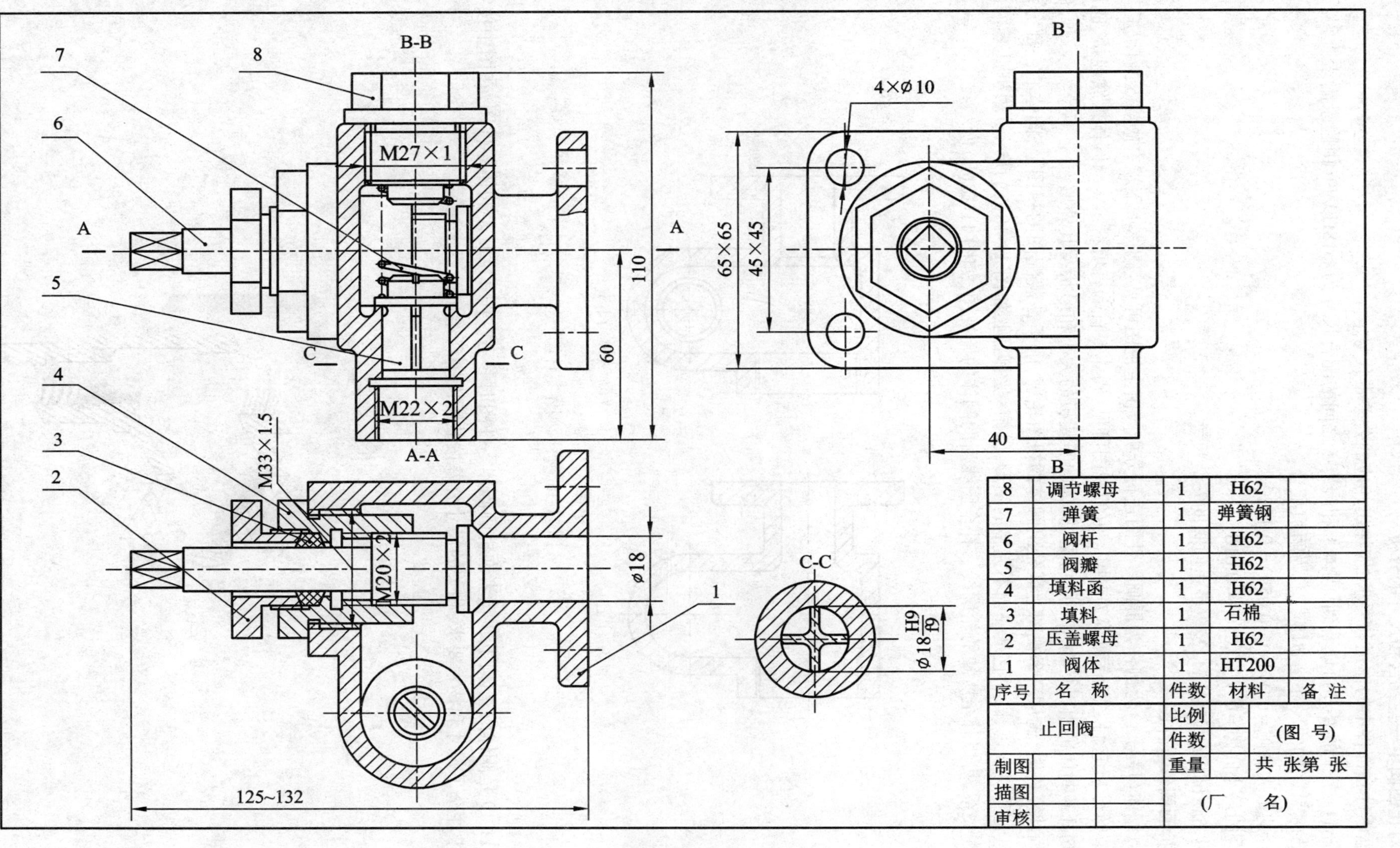

图 11-17 止回阀装配图

阀瓣在弹簧 7 的作用下回复原状。

3. 对止回阀中一些配合和尺寸的分析

根据零件在部件中的作用和要求,应注出相应的公差带代号。

在图 11-17 中的 C-C 可以看到,阀体 1 和阀瓣 5 之间的配合尺寸为 $\phi18H9/f9$,由附录附表查得:孔的尺寸是 $\phi18_{0}^{+0.043}$,轴的尺寸是 $\phi18_{-0.059}^{-0.016}$,为间隙配合:

配合的最大间隙 = 0.043-(-0.059) = 0.102,

配合的最小间隙 = 0-(-0.016) = 0.016。

尺寸 65×65,45×45 及 M22×2 是止回阀的安装尺寸。

4. 拆画阀体零件图

现以阀体(序号 1)为例作为拆画零件图进行分析。由主视图可见:阀体 1 下端有阀瓣 5 封闭进口,上端有调节螺母 8,它们之间有弹簧 7 支撑。由俯视图可见:阀体 1 右端有填料函 4 与阀体螺纹连接,阀腔右端有用阀杆 6 封闭的出口。由左视图可见:阀体的安装板的大小和形状及其外形。

拆画此零件时,先从三个视图上区分出阀体的视图轮廓,由于在装配图的视图上,阀体的一部分可见投影被其他零件所遮,因而它是一幅不完整的图形,以俯视图为例,如图 11-18(a)所示。根据此零件的作用及装配关系,可以补全所缺的轮廓线。补全图线后的阀体的俯视图,如图 11-18(b)所示。

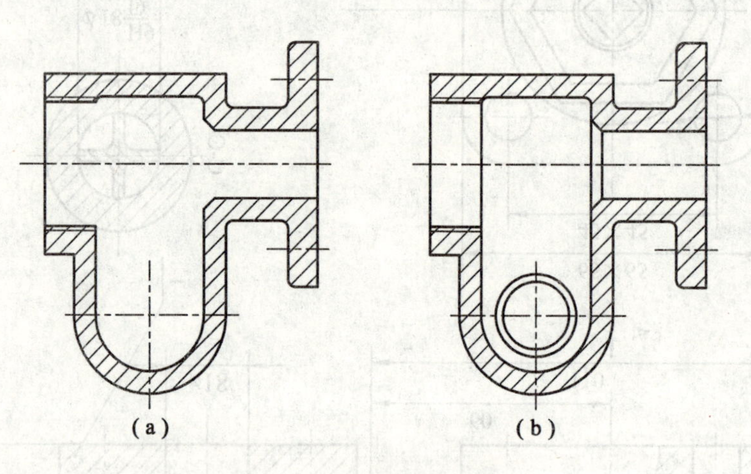

图 11-18　拆画阀体零件图

图 11-19 是阀体的立体图,供读者在拆画阀体零件图时参考。图 11-20 是阀体零件图,在图中按零件图的要求注全了尺寸和技术要求,相关的尺寸公差按装配图中所给出的要求注写。

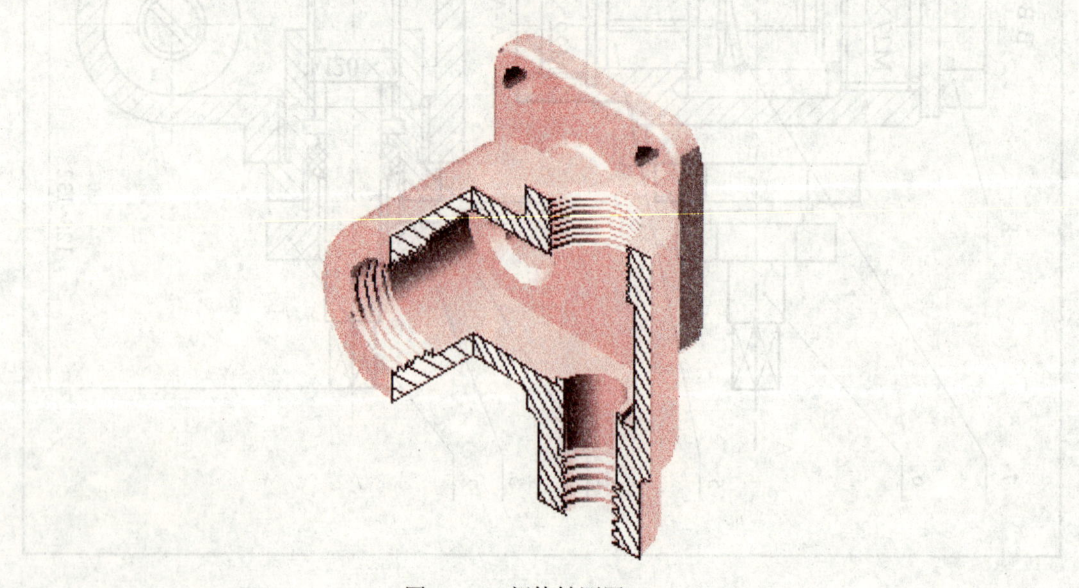

图 11-19　阀体轴测图

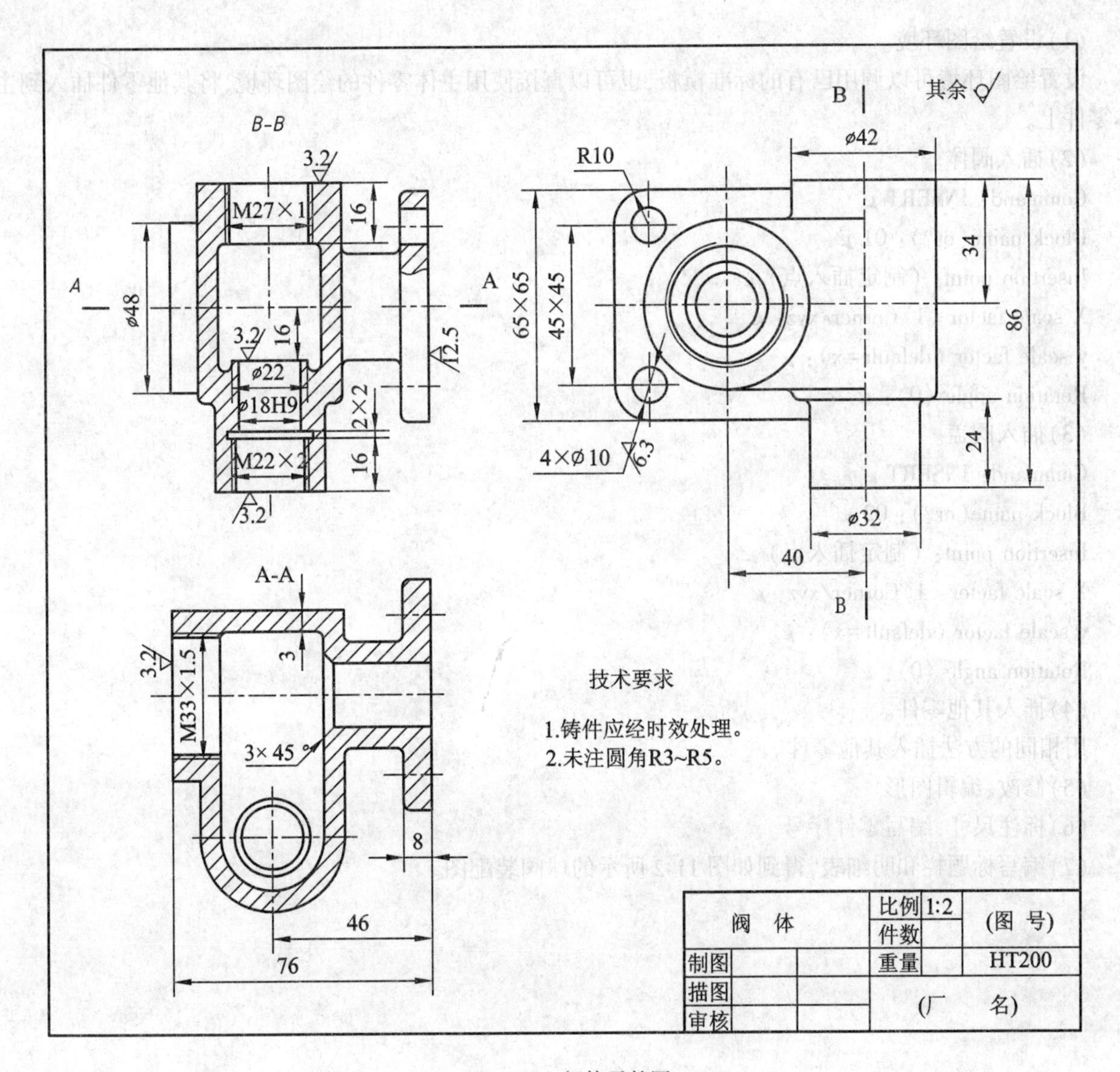

图 11-20 阀体零件图

11.6 AutoCAD 绘制装配图

手工绘制装配图是一件复杂的工作,AutoCAD 绘制装配图使工作变得相对容易,没有必要重新绘制每个零件图。在插入零件图形时,只需要插入块或者文件,并按装配图的要求完善图纸即可。但其绘图思想与前者是一致的,同时其具体方法又有别于手工绘制。

下面以球阀为例讨论绘图方法。

11.6.1 确定表达方案

球阀的介绍及其表达方案的确定在本章章首已经完成,请读者参看。

11.6.2 画图步骤

下面以图 11-2 的球阀装配图为例,介绍绘制装配图的方法和步骤。

1. 建立零件图形库

打开零件图,保留视图所在的层,冻结其他层,如标注、文字、标题栏等。用 WBLOCK 命令建立图块,并选取基点,该基点将用来确定零件在装配图中的位置。然后,给定块名,可以用零件序号作为块名。

2. 绘制装配图

绘制装配图的步骤如图 11-8 所示。

(1)设置绘图环境。

设置绘图环境可以调用已有的标准模板,也可以直接使用主体零件的绘图环境,将其他零件插入到主体零件上。

(2)插入阀体。

Command: INSERT ↙

Block name(or?): 01 ↙

Insertion point: (制定插入点) ↙

X scale factor 〈1〉Corner/xyz: ↙

y scale factor (default=x): ↙

Rotation angle 〈0〉: ↙

(3)插入阀盖。

Command: INSERT ↙

Block name(or?): 02 ↙

Insertion point: (制定插入点) ↙

X scale factor 〈1〉Corner/xyz: ↙

y scale factor (default=x): ↙

Rotation angle 〈0〉: ↙

(4)插入其他零件。

用相同的方法插入其他零件。

(5)修改、编辑图形。

(6)标注尺寸,编写零件序号。

(7)编写标题栏和明细表,得到如图 11-2 所示的球阀装配图。

第12章 焊 接 图

在机械制造中,需将两个或多个零件连接起来,常采用焊接。焊接是一种不可拆连接,在机械、船舶、电子、化工、建筑工程等部门广泛应用。

焊接是用局部加热,并填充熔化金属,或用加压等方法使被连接件熔合而连成一体。按照焊接过程中金属所处的状态,焊接方法可分为熔化焊、压焊、钎焊三类。熔化焊中的手工电弧焊、气焊用得较多。

12.1 焊缝的规定画法和符号标注

12.1.1 焊接接头和焊缝的基本形式

根据GB324—1988、GB986—1988等国家标准的规定,被连接两零件的接头形式可分为:对接接头、搭接接头、T形接头、角接接头四种,如图12-1所示。

零件熔接处称为焊缝。焊缝连接形式有对接焊缝、点焊缝、角焊缝等,如图12-1所示。

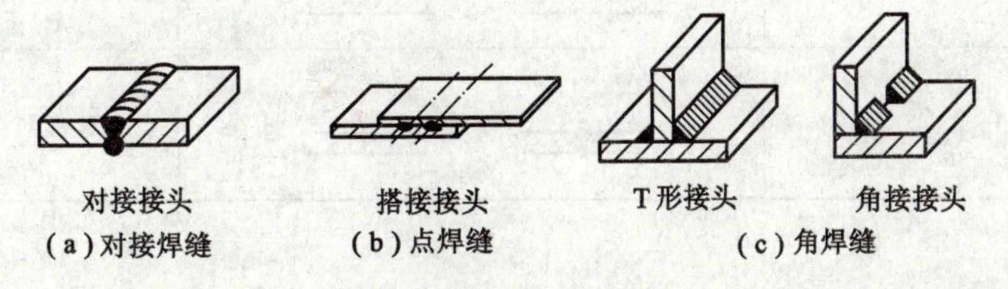

图12-1 常用的焊接接头和焊缝的基本形式

12.1.2 焊缝符号

根据国家标准GB/T324—1988的规定,焊缝符号一般由基本符号与指引线组成。必要时还可加上辅助符号、补充符号和焊缝尺寸等。

1. 基本符号

基本符号是表示横截面形状的符号。表12-1为常见焊缝的基本符号和标注示例。

表12-1 常见焊缝的基本符号和标注示例

名 称	焊缝形式	基 本 符 号	标 注 示 例
I形焊缝	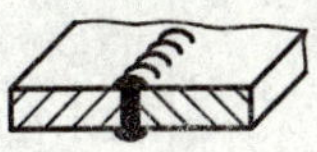	‖	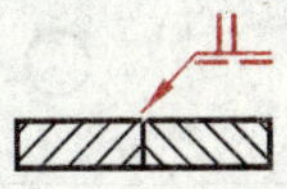
V形焊缝	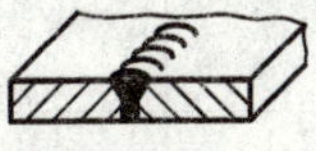	V	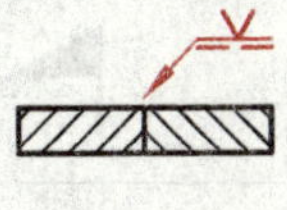
单边V形焊 缝	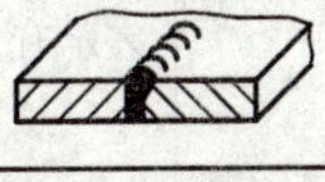	V	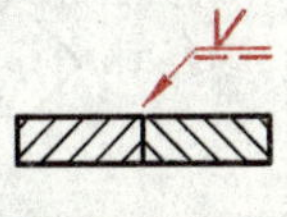

续表

名　称	焊缝形式	基本符号	标注示例
角焊缝	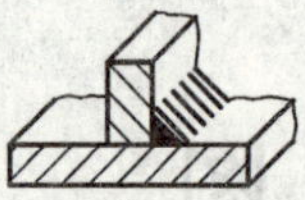		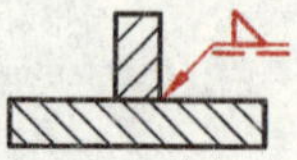
点焊缝		○	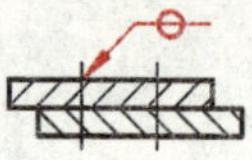

2. 辅助符号

辅助符号是表示焊缝表面形状特征有辅助要求的符号，如表 12-2 所示。

表 12-2　　辅助符号和标注示例

名　称	符　　号	形式及标注示例	说　　明
平面符号	—	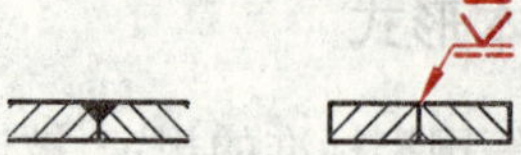	表示 V 形对接焊缝表面齐平（一般通过加工）
凹面符号		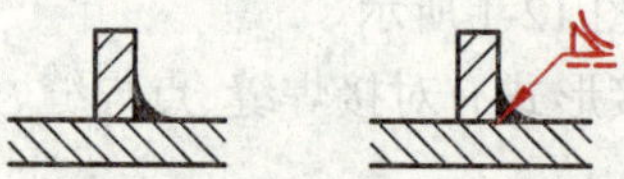	表示角焊缝表面凹陷
凸面符号		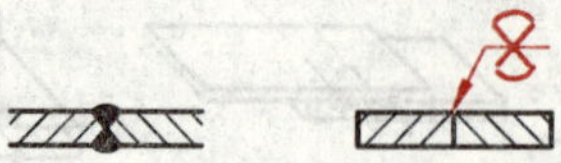	表示 X 形对接焊缝表面凸起

3. 补充符号

补充符号是为了说明焊缝的某些特征要求的符号，如表 12-3 所示。

表 12-3　　补充符号和标注示例

名　称	符　　号	形式及标注示例	说　　明
带垫板符号		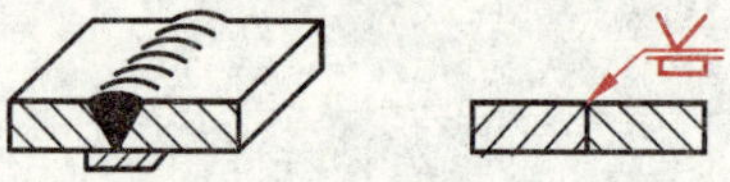	表示 V 形焊缝的背面底部垫板
三面焊缝符号			工件三面施焊，开口方向与实际方向一致
周围焊缝符号	○	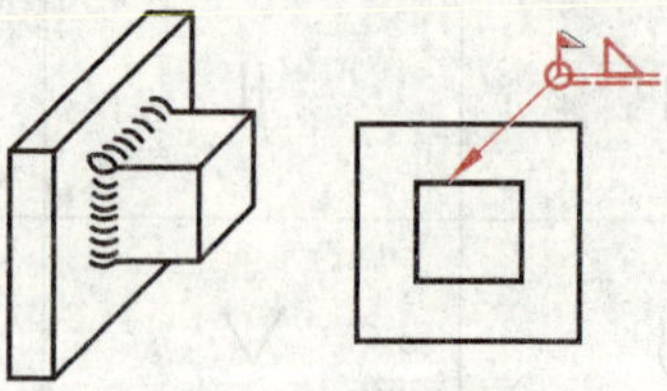	表示在现场沿工件周围施焊
现 场 符 号			
尾部符号	<	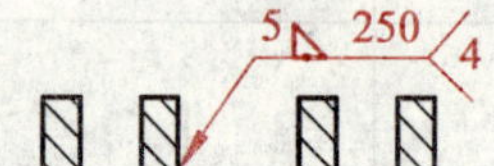 5　250　4	表示有 4 条相同的角焊缝

4. 指引线

指引线一般由带有箭头的箭头线和两条基准线（一条为细实线，另一条为虚线）两部分构成，如图 12-2（a）所示。

箭头线用作将整个焊缝符号指到图样上的有关焊缝处。必要时允许弯折一次，见图 12-2（b）所示。

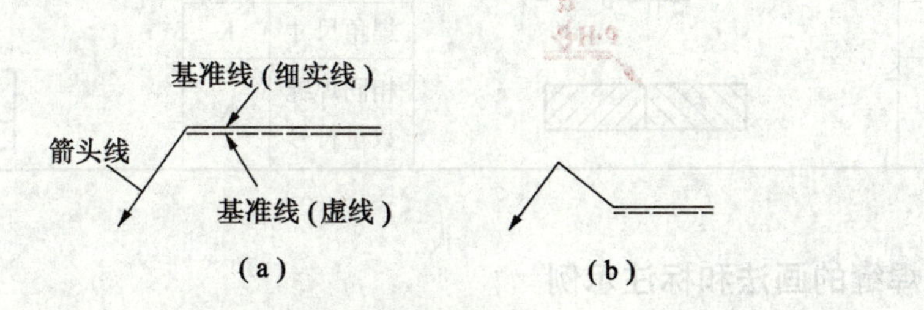

图 12-2 指引线的画法

基准线的上方和下方用来标注有关焊缝符号和尺寸。基准线的虚线可画在基准线的实线的上侧或下侧，基准线一般应与图样的底边平行。

5. 焊缝符号及标注示例说明

（1）如果焊缝箭头指向焊缝的施焊面的一侧，其基本符号等标注在基准线的实线一侧，如图 12-3（a）所示。

（2）如果焊缝箭头指向焊缝的施焊背面一侧，基本符号等标注在基准线的虚线一侧，如图 12-3（b）所示。

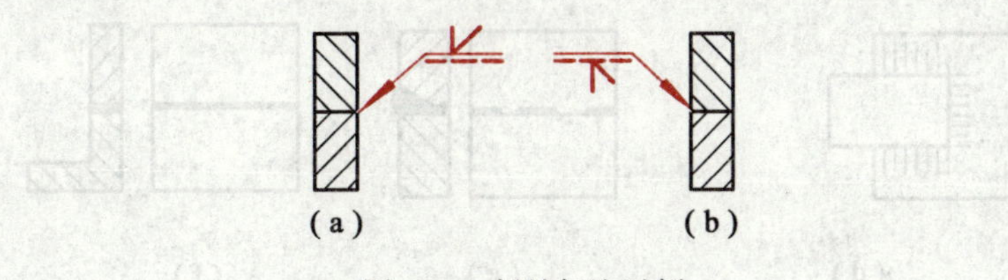

图 12-3 焊缝标注示例

（3）标注对称焊缝、双面焊缝时，基准线的虚线可不画，如图 12-4 所示。

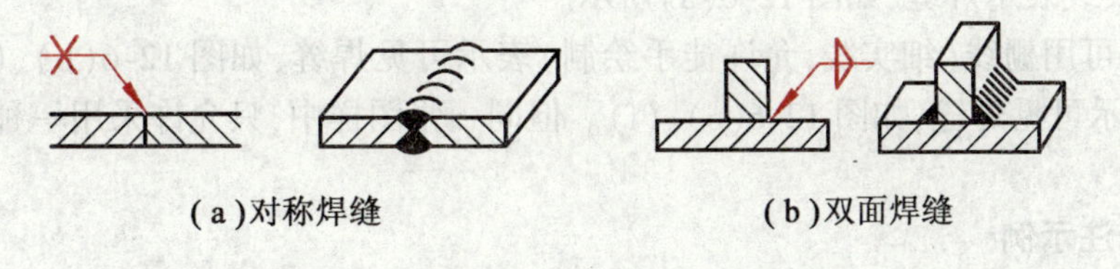

图 12-4 对称焊缝、双面焊缝标注示例

6. 焊缝尺寸符号

焊缝尺寸一般不标注。若加工需要时才标注，焊缝尺寸标注位置规定如图 12-5 所示。常用的焊缝尺寸符号如表 12-4 所示。

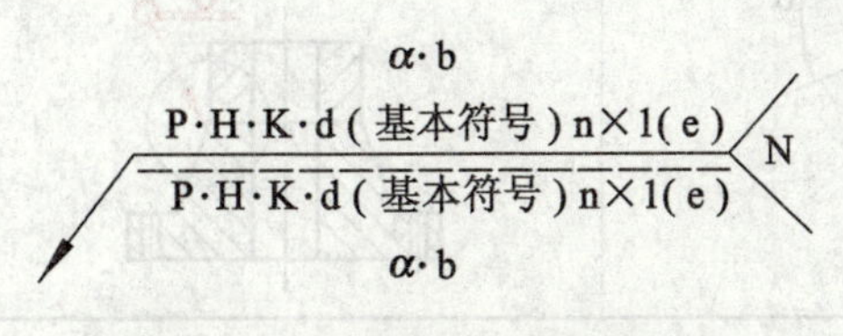

图 12-5 焊缝尺寸标注位置规定

表 12-4　　焊缝尺寸符号

名　称	符号	示意图及标注	名　称	符号	示意图及标注
工件厚度	δ		焊缝段数	n	
坡口角度	α		焊缝间距	e	
根部间隙	b		焊缝长度	l	
钝边高度	p		焊角尺寸	K	
坡口深度	H		相同焊缝数量符号	N	
熔核直径	d				

12.1.3　焊缝的画法和标注示例

1. 焊缝的画法

(1)在垂直于焊缝的视图或断面图中,一般可画出焊缝的形式并涂黑,如图 12-6(a)、(b)、(c)、(e)、(f)所示。必要时可采用局部放大图表达焊缝形式及尺寸。

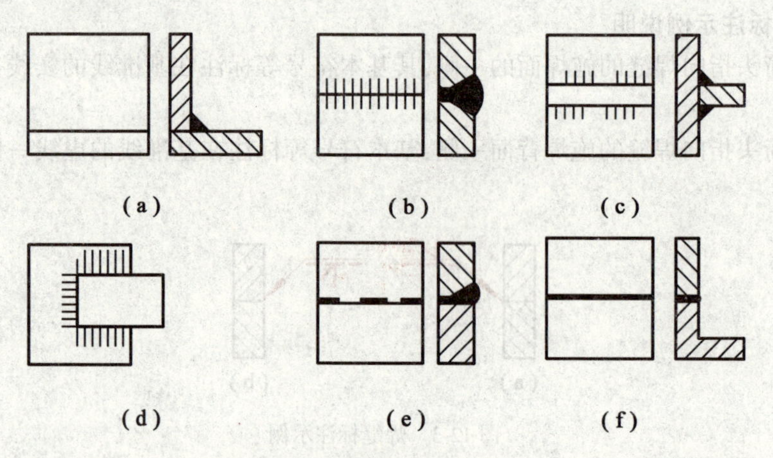

图 12-6　焊缝的画法示例

(2)一般用粗实线表示焊缝,如图 12-6(a)所示。

(3)在视图中,可用栅线(细实线,允许徒手绘制)表示可见焊缝,如图 12-6(b)、(c)、(d)中的视图。也可采用加粗线表示可见焊缝,如图 12-6(e)、(f)。但同一张图样中,只允许采用一种画法。不可见焊缝的栅线用虚线表示。

2. 常用焊缝标注示例

常用焊缝标注示例如表 12-5 所示。

表 12-5　　常用焊缝标注示例

接头形式	焊　缝　形　式	标　注　示　例	说　　明
对接接头			V 形焊缝;坡口角度为 α;根部间隙为 b;○表示环绕工件周围施焊。

续表

接头形式	焊缝形式	标注示例	说明
T形接头	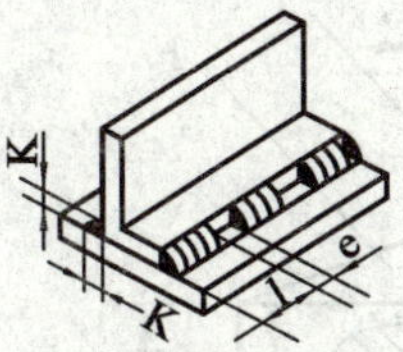	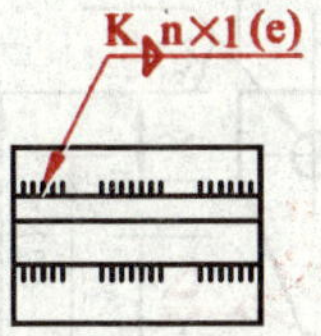	表示双面角焊缝，n 表示有 n 段焊缝；l 表示焊缝长度；e 为焊缝间距。
	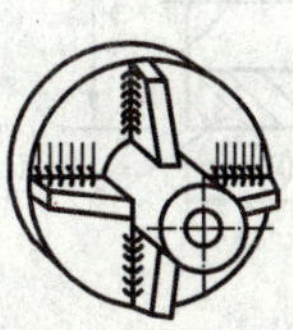	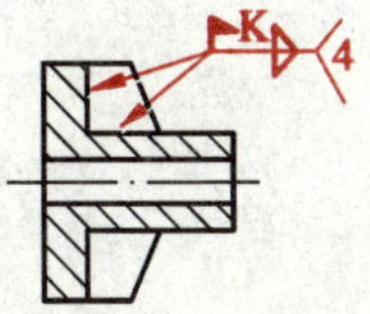	表示在现场装配时进行焊接；K 为焊角尺寸；表示双面角焊缝；4 表示有 4 条相同的焊缝。
角接接头	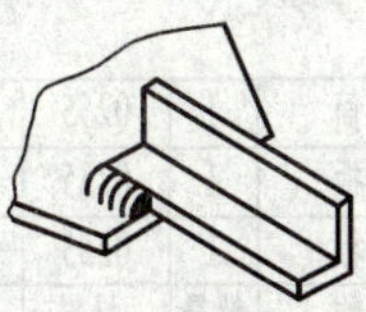	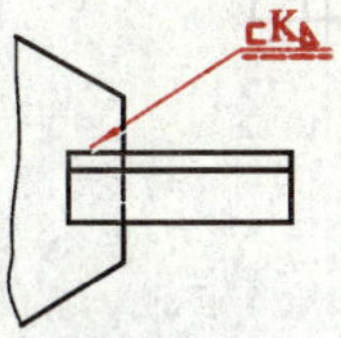	表示按开口方向三面焊缝；表示单面角焊缝；K 为焊角尺寸。
		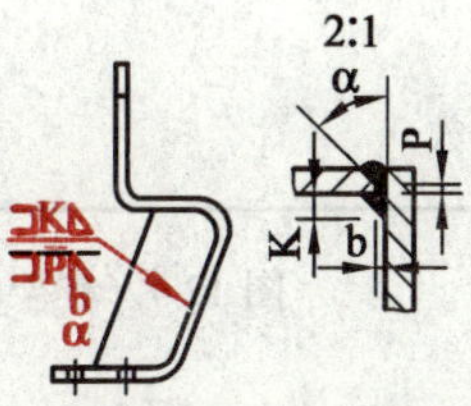	为三面焊缝；表示箭头侧为角焊缝；为箭头另一侧为单边 V 形焊缝。
搭接接头	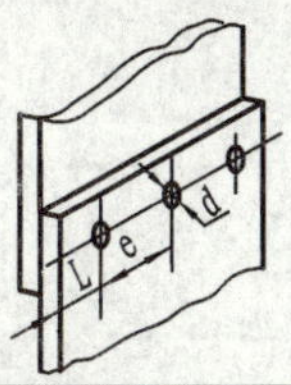	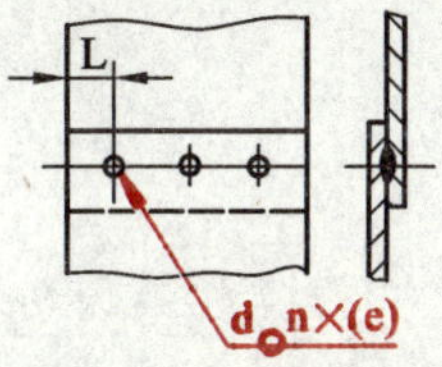	d 为熔核直径；表示点焊缝；e 为焊点间距；n 表示 n 个焊点；L 为焊点与板边的距离。

12.2 焊 接 图

图 12-7 所示为挂架焊接图，该焊接零件由 3 个零件构成：零件 1 为立板，起固定等作用；零件 2 为肋板，起加强承载能力等作用；零件 3 为空心圆柱筒，起支承作用，为该焊接件的主体。

主视图中，焊接符号 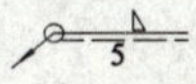 表示立板 1 与圆筒 3 之间环绕圆筒周围施焊，焊缝高度为 5mm，表示角焊缝。焊接符号 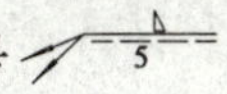 表示两条箭头所指处的两条焊缝均为角焊缝，焊缝高度为 5mm。

从图 12-7 可看出，在能清楚表达焊缝技术要求的情况下，可在图样中只用焊缝符号直接标注在焊缝线上。若需要，可在图样中采用图示法画出焊缝，并同时标注焊缝符号。

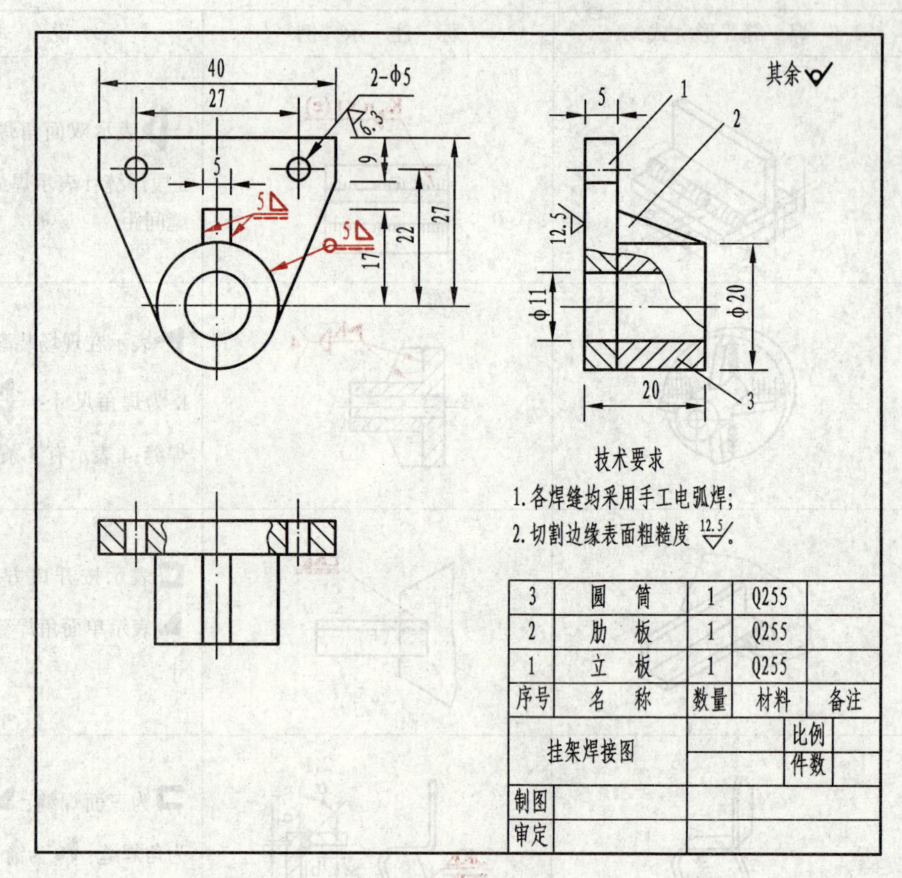

其余
40
27
2-φ5
6.3
5
9
27
22
17
5
5
1
2
12.5
φ11
φ20
20
3
技术要求
1.各焊缝均采用手工电弧焊;
2.切割边缘表面粗糙度 12.5.
3 圆 筒 1 Q255
2 肋 板 1 Q255
1 立 板 1 Q255
序号 名 称 数量 材料 备注
挂架焊接图
比例
件数
制图
审定

图 12-7 挂架焊接图

第 13 章　几何造型简介

13.1　几何造型概述

研究三维几何在计算机内的表示称为几何造型。几何造型是计算机图形学的一个应用分支。20 世纪 60 年代以来,随着计算机图形学的发展,出现了许多绘图软件,解决了产品设计中手工绘图的繁重负担。但早期的这些绘图软件大多采用线框式图形数据结构。随着 CAD 技术的发展,线框式图形数据结构存在自身的缺点,如图形的消隐、表示的物体有二义性等。因此,70 年代以来人们开始研究曲面造型和实体造型。在当时曲面造型和实体造型是相互独立,平行发展的。后来人们认识到两者是不可分离的。如果只有曲面造型,就无法考察实体的内部结构。如剖切、计算物体的重心等。反之若只有实体造型将无法准确描述物体的外部形状。

实体造型最初考虑就是如何将一些形状简单、规则的物体经过交、并、差集合运算生成较为复杂的物体。1978 年美国麻省理工学院高萨教授(David Gossard)提出了在 CAD 中用特征来构造零件的思想。即机械零件的构成要素不再是单纯的几何元素,而是带有特定工程语义的功能要素。这就产生了更高层次的 CAD 系统即特征造型系统。由于产品设计中需要不断修改零件的尺寸和形状,因此,20 世纪 80 年代末又出现了参数化、可变异特征造型系统。

工业造型设计是工业设计领域中重要的一门学科。它涉及多个学科,是将先进的科学技术和现代审美观念有机的结合,使产品达到科学与艺术的高度统一。现代产品的开发人们正在寻求人机系统的和谐、统一与协调。同时也正在探寻高效的设计思想和设计方法。无疑采用计算机来完成工业造型设计是解决问题最有效的方法。因此,几何造型是工业设计理论基础。工业造型设计的计算机应用必须依靠几何造型的原理和方法。

几何造型是指点、线、面、体等几何元素通过一系列几何变换和集合运算生成的物体模型。因此研究这些基本几何元素在计算机内的存储和组织即其数据结构是几何造型的关键技术之一。

13.2　几何造型的数据结构

13.2.1　形体在计算机中的表示

几何造型中最基本的问题是如何用计算机的一维存储空间来存放 N 维几何元素所定义的物体。很显然首先我们必须建立表示物体的坐标系,以便于图形的输入和输出。

常用的有以下五种坐标系:

1. 用户坐标系(UC)

用户坐标系是用户定义的符合右手定则坐标系。包含直角坐标系、仿射坐标系、圆柱坐标系、球坐标系、极坐标系。

2. 造型坐标系(MC)

为方便基本形体和图素的定义而设立三维右手直角坐标系,对于不同的形体有其单独的坐标原点和长度单位。相对用户坐标系而言,造型坐标系可以看成为局部坐标系。

3. 观察坐标系(VC)

在用户坐标系的任何位置、任意方向定义的一种左手三维直角坐标系。用于指定裁剪空间和定义观察平面。

4. 规格化的设备坐标系(NDC)

为提高应用程序的可移植性而定义的一种三维左手直角坐标系。取值范围为[0,0,0]到[1,1,1]。

5. 设备坐标系(DC)

为在图形设备(如显示器)上指定窗口和视图区而定义的直角坐标系。目前DC采用三维左手直角坐标系。

几何造型所包含的基本几何元素为点、边、面、体。点在三维空间对应的表示为$\{x,y,z\}$。

若在齐次坐标系下则用n+1维来表示n维点。边是两个邻面的交线,可以用两个点来表示。面是形体上一个有限、非零区域,由一个外环和多个内环构成。体是由多个面围成的空间,分正则体和非正则体。形体在计算机中常用线框、表面、实体三种模型来表示。

13.2.2 表示形体的数据结构

为了将形体存储到计算机,就必须用一定的数据结构来对形体进行描述。常用的数据结构有:三表结构和八叉树。

1. 三表结构

三表结构包含顶点表、棱边表、面表。如图13-1所示物体,由16个顶点、24条边、10个面组成。其中前后两个面各有一个内环,其三表结构如图13-2所示。

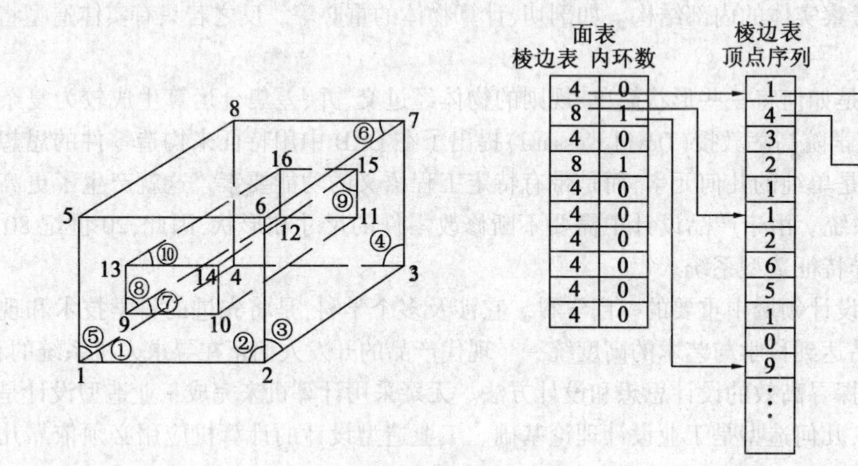

图13-1 带空的长方体　　图13-2 三表结构

2. 八叉树

形体的八叉树是一种层次数据结构,主要是为了提高集合运算的效率和可靠性。首先定义一个包含形体的立方体,立方体的三条边分别与x、y、z轴平行,边长为2^n。若形体占满立方体,则形体可用立方体表示。否则将立方体等分为八个小立方体。对于每个小立方体有三种情况:全部占满,用F标识;全部空,用E标识;部分占住,用P标识。标识为P的立方体依照同样的方式分割,直至小立方体的边长为单位长时分割终止。这样形体在计算机内就可以表示为一棵八叉树。具体形式如图13-3和图13-4所示。

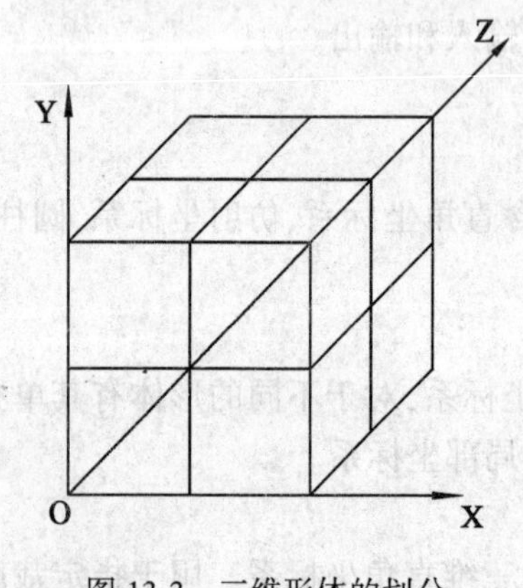

图13-3 三维形体的划分

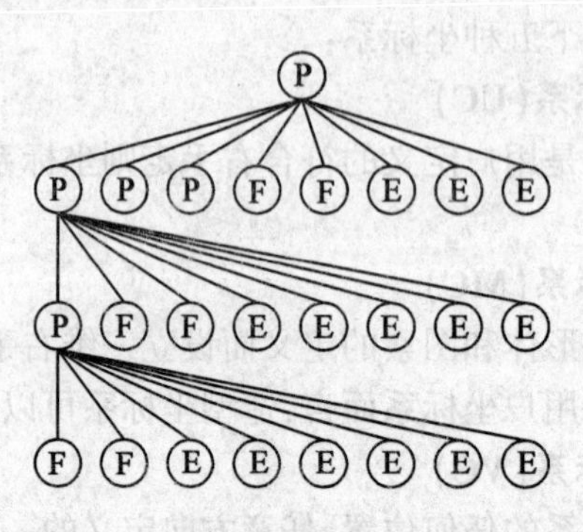

图13-4 三维形体的八叉树表示

13.3　形体的几何信息和拓扑信息

13.3.1　形体的边界

一个形体可以认为是 R^3 中其边界为一个封闭表面的集合。形体的边界是指形体点集中所有边界点的集合。对于一个给定点有三种情况：点在形体外；点在形体内；点在形体边界上。显然形体外的点不用考虑。实际上形体的边界可以准确表达形体的形状。用形体边界表示形体的方法称为形体的边界表示法。形体的边界元素有三种：边界面、边界线和边界点。边界面由一个外环和 n 个内环构成。外环的走向根据其外法矢量方向用右手定则确定，内环的走向与外环相反。边界线是两个相邻边界面的交线。边界点是两条相邻边界线的交点。

13.3.2　形体的几何信息和拓扑信息

形体的几何信息和拓扑信息是完整表达形体的两种信息，彼此相互独立、又相互关联。

形体的几何信息是指形体几何元素的数量、形状和方位。如边界点的坐标、边界点边界面的方程。在给定的坐标系下，确定一个边界元素，其他两个元素可以通个几何运算或拓扑运算求出。

形体的拓扑信息是指形体边界元素之间的连接关系。如果只有几何信息没有连接关系，将无法唯一确定物体的形状。如给定五个点，可以连接成五边形或五角星。反之，如果有相同的拓扑信息，几何信息不同也会产生不同的形体。几何元素间最典型的拓扑信息是指形体由哪些面构成，每个面上有多少个环，环的每条边，边的每个顶点等。点（V）、边（E）、面（F）是几何造型最基本的几何元素，一共有九种连接关系，如图 13-5 所示。

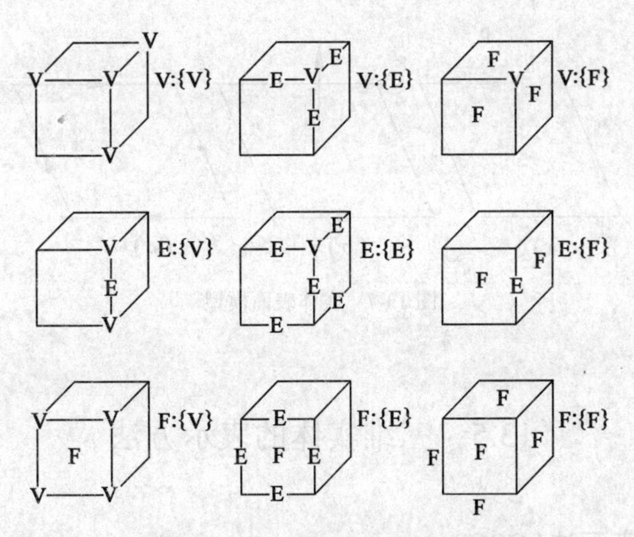

图 13-5　点、边、面之间的连接关系

13.4　几何造型的三种模型

在几何造型中，形体在计算机中的表示常用三种模型即线框模型、表面模型、实体模型。

13.4.1　线框模型

线框模型是计算机图形学和 CAD/CAM 领域中最先用来表示形体的模型。其特点是结构简单、易于理解。线框模型对形体的定义是用顶点和棱边。如图 13-6 所示的长方体，其形状和位置由八个顶点（v1，v2，…，v8）和 12 条棱边（e1，e2，…，e12）确定。对平面体而言，是没有问题的，但对非平面体如球体，用线框模型来表示存在一定的问题。线框模型给出的不是连续的几何信息。同时线框模型只定义形体的定点和棱边,表示的图形有二义性,不能对图形进行消影、剖切等。

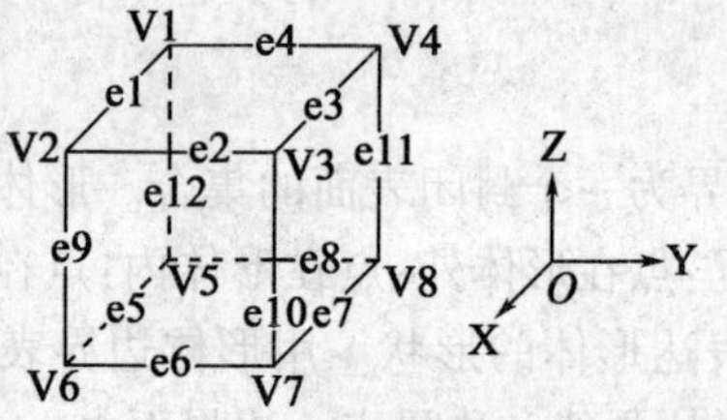

图 13-6 长方体

13.4.2 表面模型

表面模型是用面的集合来定义形体。表面模型是在线框模型的基础上,定义了有关面即环的信息,可以解决形体的表面求交、线面的消影、表面的面积计算等。缺点是没有面、体的拓扑关系,无法确定面的两侧是体内还是体外。

13.4.3 实体模型

实体模型定义了表面的那一侧存在实体。一般有三种定义方法。如图 13-7 所示,第一种是用一个点来确定实体存在面的一侧;第二种是用面的外法矢来确定实体存在的一侧;第三种是用有向棱边来表示外法矢方向。通常方法是用有向棱边的右手法则来确定面外法矢方向。

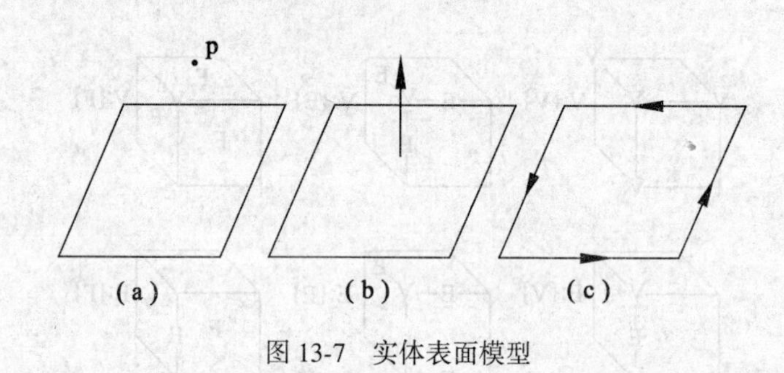

图 13-7 实体表面模型

13.5 三维实体的表示方法

13.5.1 体素构造表示法(CSG)

所谓体素是指一些简单的基本几何体在计算机内的表示,如方体、圆柱、圆锥等。CSG 是一个复杂的物体可由这些简单的基本几何体经过布尔运算(交、并、差)而得到。如图 13-8(a)所示的物体,可以用图 13-8(b)中的基本物体来构成。这些基本物体及相应的布尔运算可描述为一棵二叉树。树的终端结点为基本几何体,中间接点为正则集合运算结点。所谓正则集合运算指两物体经过交、并、差运算后的结果为一新的物体,而不会出现孤立点、悬线或悬面。

13.5.2 边界表示法

边界表示法是三维物体通过描述其边界的表示方法。物体的边界是指物体内部点与外部点的分界面。定义了物体的边界,物体就被唯一确定,如图 13-9 所示。

在边界表示法中,描述物体的信息包含几何信息和拓扑信息。前面已经阐述,几何信息主要是描述物

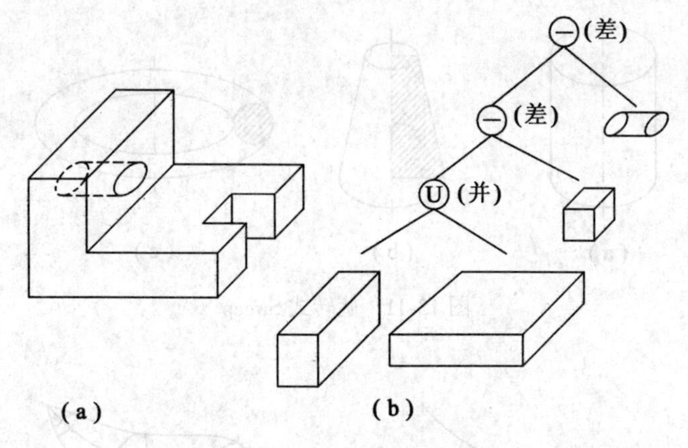

图 13-8　物体的 CSG 树表示

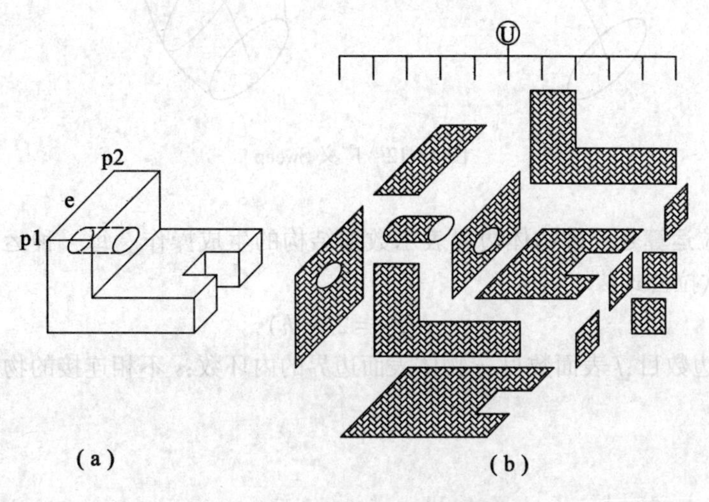

图 13-9　物体的边界表示

体的大小、位置、形状等。拓扑信息是物体上所有顶点、棱边、表面之间的连接关系。在边界表示法中，翼边结构是一种典型的数据结构，在点、边、面中以边为中心来组织数据。如图 13-9 棱边 e 的数据结构中有两个指针分别指向 e 的两个端点 p1 和 p2。若 e 为一直线段，则定义唯一。否则，棱边 e 的数据结构中还包含一个指向曲线信息的指针项。此外，e 中还设置指向邻接面两个环指针。由于翼边结构在边的构造与使用方面较为复杂，因此人们对其进行了改进，提出了半边数据结构。半边数据结构与翼边数据结构的主要区别是半边数据结构将一条边分成两条边表示，每条边只与一个邻界面相关。

在边界表示法中构造三维物体的操作常有：Sweep 运算、欧拉运算、局部运算、集合运算等。

(1) Sweep 运算：将一个二维图形转化为三维立体，常用的有平移、旋转、广义三种运算，如图 13-10 为平移式 Sweep 运算，图 13-11 为旋转式 Sweep 运算，图 13-12 为广义式 Sweep 运算。

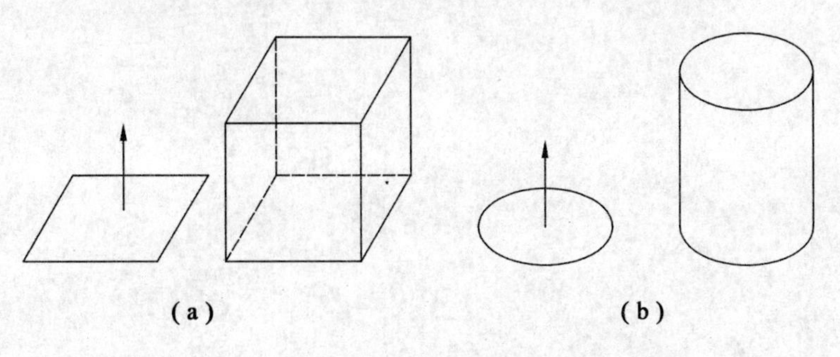

图 13-10　平移式 Sweep

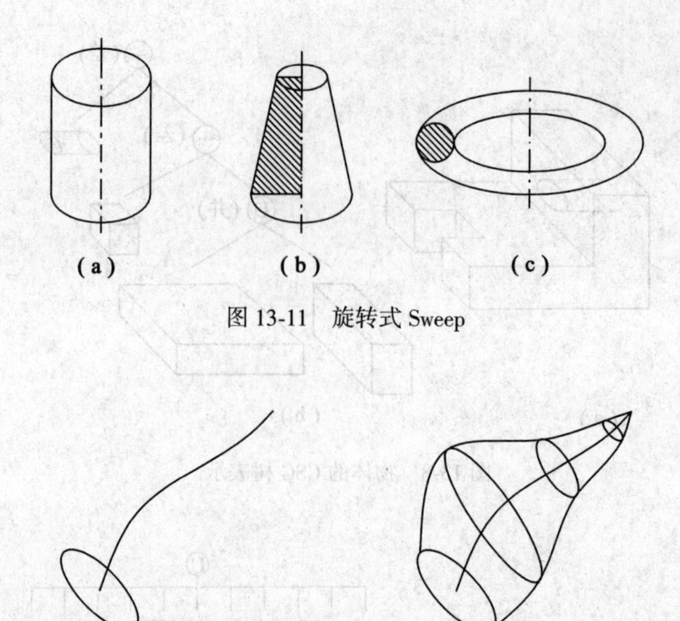

图 13-11　旋转式 Sweep

图 13-12　广义 Sweep

(2)欧拉运算:欧拉运算是三维物体边界表示数据结构的生成操作。每一种运算所构建的拓扑元素和拓扑关系均要满足欧拉公式:

$$v-e+f-r=2(s-h)$$

式中,v 顶点数目;e 棱边数目;f 表面数目;r 物体表面边界的内环数;s 不相连接的物体个数;h 物体上的通孔数目。

附　录

一、螺　纹

（一）普通螺纹（GB/T193—1981、GB/T196—1981）

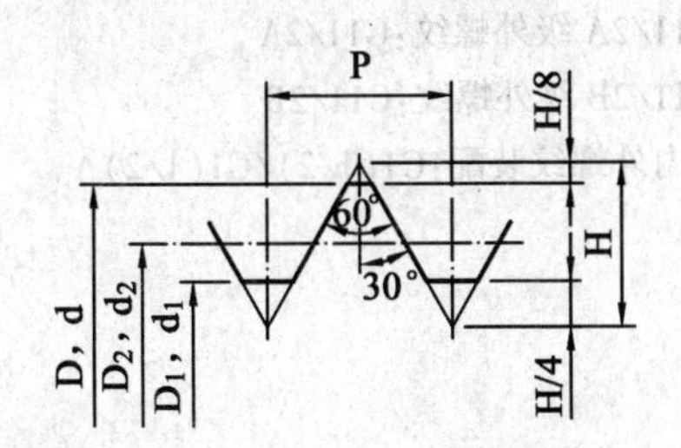

代号示例

公称直径 24mm，螺距为 1mm，右旋的细牙普通螺纹：

M24×1

附表 1　　直径与螺距系列、基本尺寸　　mm

公称直径 D、d 第一系列	公称直径 D、d 第二系列	螺距 P 粗牙	螺距 P 细牙	粗牙直径 D_1、d_1	公称直径 D、d 第一系列	公称直径 D、d 第二系列	螺距 P 粗牙	螺距 P 细牙	粗牙直径 D_1、d_1
3		0.5	0.35	2.459		22	2.5	2,1.5,1,(0.75),(0.5)	19.294
	3.5	(0.6)		2.850	24		3	2,1.5,1,(0.75)	20.752
4		0.7		3.242		27	3	2,1.5,1,(0.75)	23.752
	4.5	(0.75)	0.5	3.688					
5		0.8		4.134	30		3.5	(3),2,1.5,1,(0.75)	26.211
6		1	0.75,(0.5)	4.917		33	3.5	(3),2,1.5,(1),(0.75)	29.211
8		1.25	1,0.75,(0.5)	6.647	36		4	3,2,1.5,(1)	31.670
10		1.5	1.25,1,0.75,(0.5)	8.376		39	4		34.670
12		1.75	1.5,1.25,1,(0.75),(0.5)	10.106	42		4.5		37.129
	14	2	1.5,(1.25)*,1,(0.75),(0.5)	11.835		45	4.5	(4),3,2,1.5,(1)	40.129
16		2	1.5,1,(0.75),(0.5)	13.835	48		5		42.587
	18	2.5	2,1.5,1,(0.75),(0.5)	15.294		52	5		46.587
20		2.5		17.294	56		5.5	4,3,2,1.5,(1)	50.046

注：1. 优先选用第一系列，括号内尺寸尽可能不用。

2. 公称直径 D、d 第三系列未列入。

3. * M14×1.25 仅用于火花塞。

4. 中径 D_2、d_2 未列入。

附表 2 　　细牙普通螺纹螺距与小径的关系　　mm

螺距 P	小径 D_1、d_1	螺距 P	小径 D_1、d_1	螺距 P	小径 D_1、d_1
0.35	d-1+0.621	1	d-2+0.917	2	d-3+0.835
0.5	d-1+0.459	1.25	d-2+0.647	3	d-4+0.752
0.75	d-1+0.188	1.5	d-2+0.376	4	d-5+0.670

注：表中的小径按 $D_1=d_1=d-2\times(5/8)H$、$H=(\sqrt{3}/2)P$ 计算得出。

(二)非螺纹密封的管螺纹(GB/T 7307—2001)

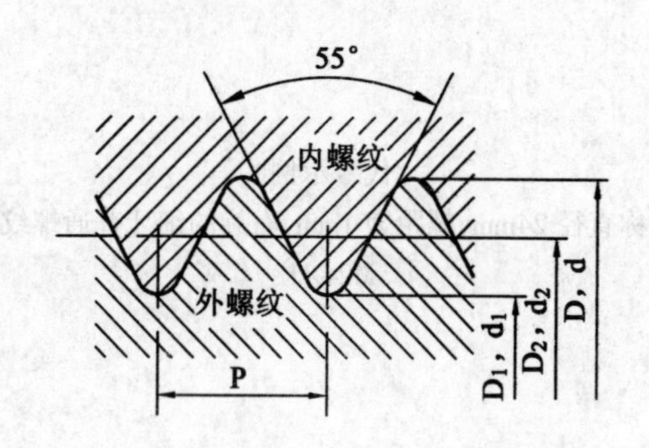

标记示例

11/2 左旋内螺纹：G11/2-LH(右旋不标)

11/2A 级外螺纹：G11/2A

11/2B 级外螺纹：G11/2B

内外螺纹装配：G1(1/2)/G1(1/2)A

附表 3 　　非螺纹密封的管螺纹的基本尺寸　　mm

尺寸代号	每 25.4mm 内的牙数 n	螺距 P	牙高 h	圆弧半径 $r\approx$	基本直径 大径 $d=D$	中径 $d_2=D_2$	小径 $d_1=D_1$
1/16	28	0.907	0.581	0.125	7.723	7.142	6.561
1/8	28	0.907	0.581	0.125	9.728	9.147	8.566
1/4	19	1.337	0.856	0.184	13.157	12.301	11.445
3/8	19	1.337	0.856	0.184	16.662	15.806	14.950
1/2	14	1.814	1.162	0.249	20.955	19.793	18.631
5/8	14	1.814	1.162	0.249	22.911	21.749	20.587
3/4	14	1.814	1.162	0.249	26.441	25.279	24.117
7/8	14	1.814	1.162	0.249	30.201	29.039	27.877
1	11	2.309	1.479	0.317	33.249	31.770	30.291
11/3	11	2.309	1.479	0.317	37.897	36.418	34.939
11/2	11	2.309	1.479	0.317	41.910	40.431	38.952
12/3	11	2.309	1.479	0.317	47.803	46.324	44.845
13/4	11	2.309	1.479	0.317	53.746	52.267	50.788
2	11	2.309	1.479	0.317	59.614	58.135	56.656
21/4	11	2.309	1.479	0.317	65.710	64.231	62.752
21/2	11	2.309	1.479	0.317	75.184	73.705	72.226
23/4	11	2.309	1.479	0.317	81.534	80.055	78.576
3	11	2.309	1.479	0.317	87.884	86.405	84.926
31/2	11	2.309	1.479	0.317	100.330	98.851	97.372
4	11	2.309	1.479	0.317	113.030	111.551	110.072
41/2	11	2.309	1.479	0.317	125.730	124.251	122.772

续表

尺寸代号	每25.4mm内的牙数 n	螺距 P	牙高 h	圆弧半径 $r\approx$	基本直径		
					大径 $d=D$	中径 $d_2=D_2$	小径 $d_1=D_1$
5	11	2.309	1.479	0.317	138.430	136.951	135.472
51/2	11	2.309	1.479	0.317	151.130	149.651	148.172
6	11	2.309	1.479	0.317	163.830	162.351	160.872

注:本标准适用于管接头、旋塞、阀门及其附件。

(三)梯形螺纹(GB/T 5796.2—1986、GB/T 5796.3—1986)

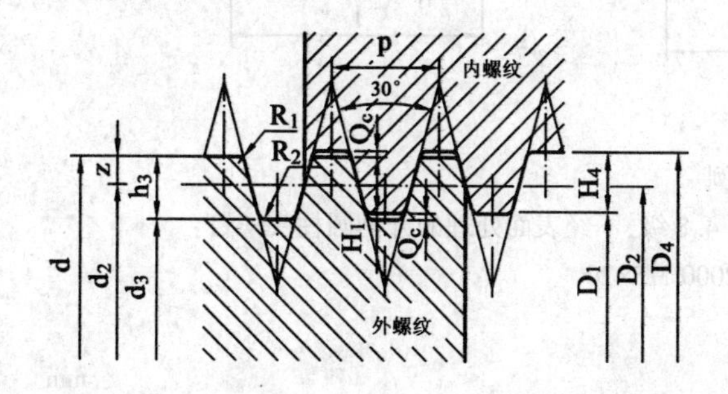

代号示例

公称直径40mm,导程为7mm的双线左旋梯形螺纹:

Tr40×14(P7)LH

附表4 直径与螺距系列、基本尺寸 mm

公称直径 第一系列	公称直径 第二系列	螺距 P	中径 $d_2=D_2$	大径 D_4	小径 d_3	小径 D_1
8		1.5	7.25	8.30	6.20	6.50
	9	1.5	8.25	9.30	7.20	7.50
		2	8.00	9.50	6.50	7.00
10		1.5	9.25	10.30	8.20	8.50
		2	9.00	10.50	7.50	8.00
	11	2	10.00	11.50	8.50	9.00
		3	9.50	11.50	7.50	8.00
12		2	11.00	12.50	9.50	10.00
		3	10.50	12.50	8.50	9.00
	14	2	13.00	14.50	11.50	12.00
		3	12.50	14.50	10.50	11.00
16		2	15.00	16.50	13.50	14.00
		4	14.00	16.50	11.50	12.00
	18	2	17.00	18.50	15.50	16.00
		4	16.00	18.50	13.50	14.00
20		2	19.00	20.50	17.50	18.00
		4	18.00	20.50	15.50	16.00
	22	3	20.50	22.50	18.50	19.00
		5	19.50	22.50	16.50	17.00
		8	18.00	23.00	13.00	14.00
24		3	22.50	24.50	20.50	21.00
		5	21.50	24.50	18.50	19.00
		8	20.00	25.00	15.00	16.00

公称直径 第一系列	公称直径 第二系列	螺距 P	中径 $d_2=D_2$	大径 D_4	小径 d_3	小径 D_1
	26	3	24.50	26.50	22.50	23.00
		5	23.50	26.50	20.50	21.00
		8	22.00	27.00	17.00	18.00
28		3	26.50	28.50	24.50	25.00
		5	25.50	28.50	22.50	23.00
		8	24.00	29.00	19.00	20.00
	30	3	28.50	30.50	26.50	29.00
		6	27.00	31.00	23.00	24.00
		10	25.00	31.00	19.00	20.50
32		3	30.50	32.50	28.50	29.00
		6	29.00	33.00	25.00	26.00
		10	27.00	33.00	21.00	22.00
	34	3	32.50	34.50	30.50	31.00
		6	31.00	35.00	27.00	28.00
		10	29.00	35.00	23.00	24.00
36		3	34.50	36.50	32.50	33.00
		6	33.00	37.00	29.00	30.00
		10	31.00	37.00	25.00	26.00
	38	3	36.50	38.50	34.50	35.00
		7	34.50	39.00	30.00	31.00
		10	33.00	39.00	27.00	28.00
40		3	38.50	40.50	36.50	37.00
		7	36.50	41.00	32.00	33.00
		10	35.00	41.00	29.00	30.00

二、常用的标准件

(一)螺钉

开槽圆柱头螺钉(GB/T 65—2000)　　开槽盘头螺钉(GB/T 67—2000)

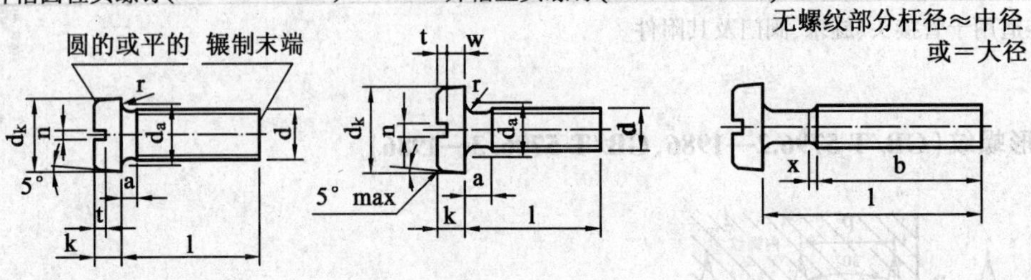

标记示例

螺纹规格 d＝M5、公称长度 l＝20mm、性能等级为 4.8 级，不经表面处理的开槽圆柱头螺钉：

螺钉 GB/T 65—2000 M5×20

附表 5　　　　mm

螺纹规格 d			M3	M4	M5	M6	M8	M10
a_{max}			1	1.4	1.6	2	2.5	3
b_{max}			25	38	38	38	38	38
x_{max}			1.25	1.75	2	2.5	3.2	3.8
$n_{公称}$			0.8	1.2	1.2	1.6	2	2.5
GB/T 65—2000	d_k	max	–	7	8.5	10	13	16
		min	–	6.76	8.28	9.78	12.73	15.73
	k	max	–	2.6	3.3	3.9	5	6
		min	–	2.45	3.1	3.6	4.7	5.7
	t	min	–	1.1	1.3	1.6	2	2.4
GB/T 67—2000	d_k	max	5.6	8	9.5	12	16	20
		min	5.3	7.64	9.14	11.57	15.57	19.48
	k	max	1.8	2.4	3	3.6	4.8	6
		min	1.6	2.2	2.8	3.3	4.5	5.7
	t	min	0.7	1	1.2	1.4	1.9	2.4
GB/T 65—2000 GB/T 67—2000	r_{min}		0.1	0.2	0.2	0.25	0.4	0.4
	$d_{a,max}$		3.6	4.7	5.7	6.8	9.2	11.2
	$\frac{l}{b}$		$\frac{4\sim30}{l-a}$	$\frac{5\sim40}{l-a}$	$\frac{6\sim40}{l-a}$ $\frac{45\sim50}{b}$	$\frac{8\sim40}{l-a}$ $\frac{45\sim60}{b}$	$\frac{10\sim40}{l-a}$ $\frac{45\sim80}{b}$	$\frac{12\sim40}{l-a}$ $\frac{45\sim80}{b}$

注：1.表中型式(4~30)/(l-a)表示全螺纹，其余同。

2. 螺钉长度系列 l 为：4，5，6，8，10，12，(14)，16，20，25，30，35，40，45，50，(55)，60，(65)，70，(75)，80。尽可能不采用括号内的规格。

3. d_a 表示过渡圆直径。

开槽圆柱头螺钉(GB/T 65—2000)　　开槽盘头螺钉(GB/T 67—2000)

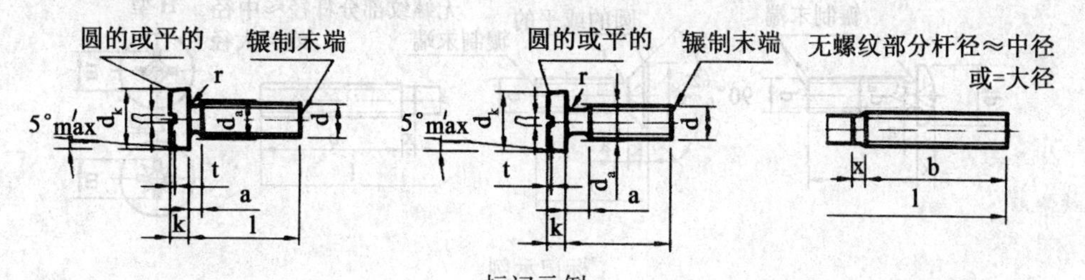

标记示例

螺纹规格 d=M5,公称长度 l=20mm,性能等级为 4.8 级,不经表面处理的开槽圆柱头螺钉:

螺钉 GB/T 65—2000 M5×20

附表 6　　mm

螺纹规格 d			M3	M4	M5	M6	M8	M10
a_{max}			1	1.4	1.6	2	2.5	3
b_{max}			25	38	38	38	38	38
x_{max}			1.25	1.75	2	2.5	3.2	3.8
$n_{公称}$			0.8	1.2	1.2	1.6	2	2.5
GB/T 65—2000	d_k	max	–	7	8.5	10	13	16
		min	–	6.76	8.28	9.78	12.73	15.73
	k	max	–	2.6	3.3	3.9	5	6
		min	–	2.45	3.1	3.6	4.7	5.7
	t	min	–	1.1	1.3	1.6	2	2.4
GB/T 67—2000	d_k	max	5.6	8	.9.5	12	16	20
		min	5.3	7.64	9.14	11.57	15.57	19.48
	k	max	1.8	2.4	3	3.6	4.8	6
		min	1.6	2.2	2.8	3.3	4.5	5.7
	t	min	0.7	1	1.2	1.4	1.9	2.4
GB/T 65—2000 GB/T 67—2000	r_{min}		0.1	0.2	0.2	0.25	0.4	0.4
	$d_{a,max}$		3.6	4.7	5.7	6.8	9.2	11.2
	$\frac{l}{b}$		$\frac{4\text{-}30}{l-a}$	$\frac{5\text{-}40}{l-a}$	$\frac{6\text{-}40}{l-a}$ $\frac{45\text{-}50}{b}$	$\frac{8\text{-}40}{l-a}$ $\frac{45\text{-}60}{b}$	$\frac{10\text{-}40}{l-a}$ $\frac{45\text{-}80}{b}$	$\frac{12\text{-}40}{l-a}$ $\frac{45\text{-}80}{b}$

注:1.表中形式(4~30)/(l-a)表示全螺纹。

2. 螺钉长度系列为:4,5,6,8,10,12,(14),16,20,25,30,35,40,45,50,(55),60,(65),70,(75),80。尽可能不采用括号内的规格。

3. d_a 表示过渡圆直径。

十字槽盘头螺钉(GB/T 818-2000)　　十字槽沉头螺钉(GB/T 819-2000)

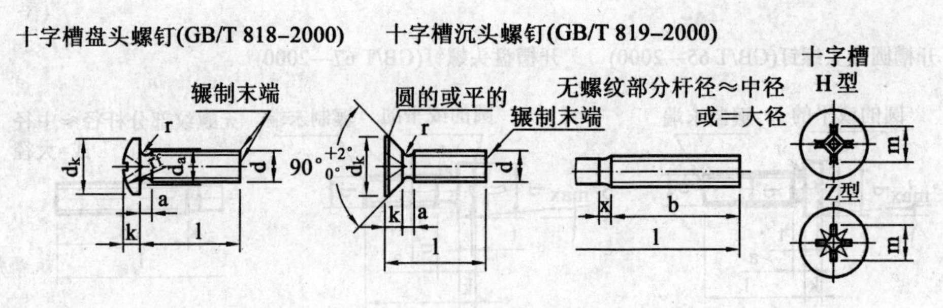

标记示例

螺纹规格 d=M5，公称长度 l=20mm，性能等级为 4.8 级，不经表面处理的 H 型十字槽盘头螺钉：

螺钉 GB/T 818—2000 M5×20

附表 7　　　　mm

螺纹规格 d			M1.6	M2	M2.5	M3	M4	M5	M6	M8	M10
P			0.35	0.4	0.45	0.5	0.7	0.8	1	1.25	1.5
a	max		0.7	0.8	0.9	1	1.4	1.6	2	2.5	3
b	min		25	25	25	25	38	38	38	38	38
d_a	max		2.1	2.6	3.1	3.6	4.7	5.7	6.8	9.2	11.2
d_k	max	GB/T 818—2000	3.2	4	5	5.6	8	9.5	12	16	20
		GB/T 819—2000	3	3.8	4.7	5.5	8.4	9.3	11.3	15.8	18.3
	min	GB/T 818—2000	2.9	3.7	4.7	5.3	7.64	9.14	11.57	15.57	19.48
		GB/T 819—2000	2.7	3.5	4.4	5.2	8	8.9	10.9	15.4	17.8
k	max	GB/T 818—2000	1.3	1.6	2.1	2.4	3.1	3.7	4.6	6	7.5
		GB/T 819—2000	1	1.2	1.5	1.65	2.7	2.7	3.3	4.65	5
	min	GB/T 818—2000	1.16	1.46	1.96	2.26	2.92	3.52	4.30	5.70	7.14
r	min	GB/T 818—2000	0.1	0.1	0.1	0.1	0.2	0.2	0.25	0.4	0.4
	max	GB/T 819—2000	0.4	0.5	0.6	0.8	1	1.3	1.5	2	2.5
X	max		0.9	1	1.1	1.25	1.75	2	2.5	3.2	3.8
r_f≈			2.5	3.2	4	5	6.5	8	10	13	16
十字槽	槽号	No.	0		1		2		3	4	
H型 插入深度	m 参考	GB/T 818—2000	1.7	1.9	2.7	3	4.4	4.9	6.9	9	10.1
		GB/T 819—2000	1.6	1.9	2.9	3.2	4.6	5.2	6.8	8.9	10
	min	GB/T 818—2000	0.7	0.9	1.15	1.4	1.9	2.4	3.1	4	5.2
		GB/T 819—2000	0.6	0.9	1.4	1.7	2.1	2.7	3	4	5.1
	max	GB/T 818—2000	0.95	1.2	1.55	1.8	2.4	2.9	3.6	4.6	5.8
		GB/T 819—2000	0.9	1.2	1.8	2.1	2.6	3.2	3.5	4.6	5.7
Z型 插入深度	m 参考	GB/T 818—2000	1.7	1.9	2.6	2.9	4.4	4.6	6.8	8.8	10
		GB/T 819—2000	1.8	2	3	3.2	4.6	5.1	6.8	9	10
	min	GB/T 818—2000	0.65	0.85	1.1	1.35	1.9	2.3	3.05	4.05	5.25
		GB/T 819—2000	0.7	0.95	1.45	1.6	2.05	2.6	3	4.15	5.2
	max	GB/T 818—2000	0.9	1.2	1.5	1.75	2.35	2.75	3.5	4.5	5.7
		GB/T 819—2000	0.95	1.2	1.75	2	2.5	3.05	3.45	4.6	5.65
l(商品规格范围公称长度)			3~16	3~20	3~25	4~30	5~40	6~45	8~60	10~60	12~60
l(系列)				M2	M2.5	M3	M4	M5	M6	M8	M10

注：1. P—螺距。

2. 公称长度 l≤25mm（GB/T 819—2000，l≤30mm），而螺纹规格 d 在 M1.6～M3 的螺钉，应制出全螺纹；公称长度 l≤40mm（GB/T 819—2000，l≤45mm），而螺纹规格 d 在 M4～M10 的螺钉，也应制出全螺纹（b=l-a）。

3. 尽可能不采用括号内的规格。

内六角圆柱头螺钉(GB/T 70—2000)

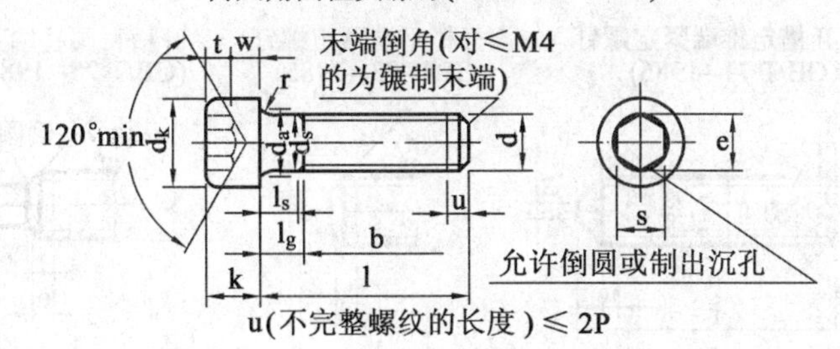

标记示例

螺纹规格 d=M5,公称长度 l=20mm,性能等级为 8.8 级,表面氧化的内六角圆柱头螺钉:

螺钉 GB/T 70—2000 M5×20

附表 8 mm

螺纹规格 d		M3	M4	M5	M6	M8	M10	M12	M16	M20	M24
P		0.5	0.7	0.8	1	1.25	1.5	1.75	2	2.5	3
b	参考	18	20	22	24	28	32	36	44	52	60
d_k	max	5.5	7	8.5	10	13	16	18	24	30	36
	min	5.32	6.78	8.28	9.78	12.73	15.73	17.73	23.67	29.67	35.61
d_a	max	3.6	4.7	5.7	6.8	9.2	11.2	13.7	17.7	22.4	26.4
d_s	max	3	4	5	6	8	10	12	16	20	24
	min	2.86	3.82	4.82	5.82	7.78	9.78	11.73	15.73	19.67	23.67
e	min	2.87	3.44	4.58	5.72	6.86	9.15	11.43	16.00	19.44	21.73
f	max	0.51	0.60	0.60	0.68	1.02	1.02	1.87	1.87	2.04	2.04
k	max	3	4	5	6	8	10	12	16	20	24
	min	2.86	3.82	4.82	5.70	7.64	9.64	11.57	15.57	19.48	23.48
r	min	0.1	0.2	0.2	0.25	0.4	0.4	0.6	0.6	0.8	0.8
s	公称	2.5	3	4	5	6	8	10	14	17	19
	min	2.52	3.02	4.02	5.02	6.02	8.025	10.025	14.032	17.05	19.065
	max	2.56	3.08	4.095	5.095	6.095	8.115	10.115	14.142	17.23	19.275
t	min	1.3	2	2.5	3	4	5	6	8	10	12
v	max	0.3	0.4	0.5	0.6	0.8	1	1.2	1.6	2	2.4
d_w	min	5.07	6.53	8.03	9.38	12.33	15.33	17.23	23.17	28.87	34.81
w	min	1.15	1.4	1.9	2.3	3.3	4	4.8	6.8	8.6	10.4
l(商品规格范围公称长度)		5~30	6~40	8~50	10~60	12~80	16~100	20~120	25~160	30~200	40~200
l≤表中数值时,制出全螺纹		20	25	25	30	35	40	45	55	65	80
l(系列)		5,6,8,10,12,(14),16,20,25,30,35,40,45,50,(55),60,(65),70,80,90,100,110,120,130,140,150,160,180,200									

注:1. P—螺距。

2. l_{gmax}(夹紧长度)$=l_{公称}-b_{参考}$;l_{smin}(无螺纹杆部长)$=l_{gmax}-5P$。

3. 尽可能不采用括号内的规格。GB 70—1980 包括 d=M1.6~M36,本表只摘录其中一部分。

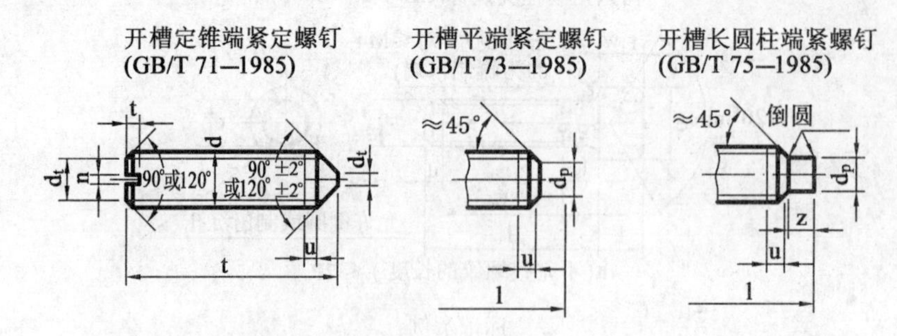

公称长度为短螺钉时，应制成 120°，u 为不完整螺纹的长度≤2P

标记示例

螺纹规格 d=M5，公称长度 l=12mm，性能等级为 14H 级，表面氧化的开槽平端紧定螺钉：

螺钉 GB/T 73—1985 M5×12-14H

附表 9 mm

螺纹规格 d		M1.2	M1.6	M2	M2.5	M3	M4	M5	M6	M8	M10	M12
P		0.25	0.35	0.4	0.45	0.5	0.7	0.8	1	1.25	1.5	1.75
d_f	≈	螺纹小径										
d_t	min	–	–	–	–	–	–	–	–	–	–	–
	max	0.12	0.16	0.2	0.25	0.3	0.4	0.5	1.5	2	2.5	3
d_p	min	0.35	0.55	0.75	1.25	1.75	2.25	3.2	3.7	5.2	6.64	8.14
	max	0.6	0.8	1	1.5	2	2.5	3.5	4	5.5	7	8.5
n	公称	0.2	0.25	0.25	0.4	0.4	0.6	0.8	1	1.2	1.6	2
	min	0.26	0.31	0.31	0.46	0.46	0.66	0.86	1.06	1.26	1.66	2.06
	max	0.4	0.45	0.45	0.6	0.6	0.8	1	1.2	1.51	1.91	2.31
t	min	0.4	0.56	0.64	0.72	0.8	1.12	1.28	1.6	2	2.4	2.8
	max	0.52	0.74	0.84	0.95	1.05	1.42	1.63	2	2.5	3	3.6
z	min	–	0.8	1	1.2	1.5	2	2.5	3	4	5	6
	max	–	1.05	1.25	1.25	1.75	2.25	2.75	3.25	4.3	5.3	6.3
GB/T 71—1985	l(公称长度)	2~6	2~8	3~10	3~12	4~16	6~20	8~25	8~30	10~40	12~50	14~60
	l(短螺钉)	2	2~2.5	2~2.5	2~3	2~3	2~4	2~5	2~6	2~8	2~10	2~12
GB/T 73—1985	l(公称长度)	2~6	2~8	2~10	2.5~12	3~16	4~20	5~25	6~30	8~40	10~50	12~60
	l(短螺钉)	–	2	2~2.5	2~3	2~3	2~4	2~5	2~6	2~6	2~8	2~10
GB/T 75—1985	l(公称长度)	–	2.5~8	3~10	4~12	5~16	6~20	8~25	8~30	10~40	12~50	14~60
	l(短螺钉)	–	2~2.5	2~3	2~4	2~5	2~6	2~8	2~10	2~14	2~16	2~20
l(系列)		2, 2.5, 3, 4, 5, 6, 8, 10, 12, (14), 16, 20, 25, 30, 35, 40, 45, 50, (55), 60										

注：1. 公称长度为商品规格尺寸。

2. 尽可能不采用括号内的规格。

(二)螺栓

六角头螺栓—A 和 B 级(GB/T 5782—2000)

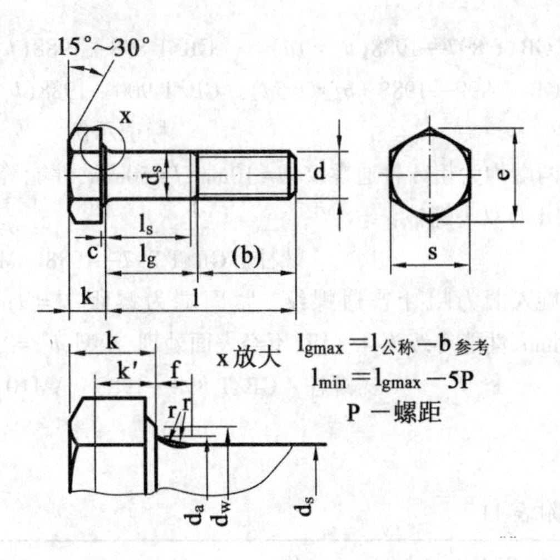

标记示例

螺纹规格 d = M12,公称长度 l = 80mm,性能等级为 8.8 级,表面氧化,A 级的六角头螺栓:

螺栓　GB/T 5782—2000　M12×80

附表 10　　mm

螺纹规格 d		M3	M4	M5	M6	M8	M10	M12	M16	M20	M24	M30	M36	M42	M48	M56	M64
b 参考	l≤125	12	14	16	18	22	26	30	38	46	54	66	78	–	–	–	–
	125<l≤200	–	–	–	–	28	32	36	44	52	60	72	84	96	108	124	140
	l>200	–	–	–	–	–	–	–	57	65	73	85	97	109	121	137	153
c	min	0.15	0.15	0.15	0.15	0.15	0.15	0.15	0.2	0.2	0.2	0.2	0.2	0.3	0.3	0.3	0.3
	max	0.4	0.4	0.5	0.5	0.6	0.6	0.6	0.8	0.8	0.8	0.8	0.8	1	1	1	1
d_a	max	3.6	4.7	5.7	6.8	9.2	11.2	13.7	17.7	22.4	26.4	33.4	39.4	45.6	52.6	63	71
d_s	max	3	4	5	6	8	10	12	16	20	24	30	36	42	48	56	64
	min 产品等级 A	2.86	3.82	4.82	5.82	7.78	9.78	11.73	15.73	19.67	23.67	–	–	–	–	–	–
	min 产品等级 B	–	–	4.70	5.70	7.64	9.64	11.57	15.57	19.48	23.48	29.48	35.38	41.38	47.38	55.26	63.26
d_w	min 产品等级 A	4.6	5.9	6.9	8.9	11.6	14.6	16.6	22.5	28.2	33.6	–	–	–	–	–	–
	min 产品等级 B	–	–	6.7	8.7	11.4	14.4	16.4	22	27.7	33.2	42.7	51.1	60.6	69.4	78.7	88.2
e	min 产品等级 A	6.07	7.66	8.79	11.05	14.38	17.77	20.03	26.75	33.53	39.98	–	–	–	–	–	–
	min 产品等级 B	–	–	8.63	10.89	14.20	17.59	19.85	26.17	32.95	39.55	50.85	60.79	72.02	82.6	93.56	104.86
f	max	1	1.2	1.2	1.4	2	2	3	3	4	4	6	6	8	10	12	13
k	公称	2	2.8	3.5	4	5.3	6.4	7.5	10	12.5	15	18.7	22.5	26	30	35	40
	产品等级 A min	1.88	2.68	3.35	3.85	5.15	6.22	7.32	9.82	12.28	14.78	–	–	–	–	–	–
	产品等级 A max	2.12	2.92	3.65	4.15	5.45	6.58	7.68	10.18	12.72	15.22	–	–	–	–	–	–
	产品等级 B min	–	–	3.26	3.76	5.06	6.11	7.21	9.71	12.15	14.65	18.28	22.08	25.58	29.58	34.5	39.5
	产品等级 B max	–	–	3.74	4.24	5.54	6.69	7.79	10.29	12.85	15.35	19.12	22.92	26.42	30.42	35.5	40.5
k'	min 产品等级 A	1.3	1.9	2.3	2.7	3.6	4.4	5.1	6.9	8.6	10.3	–	–	–	–	–	–
	min 产品等级 B	–	–	2.3	2.6	3.5	4.3	5	6.8	8.5	10.2	12.8	15.5	17.9	20.9	24.2	27.6
r	min	0.1	0.2	0.2	0.25	0.4	0.4	0.6	0.6	0.8	0.8	1	1	1.2	1.6	2	2
s	max=公称	5.5	7	8	10	13	16	18	24	30	36	46	55	65	75	85	95
	min 产品等级 A	5.32	6.78	7.78	9.78	12.73	15.73	17.73	23.67	29.67	25.38	–	–	–	–	–	–
	min 产品等级 B	–	–	7.64	9.64	12.57	15.57	17.57	23.16	29.16	35	45	53.8	63.8	73.1	82.8	92.8
l(商品规格范围及通用规格)		20~30	25~40	25~50	30~60	35~80	40~100	45~120	55~160	65~200	80~240	90~300	110~360	130~400	140~400	160~400	200~400
l(系列)		20,25,30,35,40,45,50,(55),60,(65),70,80,90,100,110,120,130,140,150,160,180,200,220,240,260,280,300,320,340,360,380,400															

注:A 和 B 为产品等级,A 级用于 d≤24 和 l≤10d 或≤150mm(按较小值)的螺栓,B 级用于 d>24 或 l>10d 或>150mm(按较小值)的螺栓,尽可能不采用括号内的规格。

(三)双头螺柱

GB/T 897—1988($b_m = 1d$)　　GB/T 898—1988($b_m = 1.25d$)

GB/T 899—1988 ($b_m = 1.5d$)　GB/T 900—1988($b_m = 2d$)

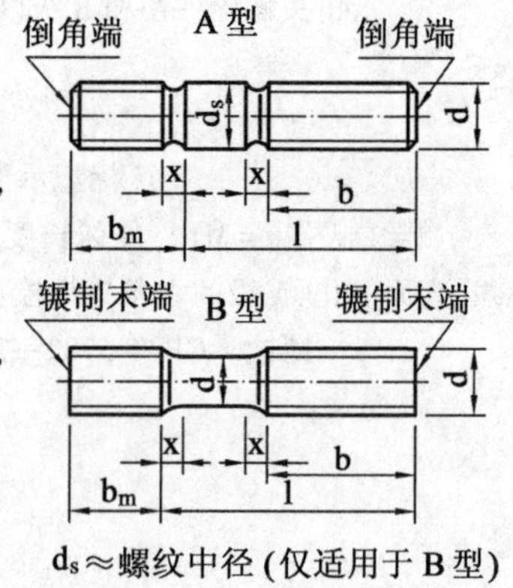

d_s≈螺纹中径(仅适用于B型)

标记示例

两端均为粗牙普通螺纹,d=10mm,l=50mm,性能等级为4.8级,不经表面处理,B型,b_m=1d的双头螺柱:

螺柱　GB/T 897—1988　M10×50

旋入端为粗牙普通螺纹,紧固端为螺距P=1mm的细牙普通螺纹,d=10mm,l=50mm,性能等级为4.8级,不经表面处理,A型,b_m=1.25d的双头螺柱:

螺柱　GB/T 898—1988　AM10-M10×1×50

附表11　　　　mm

螺纹规格 d	公称		d_s		x_{max}	b	l公称
	GB/T897—1988	GB/T898—1988	max	min			
M5	5	6	5	4.7	2.5P	10	16~(22)
						16	25~50
M6	6	8	6	5.7		10	20,(22)
						14	25、(28)、30
						18	(32)~(75)
M8	8	10	8	7.46		12	20、(22)
						16	25、(28)、30
						22	(32)~90
M10	10	12	10	9.64		14	25,(28)
						16	30,(38)
						26	40~120
						32	130
M12	12	15	12	11.57		16	25~30
						20	(32)~40
						30	45~120
						36	130~180
M16	16	20	16	15.57		20	30~(38)
						30	40~50
						38	60~120
						44	130~200
M20	20	25	20	19.48		25	35~40
						35	45~60
						46	(65)~120
						52	130~200

注:1. 本表未列入GB/T899—1988、GB/T900—1988两种规格。

2. P表示螺距。

3. l的长度系列:16,(18),20,(22),25,(28),30,(32),35,(38),40,45,50,(55),60,(65),70,(75),80,90,(95),100~200(十进位)。括号内数值尽可能不采用。

(四)螺母

1 型六角螺母—A 级和 B 级(GB/T 6170—2000)

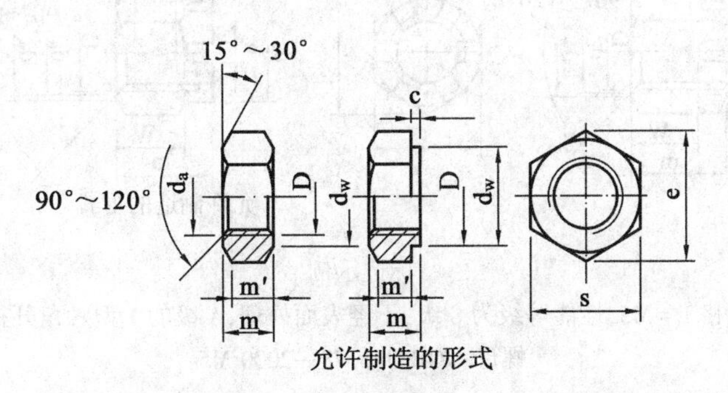

允许制造的形式

标记示例

螺纹规格 D=M12,性能等级为 10 级,不经表面处理,A 级的 1 型六角螺母:螺母 GB/T 6170—2000 M12

附表 12

mm

螺纹规格 D		M1.6	M2	M2.5	M3	M4	M5	M6	M8	M10	M12
c	max	0.2	0.2	0.3	0.4	0.4	0.5	0.5	0.6	0.6	0.6
d_a	max	1.84	2.3	2.9	3.45	4.6	5.75	6.75	8.75	10.8	13
	min	1.6	2	2.5	3	4	5	6	8	10	12
d_w	min	2.4	3.1	4.1	4.6	5.9	6.9	8.9	11.6	14.6	16.6
e	min	3.41	4.32	5.45	6.01	7.66	8.79	11.05	14.38	17.77	20.03
m	max	1.3	1.6	2	2.4	3.2	4.7	5.2	6.8	8.4	10.8
	min	1.05	1.35	1.75	2.15	2.9	4.4	4.9	6.44	8.04	10.37
m'	min	0.8	1.1	1.4	1.7	2.3	3.5	3.9	5.1	6.4	8.3
m''	min	0.7	0.9	1.2	1.5	2	3.1	3.4	4.5	5.6	7.3
s	max	3.2	4	5	5.5	7	8	10	13	16	18
	min	3.02	3.82	4.82	5.32	6.78	7.78	9.78	12.73	15.73	17.73

螺纹规格 D		M16	M20	M24	M30	M36	M42	M48	M56	M64
c	max	0.8	0.8	0.8	0.8	0.8	1	1	1	1.2
d_a	max	17.3	21.6	25.9	32.4	38.9	45.4	51.8	60.5	69.1
	min	16	20	24	30	36	42	48	56	64
d_w	min	22.5	27.7	33.2	42.7	51.1	60.6	69.4	78.7	88.2
e	min	26.75	32.95	39.55	50.85	60.79	72.02	82.6	93.56	104.86
m	max	14.8	18	21.5	25.6	31	34	38	45	51
	min	14.1	16.9	20.2	24.3	29.4	32.4	36.4	43.4	49.1
m'	min	11.3	13.5	16.2	19.4	23.5	25.9	29.1	34.7	39.3
m''	min	9.9	11.8	14.1	17	20.6	22.7	25.5	30.4	34.4
s	max	24	30	36	46	55	65	75	85	95
	min	23.67	29.16	35	45	53.8	63.8	73.1	82.8	92.8

注:1. A 级用于 $D\leqslant16$ 的螺母,B 级用于 $D>16$ 的螺母。本表仅按商品规格和通用规格列出。

2. 螺纹规格为 M8～M64、细牙、A 级和 B 级的 l 型六角螺母,请查阅 GB6171—1986。

1 型六角开槽螺母—A 和 B 级(GB/T 6178—2000)

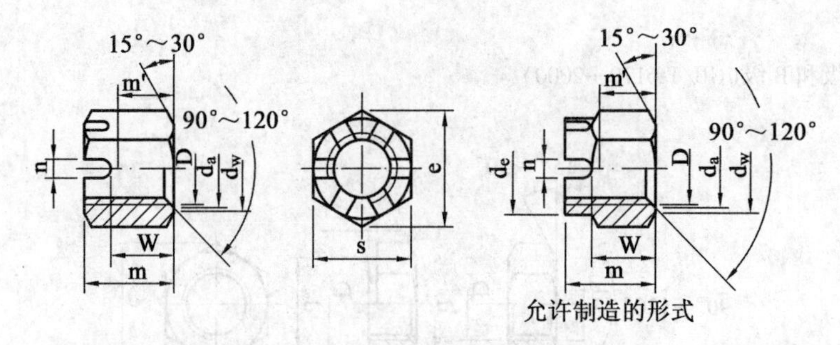

标记示例

螺纹规格 D=M5,性能等级为 8 级,不经表面处理,A 级的 1 型六角开槽螺母:

螺母　GB/T 6178—2000 M5

附表 13　　mm

螺纹规格 D		M4	M5	M6	M8	M10	M12	M16	M20	M24	M30	M36
d_a	max	4.6	5.75	6.75	8.75	10.8	13	17.3	21.6	25.9	32.4	38.9
	min	4	5	6	8	10	12	16	20	24	30	36
d_e	max	-	-	-	-	-	-	-	28	34	42	50
	min	-	-	-	-	-	-	-	27.16	33	41	49
d_w	min	5.9	6.9	8.9	11.6	14.6	16.6	22.5	27.7	33.2	42.7	51.1
e	min	7.66	8.79	11.05	14.38	17.77	20.03	26.75	32.95	39.55	50.85	60.79
m	max	5	6.7	7.7	9.8	12.4	15.8	20.8	24	29.5	34.6	40
	min	4.7	6.4	7.34	9.44	11.97	15.37	20.28	23.16	28.66	33.6	39
m'	min	2.32	3.52	3.92	5.15	6.43	8.3	11.28	13.52	16.16	19.44	23.52
n	min	1.2	1.4	2	2.5	2.8	3.5	4.5	4.5	5.5	7	7
	max	1.8	2	2.6	3.1	3.4	4.25	5.7	5.7	6.7	8.5	8.5
s	max	7	8	10	13	16	18	24	30	36	46	55
	min	6.78	7.78	9.78	12.73	15.73	17.73	23.67	29.16	35	45	53.8
w	max	3.2	4.7	5.2	6.8	8.4	10.8	14.8	18	21.5	25.6	31
	min	2.9	4.4	4.9	6.44	8.04	10.37	14.37	17.37	20.88	24.98	30.38
开口销		1×10	1.2×12	1.6×14	2×16	2.5×20	3.2×22	4×28	4×36	5×40	6.3×50	6.3×63

注:A 级用于 $D\leqslant16$ 的螺母,B 级用于 $D>16$ 的螺母。螺纹规格 $D=14$ 的螺母尽可能不采用,本表未列入。

(五)垫圈

小垫圈(GB/T 848—2000)　　平垫圈—倒角型(GB/T 97.2—2002)

平垫圈(GB/T 97. 1—2000)　　大垫圈(A 级产品)(GB/T 96—2002)

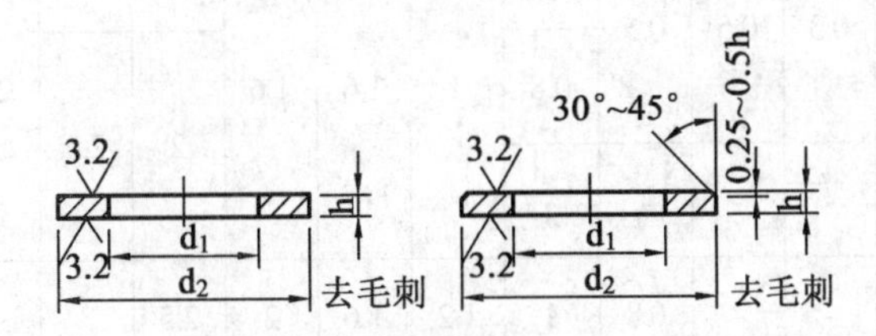

标记示例

标准系列、公称尺寸 $d=8$mm,性能等级为 140HV 级,不经表面处理的平垫圈:

垫圈　GB/T 97. 1—2002 8-140HV

附表 14　　mm

<table>
<tr><td colspan="3">公称尺寸(螺纹规格)d</td><td>1.6</td><td>2</td><td>2.5</td><td>3</td><td>4</td><td>5</td><td>6</td><td>8</td><td>10</td><td>12</td><td>14</td><td>16</td><td>20</td><td>24</td><td>30</td><td>36</td></tr>
<tr><td rowspan="8">d_1 内径</td><td rowspan="4">max</td><td>GB/T 848—2002</td><td rowspan="2">1.84</td><td rowspan="2">2.34</td><td rowspan="2">2.84</td><td rowspan="2">3.38</td><td rowspan="2">4.48</td><td rowspan="4">5.48</td><td rowspan="4">6.62</td><td rowspan="4">8.62</td><td rowspan="4">10.77</td><td rowspan="4">13.27</td><td rowspan="4">15.27</td><td rowspan="4">17.27</td><td rowspan="3">21.33</td><td rowspan="3">25.33</td><td>31.33</td><td rowspan="3">37.62</td></tr>
<tr><td>GB/T 97.1—2002</td><td rowspan="2">31.39</td></tr>
<tr><td>GB/T 97.2—2002</td><td>-</td><td>-</td><td>-</td><td>-</td><td>-</td></tr>
<tr><td>GB/T 96—2002</td><td>-</td><td>-</td><td>-</td><td>3.38</td><td>3.48</td><td>22.52</td><td>26.84</td><td>34</td><td>40</td></tr>
<tr><td rowspan="4">公称(min)</td><td>GB/T 848—2002</td><td rowspan="2">1.7</td><td rowspan="2">2.2</td><td rowspan="2">2.7</td><td rowspan="2">3.2</td><td rowspan="2">4.3</td><td rowspan="4">5.3</td><td rowspan="4">6.4</td><td rowspan="4">8.4</td><td rowspan="4">10.5</td><td rowspan="4">13</td><td rowspan="4">15</td><td rowspan="4">17</td><td rowspan="3">21</td><td rowspan="3">25</td><td rowspan="3">31</td><td rowspan="3">37</td></tr>
<tr><td>GB/T 97.1—2002</td></tr>
<tr><td>GB/T 97.2—2002</td><td>-</td><td>-</td><td>-</td><td>-</td><td>-</td></tr>
<tr><td>GB/T 96—2002</td><td>-</td><td>-</td><td>-</td><td>3.2</td><td>4.3</td><td>22</td><td>26</td><td>33</td><td>39</td></tr>
<tr><td rowspan="8">d_2 内径</td><td rowspan="4">公称(max)</td><td>GB/T 848—2002</td><td>3.5</td><td>4.5</td><td>5</td><td>6</td><td>8</td><td>9</td><td>11</td><td>15</td><td>18</td><td>20</td><td>24</td><td>28</td><td>34</td><td>39</td><td>50</td><td>60</td></tr>
<tr><td>GB/T 97.1—2002</td><td>4</td><td>5</td><td>6</td><td>7</td><td>9</td><td rowspan="2">10</td><td rowspan="2">12</td><td rowspan="2">16</td><td rowspan="2">20</td><td rowspan="2">24</td><td rowspan="2">28</td><td rowspan="2">30</td><td rowspan="2">37</td><td rowspan="2">44</td><td rowspan="2">56</td><td rowspan="2">66</td></tr>
<tr><td>GB/T 97.2—2002</td><td>-</td><td>-</td><td>-</td><td>-</td><td>-</td></tr>
<tr><td>GB/T 96—2002</td><td>-</td><td>-</td><td>-</td><td>9</td><td>12</td><td>15</td><td>18</td><td>24</td><td>30</td><td>37</td><td>44</td><td>50</td><td>60</td><td>72</td><td>92</td><td>110</td></tr>
<tr><td rowspan="4">min</td><td>GB/T 848—2002</td><td>3.2</td><td>4.2</td><td>4.7</td><td>5.7</td><td>7.64</td><td>8.64</td><td>10.57</td><td>14.57</td><td>17.57</td><td>19.48</td><td>23.48</td><td>27.48</td><td>33.38</td><td>38.38</td><td>49.38</td><td>58.8</td></tr>
<tr><td>GB/T 97.1—2002</td><td>3.7</td><td>4.7</td><td>5.7</td><td>6.64</td><td>8.64</td><td rowspan="2">9.64</td><td rowspan="2">11.57</td><td rowspan="2">15.57</td><td rowspan="2">19.48</td><td rowspan="2">23.48</td><td rowspan="2">27.48</td><td rowspan="2">29.48</td><td rowspan="2">36.38</td><td rowspan="2">43.38</td><td rowspan="2">55.26</td><td rowspan="2">64.8</td></tr>
<tr><td>GB/T 97.2—2002</td><td>-</td><td>-</td><td>-</td><td>-</td><td>-</td></tr>
<tr><td>GB/T 96—2002</td><td>-</td><td>-</td><td>-</td><td>8.64</td><td>11.57</td><td>14.57</td><td>17.57</td><td>23.48</td><td>29.48</td><td>36.38</td><td>43.38</td><td>49.38</td><td>58.1</td><td>70.1</td><td>89.8</td><td>107.8</td></tr>
</table>

续表

<table>
<tr><td colspan="3">公称尺寸(螺纹规格)d</td><td>1.6</td><td>2</td><td>2.5</td><td>3</td><td>4</td><td>5</td><td>6</td><td>8</td><td>10</td><td>12</td><td>14</td><td>16</td><td>20</td><td>24</td><td>30</td><td>36</td></tr>
<tr><td rowspan="12">h
厚
度</td><td rowspan="4">公称</td><td>GB/T 848—2002</td><td rowspan="2">0.3</td><td rowspan="2">0.3</td><td rowspan="2">0.5</td><td rowspan="2">0.5</td><td>0.5</td><td rowspan="3">1</td><td rowspan="3">1.6</td><td rowspan="3">1.6</td><td>1.6</td><td>2</td><td rowspan="3">2.5</td><td>2.5</td><td rowspan="3">3</td><td rowspan="3">4</td><td rowspan="3">4</td><td rowspan="3">5</td></tr>
<tr><td>GB/T 97.1—2002</td><td>0.8</td><td rowspan="2">2</td><td rowspan="2">2.5</td><td rowspan="2">3</td></tr>
<tr><td>GB/T 97.2—2002</td><td>-</td><td>-</td><td>-</td><td>-</td><td>-</td></tr>
<tr><td>GB/T 96—2002</td><td>-</td><td>-</td><td>-</td><td>0.8</td><td>1</td><td>1.2</td><td>1.6</td><td>2</td><td>2.5</td><td>3</td><td>3</td><td>3</td><td>4</td><td>5</td><td>6</td><td>8</td></tr>
<tr><td rowspan="4">max</td><td>GB/T 848—2002</td><td rowspan="2">0.35</td><td rowspan="2">0.35</td><td rowspan="2">0.55</td><td rowspan="2">0.55</td><td>0.55</td><td rowspan="3">1.1</td><td rowspan="3">1.8</td><td rowspan="3">1.8</td><td>1.8</td><td>2.2</td><td rowspan="3">2.7</td><td>2.7</td><td rowspan="3">3.3</td><td rowspan="3">4.3</td><td rowspan="3">4.3</td><td rowspan="3">5.6</td></tr>
<tr><td>GB/T 97.1—2002</td><td>0.9</td><td rowspan="2">2.2</td><td rowspan="2">2.7</td><td rowspan="2">3.3</td></tr>
<tr><td>GB/T 97.2—2002</td><td>-</td><td>-</td><td>-</td><td>-</td><td>-</td></tr>
<tr><td>GB/T 96—2002</td><td>-</td><td>-</td><td>-</td><td>0.9</td><td>1.1</td><td>1.4</td><td>1.8</td><td>2.2</td><td>2.7</td><td>3.3</td><td>3.3</td><td>3.3</td><td>4.6</td><td>6</td><td>7</td><td>9.2</td></tr>
<tr><td rowspan="4">min</td><td>GB/T 848—2002</td><td rowspan="2">0.25</td><td rowspan="2">0.25</td><td rowspan="2">0.45</td><td rowspan="2">0.45</td><td>0.45</td><td rowspan="3">0.9</td><td rowspan="3">1.4</td><td rowspan="3">1.4</td><td>1.4</td><td>1.8</td><td rowspan="3">2.3</td><td>2.3</td><td rowspan="3">2.7</td><td rowspan="3">3.7</td><td rowspan="3">3.7</td><td rowspan="3">4.4</td></tr>
<tr><td>GB/T 97.1—2002</td><td>0.7</td><td rowspan="2">1.8</td><td rowspan="2">2.3</td><td rowspan="2">2.7</td></tr>
<tr><td>GB/T 97.2—2002</td><td>-</td><td>-</td><td>-</td><td>-</td><td>-</td></tr>
<tr><td>GB/T 96—2002</td><td>-</td><td>-</td><td>-</td><td>0.7</td><td>0.9</td><td>1.0</td><td>1.4</td><td>1.8</td><td>2.3</td><td>2.7</td><td>2.7</td><td>2.7</td><td>3.4</td><td>4</td><td>5</td><td>6.8</td></tr>
</table>

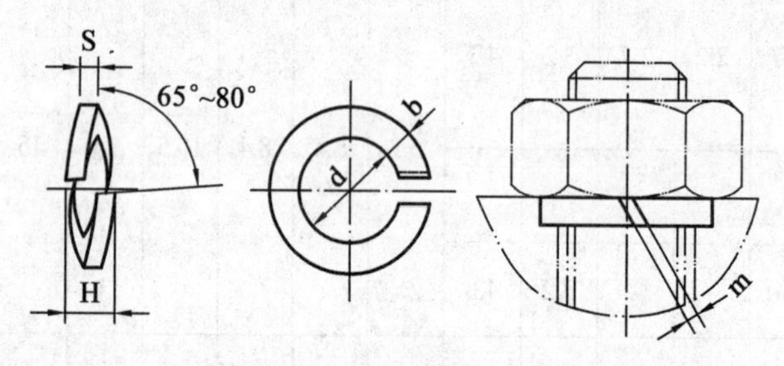

标记示例

规格 16mm,材料为 65Mn,表面氧化的标准型弹簧垫圈:

垫圈 GB/T 93—1987 16

附表 15

mm

规格(螺纹大径)		4	5	6	8	10	12	16	20	24	30
d	min	4.1	5.1	6.1	8.1	10.2	12.2	16.2	20.2	24.5	30.5
	max	4.4	5.4	6.68	8.68	10.9	12.9	16.9	21.04	25.5	31.5
$S(b)$	公称	1.1	1.3	1.6	2.1	2.6	3.1	4.1	5	6	7.5
	min	1	1.2	1.5	2	2.45	2.95	3.9	4.8	5.8	7.2
	max	1.2	1.4	1.7	2.2	2.75	3.25	4.3	5.2	6.2	7.8
H	min	2.2	2.6	3.2	4.2	5.2	6.2	8.2	10	12	15
	max	2.75	3.25	4	5.25	6.5	7.75	10.25	12.5	15	18.75
m≤		0.55	0.65	0.8	1.05	1.3	1.55	2.05	2.5	3	3.75

(六)键

平键 键和键槽的剖面尺寸(GB/T 1095—2003) mm

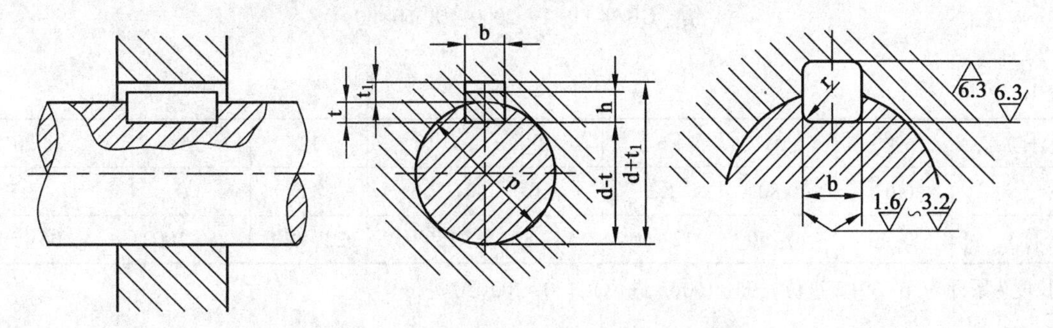

附表 16

轴径 *d*		6~8	>8~10	>10~12	>12~17	>17~22	>22~30	>30~38	>38~44	>44~50	>50~58	>58~65	>65~75	>75~85	>85~95	>95~110	>110~130
键的公称尺寸	*b*	2	3	4	5	6	8	10	12	14	16	18	20	22	25	28	32
	h	2	3	4	5	6	7	8	8	9	10	11	12	14	14	16	18
键槽深	轴 *t*	1.2	1.8	2.5	3.0	3.5	4.0	5.0	5.0	5.5	6.0	7.0	7.5	9.0	9.0	10.0	11.0
	毂 t_1	1.0	1.4	1.8	2.3	2.8	3.3	3.3	3.3	3.8	4.3	4.4	4.9	5.4	5.4	6.4	7.4
半径	*r*	最小 0.08~最大 0.16			最小 0.16~最大 0.25			最小 0.25~最大 0.40					最小 0.40~最大 0.60				

注:在工作图中轴槽深用 t 或(d−t)标注,轮毂槽深用($d+t_1$)标注。平键轴槽的公差带用 H14。

普通平键的形式和尺寸(GB/T 1096—2000) mm

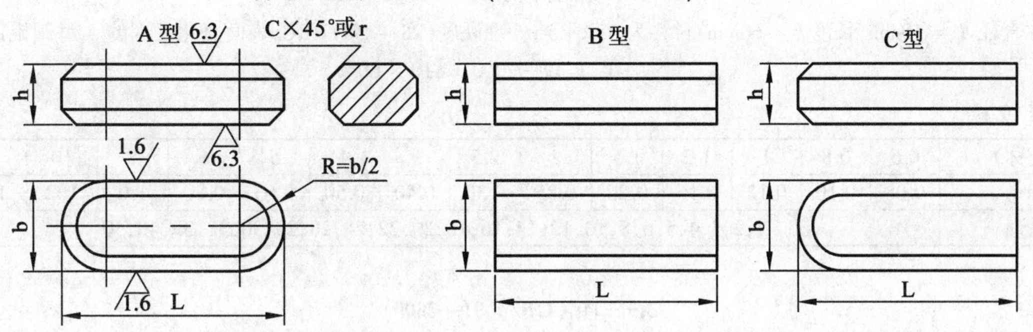

标记示例:

圆头普通平键(A 型),*b*=18mm,*h*=11mm,*L*=100mm:键 18×100GB/T 1096—2003

方头普通平键(B 型),*b*=18mm,*h*=11mm,*L*=100mm:键 18×100GB/T 1096—2003

单头普通平键(C 型),*b*=18mm,*h*=11mm,*L*=100mm:键 18×100GB/T 1096—2003

附表 17

b	2	3	4	5	6	8	10	12	14	16	18	20	22	25	28	32	36	40	45	50
h	2	3	4	5	6	7	8	8	9	10	11	12	14	14	16	18	20	22	25	28
C 或 *r*	0.16~0.25			0.25~0.40			0.40~0.60					0.60~0.80					1.0~1.2			
L	6~20	6~36	8~45	10~56	14~70	18~90	22~110	28~140	36~160	45~180	50~200	56~220	63~250	70~280	80~320	90~360	100~400	100~400	110~450	125~500

注:*L* 系列为 6,8,10,12,14,16,18,20,22,25,28,32,36,40,45,50,56,63,70,80,80,100,110,125,140,160,180,200,220,250,280 等。

(七)销

1.圆柱销(GB/T 119.1—2000)

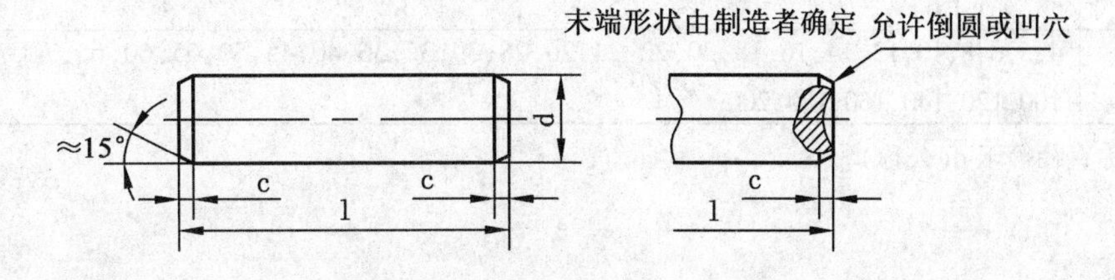

标记示例

公称直径 d=8mm,公差为 m6,长度 l=30mm,材料为 35 钢,不经淬火,不经表面处理的圆柱销:

销　GB/T 119.1—2000　8 m6×30

附表 18　　mm

d(公称)	4	5	6	8	10	12	16	20
c=	0.63	0.80	1.2	1.6	2.0	2.5	3.0	3.5
l(公称)	8~40	10~50	12~60	14~80	18~95	22~140	26~180	35~200

注:长度 l 系列为:6~32(2 进位),35~100(5 进位),120~200(20 进位)。

2.圆锥销(GB/T 117—2000)

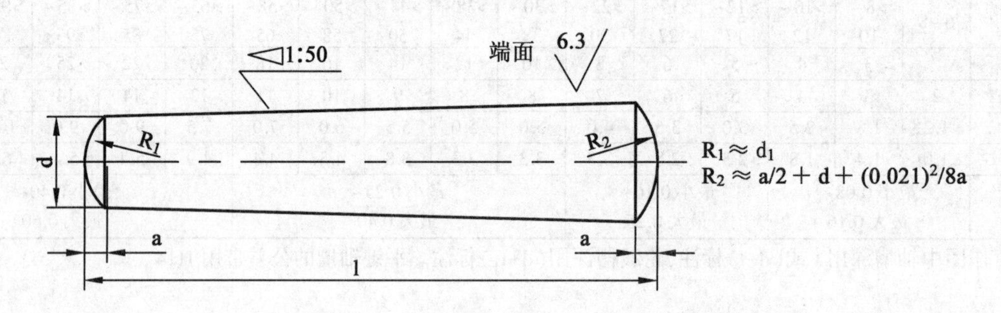

标记示例

公称直径 d = 10mm,长度 l = 60mm,材料为 35 钢,热处理硬度(28 ~ 38)HRC,表面氧化处理的 A 型圆锥销:

销　GB/T117—2000　A10 × 60

附表 19　　mm

d(公称)	0.6	0.8	1	1.2	1.5	2	2.5	3	4	5	6	8	10	12	16
a≈	0.08	0.10	0.12	0.16	0.20	0.25	0.30	0.40	0.50	0.63	0.80	1.0	102	1.6	2.0
l 系列	2,3,4,5,6,8,10,12,14,16,18,20,22,24,26,28,30,32,35,40,50														

3.开口销(GB/T 91—2000)

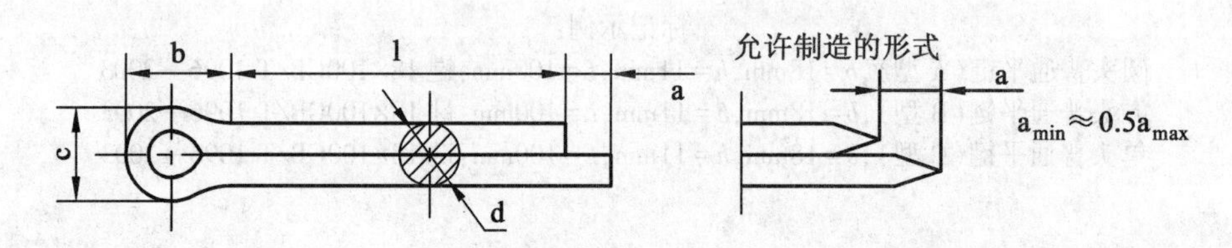

标记示例

公称直径 d = 5mm,长度 l = 50mm,材料为低碳钢,不经表面处理的开口销:

销 GB/T 91—2000 5 × 50

附表 20　　mm

d(公称)		0.6	0.8	1	1.2	1.6	2	2.5	3.2	4	5	6.3	8	10	12
c	max	1	1.4	1.8	2	2.8	3.6	4.6	5.8	7.4	9.2	11.8	15	19	24.8
	min	0.9	1.2	1.6	1.7	2.4	3.2	4	5.1	6.5	8	10.8	13.1	16.6	21.7
b≈		2	2.4	3	3	3.2	4	5	6.4	8	10	12.6	16	20	26
a_{max}		1.6			2.5				3.2	4				6.3	
l(系列)		4,5,6,8,10,12,14,16,18,20,22,24,26,28,30,32,36,40,45,50,55,60,65,70,75,80,85,90,95,100,120,140,160,180,200													

注:销孔的公称直径等于 d(公称)。

(八)滚动轴承

1. 深沟球轴承(GB/T 276—1994)

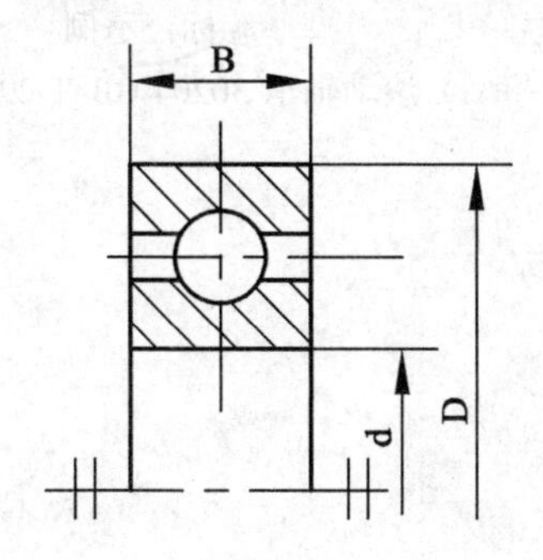

60000型
(0000型)

标记示例
滚动轴承 6012 GB/T 276—1994

附表21

轴承型号		尺	寸(mm)		轴承型号		尺	寸(mm)	
新	旧	*d*	*D*	*B*	新	旧	*d*	*D*	*B*
01尺寸系列(旧:特轻(1)系列)					03尺寸系列(旧:中窄(3)系列)				
6000	100	10	26	8	6300	300	10	35	11
6001	101	12	28	8	6301	301	12	37	12
6002	102	15	32	9	6302	302	15	42	13
6003	103	17	35	10	6303	303	17	47	14
6004	104	20	42	12	6304	304	20	52	15
6005	105	25	47	12	6305	305	25	62	17
6006	106	30	55	13	6306	306	30	72	19
6007	107	35	62	14	6307	307	35	80	21
6008	108	40	68	15	6308	308	40	90	23
6009	109	45	75	16	6309	309	45	100	25
6010	110	50	80	16	6310	310	50	110	27
6011	111	55	90	18	6311	311	55	120	29
6012	112	60	95	18	6312	312	60	130	31
6013	113	65	100	18	6313	313	65	140	33
6014	114	70	110	20	6314	314	70	150	35
6015	115	75	115	20					
6016	116	80	125	22					
02尺寸系列(旧:轻窄(2)系列)					04尺寸系列(旧:重窄(4)系列)				
6200	200	10	30	9	6403	403	17	62	17
6201	201	12	32	10	6404	404	20	72	19
6202	202	15	35	11	6405	405	25	80	21
6203	203	17	40	12	6406	406	30	90	23
6204	204	20	47	14	6407	407	35	100	25
6205	205	25	52	15	6408	408	40	110	27
6206	206	30	62	16	6409	409	45	120	29
6207	207	35	72	17	6410	410	50	130	31
6208	208	40	80	18	6411	411	55	140	33
6209	209	45	85	19	6412	412	60	150	35
6210	210	50	90	20	6413	413	65	160	37
6211	211	55	100	21	6414	414	70	180	42
6212	212	60	110	22	6415	415	75	190	45
6213	213	65	120	23	6416	416	80	200	48
6214	214	70	125	24	6417	417	85	210	52
6215	215	75	130	25	6418	418	90	225	54
6216	216	80	140	26	6419	419	95	240	55
6217	217	85	150	28					
6218	218	90	160	30					
6219	219	95	170	32					

2. 圆锥滚子轴承(GB/T 297—1994)

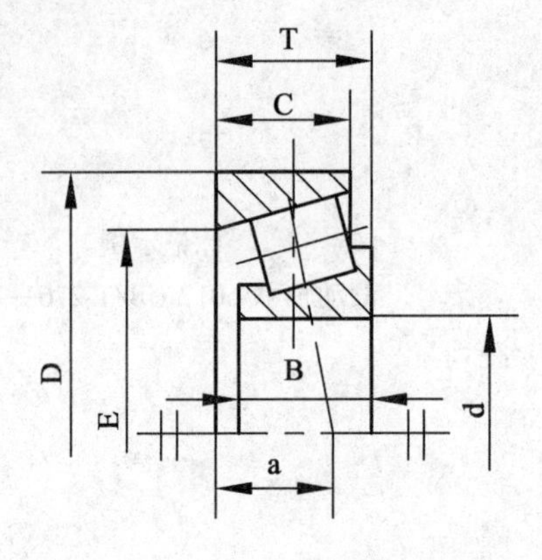

30000 型
(7000 型)

标记示例
滚动轴承 30204 GB/T 297—1994

附表 22

轴承型号	尺	寸(mm)						轴承型号	尺	寸(mm)					
	d	*D*	*T*	*B*	*C*	*E*≈	*a*≈		*d*	*D*	*T*	*B*	*C*	*E*≈	*a*≈
22 尺寸系列(旧:轻宽(5)系列)								02 尺寸系列(旧:轻窄(2)系列)							
32206	30	62	21.5	20	17	48.9	15.4	30204	20	47	15.25	14	12	37.3	11.2
32207	35	72	24.25	23	19	57	17.6	30205	25	52	16.25	15	13	41.1	12.6
32208	40	80	24.75	23	19	64.7	19	30206	30	62	17.25	16	14	49.9	13.8
32209	45	85	24.75	23	19	69.6	20	30207	35	72	18.25	17	15	58.8	15.3
32210	50	90	24.75	23	19	74.2	21	30208	40	80	19.75	18	16	65.7	16.9
32211	55	100	26.75	25	21	82.8	22.5	30209	45	85	20.75	19	16	70.4	18.6
32212	60	110	29.75	28	24	90.2	24.9	30210	50	90	21.75	20	17	75	20
32213	65	120	32.75	31	27	99.4	27.2	30211	55	100	22.75	21	18	84.1	21
32214	70	125	33.25	31	27	103.7	28.6	30212	60	110	23.75	22	19	91.8	22.4
32215	75	130	33.25	31	27	108.9	30.2	30213	65	120	24.75	23	20	101.9	24
32216	80	140	33.25	33	28	117.4	31.3	30214	70	125	26.25	24	21	105.7	25.9
32217	85	150	38.5	36	30	124.9	34	30215	75	130	27.25	25	22	110.4	27.4
32218	90	160	42.5	40	34	132.6	36.7	30216	80	140	28.25	26	22	119.1	28
32219	95	170	45.5	43	37	140.2	39	30217	85	150	30.5	28	24	126.6	29.9
32220	100	180	49	46	39	148.1	41.8	30218	90	160	32.5	30	26	134.9	32.4
								30219	95	170	34.5	32	27	143.3	35.1
								30220	100	180	37	34	29	151.3	36.5
23 尺寸系列(旧:中宽(6)系列)								03 尺寸系列(旧:中窄(3)系列)							
32304	20	52	22.25	21	18	39.5	13.4	30304	20	52	16.25	15	13	41.3	11
32305	25	62	25.25	24	20	48.6	15.5	30305	25	62	18.25	17	15	50.6	13
32306	30	72	28.75	27	23	55.7	18.8	30306	30	72	20.75	19	16	58.2	15
32307	35	80	32.75	31	25	62.8	20.5	30307	35	80	22.75	21	18	65.4	17
32308	40	90	35.25	33	27	69.2	23.4	30308	40	90	25.75	23	20	72.7	19.5
32309	45	100	38.25	36	30	78.3	25.6	30309	45	100	27.75	25	22	81.7	21.5
32310	50	110	42.25	40	33	86.2	28	30310	50	110	29.25	27	23	90.6	23
32311	55	120	45.5	43	35	94.3	30.6	30311	55	120	31.5	29	25	99.1	25
32312	60	130	48.5	46	37	102.9	32	30312	60	130	33.5	31	26	107.7	26.5
32313	65	140	51	48	39	111.7	34	30313	65	140	36	33	28	116.8	29
32314	70	150	54	51	42	119.7	36.5	30314	70	150	38	35	30	125.2	30.6
32315	75	160	58	55	45	127.8	39	30315	75	160	40	37	31	134	32
32316	80	170	61.5	58	48	136.5	42	30316	80	170	42.5	39	33	143.1	34
32317	85	180	63.5	60	49	144.2	43.6	30317	85	180	44.5	41	34	150.4	36
32318	90	190	67.5	64	53	151.7	46	30318	90	190	46.5	43	36	159	37.5
32319	95	200	71.5	67	55	160.3	49	30319	95	200	49.5	45	38	165.8	40
32320	100	215	77.5	73	60	171.6	53	30320	100	215	51.5	47	39	178.5	42

3. 平底推力球轴承(GB/T 301—1995)

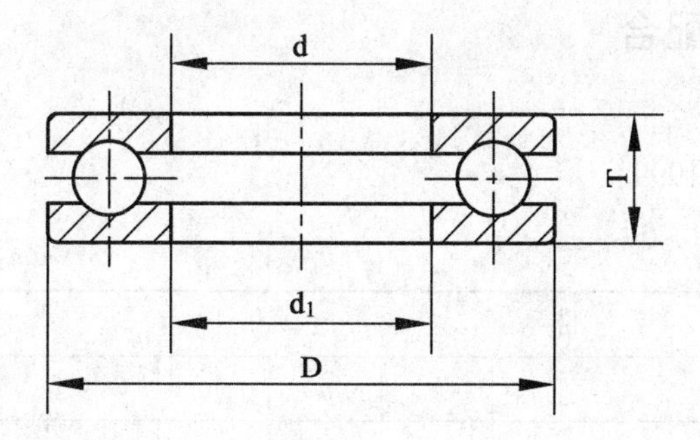

51000 型
(8000 型)

标记示例
滚动轴承 51214 GB/T 301—1995

附表 23

轴承型号		尺寸(mm)			
新	旧	d	$d_{1\min}$	D	T
12 尺寸系列(旧:轻(2)系列)					
51200	8200	10	12	26	11
51201	8201	12	14	28	11
51202	8202	15	17	32	12
51203	8203	17	19	35	12
51204	8204	20	22	40	14
51205	8205	25	27	47	15
51206	8206	30	32	52	16
51207	8207	35	37	62	18
51208	8208	40	42	68	19
51209	8209	45	47	73	20
51210	8210	50	52	78	22
51211	8211	55	57	90	25
51212	8212	60	62	95	26
51213	8213	65	67	100	27
51214	8214	70	72	105	27
51215	8215	75	77	110	27
51216	8216	80	82	115	28
51217	8217	85	88	125	31
51218	8218	90	93	135	35
51220	8220	100	103	150	38
13 尺寸系列(旧:中(3)系列)					
51304	8304	20	22	47	18
51305	8305	25	27	52	18
51306	8306	30	32	60	21
51307	8307	35	37	68	24
51308	8308	40	42	78	26

轴承型号		尺寸(mm)			
新	旧	d	$d_{1\min}$	D	T
13 尺寸系列(旧:中(3)系列)					
51309	8309	45	47	85	28
51310	8310	50	52	95	31
51311	8311	55	57	105	35
51312	8312	60	62	110	35
51313	8313	65	67	115	36
51314	8314	70	72	125	40
51315	8315	75	77	135	44
51316	8316	80	82	140	44
51317	8317	85	88	150	49
51318	8318	90	93	155	50
51320	8320	100	103	170	55
14 尺寸系列(旧:重(4)系列)					
51405	8405	25	27	60	24
51406	8406	30	32	70	28
51407	8407	35	37	80	32
51408	8408	40	42	90	36
51409	8409	45	47	100	39
51410	8410	50	52	110	43
51411	8411	55	57	120	48
51412	8412	60	62	130	51
51413	8413	65	68	140	56
51414	8414	70	73	150	60
51415	8415	75	78	160	65
51416	8416	80	83	170	68
51417	8417	85	83	180	72
51418	8418	90	93	190	77
51420	8420	100	103	210	85

三、极限与配合

(一)优先配合中轴的极限偏差(摘自 *GB/T* 1800.4—1999)

附表 24　　　　μm

基本尺寸 mm		公差带												
		c	*d*	*f*	*g*	*h*				*k*	*n*	*p*	*s*	*u*
大于	至	11	9	7	6	6	7	9	11	6	6	6	6	6
—	3	-60 -120	-20 -45	-6 -16	-2 -8	0 -6	0 -10	0 -25	0 -60	+6 0	+10 +4	+12 +6	+20 +14	+24 +18
3	6	-70 -145	-30 -60	-10 -22	-4 -12	0 -8	0 -12	0 -30	0 -75	+9 +1	+16 +8	+20 +12	+27 +19	+31 +23
6	10	-80 -170	-40 -76	-13 -28	-5 -14	0 -9	0 -15	0 -36	0 -90	+10 +1	+19 +10	+24 +15	+32 +23	+37 +28
10	14	-95 -205	-50 -93	-16 -34	-6 -17	0 -11	0 -18	0 -43	0 -110	+12 +1	+23 +12	+29 +18	+39 +28	+44 +33
14	18													
18	24	-110 -240	-65 -117	-20 -41	-7 -20	0 -13	0 -21	0 -52	0 -130	+15 +2	+28 +15	+35 +22	+48 +35	+54 +41
24	30													+61 +48
30	40	-120 -280	-80 -142	-25 -50	-9 -25	0 -16	0 -25	0 -62	0 -160	+18 +2	+33 +17	+42 +26	+59 +43	+76 +60
40	50	-130 -290												+86 +70
50	65	-140 -330	-100 -174	-30 -60	-10 -29	0 -19	0 -30	0 -74	0 -190	+21 +2	+39 +20	+51 +32	+72 +53	+106 +87
65	80	-150 -340											+78 +59	+121 +102
80	100	-170 -390	-120 -207	-36 -71	-12 -34	0 -22	0 -35	0 -87	0 -220	+25 +3	+45 +23	+59 +37	+93 +71	+146 +124
100	120	-180 -400											+101 +79	+166 +144
120	140	-200 -450	-145 -245	-43 -83	-14 -39	0 -25	0 -40	0 -100	0 -250	+28 +3	+52 +27	+68 +43	+117 +92	+195 +170
140	160	-210 -460											+125 +100	+215 +190
160	180	-230 -480											+133 +108	+235 +210
180	200	-240 -530	-170 -285	-50 -96	-15 -44	0 -29	0 -46	0 -115	0 -290	+33 +4	+60 +31	+79 +50	+151 +122	+265 +236
200	225	-260 -550											+159 +130	+287 +258
225	250	-280 -570											+169 +140	+313 +284
250	280	-300 -620	-190 -320	-56 -108	-17 -49	0 -32	0 -52	0 -130	0 -320	+36 +4	+66 +34	+88 +56	+190 +158	+347 +315
280	315	-330 -650											+202 +170	+382 +359

续表

基本尺寸 mm		公差带												
		c	*d*	*f*	*g*	*h*				*k*	*n*	*p*	*s*	*u*
315	355	-360 -720	-210 -350	-62 -119	-18 -54	0 -36	0 -57	0 -140	0 -360	+40 +4	+73 +37	+98 +62	+226 +190	+426 +390
355	400	-400 -760											+244 +208	+471 +435
400	450	-440 -840	-230 -385	-58 -131	-20 -60	0 -40	0 -63	0 -155	0 -400	+45 +5	+80 +40	+108 +68	+272 +232	+530 +490
450	500	-480 -880											+292 +252	+580 +540

（二）优先配合中孔的极限偏差（摘自 GB/T 1800.4—1999）

附表 25 μm

基本尺寸 mm		公差带												
		C	*D*	*F*	*G*	*H*				*K*	*N*	*P*	*S*	*U*
大于	至	11	9	8	7	7	8	9	11	7	7	7	7	7
—	3	+120 +60	+45 +20	+20 +6	+12 +2	+10 0	+14 0	+25 0	+60 0	0 -10	-4 -14	-6 -16	-14 -24	-18 -28
3	6	+145 +70	+60 +30	+28 +10	+16 +4	+12 0	+18 0	+30 0	+75 0	+3 -9	-4 -16	-8 -20	-15 -27	-19 -31
6	10	+170 +80	+76 +40	+35 +13	+20 +5	+15 0	+22 0	+36 0	+90 0	+5 -10	-4 -19	-9 -24	-17 -32	-22 -37
10	14	+205 +95	+93 +50	+43 +16	+24 +6	+18 0	+27 0	+43 0	+110 0	+6 -12	-5 -23	-11 -29	-21 -39	-26 -44
14	18													
18	24	+240 +110	+117 +65	+53 +20	+28 +7	+21 0	+33 0	+52 0	+130 0	+6 -15	-7 -28	-14 -35	-27 -48	-33 -54
24	30													-40 -61
30	40	+280 +120	+142 +80	+64 +25	+34 +9	+25 0	+39 0	+62 0	+160 0	+7 -18	-8 -33	-17 -42	-34 -59	-51 -76
40	50	+290 +130												-61 -86
50	65	+330 +140	+174 +100	+76 +30	+40 +10	+30 0	+46 0	+74 0	+190 0	+9 -21	-9 -39	-21 -51	-42 -72	-76 -106
65	80	+340 +150											-48 -78	-91 -121
80	100	+390 +170	+207 +120	+90 +36	+47 +12	+35 0	+54 0	+87 0	+220 0	+10 -25	-10 -45	-24 -59	-58 -93	-111 -146
100	120	+400 +180											-64 -101	-131 -165
120	140	+450 +200	+245 +145	+105 +43	+54 +14	+40 0	+63 0	+100 0	+250 0	+12 -28	-12 -52	-28 -68	-77 -117	-155 -195
140	160	+460 +210											-85 -125	-175 -215
160	180	+480 +230											-93 -133	-195 -235

续表

基本尺寸 mm		公差带												
		C	*D*	*F*	*G*	*H*				*K*	*N*	*P*	*S*	*U*
180	200	+530 +240											−105 −151	−219 −265
200	225	+550 +260	+285 +170	+122 +50	+61 +15	+46 0	+72 0	+115 0	+290 0	+13 −33	−14 −60	−33 −79	−113 −159	−241 −287
225	250	+570 +280											−123 −169	−267 −313
250	280	+620 +300	+320 +190	+137 +56	+69 +17	+52 0	+81 0	+130 0	+320 0	+16 −36	−14 −66	−36 −88	−138 −190	−295 −347
280	315	+650 +330											−150 −202	−330 −382
315	355	+720 +360	+350 +210	+151 +62	+75 +18	+57 0	+89 0	+140 0	+350 0	+17 −40	−16 −73	−41 −98	−159 −226	−369 −426
355	400	+760 +400											−187 −244	−414 −471
400	450	+840 +440	+385 +230	+165 +68	+83 +20	+63 0	+97 0	+155 0	+400 0	+18 −45	−17 −80	−45 −108	−209 −272	−467 −530
450	500	+880 +480											−229 −252	−517 −580